Word/ Excel/PPT 2019 应用大全

张婷婷 编著

机械工业出版社
China Machine Press

图书在版编目（CIP）数据

Word / Excel / PPT 2019 应用大全 / 张婷婷编著 . —北京：机械工业出版社，2019.10（2020.11 重印）

ISBN 978-7-111-64107-0

I. W… II. 张… III. 办公自动化 - 应用软件 IV. TP317.1

中国版本图书馆 CIP 数据核字（2019）第 242998 号

Word / Excel /PPT 2019 应用大全

出版发行：机械工业出版社（北京市西城区百万庄大街 22 号 邮政编码：100037）

责任编辑：罗丹琪 责任校对：殷 虹

印 刷：中国电影出版社印刷厂 版 次：2020 年 11 月第 1 版第 2 次印刷

开 本：185mm × 260mm 1/16 印 张：30.75

书 号：ISBN 978-7-111-64107-0 定 价：89.00 元

客服电话：（010）88361066 88379833 68326294 投稿热线：（010）88379604

华章网站：www.hzbook.com 读者信箱：hzit@hzbook.com

前　　言

在目前强调移动和云计算的互联网时代，各个工作平台的实时衔接和用户与用户之间的协同工作更加重要。因此，Office 的设计在基本逻辑上已经和过去完全不同。

Office 2019 是 Microsoft 公司继 Office 2016 后推出的新一代办公软件，作为一款常用的集成办公软件，它具有操作方便和容易上手等特点，然而要想真正地掌握并能够熟练运用它来解决实际工作中各种繁杂的问题却并非易事。为了帮助广大用户快速掌握 Word、Excel、PowerPoint 三大组件在办公领域的运用技巧，笔者根据多年的实践经验，编写了这本 Office 2019 三合一应用大全。本书围绕 Word、Excel、PowerPoint 三大组件在办公领域的应用，针对办公用户的需求进行讲解，以帮助读者快速掌握 Word、Excel、PowerPoint 三大组件在文档、表格、幻灯片等各个办公领域的应用理论知识和实用操作技巧。

本书内容：

本书分为四篇，共 19 章：第一篇是 Office 2019 基础，包括第 1 ～ 3 章，主要介绍 Office 2019 常用三大办公组件 Word、Excel、PowerPoint 的基本知识、操作界面及基本操作知识等。第二篇是 Word 2019 应用，包括第 4 ～ 8 章，主要介绍 Word 文档的文本编辑和格式编排、图文混排、表格和图表编辑、页面的美化和规范、审阅和打印。第三篇是 Excel 2019 应用，包括第 9 ～ 14 章，主要介绍 Excel 2019 的基本操作、数据编辑与美化、公式与函数的运用、数据分析与管理、图表的应用、打印与共享。第四篇是 PowerPoint 2019 应用，包括第 15 ～ 19 章，主要介绍 PowerPoint 2019 的基本操作、幻灯片的编辑操作、主题和母版的灵活运用、交互与动画、放映与输出等。

本书特色：

- ❑ 图文结合，通俗易懂。本书在讲解过程中配以大量截图，使用户在阅读过程中快速掌握所讲内容在 Word、Excel、PowerPoint 软件中所处位置。即使从未使用过 Office 的用户，也可以快速上手。
- ❑ 实例丰富，实践性强。本书在讲解中配以大量实例，使用户可以边阅读边操作，以轻松掌握 Word、Excel、PowerPoint 软件中各个命令的使用方法。
- ❑ 内容充实，全面系统。本书囊括了 Word、Excel、PowerPoint 三大常用组件，从编辑处理文档的 Word、处理表格的 Excel 到制作演示文稿的 PowerPoint，对这三大组件的强大功能进行了全面系统的讲解。

读者对象：

- ❑ 想要学习 Office 知识的零基础学员；
- ❑ 初步掌握了 Office 简单技巧，想要进一步提高的学员；
- ❑ 各大中专院校的在校学生和相关授课教师；
- ❑ 在工作中需要经常使用 Office 进行办公的各行业人员；
- ❑ 企业和相关单位的培训班学员。

目　录

第三篇 Excel 2019 应用

第四篇 Power Point 2019 应用

第一篇

Office 2019 基础

第1章 初识 Office 2019

Office 2019 是 Microsoft 公司推出的 Office 系列集成办公软件的最新版本，但是目前只支持在 Windows 10 操作系统内使用。在新版 Office 的许多功能改进中，包括：PowerPoint 的变形和缩放效果，使用户能够创建“电影演示”；Excel 中的新数据分析工具；PowerPivot 添加的新公式；PowerPoint 中改进后的墨水功能，如铅笔盒、压敏和倾斜效果等。当然，上述例子只是诸多新功能的冰山一角。再比如，Word 2019 和 Outlook 2019 推出了旨在屏蔽干扰的专注模式，专注邮箱可以自动高亮显示重要邮件。

- Office 2019 三大组件介绍
- Office 2019 新功能
- Office 2019 自带的帮助功能

1.1 Office 2019 三大组件介绍

Office 2019 是一款集成自动化办公软件，不仅包括了诸多的客户端软件，还有强大的服务器软件，同时包括了相关的服务、技术和工具。使用 Office 2019，不同的企业均可以构建属于自己的核心信息平台，实现协同工作、企业内容管理以及商务智能。作为一款集成软件，Office 2019 由各种功能组件构成，包括 Word 2019、Excel 2019、PowerPoint 2019 等，下面将首先对这些组件进行介绍。

1.1.1 Word 2019 介绍

Word 是微软公司的文字处理软件。作为 Office 套件的核心程序，Word 提供了许多易于使用的文档创建工具，同时也提供了丰富的功能集供创建复杂的文档使用。哪怕只使用 Word 应用进行简单的文本格式化操作或图片处理，也可以使文档变得比纯文本更具吸引力。Word 界面如图 1-1 所示。

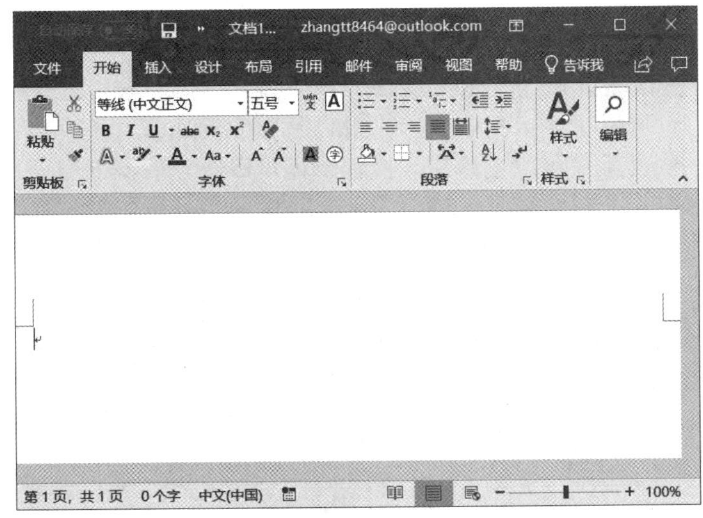

图 1-1

1.1.2 Excel 2019 介绍

Excel 是微软办公套装软件的一个重要组成部分，它可以进行各种数据的处理、统计分析和辅助决策操作，广泛地应用于管理、统计、金融等众多领域。Excel 界面如图 1-2 所示。

Excel 是一款用来方便处理数据的办公软件。用户可以使用 Excel 创建工作簿（电子表格集合）并设置工作簿格式，以便分析数据和做出更明智的业务决策。特别是，用户可以使用 Excel 跟踪数据，生成数据分析模型，编写公式以对数据进行计算，以多种方式透视数据，并以各种具有专业外观的图表来显示数据。Excel 的一般用途包括：会计专用、预算、账单和销售、报表、计划跟踪、使用日历等。

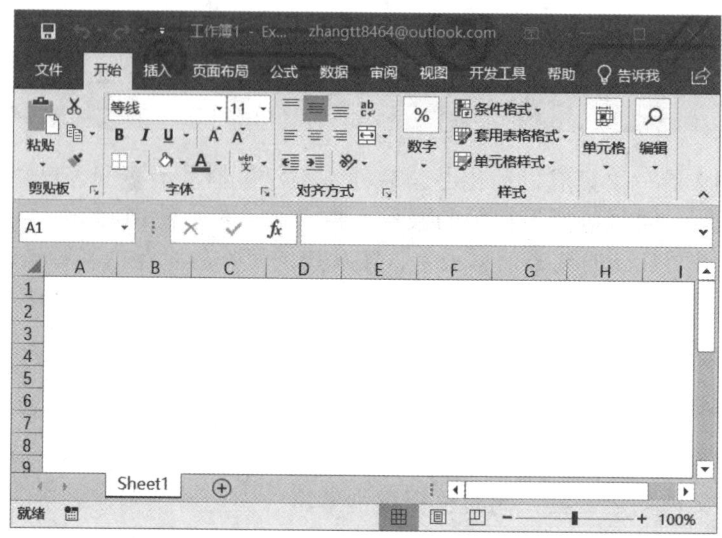

图 1-2

1.1.3 PowerPoint 2019 介绍

PowerPoint 是微软公司的演示文稿软件，简称 PPT。用户可以在投影仪或者计算机上进行演示，也可以将演示文稿打印出来，制作成胶片，以便应用到更广泛的领域中。利用 PowerPoint 不仅可以创建演示文稿，还可以在互联网上召开面对面会议、远程会议或在网上向观众展示演示文稿。演示文稿中的每一页叫幻灯片，每张幻灯片都是演示文稿中既相互独立又相互联系的内容。PowerPoint 界面如图 1-3 所示。

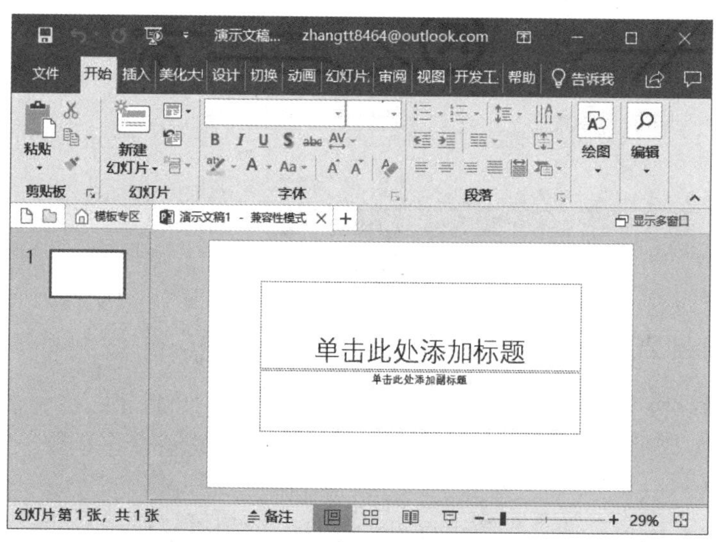

图 1-3

一套完整的 PPT 文件一般包括片头动画、PPT 封面、前言、目录、过渡页、图表页、图片页、文字页、封底、片尾动画等，所采用的素材有文字、图片、图表、动画、声音、影片等。PPT 正成为人们工作和生活的重要组成部分，在工作汇报、企业宣传、产品推介、婚礼庆典、项目竞标、管理咨询等领域都有应用。

1.2 Office 2019 新功能

下面就来盘点一下，相较于 Office 2016，Office 2019 新增了哪些强大的功能。

1.2.1 PPT 篇：打造 3D 电影级的演示

首先来介绍一下 PowerPoint 2019 中新增的功能，主要是以打造冲击力更强的演示为目标的“平滑”切换和“缩放定位”功能，另外还有在 PowerPoint、Excel、Word 的“插入”选项卡下都具备的“3D 模型”和“图标”功能等。

1. 平滑

提到苹果的演示软件 Keynote 的动画效果“神奇移动”，相信大家都不陌生。在 Office 2019 之后，PowerPoint 也加入了同样的效果，即页面间的切换动画——“平滑”。打开 PowerPoint 2019，切换至“切换”选项卡，即可在“切换到此幻灯片”组内看到“平滑”切换功能，如图 1-4 所示。

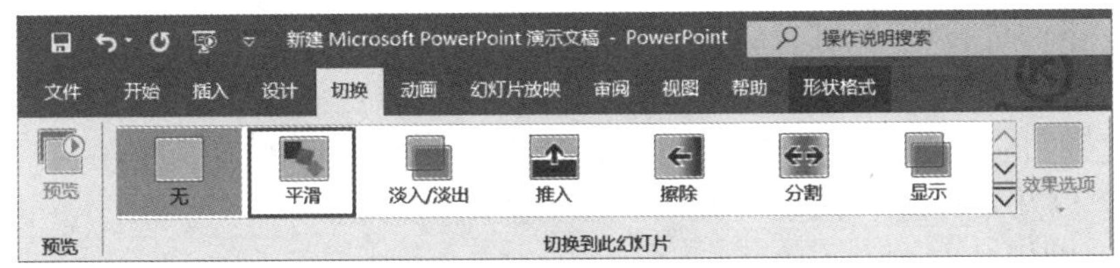

图 1-4

“平滑”的具体效果是，让前后两页幻灯片的相同对象产生类似“补间”的过渡效果，而且不需要设置烦琐的路径动画，只需要摆放好对象的位置，调整好大小与角度，就能一键实现平滑动画，功能高效且能让幻灯片保持良好的可读性。

除此之外，利用“平滑”切换搭配“裁剪”等进阶技巧，还可以快速做出很多酷炫的动画效果。

2. 缩放定位

如果说上述的“平滑”切换取自 Keynote 的“神奇移动”，那接下来要介绍的“缩放定位”，就类似于另一款演示软件 Prezi。打开 PowerPoint 2019，切换至“插入”选项卡，即可在“链接”组内看到“缩放定位”功能，如图 1-5 所示。

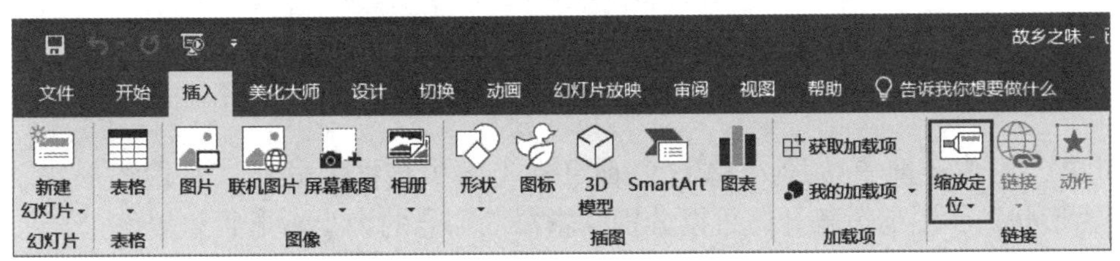

图 1-5

“缩放定位”是可以跨页面跳转的效果。在以前的 PowerPoint 版本中，用户只能依照幻灯片顺序进行演示。在这项功能加入之后，用户可以插入“缩放定位”的页面，然后页面中会插入幻灯片的缩略图，可以直接跳转到相对应的幻灯片，大大提升了演示的自由度和互动性。

除了作为目录或导览页来跳转以外，还可以让幻灯片搭配“缩放定位”功能，让演示效果更加生动。

3. 3D 模型

如果说“平滑”切换和“缩放定位”这两个强大的功能还属于演示软件范畴的话，那接下来要介绍的新功能“3D 模型”，可以说是演示软件的一大突破。打开 PowerPoint 2019，切换至“插入”选项卡，即可在“插图”组内看到“3D 模型”按钮，如图 1-6 所示。

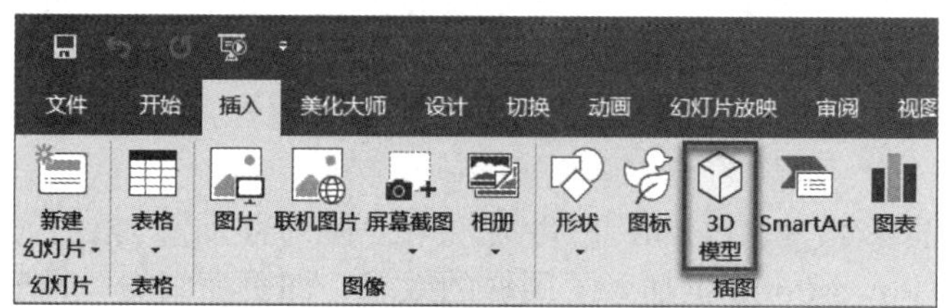

图 1-6

目前 Office 系列所支持的 3D 格式为 fbx、obj、3mf、ply、stl、glb 这几种，导入 PowerPoint 中即可直接使用。插入 3D 模型后，用户可以搭配鼠标拖动来改变其大小与角度。而搭配前面所提到的“平滑”切换效果，则可以更好地展示模型本身。

除此之外，PowerPoint 2019 中的“3D 模型”还自带特殊的“三维动画”，包括“进入”“退出”以及“转盘”“摇摆”“跳转”三种强调动画。

4. SVG 图标

大家都知道图像化表达可以比纯文本更快、更好地展示信息。因此，图标一直是 PowerPoint 设计中不可或缺的一环。在以前的版本中，用户只能在 PowerPoint 中插入难以编辑的 PNG 图标。如果要插入可灵活编辑的矢量图标，就必须借助 AI 等专业的设计软件开启后，再导入 PowerPoint 中，使用起来非常不便。

在 Office 2019 中，微软为用户提供了图标库，图标库又细分出多种常用的类型。只需要切换至“插入”选项卡，即可在“插图”组内看到“图标”按钮，如图 1-7 所示。

图 1-7

此外，用户还能直接导入 SVG 这种最常见的矢量图。同时，利用图形工具中的“转换为形状”将图标拆解开，可以分别编辑每一部分的大小、形状和颜色。

5. 墨迹书写

PowerPoint 2019 还新增了一个功能“墨迹书写”，此功能与 PS 中的“画笔”功能相似，墨迹所在位置即为目标，用户可以选择不同的颜色来填充笔迹线条，同时还可以调节笔迹的粗细程度等。

打开 PowerPoint 2019，切换至“审阅”选项卡，即可在“墨迹”组内看到“开始墨迹书写”按钮，如图 1-8 所示。

图 1-8

用户还可以将墨迹转换成形状、突出显示文本等。

1.2.2 Excel 篇：更高效的新图表和新函数

了解完 PPT 的新功能之后，接下来简单介绍一下 Excel 2019 中最容易用到的新功能。

1. 漏斗图

以往要做出漏斗图，用户往往需要对条形图设置特别的公式，让它最终能呈现左右对称的漏斗状。而在 Excel 2019 中，用户只需要选中已输入好的数值，然后切换至“插入”选项卡，单击“图表”组内的“漏斗图”按钮，即可一键生成漏斗图，如图 1-9 所示。

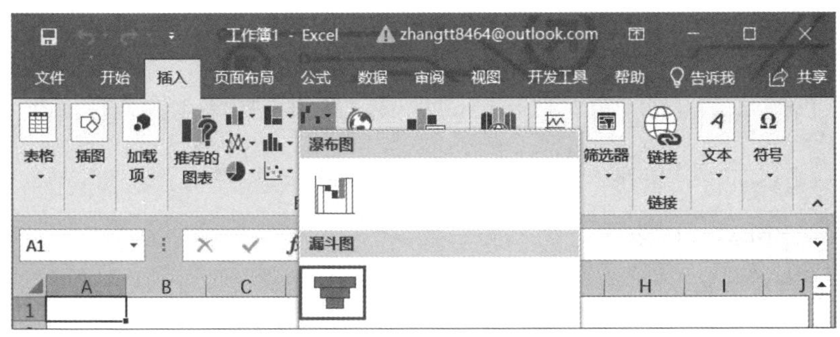

图 1-9

漏斗图主要用来显示流程中多阶段的值。例如，可以使用漏斗图来显示销售管道中每个阶段的销售潜在客户数。通常情况下，值逐渐减小，从而使条形图呈现出漏斗形状，如图 1-10 所示。此图表类型通常在数据值显示逐渐递减的比例时使用。

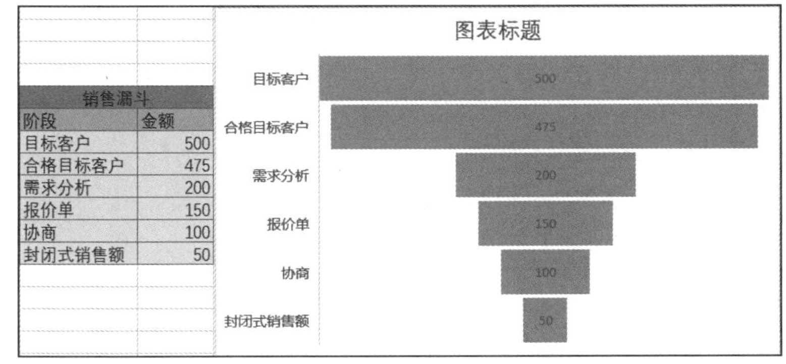

销售漏斗	
阶段	金额
目标客户	500
合格目标客户	475
需求分析	200
报价单	150
协商	100
封闭式销售额	50

图 1-10

2. 地图

在分析销售数据时，往往需要利用专业的软件在地图上标以深浅不同的颜色来代表销售数，而这样的图表在 Excel 2019 中也可以一键生成了。用户只需先输入好地区（最小单位为省），并输入该地区对应的销售额，然后切换至“插入”选项卡，单击“图表”组内的“地图”按钮即可直接用地图来显示各地区的数据，如图 1-11 所示。

工作簿1 - Excel
zhangtt8464@outlook.com
文件
开始
插入
页面布局
公式
数据
审阅
视图
开发工具
帮助
告诉我
共享
表格
插图
加载项
推荐的图表
地图
数据透视图
三维地图
迷你图
筛选器
链接
文本
符号
图表
着色地图
链接
A1
其他地图图表(M)

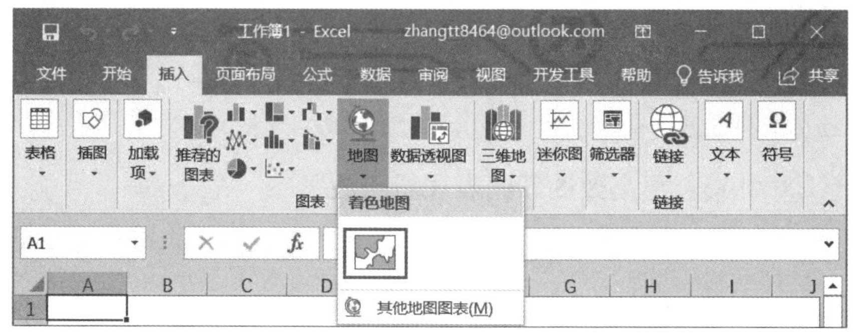

图 1-11

Excel 2019 可以创建地图图表来比较值和跨地理区域显示类别。当数据中含有地理区域（如国家 / 地区、省 / 自治区 / 直辖市、市 / 县或邮政编码）时，使用地图图表。

地图可以同时显示值和类别，每个值和类别都具有不同的颜色显示方式。值由 2 ～ 3 种颜色的轻微变体表示。类别由不同的颜色表示。

例如，按人口划分的国家 / 地区使用值。值表示每个国家 / 地区的总人口，每个值使用两种颜色的渐变图谱。每个区域的颜色根据其值在图谱上相对于其他区域的位置进行指示。

3. 多条件函数

用户在使用 Excel 函数时，IF 函数肯定是使用频率最高的函数之一。然而有时候需要设定的条件太多，以至于在使用 IF 函数（如图 1-12 所示）时，往往需要层层嵌套，例如：

IF（条件 A，结果 A，IF（条件 B，结果 B，IF（条件 C，结果 C，结果 D）））

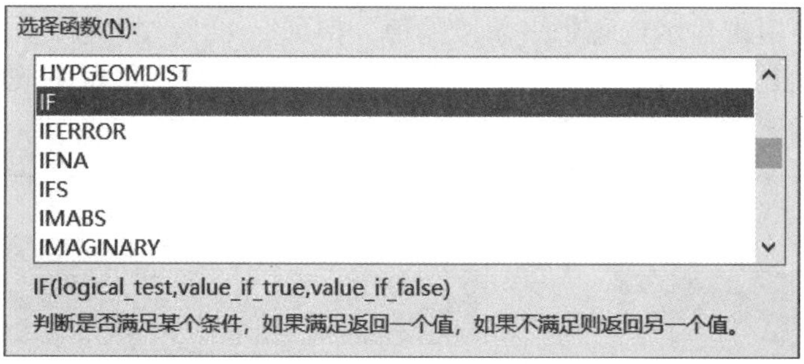

选择函数(N):
HYPGEOMDIST
IF
IFERROR
IFNA
IFS
IMABS
IMAGINARY
IF(logical_test,value_if_true,value_if_false)
判断是否满足某个条件，如果满足返回一个值，如果不满足则返回另一个值。

图 1-12

像这样来写条件式，基本上嵌套三四层就有点头昏眼花了——不知道用了多少个 IF、多少个括号。但在 Excel 2019 中，有了 IFS 函数（加个 S 表示多条件，如图 1-13 所示），使用起来就直观许多。例如：

IFS（条件 A，结果 A，条件 B，结果 B，条件 C，结果 C，条件 D，结果 D）

与 IFS 函数比较类似的多条件函数，还有 MAXIFS 函数（区域内满足所有条件的最大值）和 MINIFS 函数（区域内满足所有条件的最小值），此外，Excel 2019 还新增了文本连接的 Concat 函数和 TextJoin 函数。

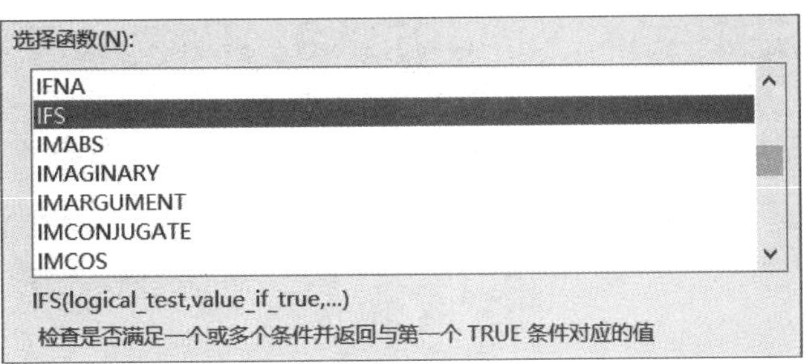
选择函数(N):

IFNA
IFS
IMABS
IMAGINARY
IMARGUMENT
IMCONJUGATE
IMCOS

IFS(logical_test,value_if_true,...)
检查是否满足一个或多个条件并返回与第一个 TRUE 条件对应的值

图 1-13

1.2.3 Word 篇：更方便的阅读模式

在了解了 PowerPoint 和 Excel 的新功能之后，接下来介绍 Word 的更新内容。除了在 PowerPoint 中就提到的“图标”和“3D 模型”外，Word 2019 最主要的新功能都是偏向阅读类的，主要有横式翻页、沉浸式学习工具、语音朗读等。

1. 横式翻页

打开 Word 文档，切换至“视图”选项卡，在“页面移动”组内单击“翻页”按钮即可开启横式翻页，如图 1-14 所示，这是模拟翻书的阅读体验，非常适合使用平板的用户。但如果用户使用一般计算机来开启 Word 文件，使用“翻页”功能后竖直的排版会让版面缩小，而且无法调整画面的缩放，由于文字本身比较小，反而会变得难以阅读。该怎么办呢？可以利用下一个提到的功能“学习工具”。

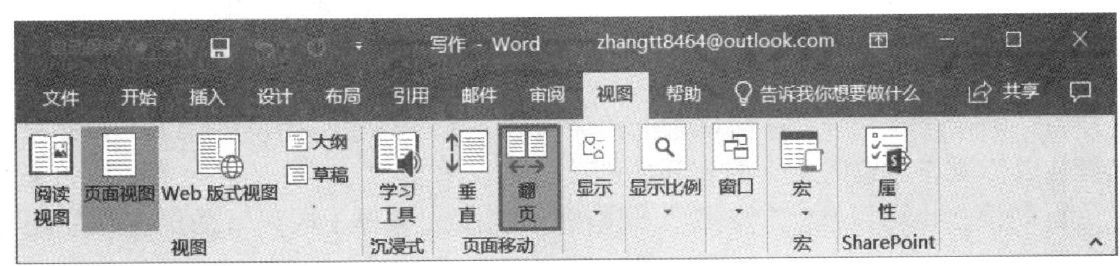

图 1-14

2. 学习工具

在 Word 2019 的新功能里，“学习工具”可以说是一大亮点，切换至“视图”选项卡，在“沉浸式”组内单击“学习工具”按钮，如图 1-15 所示，即可开启“学习工具”模式，如图 1-16 所示。

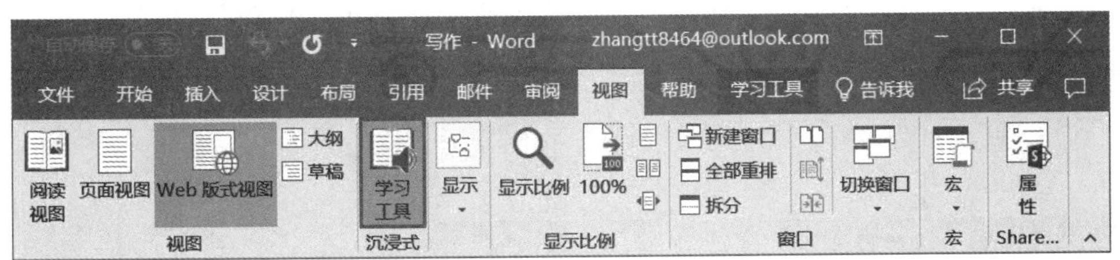

图 1-15

进入“学习工具”模式后，用户可以调整“列宽”“页面颜色”“文字间距”“音节”和“朗读”，而这些调整除了方便阅读内容以外，并不会影响到 Word 原来的内容格式。当用户想结束阅读时，直接单击“关闭学习工具”按钮就可以退出此模式。

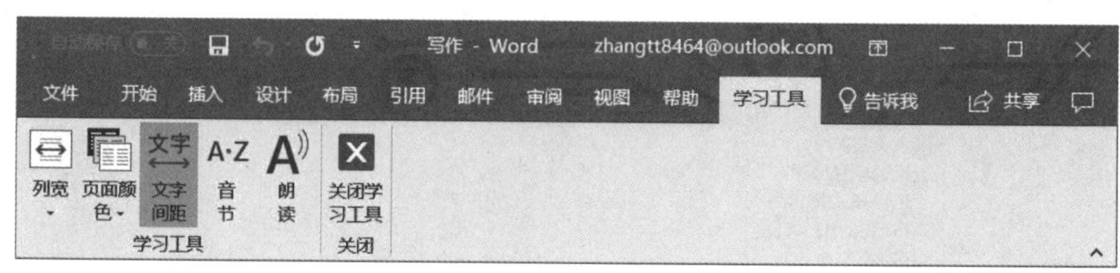

图 1-16

- ❑ 列宽：文字内容占整体版面的范围。
- ❑ 页面颜色：改变背景底色，甚至可以反转为黑底白字。
- ❑ 文字间距：字与字之间的距离。
- ❑ 音节：在音节之间显示分隔符，不过只针对西文显示。
- ❑ 朗读：将文字内容转为语音朗读出来。

3. 语音朗读

除了在“学习工具”模式下可以将文字转为语音朗读以外，用户也可以切换至“审阅”选项卡，单击“语音”组内的“朗读”按钮开启“语音朗读”功能，如图 1-17 所示。

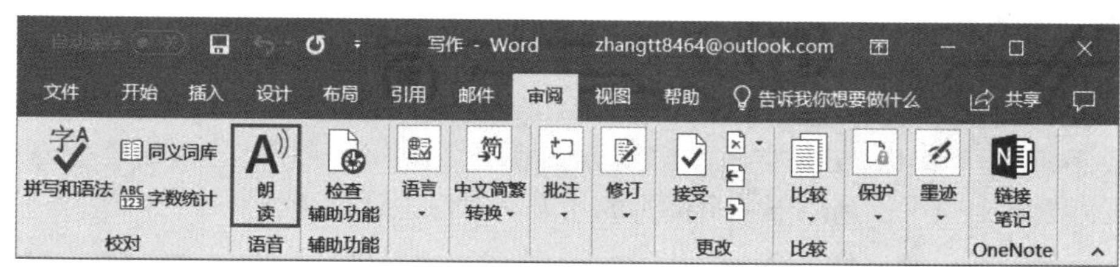

图 1-17

开启“语音朗读”后，在窗口右上角会出现一个工具栏。用户可以单击“播放”按钮选择从鼠标所在位置的文字内容开始朗读，可以单击“上一个 / 下一个”按钮来跳转上下一行朗读，也可以开启“设置”调整朗读速度或选择不同声音的语音，如图 1-18 所示。

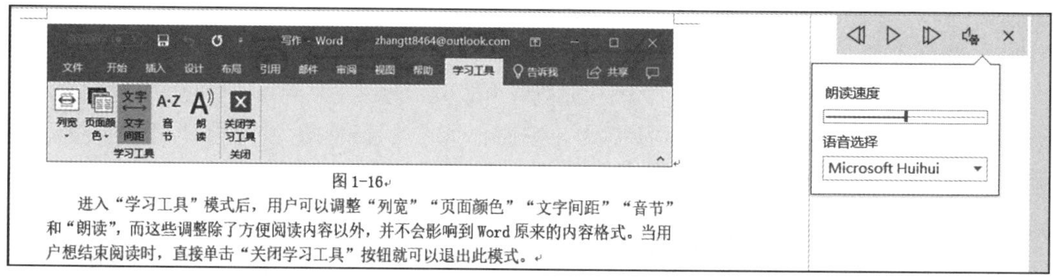

图 1-18

1.3 Office 2019 自带的帮助功能

使用 Office 2019 时往往会遇到这样或那样的问题，尤其是对新手来说。如果找不到命令按钮的位置，不确定某个效果使用什么方法来实现，或者根本不知道功能区中某个按钮的功能是什么，可以使用 Office 2019 的帮助功能来查询遇到的问题。Office 2019 提供了强大而高效的帮助功能，用户可以在学习和使用软件的过程中，随时对疑难问题进行查询。下面以 Word 2019 为例介绍一下使用 Office 2019 帮助功能的方法。

步骤 1： 启动 Office 2019，按“F1（Fn+F1）”键或者切换至“帮助”选项卡，在“帮助”组内单击“帮助”按钮，如图 1-19 所示。

步骤 2： 此时组件窗口右侧即打开“帮助”对话框，显示了不同类型的问题分类，单击任一问题，如图 1-20 所示。

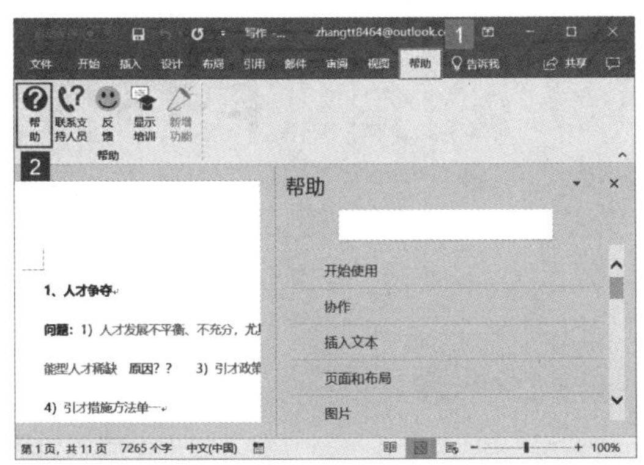

图 1-19

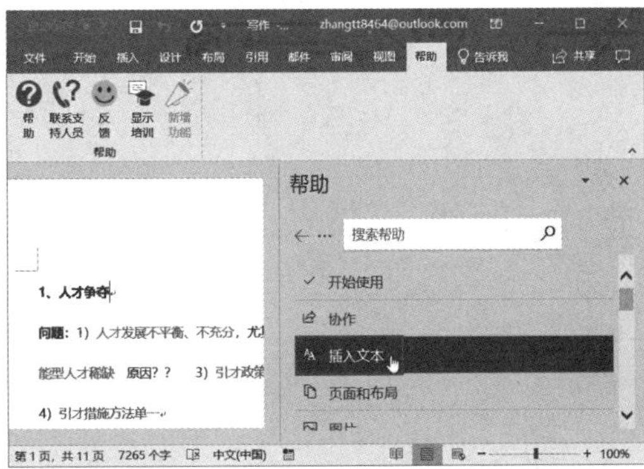

图 1-20

步骤 3： 稍等片刻，对话框内即可显示更详细的问题，如图 1-21 所示。

步骤 4： 单击需要查询的问题，即可打开其详细操作步骤，如图 1-22 所示。

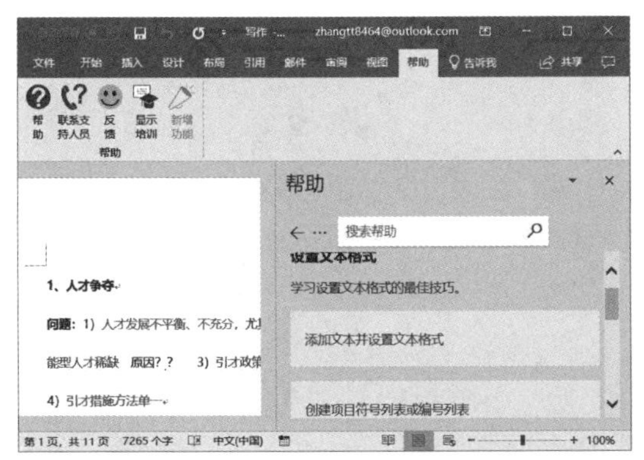

图 1-21

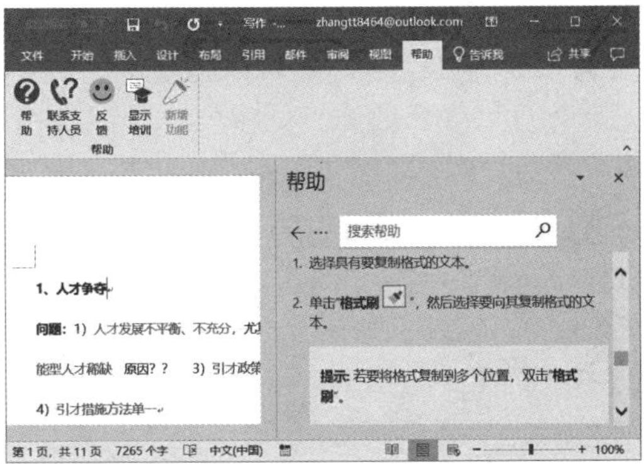

图 1-22

此外，用户还可以直接在搜索框内输入想要查询的问题，按 Enter 键即可。

第2章 Office 2019 的操作界面

想要提高办公效率，熟悉 Office 的操作界面是必不可少的。Office 2019 三款常用办公组件的界面与老版本相比，更加人性化，可以更好地协助用户完成日常工作。其界面的显示方式，选项卡、功能区中的功能按钮的位置，也可根据需要随意变化。例如可以隐藏功能区，或者增加“快速访问工作栏”中的快捷按钮，还可以自定义功能区，增加选项卡，将自己最常用的命令集中管理。

Office 2019 与 Office 2016 界面布局颇为相似，都是采用功能区的用户界面模式。这种界面模式界面简洁明快，用户操作起来也简单快捷，本章将对功能区的界面布局、功能区的设置以及快速访问工具栏的设置进行介绍。

- 认识 Office 2019 的功能区
- 设置快速访问工具栏
- 设置功能区

2.1 认识 Office 2019 的功能区

Office 功能区旨在帮用户快速找到各个操作命令，使任务完成得更加轻松、快捷和高效。下面我们以 Word 2019 为例对 Office 2019 操作功能区的构成进行介绍。

2.1.1 功能区介绍

功能区位于 Office 组件窗口顶端的带状区域，它包含用户使用 Office 程序时需要的几乎所有功能。例如，Word 2019 有开始、插入、设计、布局、引用、邮件、审阅、视图、帮助 9 个选项卡，如图 2-1 所示。

图 2-1

- "开始"选项卡：包括剪贴板、字体、段落、样式和编辑 5 个选项组，该功能区主要用于帮助用户对 Word 2019 文档进行文字编辑和格式设置，是用户最常用的选项卡。
- "插入"选项卡：包括页面、表格、插图、加载项、媒体、链接、批注、页眉和页脚、文本和符号 10 个选项组，主要用于在 Word 2019 文档中插入各种元素。
- "设计"选项卡：包括文档格式和页面背景 2 个选项组，主要用于文档格式以及页面背景的设置。
- "布局"选项卡：包括页面设置、稿纸、段落和排列 4 个选项组，用于帮助用户设置 Word 2019 文档页面样式。
- "引用"选项卡：包括目录、脚注、信息检索、引文与书目、题注、索引和引文目录 7 个选项组，用于实现在 Word 2019 文档中插入目录等比较高级的功能。
- "邮件"选项卡：包括创建、开始邮件合并、编写和插入域、预览结果和完成 5 个选项组，该选项卡的作用比较专一，专门用于在 Word 2019 文档中进行邮件合并方面的操作。
- "审阅"选项卡：包括校对、语言、辅助功能、语言、中文简繁转换、批注、修订、更改、比较、保护、墨迹和 OneNote12 个选项组，主要用于对 Word 2019 文档进行校对和修订等操作，适用于多人协作处理 Word 2019 长文档。
- "视图"选项卡：包括视图、沉浸式、页面移动、显示、显示比例、窗口、宏和 SharePoint8 个选项组，主要用于帮助用户设置 Word 2019 操作窗口的视图类型等。
- "帮助"选项卡：主要用于为用户提供在使用 Word 2019 过程中遇到的问题的解决方法。

2.1.2 “文件”选项卡

在 Word 2019 中，“文件”按钮位于 Word 2019 窗口的左上角。单击“文件”按钮可以打开“文件”窗口，包括“信息”“新建”“打开”“保存”“另存为”“打印”“共享”“导出”“关闭”“账户”“反馈”和“选项”等选项卡，如图 2-2 所示。

“文件”窗口分为 3 个窗格。左侧窗格为命令选项区，该窗格内列出了与文档有关的操作命令选项，在这个区域选择某个选项后，中间窗格将显示该类命令选项的可用命令按钮。在中间窗格选择某个命令选项后，右侧窗格将显示其下级命令按钮或操作选项。同时，右侧窗格也可以显示与文档有关的信息，如文档属性信息、打印预览或预览模板文档内容等。

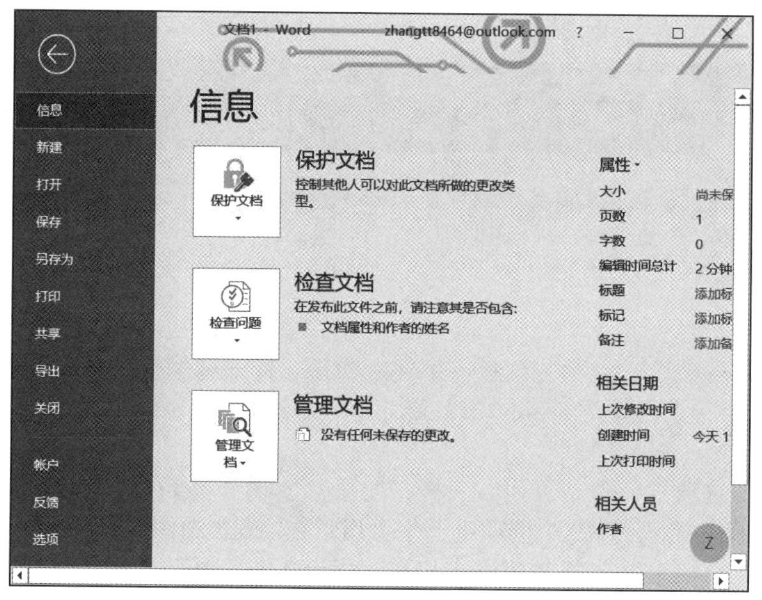

图 2-2

2.1.3 快速访问工具栏

默认状态下，快速访问工具栏位于程序主界面的左上角，如图 2-3 所示。快速访问工具栏中包含了一组独立的命令按钮，单击这些按钮，能够快速实现某些操作。

图 2-3

2.1.4 标题栏和状态栏

标题栏和状态栏是 Windows 操作系统下应用程序界面必备的组成部分，在 Office 2019 中仍得以保留。

标题栏位于程序界面的顶端，用于显示当前应用程序的名称和正在编辑的演示文稿名称。标题栏右侧有 4 个控制按钮，最左侧为功能区显示选项按钮，右侧 3 个用来实现程序窗口的最小化、最大化（或还原）和关闭操作，如图 2-4 所示。

图 2-4

状态栏位于 Office 2019 应用程序窗口的最底部，通常会显示当前页码、全部页码、字数统计、视图类型、显示比例等信息，如图 2-5 所示。

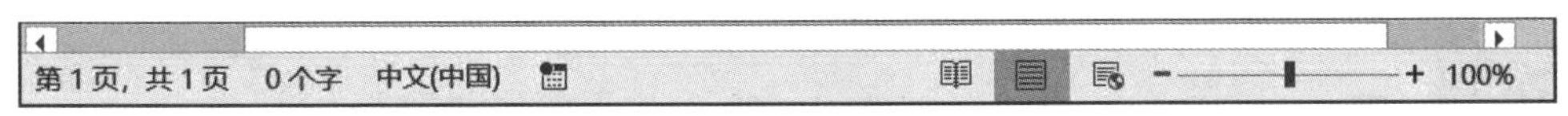

图 2-5

如果需要改变状态栏的显示信息，在状态栏空白处单击鼠标右键，从弹出的快捷菜单中选择需要显示的信息，例如“行号”，即可在状态栏内看到行号信息，如图 2-6 所示。

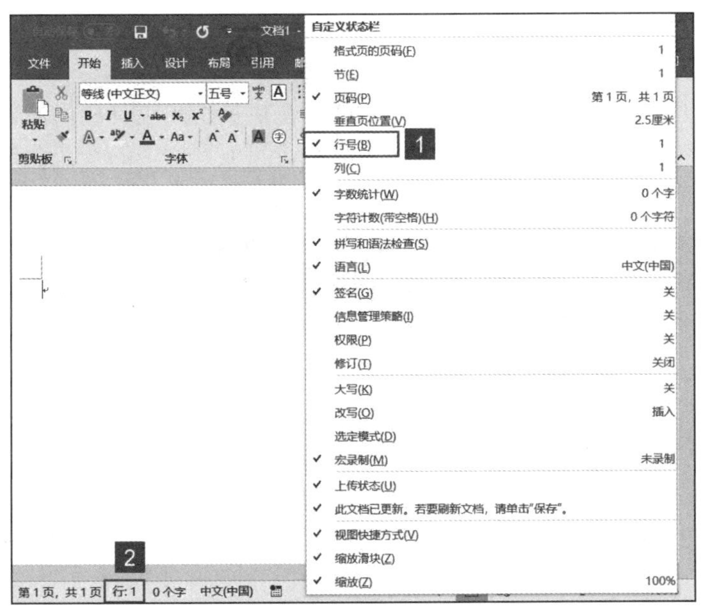

图 2-6

2.2 设置快速访问工具栏

Office 2019 的快速访问工具栏位于程序主界面标题栏左侧的区域，该区域可以放置一些常用的操作命令按钮。下面以 Word 2019 为例来详细介绍快速访问工具栏的设置方法。

2.2.1 调整顺序

步骤 1： 打开 Office 2019 应用程序，单击“文件”按钮，在左侧的命令窗格内单击“选项”按钮，如图 2-7 所示。

步骤 2：弹出“Word 选项”对话框，在左侧的命令窗格内单击“快速访问工具栏”按钮，然后在右侧的“自定义快速访问工具栏”列表内单击选中需要调整顺序的命令按钮，例如“打开”，然后单击单击列表框右侧的“上移”或“下移”按钮，即可调整其顺序。调整完成后单击“确定”按钮即可，如图 2-8 所示。

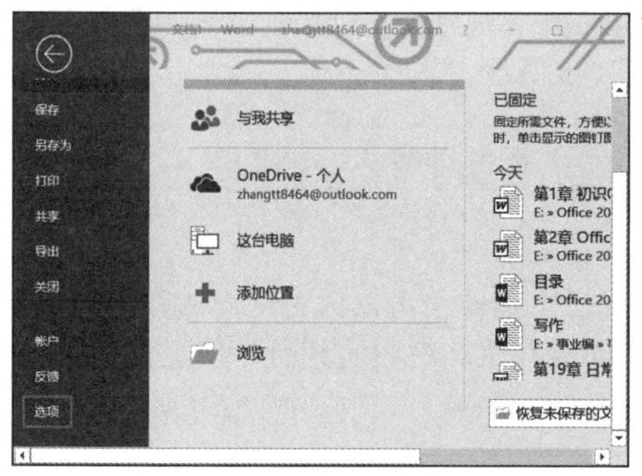

图 2-7

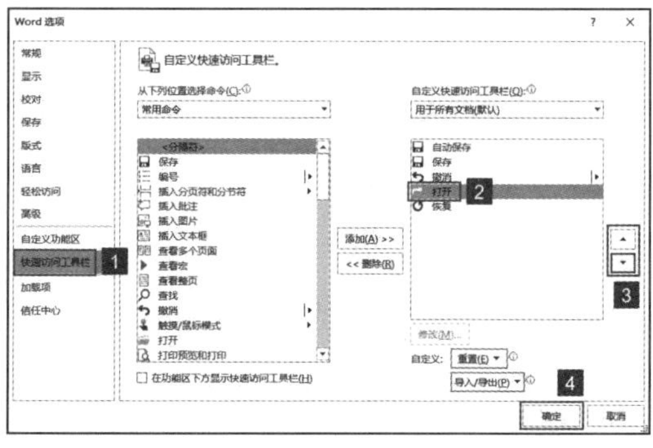

图 2-8

步骤 3：返回 Word 2019 程序主界面，即可在快速访问工具栏内看到“打开”按钮的位置已发生变化，如图 2-9 所示。这里，快速访问工具栏中的按钮会按照列表中由上到下的顺序从左向右排列。

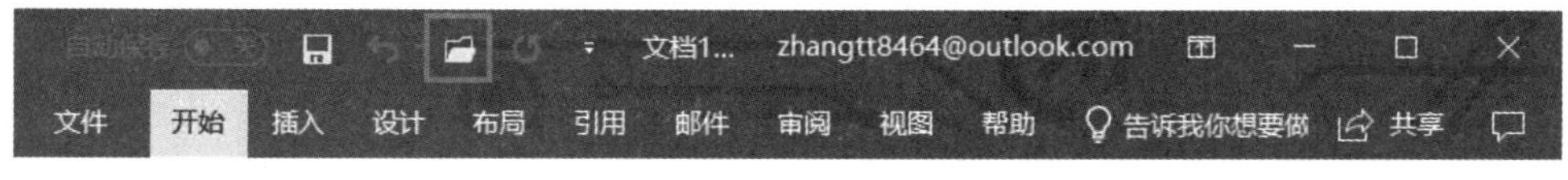

图 2-9

2.2.2 改变快速访问工具栏的位置

Office 2019 快速访问工具栏的默认位置是在功能区上方，为了方便用户操作，Office 2019 允许用户更改快速访问工具栏在主界面中的位置，可以将快速访问工具栏放在功能区下方。下面介绍一下详细的操作步骤。

步骤 1：在 Office 2019 程序窗口内单击“自定义快速访问工具栏”按钮，然后在展开的菜单列表内单击“在功能区下方显示”按钮，如图 2-10 所示。

步骤 2：此时，即可看到快速访问工具栏被放置到功能区的下方，如图 2-11 所示。

图 2-10

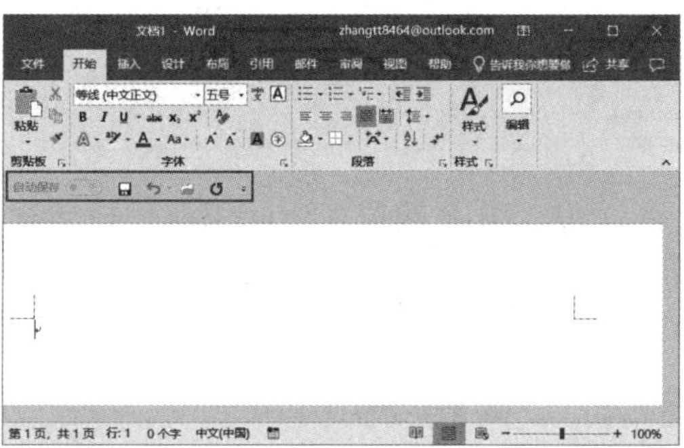

图 2-11

2.2.3 增删快捷按钮

为方便操作，用户可以将使用频率较高的命令按钮添加到快速访问工具栏，将使用频率较低的命令按钮从快速访问工具栏内删除。下面来详细介绍在快速访问工具栏中增删命令按钮的方法。

1. 添加命令到快速访问工具栏

方法一：单击“自定义快速访问工具栏”按钮，在展开的菜单列表内单击选择需要添加到快速访问工具栏中的命令，即可将该命令按钮添加到快速访问工具栏，如图2-12所示。

方法二：在功能区内选择要添加到快速访问工具栏的命令，右键单击，然后在弹出的快捷菜单内选择“添加到快速访问工具栏”选项，即可将该命令按钮添加到快速访问工具栏，如图2-13所示。

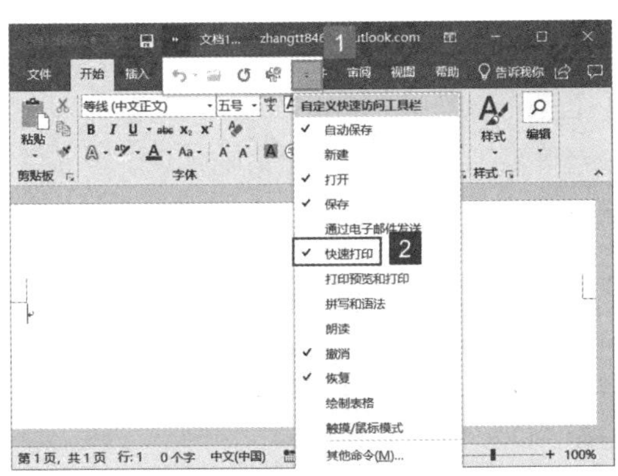

图 2-12

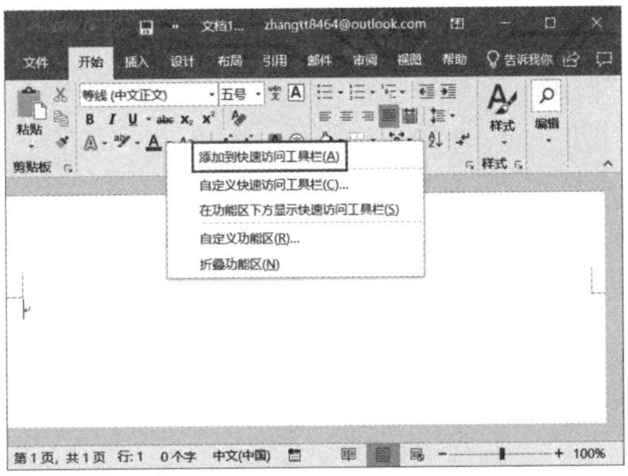

图 2-13

2. 删除快速访问工具栏的命令

方法一：单击“自定义快速访问工具栏”按钮，在展开的菜单列表内单击需要从快速访问工具栏删除的命令，即可将该命令按钮从快速访问工具栏删除，如图2-14所示。

方法二：在快速访问工具栏内右键单击要删除的命令，然后在弹出的快捷菜单内选择“从快速访问工具栏删除”选项，即可将该命令从快速访问工具栏删除，如图2-15所示。

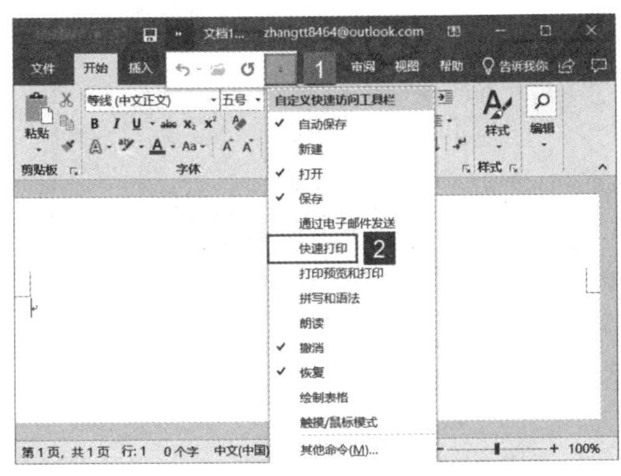

图 2-14

图 2-15

2.2.4 批量增删快捷按钮

上面介绍了向快速访问工具栏中添加单个命令的方法，但是当想要添加或删除多个命令时，一个一个地添加过于麻烦，Office 也为用户提供了一次性向快速访问工具栏中添加或删除多个命令的方法，下面以 Word 2019 为例介绍一下向快速访问工具栏中批量添加和删除命令按钮的操作方法。

步骤 1：单击快速访问工具栏右侧的“自定义快速访问工具栏”按钮，然后在展开的菜单列表内选择“其他命令”选项，如图 2-16 所示。

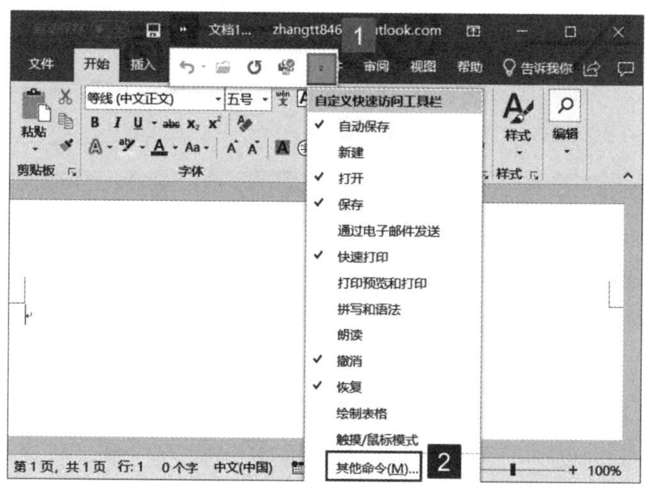

图 2-16

步骤 2：弹出“ Word 选项”对话框，在“从下列位置选择命令”列表内选择需要添加到快速访问工具栏的命令，单击“添加”按钮，即可将该命令添加到“自定义快速访问工具栏”列表中。需要的命令按钮添加完成后，单击“确定”按钮即可将它们添加到快速访问工具栏中，如图 2-17 所示。

步骤 3：要删除快速访问工具栏中的命令时，在“自定义快速访问工具栏”列表内选择不需要的命令按钮，单击“删除”按钮即可将这些命令从列表中删除，如图 2-18 所示。单击“确定”按钮，这些从列表中删除的命令按钮也将从快速访问工具栏中消失。

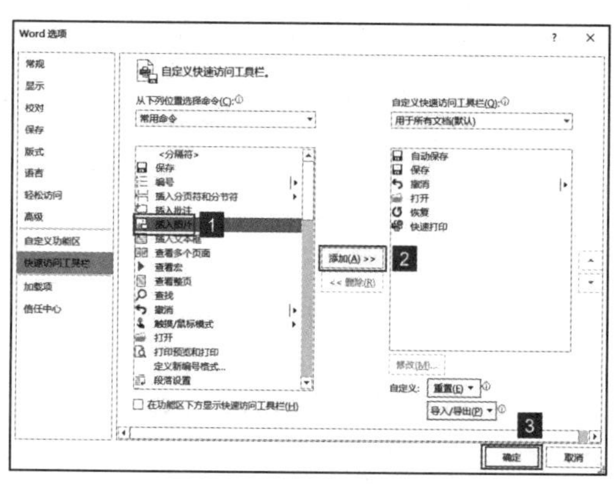

图 2-17

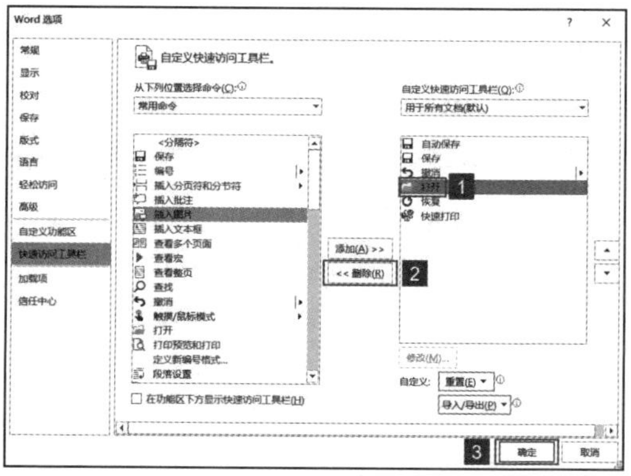

图 2-18

2.3 设置功能区

在 Office 2019 的程序窗口中，上方看起来像菜单的名称其实是功能区的名称。单击这些名称并不会打开菜单，而是切换至与之对应的功能区面板。每个功能区根据功能的不同又分为若干个组，最常用的命令放到了最醒目的位置，使操作更为方便。

2.3.1 设置功能区屏幕提示

Office 2019 为用户提供了屏幕提示功能，方便用户在使用时查看功能区中各个命令按钮的功能。将鼠标悬停于功能区的某个按钮上，即可显示该按钮的有关操作信息，包括按钮名称、功能介绍等。这个屏幕提示是可以设置其显示或隐藏的，下面以 Word 2019 为例介绍一下详细的操作方法。

步骤 1：将鼠标悬停于功能区的某个按钮上，即可显示该按钮的功能技巧点拨信息，如图 2-19 所示。

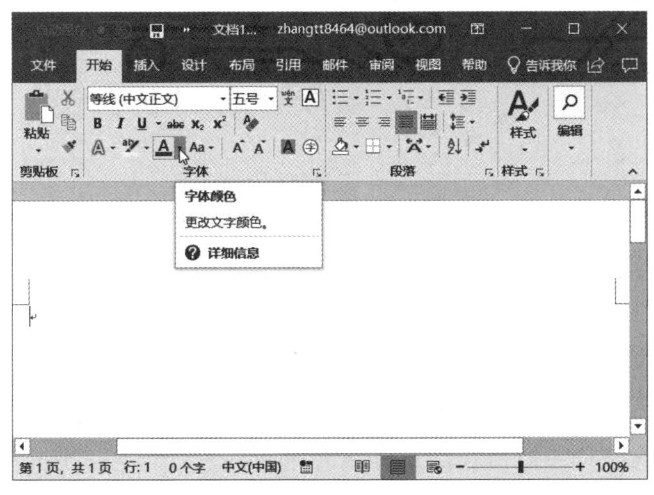

图 2-19

步骤 2：单击“文件”按钮，选择“选项”选项，打开“ Word 选项”对话框。在左侧的选项窗格内单击“常规”按钮，然后在“用户界面选项”窗格内单击“屏幕提示样式”右侧的下拉列表，选择“不在屏幕提示中显示功能说明”选项，单击“确定”按钮，如图 2-20 所示。

步骤 3：返回至 Word 2019 的程序主界面，将鼠标悬停于功能区的某个按钮上，只显示按钮名称，如图 2-21 所示。

步骤 4：单击“屏幕提示样式”右侧的下拉列表，选择“不显示屏幕提示”选项，单击“确定”按钮，如图 2-22 所示。

步骤 5：返回至 Word 2019 的程序主界面，将鼠标悬停于功能区的某个按钮上，按钮名称和功能说明都不再显示，如图 2-23 所示。

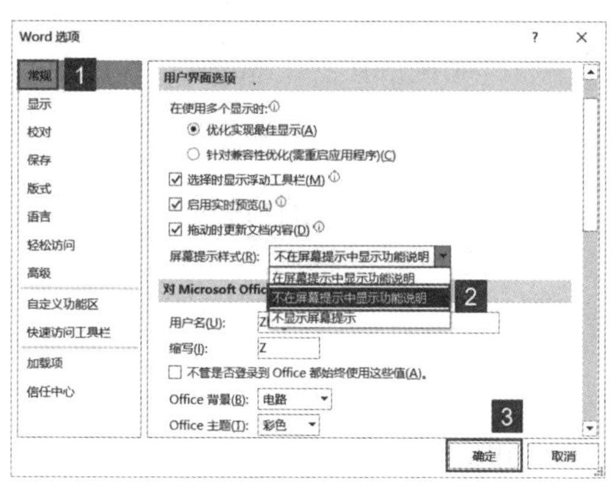

图 2-20

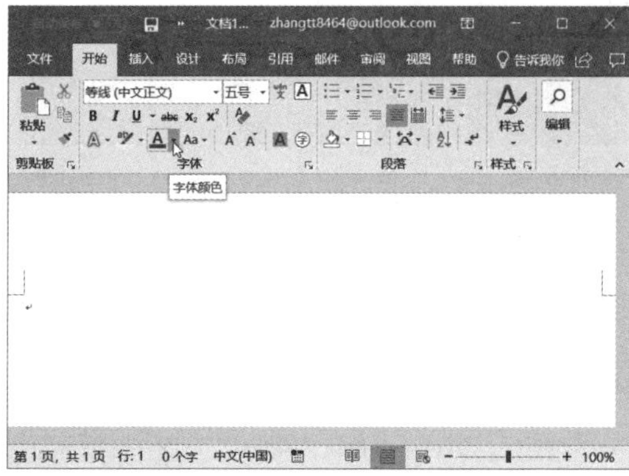

图 2-21

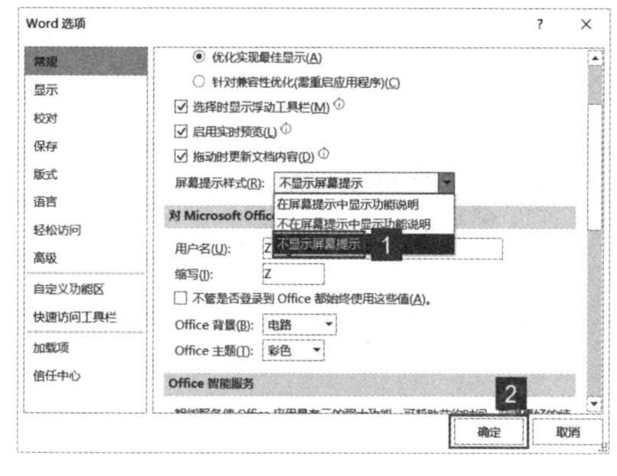

图 2-22

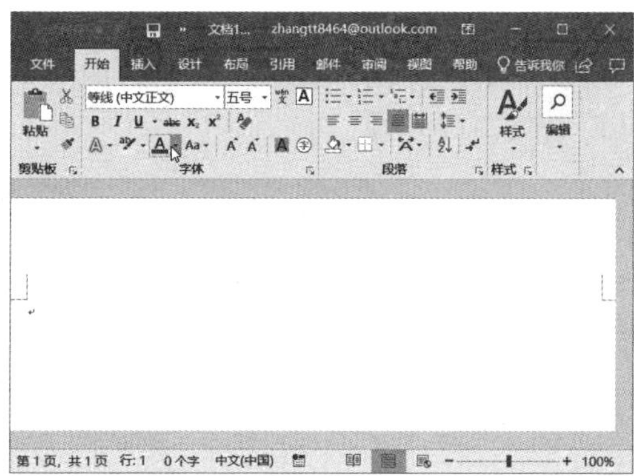

图 2-23

2.3.2 自定义功能区

自定义功能区是指对功能区的选项卡、组和命令按钮进行自定义、添加或删除。通过自定义功能区，用户可以在用户界面增加新的选项卡与功能组，并将一些自己常用的功能命令放在一个选项卡或组内集中管理。下面以 Word 2019 自定义功能区为例进行介绍。

步骤 1：打开 Word 2019，单击“文件”按钮，选择“选项”选项，打开“ Word 选项”对话框。在左侧的选项窗格内单击“自定义功能区”按钮，如果要新建选项卡，单击对话框右下方的“新建选项卡”按钮，此时即可在“自定义功能区”列表框内看到新建的选项卡，选项卡下还包括一个新建组，如图 2-24 所示。

步骤 2：选中新建的自定义选项卡，单击“重命名”按钮，弹出“重命名”对话框。在“显示名称”文本框内输入选项卡名称，然后单击“确定”按钮，如图 2-25 所示。

步骤 3：选中新建的自定义组，单击“重命名”按钮，弹出“重命名”对话框。在“显示名称”文本框内输入组名称，然后单击“确定”按钮，如图 2-26 所示。

步骤 4：向自定义的功能组中添加命令。在“从下列位置选择命令”列表框内选择需要的命令，单击“添加”按钮即可将该命令添加到右侧的自定义组中，如图 2-27 所示。

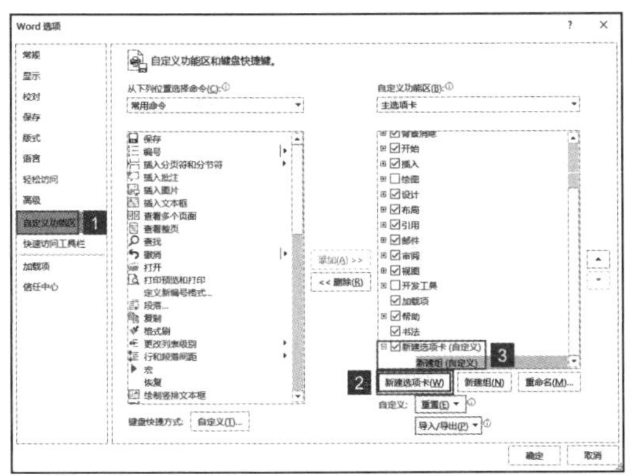

图 2-24

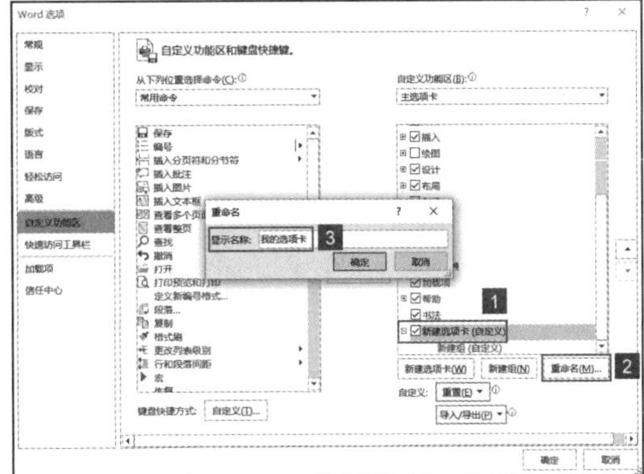

图 2-25

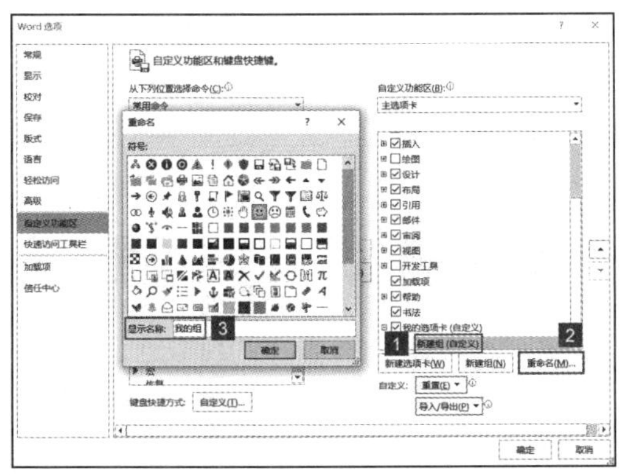

图 2-26

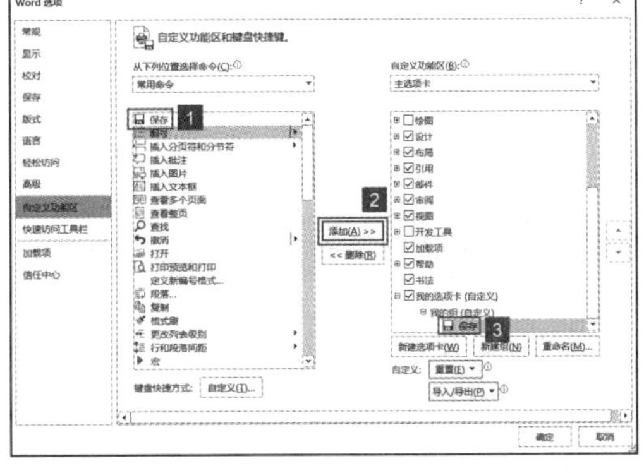

图 2-27

步骤 5：选中新添加的命令按钮，单击“重命名”按钮，打开“重命名”对话框，用户还可以为该命令按钮设置新的符号。在“符号”窗格内选择合适的符号，单击“确定”按钮，如图 2-28 所示。

步骤 6：返回“ Word 选项”对话框，新建的自定义选项卡、组、命令按钮等设置完成后，单击“确定”按钮即可，如图 2-29 所示。

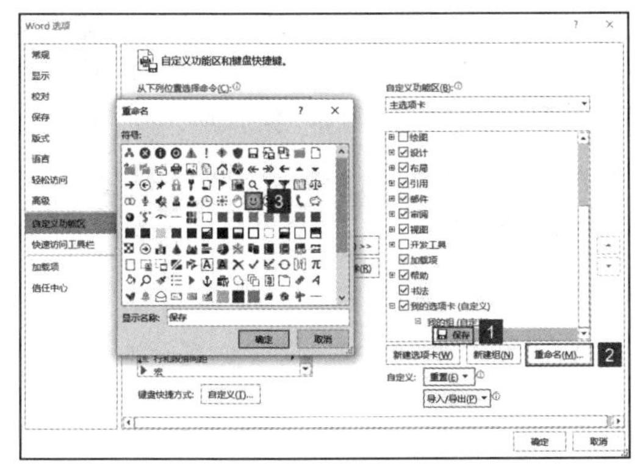

图 2-28

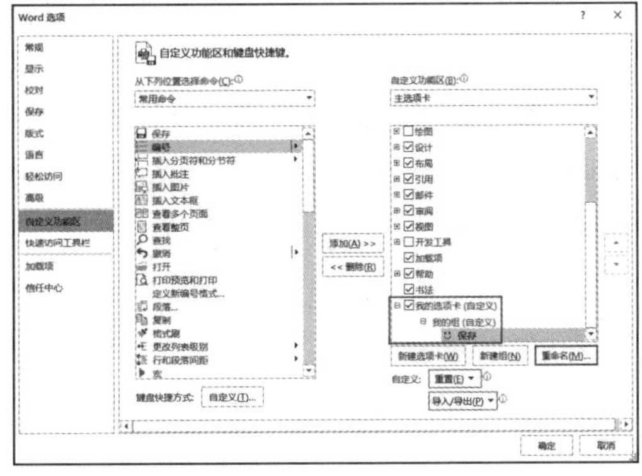

图 2-29

步骤 7：返回 Word 2019 程序主界面，即可看到功能区内新增了一个选项卡，切换至“我的选项卡”，即可在“我的组”内看到添加的命令按钮，如图 2-30 所示。

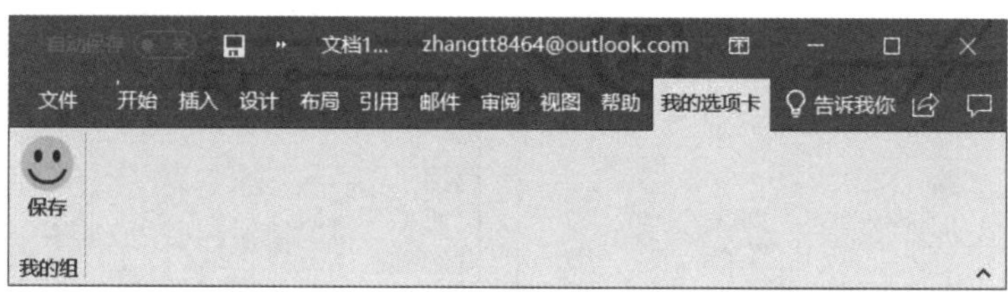

图 2-30

2.3.3 隐藏或显示功能区

为了查阅时能够一目了然，并使 Office 界面显示更多的文档内容，用户可根据个人需要将 Office 界面上方的功能区和命令暂时隐藏，方便对 Office 文档的查阅。下面以 Word 2019 为例来详细介绍一下隐藏或显示功能区和命令的几种方法：

方法一：Word 2019 为实现功能区的快速最小化提供了一个“折叠功能区”按钮，单击该按钮，即可将功能区隐藏起来，如图 2-31 所示。当用户需要再次显示功能区时，单击“功能区显示选项”按钮，然后在弹出的菜单列表内选择“显示选项卡和命令”选项，即可将功能区再次显示出来，如图 2-32 所示。

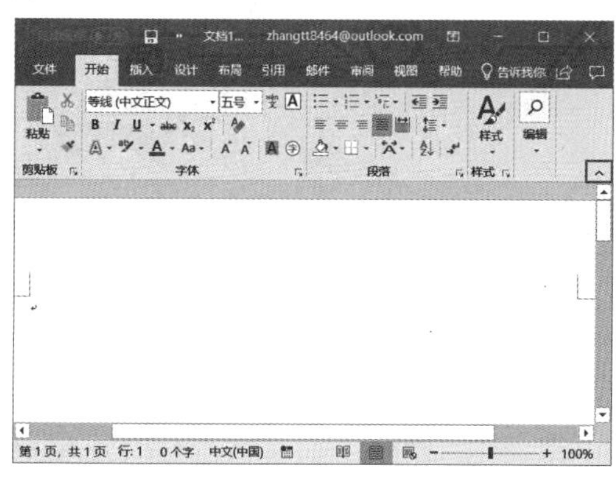

图 2-31

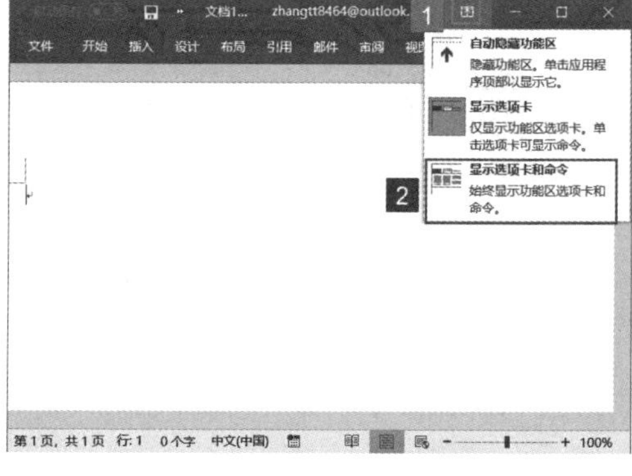

图 2-32

方法二：右键单击功能区内的任意命令按钮，然后在弹出的快捷菜单内选择“折叠功能区”命令，即可将功能区隐藏起来，如图 2-33 所示。当用户需要再次显示功能区时，右键单击功能区内的任意选项卡，然后在弹出的快捷菜单内选择“折叠功能区”选项，即可取消其前面的“√”标志，功能区即可重新显示，如图 2-34 所示。

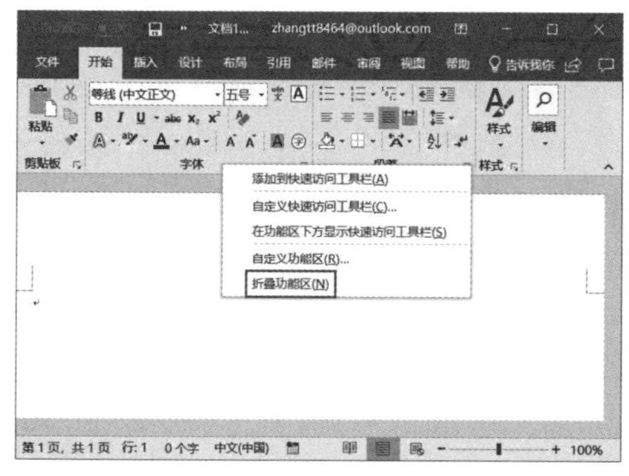

图 2-33

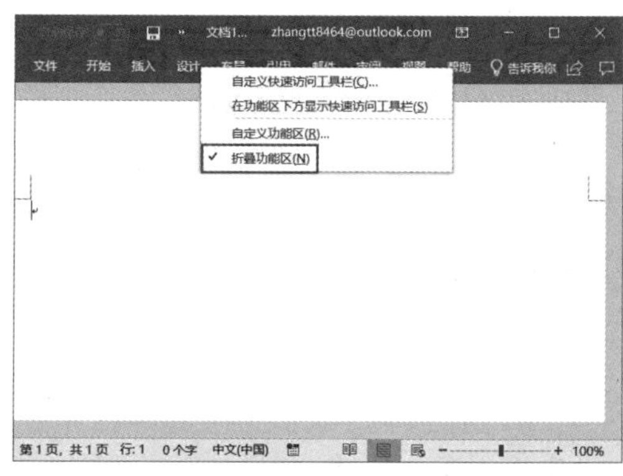

图 2-34

方法三：在任意选项卡上双击鼠标左键，即可将功能区隐藏起来；再次双击鼠标左键，即可将功能区显示出来。

2.3.4 将当前功能区设置应用到其他计算机

设置功能区，使其布局符合自己的操作习惯，能够有效地提高工作效率。Office 2019 允许用户将功能区和快速访问工具栏的配置以文件的形式导出。当在其他计算机上使用 Office 程序时，只要将这个配置文件导入，即可获得与自己操作习惯一致的操作界面。下面以 Word 2019 的操作为例，来介绍一下保存界面布局的操作方法。

步骤 1：打开“ Word 选项”对话框，切换至“自定义功能区”选项卡，然后单击对话框右下方的“导入 / 导出”按钮，在展开的菜单列表内选择“导出所有自定义设置”命令，如图 2-35 所示。

步骤 2：弹出“保存文件”对话框，定位至需要保存自定义设置的位置，在“文件名”文本框内输入文件名。完成设置后单击“确定”按钮即可保存文件，如图 2-36 所示。此时，当前功能区和快速访问工具栏的设置都将保存在这个配置文件中，在其他机器上只需要导入该配置文件，即可获得相同的功能区和快速访问工具栏。

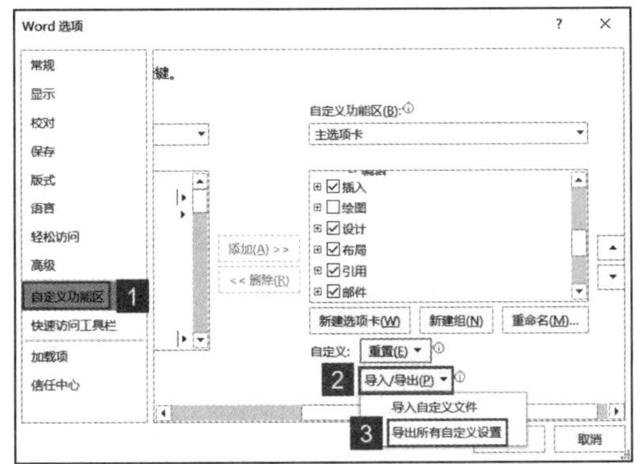

图 2-35

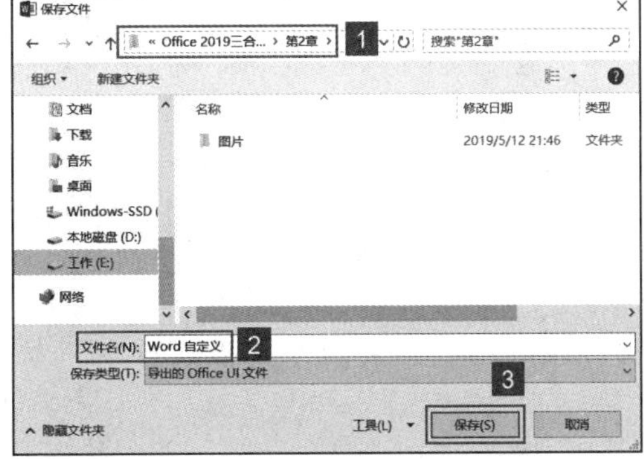

图 2-36

第3章 Office 2019 的基本操作

Office 2019 常用的应用程序包括 Word、Excel、PowerPoint 等，其界面都大同小异，很多功能都相同，例如创建新文档、文档的启动与退出、文档的保存等。本章将以 Word 2019 为例来介绍 Office 2019 文档基本操作的方法与技巧。

- 新建与打开 Office 2019 文档
- 了解文档的属性
- 灵活操作文档窗口
- 文档的格式转换
- 保存文档

3.1 新建与打开 Office 2019 文档

用户在使用 Office 文档办公时，第一步就是新建 Office 文档。在 Office 2019 的各个组件中，新建 Office 文档的方式都是相同的。在对 Office 文档进行编辑前，需要先打开程序，然后才能进行录入或修改。本节将以 Word 2019 为例介绍新建和打开 Office 文档的几种方法。

3.1.1 创建新文档

要使用 Word 2019 对文档进行编辑操作，就要先学会如何新建文档，下面介绍几种创建空白文档的方法。

方法一：启动 Word 2019 创建新文档

步骤 1：单击计算机桌面左下角的“开始”按钮，然后弹出的快捷菜单内找到并单击“Word”图标，如图 3-1 所示。

步骤 2：启动 Word 2019 应用程序，在右侧窗格内单击“空白文档”图标，如图 3-2 所示。

图 3-1

图 3-2

步骤 3：即可创建新文档，进行编辑，如图 3-3 所示。

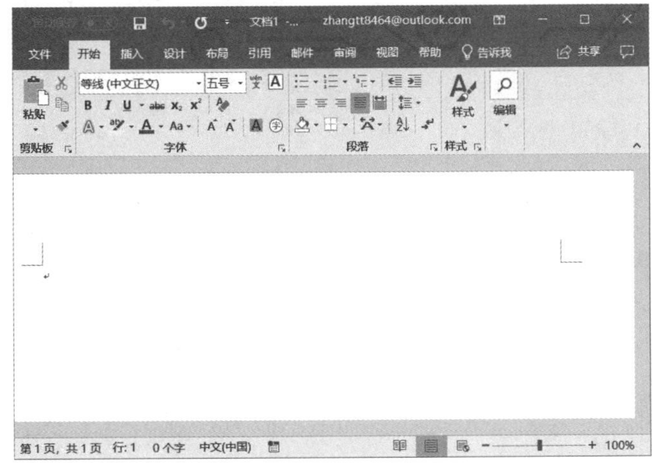

图 3-3

方法二：右键单击创建新文档

步骤 1：在计算机的任意空白处，右键单击，在弹出的快捷菜单内单击“新建”按钮，然后在弹出的子菜单列表内单击“Microsoft Word 文档”按钮，如图 3-4 所示。

步骤 2：即可创建一个空白的 Word 文档，如图 3-5 所示。

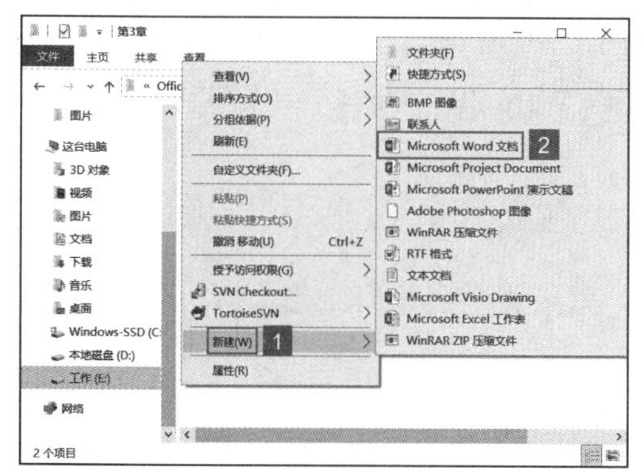

图 3-4

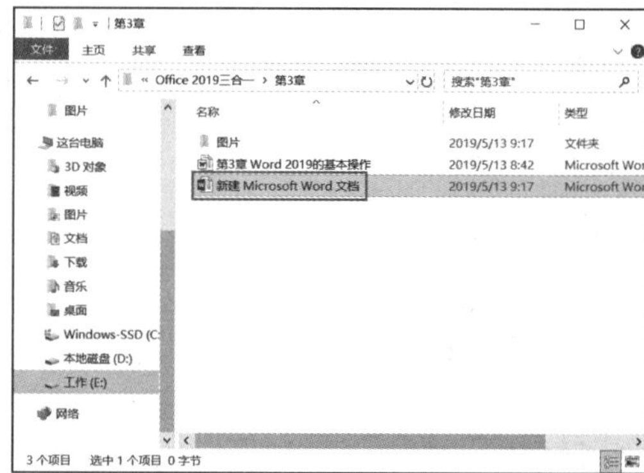

图 3-5

步骤 3：为该文档重命名后，左键双击该文档即可启动 Word 2019 对该文档进行编辑处理，如图 3-6 所示。

图 3-6

3.1.2 使用模板创建文档

启动 Word 2019 后，用户可以根据需要创建新文档。此时，用户也可以根据需要选择 Office 的设计模板来创建文档。

步骤 1：启动 Word 2019，单击“文件”按钮，然后在左侧窗格内单击“新建”按钮，在右侧窗格内单击选择合适的 Word 模板，例如“创意简历”，如图 3-7 所示。

步骤 2：打开“创意简历”模板的说明，如确认要根据该模板创建新文档，单击“创建”按钮，如图 3-8 所示。

步骤 3：Word 2019 将创建一个创意简历的新文档，如图 3-9 所示。

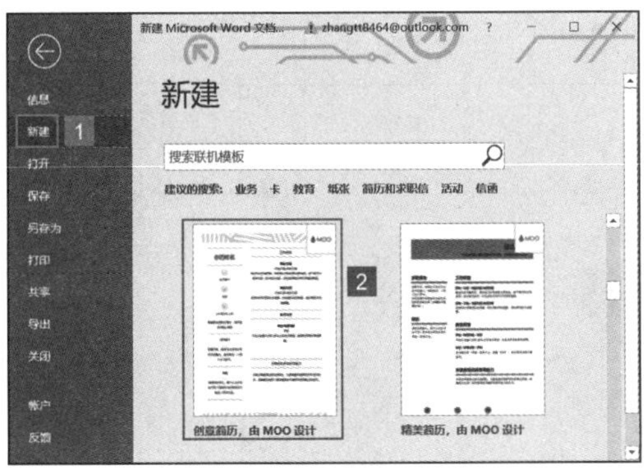

图 3-7

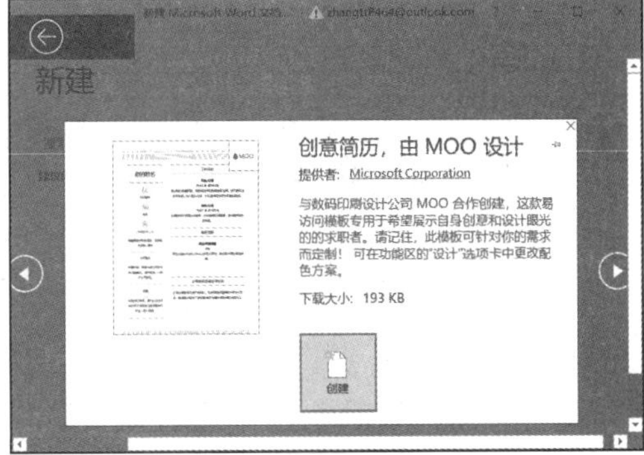

图 3-8

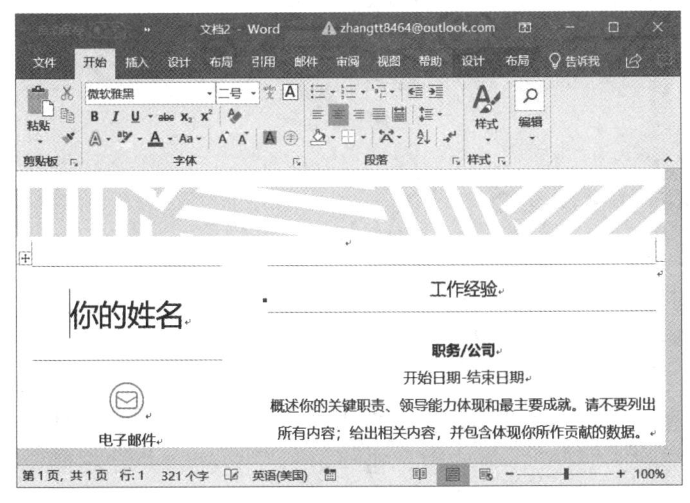

图 3-9

技巧点拨：如果用户需要创建的新文档模板在 Word 2019 中未找到，可以通过联机搜索在互联网上寻找并下载模板即可使用。

3.1.3 打开文档

如果知道文档在计算机中的存储位置，在启动 Word 2019 应用程序后，可通过"打开"对话框进入存储位置打开 Word 文档，下面介绍打开文档的方法。

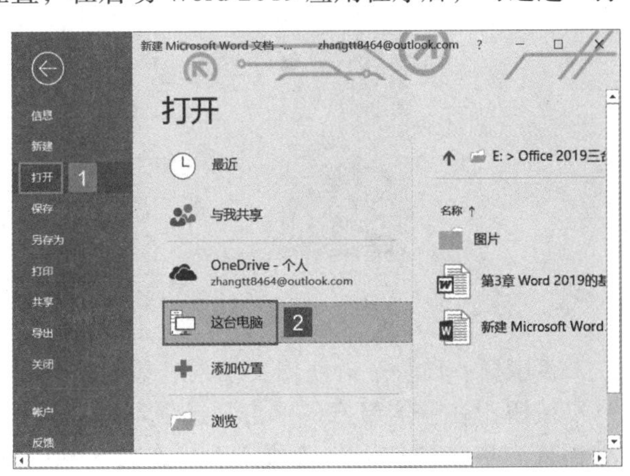

图 3-10

步骤 1：启动 Word 2019 应用程序，单击"文件"按钮，在左侧窗格内单击"打开"按钮，然后在中间的"打开"窗格内左键双击"这台电脑"按钮，如图 3-10 所示。

步骤 2：弹出"打开"对话框，定位至文档所在文件夹的位置，选中需要打开的文档，单击"打开”按钮即可，如图 3-11 所示。

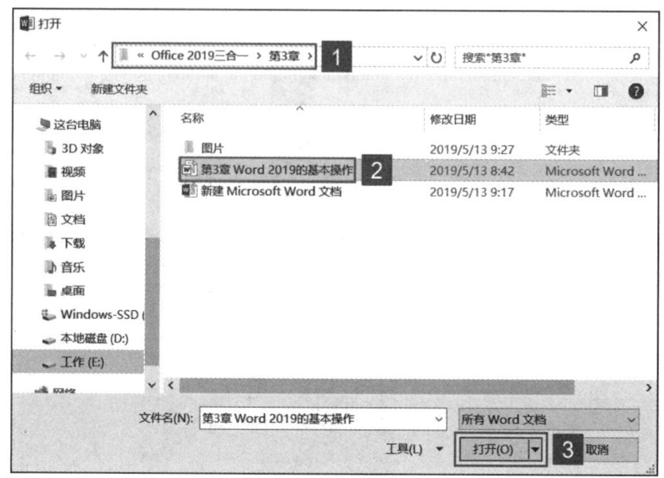

图 3-11

3.1.4 快速打开常用文档

Office 2019 会记录最近打开过的文件，用户可以直接在“最近使用的文档”列表内选择打开过的文件将其快速打开。同时，对于列表内列出的最近使用文档的数目，Office 也可以通过“选项”对话框进行设置。下面以 Word 2019 为例来介绍快速打开文档的方法。

步骤 1：启动 Word 2019 应用程序，单击“文件”按钮，在左侧窗格内单击“打开”按钮，然后在中间的“打开”窗格内单击“最近”按钮，并在右侧窗格内选择需要打开的文档即可，如图 3-12 所示。

图 3-12

步骤 2：设置最近使用文档列表显示的数目。启动 Word 2019 应用程序，单击“文件”按钮，在左侧窗格内单击“选项”按钮，打开“ Word 选项”对话框。在左侧的选项窗格内单击“高级”选项，然后在“显示”组内的“显示此数目的‘最近使用的文档’”微调框内输入数字，这里输入的数字将决定“文件”菜单中的“最近使用的文档”

列表中可以显示的最近使用文档数目，设置完成后，单击“确定”按钮即可，如图 3-13 所示。

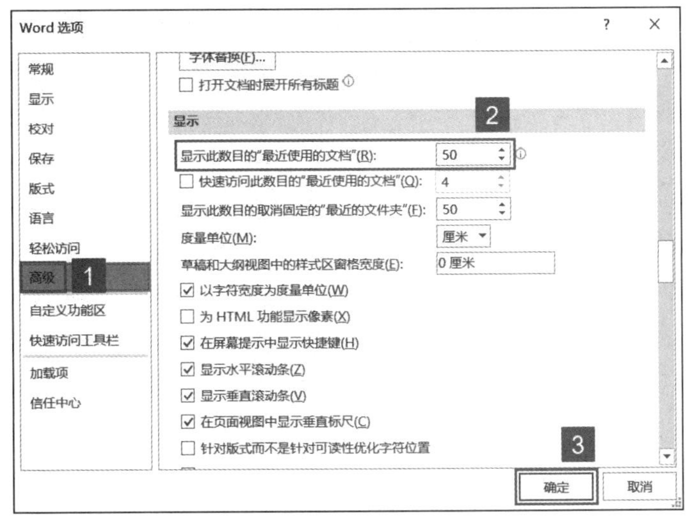

图 3-13

3.1.5 以副本方式打开文档

打开已有文档时，还可以以副本的方式打开。以副本打开文档，即使在编辑文档过程中文档损坏或者对文档误操作，也不会对源文档造成破坏，提高使用效率。下面介绍以副本方式打开文档的操作方法。

步骤 1：启动 Word 2019 应用程序，单击“文件”按钮，在左侧窗格内单击“打开”按钮，然后在中间的“打开”窗格内左键双击“这台电脑”按钮，打开“打开”对话框。定位至需要打开的文档位置并选中该文档，单击“打开”下拉按钮，然后在展开的菜单列表内单击“以副本方式打开”选项，如图 3-14 所示。

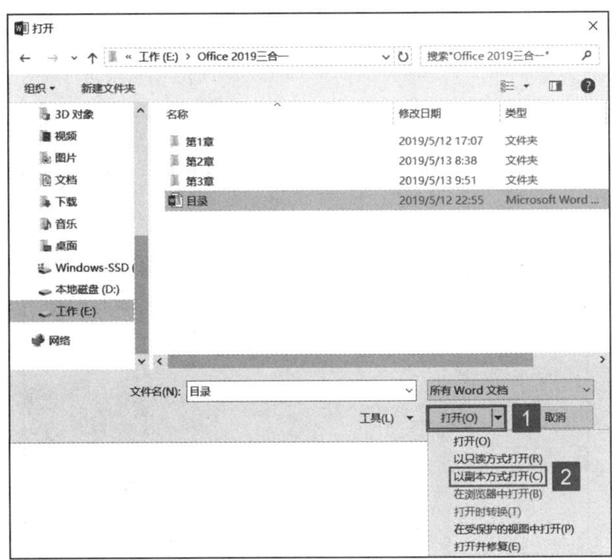

图 3-14

步骤 2：此时文档将以副本形式打开，在标题栏上将显示“副本”字样，如图 3-15 所示。

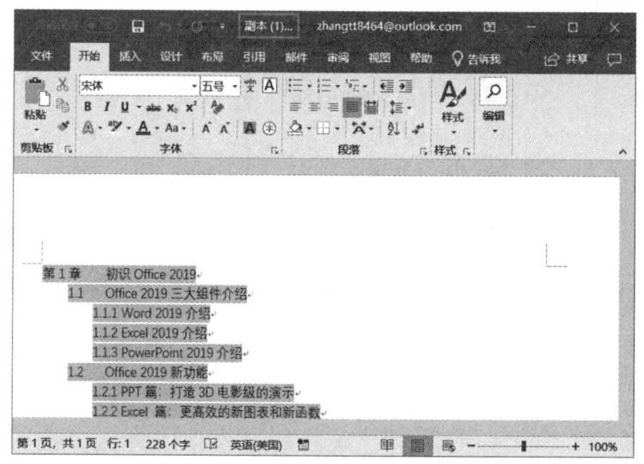

图　3-15

技巧点拨：以副本方式打开文档，与根据现有文档新建文档有很多的相似之处。它们之间最大的不同在于，在创建文档的一个副本时，Office 会自动将这个副本文件保存在与指定文件相同的文件夹中。同时，Office 会根据指定文件的文件名自动为其命名。

3.1.6　以只读方式打开文档

如果在使用 Office 文档时，不希望对文档进行修改而只是想要阅读文档，可选择以只读方式打开文档。下面介绍以只读方式打开文档的操作方法。

步骤 1：启动 Word 2019 应用程序，单击“文件”按钮，在左侧窗格内单击“打开”按钮，然后在中间的“打开”窗格内左键双击“这台电脑”按钮，打开“打开”对话框。定位至需要打开的文档位置并选中该文档，单击“打开”下拉按钮，然后在展开的菜单列表内单击“以只读方式打开”选项，如图 3-16 所示。

步骤 2：此时文档将以只读形式打开，在标题栏上将显示“只读”字样，如图 3-17 所示。

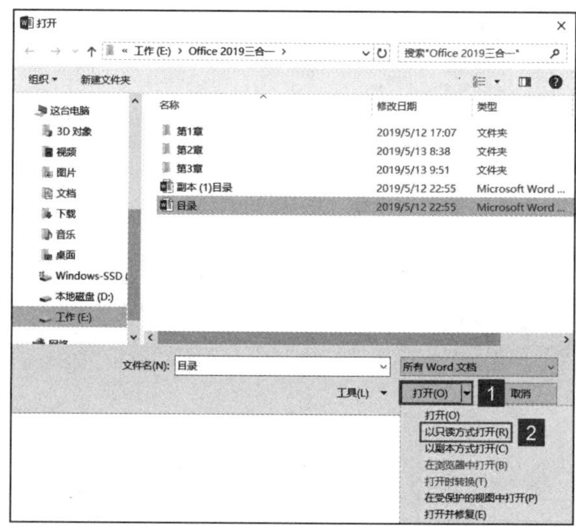

图　3-16

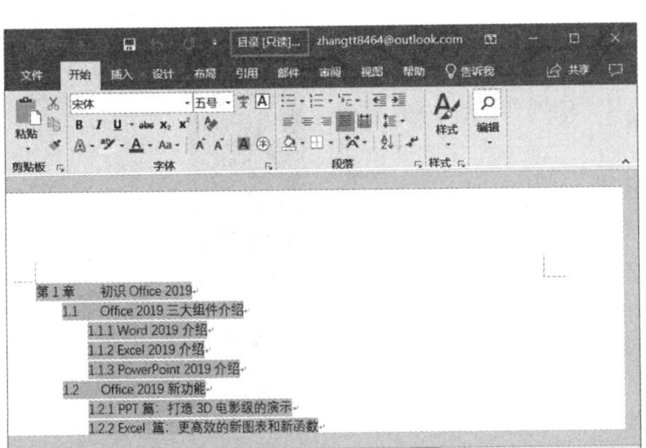

图 3-17

3.1.7 在受保护视图中查看文档

受保护的视图模式与只读模式很相似，此时文档同样不能直接进行编辑，但 Word 允许用户在该视图模式下进入编辑状态。

步骤 1：启动 Word 2019 应用程序，单击“文件”按钮，在左侧窗格内单击“打开”按钮，然后在中间的“打开”窗格内左键双击“这台电脑”按钮，打开“打开”对话框。定位至需要打开的文档位置并选中该文档，单击“打开”下拉按钮，然后在展开的菜单列表内单击“在受保护的视图中打开”选项，如图 3-18 所示。

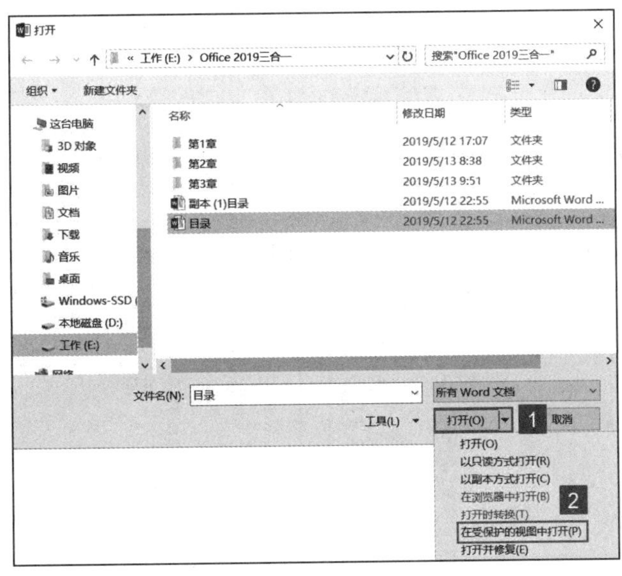

图 3-18

步骤 2：此时文档将在受保护的视图中打开，在标题栏上将显示“受保护的视图”字样，如图 3-19 所示。

步骤 3：此时如果单击工具栏下方的“此文件已在受保护的视图中打开，请单击查看详细信息”超链接将能够在“文件”选项卡中查看文档的详细信息，如图 3-20 所示。

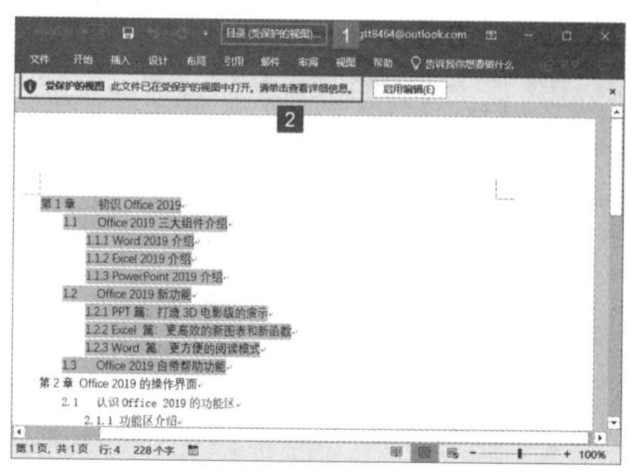
图 3-19

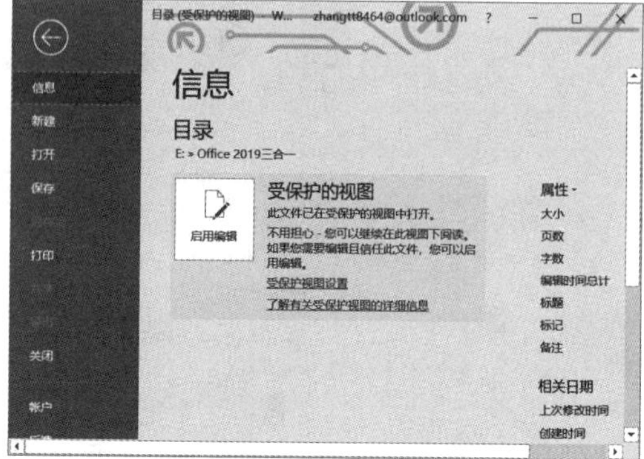
图 3-20

技巧点拨：这里，单击“启用编辑”按钮将能够进入 Word 编辑状态对文档进行编辑操作。

3.2 了解文档的属性

要想了解 Word 文档的各种属性信息，可以在 Word 应用程序的“文件”页面中查看，也可以通过右键单击该文件选择“属性”按钮进行查看，下面介绍具体的操作方法。

步骤 1：启动 Word 2019 应用程序并打开文档，单击“文件”按钮，然后在左侧窗格内单击“信息”选项，此时在右侧窗格内查看文档的属性信息，如图 3-21 所示。

步骤 2：选中并右键单击需要查看属性的文档，然后在弹出的快捷菜单内选择“属性”选项，如图 3-22 所示。

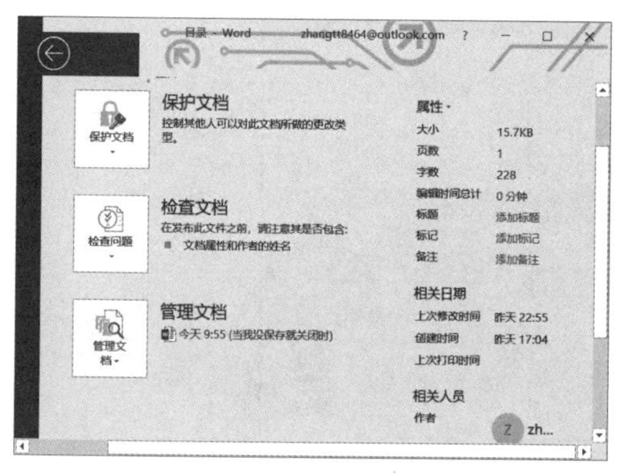
图 3-21

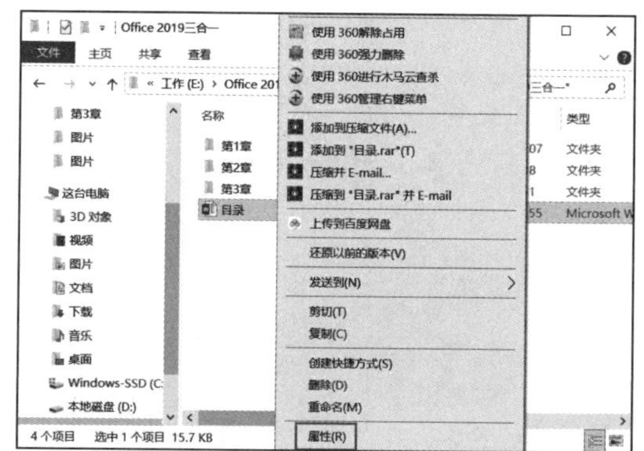
图 3-22

步骤 3：打开“属性”对话框，切换至“详细信息”选项卡，即可显示文档的详细信息，如图 3-23 所示。

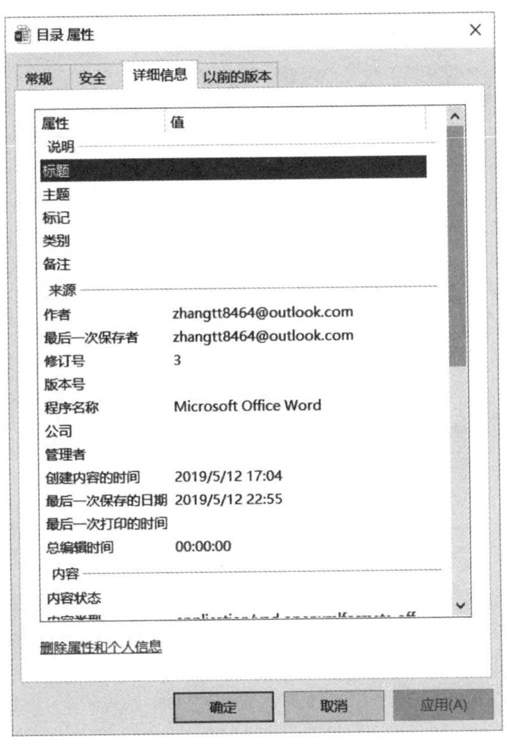

图 3-23

3.3 灵活操作文档窗口

用户在使用 Office 文档时，通常只使用默认文档显示格式，其实为了方便用户使用，Office 提供了对文档窗口的一些变换，如拆分文档窗口、并排文档窗口以及改变视图的显示比例等。本节将介绍对 Word 2019 文档窗口进行操作的方法。

3.3.1 缩放文档内容

在查看或编辑文档时，放大比例能够更方便地查看文档内容，缩小比例可以在屏幕内显示更多内容。文档的放大和缩小，可以通过调整文档的显示比例来实现。在 Word 中，一般可以通过“视图”选项卡中的设置项或状态栏上的按钮来对文档的显示进行缩放操作，下面介绍一下具体的操作方法。

方法一：通过“视图”选项卡中的设置项进行缩放操作

步骤 1：打开 Word 2019 文档，切换至“视图”选项卡，在“显示比例”组内单击“显示比例”按钮，如图 3-24 所示。

步骤 2：弹出“显示比例”对话框，在“百分比”右侧的微调框内输入合适的缩放百分比，单击“确定”按钮，文档将按照设定的比例进行缩放显示，如图 3-25 所示。

步骤 3：在“显示比例”窗格内，可以选择不同的显示比例来改变视图的大小。例如选择“页宽”前的单选按钮，文档将会按照页宽来进行缩放，此时在“百分比”微调框内可以看到文档的缩放比例会随之发生改变，如图 3-26 所示。选择“文字宽度”前的单选按钮，文档将按照文字大小进行缩放，如图 3-27 所示。

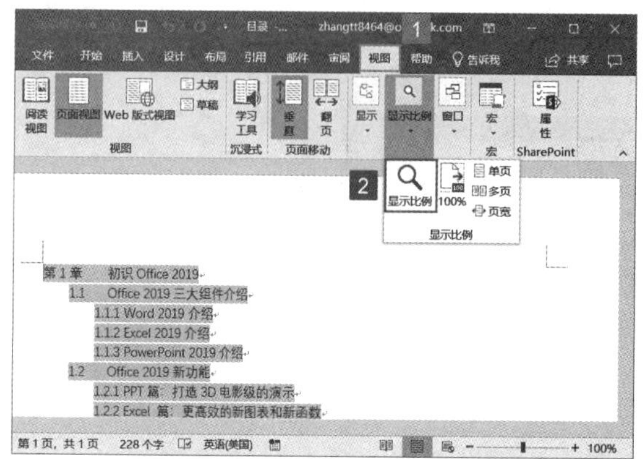

图 3-24

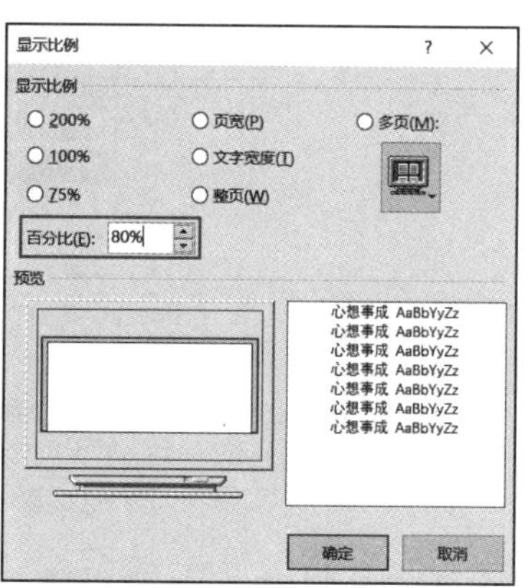

图 3-25

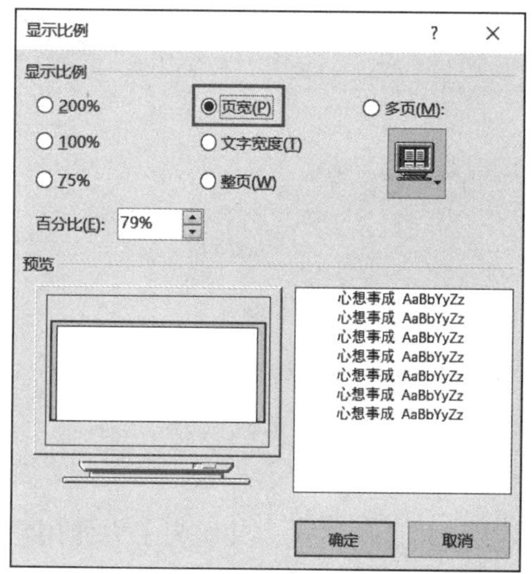

图 3-26

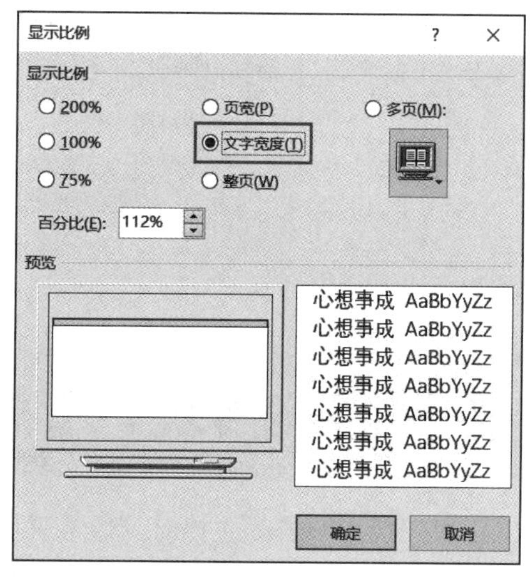

图 3-27

步骤 4：选择“整页”前的单选按钮，并单击“确定”按钮，如图 3-28 所示。Word 应用程序屏幕内将显示整页的内容，如图 3-29 所示。

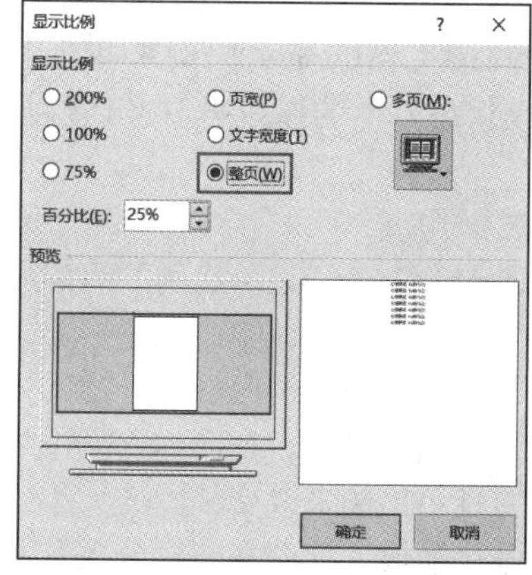

图 3-28

图 3-29

步骤 5：选择“多页”前的单选按钮，并单击“确定”按钮，如图 3-30 所示。Word 应用程序屏幕内将同时排列显示所有页面，如图 3-31 所示。

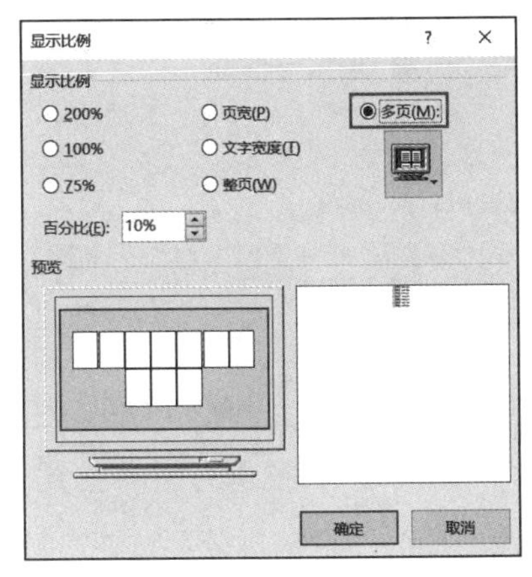

图 3-30

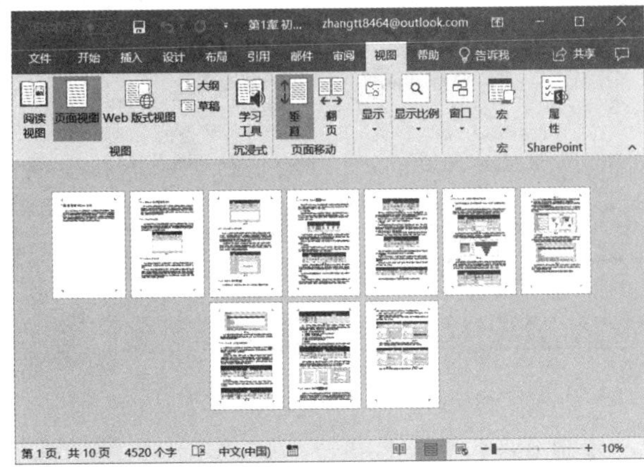

图 3-31

方法二：通过状态栏上的按钮进行缩放操作

在 Word 应用程序右下方的状态栏内存在一个滚动条，拖动滑块即可直接设置页面的显示比例，单击滑块左侧的缩小按钮“－”和右侧的放大按钮“＋”可以调整页面的缩放比例，如图 3-32 所示。单击缩放级别按钮“100%”也可以打开“显示比例”对话框，对显示比例进行设置。

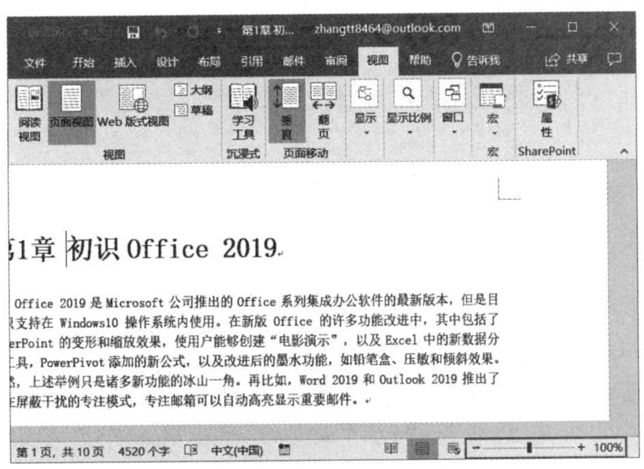

图 3-32

3.3.2 拆分文档窗口

在进行文档处理时，常常需要查看同一文档中不同部分的内容。如果文档很长，而需要查看的内容又分别位于文档的前后部分，此时拆分文档窗口是一个好的解决方法。所谓拆分文档窗口，就是将当前窗口分为两个部分，该操作不会对文档造成任何影响，它只是文档浏览的一种方式而已。下面介绍拆分文档窗口的操作方法。

步骤 1：打开需要拆分的 Word 文档，切换至“视图”选项卡，在“窗口”组内单击“拆分”按钮，如图 3-33 所示。

步骤 2：此时，文档中会出现一条拆分线，文档窗口被拆分为两部分，可以在这两个窗格内分别通过拖动滚动条调整显示的内容。拖动窗格上的拆分线，可以调整两个窗格的大小，如图 3-34 所示。

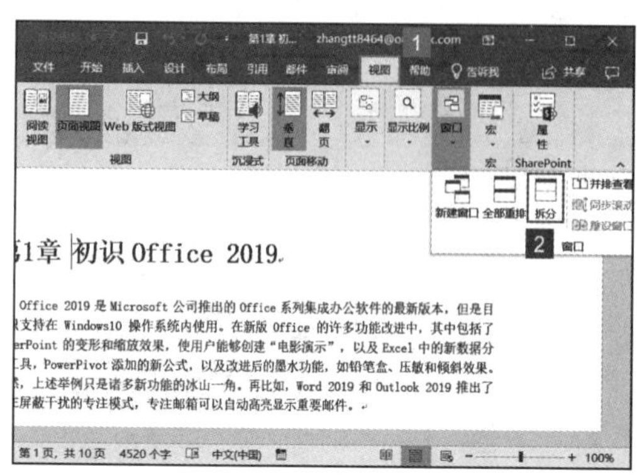

图　3-33

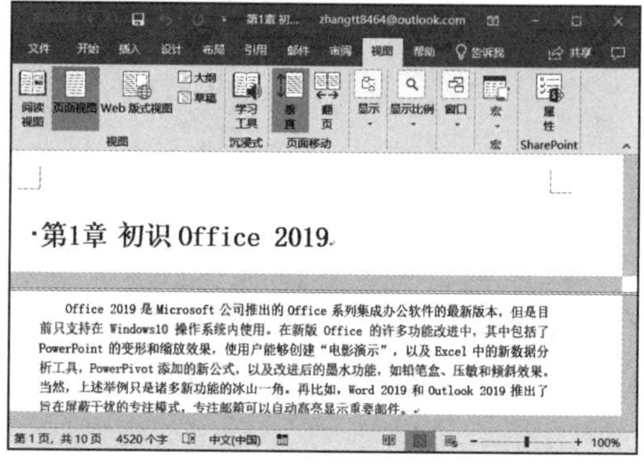

图　3-34

步骤 3：设置文档拆分后，选项卡内的“拆分”按钮变为“取消拆分”按钮，单击该按钮将取消对窗格的拆分，如图 3-35 所示。

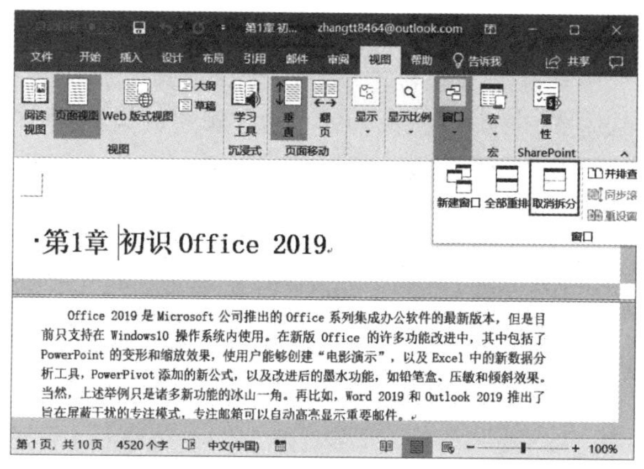

图　3-35

技巧点拨：拆分文档窗口是将窗口拆分为两个，而不是将文档拆分为两个文档，在这两个窗口中对文档进行编辑处理都会对文档产生影响。当需要对比长文档前后的内容并进行编辑时，可以拆分窗口后在一个窗口中查看文档内容，而在另一个窗口中对文档进行修改。如果需要将文档的前段内容复制到相隔多个页面的某个页面中，可以在一个窗口中显示复制文档的位置，在另一个窗口中显示粘贴文档位置。这都是能够极大提高编辑效率的技巧。

3.3.3　并排查看文档

两个窗口的并排查看功能在 Office 文档中经常用到，这一功能使得两个窗口中的数据可以进行精确对比。下面介绍在 Word 中并排查看文档的方法。

步骤 1：打开两个以上的 Word 文档，在其中一个需要进行并排查看的 Word 窗口内，切换至“视图”选项卡，然后在“窗口”组内单击“并排查看”按钮，如图 3-36 所示。

步骤 2：弹出“并排比较”对话框，选中需要进行并排查看的文档，单击“确定”按钮，如图 3-37 所示。

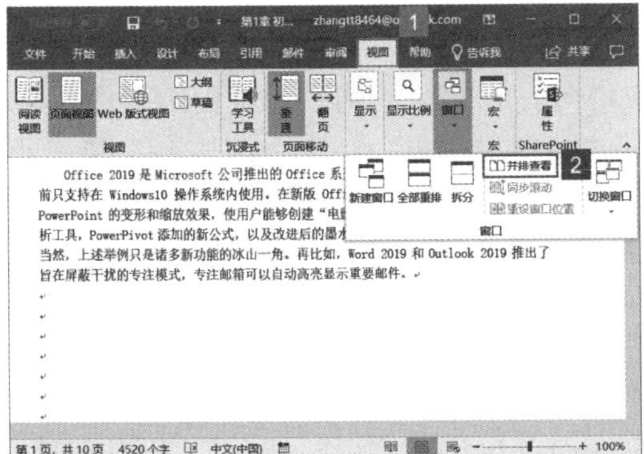
图 3-36

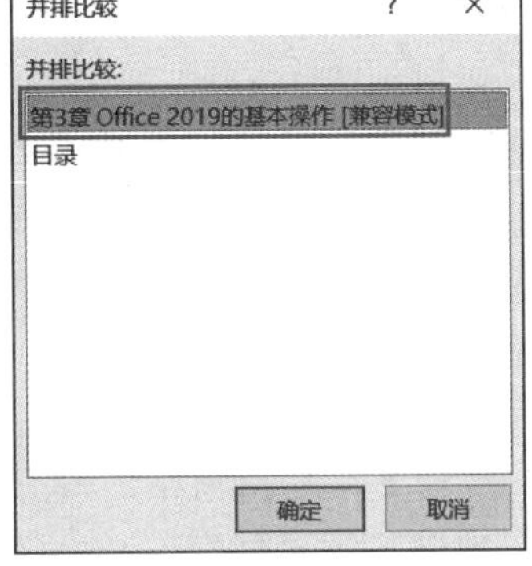
图 3-37

步骤 3：此时，两个窗口会自动并排，并且占据整个屏幕，效果如图 3-38 所示。

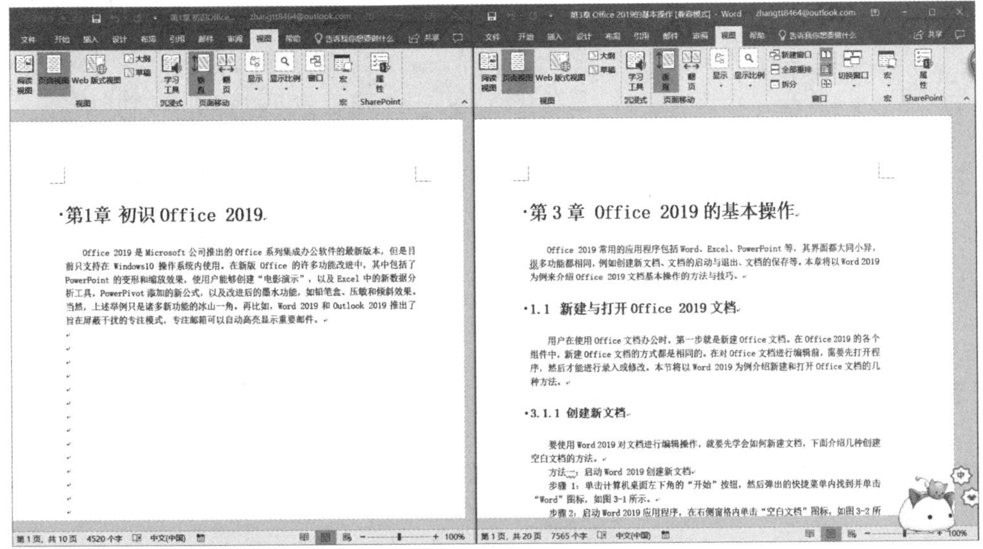
图 3-38

步骤 4：滑动鼠标滚轮翻动其中一个窗口的页面，会发现另一个窗口的页面也会随之滚动，这是并排查看窗口时默认设置了同步滚动的原因。如果用户需要同步滚动，可以单击“窗口”组内的“同步滚动”按钮取消同步滚动，如图 3-39 所示。

步骤 5：在完成两个文档的对比操作后，再次单击“并排查看”按钮，即可取消窗口的并排状态，如图 3-40 所示。

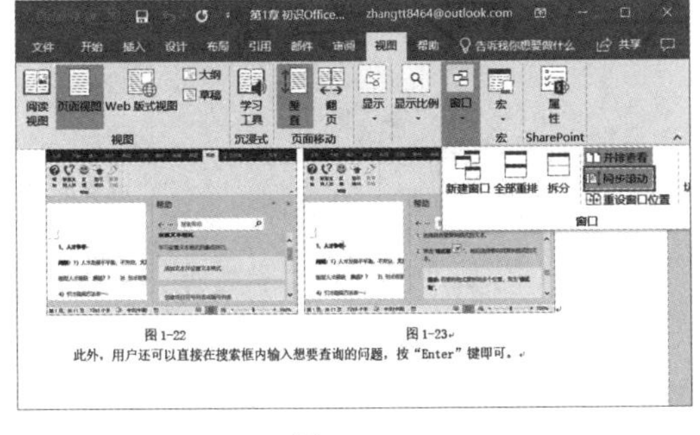
图 3-39

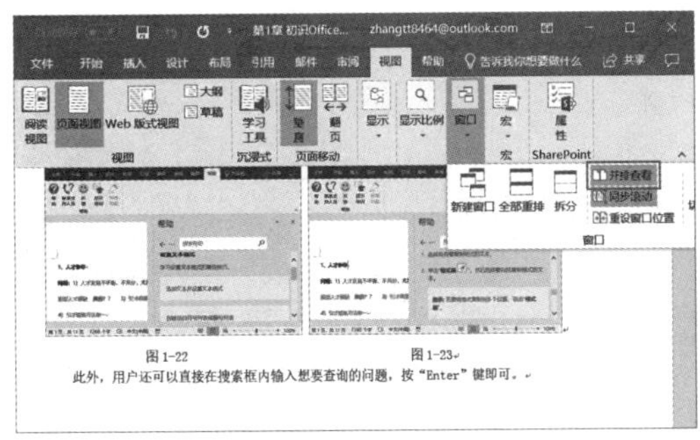
图 3-40

3.3.4 显示文档结构图和缩略图

用户可以在 Word 2019 的“导航”窗格内查看文档结构图和页面缩略图，从而帮助用户快速定位文档位置。在 Word 2019 文档窗口中显示“文档结构图”和“页面缩略图”的步骤如下。

步骤 1：打开 Word 文档，切换至“视图”选项卡，单击勾选“显示”组内“导航窗格”前的复选框，此时即可在文档窗口左侧打开“导航”窗格，在窗格中将按照级别高低显示文档中的所有标题文本，如图 3-41 所示。

步骤 2：单击窗格内带有▷的标签将其展开，可以查看其下级的结构。在“导航”窗格内单击任意标题，在右侧的文档编辑区即可定位至该标题处，可以直接对标题进行编辑修改，如图 3-42 所示。

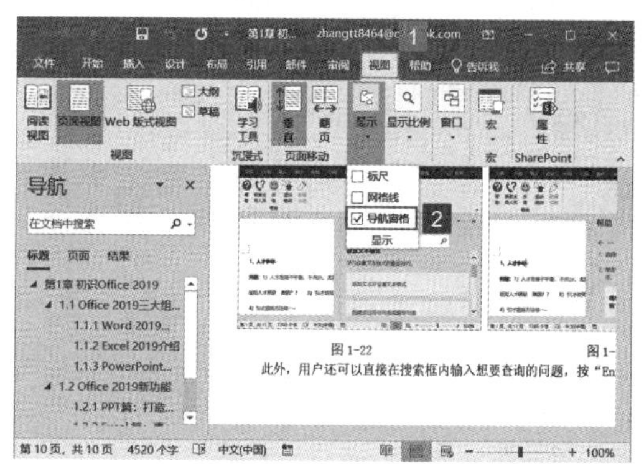

图 3-41

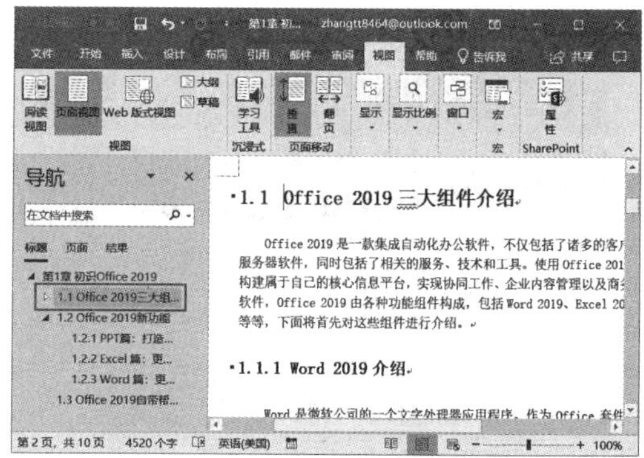

图 3-42

步骤 3：在“导航”窗格内单击“页面”按钮，文档结构图会自动关闭，同时在窗格中显示文档各页的缩略图。光标所在页的缩略图会呈现选择状态。在窗格内单击相应的缩略图，即可在文档编辑区切换到相应的页。单击窗格右上角的“关闭”按钮即可关闭窗格，如图 3-43 所示。

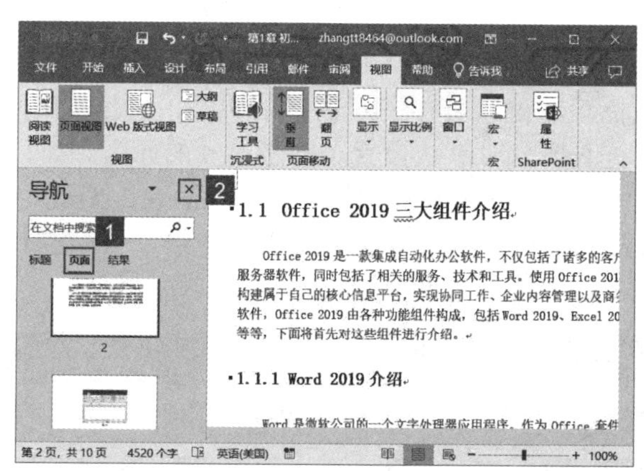

图 3-43

3.3.5 切换和新建文档窗口

在打开很多文档进行编辑时，用户可以使用“视图”选项卡中的“切换窗口”按钮来实现快速切换，以对不同的文档进行编辑。如果想在新的文档窗口中打开当前文档，可以使用“视图”选项卡中的“新建窗口”按钮来实现。下面介绍具体的操作方法。

步骤 1：打开几个要进行编辑的 Word 文档，切换至“视图”选项卡，单击“窗口”组内的“切换窗口”下拉按钮，然后在展开的选项列表内单击需要切换的文档即可实现文档窗口的切换，如图 3-44 所示。

步骤 2：如果在“窗口”组内单击“新建窗口”按钮，可创建一个与当前文档窗口相同大小的新文档窗口，文档的内容为当前文档的内容，如图 3-45 所示。

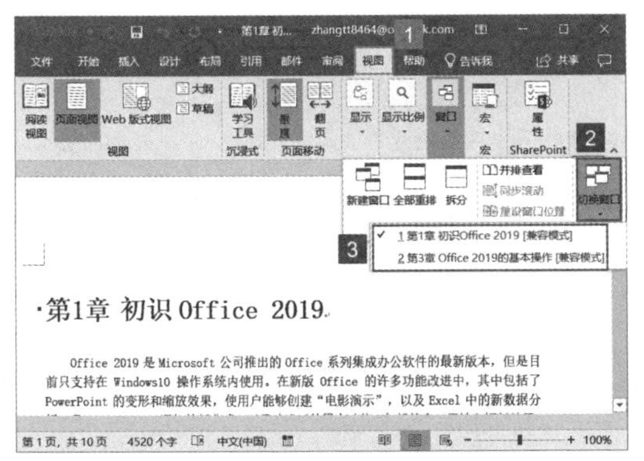

图 3-44

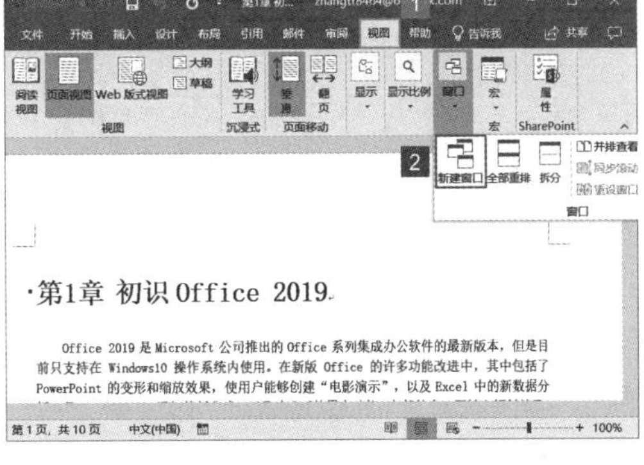

图 3-45

3.4 文档的格式转换

Office 2019 文档可以被保存为多种文档格式，如 Web 页面格式。同时，Office 2019 应用程序之间也可以实现文档格式的相互转换，如将 Word 文档直接转换为 PowerPoint 文档。另外，借助于加载项可以实现将 Office 2019 文档转换为常用的 PDF 文档和 XPS 文档。

3.4.1 将文档转换为 Web 页面

为了将文档方便地在互联网和局域网上发布，用户需要将文档保存为 Web 页面文件。Word、Excel 和 PowerPoint 都能够将文档保存为 Web 页面，这种页面文件使用 HTML 文件格式。下面以将一个 Word 文档转换为网页文件为例介绍具体的操作方法。

步骤 1：打开 Word 文档，单击“文件”按钮，然后在左侧窗格内单击“另存为”按钮，在中间的“另存为”窗格内左键双击“这台电脑”按钮，如图 3-46 所示。

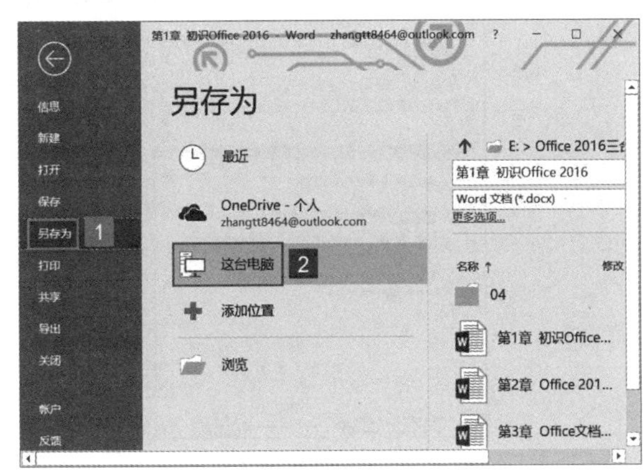

图 3-46

步骤 2：弹出“另存为”对话框，定位至文档的保存位置，在“文件名”右侧的文本框内输入名称，并单击“保存类型”右侧的下拉按钮选择“网页”，如图 3-47 所示。

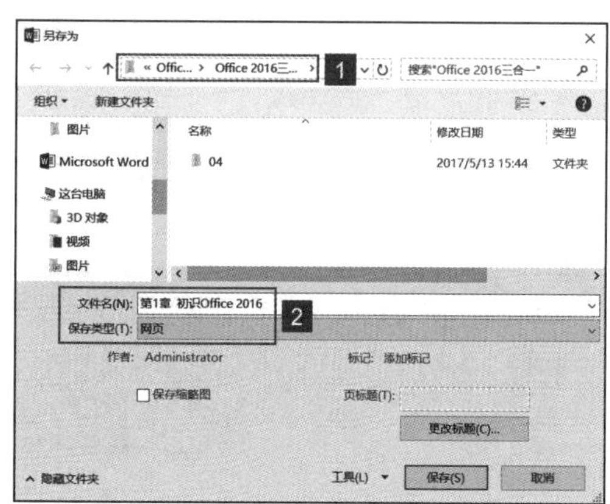

图 3-47

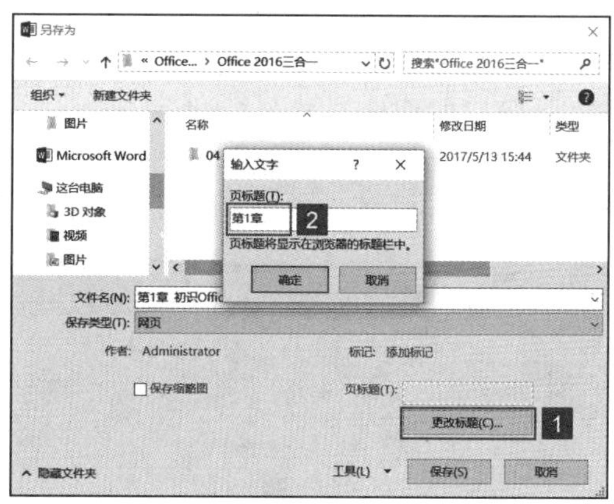

图 3-48

步骤 3：单击“更改标题”按钮，弹出“输入文字”对话框，在“页标题”文本框内输入页标题后单击“确定”按钮关闭对话框，如图 3-48 所示。

步骤 4：返回“另存为”对话框，单击“保存”按钮关闭“另存为”对话框。定位至网页文档的保存位置，即可看到刚才保存的页面文件及其资源文件夹，如图 3-49 所示。

步骤 5：左键双击网页文件即可打开浏览器查看文档内容，如图 3-50 所示。

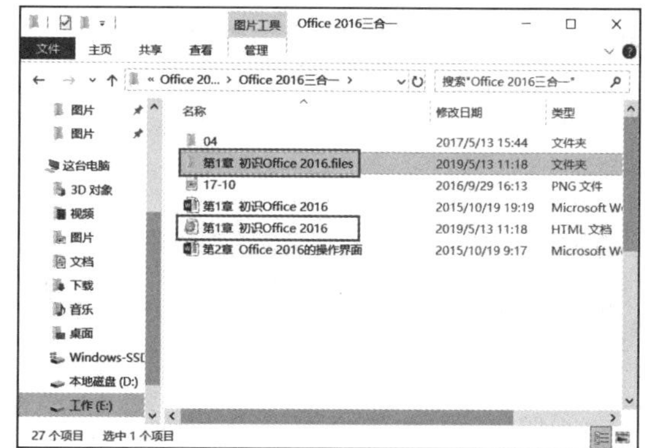

图 3-49

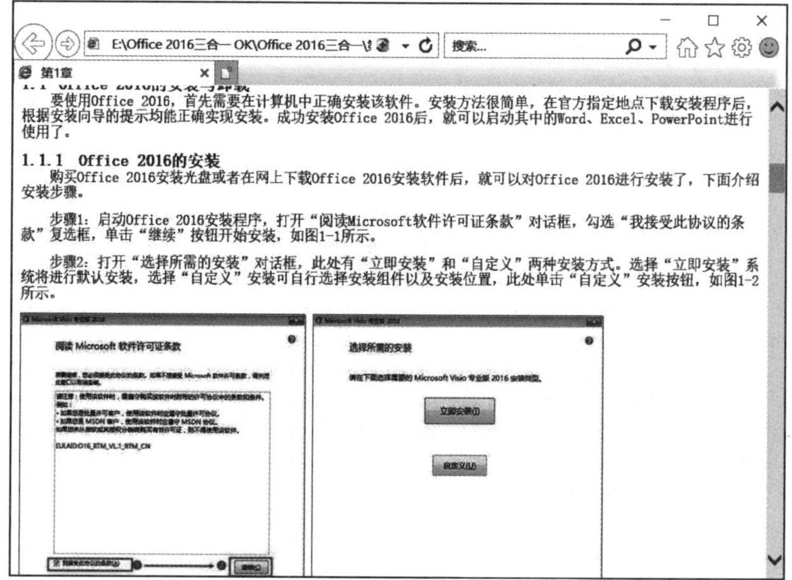

图 3-50

3.4.2 将文档转换为 PDF 或 XPS 格式

将 Office 文档转换为 PDF 或 XPS 格式，也是一项常用的操作。PDF 和 XPS 是固定版式的文档格式，可以保留文档格式并支持文件共享。进行联机查看或打印文档时，文档可以完全保持预期的格式，且文档中的数据不会轻易被更改。此外，PDF 文档格式对于使用专业印刷方法进行复制的文档十分有用。下面以 Word 2019 为例介绍将文档转换为 PDF 文档的操作方法。

步骤 1：打开 Word 文档，单击“文件”按钮，然后在左侧窗格内单击“导出”按钮，在中间的“导出”窗格内单击“创建 PDF/XPS 文档”按钮，再在右侧窗格内单击“创建 PDF/XPS”按钮，如图 3-51 所示。

步骤 2：弹出“发布为 PDF 或 XPS”对话框，定位至文档的保存位置，然后在“文件名”右侧的文本框内输入名称，单击“保存类型”右侧的下拉按钮选择文档保存类型。这里选择将文档保存为 PDF 文档，如图 3-52 所示。

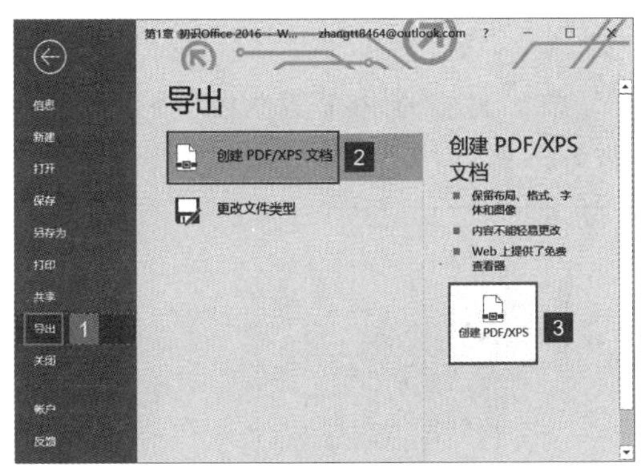

图 3-51

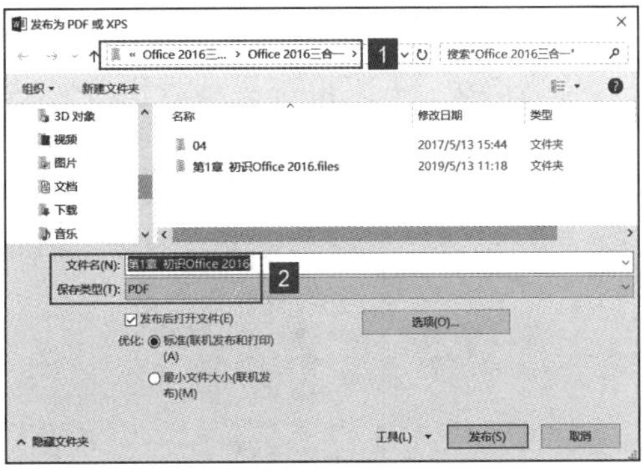

图 3-52

步骤 3：在对话框的“优化”栏中，根据需要进行设置。如果需要在保存文档后立即打开该文档，可以勾选“发布后打开文件”前的复选框。如果文档需要高质量打印，则应单击选中“标准（联机发布和打印）”单选按钮。如果对文档打印质量要求不高，而且需要文件尽量小，可单击选中“最小文件大小（联机发布）”单选按钮，如图 3-53 所示。

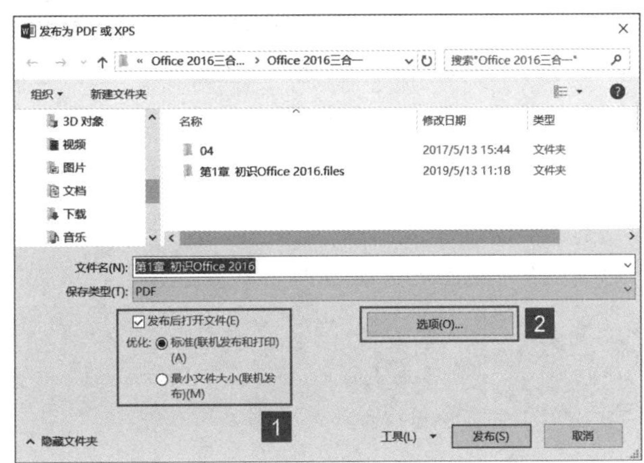

图 3-53

步骤 4：单击“选项”按钮打开“选项”对话框，在对话框中可以对打印的页面范围进行设置，同时可以选择是否打印标记以及选择输出选项。完成设置后，单击“确定”按钮关闭“选项”对话框，如图 3-54 所示。

步骤 5：返回“发布为 PDF 或 XDF”对话框，单击“发布”按钮即可将文档保存为 PDF 文档，打开该 PDF 文档，如图 3-55 所示。

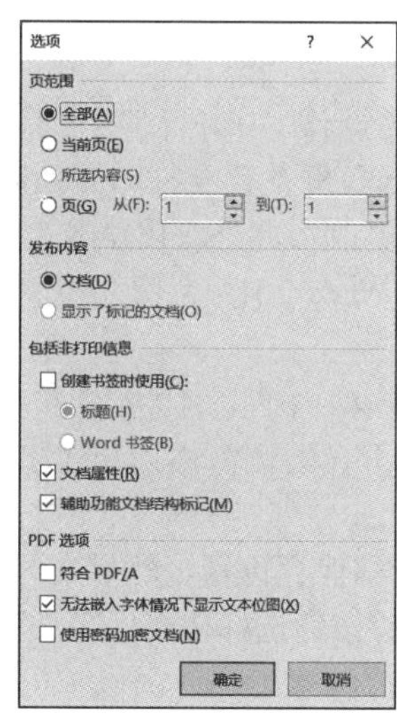

图 3-54

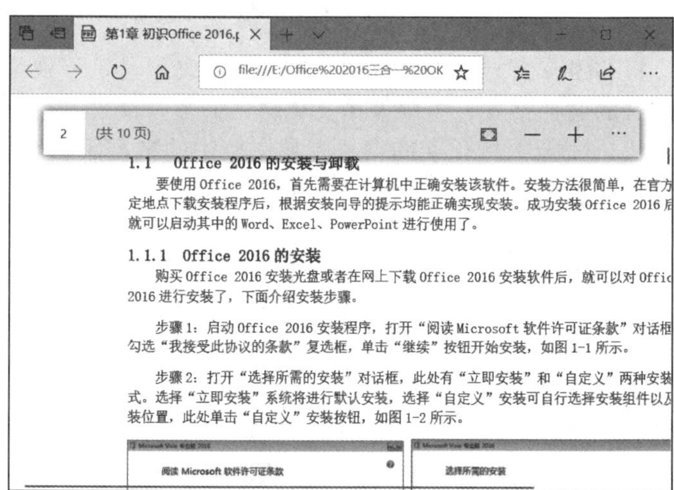

图 3-55

技巧点拨：如果要将文档转换为 XPS 文档，在“发布为 PDF 或 XPS”对话框将保存类型设置为“XPS 文档”即可，如图 3-56 所示。

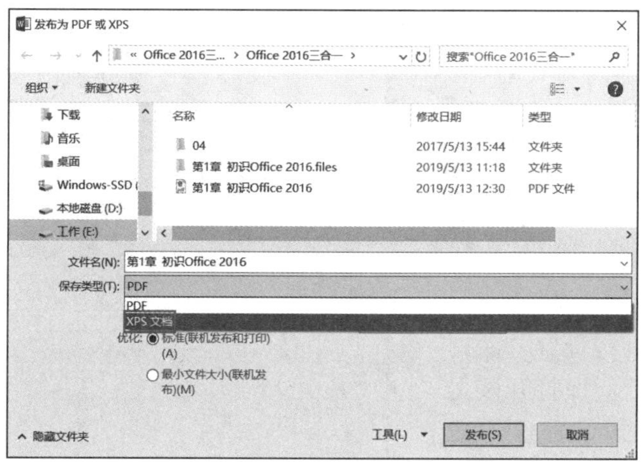

图 3-56

3.5 保存文档

在使用 Office 的过程中，保存文档是一项非常重要的操作。随时保存文档能够避免在电脑死机或遇到意外情况时数据的丢失。

3.5.1 使用“另存为”对话框保存文档

在 Office 2019 主界面中，当新建文档后，要对文档进行保存操作，下面以 Word 2019 为例来进行介绍。

步骤 1：直接单击“快速访问工具栏”中的“保存”按钮，或者单击“文件”按钮，在左侧窗格内单击“另存为”按钮，然后左键双击“这台电脑”按钮，如图 3-57 所示。

步骤 2：弹出“另存为”对话框，定位至文档的保存位置，在“文件名”右侧的文本框内输入名称，然后单击“保存类型”右侧的下拉按钮选择保存类型，设置完成后单击“保存”按钮，如图 3-58 所示。

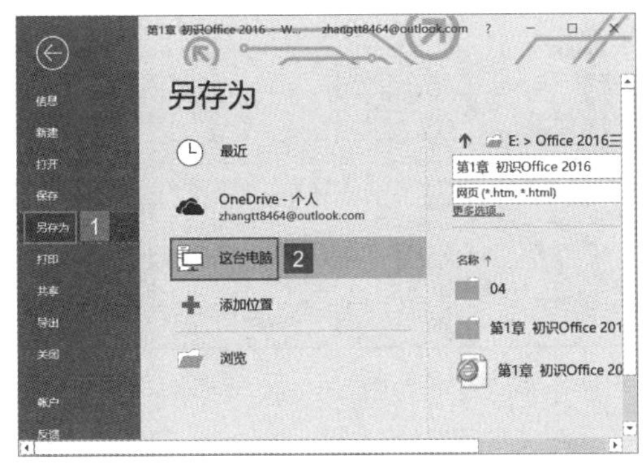

图 3-57

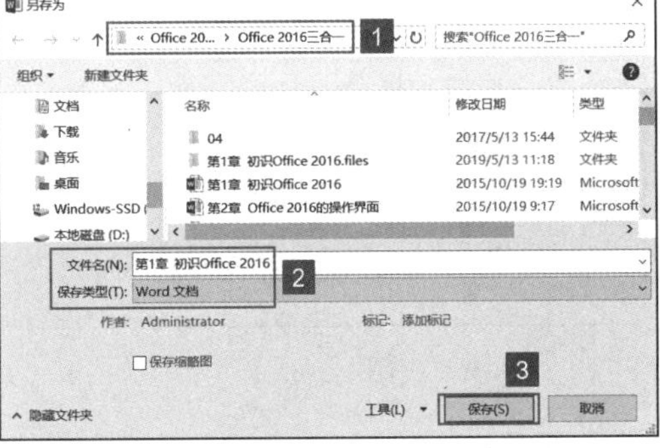

图 3-58

3.5.2 设置自动文档恢复功能

当用户使用 Office 2019 编辑文档时，如果突然发生了停电、电脑死锁或程序停止响应，以致不得不在没有保存对 Office 文档修改的情况下，重新启动电脑和 Office 2019，所有在发生故障时处于打开状态的文档没有丢失，此时都显示了出来。这就是用了 Office 2019 的“自动恢复”功能的结果。下面以 Word 2019 为例介绍自动恢复功能的设置方法。

步骤 1：打开 Word 文档，单击“文件”按钮，然后在左侧窗格内单击“选项”按钮，如图 3-59 所示。

步骤 2：弹出“Word 选项”对话框，在对话框左侧选择“保存”选项，在右侧“保存文档”组内单击勾选“保存自动恢复信息时间间隔”前的复选框，这样 Word 2019 将开启自动文档保存功能。在“保存自动恢复信息时间间隔”右侧的增量框中输入时间值（以分钟为单位），Word 2019 则会依据这个设定的时间间隔自动保存打开的文档，如图 3-60 所示。

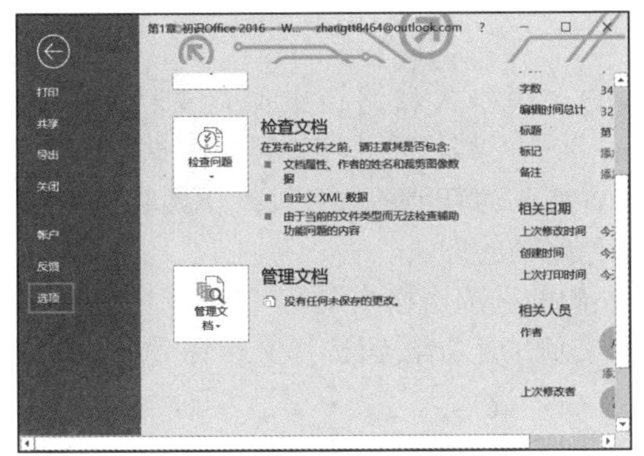

图 3-59

图 3-60

步骤 3：单击“自动恢复文件位置”文本框右侧的“浏览”按钮，如图 3-61 所示。

步骤 4：打开“修改位置”对话框，在对话框中选择自动恢复文件保存的磁盘和文件夹，单击“确定”按钮，如图 3-62 所示。

图 3-61

图 3-62

步骤 5：返回“Word 选项”对话框，即可看到自动修复文件保存的位置已更改为指定磁盘上的文件夹，单击“确定”按钮完成对自动文档恢复功能的设置，如图 3-63 所示。

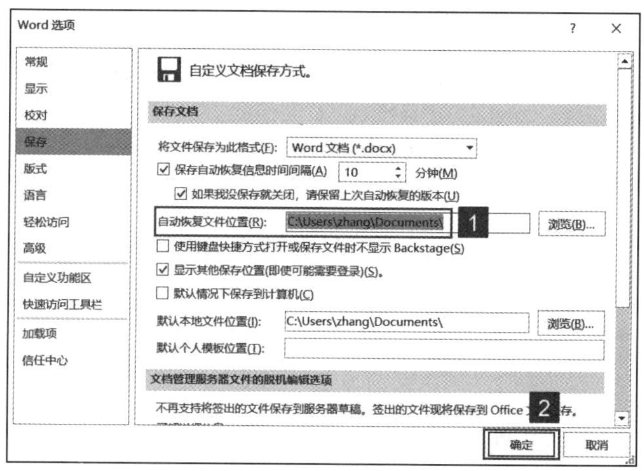

图 3-63

3.5.3 设置默认的保存格式和路径

在默认情况下，Office 2019 均使用默认的文档格式和路径来保存文档，例如，Word 2019 的默认保存格式是扩展名为“*.docx”的文档格式。用户可以根据需要更改默认的文档保存格式，并将文档默认的保存位置更改为其他的文件夹。下面将以 Word 2019 为例来介绍更改文档的默认保存格式和保存路径的方法。

步骤 1：打开“Word 选项”对话框，在左侧的选项窗格内单击“保存”按钮，然后在右侧窗格内单击“将文件保存为此格式”右侧的下拉按钮选择文档保存格式，如图 3-64 所示。

步骤 2：单击“默认本地文件位置”文本框右侧的“浏览”按钮，如图 2-65 所示。

步骤 3：打开“修改位置”对话框，在对话框内选择保存文档的文件夹，单击“确定”按钮，如图 3-66 所示。

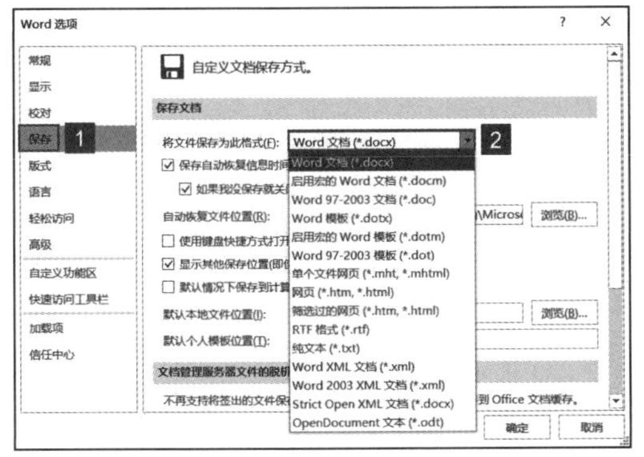

图 3-64

图 3-65

步骤 4：返回“Word 选项”对话框，即可看到“默认本地文件位置”右侧文本框内的地址已更改，单击“确定”按钮关闭对话框即可，如图 3-67 所示。

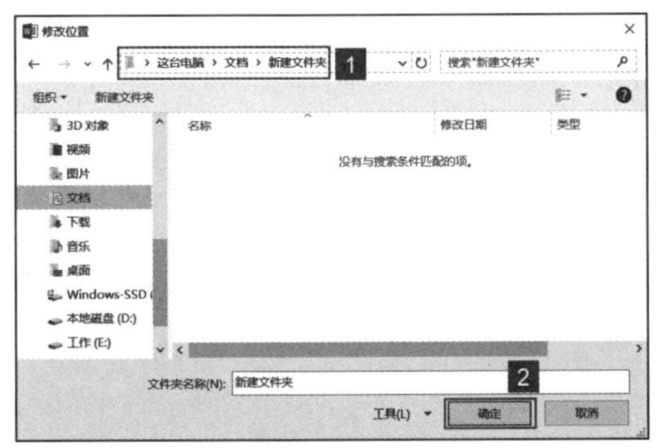

图 3-66

图 3-67

技巧点拨：在 PowerPoint 2019 的“PowerPoint 选项”对话框中没有提供“浏览”按钮来打开“修改位置”对话框以实现对默认文档保存位置的更改，可以直接在文本框中输入完整路径来进行设置。

第二篇

Word 2019 应用

第4章 Word的文本编辑和格式编排

在日常生活中，用户对Word的基本操作就是对文本的编辑及格式的编排。文本的编辑主要包括文本的输入、复制、剪切、删除、查找、替换等。格式的编排则包括文字的格式编排和段落的格式编排。本章将从文本的编辑、格式的编排、特殊的中文样式、创建Word样式等方面进行详细介绍。

- 文本的基本操作
- 文字格式的灵活应用
- 段落格式的灵活应用
- 项目符号与编号的灵活应用
- 特殊的中文样式
- 创建Word样式

4.1 文本的基本操作

Word 应用程序的主要功能就是对文本进行各种编辑操作，本节将从文本的输入、复制、剪切、删除、定位、查找、替换等方面对文本的基本操作进行简单的介绍。

4.1.1 文本的输入

文本的输入是 Word 应用程序最基本的操作。在 Word 中，文本的输入主要涉及普通文本、特殊符号、日期和公式的输入。

1. 输入文本

用户在输入文本之前，首先需要选择一种常用的输入法，然后在文档中直接输入需要的文本内容即可。下面介绍一下输入文本的具体步骤。

步骤 1：单击桌面右下方的语言栏图标，在弹出的菜单列表内选择输入法即可，例如此处选择“搜狗拼音输入法”选项，如图 4-1 所示。

步骤 2：打开 Word 2019，将光标定位在文档的编辑区。输入拼音即可出现需要的汉字或词语列表，如图 4-2 所示。利用数字键可以选择需要的汉字或词语，如果选择的汉字下方出现一条虚线，用户可以通过按“←”键或“→”键将光标移至词语中的某个字前面，对该汉字进行修改。修改完成后，按空格键确认后即可将汉字或词组输入到文档中。

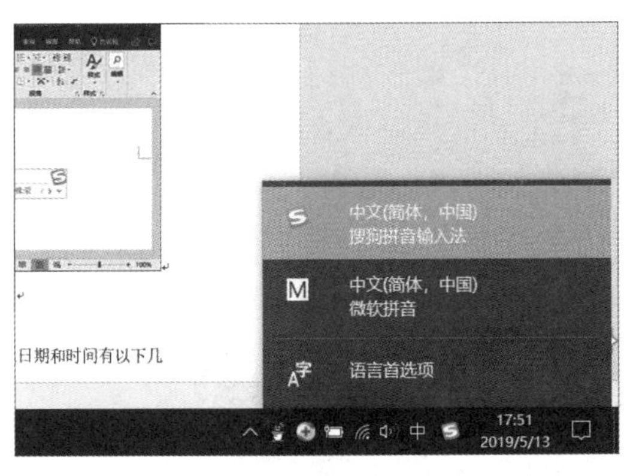

图 4-1

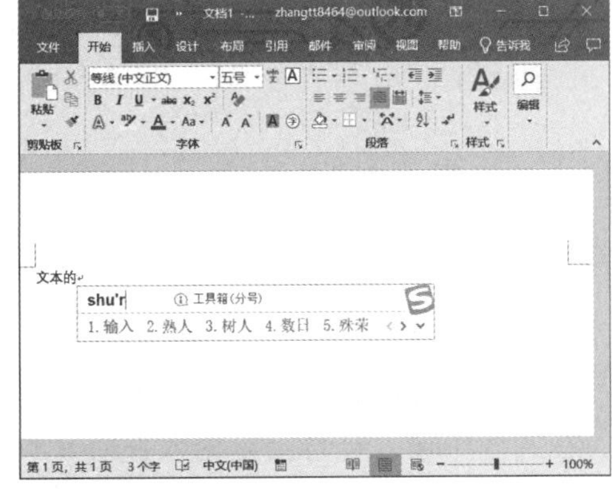

图 4-2

2. 插入日期和时间

在编辑 Word 文档时，有时需要用户为文档输入日期和时间，为文档输入日期和时间有以下几种方法：

方法一：利用“日期和时间”按钮插入日期和时间。

步骤 1：打开 Word 文档，将光标定位至需要插入日期和时间的位置，切换至“插入”选项卡，在“文本”组内单击“日期和时间”按钮，如图 4-3 所示。

步骤 2：弹出“日期和时间”对话框，在“可用格式”列表窗格内选择需要的格式，单击“语言（国家 / 地区）”下拉按钮选择语言，然后单击“确定”按钮，如图 4-4 所示。

技巧点拨：在“日期和时间”对话框内，若勾选“自动更新”复选框，则所插入的日期和时间会随着日期时间的改变而更新。

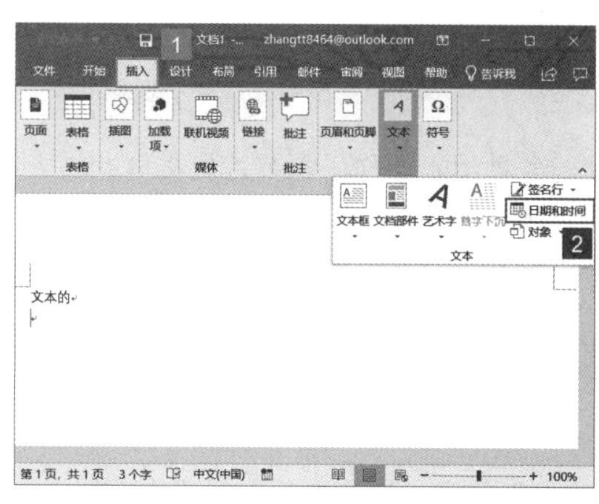

图 4-3

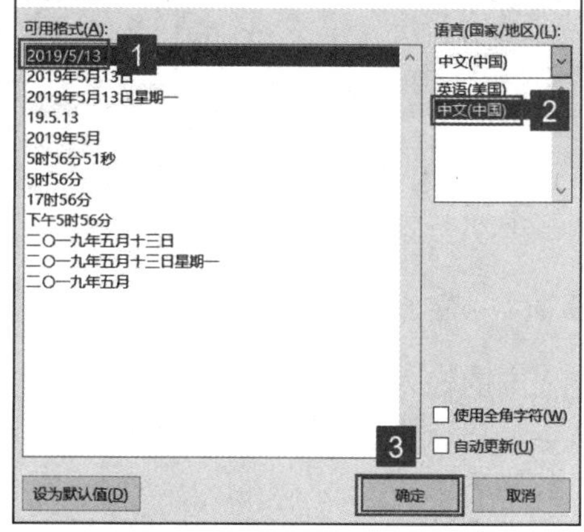

图 4-4

步骤 3：返回 Word 文档，即可看到插入时间，如图 4-5 所示。

方法二：按“Alt+Shift+D”快捷键即可快速插入系统当前日期，按“Alt+Shift+T”快捷键即可插入系统当前时间，如图 4-6 所示。

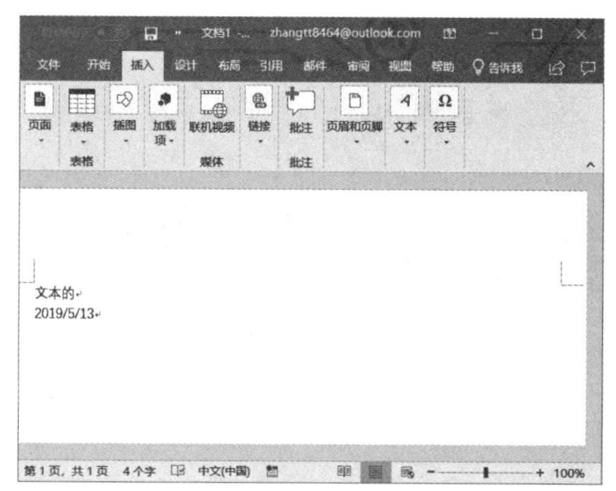

图 4-5

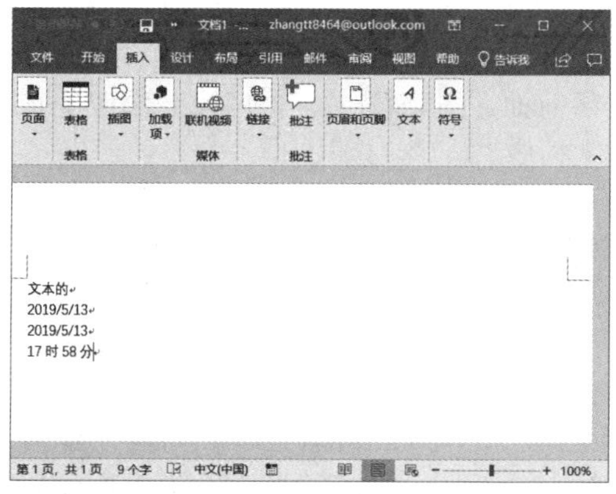

图 4-6

3. 插入特殊符号

在文档中输入符号，与输入普通文本有些不同，虽然有些输入法也带有一定的特殊符号，但是 Word 的符号样式库提供了更多的符号供文档编辑使用。直接选择这些符号就能插入到文档中。

步骤 1：打开 Word 文档，将光标至需要插入符号的位置，切换至“插入”选项卡，单击“符号”组内的“符号”下拉按钮，然后在展开的菜单列表内单击“其他符号”按钮，如图 4-7 所示。

图 4-7

步骤 2：弹出“符号”对话框，在“符号”选项卡下展开的符号列表内选择要插入的符号，然后单击“插入”按钮，如图 4-8 所示。

步骤 3：此时即可看到，在光标处已插入选中的符号，如图 4-9 所示。

图 4-8

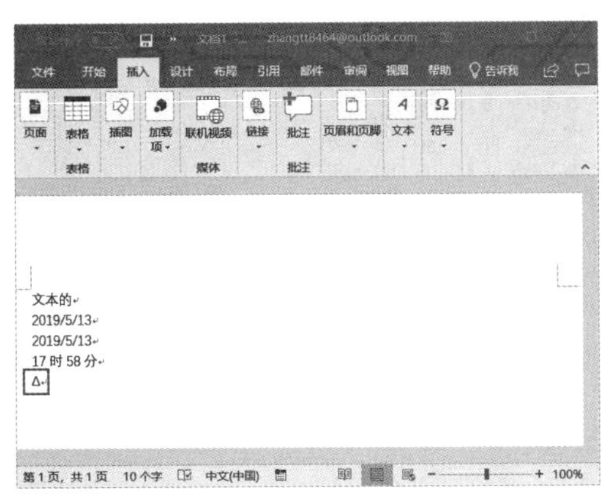

图 4-9

步骤 4：若要插入特殊字符，也可打开“符号”对话框，切换至“特殊符号”选项卡，在字符列表内选择要插入的字符，例如“版权所有”，单击“插入”按钮，如图 4-10 所示。

步骤 5：此时即可看到，在光标处已插入选中的字符，如图 4-11 所示。

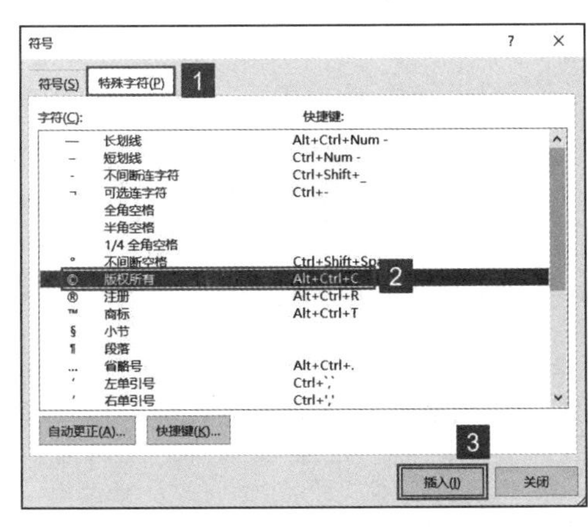

图 4-10

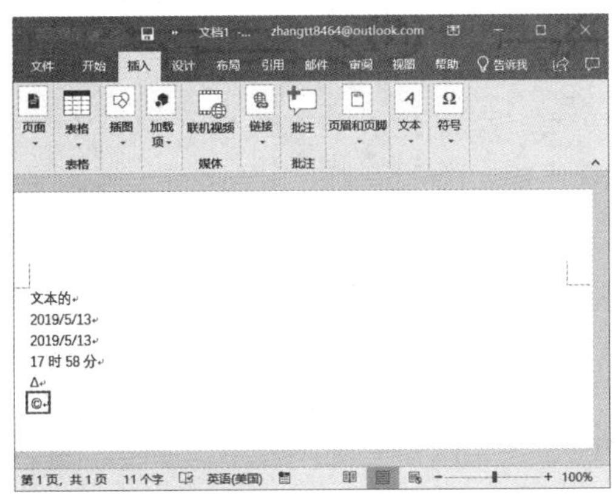

图 4-11

4. 快速输入公式

在 Word 中，可以直接选择并插入所需公式，帮助用户快速完成文档的编辑，下面介绍插入公式的具体步骤。

步骤 1：打开 Word 文档，将光标定位至需要插入公式的位置，切换至“插入”选项卡，在“符号”组内单击“公式”下拉按钮，然后在弹出的公式列表内显示了使用频率较高的公式，以便用户快速进行选择并插入，例如此处选择“二次公式”，如图 4-12 所示。

步骤 2：此时即可看到，在光标处已插入二次公式，用户还可以在方框内对公式进行数值替换修改，以形成所需的公式，如图 4-13 所示。

步骤 3：如果展开的公式列表内没有所需公式，可以在“符号”组内单击“公式”图标按钮，如图 4-14 所示。

步骤 4：此时即可看到，在光标处已插入公式键入框，用户可以根据需要在公式工具“设计”选项卡内选择并键入公式，如图 4-15 所示。

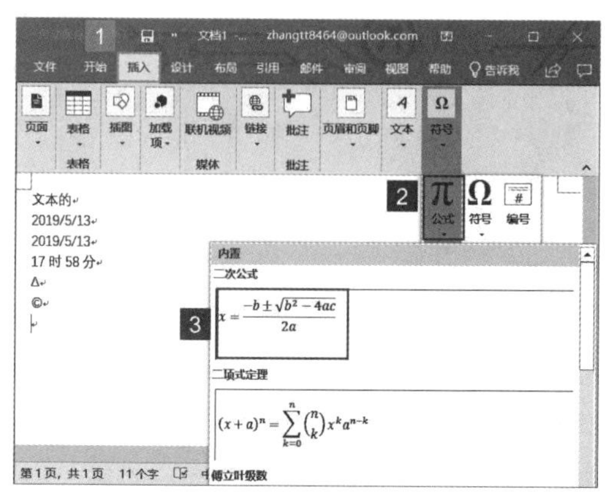

图 4-12

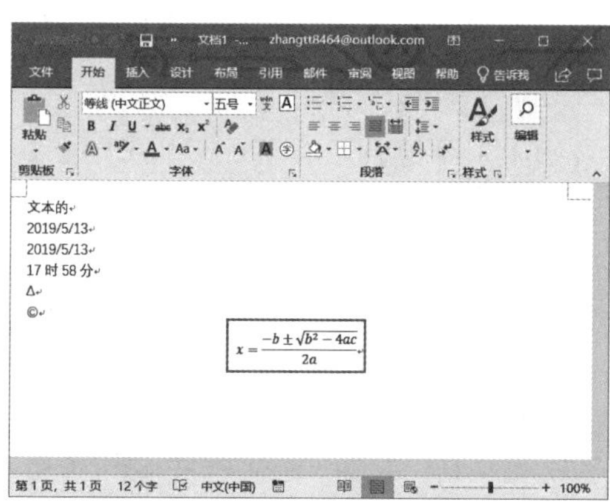

图 4-13

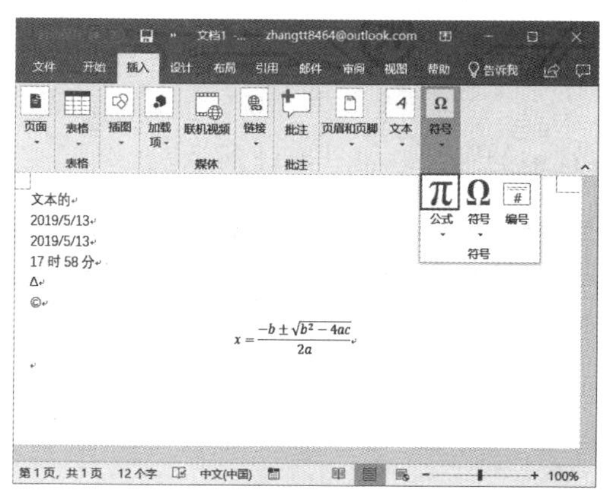

图 4-14

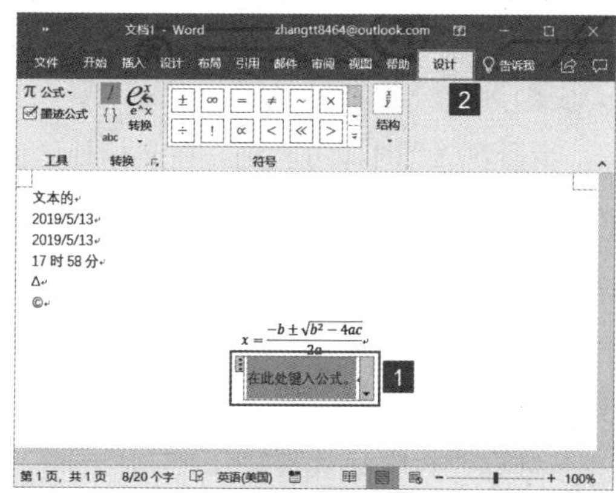

图 4-15

技巧点拨：按“Alt+=”快捷键，也可以在当前光标处显示插入公式键入框，并激活如图 4-15 所示的公式工具“设计”选项卡。

4.1.2 文本的选择

在文档编辑过程中，经常需要选取文本内容进行移动、复制、删除等操作。这时候就需要学会文本的快速选取操作，如：单行 / 多行的快速选取方法、全部文本的快速选取方法、句子的快速选取方法、段落的快速选取方法、不连续区域的选取方法等。下面将逐一介绍这些快速选取方法。

快速选择文本有 3 种方式，使用鼠标快速选择文本、使用键盘快速选择文本、使用键盘和鼠标相结合快速选择文本。

1. 使用鼠标快速选择文本

在 Word 文档中，对于简单的文本选取，一般用户都是使用鼠标来完成的，如：连续单行 / 多行选取、全部文本选取等。

❑ 连续单行 / 多行选取

在 Word 文档中可以使用鼠标来快速选取连续单行 / 多行文本，具体操作如下：

在打开的 Word 文档中，先将光标定位至想要选取文本内容的起始位置，按住鼠标左键拖动至该行（或多行）的结束位置，释放鼠标左键即可，如图 4-16 所示。

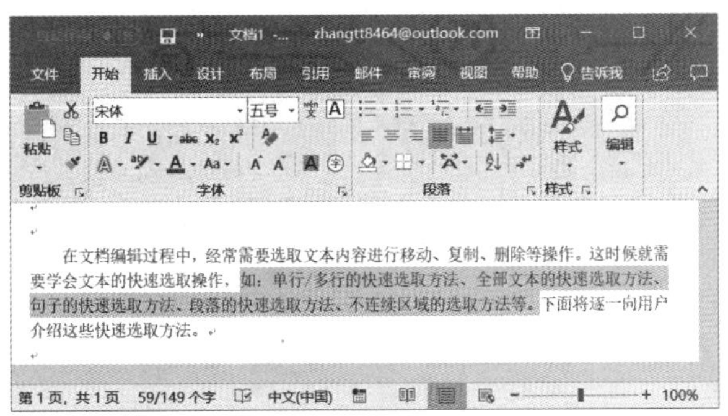

图 4-16

❑ 全部文本选取

在 Word 文档中可以使用鼠标来快速选取全部文本，具体操作如下：

步骤 1：打开 Word 文档，将光标定位至文档的任意位置，切换至“开始”选项卡，在“编辑”组内单击“选择”下拉按钮，然后在展开的菜单列表内选择“全选”选项，如图 4-17 所示。

步骤 2：此时即可看到，文档内全部文本内容已被选中，如图 4-18 所示。

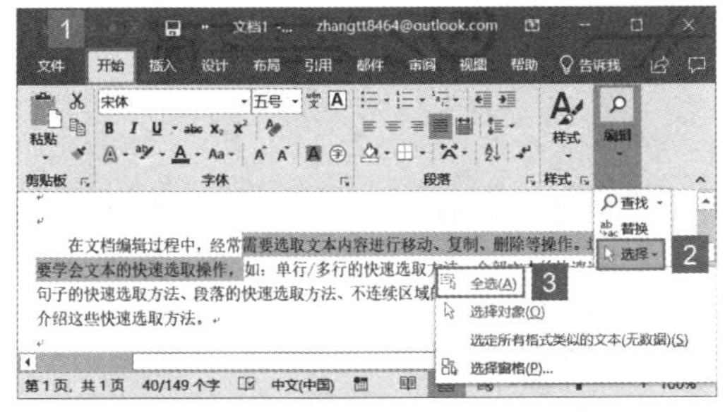

图 4-17

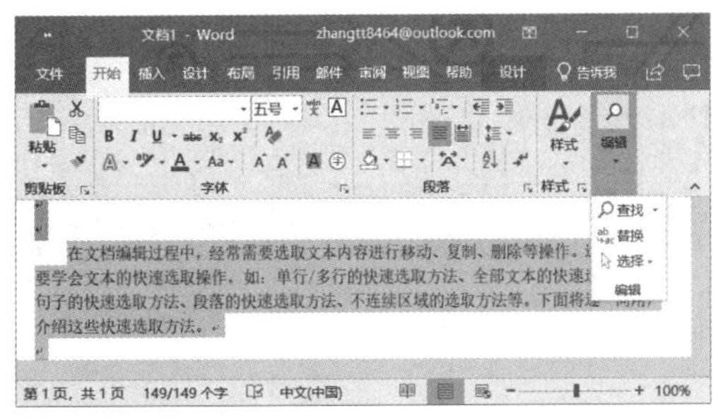

图 4-18

2. 使用键盘快速选择文本

除了使用鼠标对文本进行选择外，使用键盘进行选择也是一种有效的方法。Word 2019 为快速选择文档提供了大量的快捷键，下面对常用的快捷键操作进行介绍。

步骤 1：在使用键盘选择文本时，首先应该将光标定位至文档中需要的位置，如图 4-19 所示。

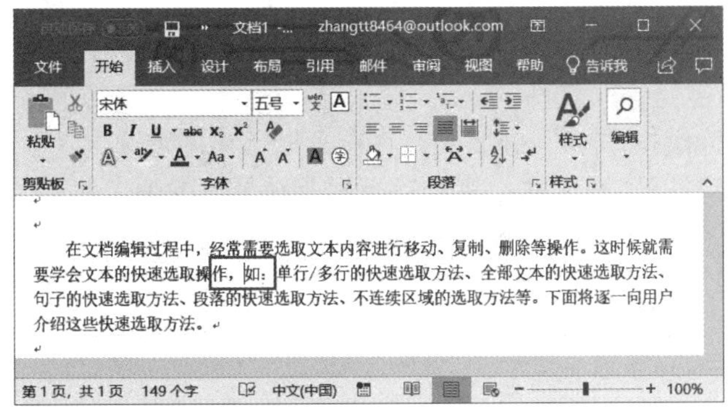

图 4-19

步骤 2：按“Shift+ ↓”键将选择光标所在处至下一行对应位置处的文本，如图 4-20 所示；按“Shift+ ↑”键将选择光标所在处至上一行对应位置处的文本，如图 4-21 所示。

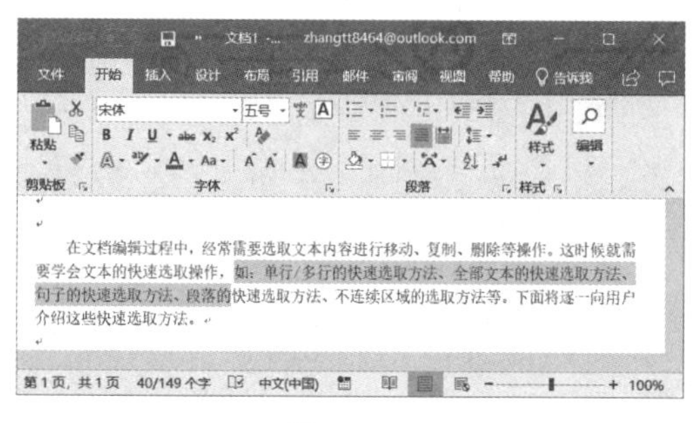

图 4-20

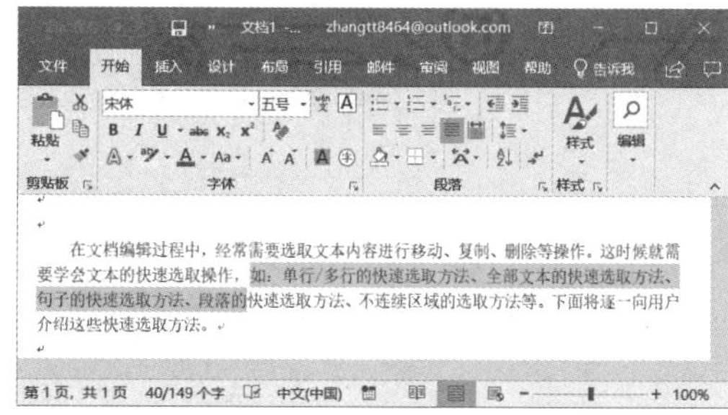

图 4-21

技巧点拨：如果按“Shift+ ←”键，则将选择光标所在处左侧的一个字符。如果按“Shift+ →”键，则将选择光标所在处右侧的一个字符。按“Shift+Home”键，将选择光标所在处至行首的文本。按“Shift+End”键，将选择光标所在处至行尾的文本。按“Shift+PageDown”键，将选择从光标所在处至下一屏的文本。按“Shift+PageUp”键，将选择从光标所在处至上一屏的文本。

步骤 3：按“Shift+Ctrl+ ↓”键，将选择光标所在位置至本段段尾的文本，如图 4-22 所示。按“Shift+Ctrl+ ↑”键，则将选择光标所在位置至本段段首的文本，如图 4-23 所示。

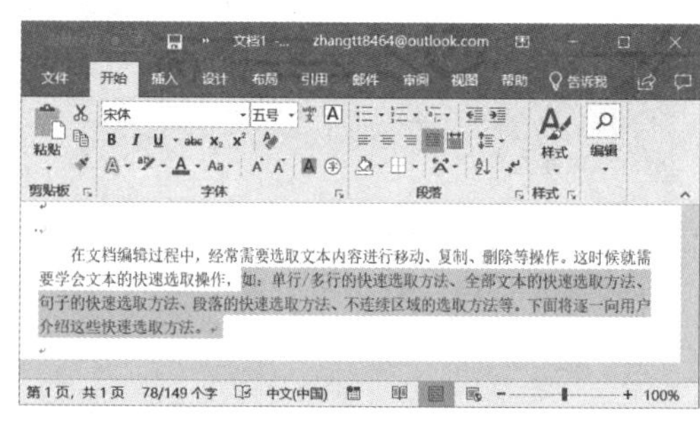

图 4-22

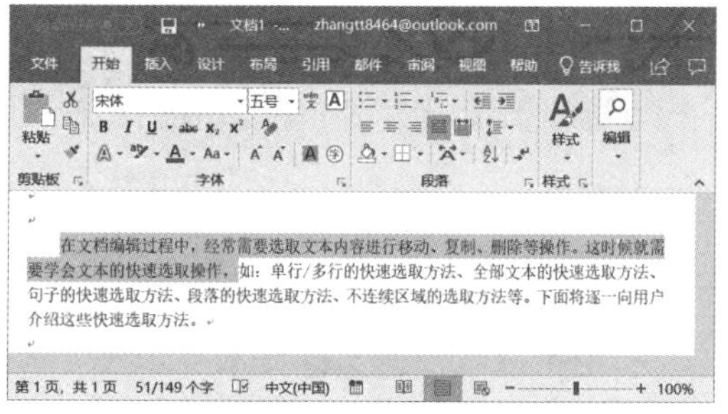

图 4-23

技巧点拨：如果按“Shift+Ctrl+ ←”键，将选择光标所在处左侧的一个字符或词语。如果按“Shift+Ctrl+ →”键，则将选择光标所在处右侧的一个字符或词语。按“Shift+Ctrl+Home”键，将选择从光标所在处至文档的开头处的文本。按“Shift+Ctrl+End”键，将选择从光标所在处至文档的末尾处的文本。按“Ctrl+A”键将选择整个文档。

步骤 4：如果连续按“F8”键 2 次，将在光标所在位置选定一个词或字，如图 4-24 所示。如果连续按“F8”键 3 次，将选定光标所在位置的整个句子，如图 4-25 所示。

技巧点拨：这里在按“F8”键时，实际上第一次按键是设置当前鼠标指针的位置为选定文本时的起点，此时 Word 进入了扩展选择状态，按第二次和第三次键不需要紧随第一次按键。要退出这种扩展选择状态，可以按“Esc”键。退出扩展选择状态时，不会取消对文本的选择状态。

步骤 5：如果按“F8”键 4 次，则可以选择光标所在的整个段落，如图 4-26 所示。

如果按“F8”键5次，则可以选择当前的节，如图4-27所示。如果按“F8”键6次，则可以选择整个文档。

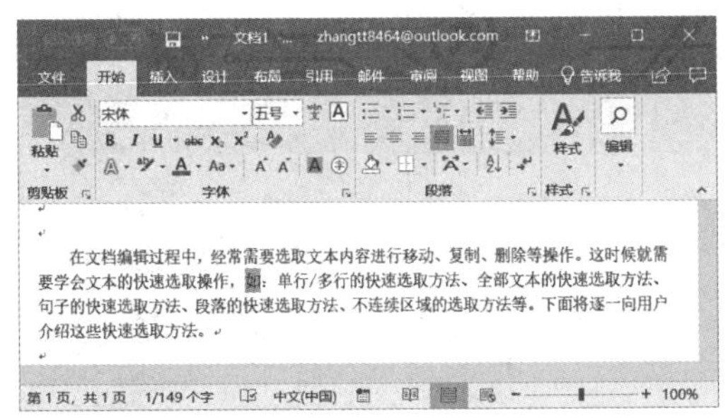

图 4-24

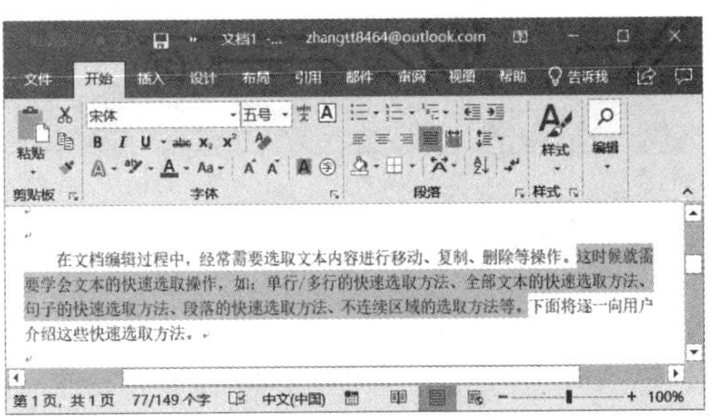

图 4-25

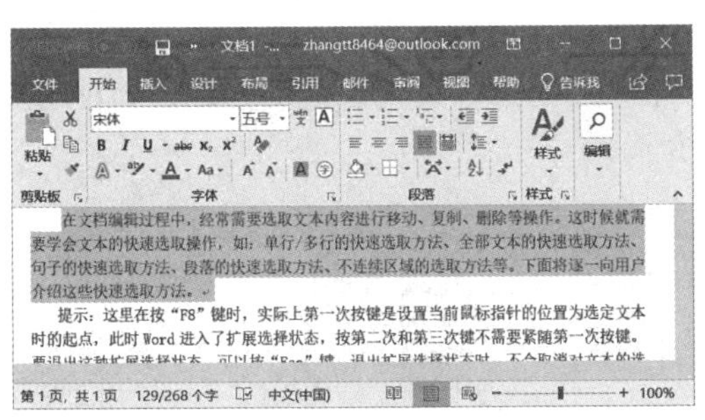

图 4-26

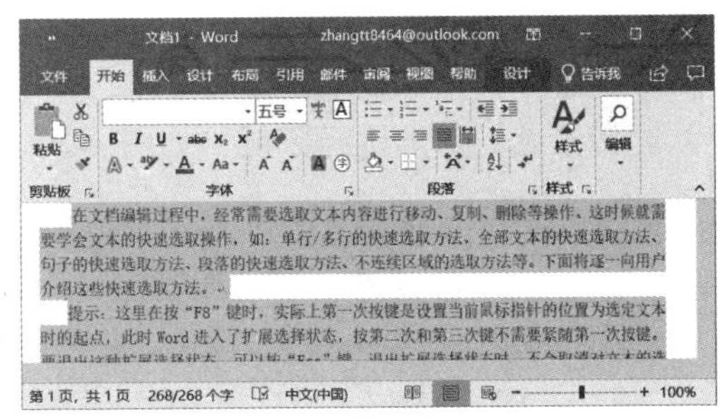

图 4-27

技巧点拨：这里，在选定段落时，如果段落只有一句话，则选中当前节。在选定节时，如果文档没有分节，则选择整个文档。从上面描述可以看出，按“F8”键选择文本时，是按照词→整句→整段→整节→整个文档这个顺序来进行的。如果按“Shift+F8”键，能将上面介绍的系列操作逆操作。

3. 使用键盘和鼠标相结合的方式选择文本操作

在进行文档编辑时，同时使用鼠标和键盘能够实现对文档中特定内容的快速选取。这里，与鼠标配合使用的是键盘上的控制键“Shift”键、“Ctrl”键和“Alt”键。下面介绍相关的操作技巧。

步骤1：打开Word文档，将光标定位至需要选择文本的起始位置，按住“Shift”键不放，在要选择文本的结束位置单击鼠标左键，此时将选定连续的文本，如图4-28所示。

步骤2：选择第一处需要选择的文本后，按住“Ctrl”键不放，同时使用鼠标拖动的方法依次选择文本，完成选择后释放“Ctrl”键，此时将选择不连续的文本，如图4-29所示。

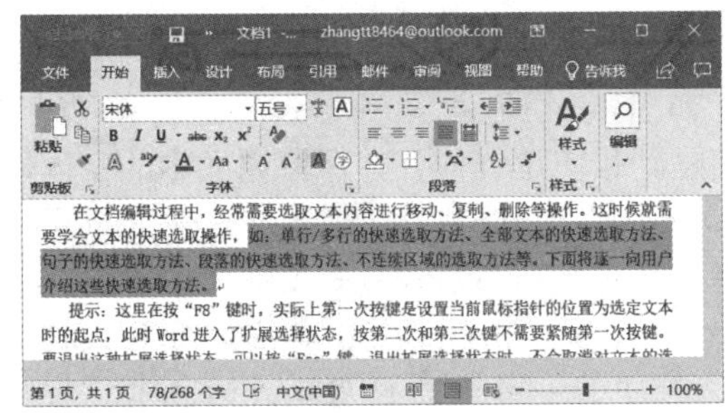

图 4-28

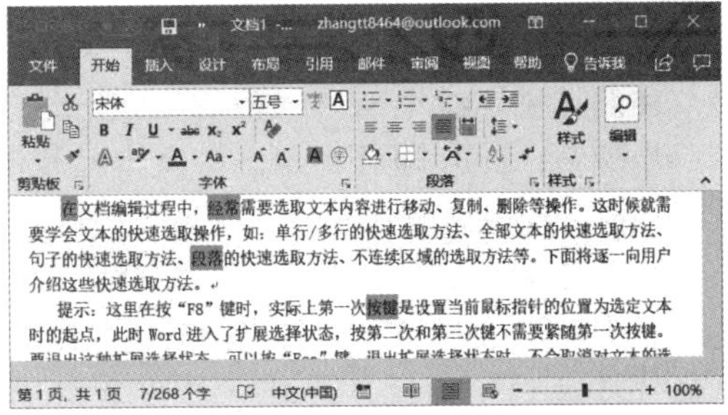

图 4-29

步骤 3：将光标定位至文本的起始位置，按住“Alt”键拖动鼠标。在需要选择文本的结束位置释放鼠标，则可以在文档中选择一个矩形区域，如图 4-30 所示。

步骤 4：按住“Alt+Shift”拖动鼠标，可以纵向选择文本区域，如图 4-31 所示。

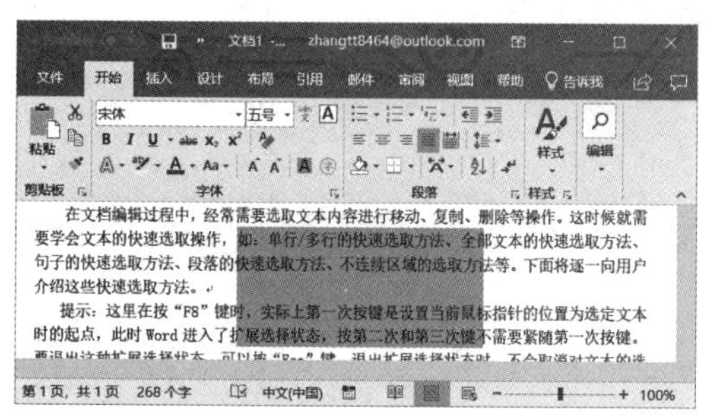

图 4-30

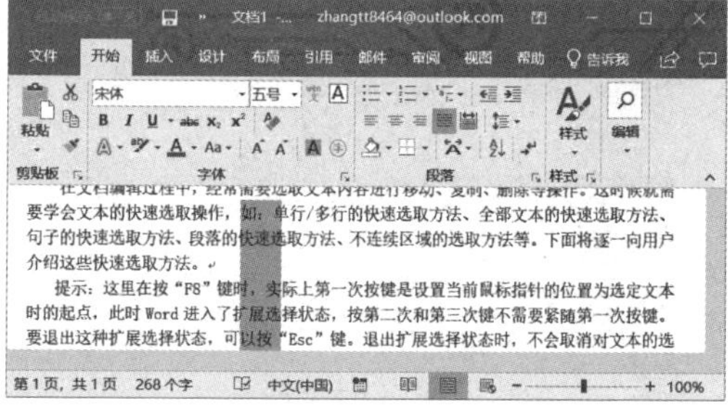

图 4-31

步骤 5：按“Ctrl+Shift+F8”键，此时的光标会变为长竖线。拖动鼠标，将能够获得从光标开始的矩形选择区域，如图 4-32 所示。

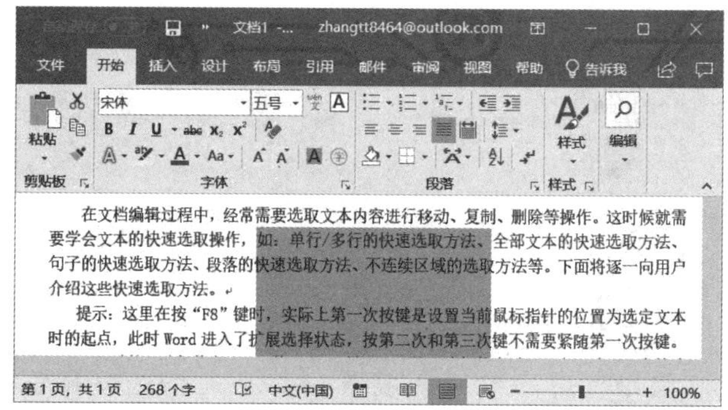

图 4-32

技巧点拨：在对文本进行选择后，鼠标在文档中任意位置单击即可取消文本的选择状态。另外，按“Home”键、“End”键、“PageUp”键、“PageDown”键或上下左右箭头键均能取消文本的选择状态。

4.1.3 文本的复制

复制文本和剪切文本有相同的地方也有不同的地方，两者都可以移动文本，但是复制文本却是在保证原文本位置不变的情况下，将文本粘贴在新的位置上。

步骤 1：选中要复制的文本，右键单击，然后在弹出的快捷菜单中单击“复制”按钮，如图 4-33 所示。

步骤 2：将光标定位在需要粘贴文本的位置上，右键单击，在弹出的快捷菜单中单击“粘贴选项”组下的“保留源格式”选项，如图 4-34 所示。

步骤 3：此时即可看到选中文本已复制粘贴到相应位置处，并保留原文本的字体格式，如图 4-35 所示。

技巧点拨：如果用户需要将一处文本的字体格式复制应用到另一处的文本中，可以使用格式刷，快速到达目的。选中文本后，在“开始”选项卡下，单击“剪贴板”组内的“格式刷”按钮，此时光标会呈刷子形，选中另一处需要应用格式的文本，即可将已有的格式复制到其他文本上。

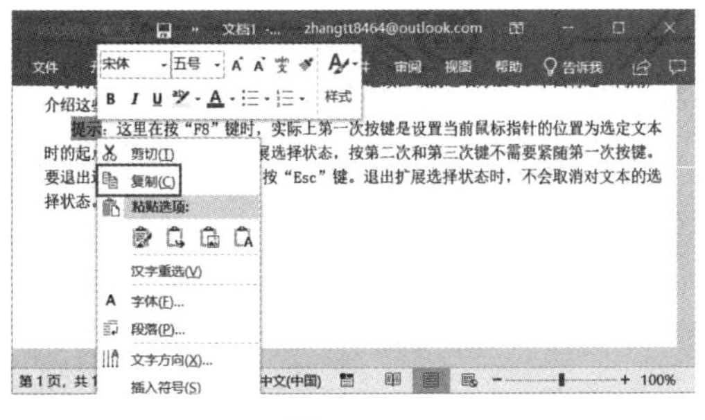

图 4-33

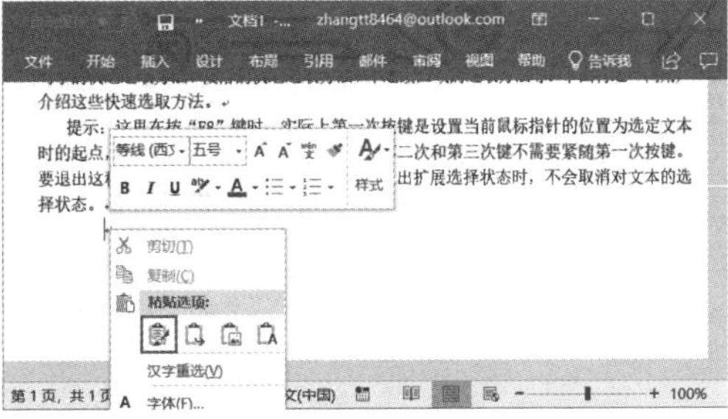

图 4-34

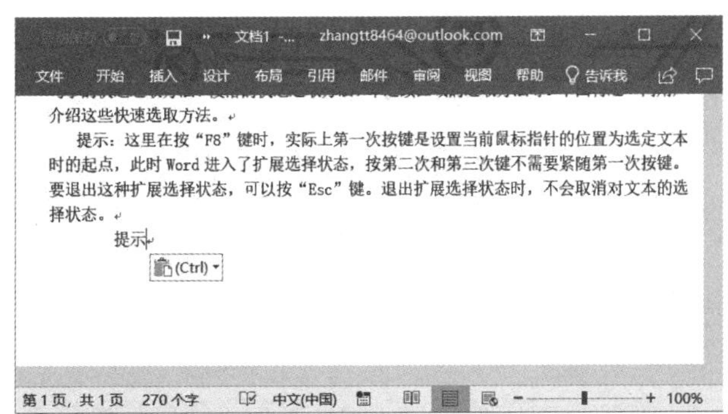

图 4-35

4.1.4 文本的剪切

剪切文本是移动文本的一种方法，当对文本进行剪切后，原位置上的文本将消失不见，而需要用户在新的位置上实行粘贴操作，才可以将原文本显示在新的位置上。下面来介绍具体剪切文本的步骤。

步骤 1：选中需要剪切的文本，右键单击，在弹出的快捷菜单中单击“剪切”选项，如图 4-36 所示。

步骤 2：此时即可看到被剪切的内容消失了。将光标定位在需要粘贴内容的位置上，右键单击，在弹出的快捷菜单中单击“粘贴选项”组下的“只保留文本”选项，如图 4-37 所示。

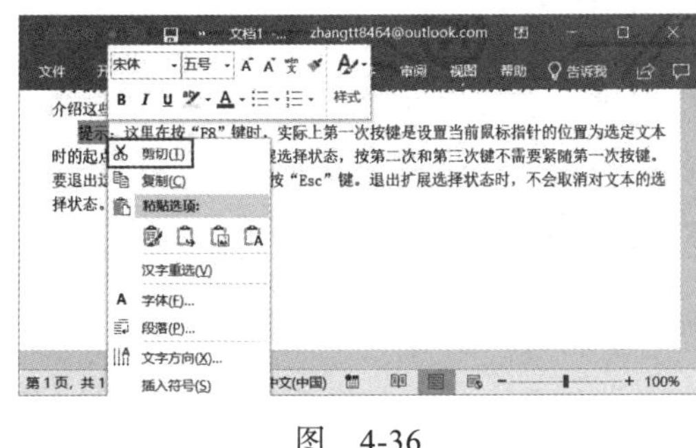

图 4-36

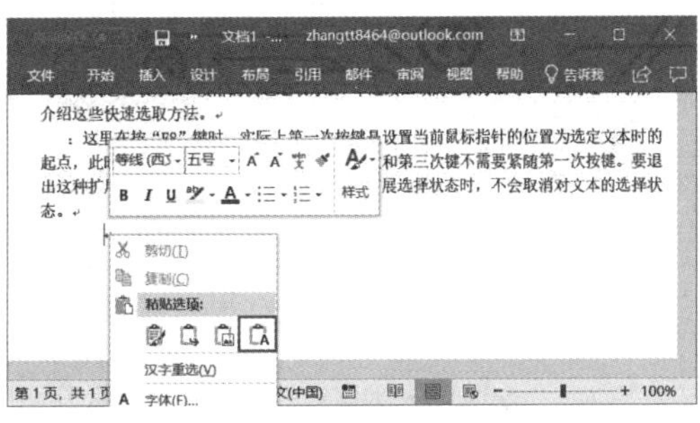

图 4-37

步骤 3：此时即可将剪切的文本粘贴在指定的位置上，而且可以发现粘贴好的文本字体与原有的文本字体不同，即只保留了文本，并没有保留字体格式，如图 4-38 所示。

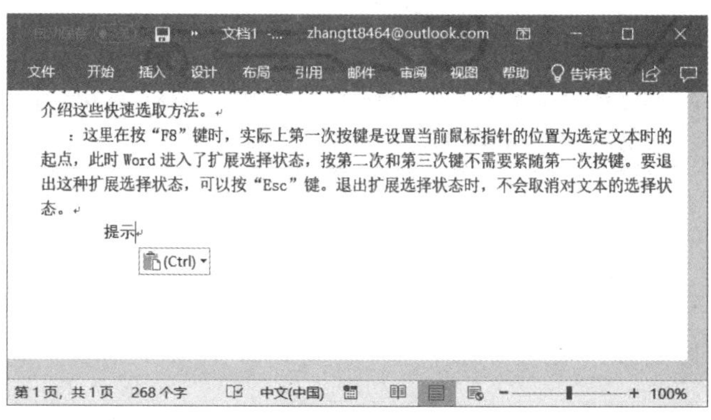

图 4-38

4.1.5 文本的粘贴

粘贴，就是将剪切或复制的文本，粘贴到文档的其他位置上。选择不同的粘贴类型，粘贴的效果不同。粘贴的类型主要包括四种，分别为保留原格式、合并格式、图片和只保留文本。在图 4-39 内可以看见粘贴功能按钮所在文档界面的位置以及各种粘贴类型的图标样式。

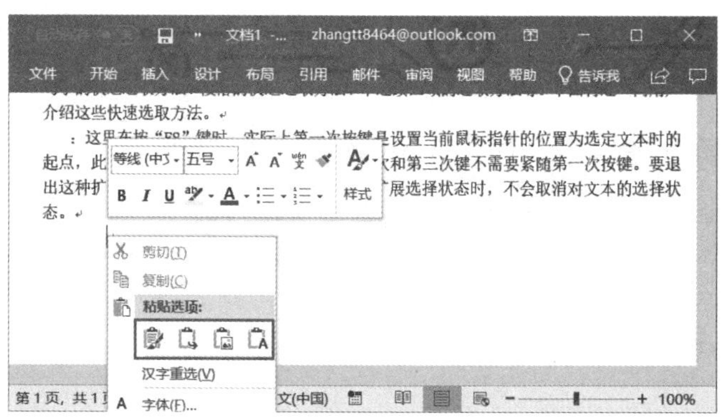

图 4-39

接下来，为用户介绍一下各种粘贴类型的功能，如表 4-1 所示。

表4-1 各种粘贴类型的功能介绍

粘贴类型	功能介绍
保留原格式	粘贴后的文本保留其原格式，不受新位置格式的控制
合并格式	指不仅可以保留原有格式，还可以应用当前位置中的文本格式
图片	将文本以图片的形式粘贴
只保留文本	无论原来的格式是什么样的，粘贴文本后，只保留文本内容

4.1.6 文本的删除

使用 Word 2019 编辑文档时，经常需要删除文本或图形等对象。删除文本的操作非常简单，一般是选择文本后直接删除即可。下面介绍具体的操作过程。

步骤 1：在文档中选中需要删除的文本内容，按“Delete”键或空格键即可将选择的文本删除。

步骤 2： 打开 Word 文档，将光标定位至需要删除的文字的后面，按“BackSpace”键一次，删除光标前面的一个字符。

4.1.7 文本的插入和改写

在 Word 2019 中，文本的输入有插入和改写两种模式。进行文档编辑时，如果需要在文档的任意位置插入新的内容，都可以使用插入模式进行输入。如果对文档中某段文字不满意，则需要删除已有的错误内容，然后再在插入点位置重新输入新的文字，此时快捷的操作方法是使用改写模式。下面介绍这两种模式的使用方法。

插入模式：打开 Word 文档，将光标定位至需要插入文字的位置，如图 4-40 所示。键入文字，即可将在指定位置插入新的文本内容，如图 4-41 所示。

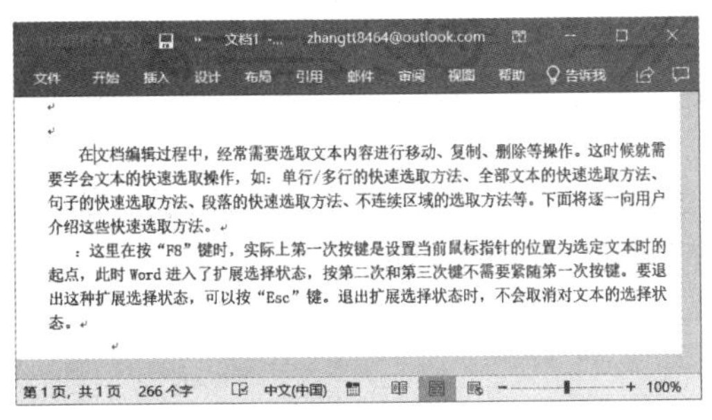

图 4-40

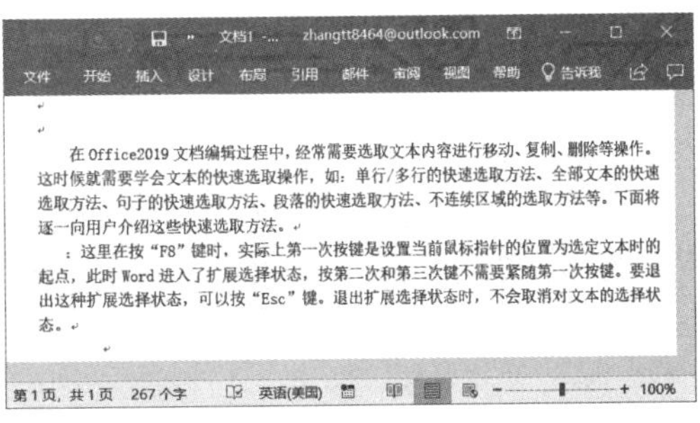

图 4-41

改写模式：打开 Word 文档，将光标定位至需要改写的文字前面，按“Insert”键将插入模式更改为改写模式，如图 4-42 所示。键入文字，输入的文字将逐个替代光标后的文字，如图 4-43 所示。

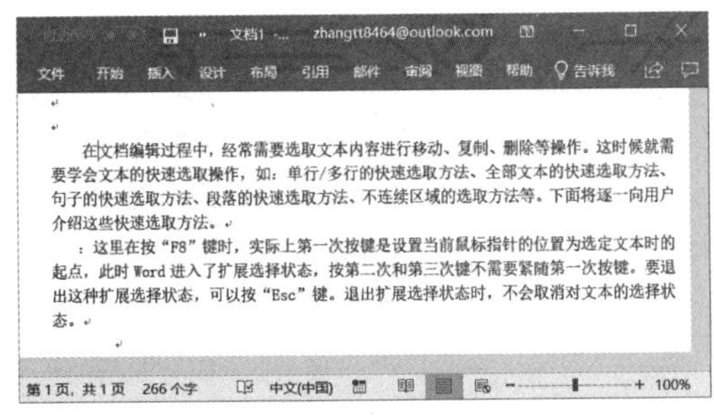

图 4-42

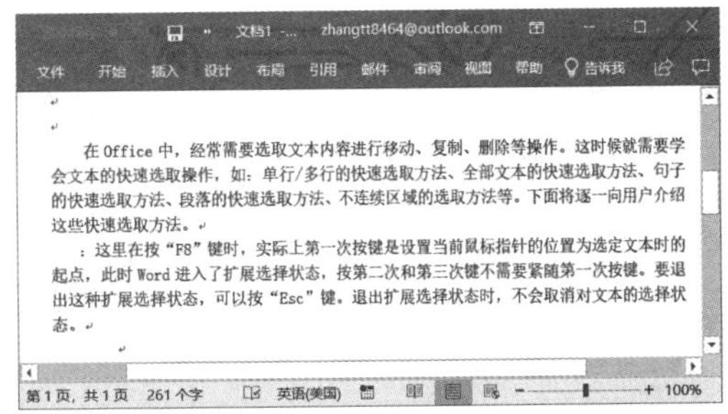

图 4-43

4.1.8 文本的定位

在修改长篇文章的时候，经常会需要定位、查找某个词语或者替换一个多次使用过的词语，这时如果逐行查找会非常浪费时间，Word 2019 提供了定位、查找和替换功能，很好地解决了批量修改 Word 内容的问题，大大提高了工作效率。

当用户需要编辑某段文字或者查找某段文字，但是这段文字又在长文档的中间位置，来回翻页特别不方便时，就可以使用 Word 2019 的定位功能了。下面介绍一下具体的操作步骤。

步骤 1： 打开 Word 文档，切换至“开始”选项卡，单击“编辑”组内的“查找”下拉按钮，然后在展开的快捷菜单中单击“转到”按钮，如图 4-44 所示。

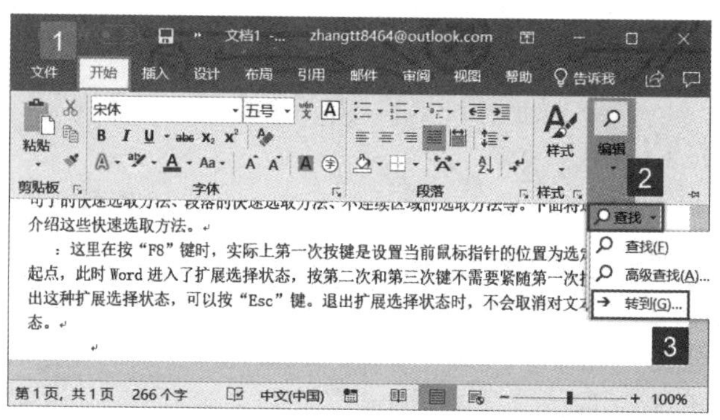

图 4-44

步骤 2：弹出“查找和替换”对话框，在“定位”选项卡的“定位目标”列表框内选择定位目标，例如“页”，然后单击“下一处”按钮，文档将下翻一页显示，如图 4-45 所示。

步骤 3：在“输入页号”文本框内输入页号，例如“8”。此时，“下一处”按钮变为“定位”按钮，单击该按钮，文档将定位至第 8 页，如图 4-46 所示。

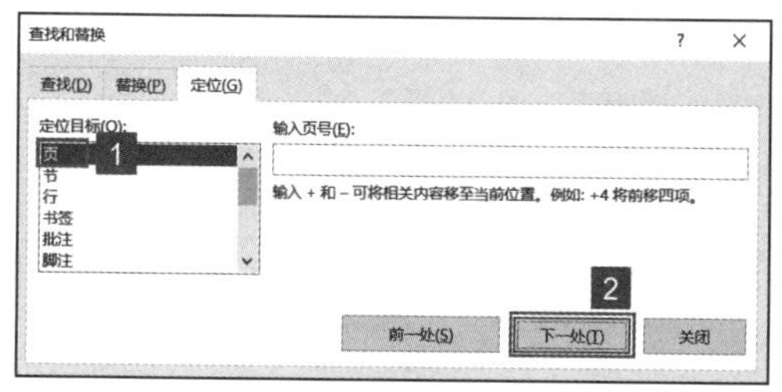

图 4-45

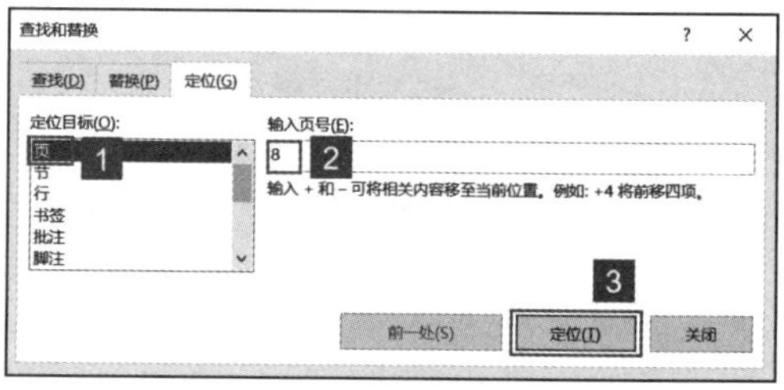

图 4-46

步骤 4：在“定位目标”列表框内选择“行”选项，在“输入行号”文本框内输入“+10”，单击“定位”按钮，如图 4-47 所示。此时，光标将定位至当前位置下方 10 行的位置。

步骤 5：在“输入行号”文本框内输入“188”，单击“定位”按钮，如图 4-48 所示。此时，光标将定位至文档的第 188 行。

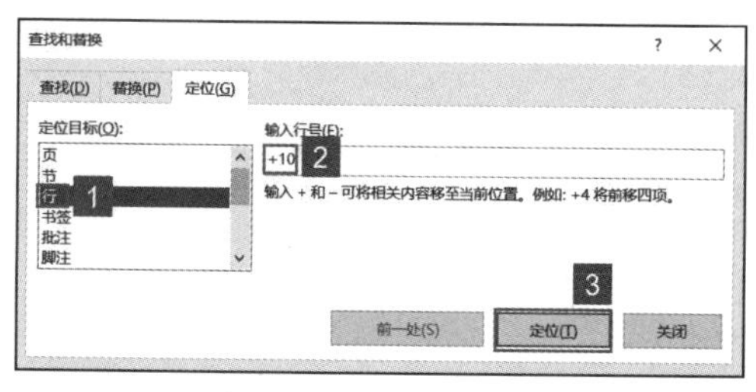

图 4-47

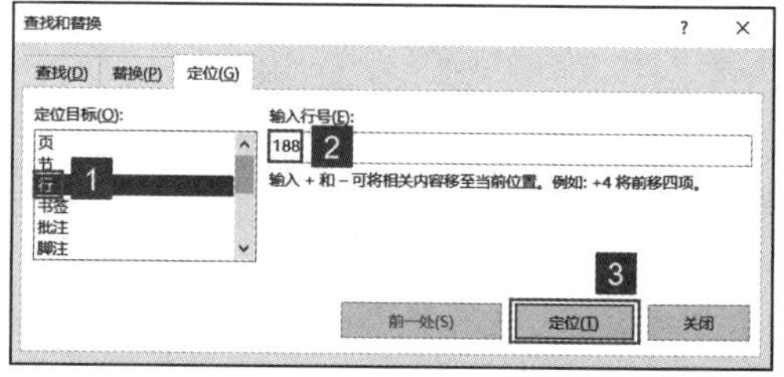

图 4-48

4.1.9 文本的查找

当用户想要查找 Word 文档中某个词语的所在位置时，可以使用 Word 2019 的查找功能对文档内容进行查找，下面介绍使用查找功能的具体步骤。

步骤 1：打开 Word 文档，切换至“开始”选项卡，在“编辑”组内单击“查找”

按钮，如图 4-49 所示。

步骤 2：此时，Word 2019 会在窗口左侧打开“导航”对话框。在搜索框内输入需要查找的文本内容，按“ Enter”键即可进行查找。Word 2019 将在“导航”对话框内列出查找结果，同时右侧的文本编辑区也会将查找到的文字内容突出显示。此时，在“导航”对话框内单击该段落选项，文档将定位到该段落，如图 4-50 所示。

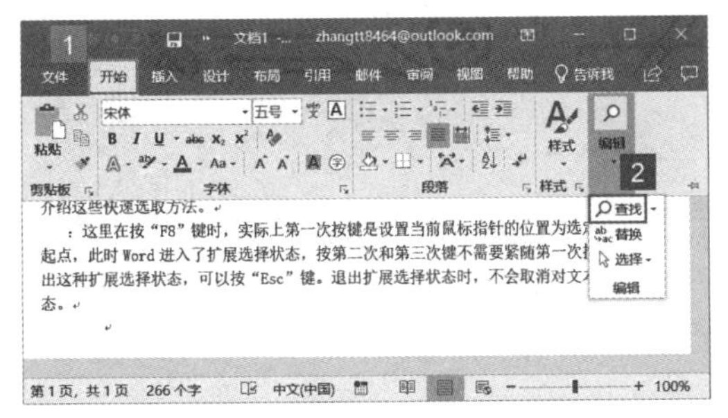

图 4-49

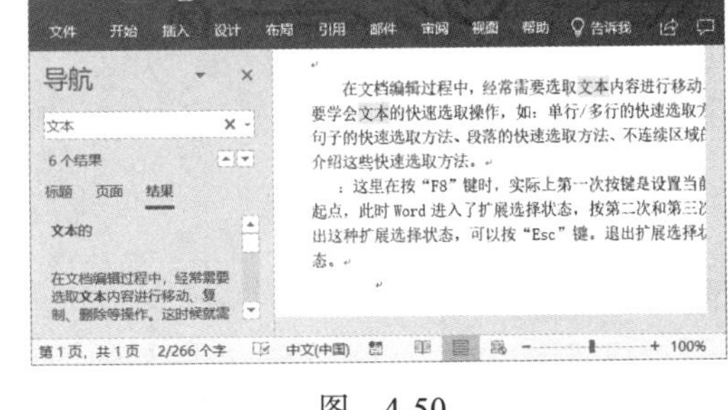

图 4-50

步骤 3：单击搜索框右侧的下拉按钮，然后在展开的菜单列表内单击“高级查找”按钮，如图 4-51 所示。

步骤 4：弹出“查找和替换”对话框，单击“更多”按钮使对话框完全显示，在“查找内容”文本框中输入需要查找的文字。单击“搜索”下拉按钮选择搜索方向，例如“向下”。然后单击“查找下一处”按钮，如图 4-52 所示。

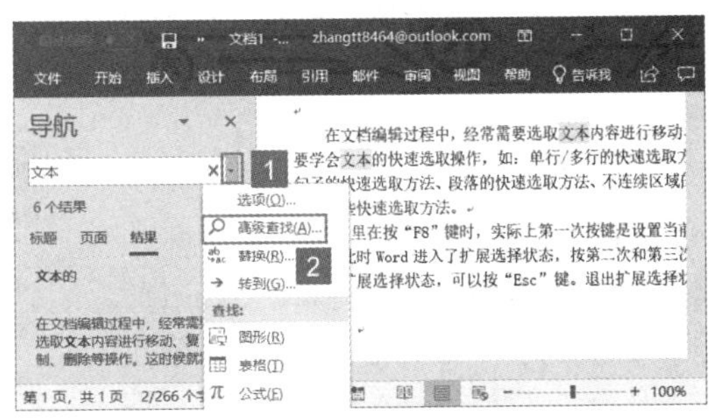

图 4-51

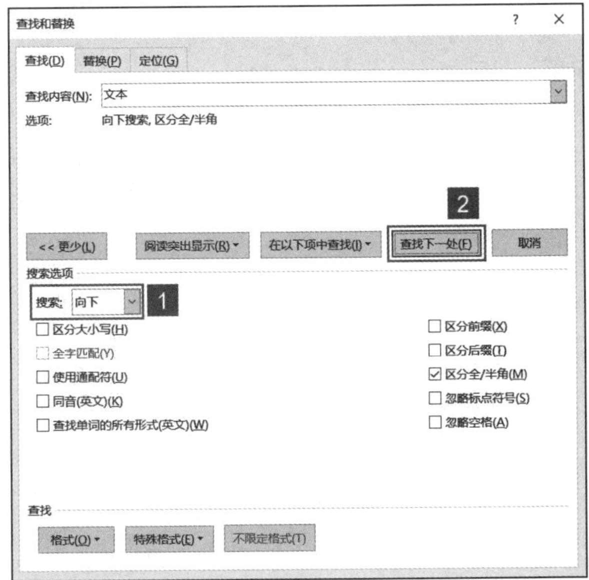

图 4-52

步骤 5：Word 将把文档中找到的内容高亮显示，如图 4-53 所示。如果需要在文档中接着查找，可继续单击“查找下一处”按钮往下进行查找。

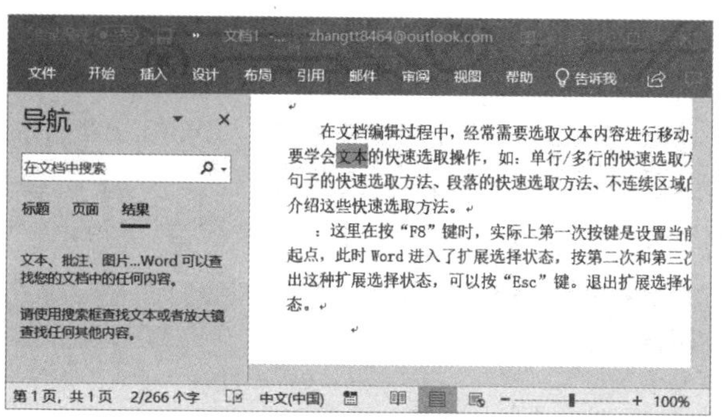

图 4-53

4.1.10 文本的替换

如果要对查找后的内容进行替换，可直接使用 Word 的替换功能，使用替换功能不仅可以替换文本，还可以替换一些特殊字符，如空格符、制表符、分栏符和图片等。下面介绍如何使用 Word 中的替换功能。

步骤 1：打开 Word 文档，切换至“开始”选项卡，单击“编辑”组内的“替换”按钮，如图 4-54 所示。

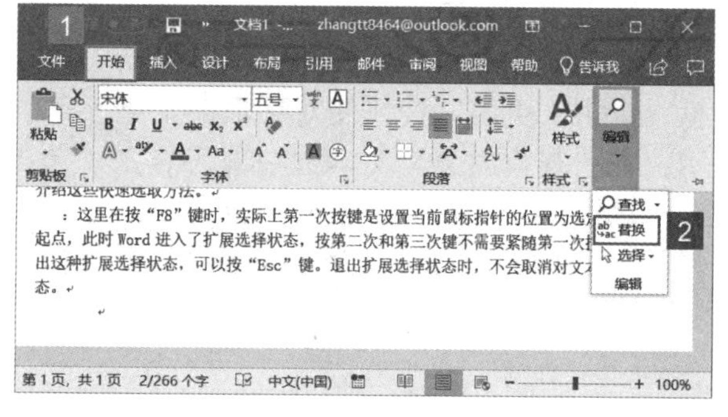

图 4-54

步骤 2：弹出“查找和替换”对话框，在“查找内容”文本框中输入要查找的内容，例如“Word”，在“替换为”文本框中输入要替换的内容，例如“word”，单击“搜索”下拉按钮选择搜索方向。由于替换的内容只是大小写不同，所以需要勾选“区分大小写”前的复选框，然后单击“查找下一处”按钮，即可看到 Word 文档中查找到的内容，如图 4-55 所示。

步骤 3：单击“替换”按钮，即可将 Word 文档中当前查找到的 Word 替换为 word，如图 4-56 所示。如果单击“全部替换”按钮，则可将整个文档中的 Word 替换为 word。

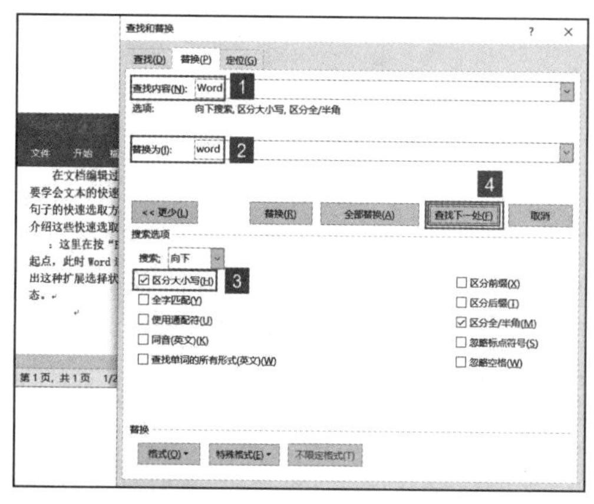

图 4-55

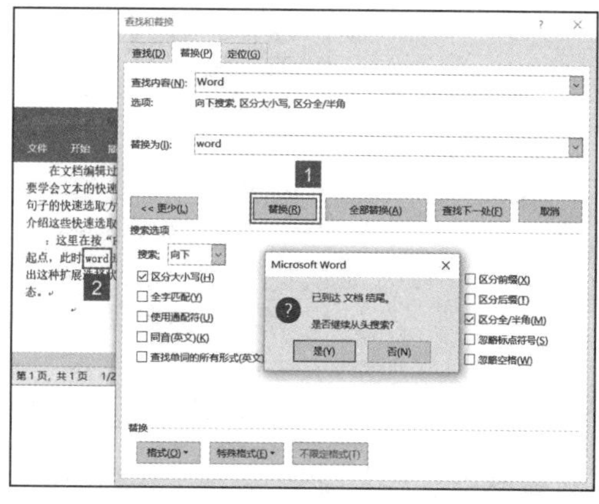

图 4-56

步骤 4：如果要替换的内容为特殊字符，例如将文档中的全角省略号替换为段落标记。打开“查找和替换”对话框，将光标定位于“查找内容”文本框中后单击“特殊格式”按钮，在打开的快捷菜单中单击“全角省略号”选项，如图 4-57 所示。

步骤 5：将光标定位于“替换为”文本框中后单击“特殊格式”按钮，在打开的快捷菜单中单击“段落标记”选项，如图 4-58 所示。

图 4-57

图 4-58

步骤 6：此时特殊符号会转换为代码输入文本框中，单击“查找下一处”按钮，即可在文档中查找到“全角省略号”，如图 4-59 所示。

步骤 7：单击“替换”按钮即可将当前查找到的全角省略号替换为段落标记，单击“全部替换”按钮，则可将整个文档中的全角省略号替换为段落标记，如图 4-60 所示。

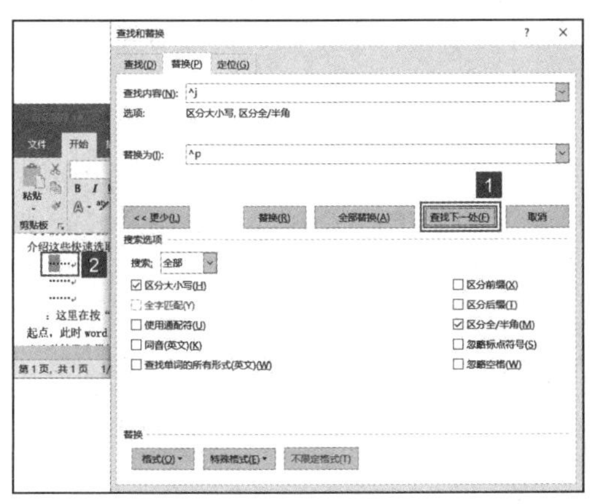

图 4-59

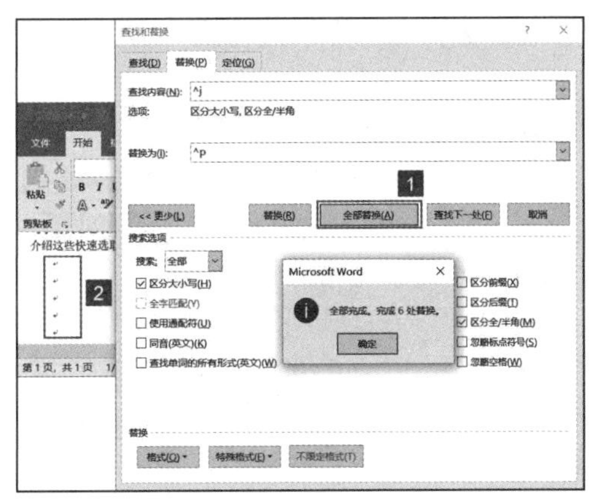

图 4-60

技巧点拨：单击“格式”按钮，可以在展开的菜单列表内选择相应的命令来设置查找或替换格式，如字体、段落格式或样式等。如果单击“不限定格式”按钮，将取消设定的查找或替换格式，如图 4-61 所示。

图 4-61

4.2 文字格式的灵活应用

对文档中的文字进行格式设置是十分重要的，通过设置可以使文档主次分明、内容清晰、文字显示效果美观。下面就来介绍如何对文字进行全方位的设置与美化。

4.2.1 灵活应用字体和字号

在 Word 2019 中，可以使用选项组中的“字体”和“字号”菜单来设置文字字体与字号，同时也可以进入“字体”对话框中，对文字字体与字号进行设置。下面就来介绍具体的文字与字号设置操作。

方法一：通过选项组中的“字体”和“字号”列表来设置

步骤 1：打开 Word 文档，选中需要设置的文本，切换至“开始”选项卡，在“字体”组内单击“字体”下拉按钮，然后在展开的字体样式列表内选择合适的字体，如图 4-62 所示。

步骤 2：在“字体”组内单击“字号”下拉按钮，然后在展开的字号列表内选择合适的字号，如图 4-63 所示。

技巧点拨：在设置文字字号时，如果有些文字设置的字号比较大，如：60 号字。而在“字号”下拉列表内并没有这么大的字号，此时可以选中需要设置的文字，将光标定位于“字号”框内，直接输入“60”，按回车键即可。

方法二：使用“增大字体”和“缩小字体”按钮来设置文字大小

步骤 1：打开 Word 文档，选中需要设置的文字，切换至“开始”选项卡，在“字体”组内单击“增大字体”按钮，选中的文字便会增大一号，用户可以连续单击该按钮，将文字增大到需要设置的大小为止，如图 4-64 所示。

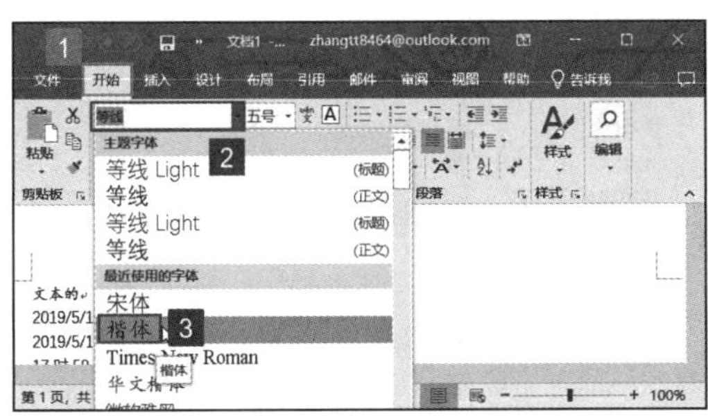

图 4-62

图 4-63

步骤 2：如果要缩小字体，单击“缩小字体”按钮，选中的文字便会缩小一号，用户可以连续单击该按钮，将文字缩小到需要设置的大小为止，效果如图 4-65 所示。

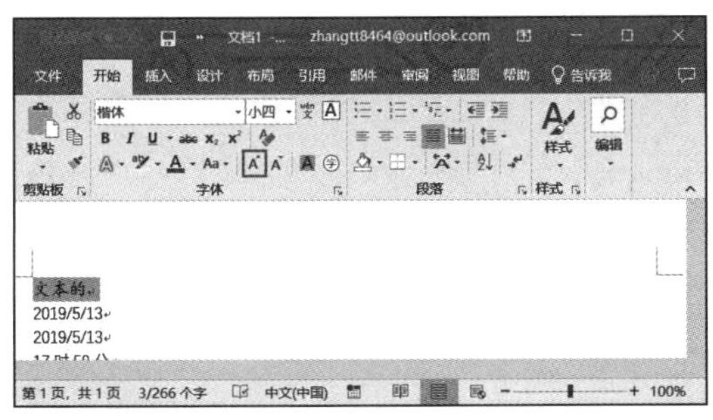

图 4-64

图 4-65

方法三：通过“字体”对话框来设置文字字体和字号

步骤 1：打开 Word 文档，选中需要设置的文字，切换至“开始”选项卡，在“字体”组内单击按钮，如图 4-66 所示。

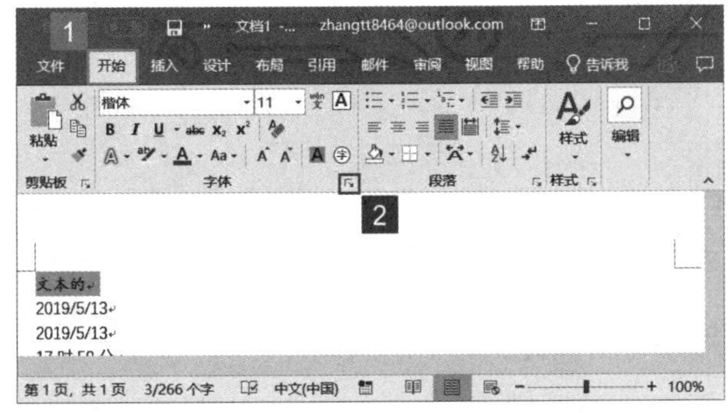

图 4-66

步骤 2：打开“字体”对话框，单击“中文字体”下拉按钮选择合适的字体，例如“华文彩云”。接着在“字号”框内选择合适的文字字号，例如“10”。除此之外，还可以对文字的字形、颜色等格式进行设置，设置完成后，单击“确定”按钮，如图 4-67 所示。

步骤 3：返回 Word 文档，即可看到设置的文字字体和字号已应用到选中的文字中，效果如图 4-68 所示。

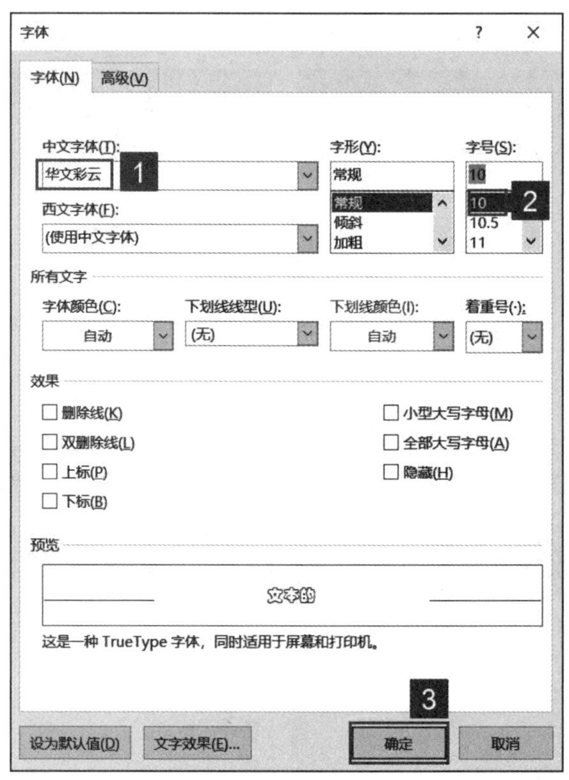

图 4-67

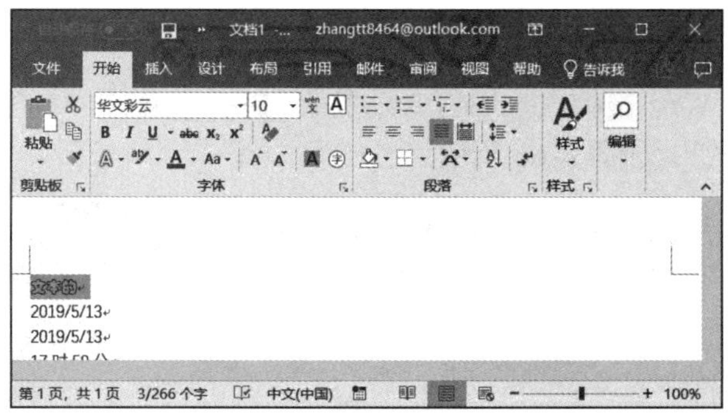

图 4-68

4.2.2 灵活应用字形和颜色

在一些特定的情况下，有时需要对文字的字形和颜色进行设置，这样可以区分该文字与其他文字的不同之处。下面就来介绍具体的文字的字形和颜色设置操作。

方法一：通过选项组中的“字形”按钮和“字体颜色”列表来设置

步骤 1：设置文字字形。打开 Word 文档，选中要设置的文字，切换至“开始”选项卡。在“字体”组内，单击“加粗”按钮**B**，即可让文字加粗显示；单击“倾斜”按钮*I*，即可让文字倾斜显示，效果如图 4-69 所示。

步骤 2：设置文字颜色。单击“字体颜色”下拉按钮，然后在展开的字体颜色列表内选择合适的颜色，例如“绿色”，如图 4-70 所示。

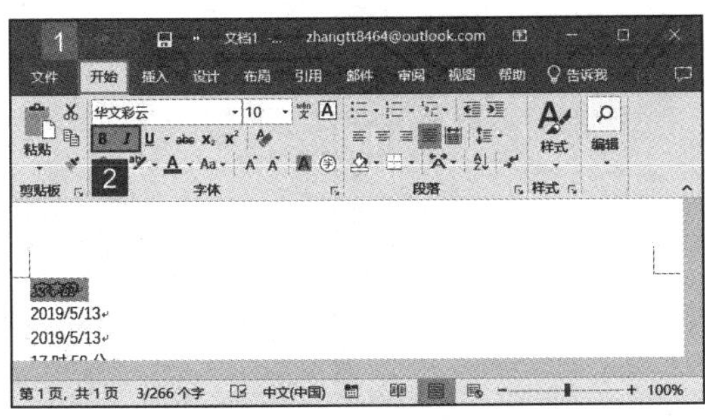

图 4-69

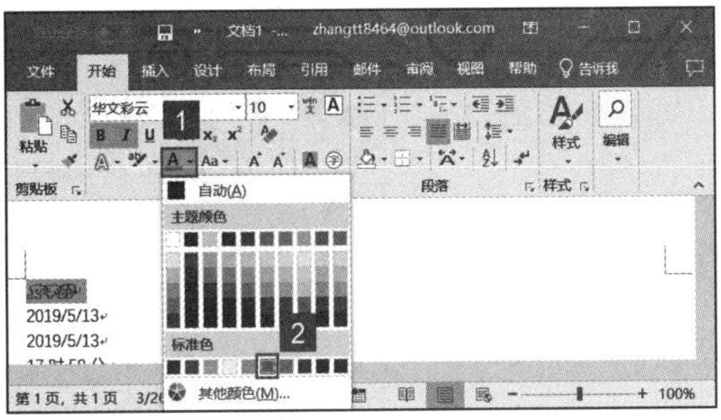

图 4-70

技巧点拨：如果需要还原文字字形，再次单击设置的字形按钮即可。如上面设置了“倾斜”字形，只需要再次单击“倾斜”按钮即可还原。

技巧点拨：除了在字体颜色列表中选择颜色外，用户还可以在弹出的颜色列表内单击“其他颜色”按钮，如图 4-71 所示。打开“颜色”对话框，用户可以在“标准”、“自定义”选项卡下选择合适的颜色，然后单击“确定”按钮即可，如图 4-72 所示。

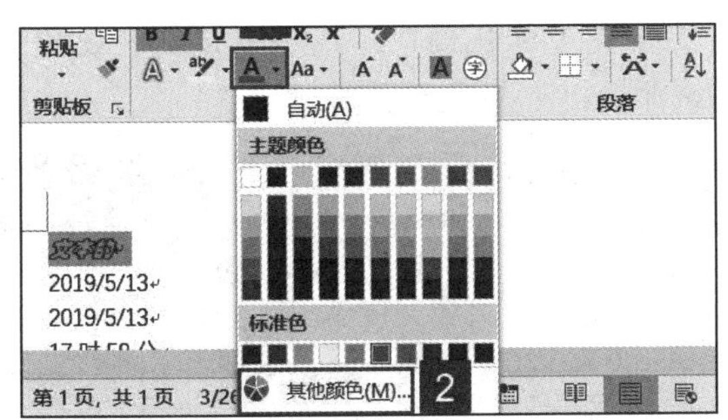

图 4-71

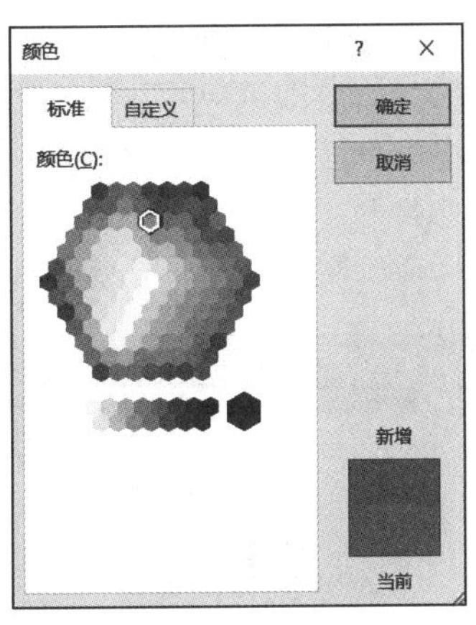

图 4-72

方法二：通过“字体”对话框来设置文字字形和颜色

步骤 1：打开 Word 文档，选中需要设置的文字，切换至“开始”选项卡。在“字体”组内单击按钮，打开“字体”对话框。然后在“字形”列表框内选择合适的文字字形，例如“加粗 倾斜”。单击“字体颜色”下拉按钮，在弹出的颜色列表内选择合适的字体颜色，例如“红色”。设置完成后，单击“确定”按钮，如图 4-73 所示。

步骤 2：返回 Word 文档，设置的文字字形和字体颜色应用到选中的文字中，效果如图 4-74 所示。

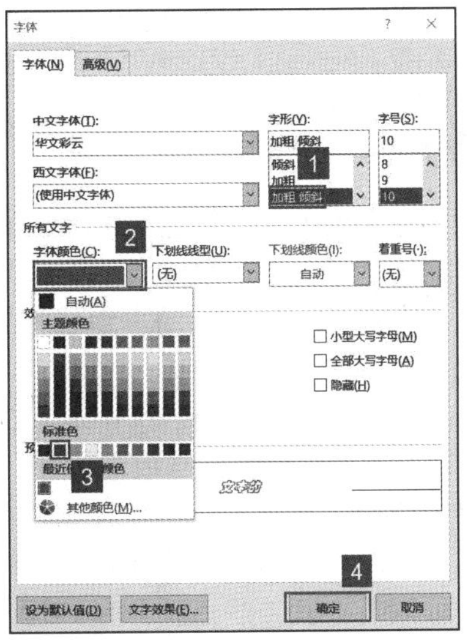

图 4-73

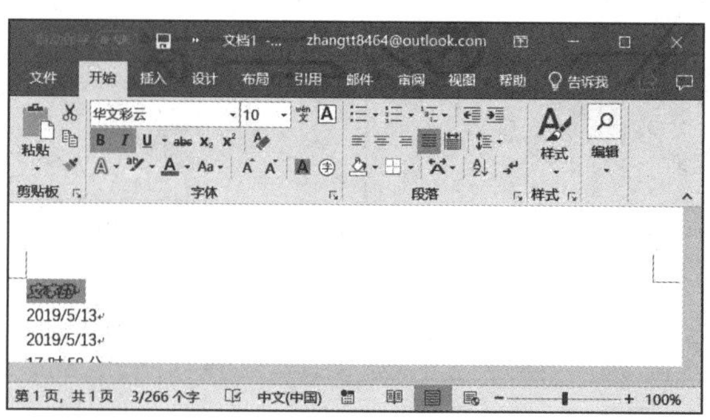

图 4-74

4.2.3 灵活应用底纹

在文档中为了突出显示一些重要的文字，可以为这些文字设置底纹效果。下面就来介绍具体的文字底纹设置操作。

打开 Word 文档，选中要设置的文字，切换至“开始”选项卡，在“字体”组内单击“文本突出显示颜色”下拉按钮，然后在展开的颜色列表内选择合适的颜色，例如“鲜绿”，单击即可应用于选中的文字中，如图 4-75 所示。

技巧点拨：在“字体”组内还有一个“字符底纹”按钮 A，也可以设置文字底纹。不过此按钮只能为文字设置灰色底纹，无法设置其他颜色，选中要设置底纹的文字，单击此按钮即可设置灰色底纹，如图 4-76 所示。

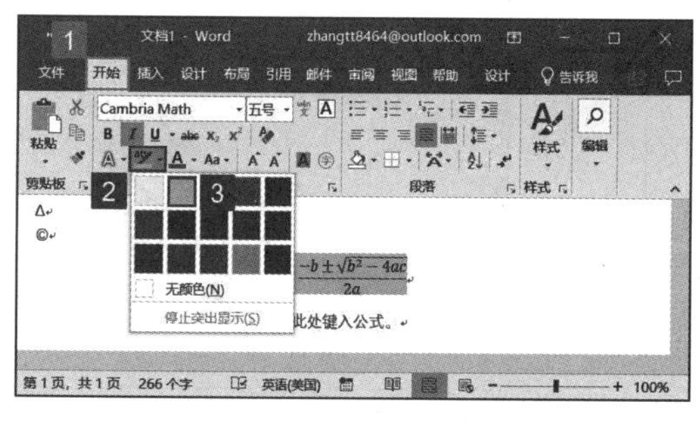

图 4-75

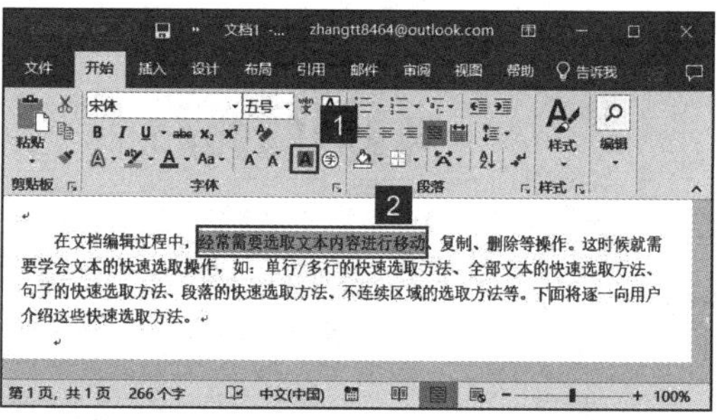

图 4-76

4.2.4 灵活应用下划线

在文档中有些特殊的文字，如：文档头、目录标题等，为了突出显示他们，可以为这些文字设置下划线效果。下面就来介绍具体的下划线设置操作。

方法一：以提供的下划线样式来设置文字

打开 Word 文档，选中要设置的文字，切换至“开始”选项卡。在“字体”组内单击“下划线”下拉按钮，在展开的下划线列表内显示了 Word 2019 提供的下划线样式。单击任意样式即可应用于选中的文字中，如图 4-77 所示。

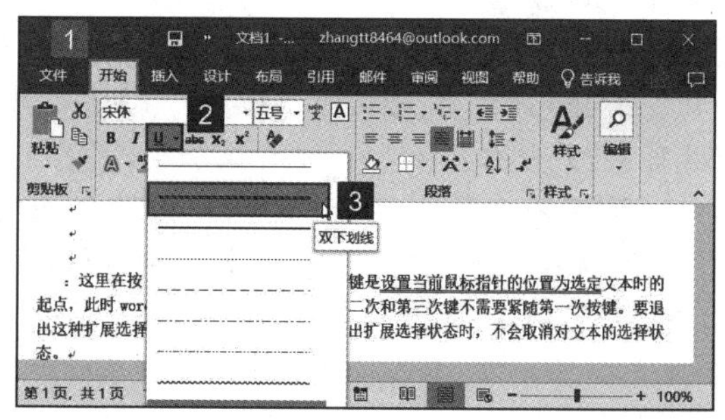

图 4-77

方法二：自定义下划线效果来设置

文字

步骤 1：打开 Word 文档，选中要设置的文字，切换至“开始”选项卡。在“字体”组中单击“下划线”按钮，在展开的菜单列表内单击“其他下划线”选项，如图 4-78 所示。

步骤 2：打开“字体”对话框，单击“下划线线型”下拉按钮，然后在展开的下划线线型列表内选择合适的线型。单击“下划线颜色”下拉按钮，然后在展开的下划线颜色设置列表内选择合适的颜色。此时，用户可以在“预览”窗格内看到设置效果。设置完成后，单击“确定”按钮，如图 4-79 所示。

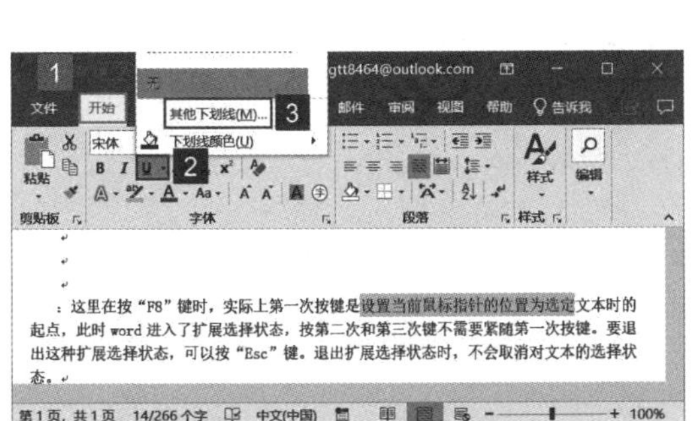

图 4-78

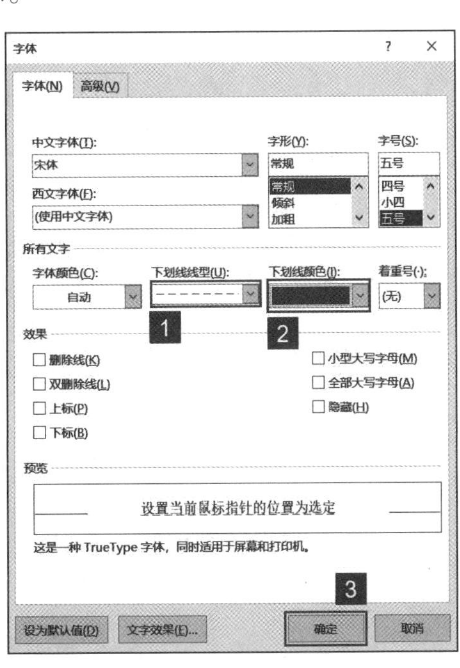

图 4-79

步骤 3：返回 Word 文档，即可看到设置的下划线线型与下划线颜色应用到选中的文字中，效果如图 4-80 所示。

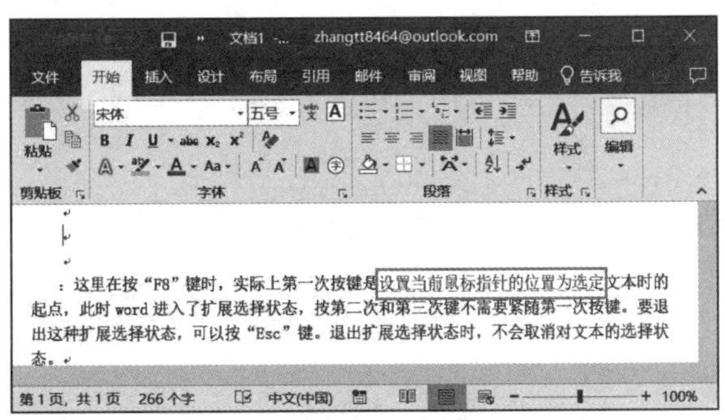

图 4-80

4.2.5 灵活应用删除线

在文档编辑过程中，有些需要删除的内容不能立即删除，这时就可以为要删除的内容设置“删除线”以做标记。下面就来介绍具体的文字删除线设置操作。

1. 设置单删除线

打开 Word 文档，选中要删除的文本，切换至“开始”选项卡，在“字体”组内单击“删除线”按钮，即可为选中的文本添加单删除线，效果如图 4-81 所示。

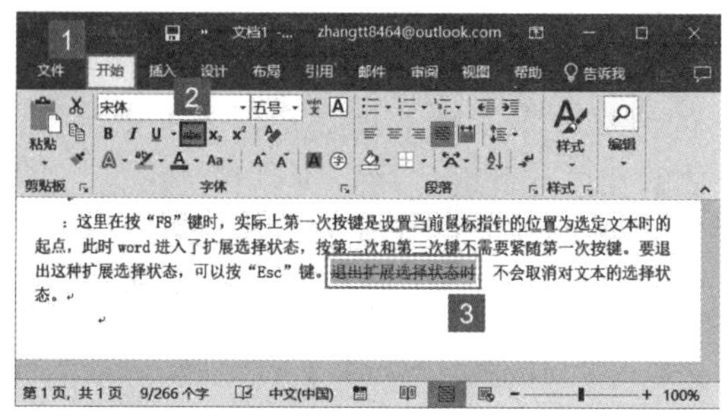

图 4-81

2. 设置双删除线

步骤 1：打开 Word 文档，选中要删除的文本，切换至“开始”选项卡，在“字体”组内单击 按钮，打开“字体”对话框。在“效果”窗格内单击勾选“双删除线”前的复选框，单击“确定”按钮，如图 4-82 所示。

步骤 2：返回 Word 文档，即可看到选中的文本添加了双删除线，效果如图 4-83 所示。

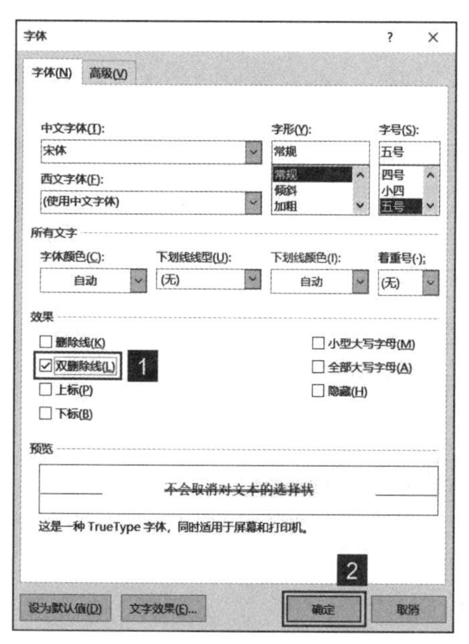

图 4-82

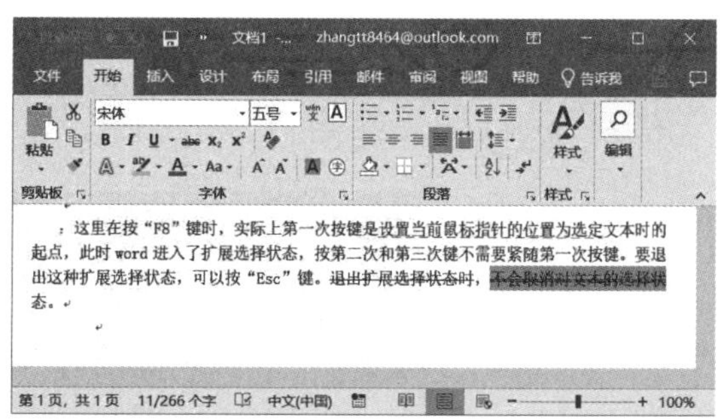

图 4-83

4.3 段落格式的灵活应用

4.3.1 灵活应用对齐方式

Word 文档中默认情况下输入的文本都是以左对齐方式显示的，这有时不符合排版要求，此时就需要对文本内容的对齐方式进行设置。接下来介绍一下设置对齐方式的具体操作步骤。

步骤 1：打开 word 文档，选中需要设置的文本。切换至“开始”选项卡，在“段落”组内单击“文本左对齐”按钮，即可将文本内容以左对齐方式显示，左对齐通常用于正文文本，如图 4-84 所示。

步骤 2：如果需要设置居中对齐方式，单击“居中”按钮，即可将文本内容以居中对齐方式显示，居中显示通常用于封面、引言，有时候标题也会运用居中显示，如图 4-85 所示。

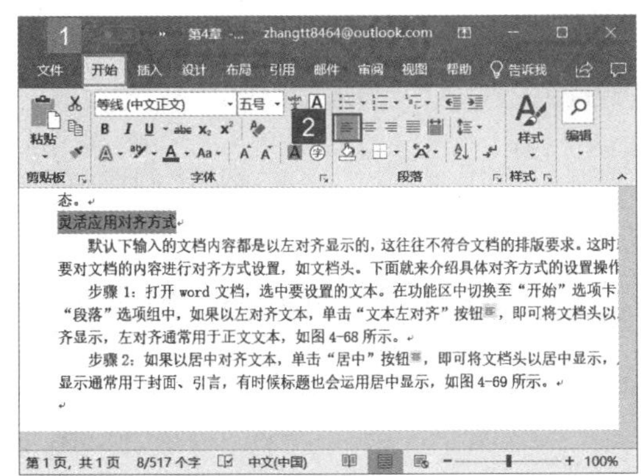

图 4-84

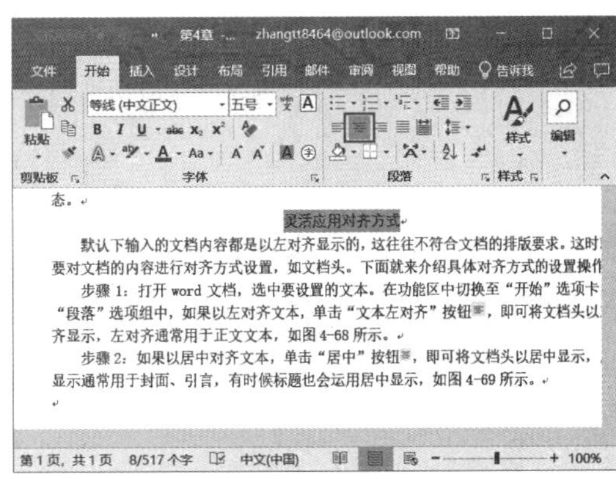

图 4-85

步骤 3：如果需要设置右对齐方式，单击“文本右对齐”按钮，即可将文本内容以右对齐方式显示，右对齐通常用于页眉、页脚等，如图 4-86 所示。

步骤 4：如果需要设置两端对齐方式，单击“两端对齐”按钮，即可将文本内容以两端对齐方式显示。两端对齐会在边距之前均匀分布文本，使文本排列更加整齐，如图 4-87 所示。

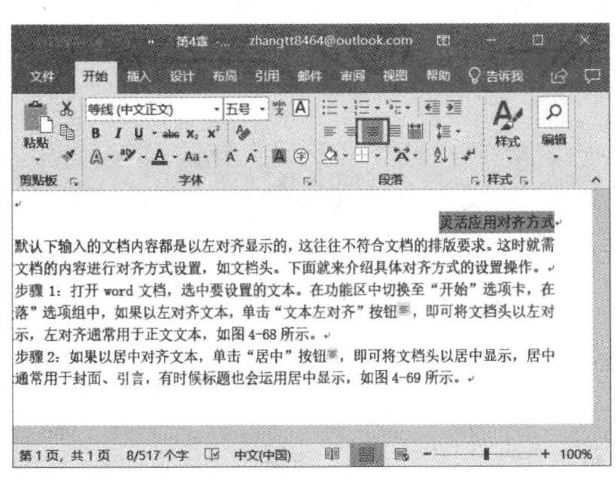

图 4-86

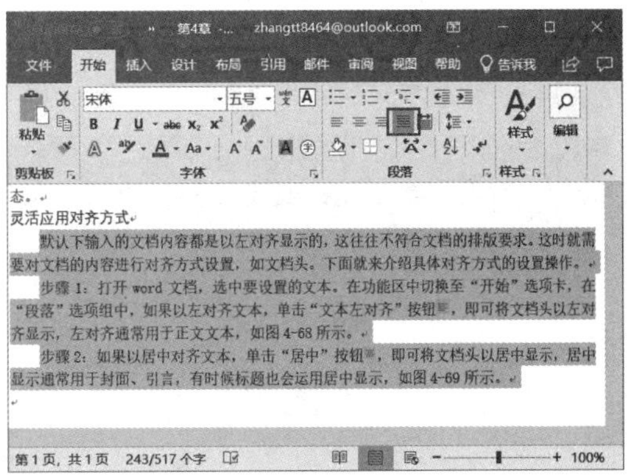

图 4-87

步骤 5：如果需要设置分散对齐方式，单击“分散对齐”按钮，即可将文本内容以分散对齐方式显示。分散对齐会在左右边距之间均匀分布文本，如图 4-88 所示。

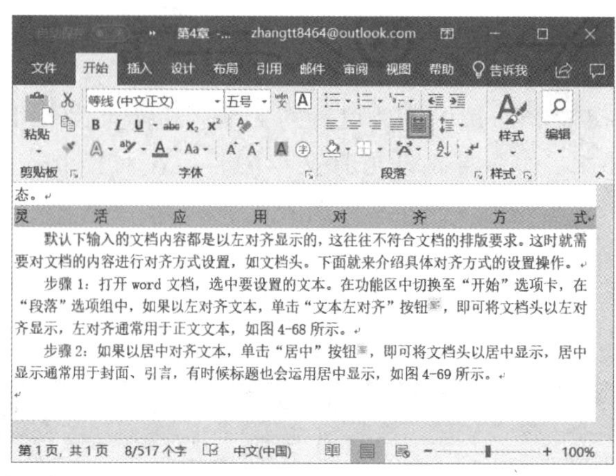

图 4-88

4.3.2 灵活应用段落缩进

缩进决定了段落到左右页边距的距离。在 Word 2019 中，可以使用首行缩进、悬挂缩进、左缩进和右缩进来设置段落的缩进方式。下面就逐一介绍这些功能的具体操作。

1. 设置首行缩进

默认情况下输入的文本内容都是顶行输入的，这不符合缩进两个字符开始处输入的文档格式要求。在 Word 2019 中可以使用首行缩进的方法来设置段落缩进两个字符，具体操作如下。

方法一：通过拖动“首行缩进”标尺来设置首行缩进

步骤 1：打开 Word 文档，切换至“视图”选项卡，在“显示”组内单击勾选“标尺”前的复选框，此时 Word 页面会显示出标尺，如图 4-89 所示。

步骤 2：将光标定位至需要设置首行缩进的段落中。然后鼠标选中标尺中的“首行缩进”按钮，按住鼠标左键向右进行拖动，当鼠标拖至标尺刻度为“2”上时，释放鼠标左键，即可实现段落首行缩进，如图 4-90 所示。

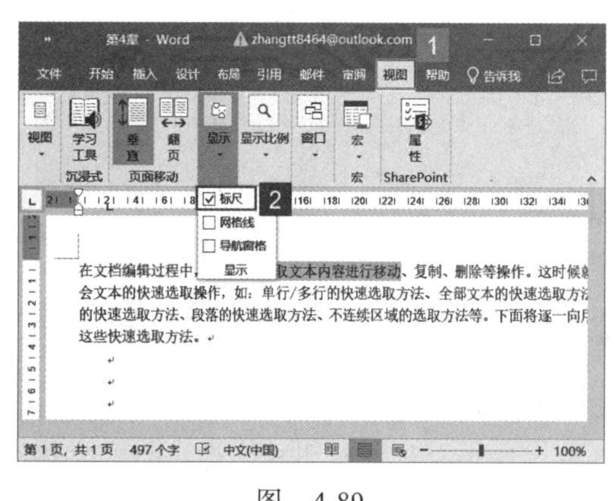

图 4-89

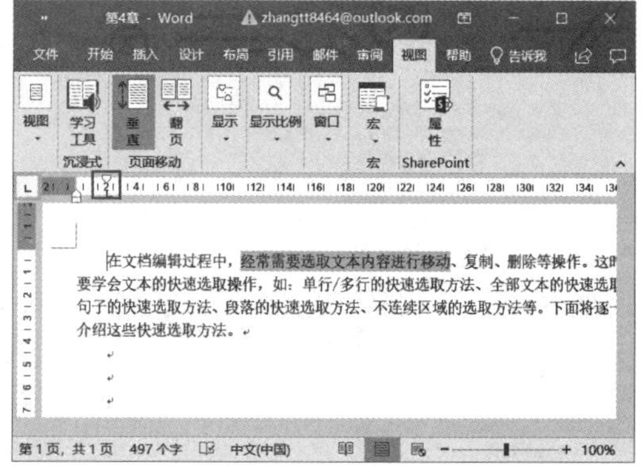

图 4-90

方法二：通过“段落”对话框设置首行缩进

步骤 1：打开 Word 文档，切换至“开始”选项卡，在“段落”组内单击“段落设置”按钮，如图 4-91 所示。

步骤 2：弹出“段落”对话框，在“缩进”窗格内单击“特殊格式”下拉按钮，选择“首行缩进”选项，然后单击“确定”按钮，如图 4-92 所示。

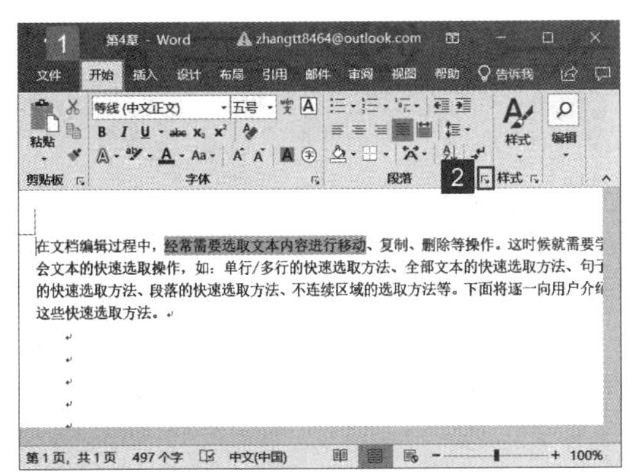

图 4-91

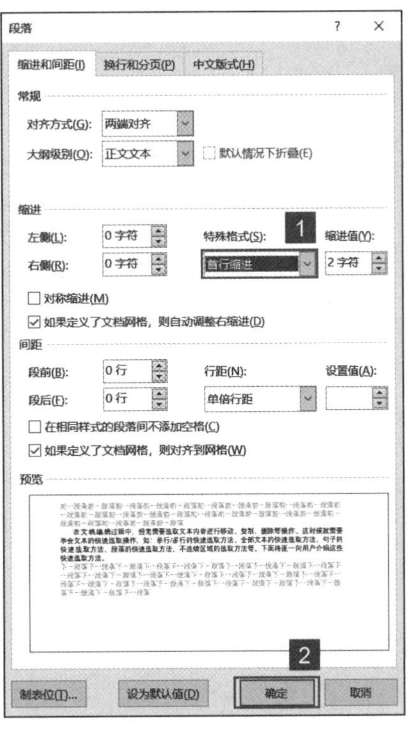

图 4-92

步骤 3：返回 Word 文档，即可看到光标所在的段落自动进行首行缩进，效果如图 4-93 所示。

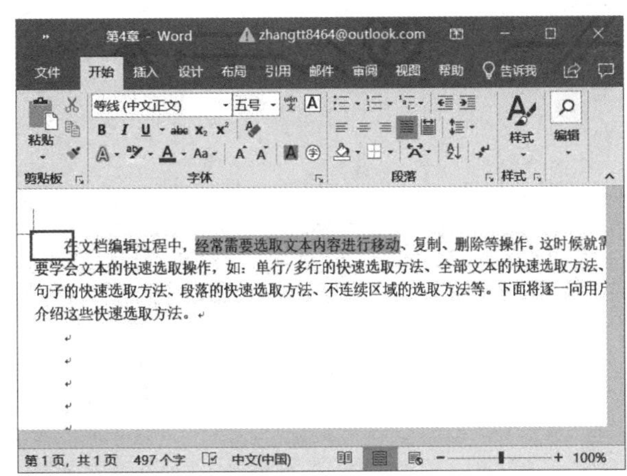

图 4-93

2. 设置左、右缩进

如果要设置段落的左、右缩进，可以使用 Word 2019 中的“左缩进”和“右缩进”功能来实现，具体操作如下。

方法一：通过拖动“左、右缩进”标尺来设置段落左、右缩进。

步骤 1：打开 Word 文档，将光标定位至需要设置左、右缩进的段落中。然后鼠标选中标尺中的“左缩进”按钮，按住鼠标左键向右拖动。当鼠标拖至设置的标尺上时，释放鼠标左键，即可实现段落左缩进，如图 4-94 所示。

步骤 2：鼠标选中标尺中的“右缩进”按钮，按住鼠标左键向左拖动。当鼠标拖至设置的标尺上时，释放鼠标左键，即可实现段落右缩进，如图 4-95 所示。

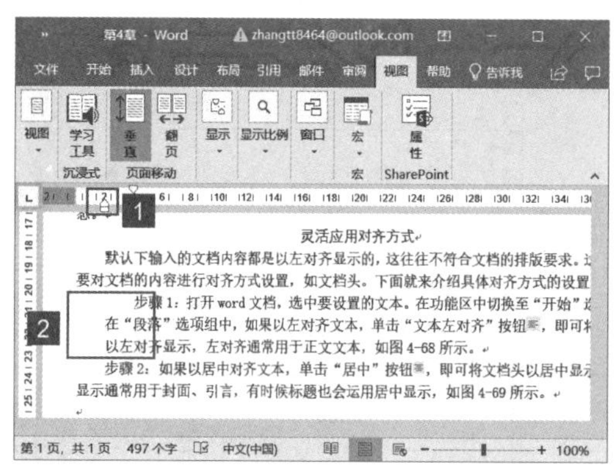

图 4-94

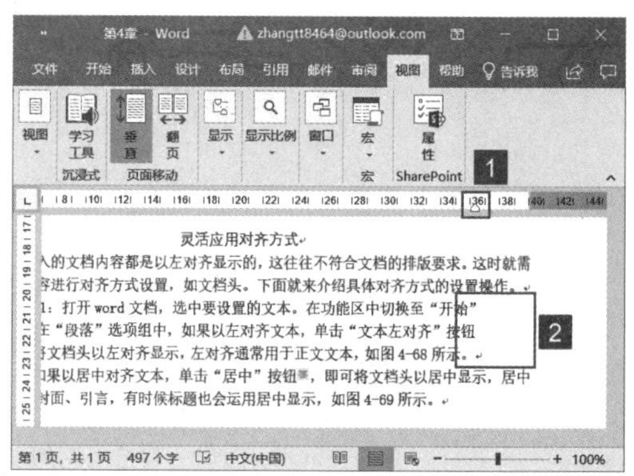

图 4-95

步骤 3：设置完成后，效果如图 4-96 所示。

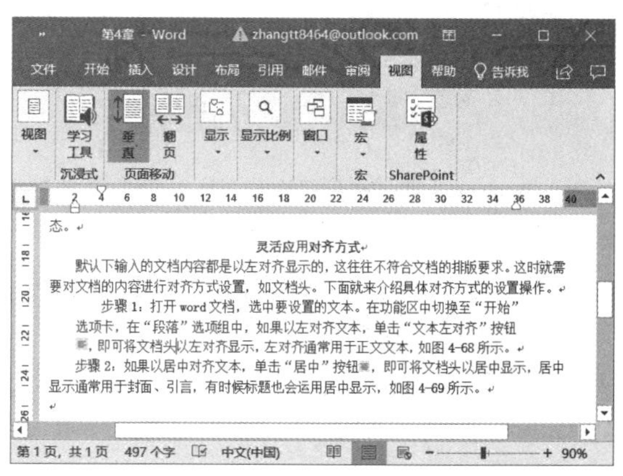

图 4-96

方法二：通过“段落”对话框设置左、右缩进。

步骤 1：打开 Word 文档，切换至“开始”选项卡，在“段落”组内单击“段落设置”按钮，如图 4-97 所示。

步骤 2：弹出“段落”对话框，在“缩进”窗格内的“左侧”、“右侧”微调框内设置左、右缩进字符，例如“2 字符”，然后单击“确定”按钮，如图 4-98 所示。

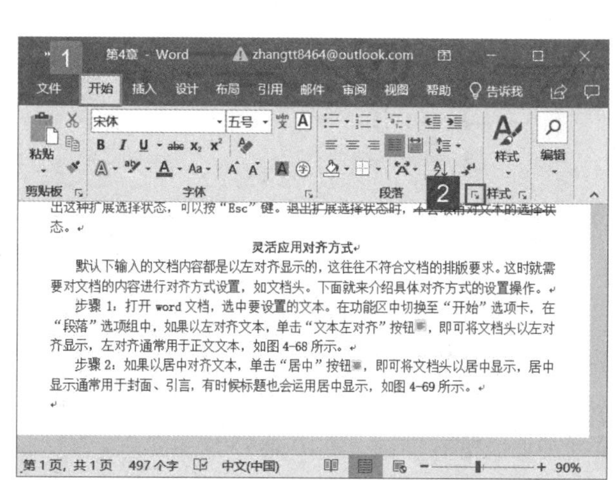

图 4-97

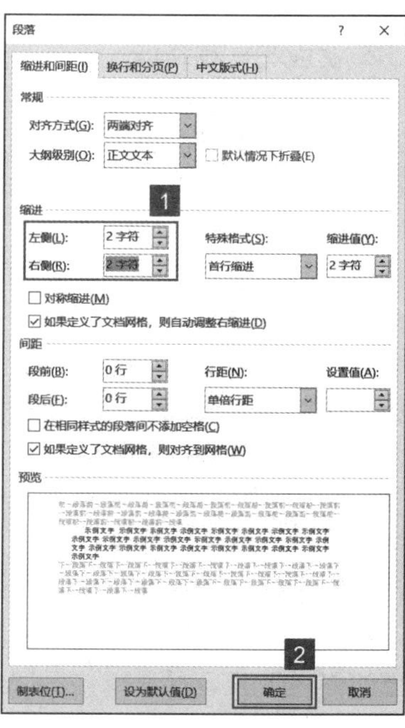

图 4-98

步骤 3：返回 Word 文档，即可看到光标所在的段落自动进行左、右缩进，效果如

图 4-99 所示。

3. 设置悬挂缩进

如果要设置段落的悬挂缩进，可以使用 Word 2019 中的“悬挂缩进”功能来实现，具体操作如下。

方法一：通过拖动“悬挂缩进”标尺设置段落悬挂缩进。

打开 Word 文档，将光标定位至需要设置悬挂缩进的段落中。然后鼠标选中标尺中的“悬挂缩进”按钮，按住鼠标左键向右拖动，当鼠标拖到设置的标尺上时，释放鼠标左键，即可实现段落悬挂缩进，如图 4-100 所示。

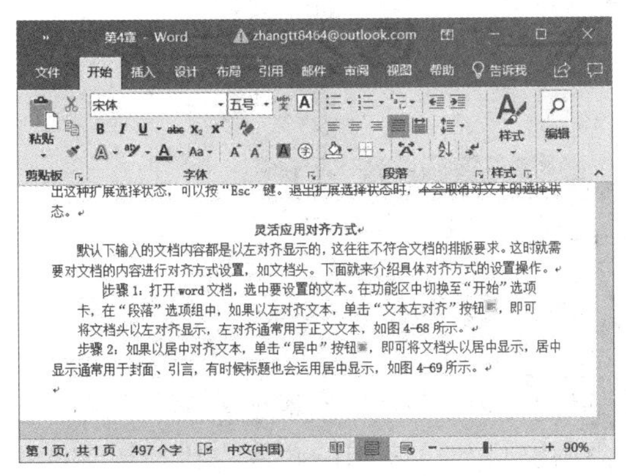

图 4-99

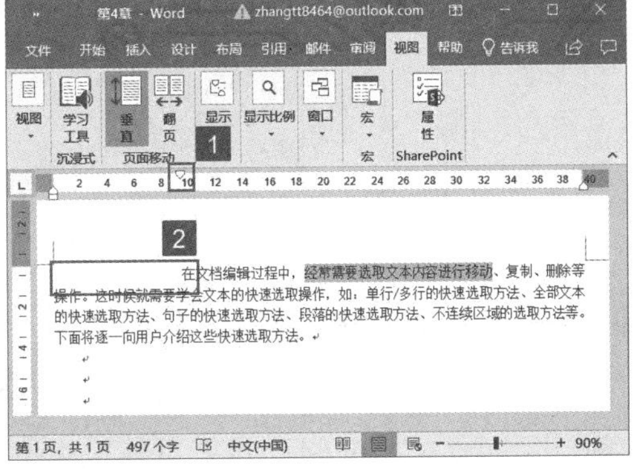

图 4-100

方法二：通过“段落”对话框设置悬挂缩进。

步骤 1：打开 Word 文档，切换至“开始”选项卡，在“段落”组内单击“段落设置”按钮，如图 4-101 所示。

步骤 2：弹出“段落”对话框，单击“缩进”窗格内的“特殊格式”下拉按钮，选择“悬挂缩进”选项。设置完成后，单击“确定”按钮，如图 4-102 所示。

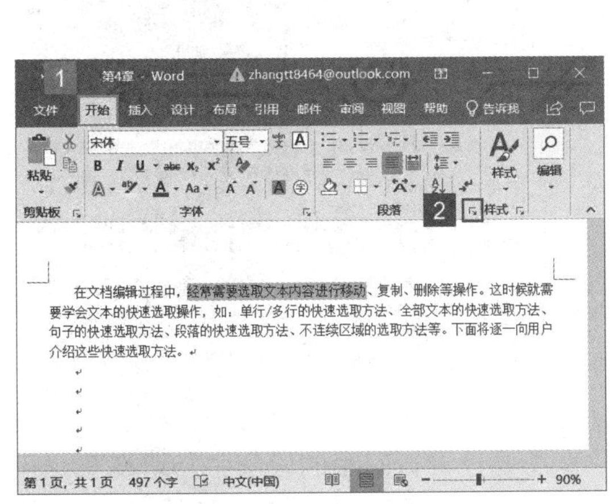

图 4-101

图 4-102

步骤 3：返回 Word 文档，即可看到光标所在的段落自动进行悬挂缩进，如图 4-103 所示。

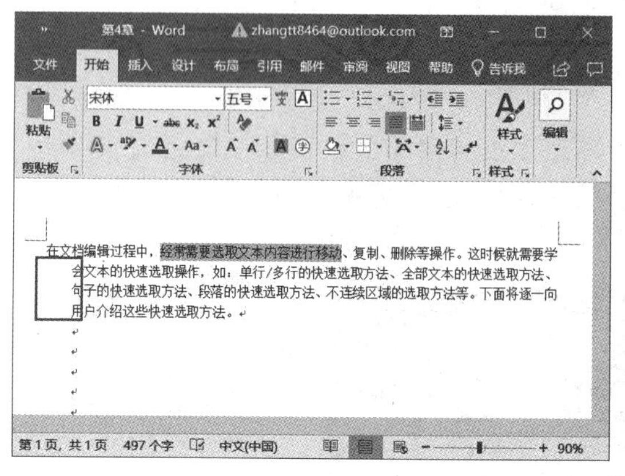

图 4-103

4.3.3 灵活应用行间距与段间距

在 Word 文档中，并非行间距与段落间距都应该保持一样，有时候调整行间距与段间距，反而使文档的阅览效果更好。应该学会调整行与行之间的距离、段与段之间的距离，根据特定的排版需求，使文档排版更美观。

1. 设置行间距

如果要设置行与行之间的间距，可以使用 Word 2019 中的“行距”功能来实现，具体操作如下。

方法一：通过“行距”按钮设置行间距。

步骤 1：打开 Word 文档，将光标定位至需要设置行间距的段落中。切换至“开始”选项卡，在“段落”组内单击“行和段落间距”按钮 。然后在展开的菜单列表内选择合适的行距，例如“1.5”(默认行距为 1.0)，如图 4-104 所示。

步骤 2：此时即可看到光标所在段落已设置为 1.5 倍行距，如图 4-105 所示。

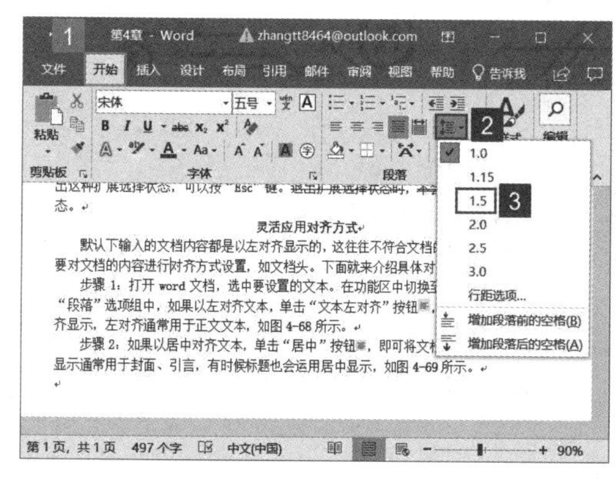

图 4-104

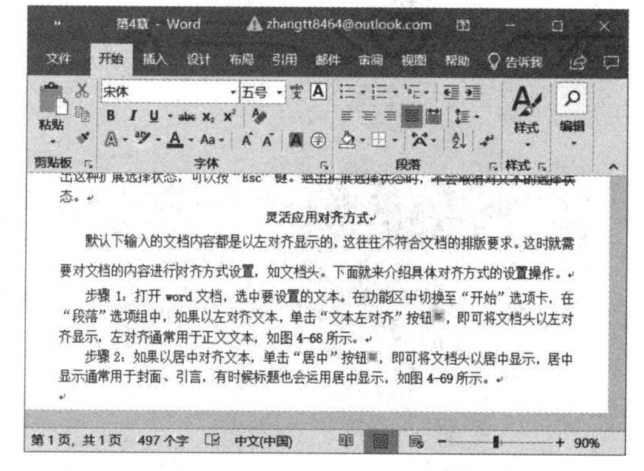

图 4-105

方法二：通过“段落”对话框设置行间距。

步骤 1：打开 Word 文档，将光标定位至需要设置行间距的段落中。切换至“开始”选项卡，在“段落”组内单击“行和段落间距”按钮 。然后在展开的菜单列表内单击“行距选项”按钮，如图 4-106 所示。

步骤 2：弹出“段落”对话框，单击“间距”窗格内的“行距”下拉按钮选择合适的行距，例如“1.5 倍行距”。设置完成后，单击“确定”按钮，如图 4-107 所示。

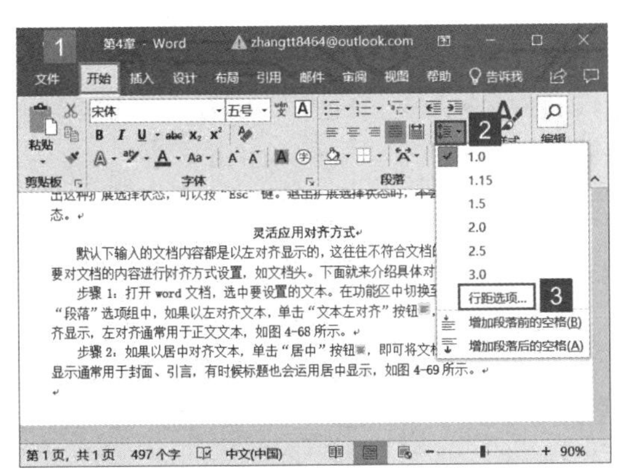

图 4-106

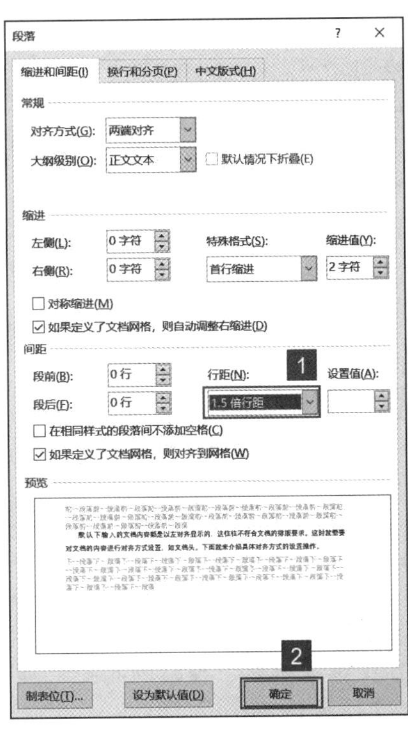

图 4-107

步骤 3：返回 Word 文档，即可看到光标所在段落已设置为 1.5 倍行距，效果如图 4-108 所示。

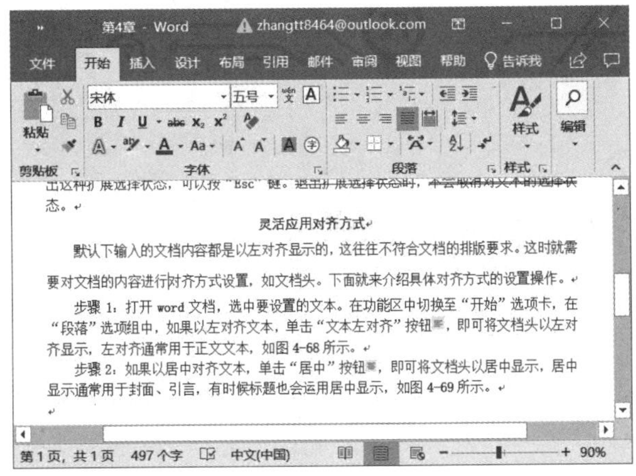

图 4-108

2. 设置段间距

如果要设置段落与段落之间的间距，可以通过下面的具体操作来实现。

方法一：快速设置段前、段后间距。

步骤 1：打开 Word 文档，将光标定位至需要设置段间距的位置。切换至“开始”

选项卡，在“段落”组内单击“行和段落间距”按钮，展开其菜单列表。如果要设置段前间距，选择“增加段落前的空格”；如果要设置段后间距，选择“增加段落后的空格”，如图 4-109 所示。

步骤 2：例如此处选择“增加段落前的空格”，效果如图 4-110 所示。

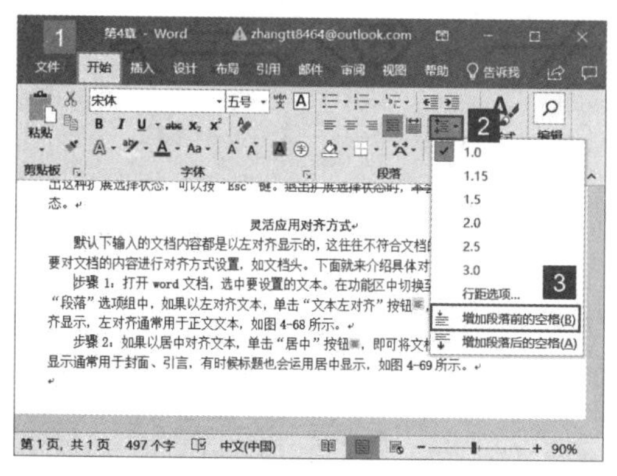

图 4-109

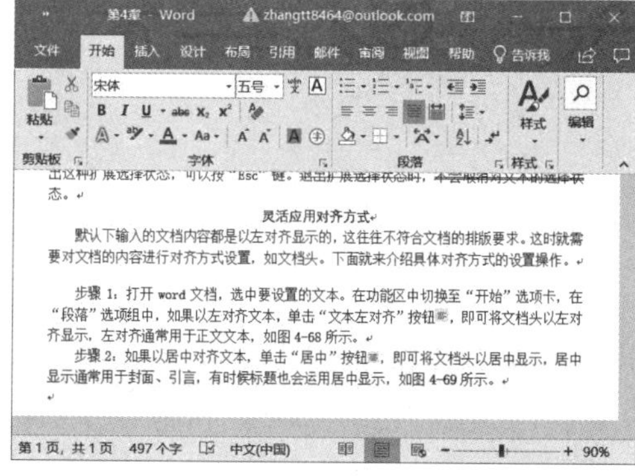

图 4-110

方法二：自定义段前、段后的间距值。

步骤 1：打开 Word 文档，将光标定位至需要设置段间距的位置。切换至“开始”选项卡，在“段落”组内单击“段落设置”按钮，如图 4-111 所示。

步骤 2：弹出“段落”对话框，在“间距”窗格内的“段前”、“段后”微调框内自定义设置段前、段后的间距，例如“1 行”。设置完成后，单击“确定”按钮，如图 4-112 所示。

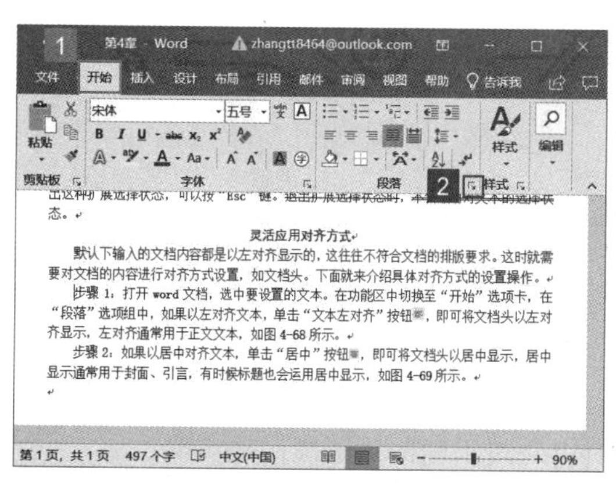

图 4-111

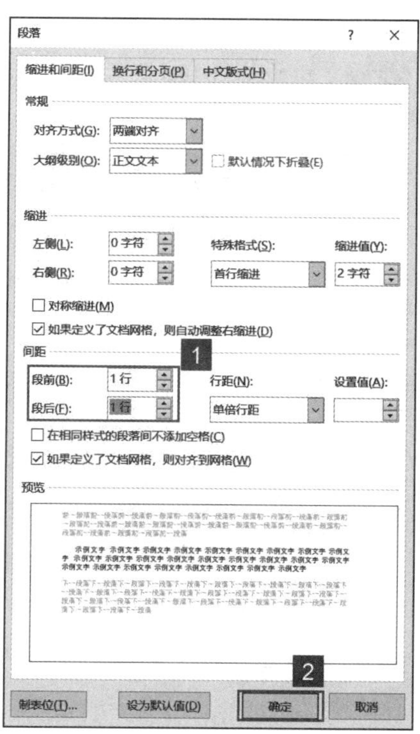

图 4-112

步骤 3：返回 Word 文档，即可看到设置的段前、段后间距已应用到文档中，效果如图 4-113 所示。

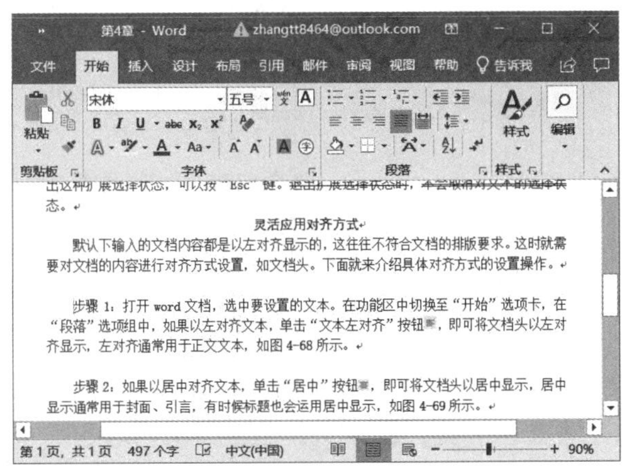

图 4-113

技巧点拨：在设置“段前”和“段后”间距时，有时候会发现间距单位是“磅”，而不是“行”。遇到这样的情况不用担心，只是设置单位不一样而已，设置效果是一样的。这里“一行”等价于“6 磅”，以此类推。

4.4 项目符号与编号的灵活应用

在文档中引用项目符号与编号是为了使文档的层次更加清晰。特别是在长文档编辑中，就更能体现出项目符号与编号的重要性。

4.4.1 引用项目符号与编号

在文档中有的地方需要使用项目符号与编号，可以直接引用 Word 2019 提供的默认项目符号与编号。具体引用操作步骤如下。

1. 引用项目符号

如果要引用项目符号，可以使用 Word 2019 提供的“项目符号”按钮来实现，具体操作步骤如下：

打开 Word 文档，将光标定位至需要设置项目符号的位置。切换至“开始”选项卡，在“段落”组内单击“项目符号”下拉按钮，然后在展开的项目符号列表内选择合适的项目符号，即可将选中的项目符号应用至光标所在的位置前，效果如图 4-114 所示。

2. 引用编号

如果要引用编号，可以使用 Word 2019 提供的“编号”按钮来实现，具体操作步骤如下：

打开 Word 文档，将光标定位至需要设置编号的位置。切换至“开始”选项卡，在“段落”组内单击“编号”下拉按钮，然后在展开的编号库内选择合适的编号样式，即可将选中的编号应用至光标所在的位置前，效果如图 4-115 所示。

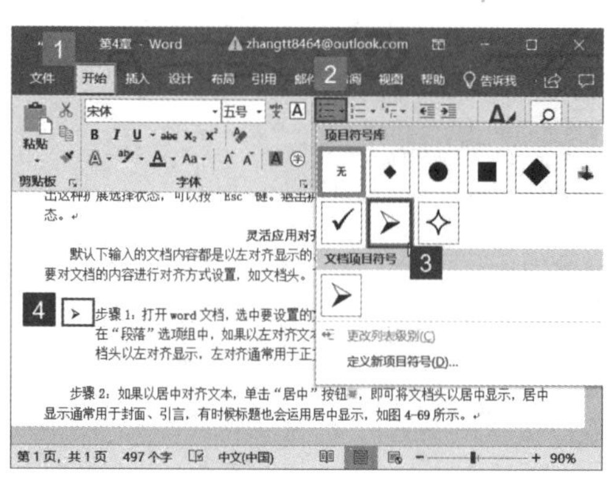

图 4-114

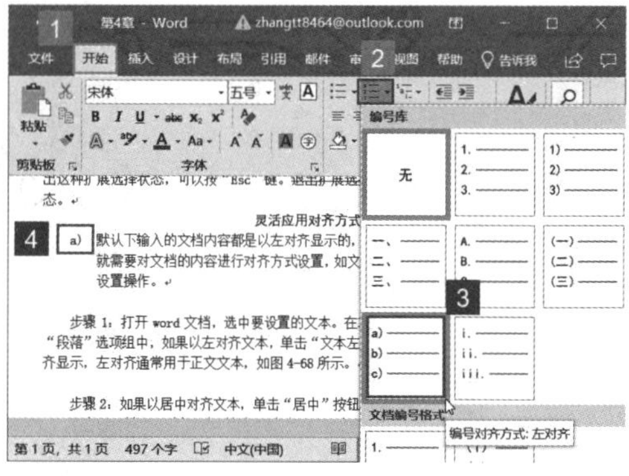

图 4-115

技巧点拨：除了可以使用“段落”组内的“项目符号”和“编号”来设置项目符号和编号外，还可以单击鼠标右键，在弹出的菜单列表内选中“项目符号”和“编号”选项来实现。

4.4.2 自定义项目符号与编号

有时候用户感觉 Word 2019 提供的项目符号与编号并不符合文档所需，这时候用户可以根据自身需要自定义项目符号与编号。具体操作步骤如下：

1. 自定义项目符号

如果需要自定义项目符号，可以使用如下操作来实现。

步骤 1：打开 Word 文档，将光标定位至需要设置项目符号的位置。切换至“开始”选项卡，在“段落”组内单击“项目符号”下拉按钮，然后在展开的项目符号库内选择“定义新项目符号”选项，如图 4-116 所示。

步骤 2：弹出“定义新项目符号”对话框，单击“符号”按钮，如图 4-117 所示。

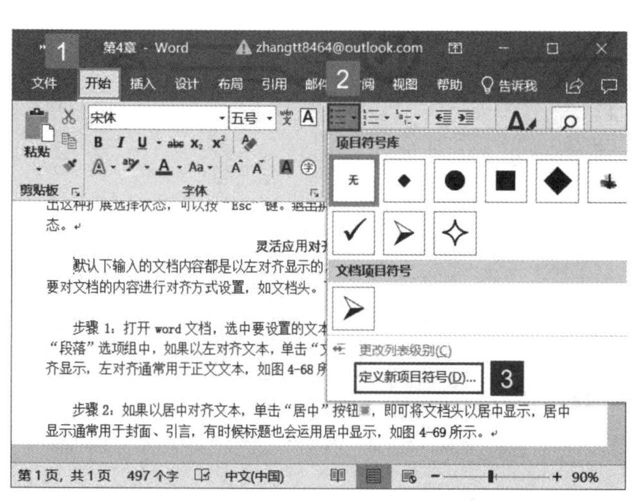

图 4-116

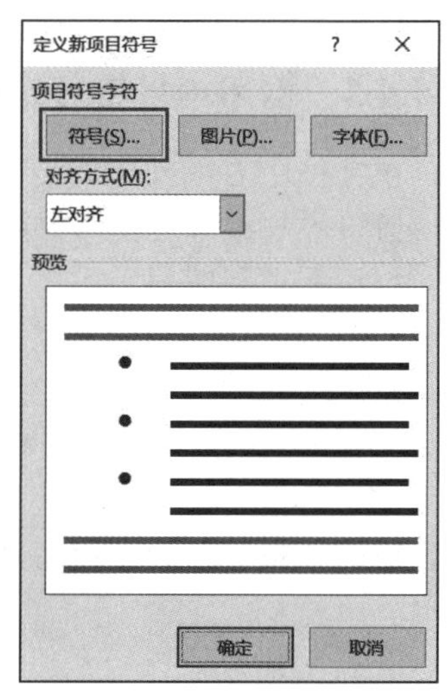

图 4-117

步骤 3：弹出“符号”对话框，用户可以重新选择项目符号图案，选择后单击“确定”按钮，如图 4-118 所示。

步骤 4：返回至“定义新项目符号”对话框，在“预览”窗格内可以看到效果，确认后单击“确定”按钮即可，如图 4-119 所示。

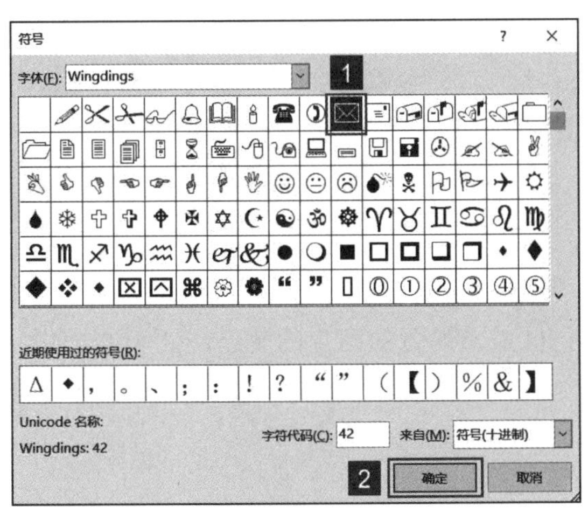

图 4-118

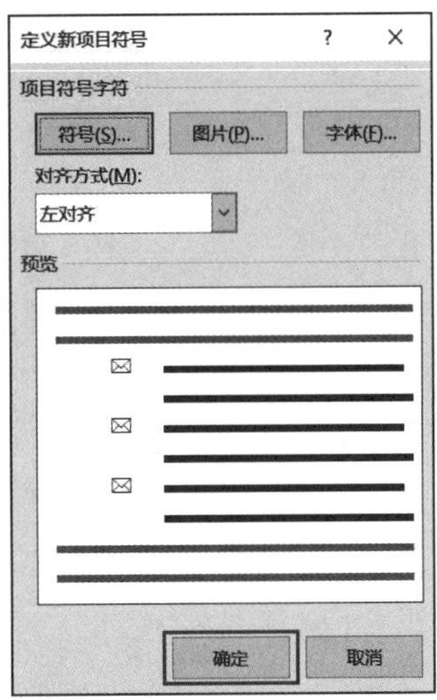

图 4-119

步骤 5：返回 Word 文档，即可看到自定义设置的项目符号已应用至文档中，效果如图 4-120 所示。

步骤 6：如果用户需要设置图片图案作为项目符号，可以在“定义新项目符号”对话框内单击“图片”按钮，如图 4-121 所示。

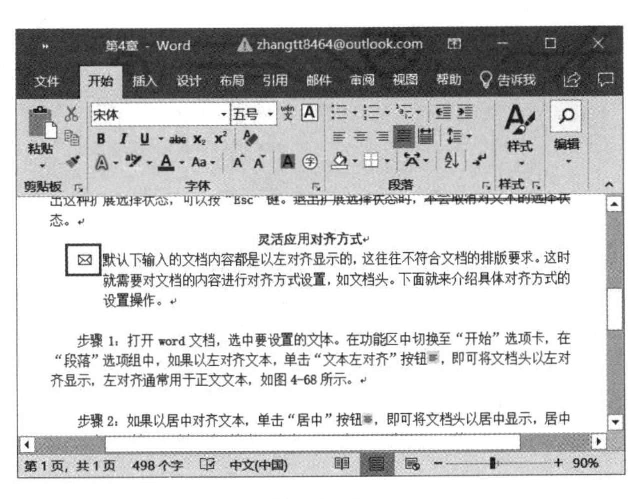

图 4-120

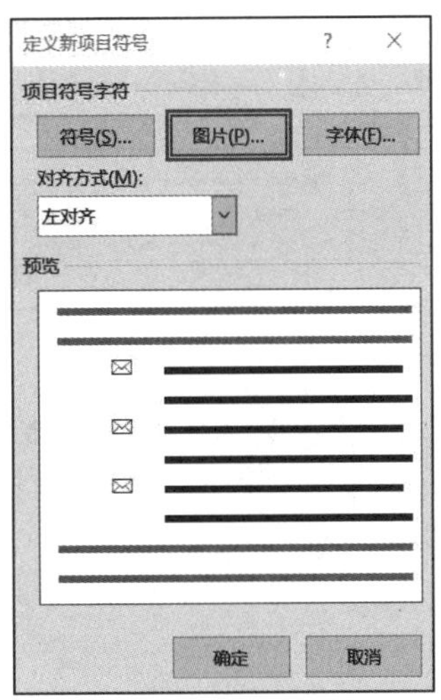

图 4-121

步骤 7：打开“插入图片”对话框，用户可以单击“从文件”或“OneDrive- 个人”右侧的“浏览”按钮选择图片图案，也可以在“必应图像搜索”文本框内输入图片类型，例如“鲜花”，单击“Enter”键，如图 4-122 所示。

步骤 8：打开“在线图片”对话框，选中合适的图片图案，单击“插入”按钮，如图 4-123 所示。

步骤 9：返回“定义新项目符号”对话框，在“预览”窗格内可以看到效果，确认后单击“确定”按钮，如图 4-124 所示。

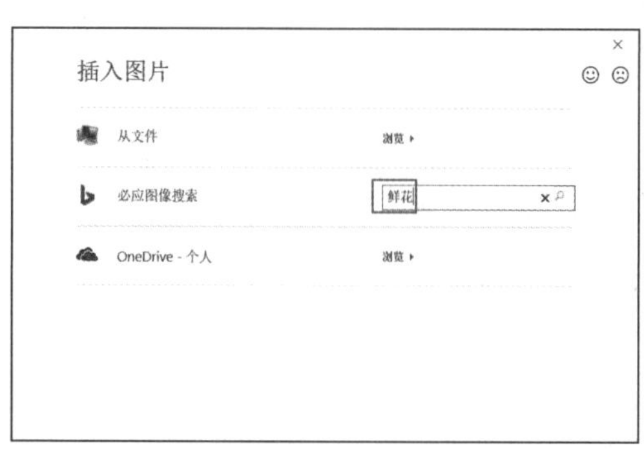

图 4-122

图 4-123

步骤 10：返回 Word 文档，即可看到自定义设置的图片图案已应用至文档中，效果如图 4-125 所示。

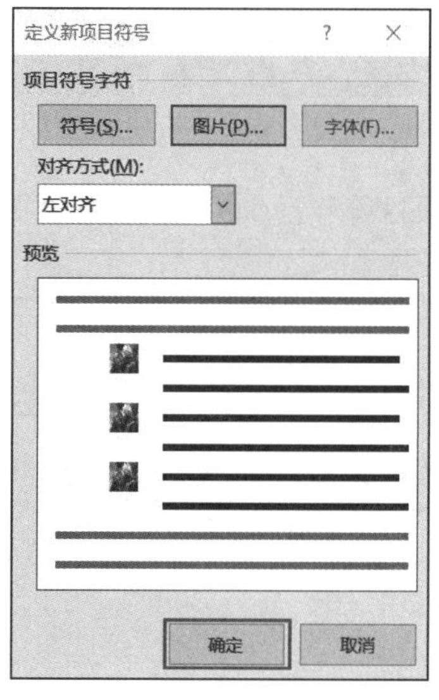

图 4-124

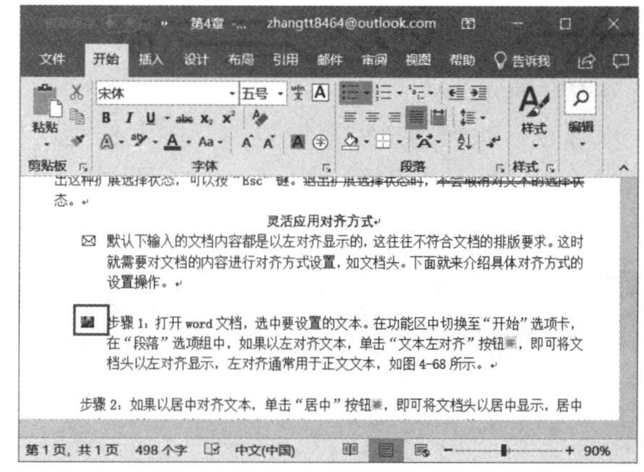

图 4-125

2. 自定义编号并设置编号起始值

如果需要自定义编号并设置编号起始值，可以使用如下操作来实现。

自定义编号

步骤 1：打开 Word 文档，将光标定位至需要设置编号的位置。切换至“开始”选项卡，在“段落”组内单击“编号”下拉按钮，然后在展开的菜单列表内选择“定义新编号格式”选项，如图 4-126 所示。

步骤 2：弹出“定义新编号格式”对话框，单击“编号样式”下拉按钮选择合适的编号样式，选中后用户可以在“预览”窗格内看到编号样式。设置完编号样式后，单击“字体”按钮，如图 4-127 所示。

步骤 3：打开“字体”对话框，单击“中文字体”下拉按钮将字体设置为“华文楷体”，单击“下划线线型”下拉按钮选择下划线线型，选中后用户可以在“预览”窗格内看到效果。设置完成后，单击“确定”按钮，如图 4-128 所示。

步骤 4：返回 Word 文档，即可看到自定义的编号已应用到文本中，效果如图 4-129 所示。

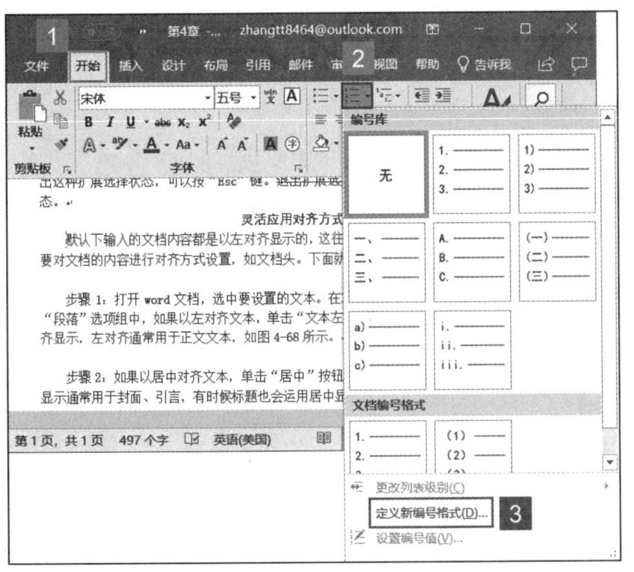

图 4-126

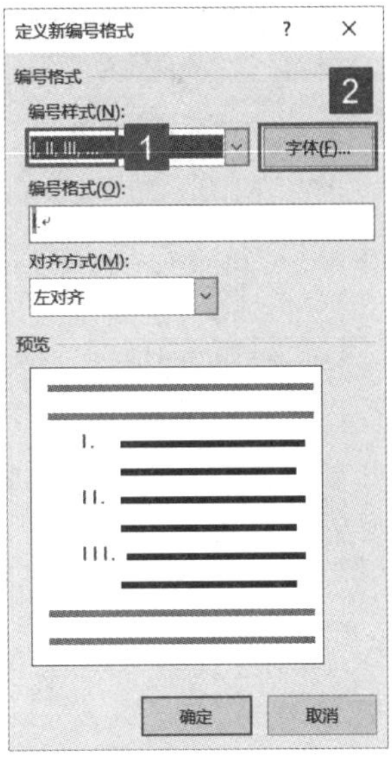

图 4-127

图 4-128

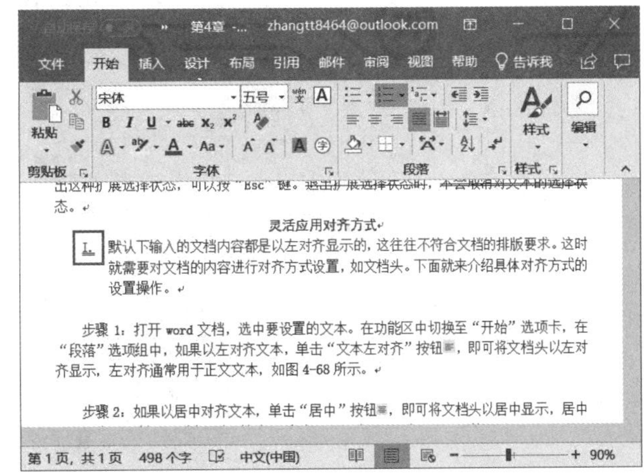

图 4-129

技巧点拨：如果文档中需要设置多级编号，可以单击“编号”下拉按钮，在展开的菜单列表内选中“更改列表级别”选项，展开编号级别列表，然后根据当前编号所在的级别，选中对应的级别选项即可（在 Word 2019 中，为用户提供了 9 级别编号）。

设置编号起始值

步骤 1：打开 Word 文档，将光标定位至需要设置编号起始值的位置。切换至“开始”选项卡，在“段落”组内单击“编号”下拉按钮，然后在展开的菜单列表内选择“设置编号值”选项，如图 4-130 所示。

步骤 2：弹出“起始编号”对话框，在“值设置为”微调框内选择起始值，单击“确定”按钮，如图 4-131 所示。

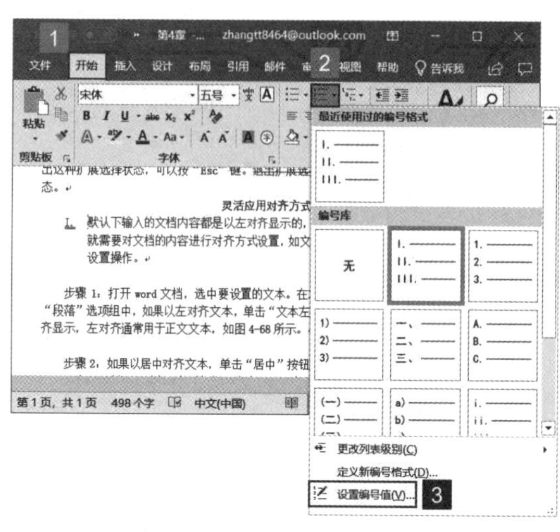

图 4-130

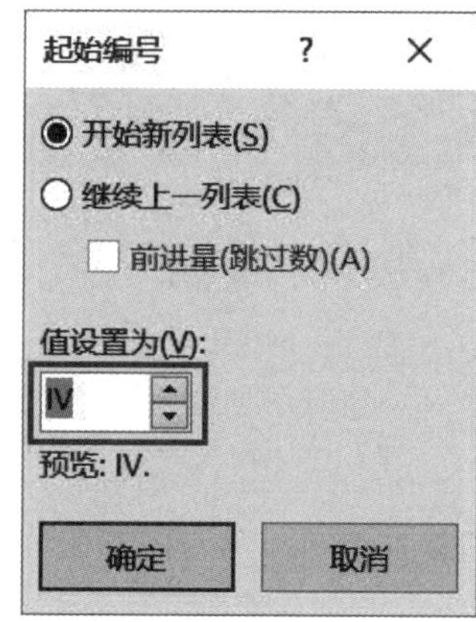

图 4-131

步骤 3：返回 Word 文档，即可在文档中看到编号的起始值已发生变化，如图 4-132 所示。

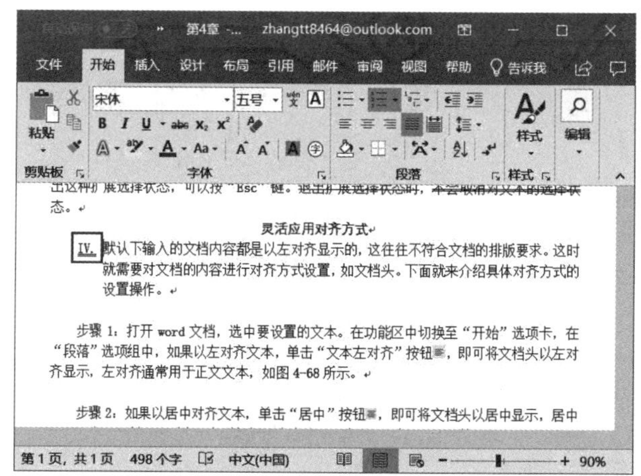

图 4-132

4.5 特殊的中文样式

用户在制作一些特殊的文档时，可能需要将文档竖直排版、纵横混合排版、为中文添加拼音以及首字下沉等。本节将分别对这些特殊的中文样式的制作方法进行介绍。

4.5.1 将文字竖排

如果需要将文档的文本方向设置为垂直方向，可以使用“文本方向”功能来实现，具体的操作步骤如下。

方法一：通过“文字方向”按钮设置。

步骤 1：打开 Word 文档，切换至“布局”选项卡，在“页面设置”组内单击“文字方向”下拉按钮，然后在展开的文字方向列表内选择“垂直”选项，如图 4-133 所示。

步骤 2：此时即可看到 Word 文档内的文字方向已设置为垂直方向，如图 4-134 所示。

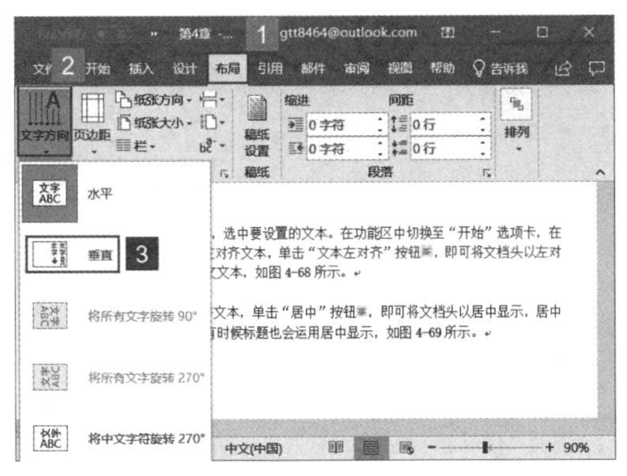

图 4-133

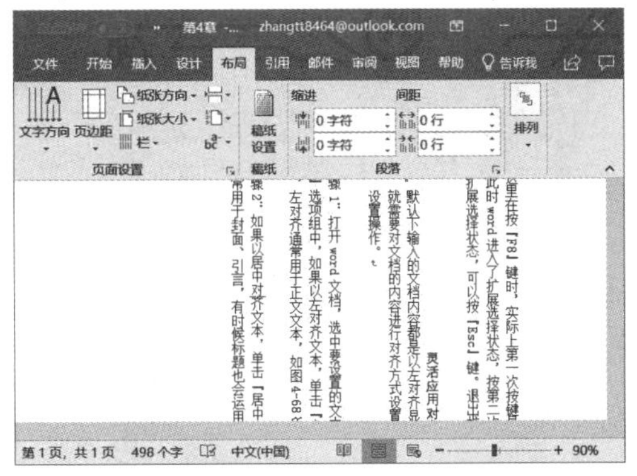

图 4-134

技巧点拨：对文本进行文字方向设置时，在“文字方向”菜单列表内的“将所有文字旋转 90°”和“将所有文字旋转 270°”为不可用状态，这是因为这两个选项只针对于文本框、图形等中的文字设置。

步骤 3：如果在“文字方向”菜单列表内选择“将中文字符旋转 270°”选项，如图 4-135 所示。效果如图 4-136 所示。

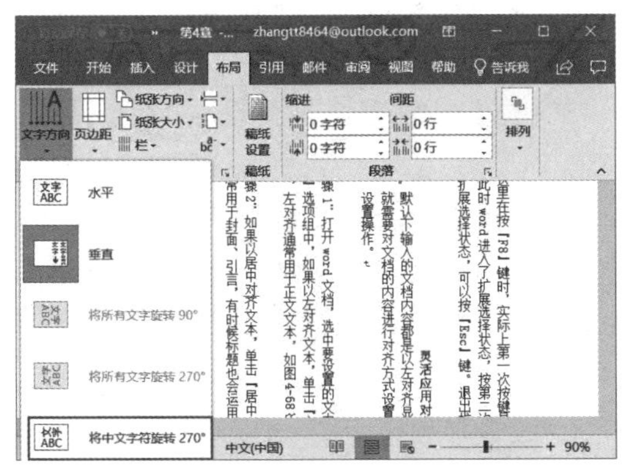

图 4-135

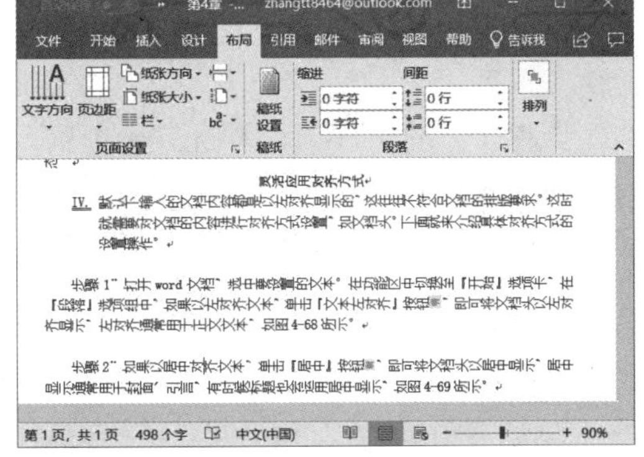

图 4-136

方法二：通过“文字方向”对话框设置。

步骤 1：打开 Word 文档，切换至“布局”选项卡，在“页面设置”组内单击“文字方向”下拉按钮，然后在展开的菜单列表内选择“文字方向选项”按钮，如图 4-137 所示。

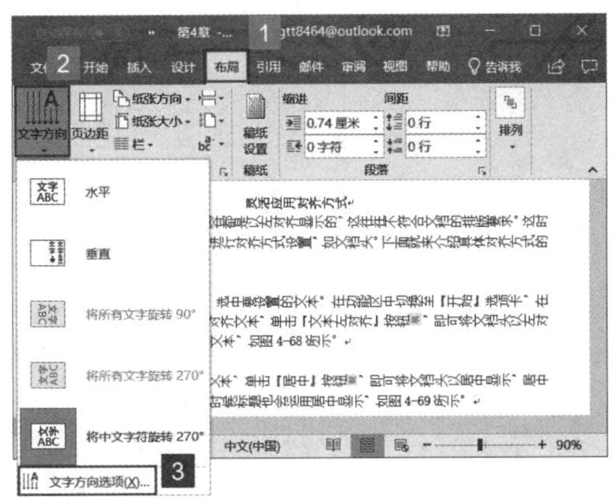

图 4-137

步骤 2：弹出“文字方向－主文档”对话框，在“方向”窗格内选择“水平”方向，单击“应用于”右侧的下拉按钮选择“整篇文档”，即可在“预览”窗格内看到文字效果，如图 4-138 所示。

步骤 3：单击“确定”按钮，返回 Word 文档，即可看到文字方向已恢复为水平，如图 4-139 所示。

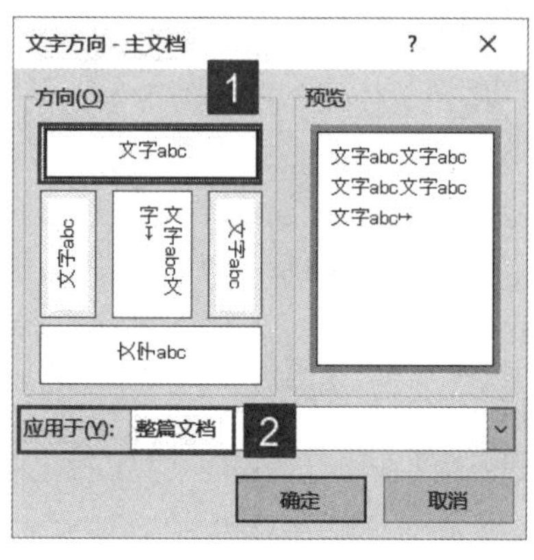

图 4-138

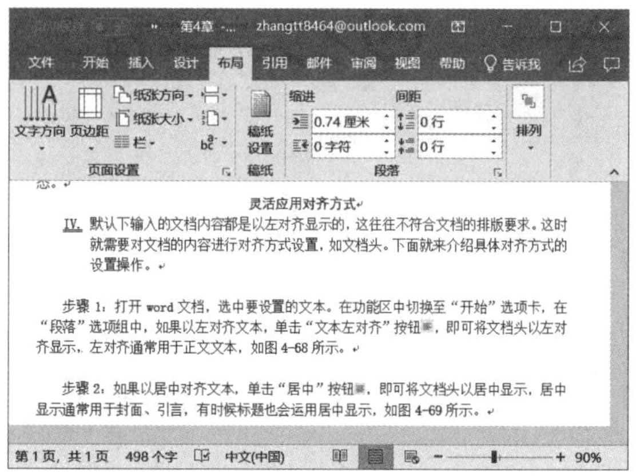

图 4-139

4.5.2 文字的纵横混排

在 Word 文档中，有时出于某种需要必须使文字纵横混排，这时 Word 的“纵横混排”命令就派上用场了。下面介绍一下在段落中创建纵横混排效果的方法。

步骤 1：打开 Word 文档，选中需要纵向放置的文字，切换至“开始”选项卡，在“段落”组内单击“中文版式”下拉按钮。然后在展开的菜单列表内选择“纵横混排”选项，如图 4-140 示。

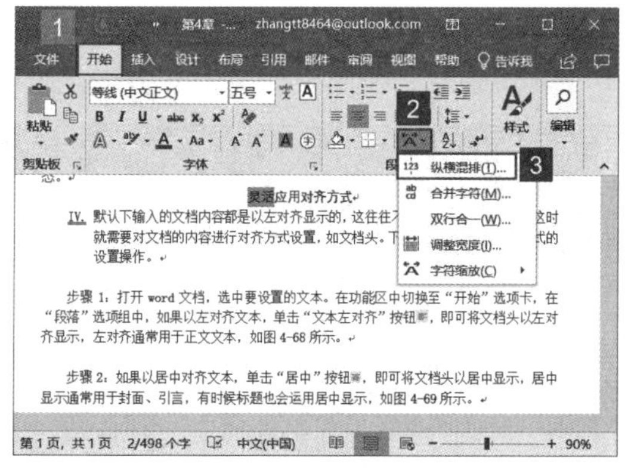

图 4-140

步骤 2：打开“纵横混排”对话框，单击勾选“适应行宽”前的复选框，单击“确定”按钮，如图 4-141 所示。

步骤 3：返回 Word 文档，即可将获得文字的纵横混排效果，如图 4-142 所示。

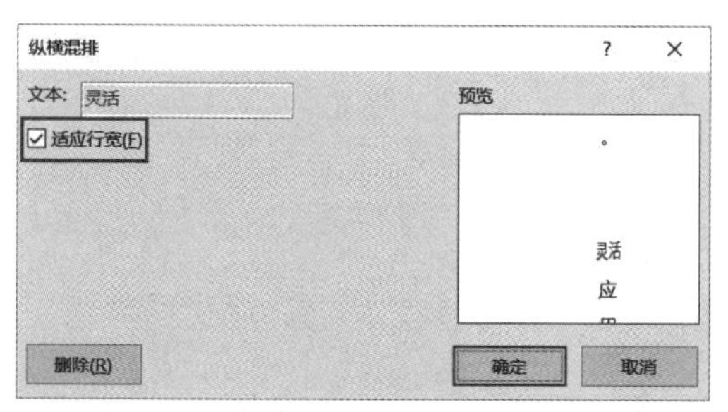

图 4-141

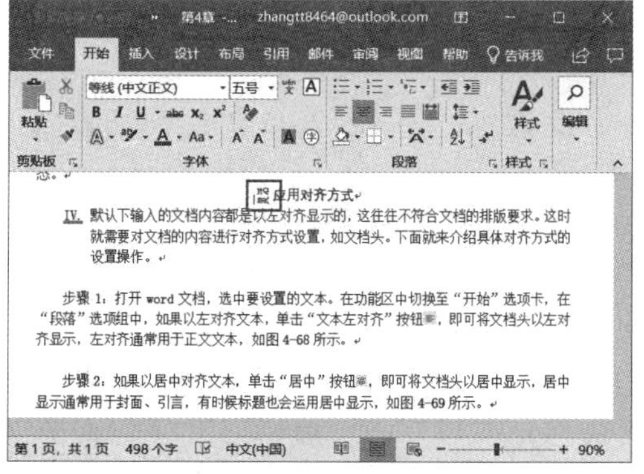

图 4-142

技巧点拨：在“纵横混排”对话框内勾选“适应行宽”复选框，纵向排列的所有文字的总高度将不会超过该行的行高。取消勾选“适应行宽”复选框，纵向排列的每个文字将在垂直方向上占据一行的行高空间。

4.5.3 创建首字下沉效果

首字下沉指的是在一个段落中加大段首字符。首字下沉常用于文档或章节的开头，在新闻稿或请帖等特殊文档中经常使用，可以起到增强视觉效果的作用。Word 2019 的首字下沉包括下沉和悬挂两种方式，下面介绍创建首字下沉效果的方法。

方法一：通过“首字下沉”按钮设置。

步骤 1：打开 Word 文档，将光标放置在需要设置首字下沉的段落中。切换至“插入”选项卡，在“文本”组内单击“首字下沉”下拉按钮，然后在展开的菜单列表内选择“下沉”选项，如图 4-143 所示。

步骤 2：此时，光标所在的段落将呈首字下沉效果，如图 4-144 所示。

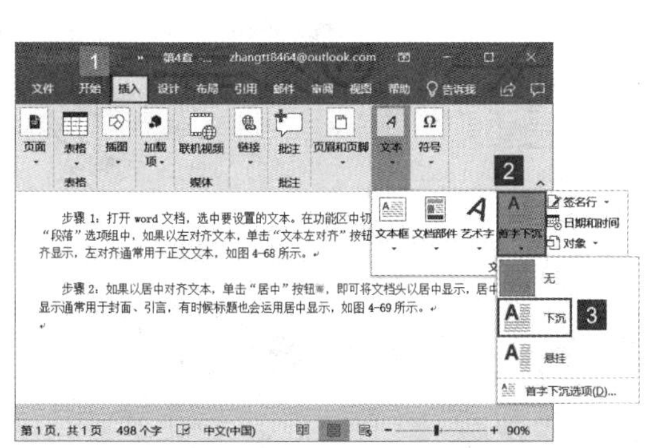

图 4-143

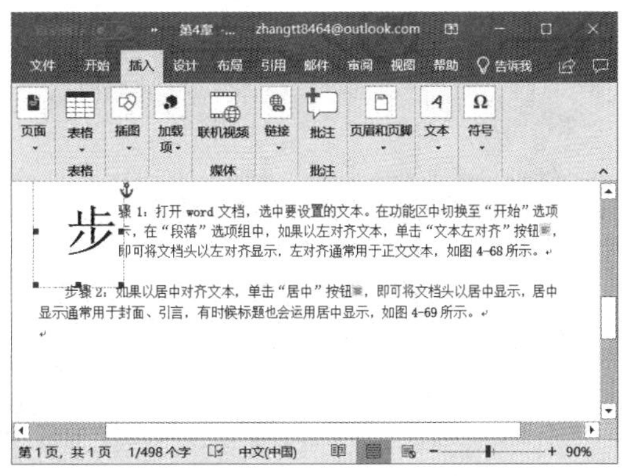

图 4-144

步骤 3：在“文本”组内单击“首字下沉”下拉按钮，在展开的菜单列表内选择“悬挂”选项，如图 4-145 所示。

步骤 4：此时，光标所在的段落将呈首字下沉效果，如图 4-146 所示。

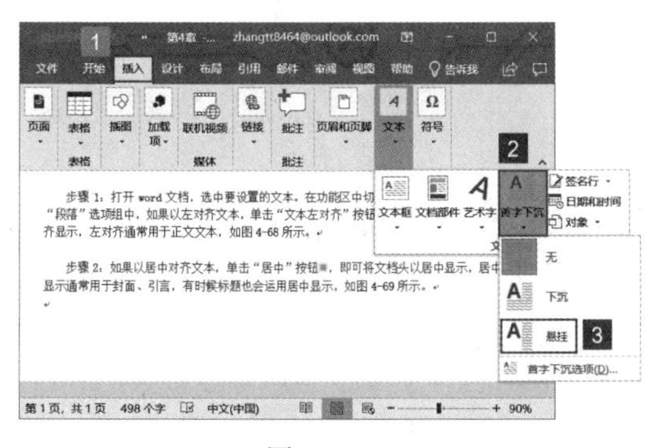

图 4-145

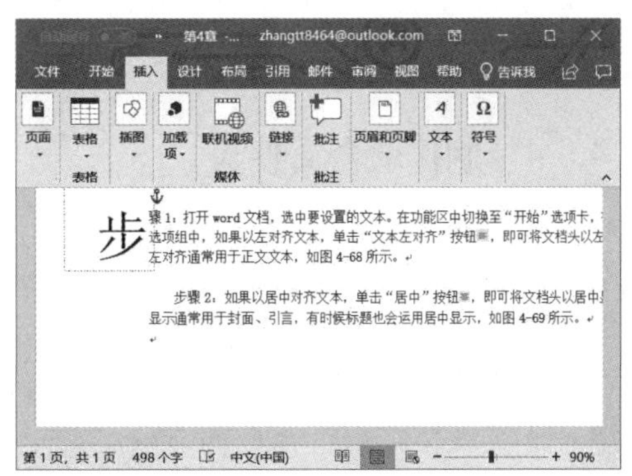

图 4-146

方法二：通过“首字下沉”对话框设置。

步骤 1：打开 Word 文档，将光标放置在需要设置首字下沉的段落中。切换至“插入”选项卡，在“文本”组内单击“首字下沉”下拉按钮，然后在展开的菜单列表内选择“首字下沉选项”选项，如图 4-147 所示。

步骤 2：打开“首字下沉”对话框，在“位置”窗格内选择下沉方式，例如“下沉”。在“选项”窗格内单击“字体”下拉按钮选择段落首字的字体，例如“楷体”。在“下沉行数”增量框内输入数值设置文字下沉的行数，例如“3”。在“距正文”增量框内输入数值设置文字距正文的距离，例如“0.3 厘米”。设置完成后单击“确定”按钮，如图 4-148 所示。

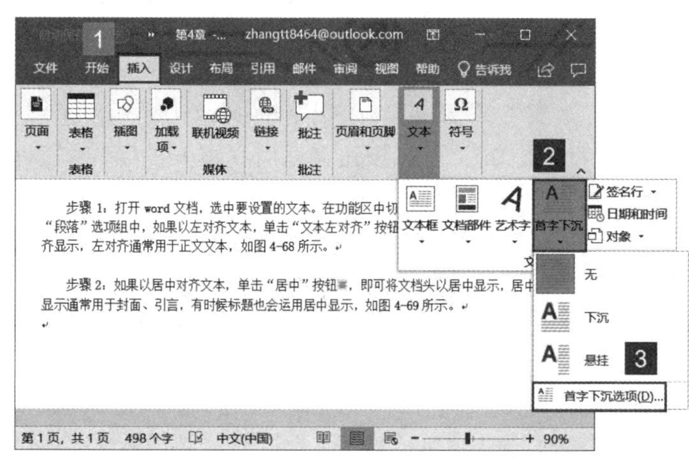

图 4-147

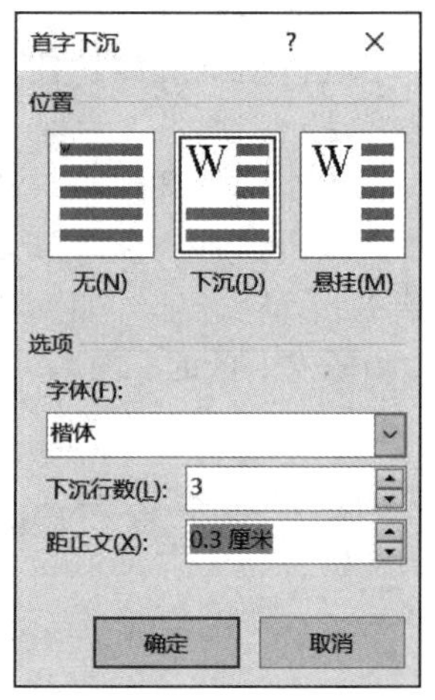

图 4-148

步骤 3：返回 Word 文档，即可看到获得的段落首字下沉效果，如图 4-149 所示。

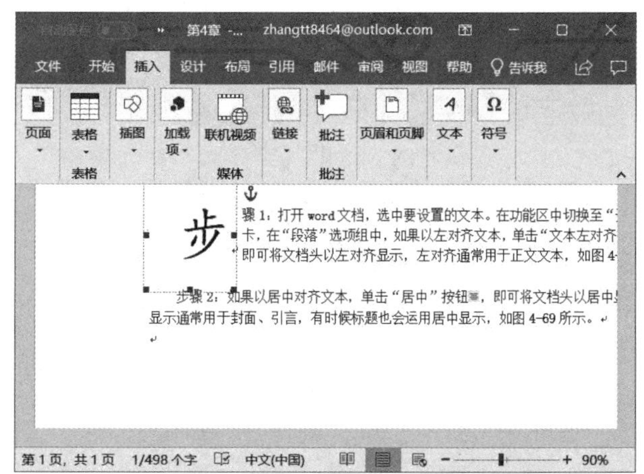

图 4-149

技巧点拨：如果不需要对首字下沉效果进行自定义，可以直接在“插入”选项卡的“首字下沉”列表中选择“下沉”或“悬挂”命令来创建首字下沉效果。如果要取消首字下沉效果，只需要单击“无”选项即可。

4.5.4 制作联合文件头

在编辑公文时，经常需要将两个单位名称合并在一起作为公文标题，这就是所谓的联合文件头。在 Word 2019 中，使用双行合一的功能能够很方便地创建这种文件头。双行合一功能可以将两行文字显示在一行文字的空间中，该功能在制作特殊格式的标题或进行注释时十分有用。下面介绍一下实现文本双行合一的方法。

步骤 1：打开 Word 文档，选中需要进行双行合一操作的文字，切换至“开始”选项卡，在“段落”组内单击“中文版式”下拉按钮，然后在展开的菜单列表内选择“双行合一”选项，如图 4-150 所示。

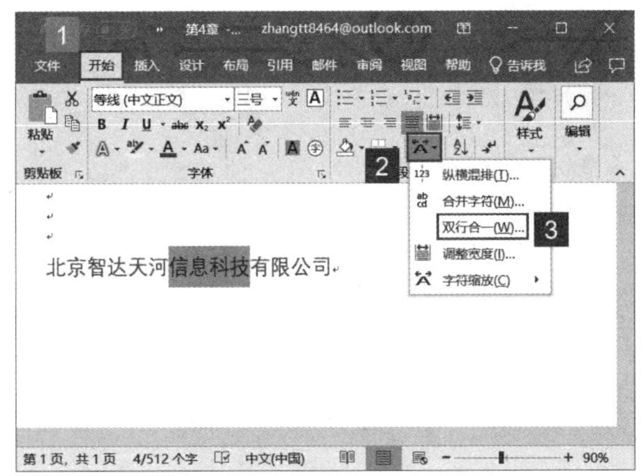

图 4-150

注意：如果这里需要分为两行的部门名称字符数不同，则不足的部门名称后面应该使用空格将字符数补齐，这样才能保证它们分别位于两行中。另外，该功能只能用来创建只有两个部门的联合公文标题，否则就只能使用表格来创建了。

步骤 2：打开“双行合一”对话框，如果需要在合并的文字两侧添加括号，可以勾选“带括号”前的复选框，同时单击“括号样式”下拉按钮选择括号的样式。完成设置后，单击“确定”按钮，如图 4-151 所示。

步骤 3：返回 Word 文档，即可看到获得的双行合一效果，如图 4-152 所示。

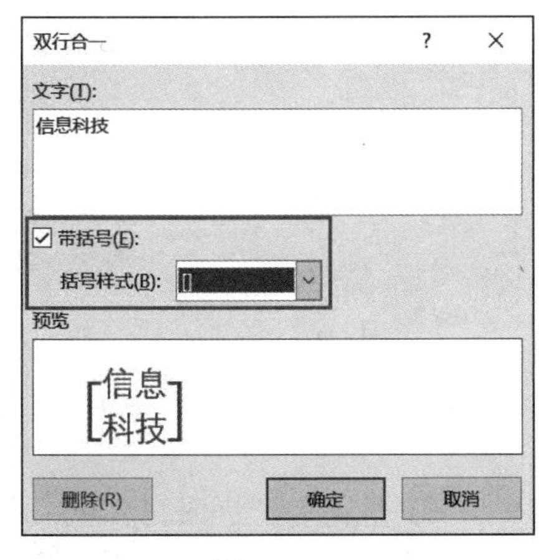

图 4-151

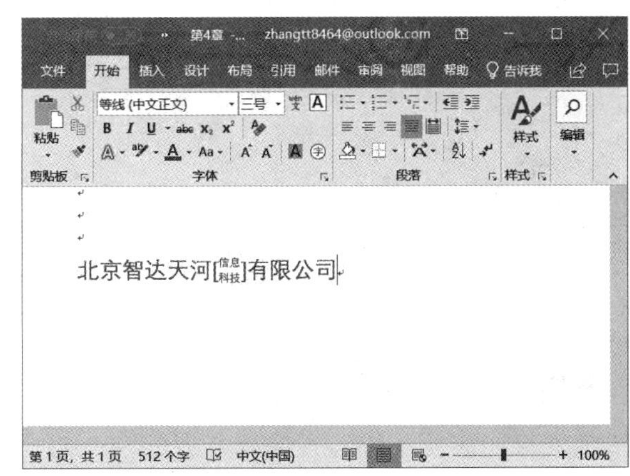

图 4-152

技巧点拨：设置纵横混排、合并字符和双行合一效果后，如果需要取消这些效果，打开相应的设置对话框，单击对话框中的“删除”按钮即可。

4.5.5 合并字符

Word 的合并字符功能能够使多个字符只占有一个字符的宽度，该功能常用在名片制作、书籍出版和封面设计等方面。下面介绍合并字符的具体操作方法。

步骤 1：打开 Word 文档，选中需要合并的文字，切换至“开始”选项卡，在“段落”组内单击“中文版式”下拉按钮，然后在展开的菜单列表内选择“合并字符”选项，如图 4-153 所示。

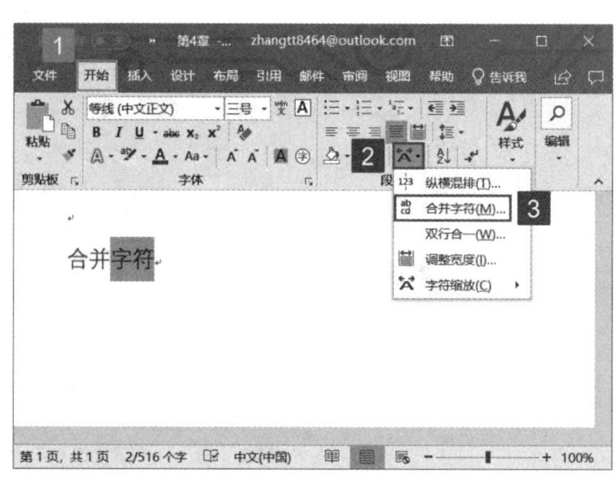

图 4-153

步骤 2：打开“合并字符”对话框，单击“字体”下拉按钮选择合适的字体，例如“楷体”，单击“字号”下拉按钮选择文字字号，此时用户可以在“预览”窗格内看到设置效果。设置完成后，单击“确定”按钮，如图 4-154 所示。

步骤 3：返回 Word 文档，即可看到获得的字符合并效果，如图 4-155 所示。

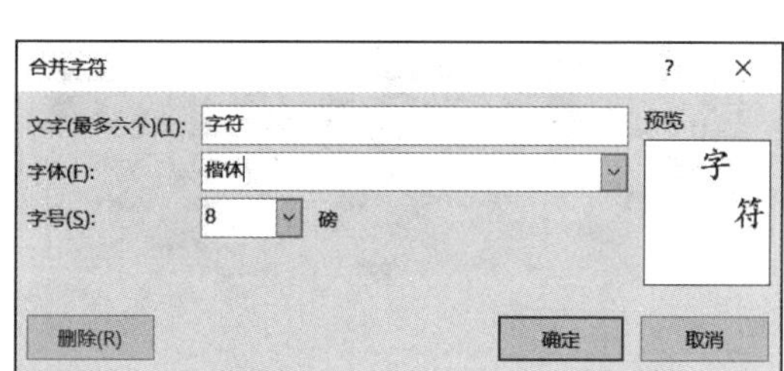

图 4-154

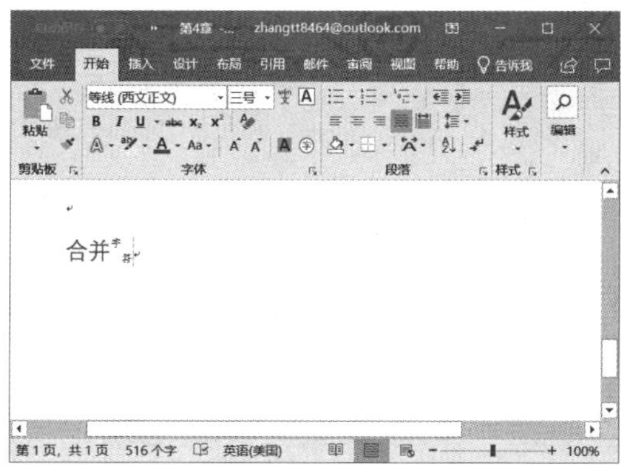

图 4-155

4.5.6 制表符的妙用

制表符能够使操作者方便地实现向左、向右或居中对齐文本行，同时也可以实现文本、小数数字和竖线字符的对齐。随着 Word 表格功能的增强，制表符看上去已经没有使用价值了，但对于某些特殊场合，使用制表符能够起到事半功倍的作用。下面以在试卷中创建姓名、班级和学号填充区域为例来介绍制表符的使用方法。

步骤 1：打开 Word 文档，切换至“视图”选项卡，在“显示”组内单击勾选“标尺”前的复选框，此时即可显示标尺效果。然后在水平标尺上单击插入制表符，如图 4-156 所示。

步骤 2：在水平标尺上左键双击任意制表符，打开“制表符”对话框，“制表位位置”列表框内选择制表位，然后在“引导符”窗格内单击选中“4____(4)”前的单选按钮，为该制表符添加前导符。最后单击“设置”按钮完成该制表符的设置，如图 4-157 所示。使用相同的方法为其他制表符添加前导符，设置完成后，单击“确定”按钮。

图 4-156

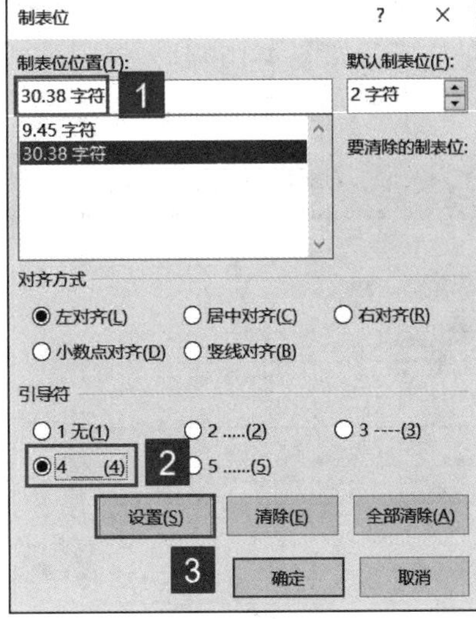

图 4-157

步骤 3： 返回 Word 文档，在文档中输入“班级”，然后按“Tab”键，文字后即会自动添加需要的下划线。在文档中依次输入需要的其他文字和下划线，如图 4-158 所示。

步骤 4： 在标尺上单击拖动创建的制表符，即可对制表位进行修改，如图 4-159 所示。

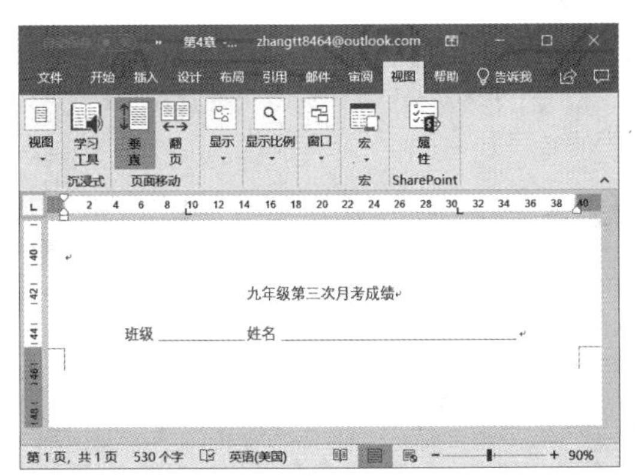

图 4-158

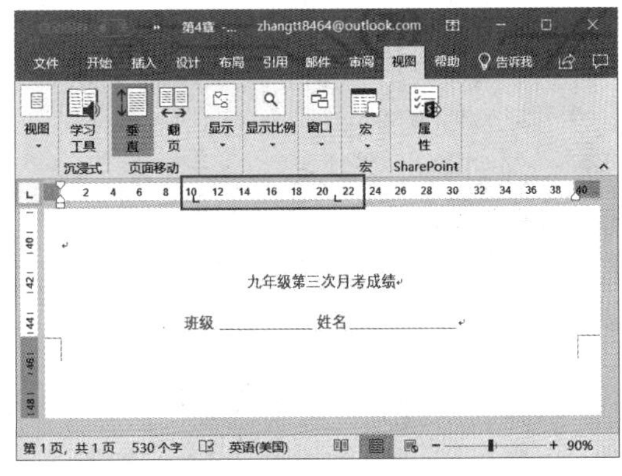

图 4-159

技巧点拨： 如果需要删除添加的制表符，只需要从水平标尺上将其拖离标尺即可。按住“Alt”键拖动制表符能够实现制表符的精确移动。

4.5.7 提取文档目录

对于长篇文档来说，目录是不可或缺的一部分。使用目录可便于读者了解文档结构，把握文档内容，并显示要点的分布情况。但是，按章节手动输入目录是效率很低的方法，Word 2019 提供了引用文档目录的功能，可以自动将文档中的标题抽取出来。下面介绍使用内置样式创建目录和自定义目录的操作方法。

方法一： 通过“目录”按钮提取文档目录。

步骤 1： 打开 Word 文档，将光标定位至需要添加目录的位置。切换至“引用”选项卡，单击“目录”组中的“目录”下拉按钮，然后在展开的菜单列表内选择合适的目录样式，如图 4-160 所示。

步骤 2：此时，即可在相应位置获得所选样式的目录，如图 4-161 所示。

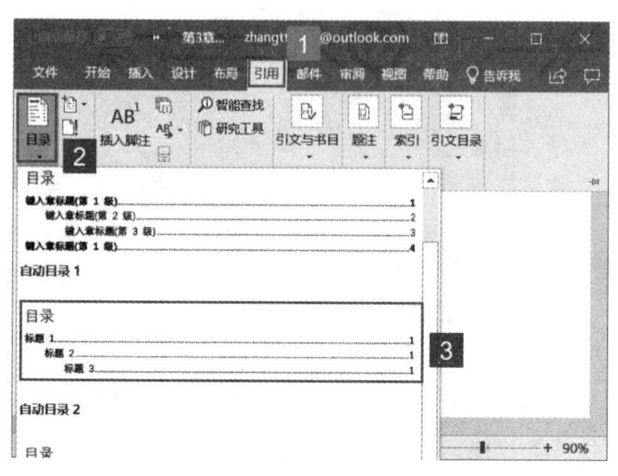

图 4-160

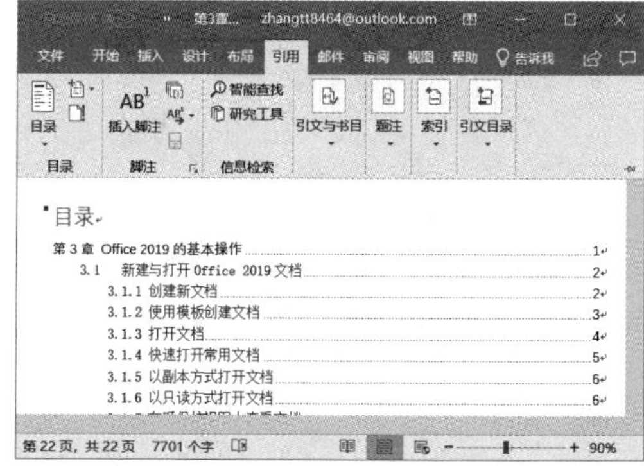

图 4-161

方法二：通过“目录”对话框提取文档目录。

步骤 1：打开 Word 文档，将光标定位至需要添加目录的位置。切换至“引用”选项卡，单击“目录”组中的“目录”下拉按钮，然后在展开的菜单列表内单击“自定义目录”选项，如图 4-162 所示。

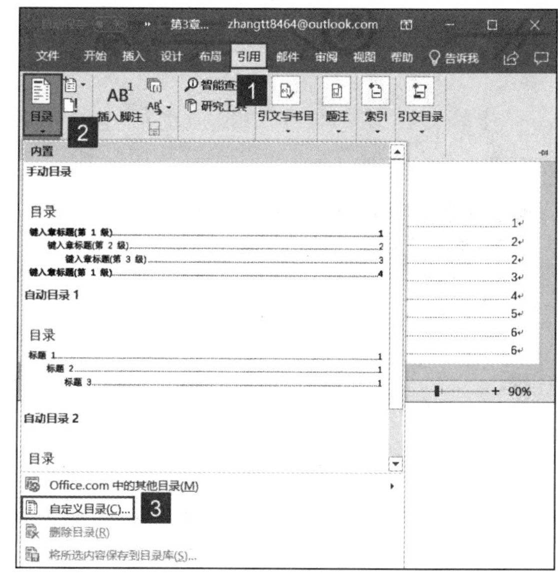

图 4-162

步骤 2：打开“目录”对话框，用户可以对目前的样式等进行自定义设置，例如单击“制表符前导符”右侧的下拉列表选择合适的样式。如果用户需要对目录样式进行自定义设置，可以单击“选项”按钮，如图 4-163 所示。

步骤 3：打开“目录选项”对话框，用户可以设置采用目录形式的样式内容，设置完成后，单击“确定”按钮，如图 4-164 所示。

步骤 4：返回“目录”对话框，如果用户需要修改目录样式，可以单击“修改”按钮，打开“样式”对话框。在“样式”列表框内选择样式后单击“修改”按钮，如图 4-165 所示。

步骤 5：弹出“修改样式”对话框，用户可以对样式的“属性”（名称、样式类型、样式基准、后续段落样式）、“格式”等进行设置，例如单击“字体”下拉列表选择“楷体”，然后单击“确定”按钮，如图 4-166 所示。

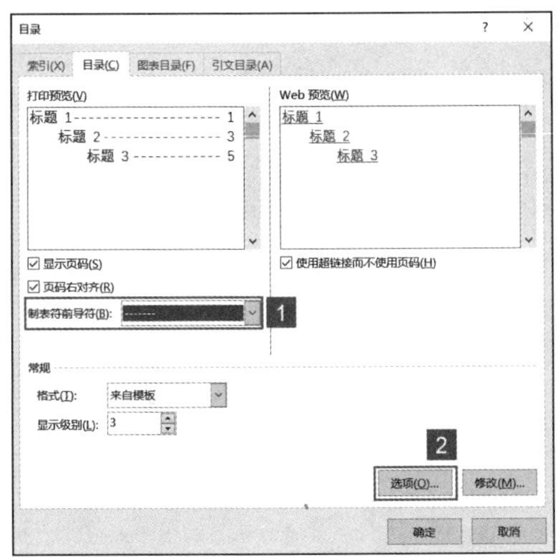

图 4-163

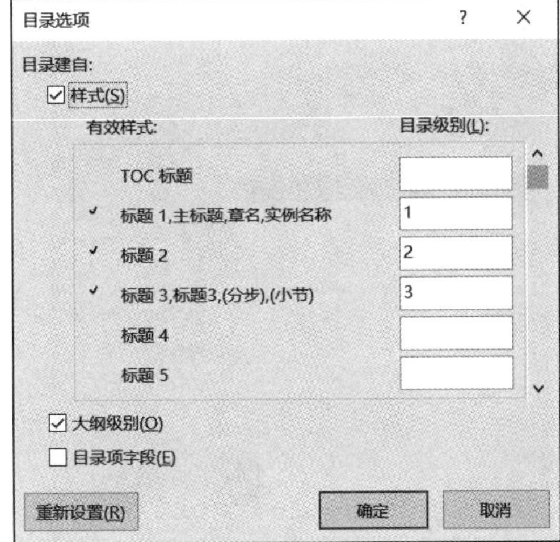

图 4-164

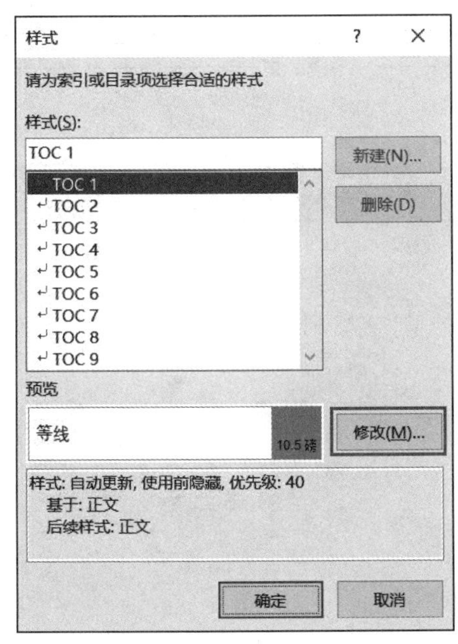

图 4-165

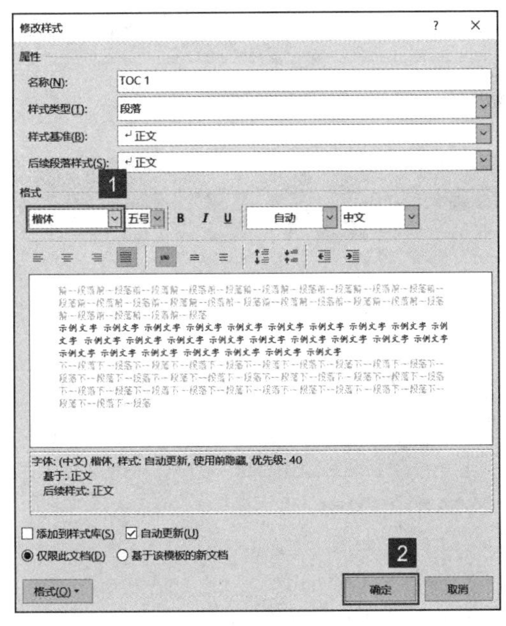

图 4-166

步骤 6：返回“样式”对话框，即可在“预览”窗格内看到更改后的字体效果，单击“确定”按钮，如图 4-167 所示。

步骤 7：返回“目录”对话框，用户可以在“打印预览”和“Web 预览”窗格内看到更改后的目录样式，单击“确定”按钮，如图 4-168 所示。

步骤 8：此时，Word 会弹出对话框，提示是否要替换此目录，单击“是”按钮，如图 4-169 所示。

步骤 9：关闭该对话框，即可看到文档中的目录样式已被修改，这里是一级标题的字体发生了改变，如图 4-170 所示。

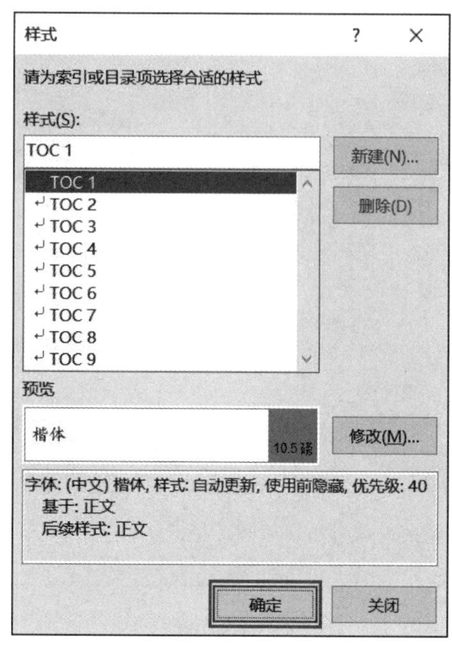

图 4-167

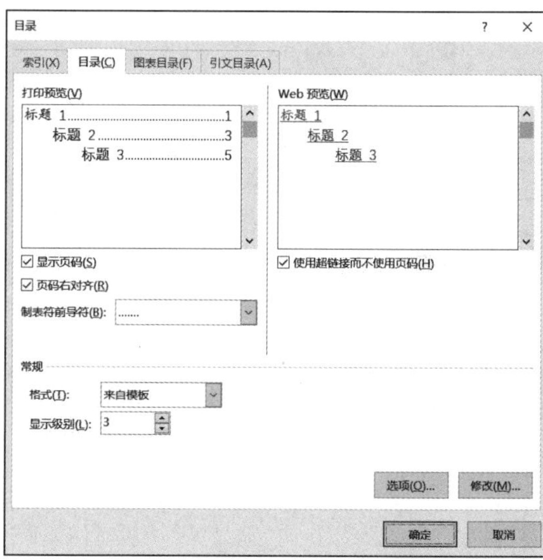

图 4-168

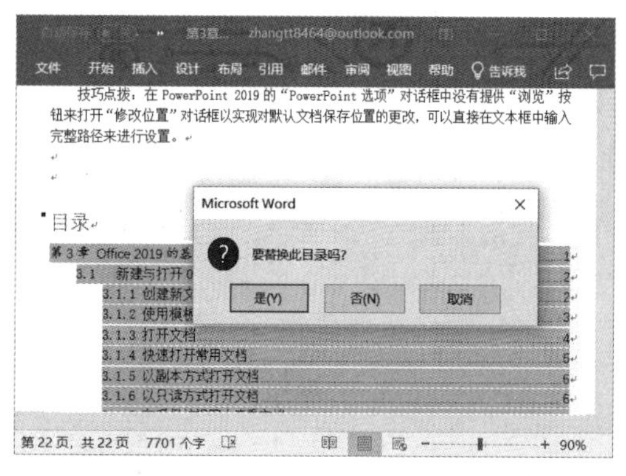

图 4-169

图 4-170

4.5.8 为中文注音

在编辑 Word 文档时，有时候需要为中文注音，尤其是一些比较难以辨认的字词，注音后会更加方便阅读。使用 Word 2019 能够非常容易地在中文文字的上方添加拼音标注。下面介绍为中文添加拼音标注的方法。

步骤 1：打开 Word 文档，选择需要添加拼音备注的文字，切换至“开始”选项卡，在“字体”组内单击“拼音指南”按钮，如图 4-171 所示。

步骤 2：打开“拼音指南”对话框，用户可以对加注拼音的对齐方式、字体、字号和偏移量等进行设置，完成设置后单击“确定”按钮，如图 4-172 所示。

步骤 3：返回 Word 文档，即可看到选中的文本已添加拼音标注，如图 4-173 所示。

技巧点拨：如果不选择文字而直接使用“拼音指南”命令，则 Word 会为光标所在处的词或字添加拼音。

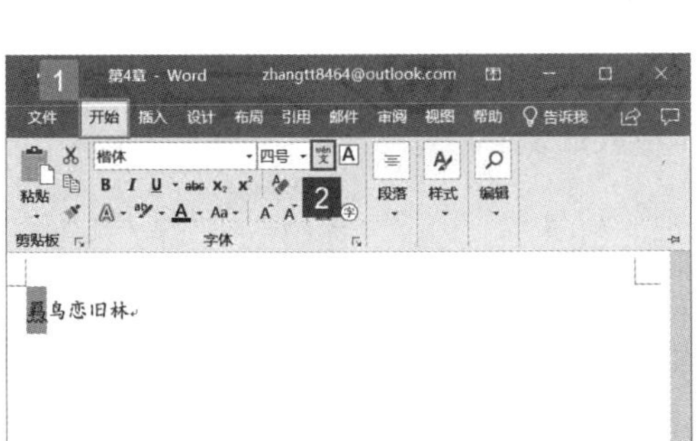

图 4-171

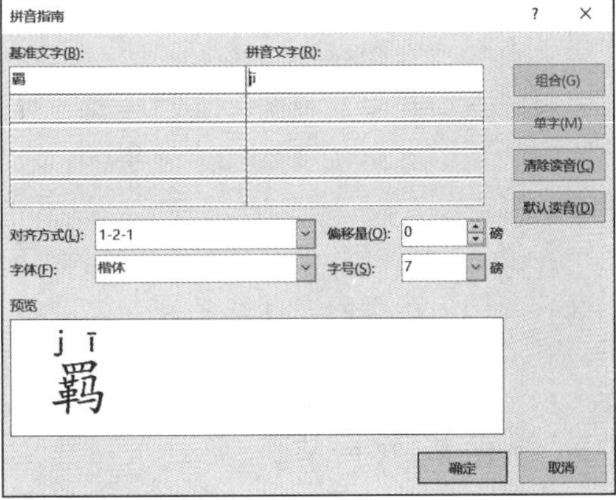

图 4-172

图 4-173

4.6 创建 Word 样式

样式是指用有意义的名称保存的字符格式和段落格式的集合，这样在编排重复格式时，先创建一个该格式的样式，然后在需要的地方套用这种样式即可，无须多次格式化操作。

4.6.1 创建自己的 Word 样式

在 Word 文档中，经常遇到多处不相邻文本需要使用同一格式的情况，包括字体、字号、行间距和段间距等。如果将这些相同的格式定义为一种样式，在需要时应用这种样式将会方便很多。下面介绍新建样式的具体步骤。

步骤 1：打开 Word 文档，切换至“开始”选项卡，在“样式”组内单击按钮，如图 4-174 所示。

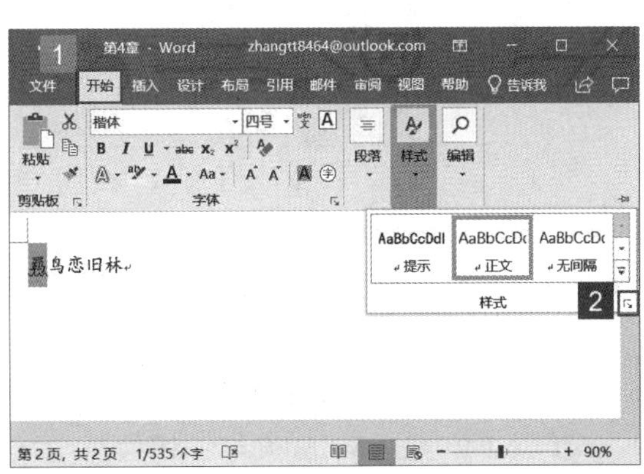

图 4-174

步骤 2：打开“样式”对话框，样式库内提供了 Word 2019 内置的样式。单击对话框左下角的“新建样式”按钮，如图 4-175 所示。

技巧点拨：将鼠标悬停在“样式”对话框内列表的某个选项上时，能够显示该项所对应的字体、段落和样式的具体设置情况。

步骤 3：打开“根据格式化创建新样式”对话框，用户可以在“属性”窗格内对样式名称、类型、基准等进行设置，还可以在“格式”窗格内对字体、字号、字形等进行设置。设置完成后，单击勾选“添加到样式库”前的复选框，单击“确定”按钮，如图 4-176 所示。

技巧点拨：对话框内的“样式类型”下拉列表用于设置样式使用的类型。“样式基准”下拉列表用于指定一个内置样式作为设置的基准。“后续段落样式”下拉列表用于设置应用该样式的文字的后续段落的样式。如果需要将该样式应用于其他的文档，可以选中“基于该模板的新文档”单选按钮。如果只需要应用于当前文档，可以选中“仅限此文档”单选按钮。

步骤 4：返回“样式”对话框，即可在列表内看到刚创建的新样式，如图 4-177 所示。

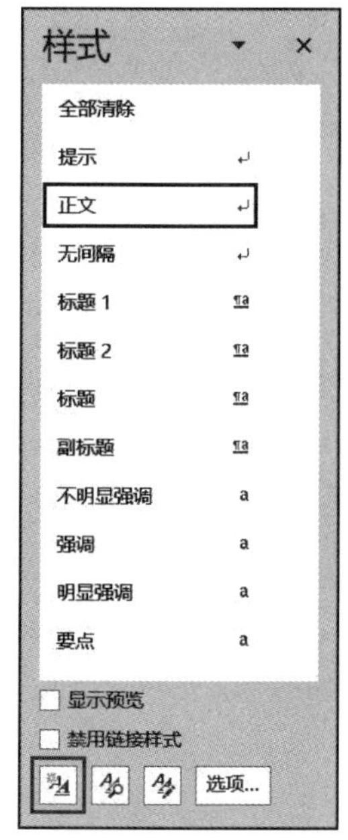

图 4-175

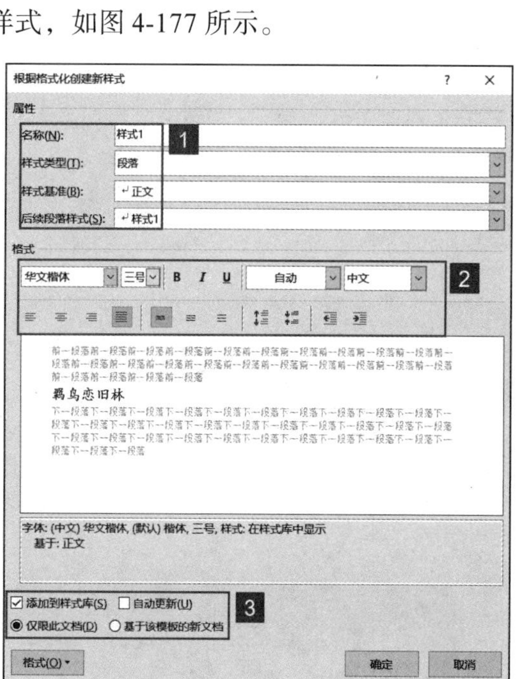

图 4-176

图 4-177

4.6.2 将段落样式快速应用到其他段落

在 Word 2019 中，可以将当前已经完成格式设置的文字或段落的格式保存为样式放置到样式库中，这样就可以方便地应用到其他段落。下面介绍具体的操作方法。

步骤 1：打开 Word 文档，切换至“开始”选项卡，在“样式”组内单击“其他”按钮，然后在展开的菜单列表内选择“创建样式”选项，如图 4-178 所示。

步骤 2：打开“根据格式化创建新样式”对话框，在“名称”文本框内输入新样式的名称，单击“确定”按钮即可将该样式保存在快速样式库内，如图 4-179 所示。

图 4-178

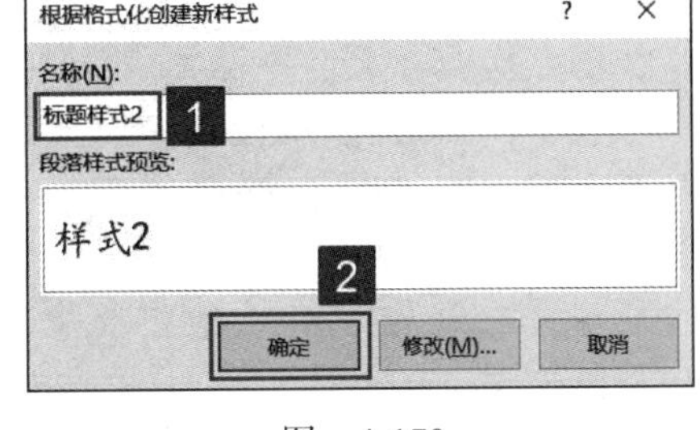

图 4-179

步骤 3：将光标定位于需要设置样式的段落中，切换至“开始”选项卡，在“样式”组的快速样式库内单击刚才创建的样式即可将该样式应用于选中的段落中，如图 4-180 所示。

技巧点拨：将鼠标悬停至“快速样式库”的某个样式上时，所选文本将显示应用样式后的外观。

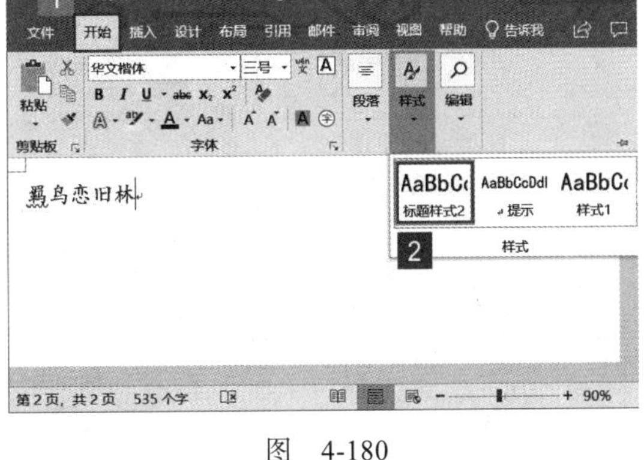

图 4-180

4.6.3 修改段落样式

对于自定义的快速样式，用户可以随时对其进行修改。下面以对“样式”窗格中列出的样式进行修改为例，来介绍对样式进行修改的具体方法。

步骤 1：打开 Word 文档，切换至“开始”选项卡，在“样式”组内单击按钮，打开“样式”对话框。在样式库内选择需要修改的样式，单击其右侧的下拉按钮，然后在展开的菜单列表内单击“修改”按钮，如图 4-181 所示。

技巧点拨：在展开的样式菜单列表内单击“从样式库中删除”按钮，能够删除选择的样式，但 Word 的内置样式是无法删除的。如果选择了“更新‘正文’以匹配所选内容”命令，则带有该样式的所有文本都将会自动更改以匹配新样式。

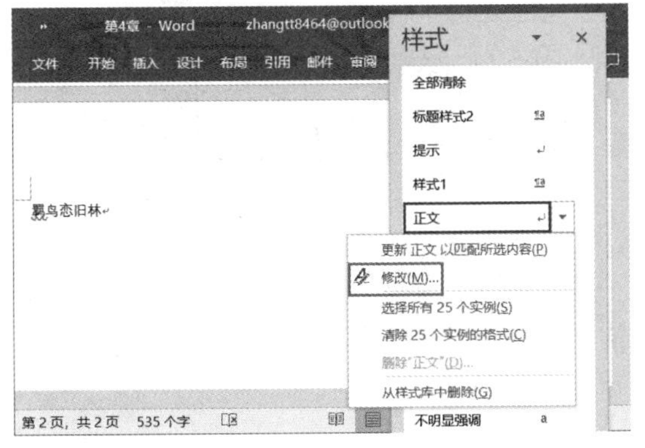

图 4-181

步骤 2：弹出“修改样式”对话框，单击窗口左下角的“格式”按钮，然后在弹出的菜单列表内选择需要修改的样式类型，例如“字体”，如图 4-182 所示。

步骤 3：打开“字体”对话框，用户可以对文字的样式进行更具体的设置。例如，将中文字体设置为“华文行楷”，将字号设置为“四号”，修改完成后，单击“确定”按钮，如图 4-183 所示。

技巧点拨：在文档中输入文本时，在一个段落完成后按“Enter”键生成新的段落，此时后续段落将继承当前段落的样式。在“修改样式”对话框的“后续段落样式”下拉列表中可以选择后续段落的样式。

步骤 4：返回“修改样式”对话框，可以在“格式”窗格下看到修改的字体样式，如图 4-184 所示。

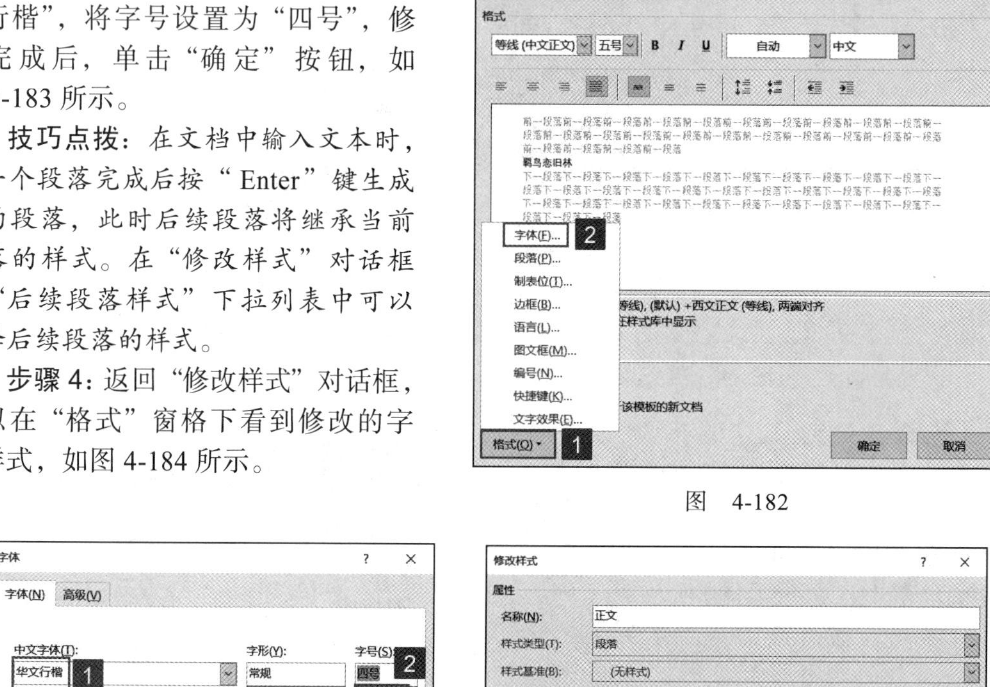

图 4-182

图 4-183

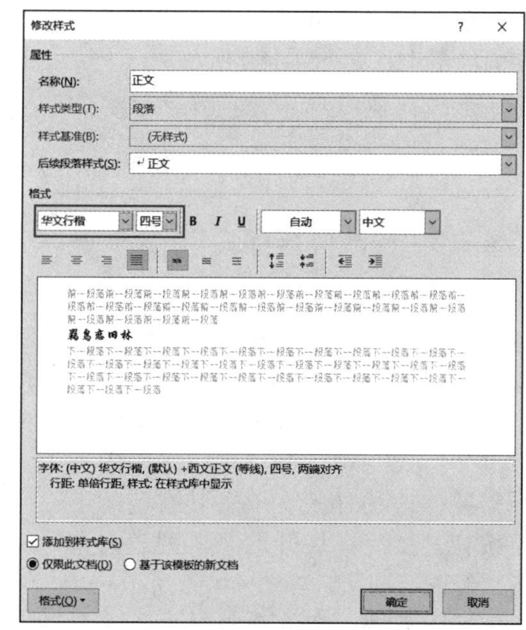

图 4-184

步骤 5：单击“确定”按钮返回 Word 文档，即可看到文档中所有使用该样式的段落格式已被修改，如图 4-185 所示。

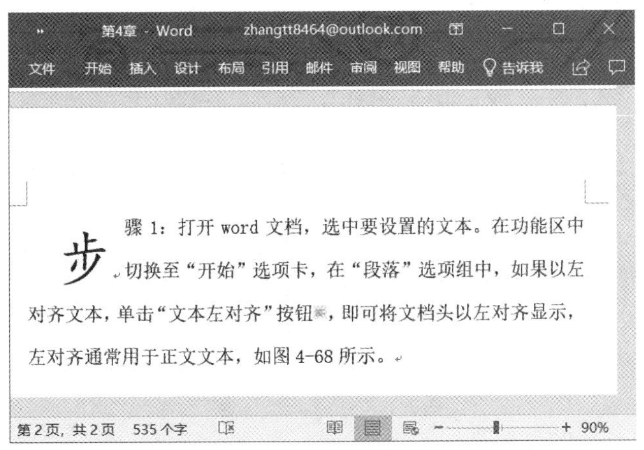

图 4-185

4.6.4 将当前文档的段落样式应用到其他文档

对于固定用途的文档，其具有相同的格式。如果在每次创建该类文档时都重新进行格式设置，显然相当麻烦。实际上，Word 2019 提供了专门的“管理样式”对话框来实现对文档中样式进行管理的功能，使用该对话框可以将当前文档的样式导出。在创建新文档时，只需要导入该样式即可直接使用。下面介绍具体的操作方法。

步骤 1：打开 Word 文档，切换至“开始”选项卡，在“样式”组内单击按钮，打开“样式”对话框，单击“管理样式”按钮，如图 4-186 所示。

步骤 2：打开“管理样式”对话框，单击“导入 / 导出”按钮，如图 4-187 所示。

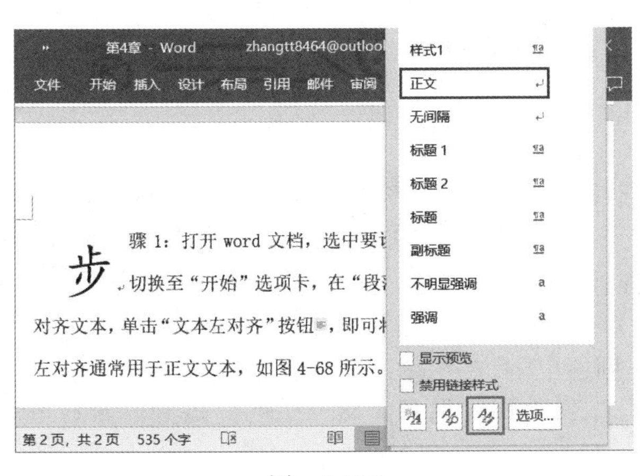

图 4-186

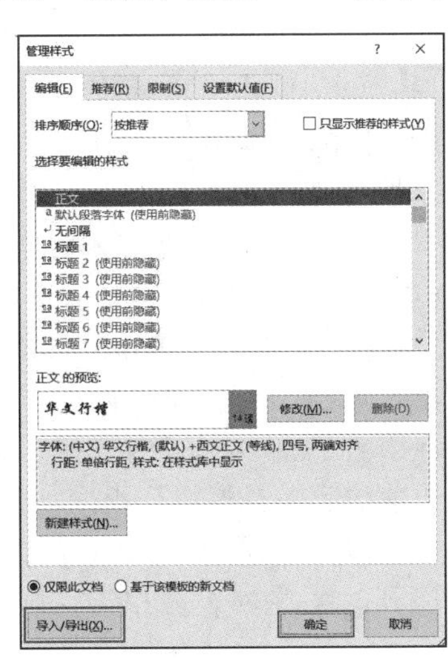

图 4-187

步骤 3：打开“管理器”对话框，自动切换至“样式”选项卡。在窗口左侧的样式列表内选择样式，单击“复制”按钮，即可将该样式添加到右侧的“到 Normal”列表中。完成样式添加后，单击“关闭”按钮，该样式将被添加到通用模板中，如图 4-188 所示。

技巧点拨：在“管理器”对话框中，单击“删除”按钮即可删除在列表中选择的样式，单击“重命名”按钮即可对选择的样式进行重新命名。使用“样式位于”下拉列表可以选择在显示哪个文档的样式。

步骤 4：返回“管理样式”对话框，单击“确定”按钮。重新创建一个新文档，此时即可在新文档的“样式”列表内看到添加的样式，如图 4-189 所示。

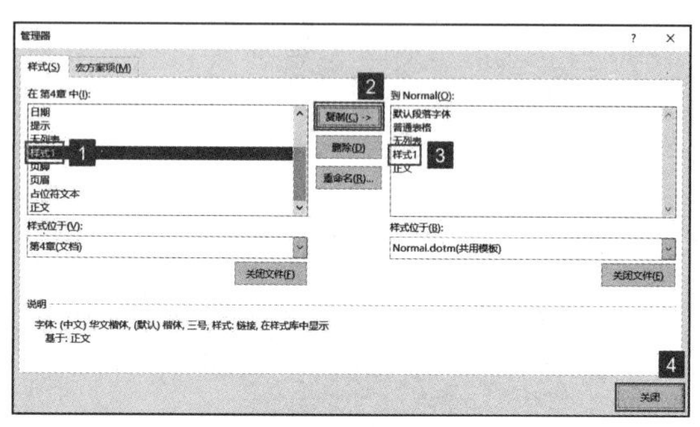

图 4-188

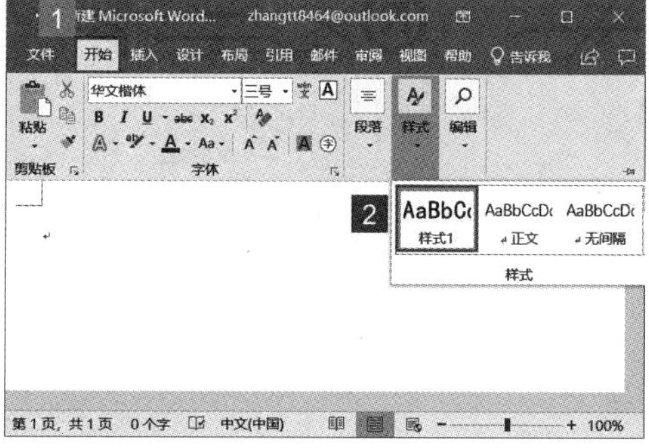

图 4-189

4.6.5 使用样式集

样式集实际上是文档中标题、正文和引用等不同文本和对象格式的集合，为了方便用户对文档样式的设置，Word 2019 为不同类型的文档提供了多种内置的样式集供用户选择使用。在“开始”选项卡下“样式”组的“样式库”内显示的就是某个被选择使用的样式集，用户可以根据需要修改文档中使用的样式集。

步骤 1：打开 Word 文档，单击“文件”按钮，然后在左侧窗格内单击“选项”按钮，如图 4-190 所示。

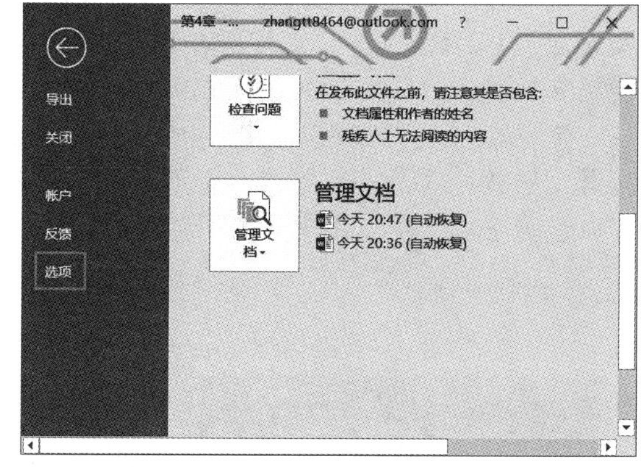

图 4-190

步骤 2：打开“Word 选项”对话框，在左侧的选项列表内单击“快速访问工具栏”选项。单击“在下列位置选择命令”下拉按钮选择“不在功能区中的命令”选项，然后在下方的命令列表内选择“更改样式”选项，单击“添加”按钮将其添加到“自定义快速访问工具栏”列表内。完成设置后，单击“确定”按钮，如图 4-191 所示。

步骤 3：返回 Word 文档，在快速访问工具栏中单击“更改样式”下拉按钮，然后在展开的菜单列表内单击“样式集”按钮，即可展开此文档中的样式集，如图 4-192 所示。

步骤 4：当需要修改样式集中的颜色时，单击“颜色”按钮，即可展开颜色样式库，如图 4-193 所示。

步骤 5：当需要修改样式集中的字体时，单击“字体”按钮，即可展开字体样式库，如图 4-194 所示。

步骤 6：当需要修改样式集中的段落间距时，单击“段落间距”按钮，即可展开段落间距样式库，如图 4-195 所示。

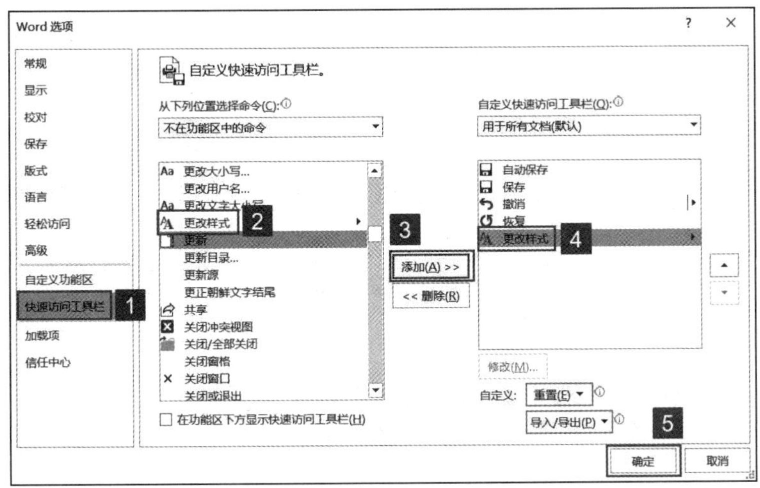

图 4-191

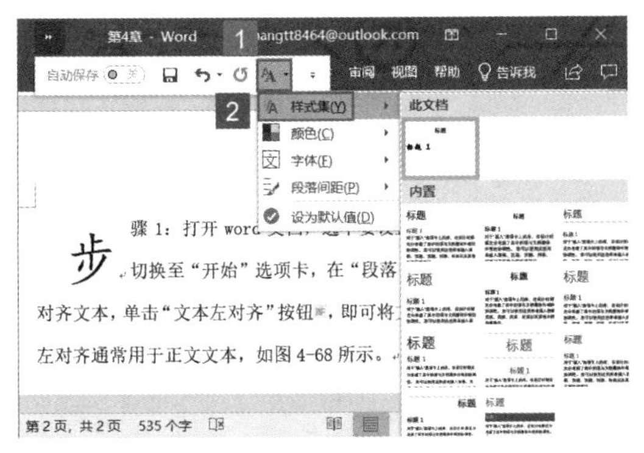

图 4-192

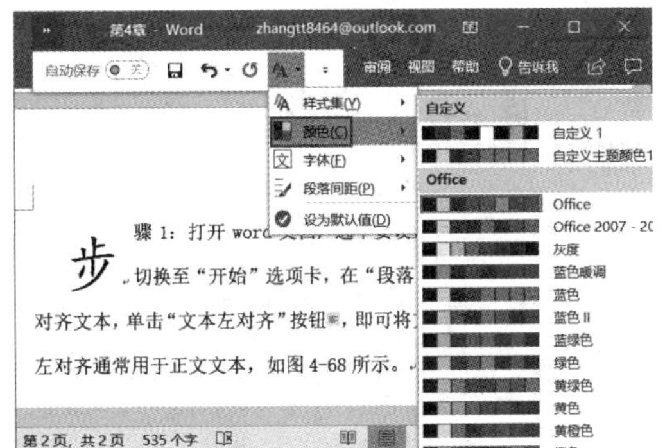

图 4-193

技巧点拨：为了方便操作，用户可以把自己需要的样式集、颜色和字体设置为默认值，这样，只要新建文档就可以使用这个样式集、颜色和字体。设置方法是鼠标单击“更改样式”下拉按钮，然后在展开的菜单列表内单击“设为默认值”按钮。如果需要恢复默认的样式集，可以在“样式集”菜单列表内选择“重设文档快速样式”命令。

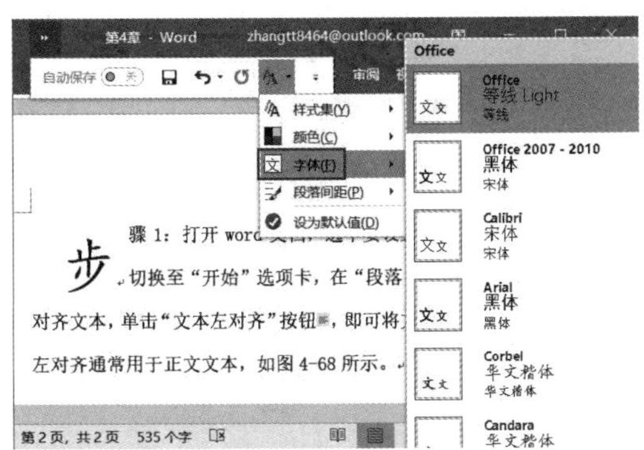

图 4-194

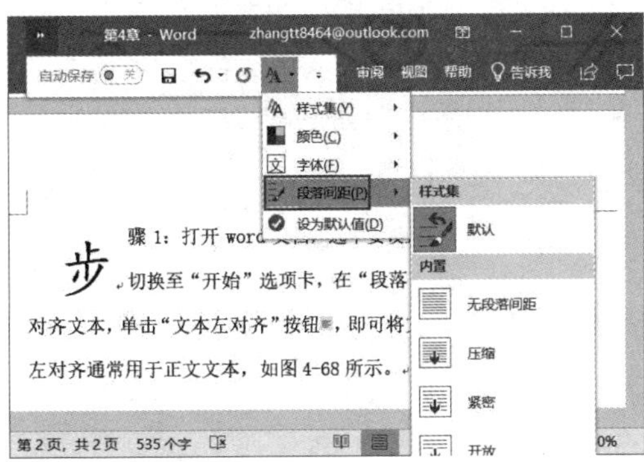

图 4-195

第5章 Word 的图文混排

图文混排就是将文字与图片混合排列，文字可显示在图片的四周、嵌入图片下面、浮于图片上方等。一篇精美的文档，除了文字的编写外，配以精美的插图也非常重要。本章将介绍在 Word 2019 中插入图片与形状并对图片与形状进行编辑美化的方法与技巧。

- 图片的插入
- 编辑图片
- 设置图片样式
- 形状的插入
- 插入 SmartArt 图形

5.1 图片的插入

插入图片装饰文档或者解说文档内容是经常使用的方法。用户可以插入图片、插入剪贴画，也可以插入屏幕截图，而且 Word 2019 还为用户新增了插入图标和 3D 模型的功能。Word 支持当前流行的所有格式的图像文件，如 BMP 文件、JPG 文件和 GIF 文件等。使用 Word 2019 能方便地对其进行简单的编辑、样式和版式的设置等。

5.1.1 插入图片

在文档中插入图片不仅能使文档阅读起来不枯燥，而且可以使文档内容更加丰富。Word 2019 允许用户在文档的任意位置插入常见格式的图片，下面介绍在文档中插入图片的具体操作方法。

步骤 1：打开 Word 文档，将光标定位至需要插入图片的位置，切换至“插入”选项卡，在“插图”组内单击“图片”按钮，如图 5-1 所示。

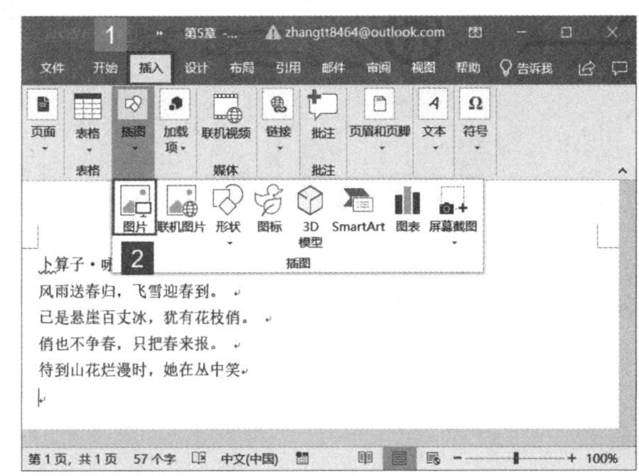

图 5-1

步骤 2：打开“插入图片”对话框，定位至图片所在文件夹的位置，选中需要插入文档的图片，单击“插入”按钮，如图 5-2 所示。

步骤 3：返回 Word 文档，即可看到选中的图片已插入到文档中，效果如图 5-3 所示。

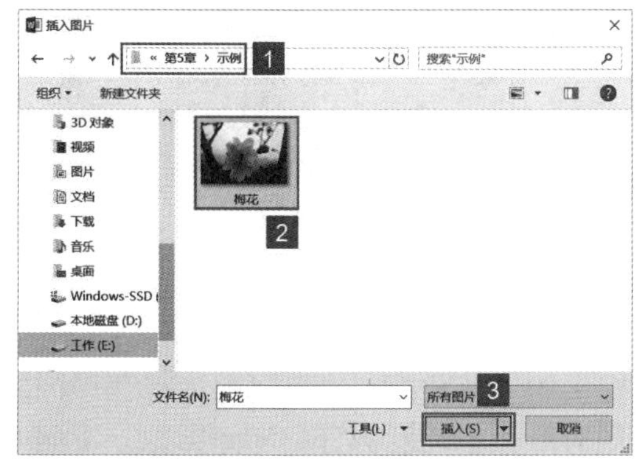

图 5-2

图 5-3

5.1.2 插入剪贴画

为了使整篇文档看起来更加引人入胜，用户还可以在文本中插入一些剪贴画来充实内容，吸引读者。Word 2019 系统里自带了大量的剪贴画，用户可以根据需要进行选取。下面介绍一下搜索剪贴画以及插入剪贴画的方法。

步骤 1：打开 Word 文档，将光标定位至需要插入剪贴画的位置，切换至“插入”选项卡，在“插图”组内单击“联机图片”按钮，如图 5-4 所示。

步骤 2：打开“在线图片”对话框，在搜索框内输入要查找的剪贴画名称，按“Enter”键即可进行搜索，如图 5-5 所示。

图 5-4

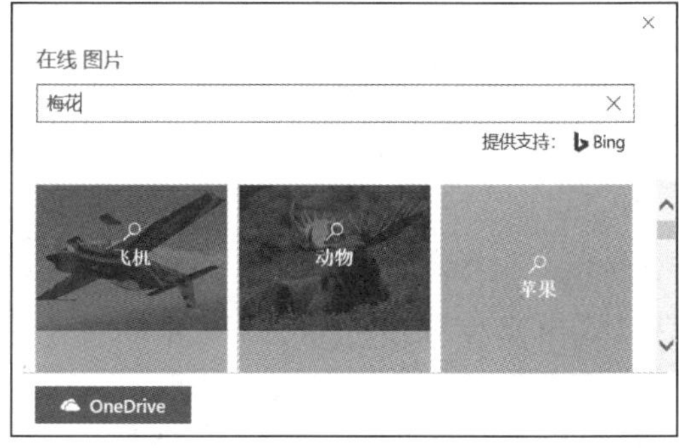

图 5-5

步骤 3：稍等片刻，在查找到的剪贴画列表中单击选中需要的剪贴画，单击“插入”按钮，如图 5-6 所示。

步骤 4：返回 Word 文档，即可看到选中的剪贴画已插入到文档中，效果如图 5-7 所示。

图 5-6

图 5-7

5.1.3 插入屏幕截图

在编辑文档的过程中，利用 Word 2019 提供的屏幕截图功能可以截取屏幕中的图片，更加方便地插入需要的图片，它可以实现对屏幕中任意部分的随意截取。下面介绍具体的操作方法。

步骤 1：打开 Word 文档，将光标定位至需要插入屏幕截图的位置，切换至“插入”选项卡，在“插图”组内单击“屏幕截图”下拉按钮，然后在展开的可用视图列表内选中需要的图片，如图 5-8 所示。

步骤 2：此时，选中的屏幕截图已插入光标处，如图 5-9 所示。

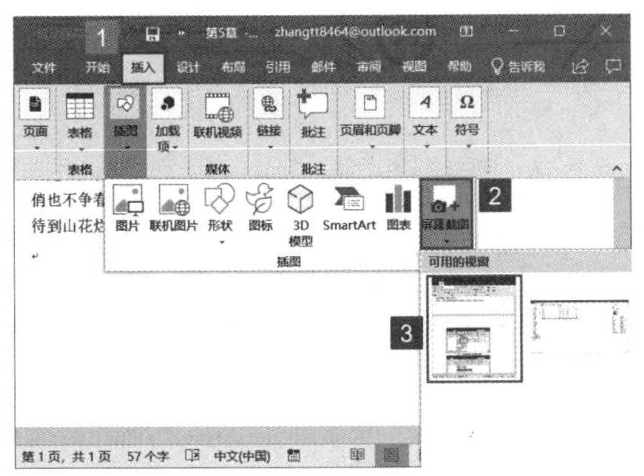

图 5-8

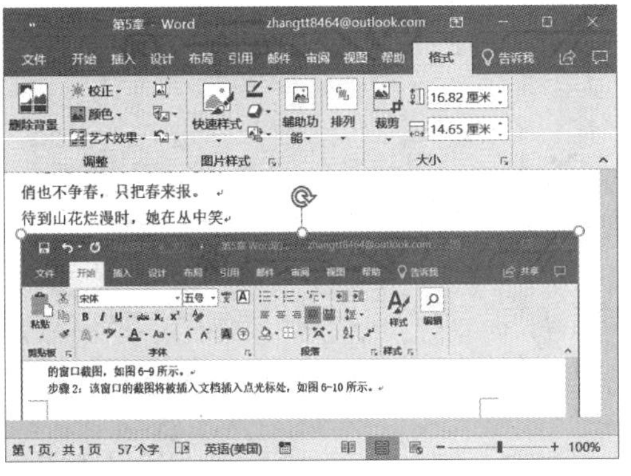

图 5-9

步骤 3：如果需要对当前屏幕进行剪辑并插入至文档中，可以将光标定位至需要插入屏幕截图的位置，切换至“插入”选项卡，在“插图”组内单击“屏幕截图”下拉按钮，然后在展开的菜单列表内单击“屏幕剪辑”按钮，如图 5-10 所示。

步骤 4：此时，整个屏幕都将灰色显示，而且光标会变成十字形。按住鼠标左键不放，拖动鼠标即可截取所需的屏幕区域，如图 5-11 所示。

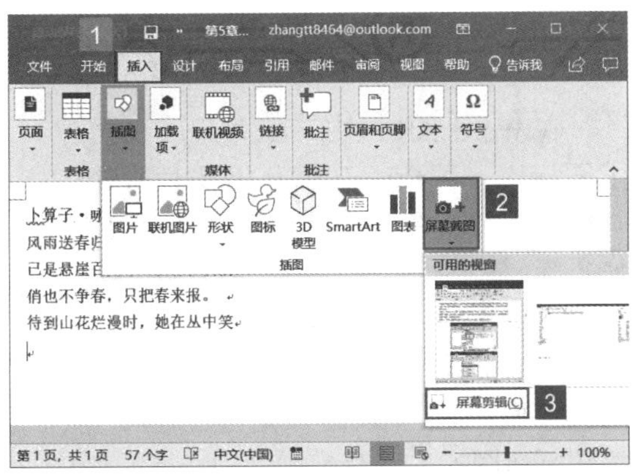

图 5-10

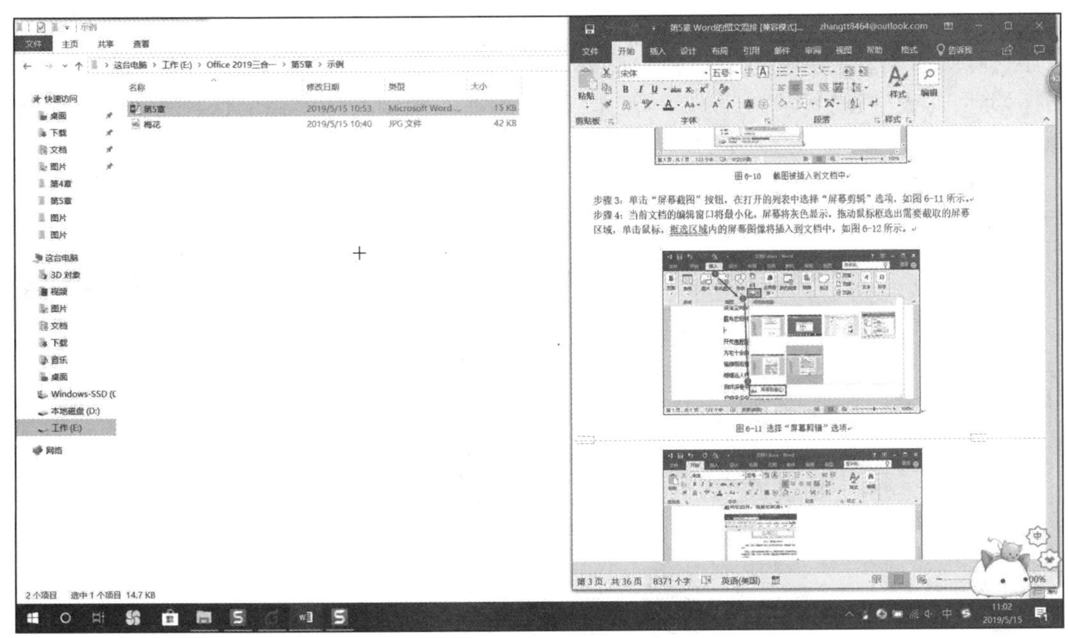

图 5-11

步骤 5：释放鼠标即可将屏幕截图插入到文档中，效果如图 5-12 所示。

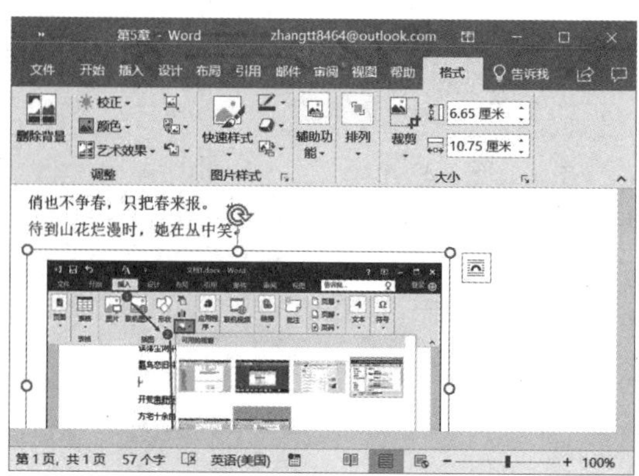

图 5-12

5.1.4 插入图标或 3D 模型

在 Word 2019 中，微软为用户提供了图标库，图标库又细分出多种常用的类型。下面介绍一下插入图标的具体操作步骤。

步骤 1：打开 Word 文档，将光标定位至需要插入图标的位置，切换至“插入”选项卡，在“插图”组内单击“图标”按钮，如图 5-13 所示。

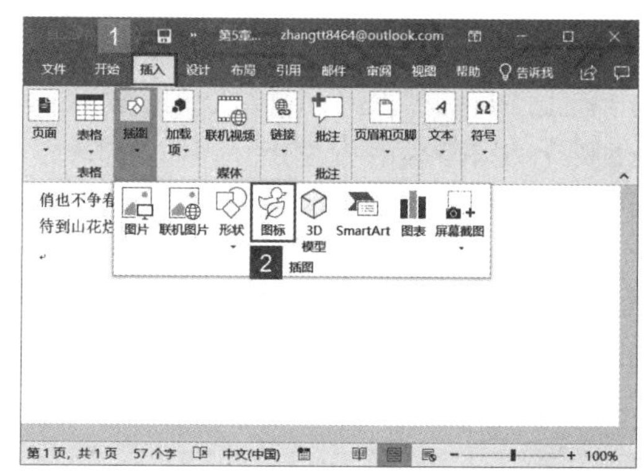

图 5-13

步骤 2：弹出“插入图标”对话框，可以看到 Word 2019 为用户提供的丰富的图标库。用户可以根据需要在左侧的图标类型列表中选择类型，例如“艺术”，然后在右侧的图标窗格内选择所需图标，单击“插入”按钮，如图 5-14 所示。

步骤 3：返回 Word 文档，即可看到选中的图标已插入到 Word 文档中，如图 5-15 所示。

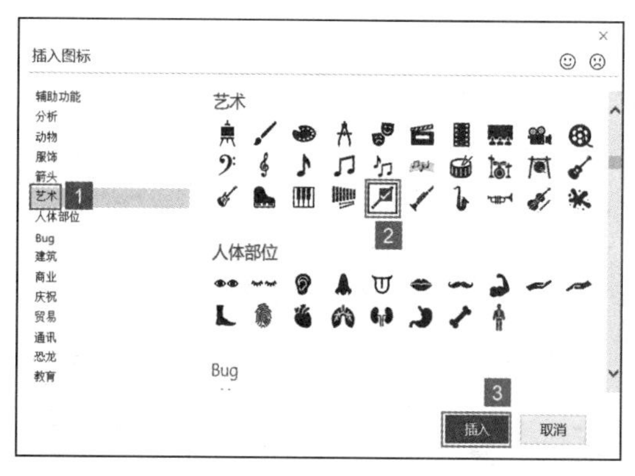

图 5-14

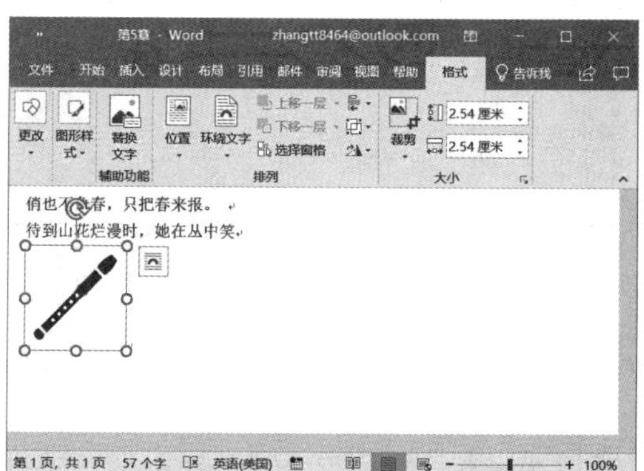

图 5-15

除此之外，Word 2019 还为用户提供了插入 3D 模型的功能。打开 Word 文档，切换至“插入”选项卡，在“插图”组内即可看到“3D 模型”按钮，如图 5-16 所示。

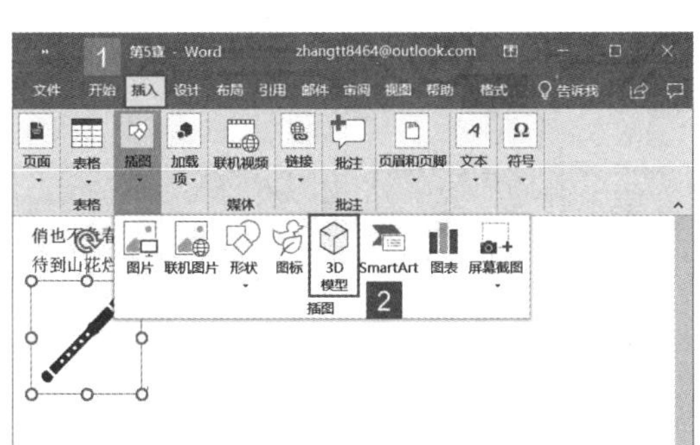

图 5-16

5.2 编辑图片

想要制作出精美的文档，仅将图片插入到文档是远远不够的，还需要用户对插入的图片进行调整，使图片更符合文档的整体风格。

5.2.1 图片裁剪

有时候直接插入的图片不符合用户要求，这时就需要对图片进行裁剪，使图片看起来更加美观。下面介绍一下在文档中裁剪图片的操作方法。

步骤 1：打开 Word 文档，选中需要裁剪的图片，切换至“格式”选项卡，在“大小”组内单击“裁剪”按钮，如图 5-17 所示。

步骤 2：此时，图片四周会出现裁剪框，拖动裁剪框上的控制柄即可进行裁剪，如图 5-18 所示。

图 5-17

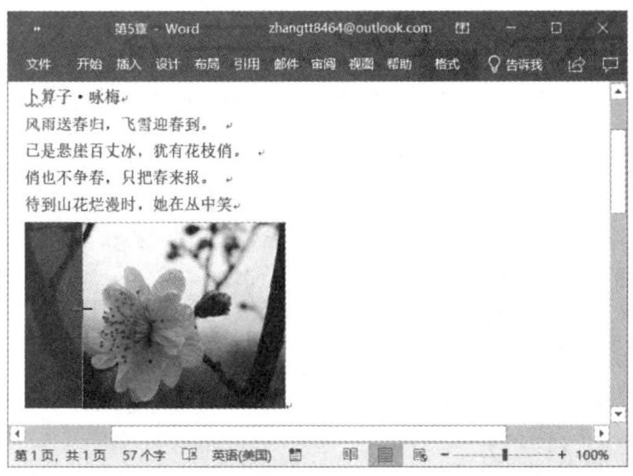

图 5-18

步骤 3：裁剪完成后，在 Word 文档的其他位置单击鼠标左键即可，效果如图 5-19 所示。

步骤 4：Word 2019 可以按纵横比进行裁剪。打开 Word 文档，选中需要裁剪的图片，切换至“格式”选项卡，在“大小”组内单击“裁剪”下拉按钮，在展开的菜单列表内单击“纵横比”下拉按钮，然后在展开的纵横比列表内选择合适的纵横比，例如“3:4”，如图 5-20 所示。

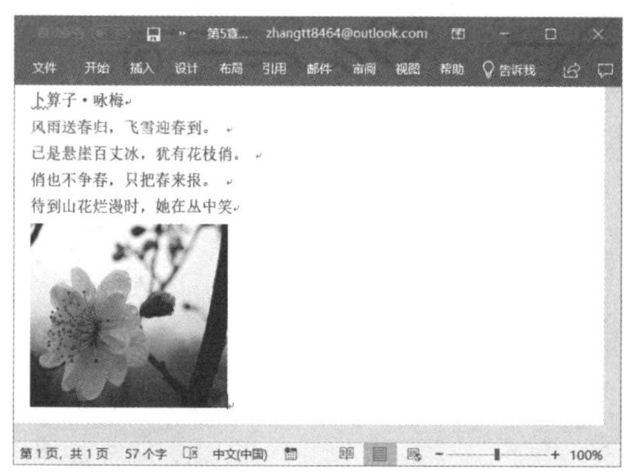

图 5-19

图 5-20

步骤 5：此时，选中的图片即可按照选定的纵横比进行裁剪，如图 5-21 所示。

步骤 6：然后在 Word 文档的其他位置单击鼠标左键即可完成裁剪，效果如图 5-22 所示。

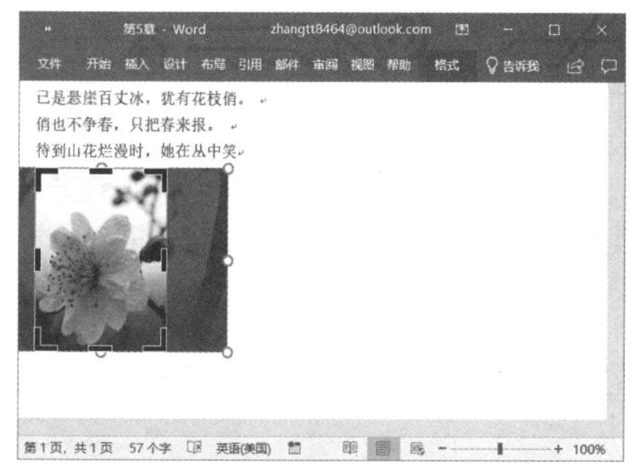

图 5-21

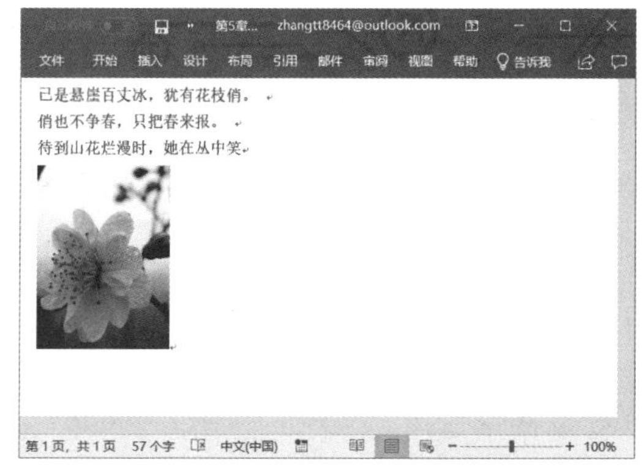

图 5-22

步骤 7：Word 2019 还支持将图片裁剪为形状。打开 Word 文档，选中需要裁剪的图片，切换至“格式”选项卡，在“大小”组内单击“裁剪”下拉按钮，在展开的菜单列表内单击“裁剪为形状”下拉按钮，然后在展开的形状样式库内选择合适的形状，如图 5-23 所示。

步骤 8：此时，选中的图片即可按照选定的形状进行裁剪，如图 5-24 所示。

图 5-23

步骤 9：如果进行裁剪的形状不符合用户需求，还可以对其进行调整。选中该图片，在“裁剪”下拉菜单内单击“调整”按钮，如图 5-25 所示。

图 5-24

图 5-25

步骤 10：此时，图片周围将被裁剪框包围，拖动裁剪框上的控制柄可以对形状进行调整，如图 5-26 所示。

步骤 11：调整完成后，在 Word 文档的其他位置单击鼠标左键即可，效果如图 5-27 所示。

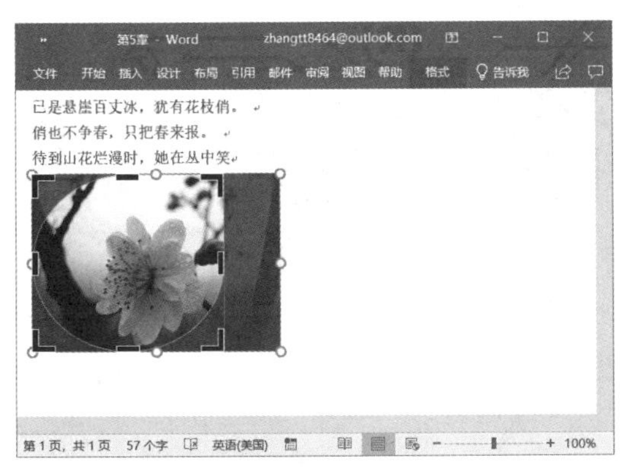

图 5-26

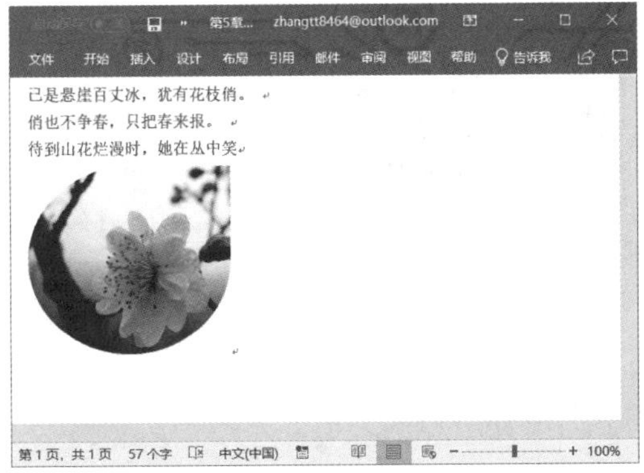

图 5-27

5.2.2 旋转图片和调整图片大小

在文档中插入图片后，可以对其大小和放置角度进行调整，以适合文档排版的需要。调整图片的大小和放置角度可以通过拖动图片上的控制柄来实现，也可以通过功能区的设置项来进行精确设置。下面介绍具体的操作方法。

步骤 1：打开 Word 文档，选中需要调整的图片，拖动图片框上的控制柄，即可改变图片的大小，如图 5-28 所示。

步骤 2：将鼠标指针放置到图片框顶部的控制柄上，拖动鼠标能够对图像进行旋转操作，如图 5-29 所示。

步骤 3：打开 Word 文档，选中需要调整的图片，切换至“格式”选项卡，用户可以根据需要在“大小”组内的“形状高度”和“形状宽度”增量框内设置数值，精确调整图片在文档中的大小，如图 5-30 所示。

步骤 4：用户还可以通过“布局”对话框调整图片的大小和旋转角度。选中需要调整的图片，单击“格式”选项卡下“大小”组内的“设置自选图形格式：大小”按钮，如图 5-31 所示。

图　5-28

图　5-29

图　5-30

图　5-31

步骤 5：打开“布局”对话框，用户可以在“缩放”窗格内的“高度”“宽度”微调框内设置图片的大小，如图 5-32 所示。

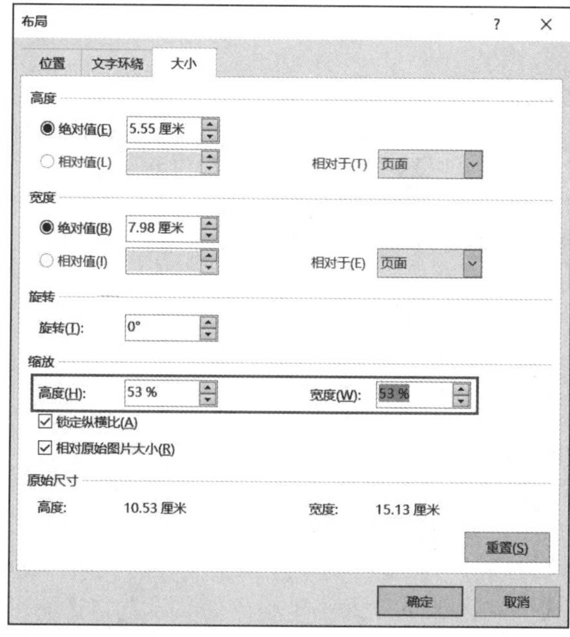

图　5-32

技巧点拨：单击勾选“锁定纵横比”复选框，则无论是手动调整图片的大小还是通过输入图片宽度和高度值调整图片的大小，图片都将保持原始的宽度和高度比值。另外，通过“缩放”窗格调整“高度”和“宽度”的值，将能够保持原始高度和宽度值的百分比来调整图片的大小。在“旋转”增量框中输入数值，将能够设置图像旋转的角度。

5.2.3 调整图片亮度和对比度

调整图片的亮度，可以使图片的颜色更艳丽，光线更明亮；调整图片的对比度可以加强图片的清晰度。下面介绍一下具体的操作方法。

步骤 1：打开 Word 文档，选中需要调整的图片，切换至“格式”选项卡，单击“调整”组内的“校正”下拉按钮，然后在展开的菜单列表内单击“亮度：+20% 对比度：0%（正常）”选项，如图 5-33 所示。

步骤 2：此时即可看到选中图片的亮度和对比度已发生改变，效果如图 5-34 所示。

图 5-33

图 5-34

5.3 设置图片样式

在文档中插入的图片，默认状态下都是不具备样式的，而 Word 作为专业排版设计工具，考虑到方便用户美化图片的需要，提供了一套精美的图片样式以供用户选择。这套样式不仅涉及图片外观的方形、椭圆等各种样式，还包括各种各样的图片边框与阴影等效果。

步骤 1：打开 Word 文档，选中需要调整的图片，切换至“格式”选项卡，单击“图片样式”组内的“快速样式”下拉按钮，然后在展开的样式库内选择“圆形对角，白色”样式，如图 5-35 所示。

步骤 2：设置完成后，即可为图片添加一个剪裁了对角线的白色相框，效果如图 5-36 所示。

步骤 3：为了美化相框，用户可以更改相框的颜色。选中图片，切换至“格式”选项卡，在“图片样式”组内单击“图片边框”下拉按钮，然后在展开的颜色库内选择图片的边框颜色为“紫色”，如图 5-37 所示。

步骤 4：此时，即可看到选中图片的白色边框已修改为紫色边框，效果如图 5-38 所示。

图 5-35

图 5-36

图 5-37

图 5-38

步骤 5：除此以外，用户还可以对图片的效果进行自定义设置。选中图片，切换至“格式”选项卡，在“图片样式”组内单击“图片效果”下拉按钮，然后在展开的效果库内单击“映像”下拉按钮，在展开的映像样式列表内单击选择“紧密映像：接触”按钮，如图 5-39 所示。

步骤 6：设置完成后，最终效果如图 5-40 所示。

图 5-39

图 5-40

5.3.1 调整图片色彩

图片的色彩会因饱和度、色调的不同而有很大差别，Word 2019 不仅允许用户自定义设置图片的颜色饱和度和色调，还提供了多种预设的颜色，以供用户调整颜色完全改变图片的显示效果。下面介绍具体的操作方法。

步骤 1：打开 Word 文档，选中需要调整的图片，切换至“格式”选项卡，单击“调整”组内的“颜色”下拉按钮，然后在展开的菜单列表内单击“图片颜色选项”选项，如图 5-41 所示。

步骤 2：此时会在窗口右侧打开“设置图片格式”对话框，在“图片颜色”选项面板中设置颜色的“饱和度”为 100%，“色温”为 6000，也可以单击“重新着色”右侧的下拉按钮，在展开的颜色样式库内选择合适的色彩，例如“蓝色”，如图 5-42 所示。

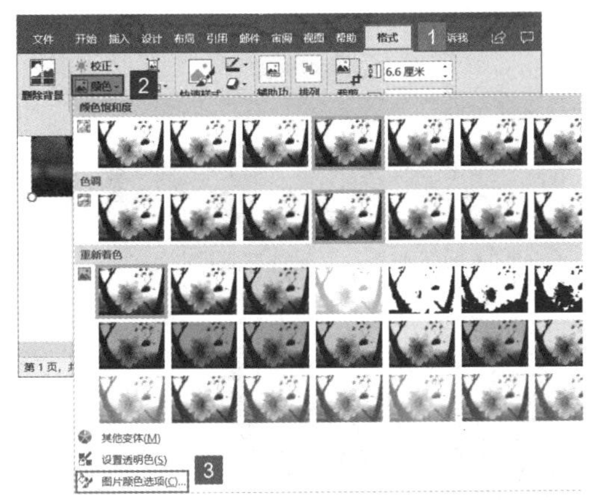

图 5-41

图 5-42

步骤 3：设置完成后，单击“关闭”按钮关闭“设置图片格式”对话框，最终效果如图 5-43 所示。

图 5-43

5.3.2 图片的艺术效果

在 Word 2019 中，除了可以设置外观样式，还可以为插入的图片添加艺术效果。利用这些外观样式和艺术效果，用户不仅能够方便地更改图片的外观样式，还能获得很多需要专业图像处理软件才能完成的特殊效果，使插入文档的图片更具有表现力。下面介绍一下具体的设置方法。

步骤 1：打开 Word 文档，选中需要调整的图片，切换至“格式”选项卡，在“调整”组内单击“艺术效果”下拉按钮，然后在展开的艺术效果样式库内选择合适的艺术效果，例如此处选择“水彩海绵”，如图 5-44 所示。

步骤 2：设置完成后，效果如图 5-45 所示。

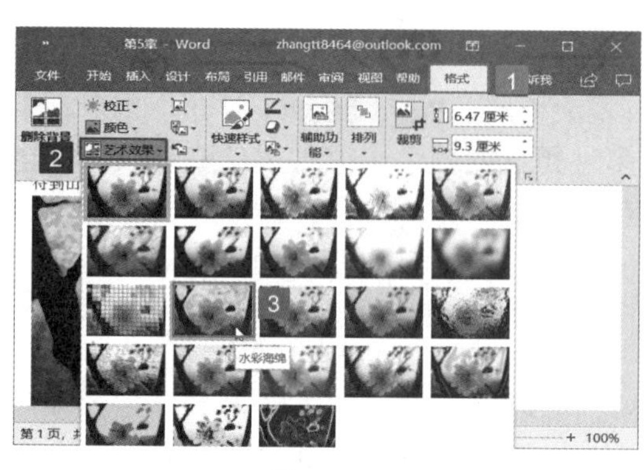

图　5-44

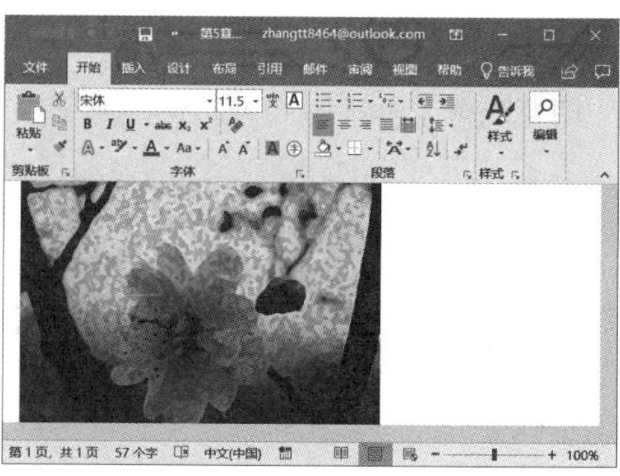

图　5-45

步骤 3：选中图片，在“图片样式”组内单击“快速样式”下拉按钮，然后在展开的菜单列表内选择合适的样式，如图 5-46 所示。

步骤 4：设置完成后，效果如图 5-47 所示。

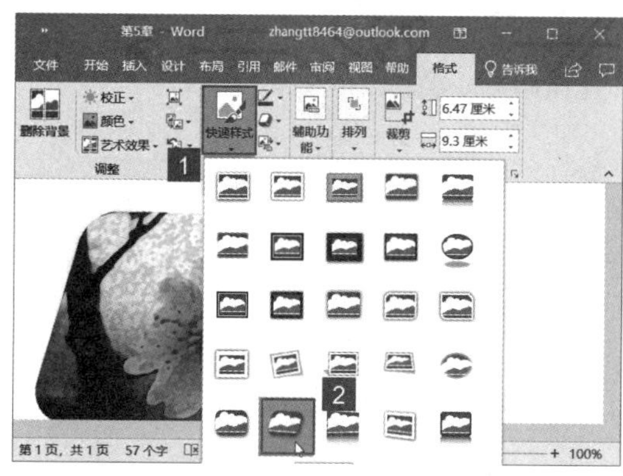

图　5-46

图　5-47

步骤 5：选中图片，在“图片样式”组内单击“图片边框”下拉按钮，然后在展开的颜色样式库内选择合适的颜色，例如“蓝色”，如图 5-48 所示。

步骤 6：设置完成后，效果如图 5-49 所示。除此之外，用户还可以对图片边框的粗细、虚线类型等样式进行设置。

图　5-48

图　5-49

步骤 7：选中图片，在“图片样式”组内单击“图片效果”下拉按钮，然后在展开的效果样式列表内单击“阴影”按钮，再在展开的阴影样式内单击“偏移：右上”按钮，如图 5-50 所示。

步骤 8：设置完成后，效果如图 5-51 所示。

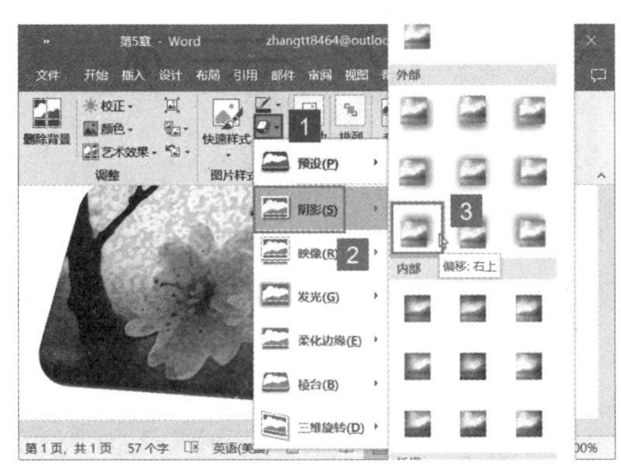

图 5-50

图 5-51

技巧点拨：如果用户对添加艺术效果后的图片不满意，可以选中图片，切换至“格式”选项卡，单击“调整”组内的“重设图片”按钮将图片恢复至插入时的原始状态。

5.3.3 删除图片背景

直接插入的图片往往都存在背景，当背景的风格或颜色与文档的主体风格不符时，用户可以利用删除背景的功能将图片的背景删除，只保留图片的主要图像。当然，在删除背景的时候，用户可以根据自身需要标识要保留的位置，以防误删需要的图像。下面介绍具体的设置方法。

步骤 1：打开 Word 文档，选中需要调整的图片，切换至“格式”选项卡，单击“调整”组内的“删除背景”按钮，如图 5-52 所示。

步骤 2：此时，系统会打开并自动切换至“背景消除”选项卡，图片中有颜色的部位表示要删除的背景部分，如图 5-53 所示。

图 5-52

图 5-53

步骤 3：如果默认删除的背景部分不符合要求，用户可以单击“优化”组内的“标记要保留的区域”按钮，此时文档编辑区内的光标会变成笔状，如图 5-54 所示。

步骤 4：利用绘图方式标记出需要保留的背景区域，绘制完成后，单击“关闭”组内的“保留更改”按钮，如图 5-55 所示。

图　5-54

图　5-55

步骤 5：此时即可看到图片已删除背景，并保留了标记的部分，如图 5-56 所示。

图　5-56

5.3.4　设置图片版式

图片的版式是指图片与其周围的文字、图形之间的关系。选择四周型，图片就会被文字从各个方向包围起来；选择上下型，图片的左右就不会有文字出现；也可把图片浮动于文字层的上面或者置于文字下面形成水印等效果。下面介绍具体的操作方法。

步骤 1：打开 Word 文档，选中需要调整的图片，切换到“格式”选项卡，在“排列”组内单击“环绕文字”下拉按钮，然后在展开的菜单列表内选择“嵌入型”选项，如图 5-57 所示。此时图片即可变为嵌入型的排版关系，效果如图 5-58 所示。

图　5-57

图　5-58

步骤 2：选中需要调整的图片，切换到“格式”选项卡，在“排列”组内单击“环绕文字”下拉按钮，然后在展开的菜单列表内选择“紧密型环绕”选项，如图 5-59 所示。此时即可获得文字环绕效果，如图 5-60 所示。

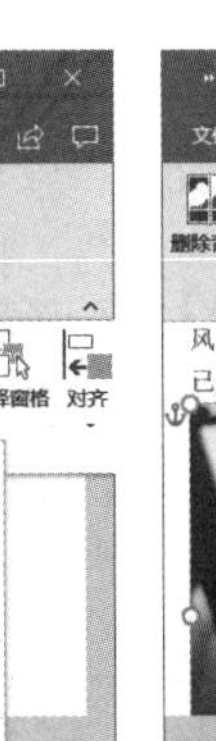

图 5-59

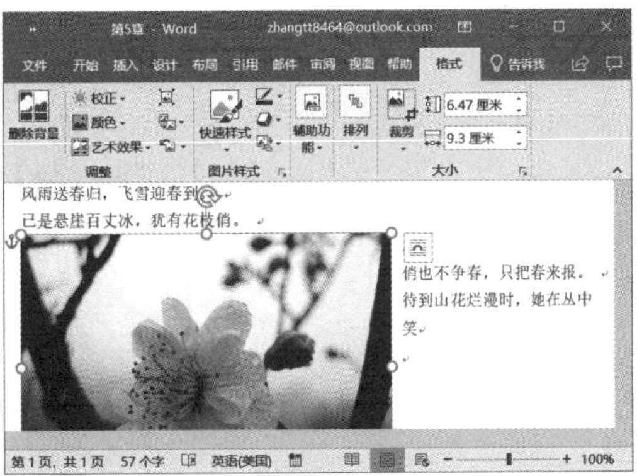

图 5-60

步骤 3：选中需要调整的图片，切换到“格式”选项卡，在“排列”组内单击“环绕文字”下拉按钮，然后在展开的菜单列表内选择“衬于文字下方”选项，如图 5-61 所示。此时，文档中的文字将出现在图片的上方，效果如图 5-62 所示。

图 5-61

图 5-62

步骤 4：创建环绕效果后，在“环绕文字”菜单列表内单击“编辑环绕顶点”选项，如图 5-63 所示。

步骤 5：拖动图片边框上的控制柄即可调整环绕顶点的位置，改变文字的环绕效果。完成编辑后，在文档的其他位置任意单击即可取消对环绕顶点的编辑状态。此时，文档的文字环绕效果如图 5-64 所示。

图 5-63

图 5-64

步骤 6：此外，用户还可以通过“布局”对话框对文字的环绕效果进行设置。选中图片，切换到“格式”选项卡，在“排列”组内单击“环绕文字”下拉按钮，然后在展开的菜单列表内选择“其他布局选项”选项，如图 5-65 所示。

步骤 7：打开“布局”对话框，在“文字环绕”选项卡下“距正文”窗格内的“上”“下”“左”“右”增量框内设置图片距正文的距离。设置完成后，单击“确定”按钮，如图 5-66 所示。

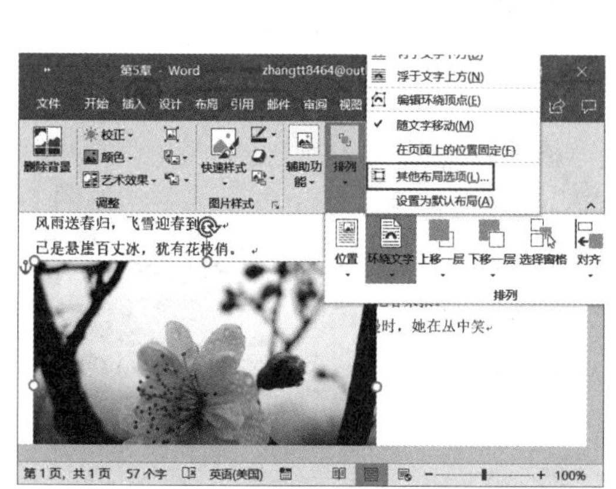

图 5-65

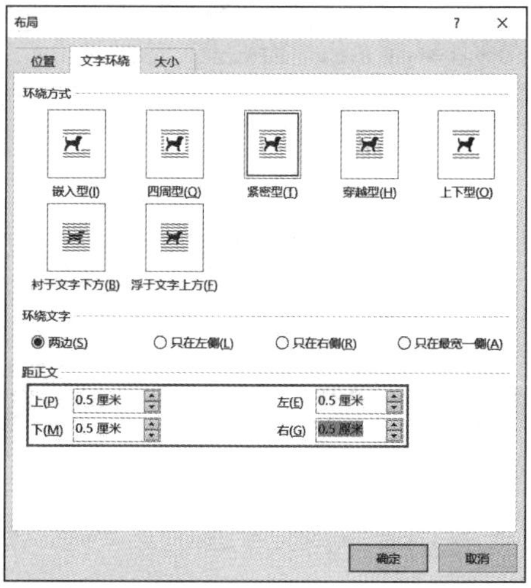

图 5-66

步骤 8：返回 Word 文档，即可看到效果如图 5-67 所示。

步骤 9：选中图片，在“排列”组内单击“位置”下拉按钮，然后在展开的菜单列表内单击“顶端居左，四周型文字环绕”按钮，如图 5-68 所示。

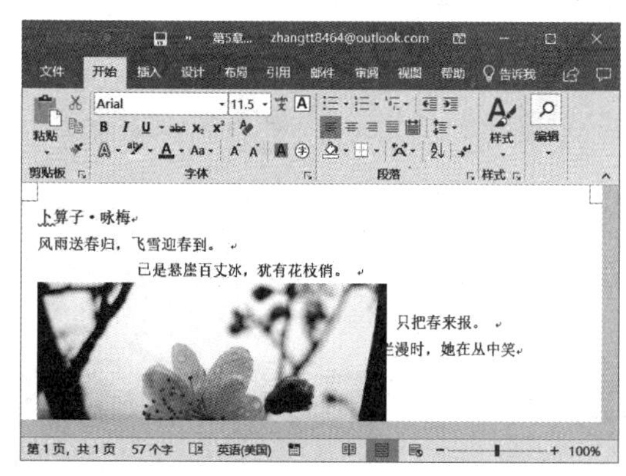

图 5-67

图 5-68

步骤 10：设置完成后，图片与文字的环绕位置即发生改变，效果如图 5-69 所示。

步骤 11：如果用户需要对图片在页面中的位置进行更精确的设置，在“位置”下拉列表内单击“其他布局选项”按钮，如图 5-70 所示。

步骤 12：打开“布局”对话框，用户可以在“位置”选项卡下对图片在页面中的水平方向及垂直方向的位置进行设置。设置完成后，单击“确定”按钮，如图 5-71 所示。

步骤 13：返回 Word 文档，即可看到图片在页面中的位置发生改变，如图 5-72 所示。

图 5-69

图 5-70

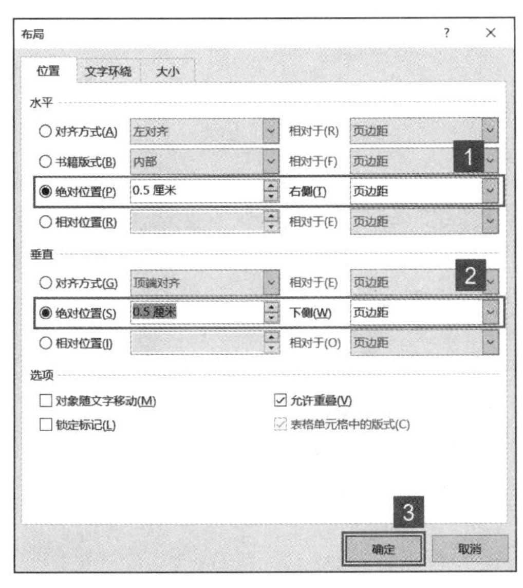

图 5-71

图 5-72

技巧点拨：在“布局”选项卡内，如果勾选“对象随文字移动”复选框，图像将和某段段落文字关联，一起出现在同一页面中，此设置只能影响页面的垂直位置。如果勾选“锁定标记”复选框，图片在页面中的当前位置将被锁定。如果勾选“允许重叠”复选框，图像对象在页面中将能够盖住其他内容。如果勾选“表格单元格中的版式”复选框，将允许用表格来定位页面中的图片。

这里要注意，勾选“允许重叠”和“表格单元格中的版式”复选框后，单击“确定”按钮，“对象随文字移动”复选框和“锁定标记”复选框将被自动取消勾选。

5.4 形状的插入

Office 为用户提供的形状是指一组现成的图形，包括如矩形和圆这样的基本形状，以及各种线条和连接符、箭头总汇、流程图符号、星与旗帜和标注等。用户可以使用形状绘制各类图形。

5.4.1 插入形状

Word 2019 为用户提供了丰富的形状样式库，用户在文档中插入形状时要考虑图示想表达的效果，从而选择适当的形状，达到图解文档的作用。下面介绍在文档中插入形状的操作步骤。

步骤 1：打开 Word 文档，切换到“插入”选项卡，单击“插图”组内的“形状”下拉按钮，然后在展开的形状样式库内选择需要绘制的形状，例如“椭圆”，如图 5-73 所示。

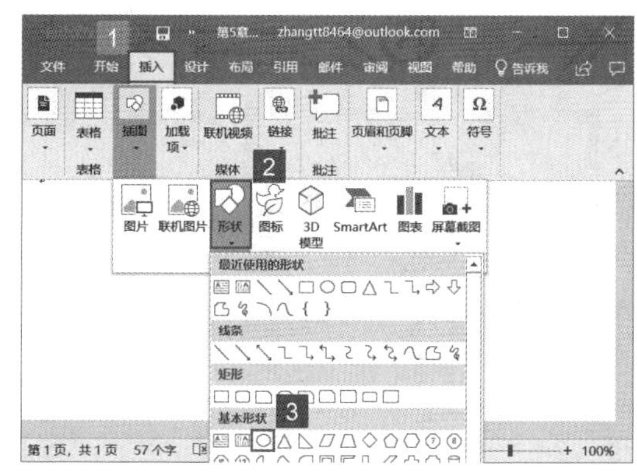

图 5-73

步骤 2：此时文档中的光标会变成十字形，如图 5-74 所示。

步骤 3：按住鼠标左键不放，拖动鼠标即可绘制一个椭圆。然后拖动形状边框上的控制柄即可调整形状的外观和大小，如图 5-75 所示。

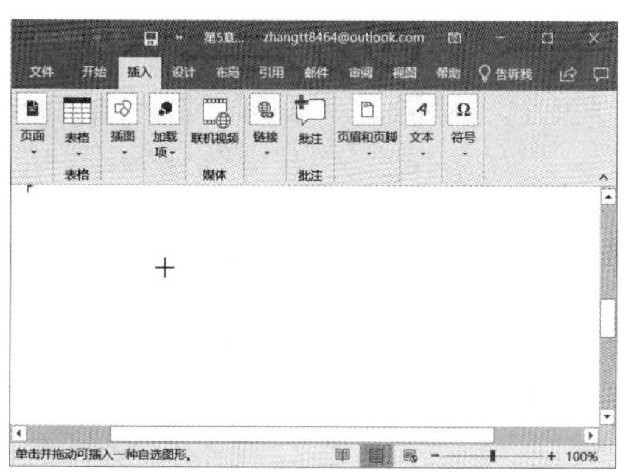

图 5-74

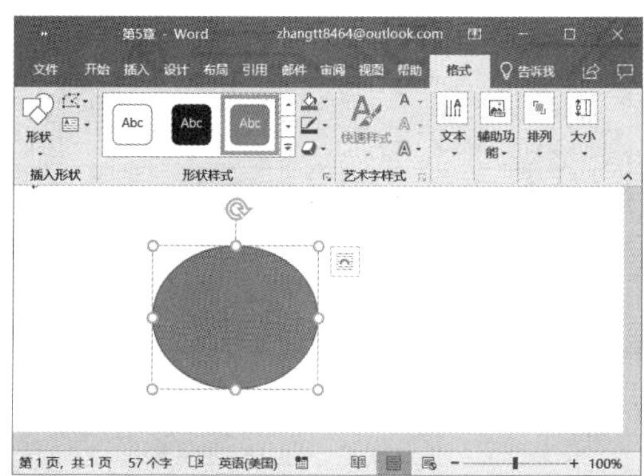

图 5-75

步骤 4：拖动形状边框上的“旋转控制柄”即可调整形状的放置角度，如图 5-76 所示。

步骤 5：最后将鼠标指针放置在形状上，拖动至合适的位置即可，如图 5-77 所示。

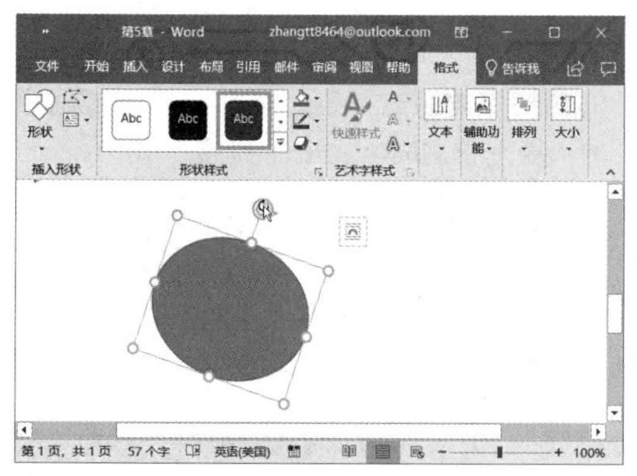

图 5-76

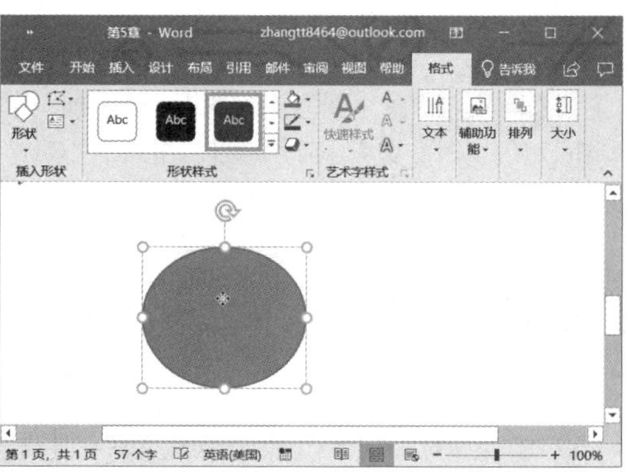

图 5-77

5.4.2 更改形状

如果用户发现插入的形状不符合文档的整体需求，可以使用“更改形状”功能对形状进行更改。下面介绍一下更改形状的具体操作步骤。

步骤 1：选中需要更改的形状，切换至“格式”选项卡，在“插入形状”组内单击“编辑形状”下拉按钮，在展开的菜单列表内单击“更改形状”按钮，然后在打开的形状样式库内选择需要更改的形状，如图 5-78 所示。

步骤 2：此时，文档中的形状即可进行更改，效果如图 5-79 所示。

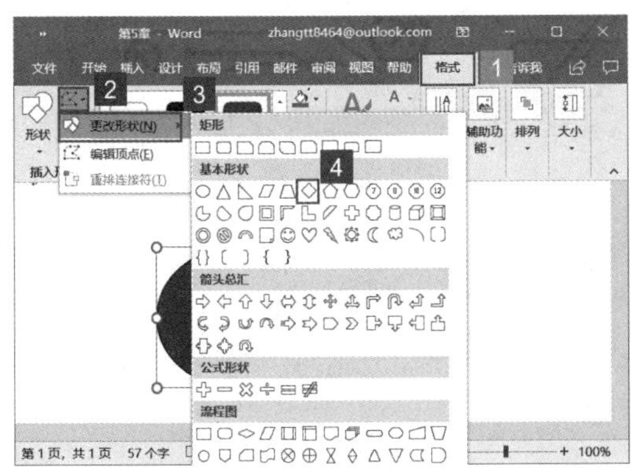

图 5-78

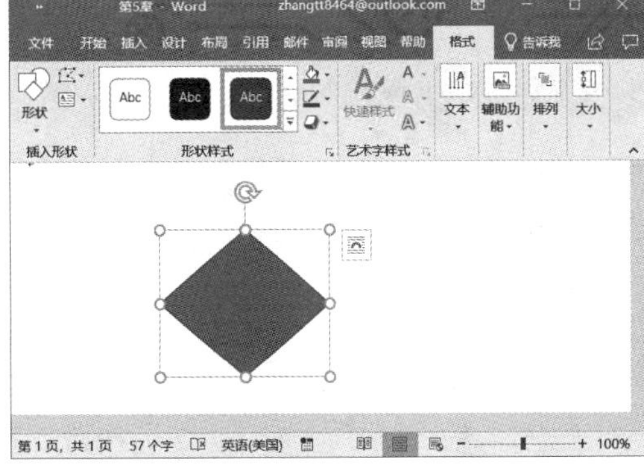

图 5-79

5.4.3 在形状中添加文字

在编写 Word 文档的过程中，有时候需要在插入的形状中添加文字，例如在绘制流程图时。用户也可以根据自身需要更改形状中文字的字体、字号、颜色等格式。下面介绍一下在形状中添加文字的具体操作步骤。

步骤 1：打开 Word 文档，右键单击需要插入文字的形状，然后在弹出的快捷菜单内选择“添加文字”选项，如图 5-80 所示。

步骤 2：此时形状即进入编辑状态，在文本框内输入文字，如图 5-81 所示。

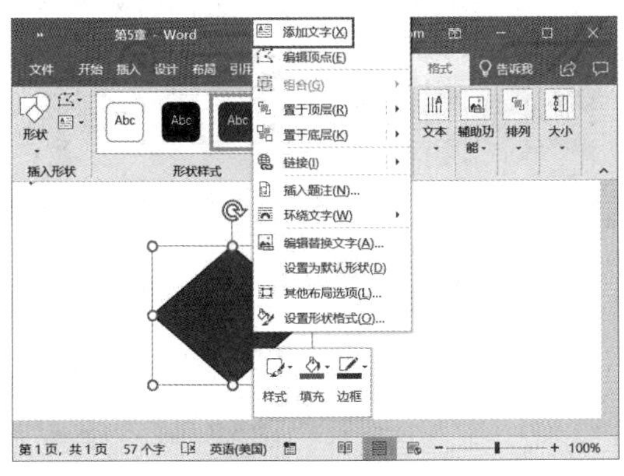

图 5-80

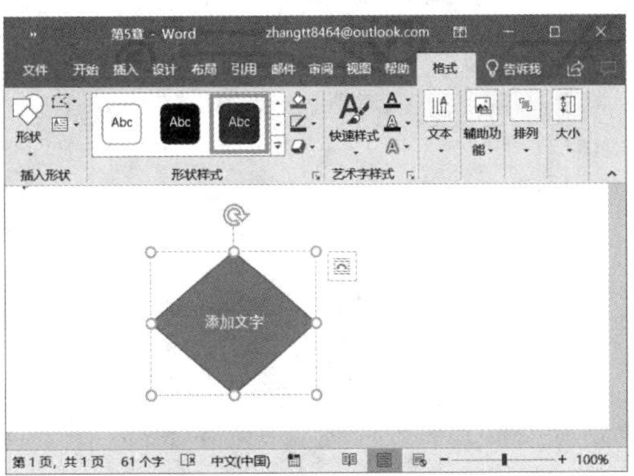

图 5-81

步骤 3：选中形状中的文字，切换至“开始”选项卡，即可在“字体”组内设置其字体、字号以及颜色等样式，如图 5-82 所示。

步骤 4：用户还可以切换至“格式”选项卡，在“艺术字样式”组内单击“快速样式”下拉按钮，然后在展开的艺术字样式库内选择合适的样式，如图 5-83 所示。

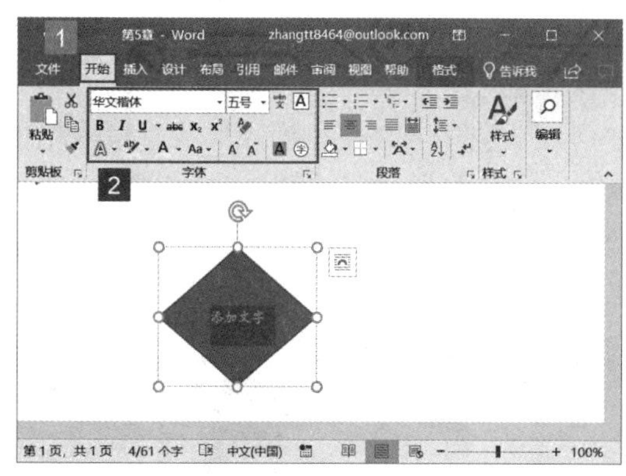

图 5-82

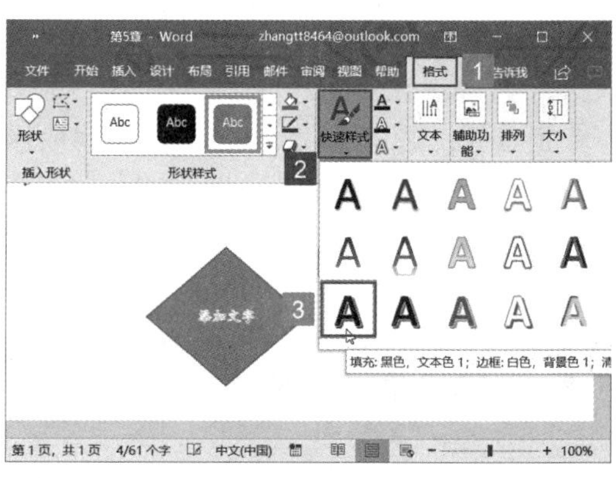

图 5-83

步骤 5：为形状内的文字设置完艺术字样式后，效果如图 5-84 所示。

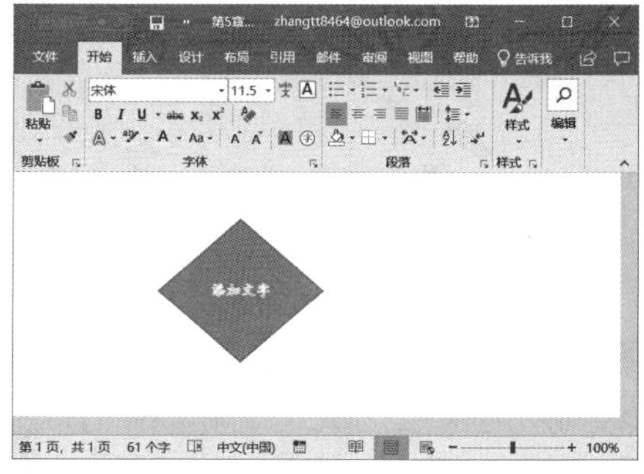

图 5-84

5.4.4 设置形状样式

在文档中插入的形状，默认为蓝底白字、深蓝边框，如果用户对默认的样式不满意，也可以根据自身需要对其进行美化，比如通过调整颜色突出主次、通过形状效果增加形状立体感等。

步骤 1：设置形状样式。打开 Word 文档，选中需要设置的形状，切换至“格式”选项卡，在“形状样式”组内单击“其他”按钮，然后在展开的样式库内选择形状样式，例如“细微效果 – 金色，强调颜色 4”，如图 5-85 所示。

步骤 2：设置完成后，效果如图 5-86 所示。

图 5-85

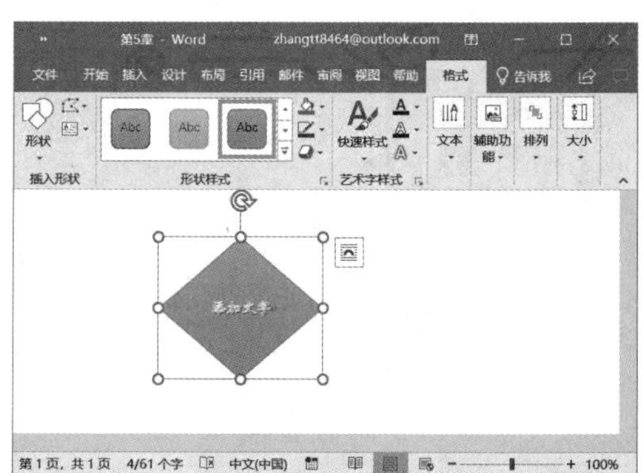

图 5-86

步骤 3：设置形状颜色。选中该形状，切换至“格式”选项卡，在“形状样式”组内单击“形状填充”下拉按钮，然后在展开的菜单列表内单击“渐变”下拉按钮，再在展开的渐变样式库内选择渐变类型，例如“线性对角 – 左上到右下”，如图 5-87 所示。

步骤 4：设置形状轮廓。选中该形状，切换至“格式”选项卡，在“形状样式”组内单击“形状轮廓”下拉按钮，然后在展开的颜色样式库内选择轮廓颜色，例如“红色”，如图 5-88 所示。

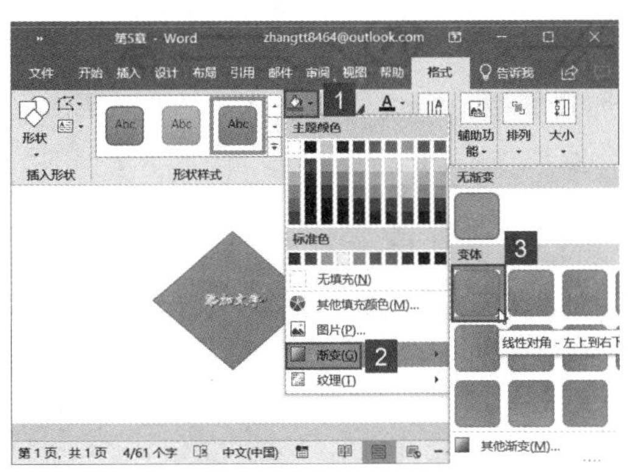

图 5-87

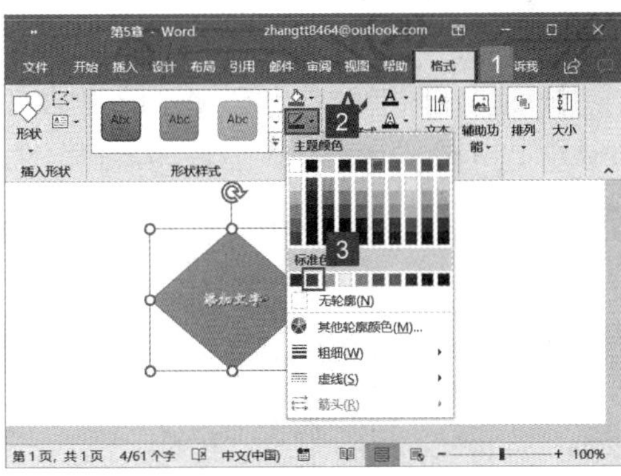

图 5-88

步骤 5：设置形状轮廓粗细。选中该形状，在展开的“形状轮廓”菜单列表内单击“粗细”按钮，然后在展开的菜单列表内单击“1.5 磅”按钮，如图 5-89 所示。

步骤 6：设置形状轮廓类型。选中该形状，在展开的“形状轮廓”菜单列表内单击“虚线”按钮，然后在展开的菜单列表内选择虚线样式，如图 5-90 所示。

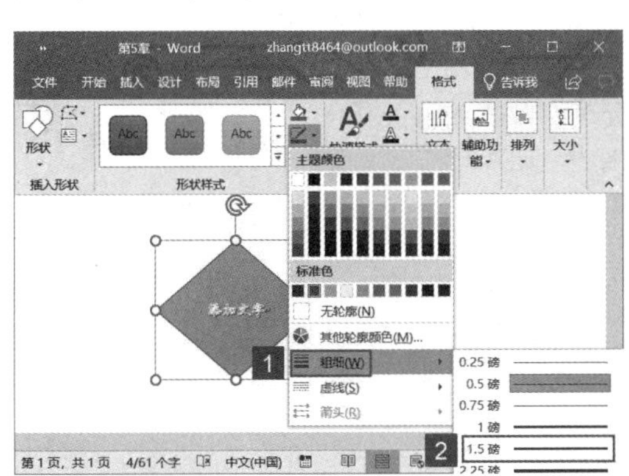

图 5-89

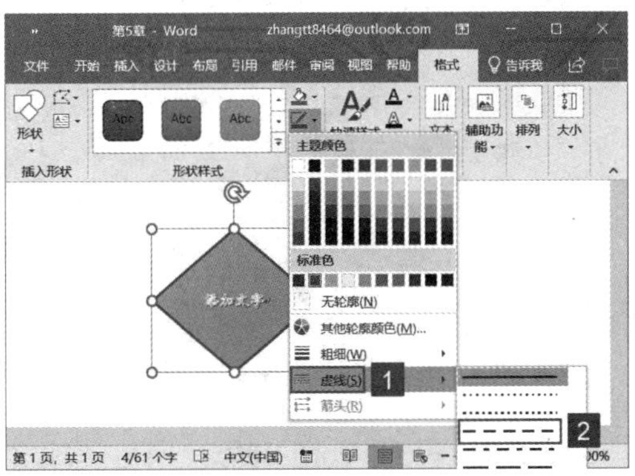

图 5-90

步骤 7：形状样式设置完成后，最终效果如图 5-91 所示。

图 5-91

5.5 插入 SmartArt 图形

SmartArt 图形是信息和观点的视觉表示形式。用户可以通过从多种不同布局中进行选择来创建 SmartArt 图形，快速、轻松、有效地传达信息。

5.5.1 插入 SmartArt 图形并添加文本

创建 SmartArt 图形时，需要选择一种 SmartArt 图形类型，例如“流程”“层次结构”“循环”或“关系”等。下面介绍插入 SmartArt 图形并添加文本的步骤。

步骤 1：打开 Word 文档，切换至“插入”选项卡，单击“插图”组内的“SmartArt”按钮，如图 5-92 所示。

步骤 2：打开“选择 SmartArt 图形”对话框，在左侧窗格内选择合适的图形类型，例如“层次结构”，然后在右侧的层次结构选项面板内单击“水平层次结构”图标，单击“确定”按钮，如图 5-93 所示。

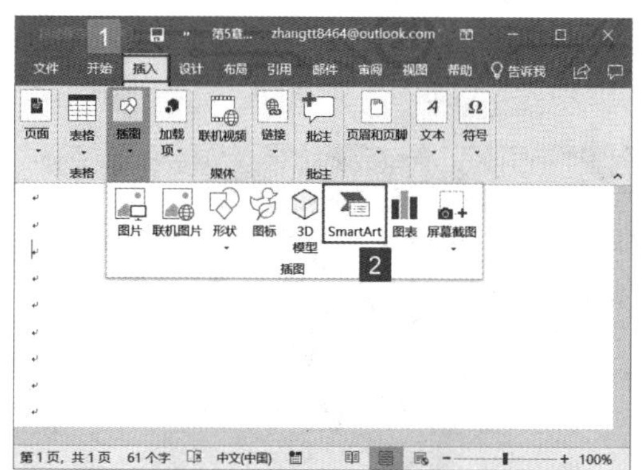

图 5-92

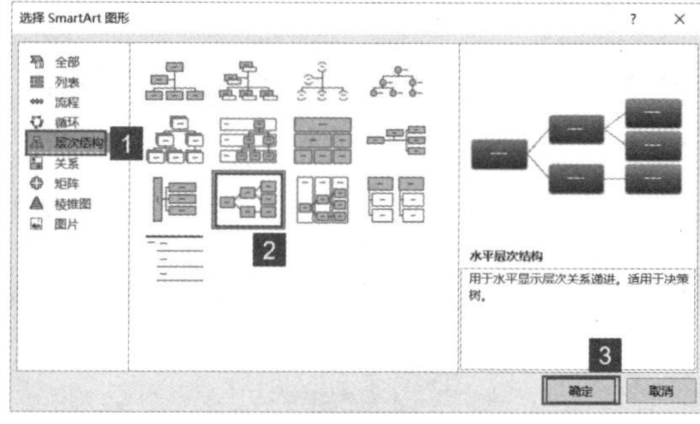

图 5-93

步骤 3：返回 Word 文档，即可发现文档中已插入 SmartArt 图形，如图 5-94 所示。

步骤 4：依次单击 SmartArt 图形内的各形状，在文本框内输入相应的文本内容即可，如图 5-95 所示。

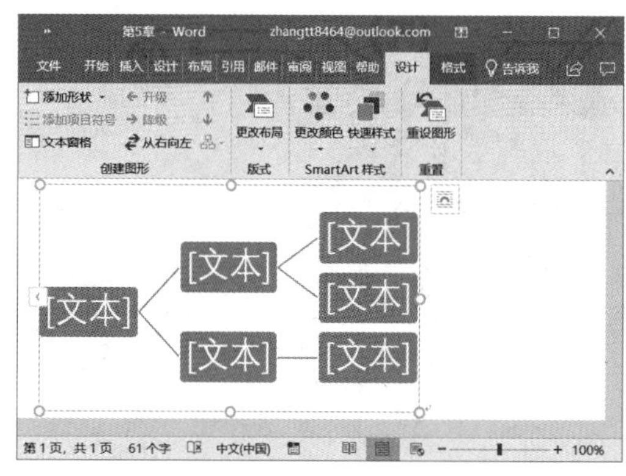

图 5-94

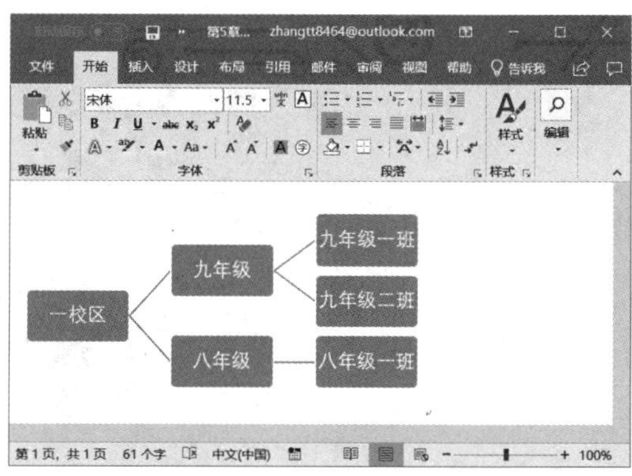

图 5-95

5.5.2 为 SmartArt 图形添加形状

虽然 Word 2019 提供的 SmartArt 图形类型很多，但是直接选择的 SmartArt 图形难免存在不满足要求的情况，此时用户可以根据自身需要为 SmartArt 图形添加形状。

步骤 1：添加同级形状。选中 SmartArt 图形中的“八年级”形状，切换至 SmartArt 图形工具“设计”选项卡，单击“创建图形”组内的“添加形状”下拉按钮，然后在展开的菜单列表内单击“在后面添加形状”按钮，如图 5-96 所示。

步骤 2：此时，即可看到在该形状后面添加了一个同级形状，如图 5-97 所示。

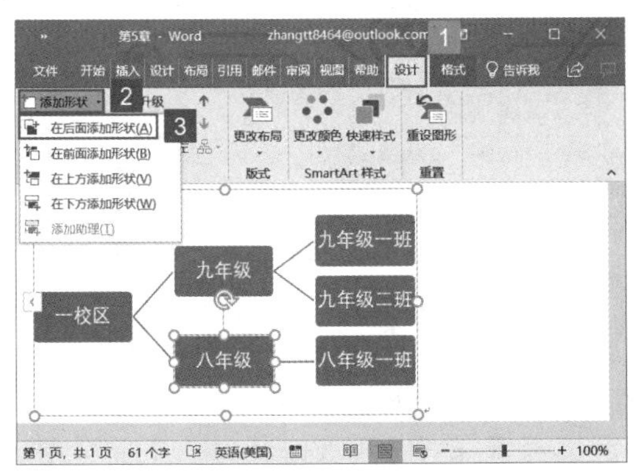

图 5-96

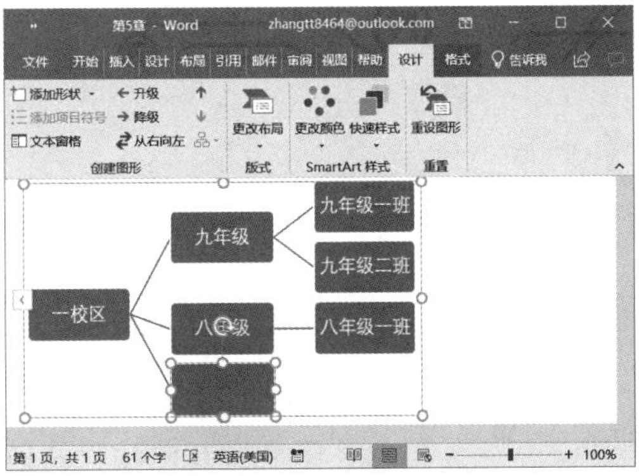

图 5-97

步骤 3：添加下级形状。选中 SmartArt 图形中的任意形状，切换至 SmartArt 图形工具“设计”选项卡，单击“创建图形”组内的“添加形状”下拉按钮，然后在展开的菜单列表内单击“在下方添加形状”按钮，如图 5-98 所示。

步骤 4：此时，即可看到在该形状下方添加了一个下级形状，如图 5-99 所示。

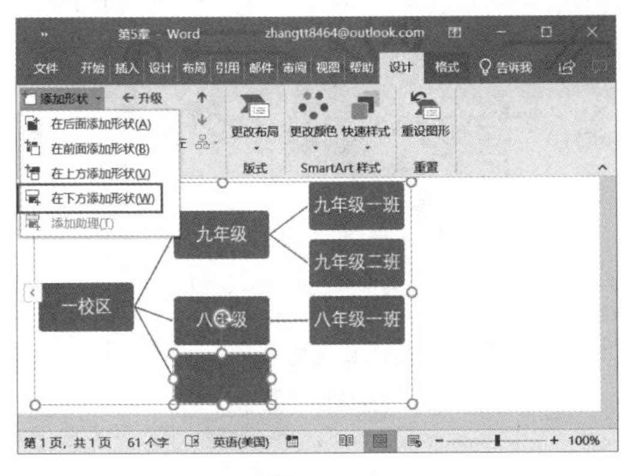

图 5-98

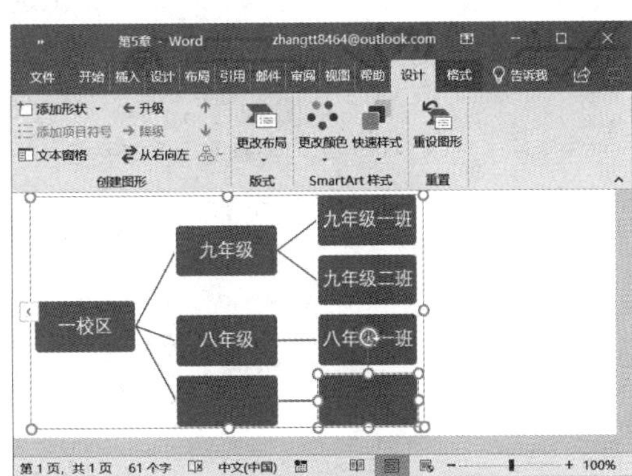

图 5-99

5.5.3 更改 SmartArt 图形布局

完成组织结构图的制作后，如果对 SmartArt 图形的布局不满意，还可以在保留文本的情况下改变 SmartArt 图形的布局。

步骤 1：选中需要更改布局的 SmartArt 图形，切换至“设计”选项卡，在“版式”组内单击“更改布局”下拉按钮，然后在展开的布局样式库内选择合适的布局，如图 5-100 所示。

步骤 2：此时，选中的 SmartArt 图形布局发生改变，图形的层次结构由水平变成垂直，效果如图 5-101 所示。

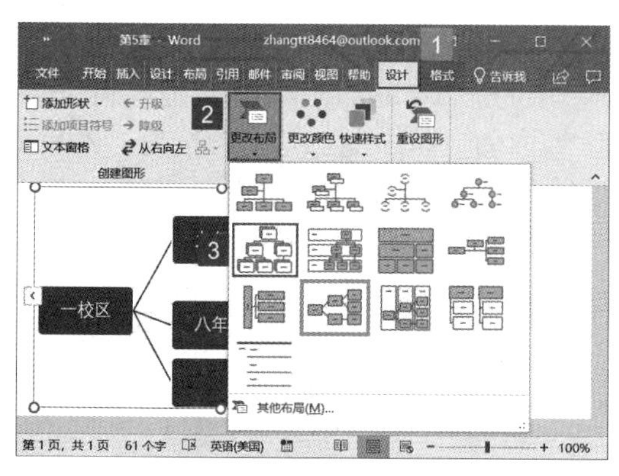

图 5-100

图 5-101

5.5.4 应用 SmartArt 图形颜色和样式

Word 中默认的 SmartArt 图形样式为蓝底白字，如果用户觉得样式过于单调，可以根据需要对 SmartArt 图形进行美化，包括为图形设置样式、更改颜色等。下面介绍一下具体的操作步骤。

步骤 1：选中需要进行美化的 SmartArt 图形，切换至“设计”选项卡，单击“SmartArt 样式”组内的快速样式“其他”按钮，然后在展开的样式库内选择“优雅”样式，如图 5-102 所示。

步骤 2：此时，文档中的 SmartArt 图形样式发生改变，效果如图 5-103 所示。

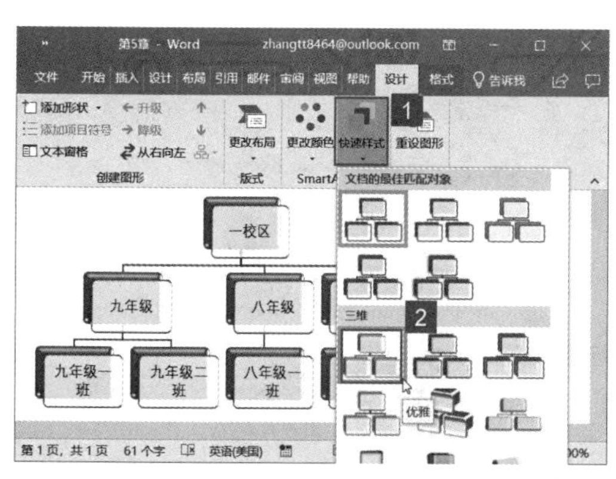

图 5-102

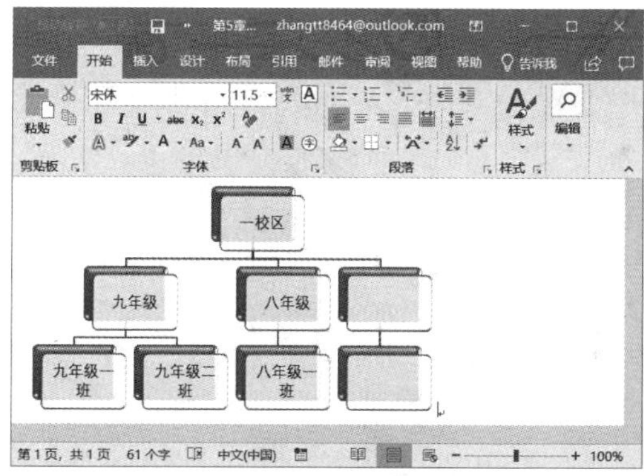

图 5-103

步骤 3：单击“SmartArt 样式”组内的“更改颜色”下拉按钮，在展开的颜色样式库内选择“彩色”组下的“彩色范围 – 个性色 2 至 3”，如图 5-104 所示。

步骤 4：此时，选中的 SmartArt 图形颜色发生变化，用颜色区分了不同级别的形状，如图 5-105 所示。

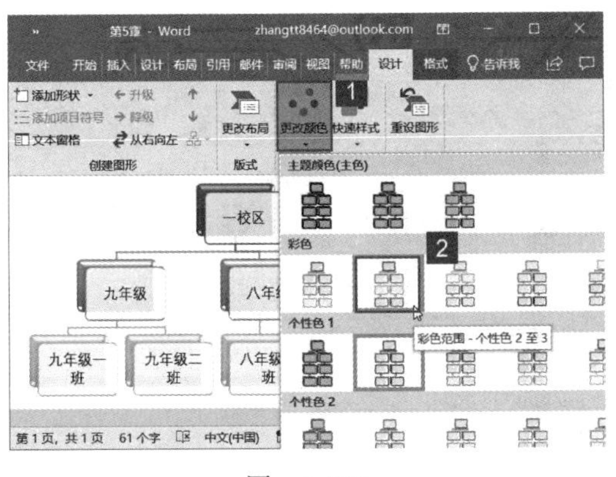

图 5-104

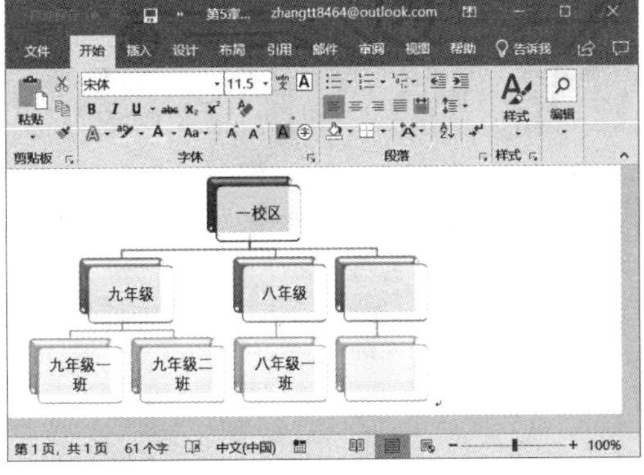

图 5-105

5.5.5 自定义 SmartArt 图形颜色与样式

如果用户对 Word 预设的 SmartArt 图形颜色和样式不满意，可以将其清除，然后为 SmartArt 图形设置自己喜欢的颜色和样式。下面介绍具体步骤。

步骤 1：选中要进行美化的 SmartArt 图形，切换至“设计”选项卡，单击“重置”组内的“重设图形”按钮，如图 5-106 所示。

步骤 2：此时即可清除原有图形中的样式，还原到默认状态，如图 5-107 所示。

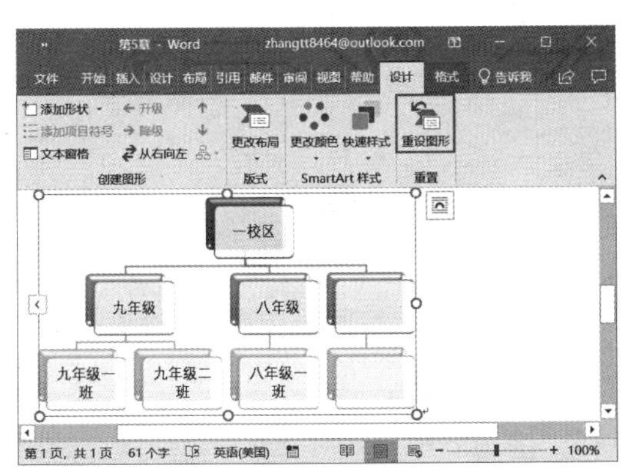

图 5-106

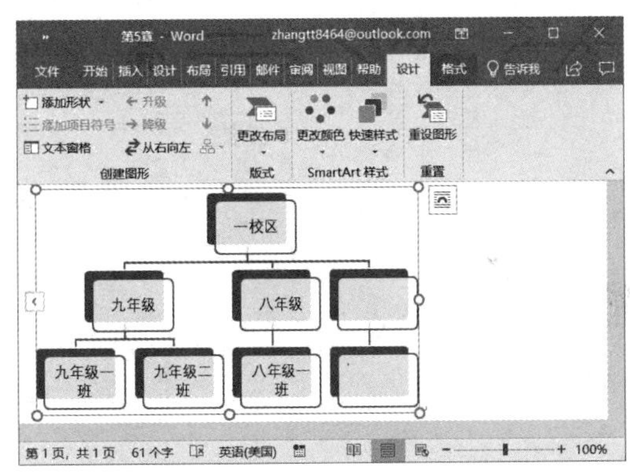

图 5-107

步骤 3：选中第一个形状，切换至“格式”选项卡，单击“形状样式”组内的“形状填充”按钮，在展开的颜色库内选择“浅蓝”，如图 5-108 所示。

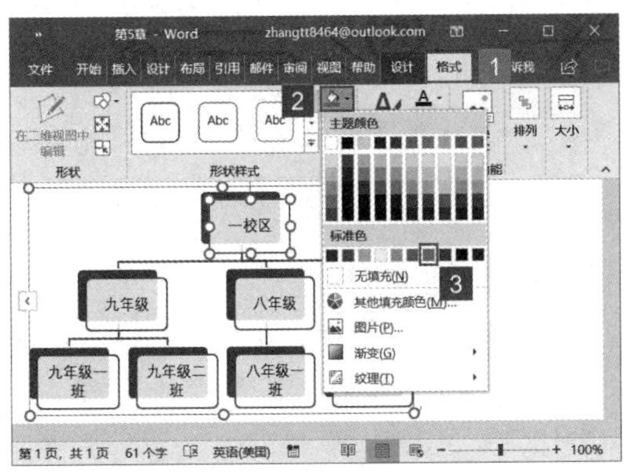

图 5-108

步骤 4：然后在“形状样式”组内单击“形状效果”按钮，在展开的菜单列表内单击“预设”按钮，再在展开的预设效果样式库内选择合适的形状效果，如图 5-109 所示。

步骤 5：设置好第一个形状的样式后，选中整个 SmartArt 图形，在“形状样式”组内单击“形状轮廓”下拉按钮，然后在展开的颜色库内选择“蓝色”，如

图 5-110 所示。

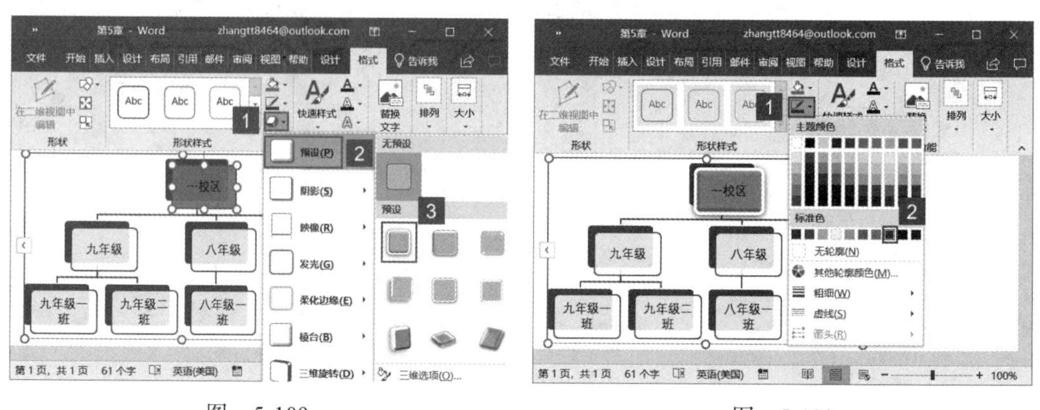

图 5-109

图 5-110

步骤 6：设置好 SmartArt 图形中所有形状的样式后，最终效果如图 5-111 所示。

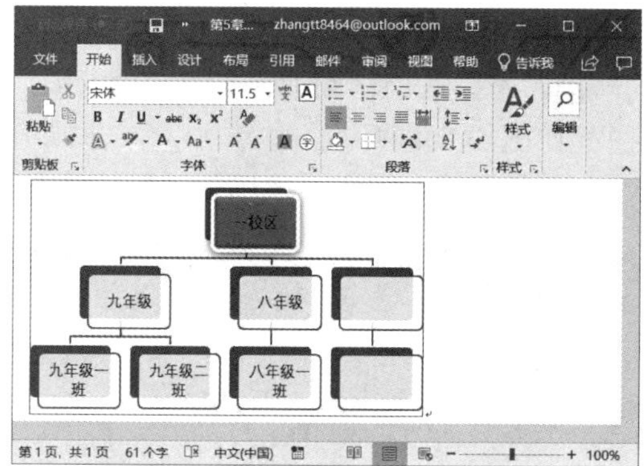

图 5-111

第6章 Word的表格和图表编辑

表格是一种简明概要的表达方式，其结构严谨、效果直观，往往一张表格可以代替许多说明文字。Word具有功能强大的表格制作功能，其所见即所得的工作方式使表格制作更加方便、快捷，完全可以满足制作中等复杂表格的要求，并且能对表格中的数据进行较为复杂的计算。相对于表格来说，图表能够更加直观地观察到数据之间的数量关系、总体的结构特征以及发展变化的趋势，是进行数据分析和问题研究的一种重要方法。本章将对表格和图表的制作及使用方法进行介绍。

- 插入表格
- 调整表格布局与样式
- 表格的高级应用
- Word的图表编辑

6.1 插入表格

表格是最常用的数据处理方式之一，主要用于输入、输出、显示、处理和打印数据，可以制作各种复杂的表格文档，甚至能帮助用户进行复杂的统计运算和图表化展示等。Word 2019 具有强大的表格编排能力，用户可以轻松地在文档中创建各类美观的专业表格。

6.1.1 快速插入表格

要在文档中快速插入表格，最适当的方法莫过于使用“插入表格”库来插入，在插入表格的时候，用户可以在相应的范围内选择表格的行数和列数。下面介绍具体步骤。

步骤 1： 打开 Word 文档，切换至“插入”选项卡，单击“表格”组内的“表格”下拉按钮，在展开的“插入表格”库中选择单元格为“4*5 表格”，如图 6-1 所示。

步骤 2： 此时即可看到文档中插入了一个 4 列 5 行的表格，根据需要输入文本即可完成表格的制作，如图 6-2 所示。

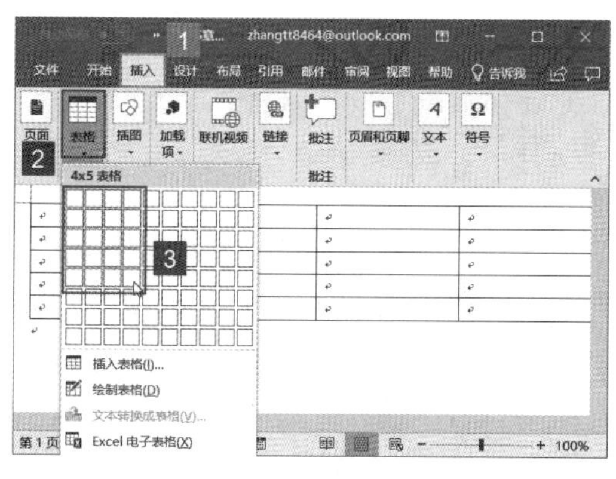

图 6-1

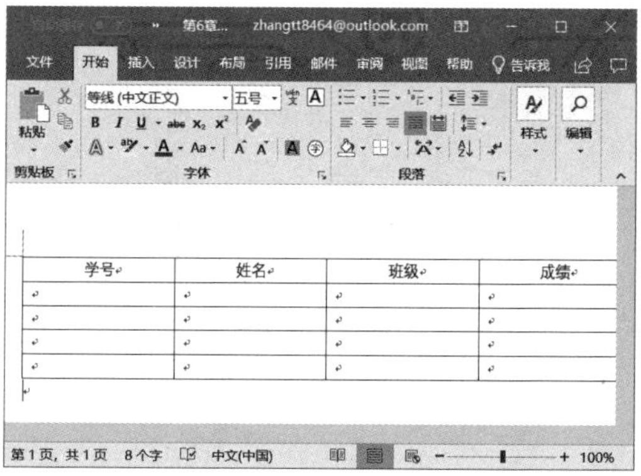

图 6-2

6.1.2 通过对话框插入表格

“插入表格”库中可以插入的表格最多只有 10 列 8 行，如果插入的表格行列数过多，“插入表格”库无法满足需求时，可以通过“插入表格”对话框来插入表格。下面来介绍具体步骤。

步骤 1： 打开 Word 文档，切换至“插入”选项卡，单击“表格”组内的“表格”下拉按钮，在展开的菜单列表内单击“插入表格”按钮，如图 6-3 所示。

步骤 2： 弹出“插入表格”对话框，在“表格尺寸”窗格内设置表格的列数为“4”，行数为“5”，在“‘自动调整’操作”窗格内单击选中“根据内容调整表格”前的单选按钮，单击“确定”按钮，如图 6-4 所示。

步骤 3： 返回 Word 文档，即可看到已插入一个 4 列 5 行的表格。在表格中输入文本内容，表格的单元格大小会自动和内容相匹配，如图 6-5 所示。

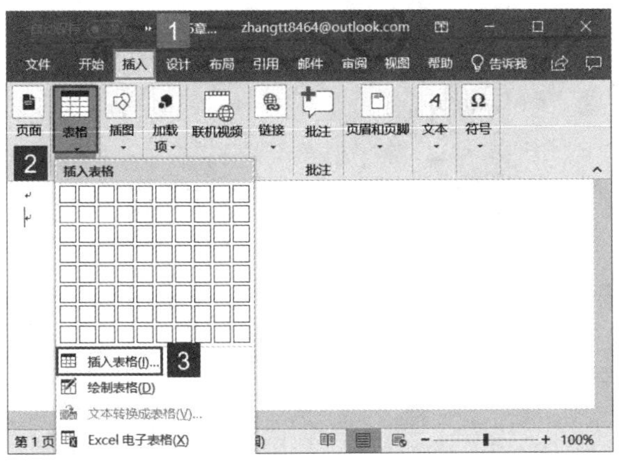

图 6-3

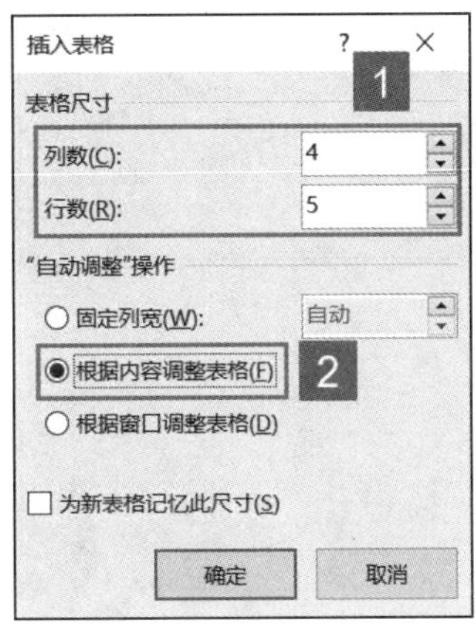

图 6-4

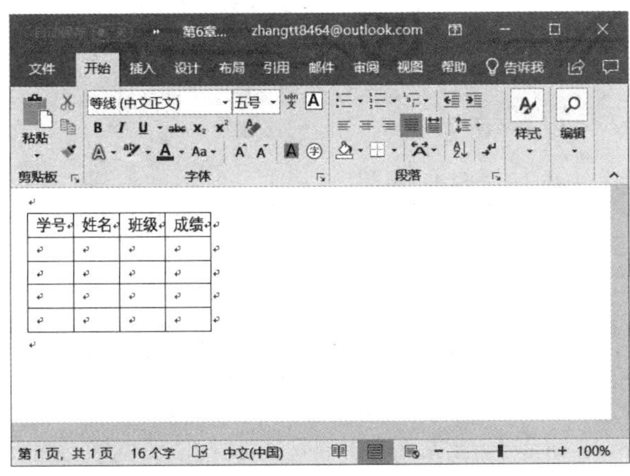

图 6-5

6.1.3 手动绘制表格

前面介绍了两种简单的创建表格的方法，除了这两种方法外，Word 2019 还提供了一种更随意的创建表格的方法。掌握此方法后，用户可用鼠标在页面上任意画出横线、竖线和斜线，从而建立所需的复杂表格。下面介绍具体步骤。

步骤 1： 打开 Word 文档，切换至“插入”选项卡，单击“表格”组内的“表格”下拉按钮，在展开的菜单列表内单击“绘制表格”按钮，如图 6-6 所示。

步骤 2： 此时，Word 文档编辑区内的光标呈现铅笔形状，将光标指向需要插入表格的位置，长按鼠标左键并拖动鼠标绘制表格的外框，释放鼠标即可成功绘制表格外框，如图 6-7 所示。

步骤 3： 然后横向拖动鼠标，在外框中绘制表格的行线，纵向拖动鼠标，在外框内绘制表格的列线即可，如图 6-8 所示。

图 6-6

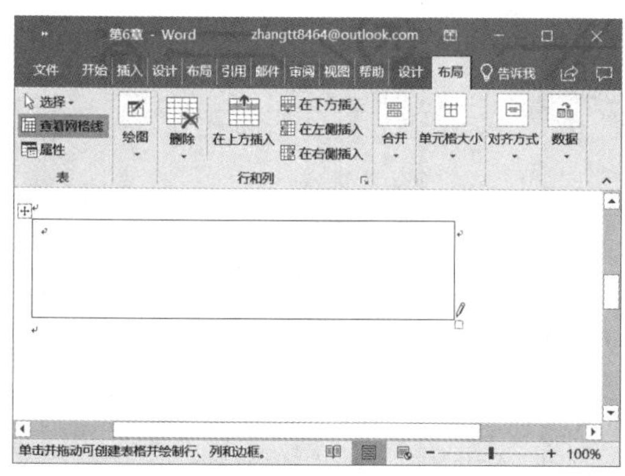

图 6-7

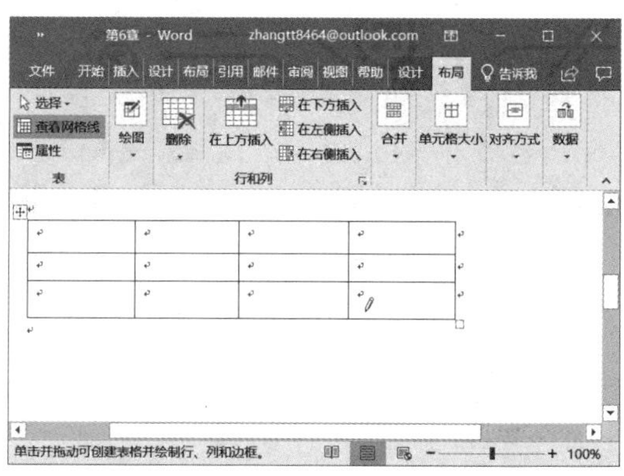

图 6-8

步骤 4：表格绘制完成后，在单元格内输入文本内容，即可完成表格的制作，如图 6-9 所示。

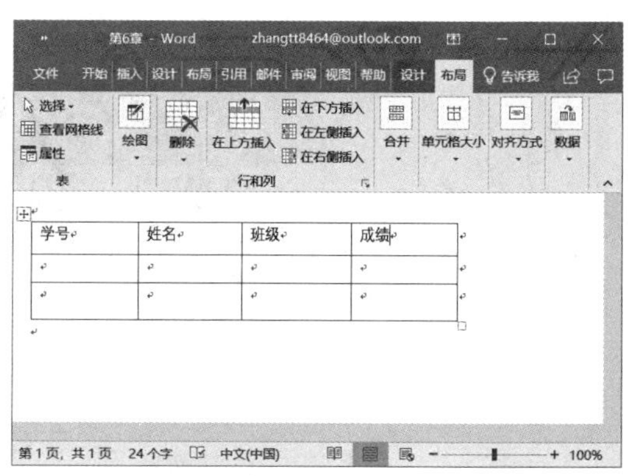

图 6-9

6.1.4 将文本转换为表格

Word 文档中，用户可以很容易地将文字转换成表格。首先使用分隔符号将文本合理分隔。Word 能够识别常见的分隔符有段落标记（用于创建表格行）、制表符和逗号（用于创建表格列）。例如，对于只有段落标记的多个文本段落，Word 可以将其转换成单列多行的表格；而对于同一个文本段落中含有多个制表符或逗号的文本，Word 可以将其转换成单行多列的表格；包括多个段落、多个分隔符的文本则可以转换成多行多列的表格。下面介绍将文本转换为表格的具体步骤。

步骤 1：打开 Word 文档，创建需要转换为表格的文本，按 Tab 键以制表符分隔文字。然后拖动鼠标选中这些文字，切换至“插入”选项卡，单击“表格”组内的“表格”下拉按钮，在展开的菜单列表内单击“文本转换成表格”按钮，如图 6-10 所示。

步骤 2：打开“将文字转换成表格”对话框，在“文字分隔位置”窗格内单击选中“制表符”前的单选按钮，然后在“表格尺寸”窗格内的“列数”增量框内输入数字设置列数。完成设置后单击“确定”按钮，如图 6-11 所示。

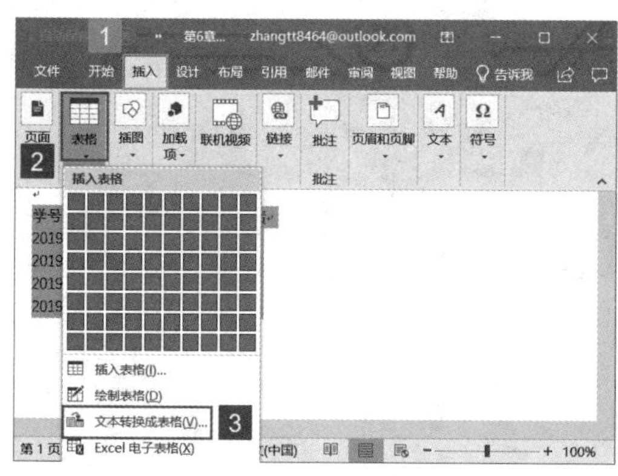

图 6-10

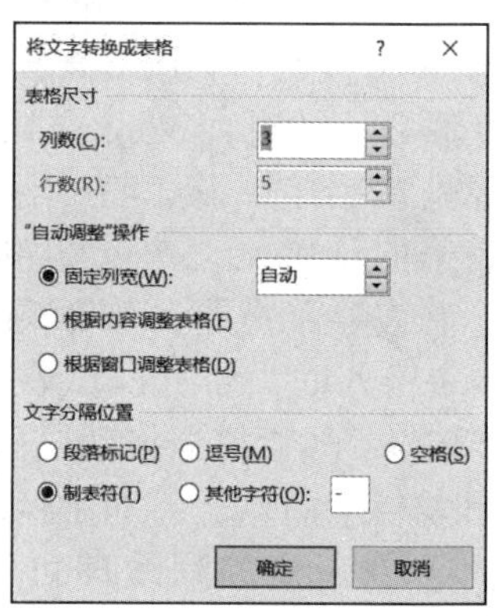

图 6-11

步骤 3：返回 Word 文档，即可看到选中的文字将按照设置的表格尺寸进行排列，如图 6-12 所示。

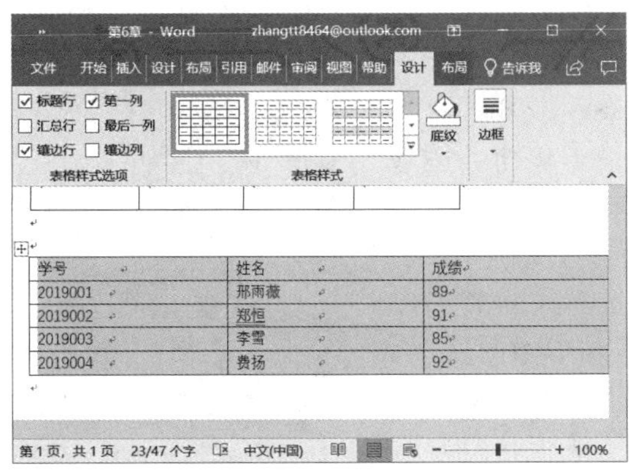

图 6-12

6.2 调整表格布局与样式

在 Word 中插入表格并添加数据后，适当地对表格布局做一些调整，可以使表格中的数据内容和表格能更好地结合在一起，还可以使用表格样式使表格更美观。

6.2.1 单元格的插入与删除

表格创建完成后，往往需要对表格进行编辑修改，如在表格的任意位置插入或删除单元格。Word 2019 中，在表格中插入或删除表格一般使用右击鼠标后弹出的快捷菜单中的命令。下面将对在表格中添加或删除单元格的操作方法进行介绍。

步骤 1：插入单元格。打开 Word 文档，在表格内需要编辑修改的单元格中右键单击，在弹出的快捷菜单中单击“插入”按钮，然后在弹出的子菜单列表内单击“插入单元格”按钮，如图 6-13 所示。

步骤 2：弹出“插入单元格”对话框，在对话框内单击选中相应的单元格插入方式按钮，例如“活动单元格下移”。完成设置后单击“确定”按钮，如图 6-14 所示。

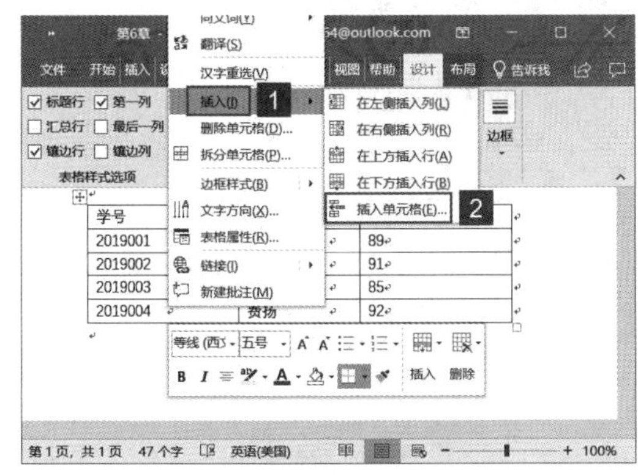

图 6-13

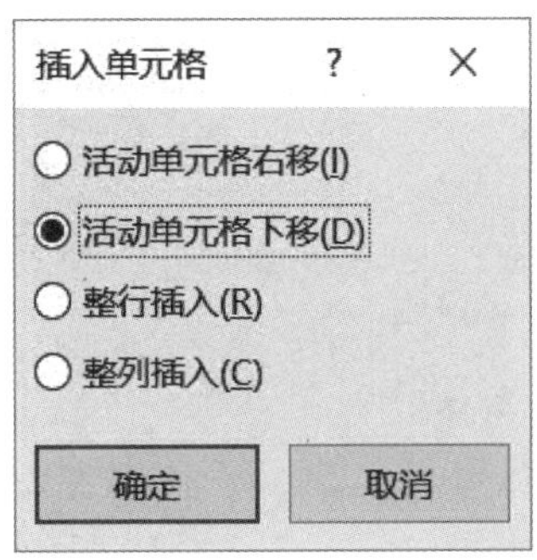

图 6-14

步骤 3：返回 Word 文档，即可看到当前单元格下移，在上方添加了一个空白单元格，如图 6-15 所示。

技巧点拨：在“插入单元格”对话框内，单击选中“活动单元格右移”单选按钮，插入单元格后，插入点光标所在单元格右移。单击选中“活动单元格下移”单选按钮，插入单元格后，插入点光标所在单元格下移。单击选中“整行插入”单选按钮将插入一个新行，插入点光标所在行将下移。单击选中“整列插入”单选按钮将插入一个新列，插入点光标所在的列将右移。

图 6-15

步骤 4：删除单元格。右键单击需要删除的单元格，在弹出的快捷菜单内单击“删除单元格”按钮，如图 6-16 所示。

步骤 5：打开“删除单元格”对话框，在对话框内单击选中相应的单元格删除方式按钮，例如“下方单元格上移”。完成设置后单击“确定”按钮，如图 6-17 所示。

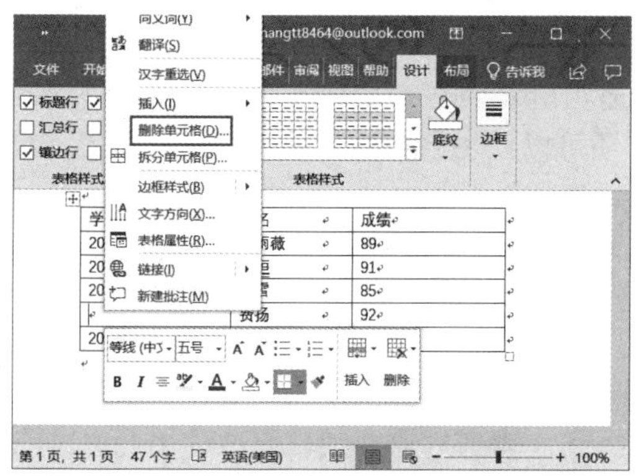

图 6-16

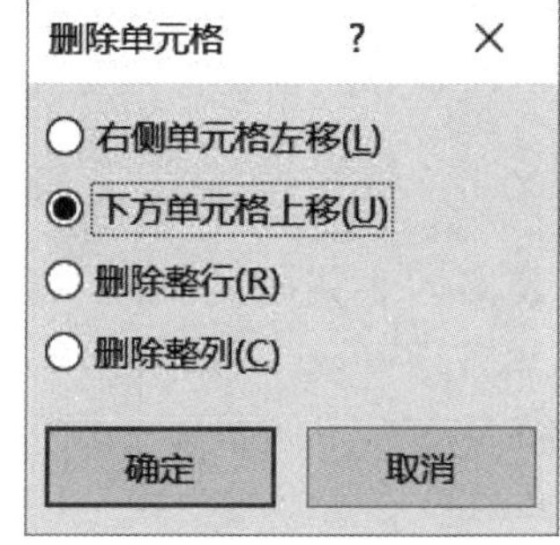

图 6-17

步骤 6：返回 Word 文档，即可看到当前单元格被删除，如图 6-18 所示。

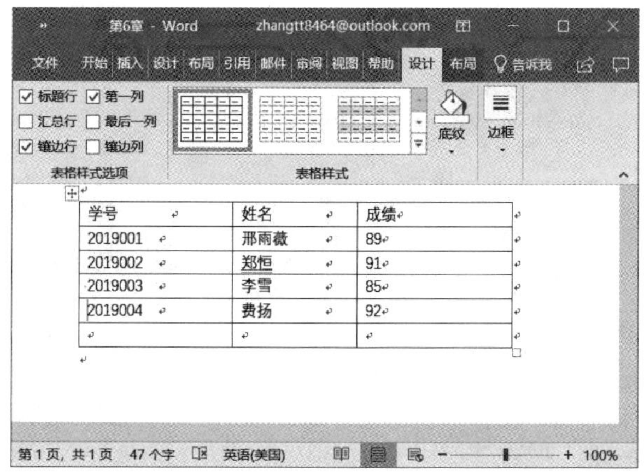

图 6-18

6.2.2 单元格的多行或多列插入

在文档中对表格进行编辑时，经常需要添加行或列。要在表格中一次插入多行或多列，可以使用下面介绍的方法来进行操作。

方法一：

步骤 1：在表格中选择多行或多列单元格，例如这里选择 1 列单元格。然后切换至“布局”选项卡，在“行和列”组内单击“在右侧插入”按钮，如图 6-19 所示。

步骤 2：此时即可看到当前单元格右侧已插入 1 列单元格，如图 6-20 所示。

图 6-19

图 6-20

方法二：

步骤 1：在表格中选择多行或多列，例如这里选择一列单元格。然后切换至“开始”选项卡，在“剪贴板”组内单击“复制”按钮，或者按“Ctrl+C”快捷键，如图 6-21 所示。

步骤 2：将光标定位至表格首行的某个单元格内，单击“粘贴”按钮，或者按“Ctrl+V”快捷键，如图 6-22 所示。

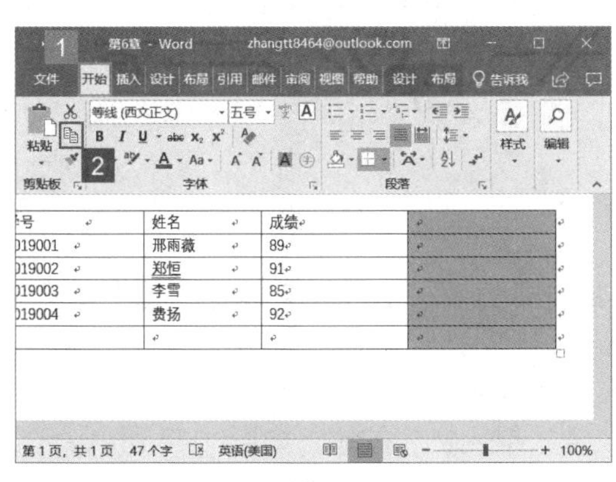

图 6-21

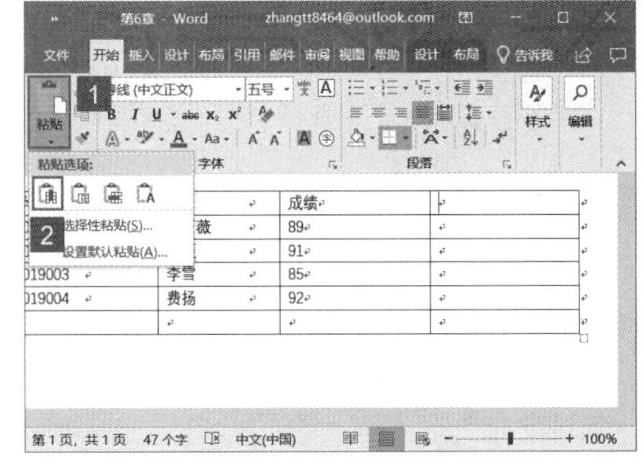

图 6-22

步骤 3：此时即可看到当前单元格右侧已插入一列单元格，如图 6-23 所示。

技巧点拨：在表格中选择多行或多列，按“Ctrl”键拖动鼠标将选择的行或列拖放到需要的位置，也可以实现同时插入多行或多列。另外，将光标定位至某行右侧框线之外的回车符前，按“Enter”键，即可在该位置之后插入一个新的空白行。

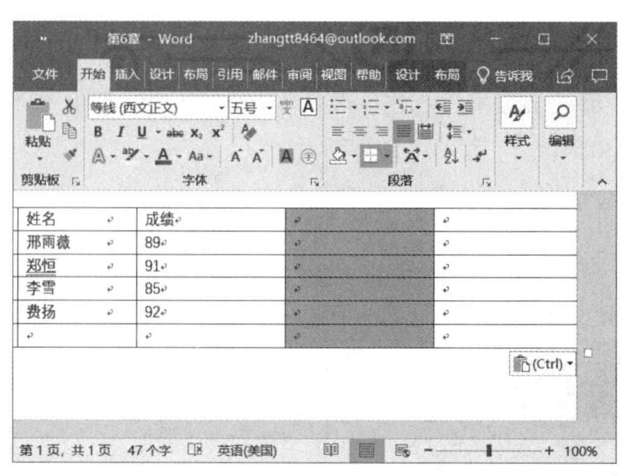

图 6-23

方法三：

步骤 1：将光标定位至某列单元格的左上角，鼠标单击此时出现的按钮即可在该列左侧插入一列，如图 6-24 所示。

步骤 2：将光标定位至某行单元格的左上角，鼠标单击此时出现的按钮即可在该行上方插入一行，如图 6-25 所示。

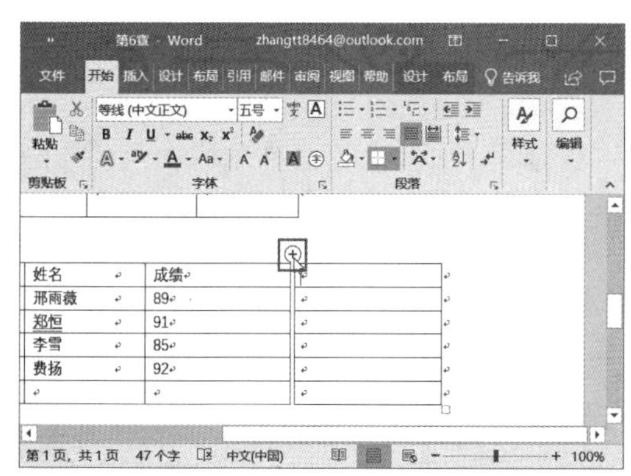

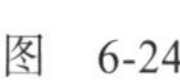

图 6-24

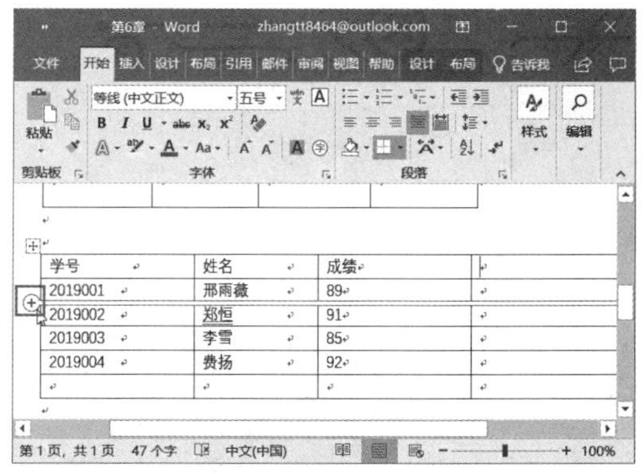

图 6-25

6.2.3 单元格的合并与拆分

表格创建完成后，需要修改多次才能达到想要的效果，合并与拆分单元格是常用的操作。下面介绍合并与拆分单元格的具体步骤。

步骤 1：合并单元格。打开 Word 文档，在表格中选择需要合并的单元格，然后切换至“布局”选项卡，在“合并”组内单击“合并单元格”按钮，如图 6-26 所示。

步骤 2：此时即可看到选中的单元格被合并为一个单元格，如图 6-27 所示。

步骤 3：拆分单元格。在表格中选择需要拆分的单元格，然后切换至“布局”选项卡，在“合并”组内单击“拆分单元格”按钮，如图 6-28 所示。

步骤 4：弹出“拆分单元格”对话框，在“列数”、“行数”右侧的增量框内可以设置拆分后的单元格样式，然后单击“确定”按钮，如图 6-29 所示。

步骤 5：返回 Word 文档，即可看到选中的单元格按设置的拆分类型完成拆分，效果如图 6-30 所示。

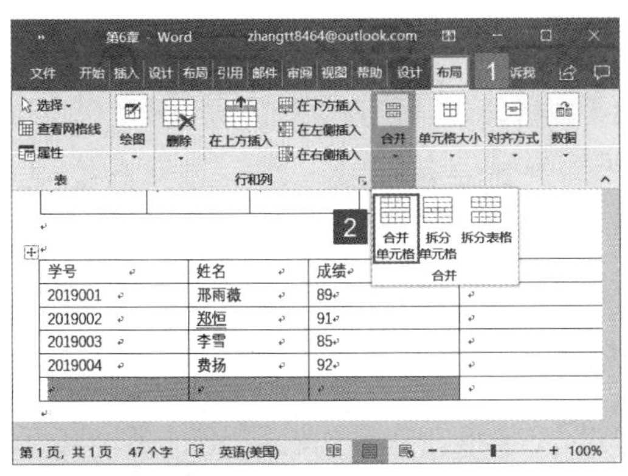

图 6-26

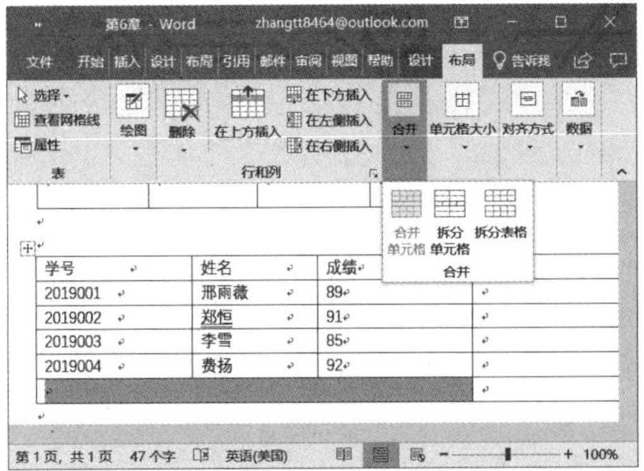

图 6-27

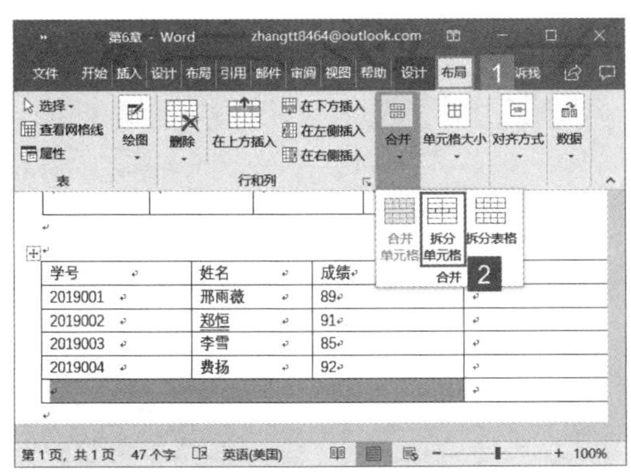

图 6-28

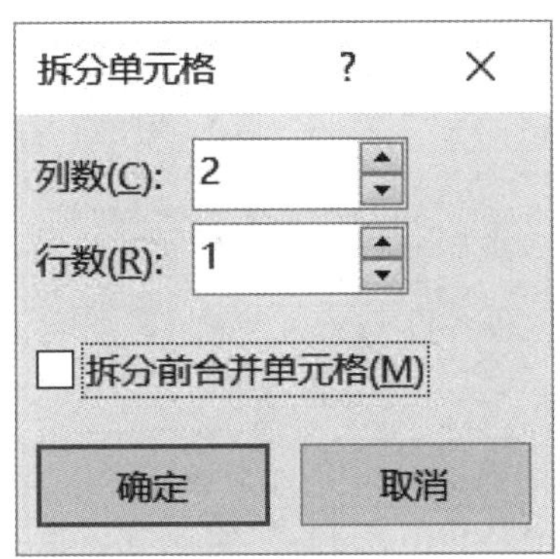

图 6-29

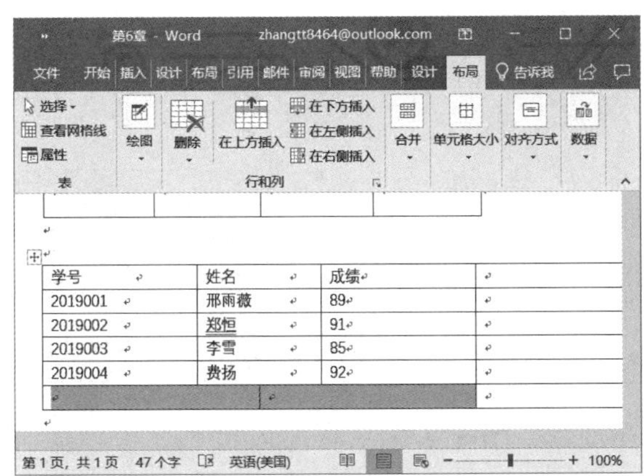

图 6-30

技巧点拨：

合并单元格时，如果单元格中没有内容，则合并后的单元格中只有一个段落标记；如果合并前每个单元格中都有文本内容，则合并这些单元格后，原来单元格中的文本将各自成为一个段落。

拆分单元格时，如果拆分前单元格中只有一个段落，则拆分后文本将出现在第一个单元格中；如果有多个段落，拆分后将依次放置在其他单元格中；若段落超过拆分单元格的数量，则优先从第一个单元格开始放置多余的段落。

6.2.4 表格的拆分

拆分表格，是将一个表格分为两个或更多表格的过程。在 Word 2019 中，表格拆分的方法很多。下面介绍两种比较常用的拆分方法。

方法一：

步骤 1：打开 Word 文档，将光标定位至需要拆分的行所在的单元格中，然后切换至“布局”选项卡，在“合并”组内单击“拆分表格”按钮，如图 6-31 所示。

步骤 2：此时即可看到表格已被拆分为两个，如图 6-32 所示。

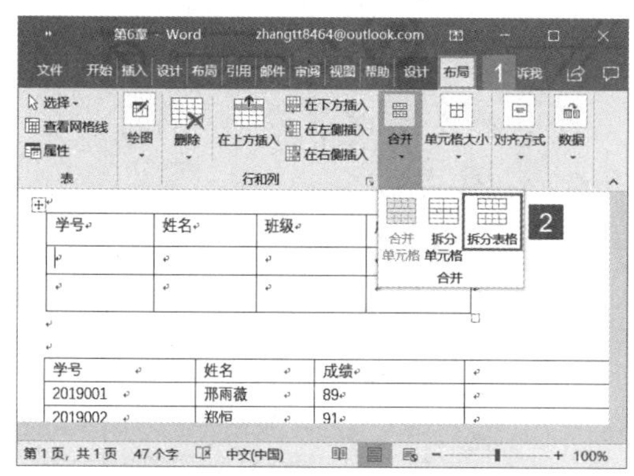

图 6-31

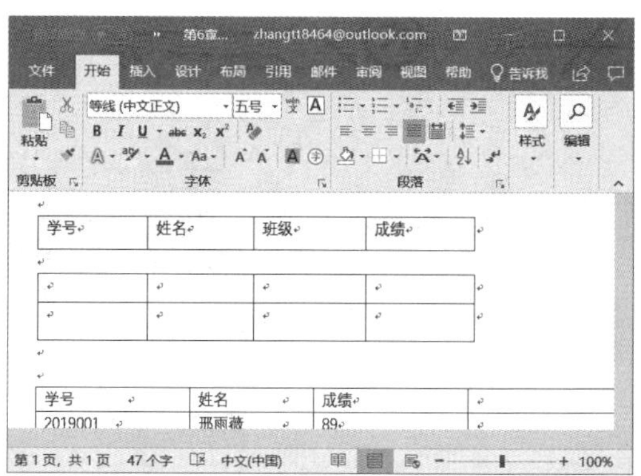

图 6-32

技巧点拨：将光标定位至单元格中，按“Ctrl+Shift+Enter”键也可将工作表拆分。

方法二：

打开 Word 文档，在表格中选中单元格区域，按住鼠标左键拖动选择的单元格到表格下方的回车符处，释放鼠标，即可将选择的单元格作为单独的表格拆分出来，如图 6-33 所示。

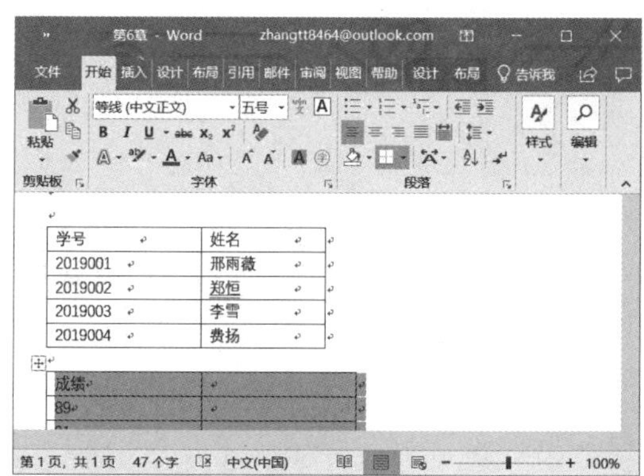

图 6-33

技巧点拨：鼠标单击表格左上角的按钮⊞，按住“Ctrl”键拖动该按钮到文档其他位置释放鼠标，则可以复制整个工作表和工作表中的数据。

6.2.5 设置单元格内文字的对齐方式与方向

在表格中完成对单元格的设置后，还需要对单元格中的文字进行设置，设置文字的方式包括设置文字的对齐方式和设置文字的方向等。下面来介绍具体设置步骤。

步骤 1：设置单元格内文字的对齐方式。打开 Word 文档，选中整个表格，切换至“布局”选项卡，在“对齐方式”组内单击“水平居中”按钮，如图 6-34 所示。

步骤 2：此时即可看到表格内的文字都放在相应单元格的水平居中位置上，如图 6-35 所示。

步骤 3：设置单元格内文字的方向。选中标题所在的单元格区域，切换至“布局”选项卡，在“对齐方式”组内单击“文字方向”按钮，如图 6-36 所示。

步骤 4：此时即可看到表格内的文字方向由横向变为竖向，并默认增加了单元格的行高，如图 6-37 所示。

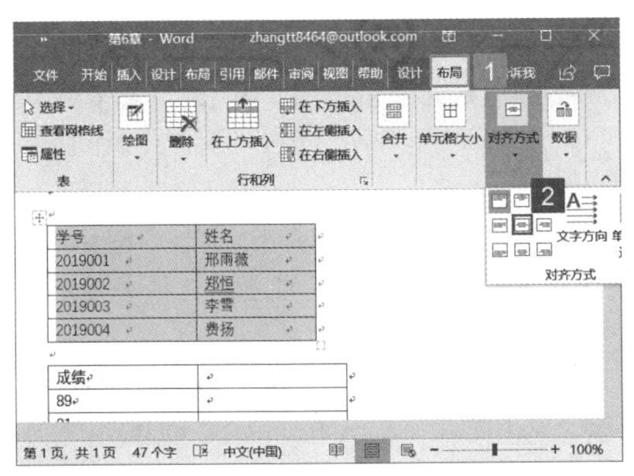

图 6-34

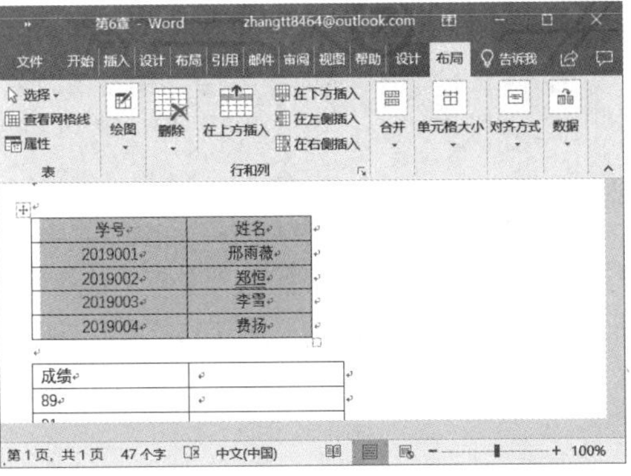

图 6-35

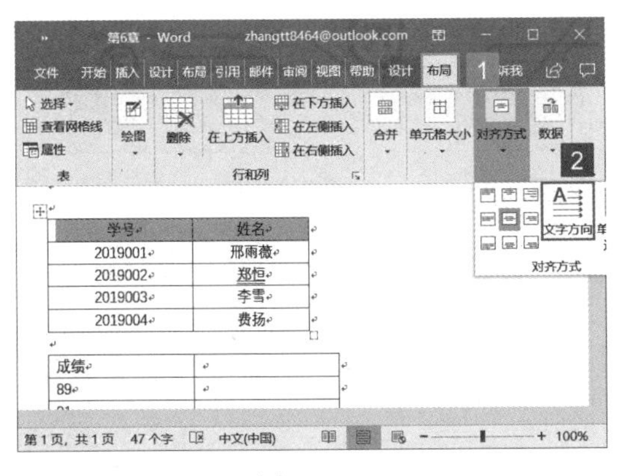

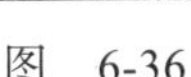

图 6-36

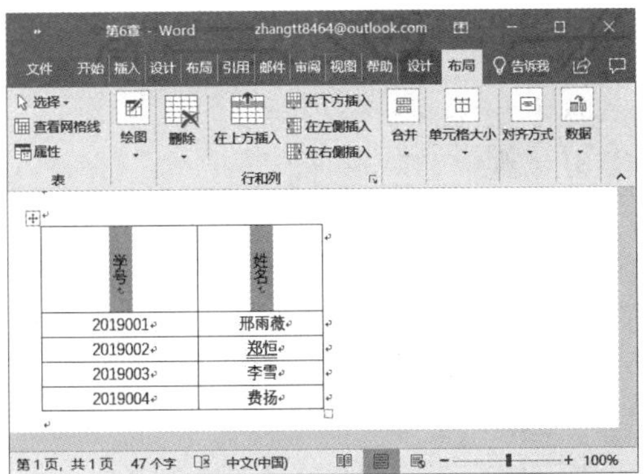

图 6-37

6.2.6 套用表格样式

用户可以利用 Word 中自带的表格样式给表格更改色彩，比如给表格字体、表格边框线、底纹等格式进行更改，下面来介绍一下给 Word 表格自动套用格式的操作方法。

步骤 1：打开 Word 文档，选中表格，切换至“设计”选项卡，单击“表格样式”组内的其他按钮，然后在展开的样式库内选择“网格表 4- 着色 2”样式，如图 6-38 所示。

步骤 2：此时即可看到表格套用了默认的样式，效果如图 6-39 所示。

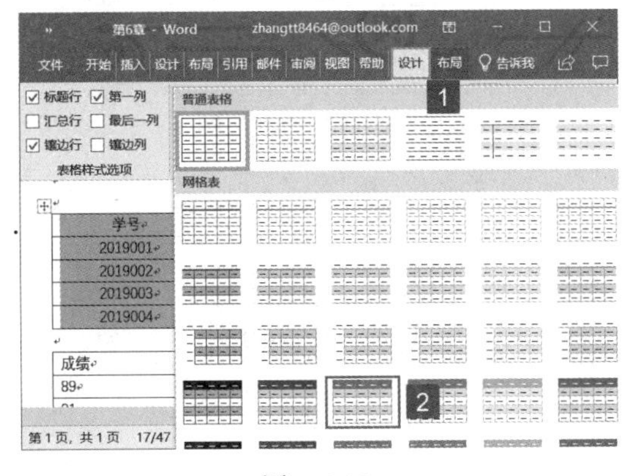

图 6-38

图 6-39

6.2.7 新建表格样式

如果用户对 Word 中默认的表格样式不满意，可以根据自身需要新建表格样式，自定义表格中字体、表格边框和底纹等内容。下面来介绍新建表格样式的步骤。

步骤 1：打开 Word 文档，选中表格，切换至“设计”选项卡，单击“表格样式”组内的其他按钮，然后在展开的菜单列表内单击“新建表格样式”按钮，如图 6-40 所示。

步骤 2：弹出“根据格式化创建新样式”对话框，在“名称”文本框内输入“样式 2”，将字体颜色设置为“浅蓝”，将填充颜色设置为“金色，个性色 4，淡色 80%”，设置完成后单击“确定”按钮，如图 6-41 所示。

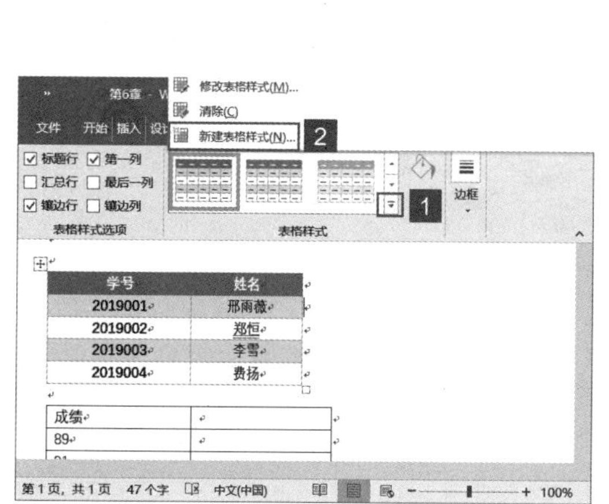

图 6-40

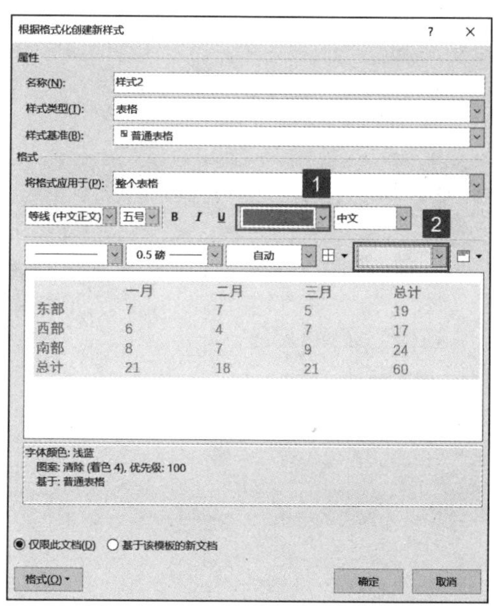

图 6-41

步骤 3：返回 Word 文档，即可在样式库内看到新添加的自定义样式。选中表格后，单击该样式，如图 6-42 所示。

步骤 4：此时即可看到为表格应用了新建的样式，如图 6-43 所示。

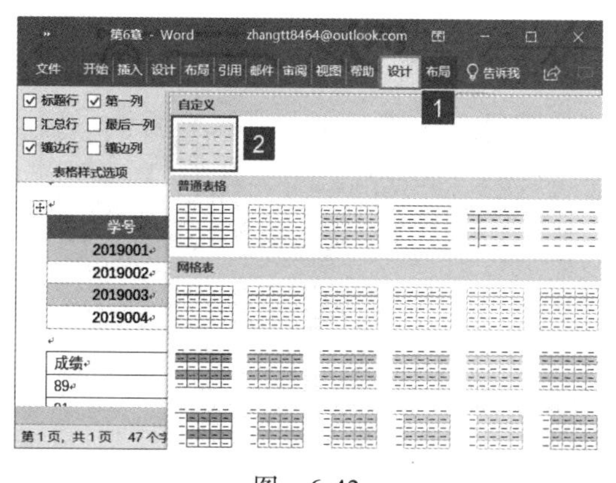

图 6-42

图 6-43

技巧点拨：应用了新建表格样式后，如果对新建的样式不满意，可以选中该样式，在“表格样式”组内单击其他按钮，然后在弹出的快捷菜单内单击“修改表格样式”按钮，如图 6-44 所示。即可打开“修改样式”对话框，对样式进行重设。

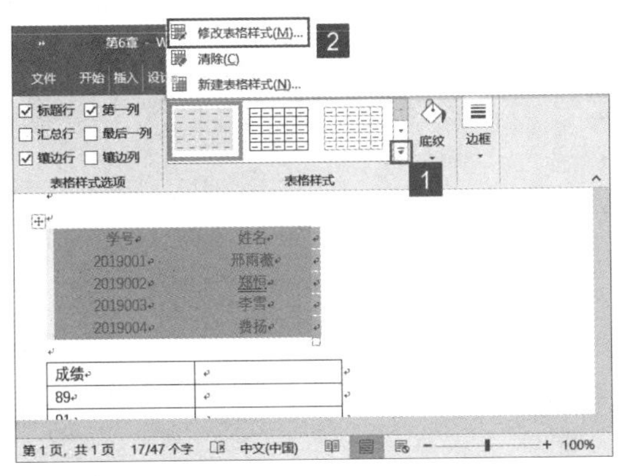

图 6-44

6.3 表格的高级应用

Word 中的表格并没有 Excel 工作表那么强大的数据处理能力，但用户同样可以制作非常专业的表格，例如制作斜线表头、对表格数据进行排序、对表格数据进行计算等，本节将对这部分内容进行介绍。

6.3.1 制作斜线表头

在日常工作中，很多专业的表格都需要设计斜线表头，在 Word 2019 中用户可以轻松实现这一功能，具体的操作步骤如下。

步骤 1：打开 Word 文档，选中需要设置斜线表头的单元格，切换至“设计”选项卡，在“边框”组内单击“边框”下拉按钮，然后在展开的菜单列表内单击“绘制表格”按钮，如图 6-45 所示。

步骤 2：此时鼠标指针呈笔状，按住鼠标左键不放，拖动鼠标即可绘制斜线表头，如图 6-46 所示。

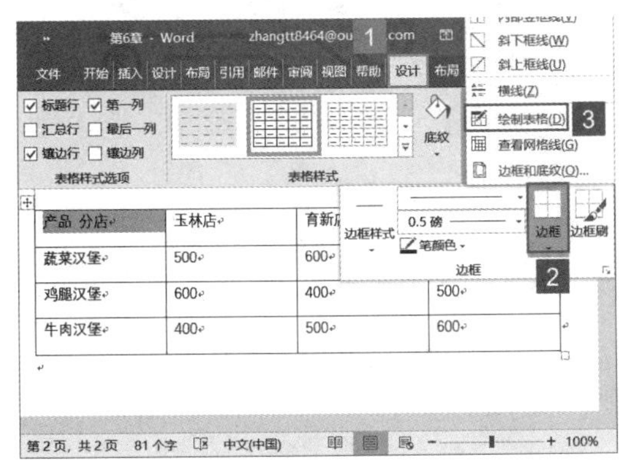

图 6-45

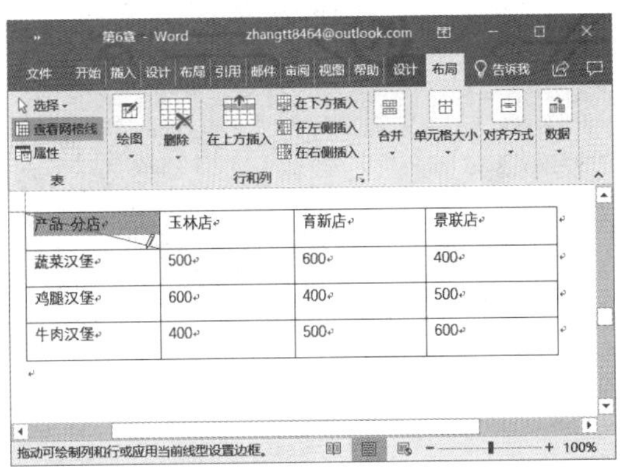

图 6-46

步骤 3：释放鼠标，通过空格键调整文本的位置，即可完成斜线表头的制作，如图 6-47 所示。

步骤 4：除了可以手动绘制斜线表头，用户还可以通过以下方法进行制作。打开 Word 文档，选中需要设置斜线表头的单元格，切换至“设计”选项卡，在“边框”组内单击“边框”下拉按钮，然后在展开的菜单列表内单击“边框和底纹”按钮，如图 6-48 所示。

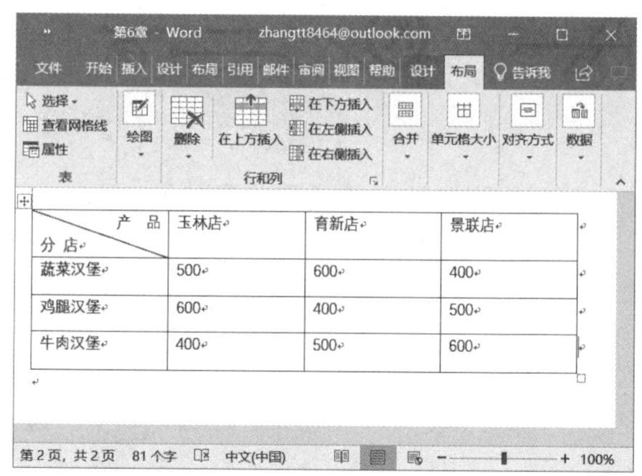

图 6-47

步骤 5：弹出“边框和底纹”对话框，切换至“边框”选项卡，在“预览”窗格内单击“左上－右下”斜线按钮，然后单击“确定”按钮，如图 6-49 所示。

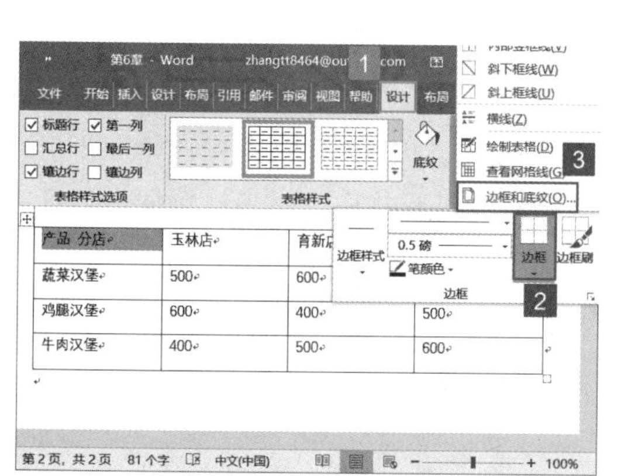

图 6-48

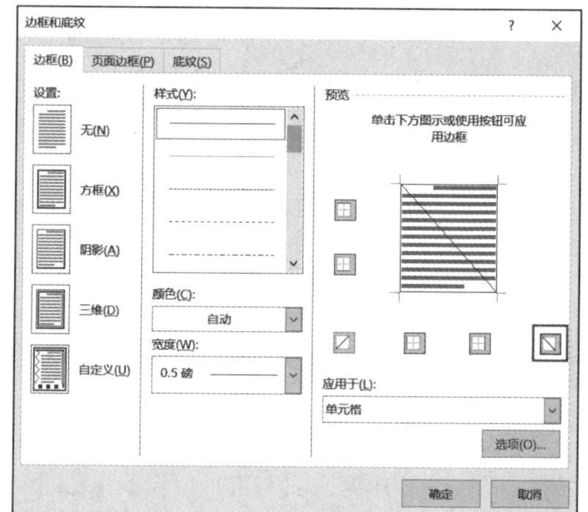

图 6-49

步骤 6：返回 Word 文档，即可看到选中单元格内已添加斜线，如图 6-50 所示。

步骤 7：通过空格键调整文本的位置，即可完成斜线表头的制作，如图 6-51 所示。

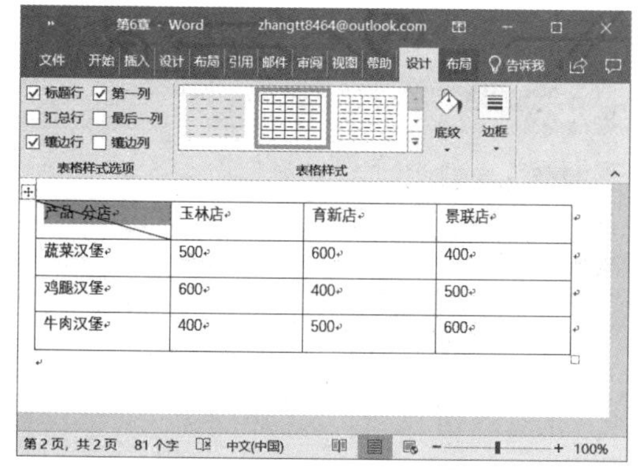

图 6-50

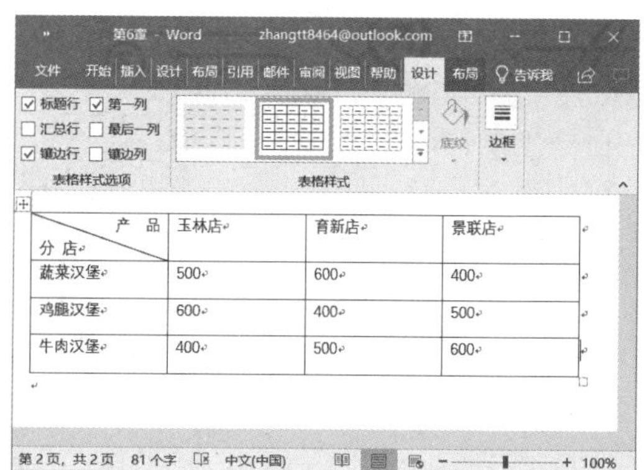

图 6-51

6.3.2 对表格数据进行排序

在 Word 表格中，可以以某列为标准对表格数据进行排序操作。下面介绍具体的操作方法。

步骤 1：打开 Word 文档，选中表格，切换至“布局”选项卡，在“数据”组内单击“排序”按钮，如图 6-52 所示。

步骤 2：弹出“排序”对话框，单击“主要关键字”下拉列表选择排序关键字，然后单击选中“降序”前的单选按钮以降序排列数据，设置完成后单击“确定”按钮，如图 6-53 所示。

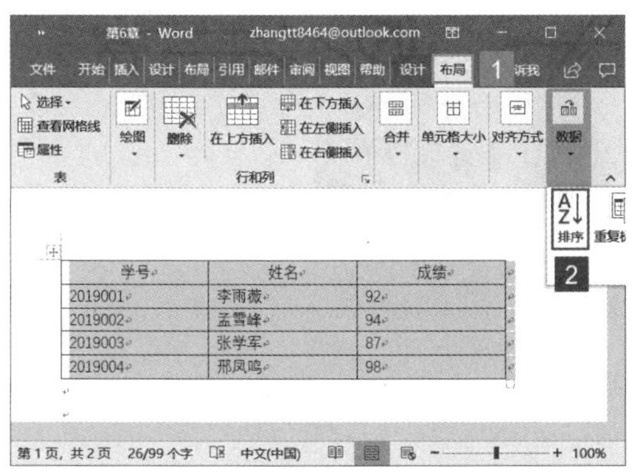

图 6-52

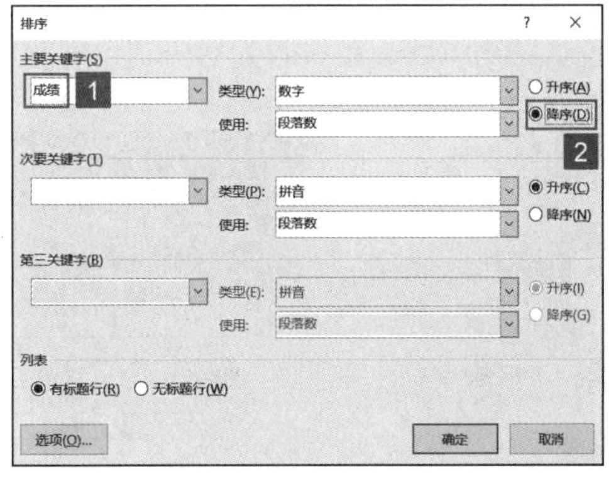

图 6-53

步骤 3：返回 Word 文档，即可看到表格内容已按照设置的主要关键字数据大小以降序排列，如图 6-54 所示。

技巧点拨：在排序时，如果主要关键字有并列项目时，可以指定次要关键字和第三关键字。

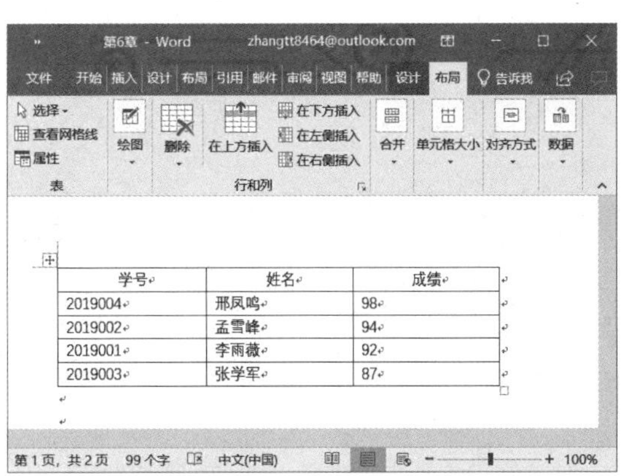

图 6-54

6.3.3 对表格数据进行计算

在 Word 2019 中，同样可以对表格中的数据进行计算，如对数据求和、统计次数以及求平均数等。对数据的计算，可以通过 Word 提供的计算函数来实现，下面以使用 AVERAGE 函数来对数据求平均数为例介绍对数据进行计算的方法。

步骤 1：打开 Word 文档，选中需要输入平均值的单元格，切换至“布局”选项卡，在“数据”组内单击“公式”按钮，如图 6-55 所示。

步骤 2：弹出“公式”对话框，单击“粘贴函数”下拉按钮选择需要使用的公式，即可将公式粘贴至“公式”文本框内，然后单击“编号格式”下拉按钮设置公式结果的显示格式。公式文本框内的 ABOVE 表示对当前单元格以上的数据进行计算，完成公式的设置后，单击“确定”按钮，如图 6-56 所示。

步骤 3：返回 Word 文档，即可看到计算结果已显示在单元格内，如图 6-57 所示。

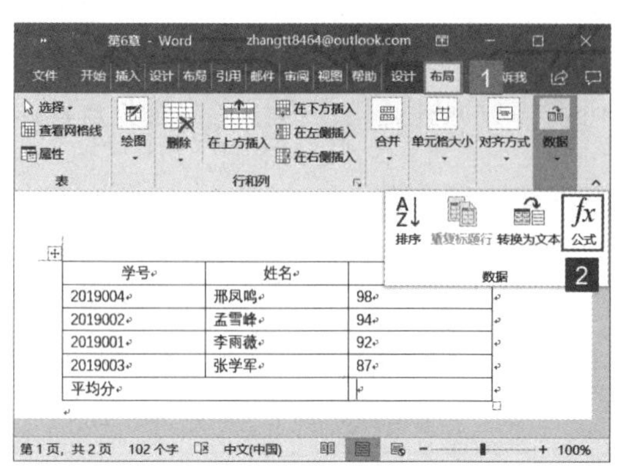

图 6-55

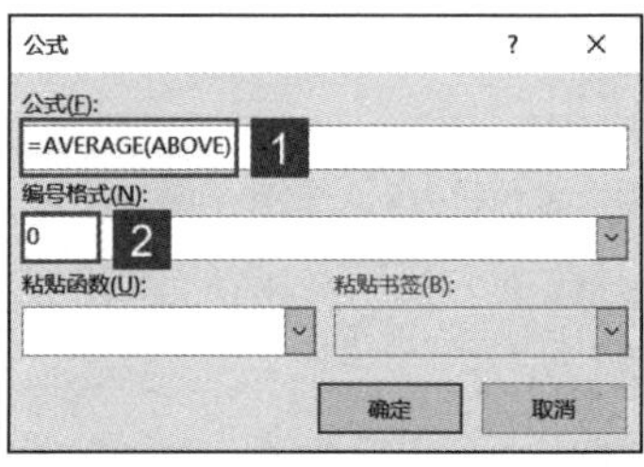

图 6-56

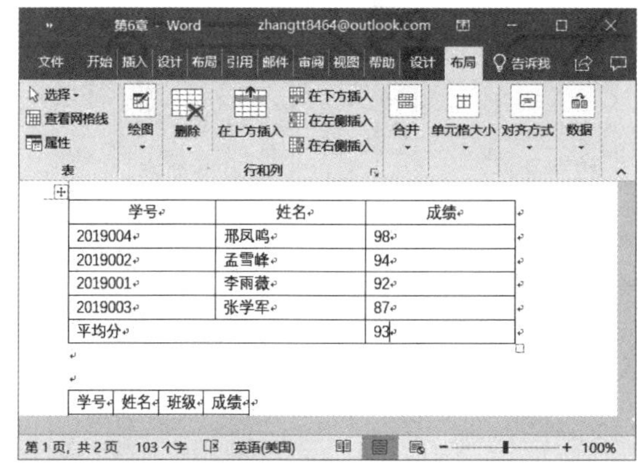

图 6-57

6.4 Word 的图表编辑

利用图表直观地呈现数据，不仅仅只是数据的一种形象描述，更重要的是可以一目了然地观察到数据之间的数量关系、总体的结构特征以及发展变化的趋势，是进行数据分析和问题研究的一种重要方法。

6.4.1 插入图表

用户可以对插入图表的类型进行选择，常用的图表类型包括折线图、柱形图、条形图、饼图等。插入图表后需要在自动打开的 Excel 工作表中编辑图表数据，方能完成图表的制作。

步骤 1：打开 Word 文档，将光标定位至需要插入图表的位置，切换至“插入”选项卡，单击“插图”组内的“图表”按钮，如图 6-58 所示。

步骤 2：弹出“插入图表”对话框，在左侧窗格内选择合适的图表类型，例如“柱形图”，然后在右侧的柱形图选项面板内单击“三维簇状柱形图”图标，如图 6-59 所示。

步骤 3：单击“确定”按钮，返回 Word 文档，即可看到文档中插入了一个默认的图表，并且系统自动打开一个 Excel 工作表，显示当前图表的数据，如图 6-50 所示。

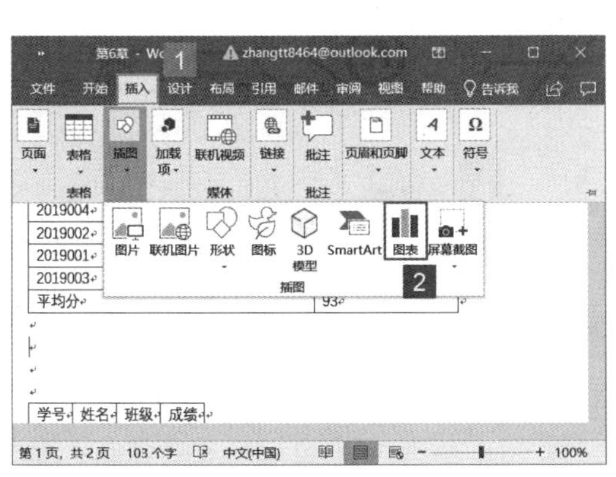

图 6-58

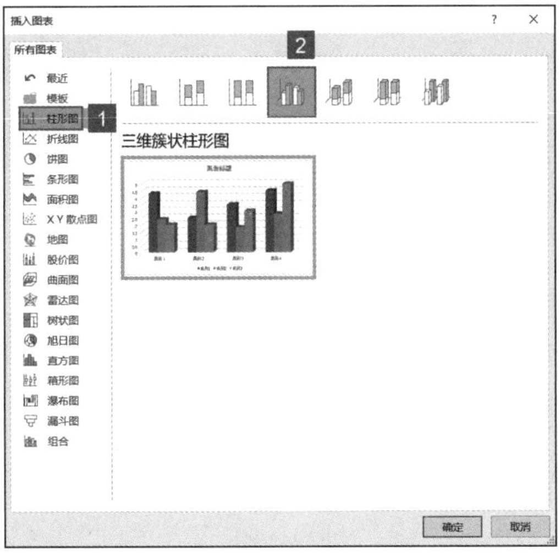

图 6-59

步骤 4： 用户可以根据需要在工作表内编辑图表数据，如图 6-61 所示。如要调整数据区域，可以拖动区域的右下角。

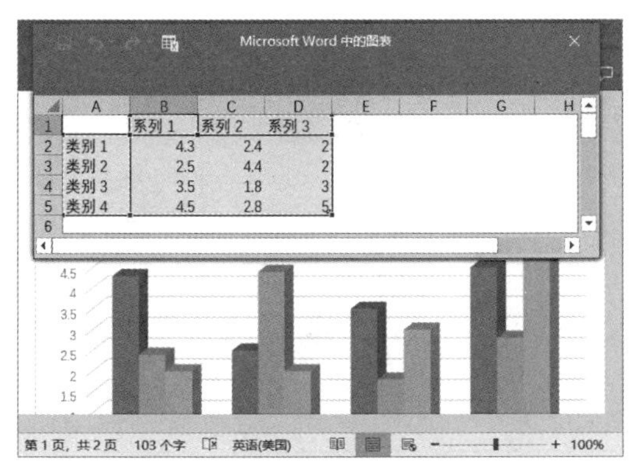

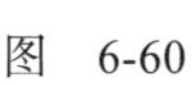

图 6-60

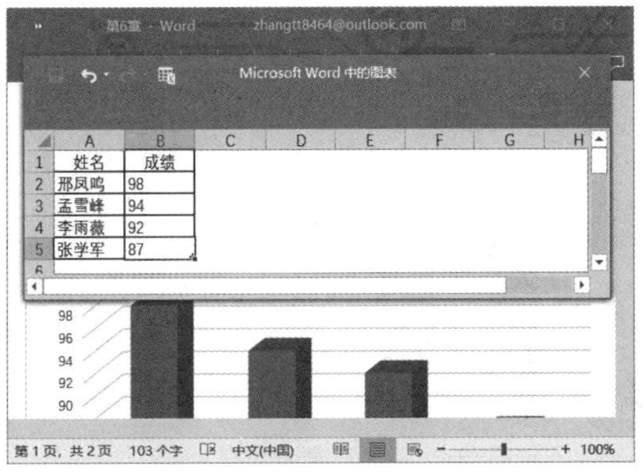

图 6-61

步骤 5： 完成编辑后单击“关闭”按钮，返回至 Word 文档，即可看到最终的图表效果，如图 6-62 所示。

6.4.2 设计图表

成功创建一个图表后，用户可以根据自身需要对图表进行设置，使图表更加美观，包括改变图表布局、套用图表样式、设置图表中的文字格式、设置图表的大小和位置等操作。

步骤 1： 打开 Word 文档，选中图表，切换至“设计”选项卡，在“图表布局”组内选择合适的图表布局，例如此处

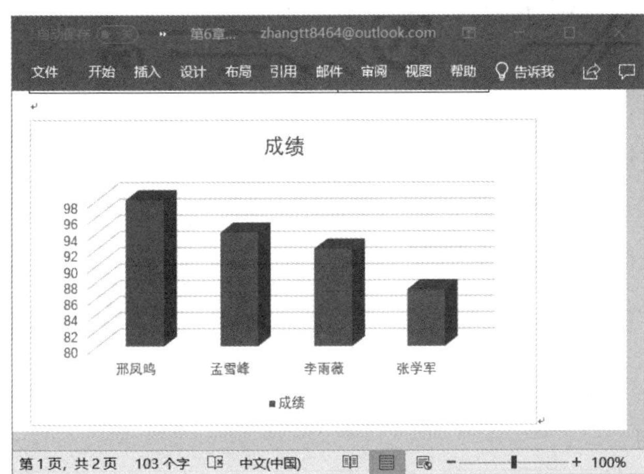

图 6-62

选择“样式 8”，如图 6-63 所示。

步骤 2：此时即可看到新样式下图表的显示效果，如图 6-64 所示。

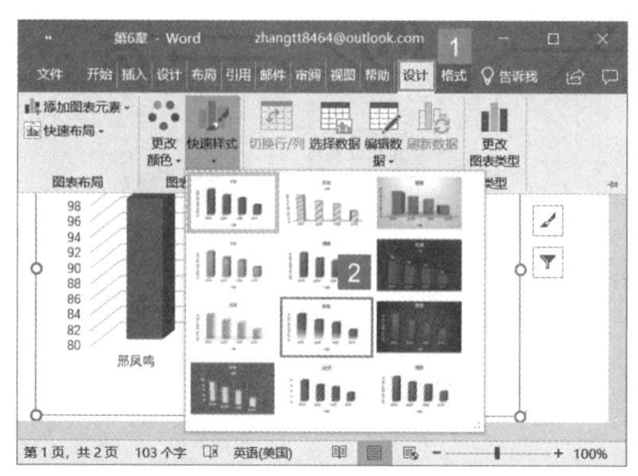

图 6-63

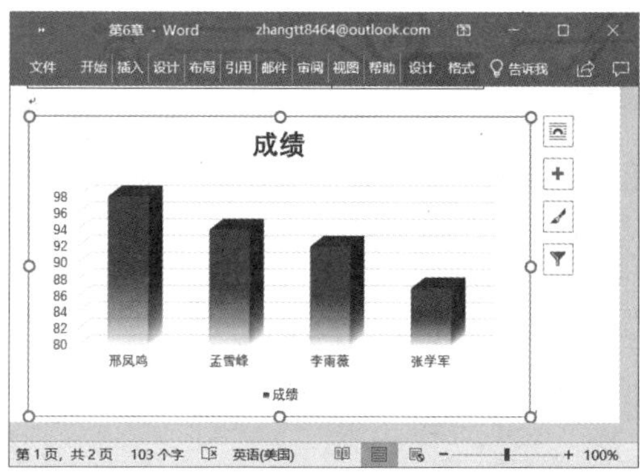

图 6-64

步骤 3：选中图表，切换至“格式”选项卡，在“艺术字样式”组单击“文本效果”下拉按钮，在展开的效果样式库内选择“映像”按钮，然后在展开的映像样式列表内单击“半映像，接触”选项，如图 6-65 所示。

步骤 4：此时即可看到图表内字体的艺术效果，如图 6-66 所示。

图 6-65

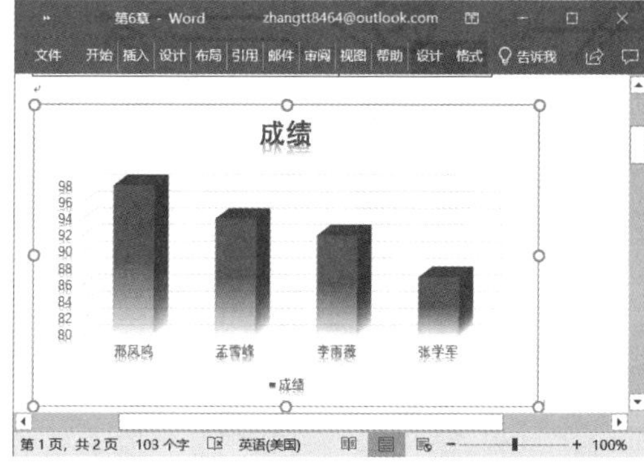

图 6-66

第7章 文档页面的美化和规范

一篇图文相间的文档制作好之后，为了使文档更加专业，可以为文档添加页眉、页脚、页码等。为了使文档更加精美，还可以对文档的背景进行设置，或者使用模板创建特殊版式的文档，例如创建书法字帖、封面、名片等。

- 文档的页面设置
- 文档的页面背景设置
- 添加页眉与页脚
- 页码的添加
- 分栏显示文档内容
- 分页、分栏与分节
- 特殊版式文档的创建

7.1 文档的页面设置

为了使文档版面整洁、便于阅读，在编辑完文档后需要对其页面进行设置。通过对文档进行页面设置，可以改变文档的纸张方向、纸张大小、页边距等，让文档的版式更加美观。

7.1.1 设置页边距

Word 2019 为用户提供了比较常用的几种页边距规格，用户不但可以直接套用，而且还可以通过手工设置的方法来自行定义页边距。

1. 快速套用内置的页边距尺寸

如果要直接套用内置的页边距尺寸，可以使用“页边距”按钮来实现，具体操作步骤如下。

步骤 1：打开 Word 文档，切换至“布局”选项卡，在“页面设置”组内单击“页边距”下拉按钮，即可打开 Word 2019 为用户提供的页边距样式库，此时可以看到当前页边距为常规样式，页面上边距、下边距、左边距和右边距，分别是 2.54 厘米、2.54 厘米、3.18 厘米和 3.18 厘米。然后用户可以根据自身需要选择合适的页边距样式，例如选中“中等”，如图 7-1 所示。

步骤 2：设置完成后的效果如图 7-2 所示。

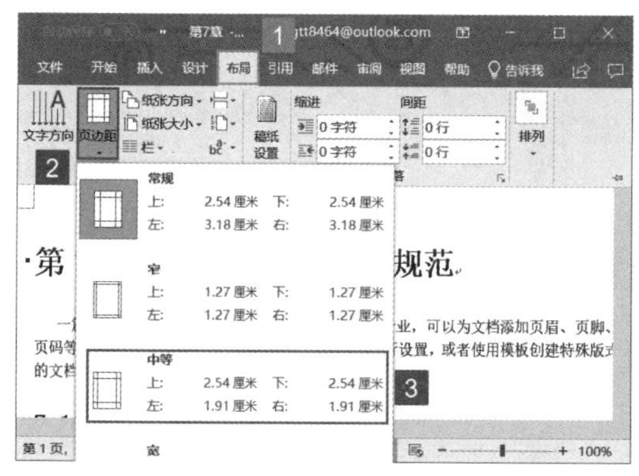

图 7-1

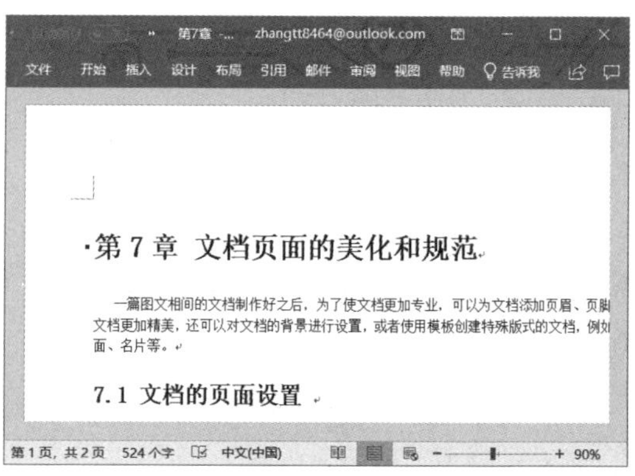

图 7-2

2. 自定义页边距尺寸

如果用户需要自定义页边距尺寸，可以通过下面的操作来实现。

步骤 1：打开 Word 文档，切换至“布局”选项卡，在“页面设置”组内单击“页边距”下拉按钮，然后在展开的菜单列表内单击“自定义页边距”按钮，如图 7-3 所示。

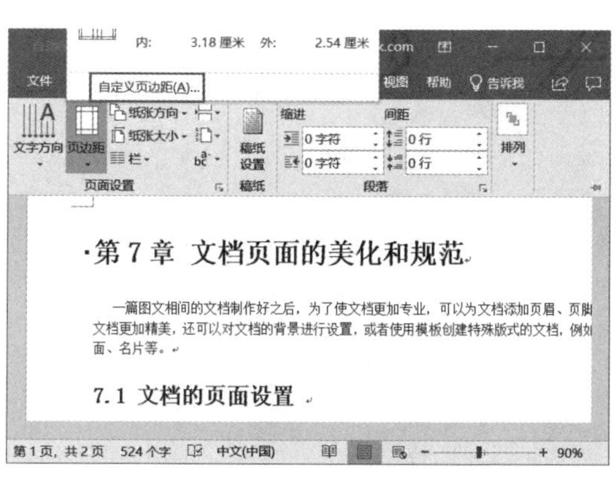

图 7-3

步骤 2：弹出“页面设置”对话框，切换至“页边距”选项卡，在“上”“下”“左”和“右”增量框内，分别设置对应的边距为“2.1 厘米”“2.1 厘米”“2.5 厘米”和“2.5 厘米”，并将“装订线”边距设置为“1.5 厘米”，“装订线位置”设置为“靠左”。设置完成后，单击“确定”按钮，如图 7-4 所示。

步骤 3：返回 Word 文档，即可看到文档已按照自定义的页边距尺寸来设置文档页边距，效果如图 7-5 所示。

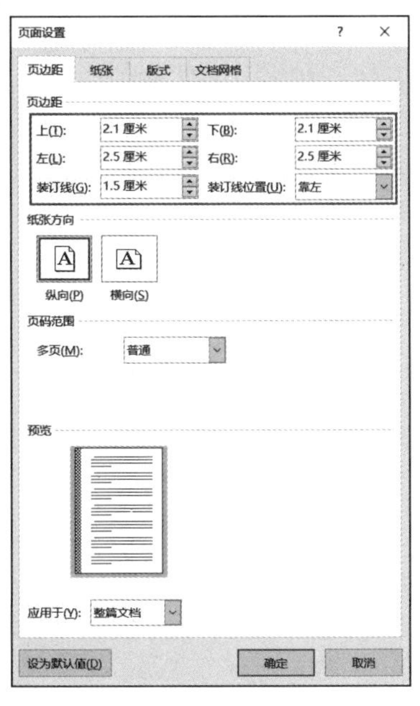

图 7-4

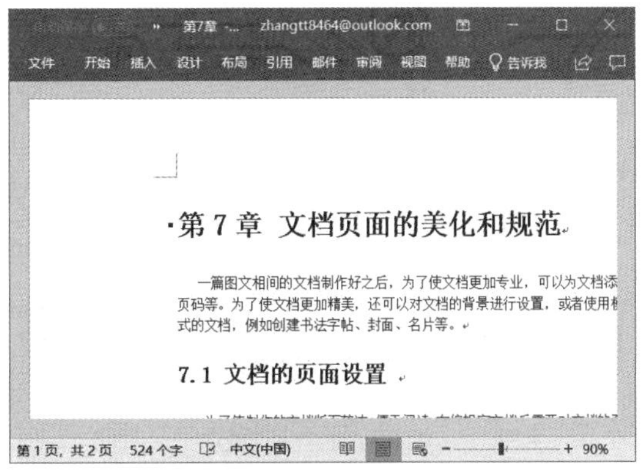

图 7-5

7.1.2 设置纸张大小

纸张的大小型号是多种多样的，一般情况下用户应该根据文档内容的多少或打印机的型号来设置纸张的大小。在 Word 2019 中为用户提供了多种纸张大小样式，用户可以直接套用，或者自行设计纸张大小。

1. 快速套用内置的纸张大小

如果直接套用内置的纸张大小，可以使用“纸张大小”列表来实现，具体操作如下。

步骤 1：打开 Word 文档，切换至“布局”选项卡，在“页面设置”组内单击“纸张大小”下拉按钮，然后在展开的纸张大小列表内选择合适的选项即可，例如此处选择“A5”，如图 7-6 所示。

步骤 2：此时即可看到文档的纸张大小已按 A5 尺寸进行设置，如图 7-7 所示。

2. 自定义纸张大小

如果用户需要自定义纸张大小，可以通过下面的操作来实现。

步骤 1：打开 Word 文档，切换至“布局”选项卡，在“页面设置”组内单击“纸张大小”下拉按钮，然后在展开的菜单列表内单击“其他纸张大小”按钮，如图 7-8 所示。

步骤 2：弹出“页面设置”对话框，单击“纸张大小”窗格内的下拉列表选择“自定义大小”选项，然后在“宽度”和“高度”增量框内设置纸张的宽度和高度。其他保持默认选项不变，然后单击“确定”按钮，如图 7-9 所示。

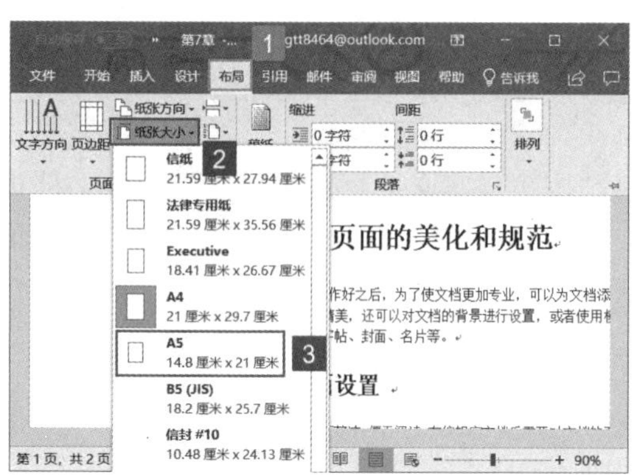

图 7-6

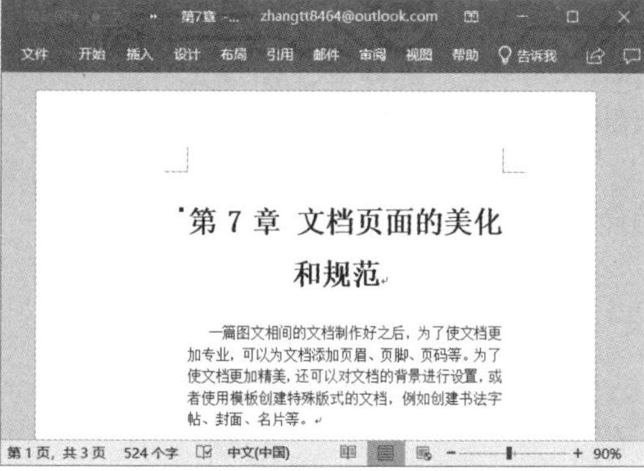

图 7-7

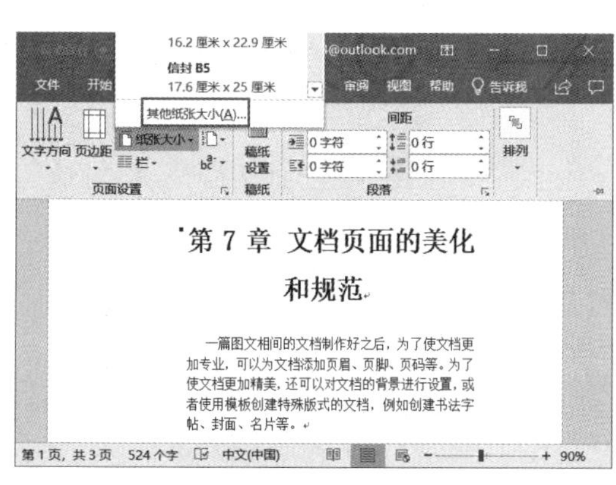

图 7-8

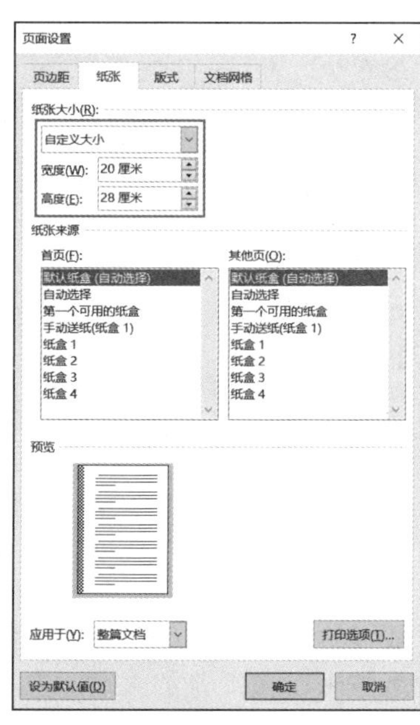

图 7-9

步骤 3：返回 Word 文档，即可看到文档已按自定义纸张大小进行了调整，效果如图 7-10 所示。

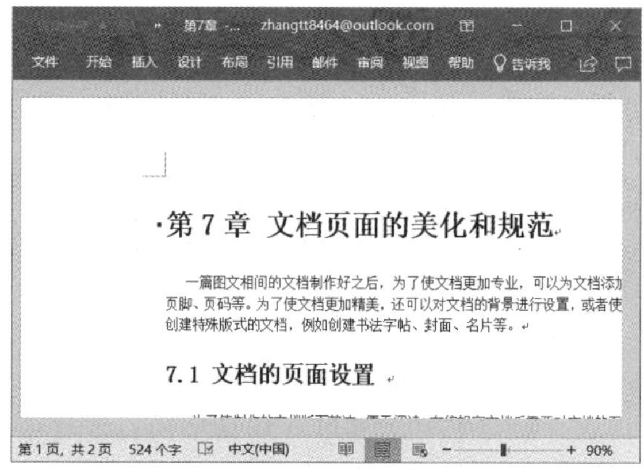

图 7-10

7.1.3 设置纸张方向

如果用户需要设置文档的纸张方向，可以使用“纸张方向”功能来实现，纸张的方向分为横向和纵向，系统默认的纸张方向一般为纵向。设置纸张方向具体实现操作如下。

步骤 1：打开 Word 文档，切换至“布局”选项卡，在“页面设置”组内单击“纸张方向”下拉按钮，然后在展开的方向列表内单击“横向”按钮，如图 7-11 所示。

步骤 2：此时即可看到整篇文档的纸张方向以横向显示，如图 7-12 所示。

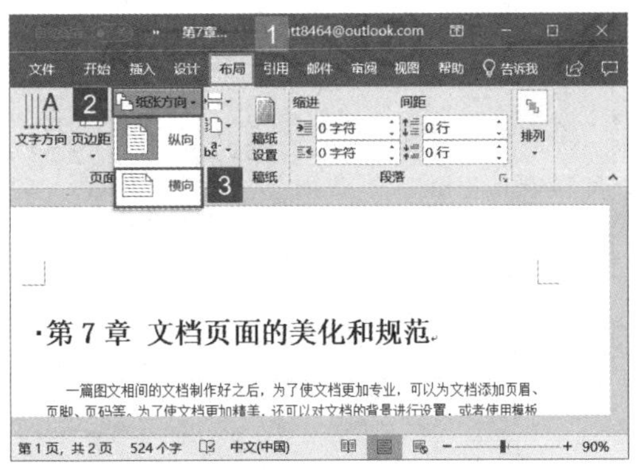

图 7-11

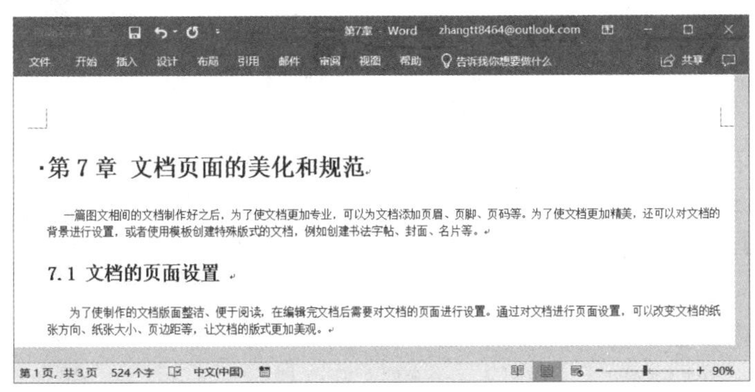

图 7-12

7.2 文档的页面背景设置

在 Word 文档中，不仅可以对页面进行设置，还可以对页面的背景设置，例如设置背景颜色、水印、边框等。

7.2.1 设置页面背景颜色

Word 2019 为用户提供了多种背景效果设置方案，例如颜色、纹理、图案、图片等。用户可以根据自身需要进行选择。

1. 为页面背景设置纯色效果

如果用户需要将文档背景设置为纯色效果，可以使用“页面颜色”列表来实现，具体的操作步骤如下。

步骤 1：打开 Word 文档，切换至“设计”选项卡，在“页面背景”组内单击“页面颜色”下拉按钮，然后在展开的颜色样式库内选择合适的颜色，例如“绿色”，如图 7-13 所示。

步骤 2：此时即可看到文档页面背景已设置为绿色，效果如图 7-14 所示。

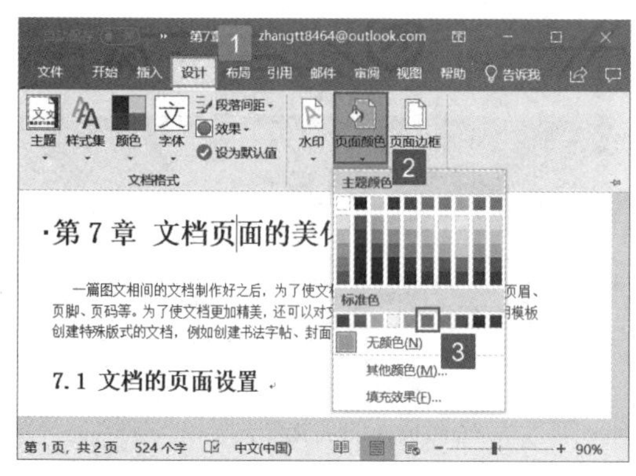
图 7-13

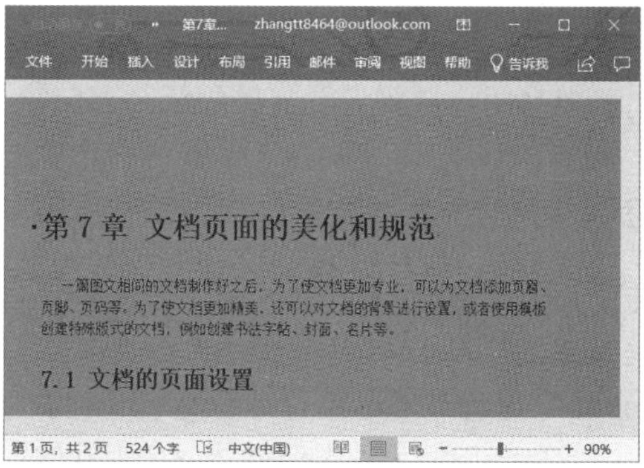

图 7-14

2. 为页面背景设置渐变效果

如果用户需要将文档背景设置为渐变效果，可以使用以下操作来实现。

步骤 1：打开 Word 文档，切换至“设计”选项卡，在“页面背景”组内单击“页面颜色”下拉按钮，然后在展开的菜单列表内单击“填充效果”按钮，如图 7-15 所示。

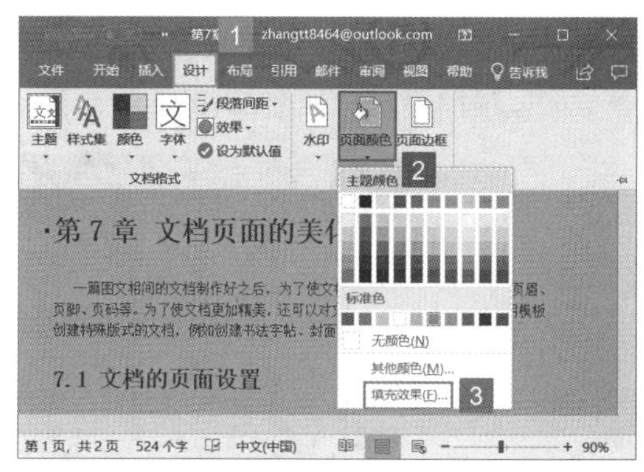
图 7-15

步骤 2：弹出“填充效果”对话框，切换至“渐变”选项卡，在“颜色”窗格内单击选中“双色”前的单选按钮，然后单击右侧的“颜色 1”、“颜色 2”下拉列表选择合适的颜色。颜色设置完成后，还可以在“底纹样式”窗格内选中“角部辐射”按钮。此时即可在“示例”窗格内看到渐变效果，单击“确定”按钮，如图 7-16 所示。

步骤 3：返回 Word 文档，即可看到设置的渐变效果已应用至页面背景中，效果如图 7-17 所示。

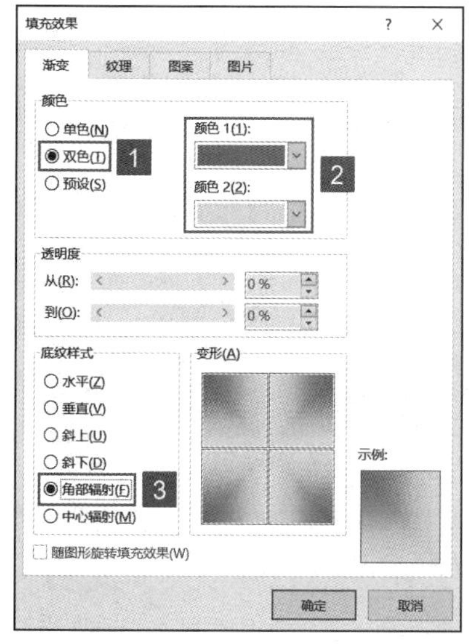

图 7-16

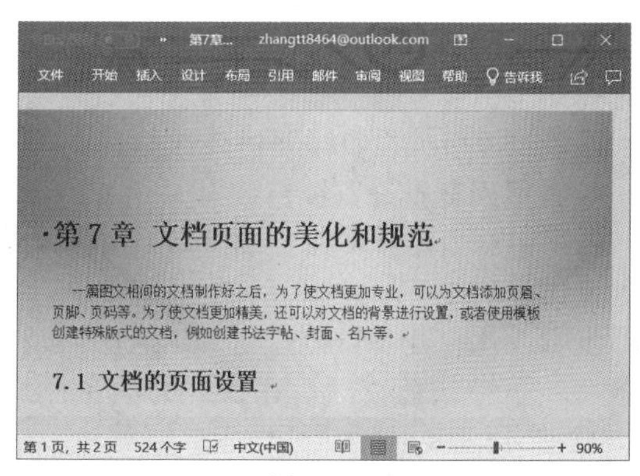
图 7-17

3. 为页面背景设置图案效果

如果用户需要将文档背景设置为图案效果，可以使用下面的操作来实现。

步骤 1：打开 Word 文档，切换至“设计”选项卡，在“页面背景”组内单击“页面颜色”下拉按钮，然后在展开的菜单列表内单击“填充效果”按钮打开“填充效果”对话框。切换至“图案”选项卡，在“图案”选项面板内选择合适的图案，例如“瓦形”。然后在“前景”和“背景”下拉列表内选择合适的颜色。设置完成后，单击“确定”按钮，如图 7-18 所示。

步骤 2：返回 Word 文档，即可看到设置的图案效果已应用至页面背景中，效果如图 7-19 所示。

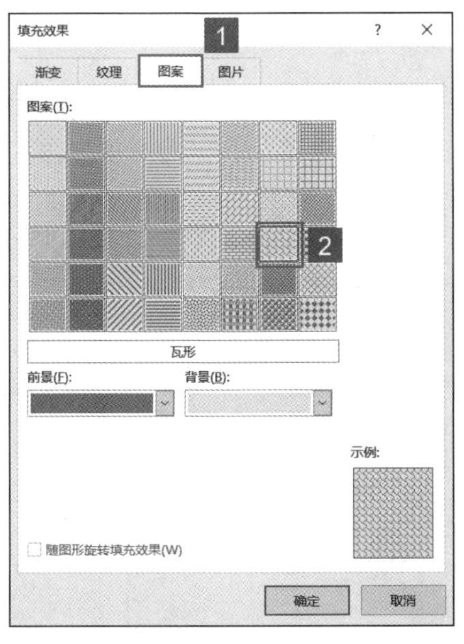

图 7-18

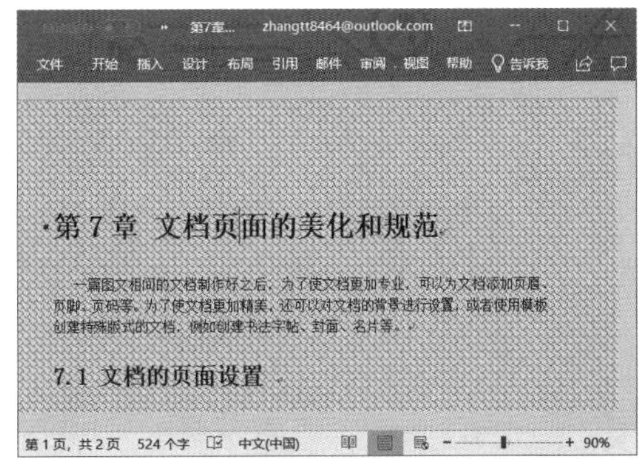

图 7-19

技巧点拨：为页面背景设置纹理效果和图片效果的操作步骤与上述方法类似，此处不再赘述。

7.2.2 添加水印效果

Word 为用户提供了两种水印方式，一种是文字水印，另一种是图片水印。下面对添加这两种水印效果的方法进行介绍。

1. 快速套用内置水印效果

步骤 1：打开 Word 文档，切换至“设计”选项卡，在“页面背景”组内单击“水印”下拉按钮，然后在展开的水印样式库内选择所需水印，例如“机密 1”，如图 7-20 所示。

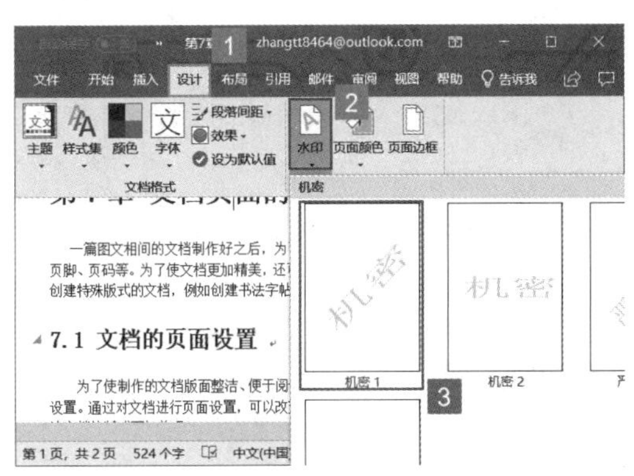

图 7-20

步骤 2：此时即可看到为文档添加的水印效果，如图 7-21 所示。

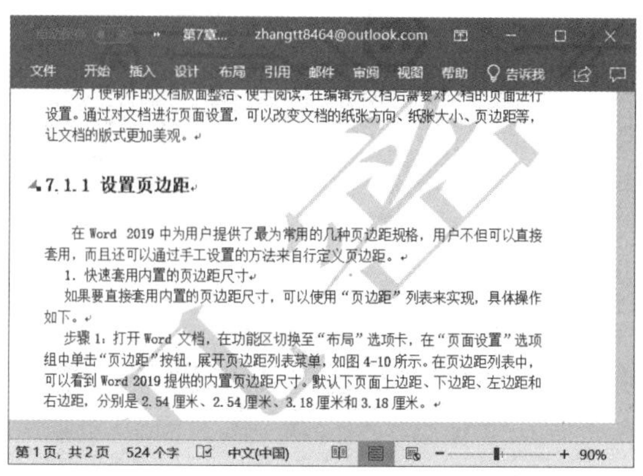

图 7-21

2. 自行设计文档水印效果

如果用户对内置水印样式不满意，可以自行设计水印效果，具体操作步骤如下。

步骤 1：打开 Word 文档，切换至“设计”选项卡，在“页面背景”组内单击“水印”下拉按钮，然后在展开的菜单列表内单击“自定义水印”按钮，如图 7-22 所示。

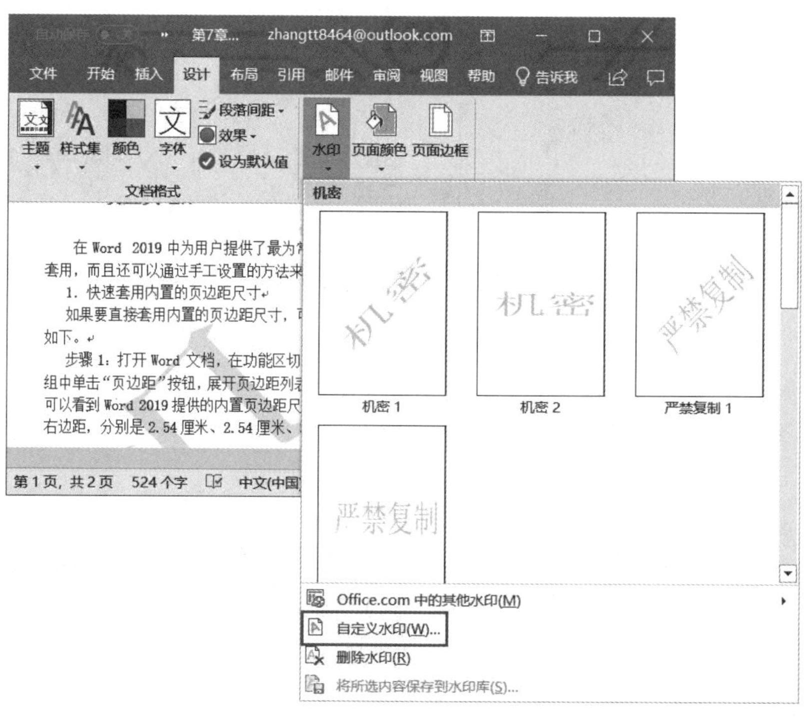

图 7-22

步骤 2：设置文字水印效果。弹出“水印”对话框，单击选中“文字水印”前的单选按钮激活其设置选项。单击“文字”下拉列表选择水印文字，例如“请勿拷贝”，单击“字体”下拉列表选择水印字体，例如“楷体”，单击“字号”下拉列表选择字号，例如“36”，单击“颜色”下拉列表选择水印颜色，例如“绿色”。设置完成后，单击“确定”按钮，如图 7-23 所示。

步骤 3：返回 Word 文档，即可看到文档中添加的自定义文字水印，效果如图 7-24 所示。

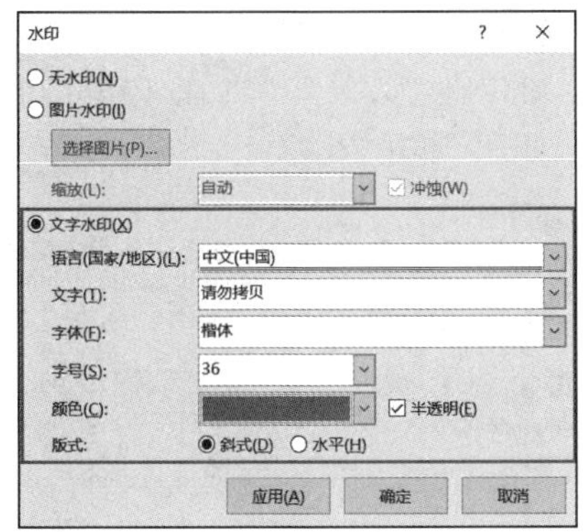

图 7-23

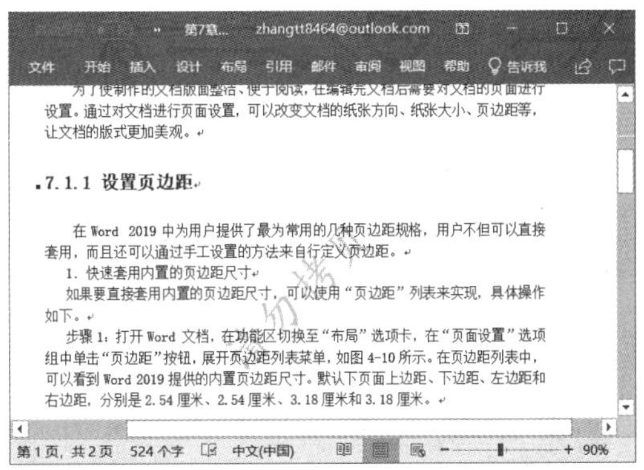

图 7-24

步骤 4：设置文字水印效果。弹出“水印”对话框，单击选中“图片水印”前的单选按钮，然后单击“选择图片”按钮，如图 7-25 所示。

步骤 5：弹出“插入图片”对话框，用户可以根据需要从文件、必应或者 OneDrive 插入图片。此时单击“从文件”右侧的“浏览”按钮，如图 7-26 所示。

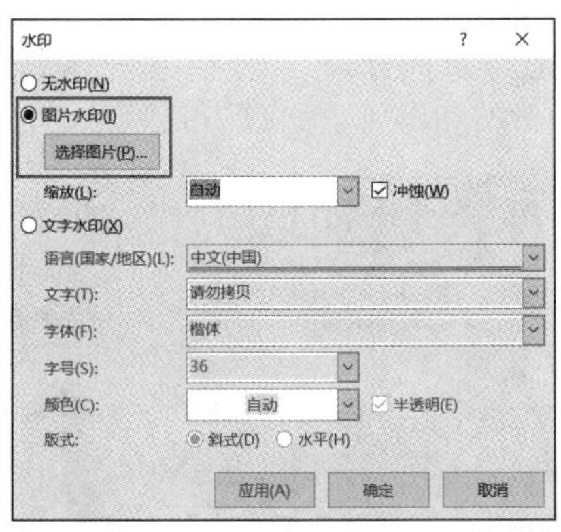

图 7-25

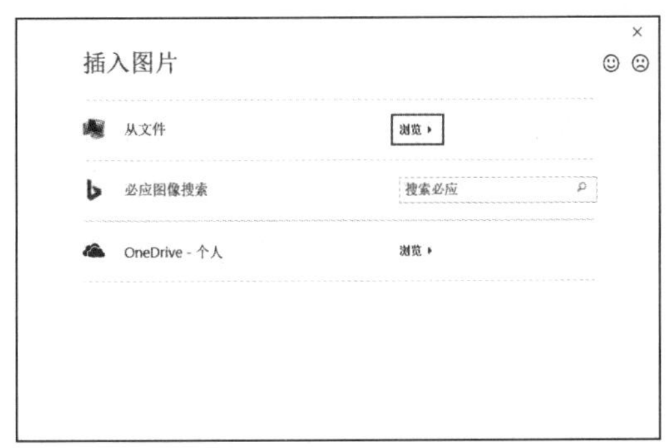

图 7-26

步骤 6：打开“插入图片”对话框，定位至图片所在的文件夹位置，选中需要插入的图片，单击“插入”按钮，如图 7-27 所示。

步骤 7：返回“水印”对话框，即可在“选择图片”右侧显示插入图片的全路径，单击“确定”按钮即可，如图 7-28 所示。

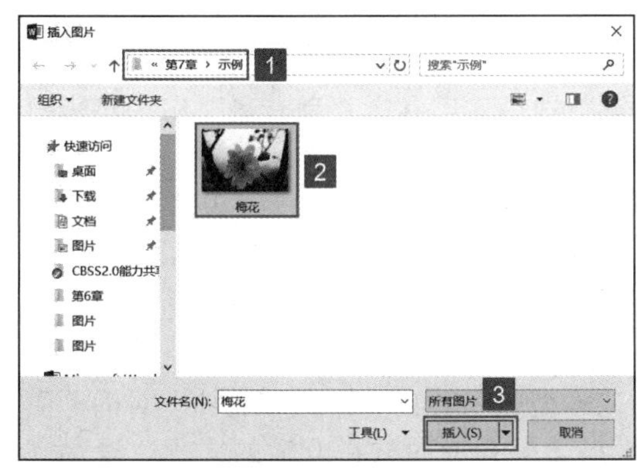

图 7-27

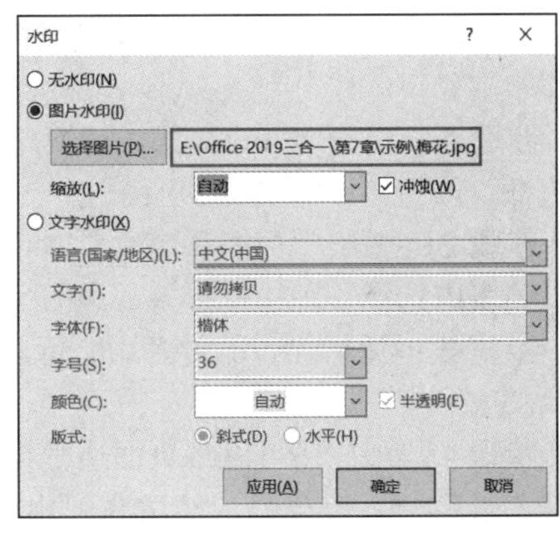

图 7-28

步骤 8：返回 Word 文档，即可看到文档中添加的图片水印，效果如图 7-29 所示。

步骤 9：如果用户希望图片水印能够清晰显示，可以在“水印”对话框内单击取消勾选“冲蚀”前的复选框，然后单击“确定”按钮，如图 7-30 所示。

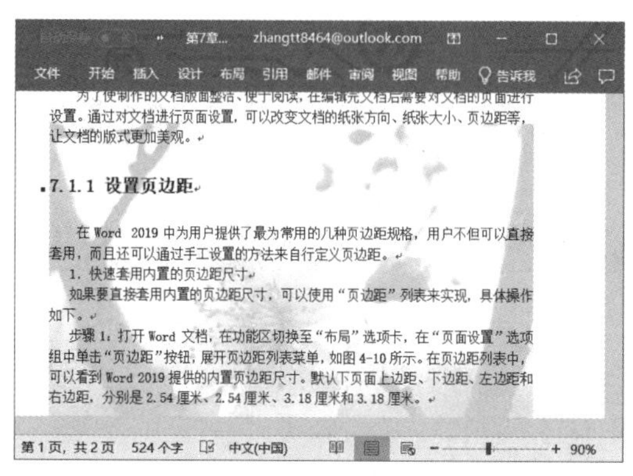

图 7-29

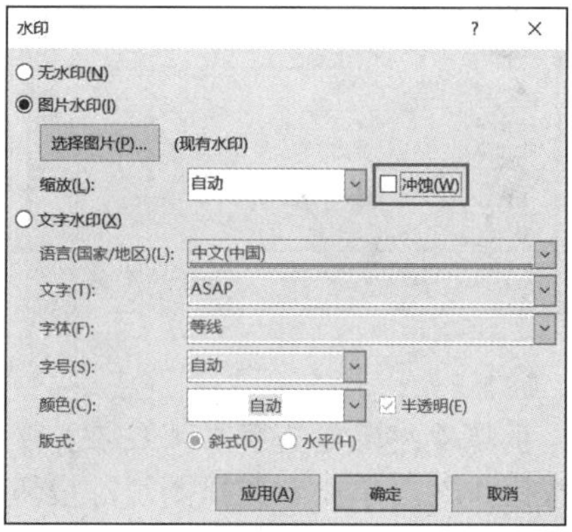

图 7-30

步骤 10：返回 Word 文档，即可看到文档中的图片水印，效果如图 7-31 所示。

步骤 11：如果用户需要取消水印设置，可以在“页面背景”组内单击“水印”下拉按钮，然后在弹出的菜单列表内单击“删除水印”按钮即可，如图 7-32 所示。

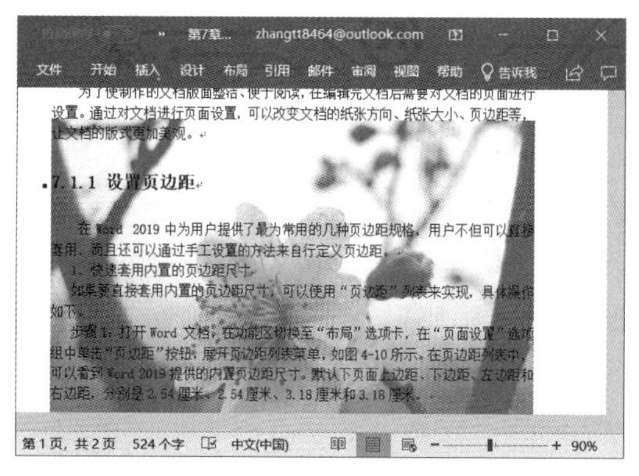

图 7-31

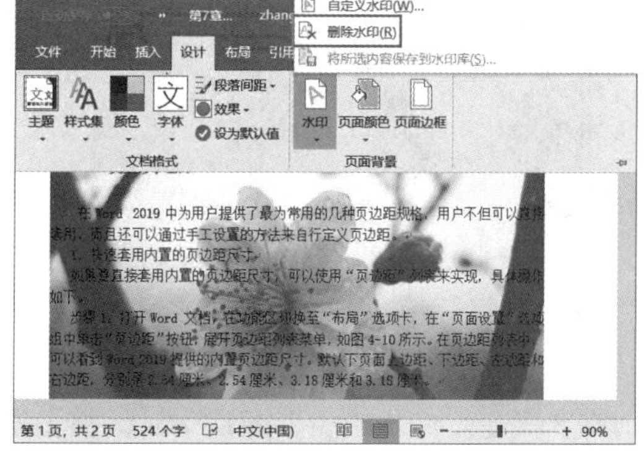

图 7-32

7.2.3 添加边框

如果用户需要为文档页面设置边框效果，可以使用“页面边框”功能来实现，具体操作步骤如下。

步骤 1：打开 Word 文档，切换至“设计”选项卡，在“页面背景”组内单击“页面边框”按钮，如图 7-33 所示。

步骤 2：弹出“边框和底纹”对话框，在“设置”窗格内选择“方框”项，在“样式”列表内选择一种边框样式，设置完成后，单击“确定”按钮，如图 7-34 所示。

步骤 3：返回 Word 文档，即可看到设置的边框已应用到文档中，效果如图 7-35 所示。

步骤 4：用户还可以将页面边框设置为艺术型效果，在“边框和底纹”对话框内单击“艺术型”下拉按钮，然后在弹出的艺术型边框列表内选择合适的样式。设置完成后，单击“确定”按钮，如图 7-36 所示。

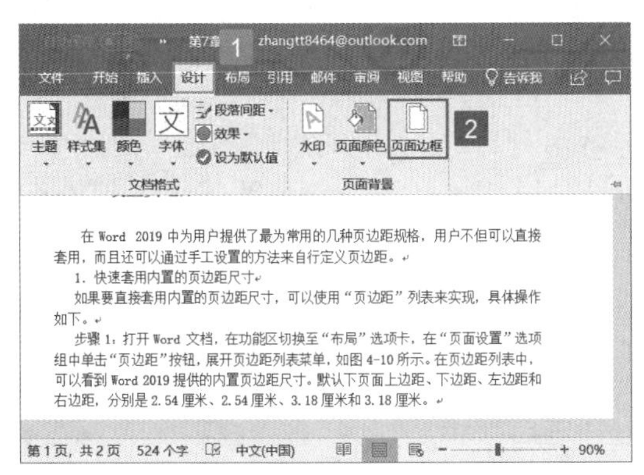

图 7-33

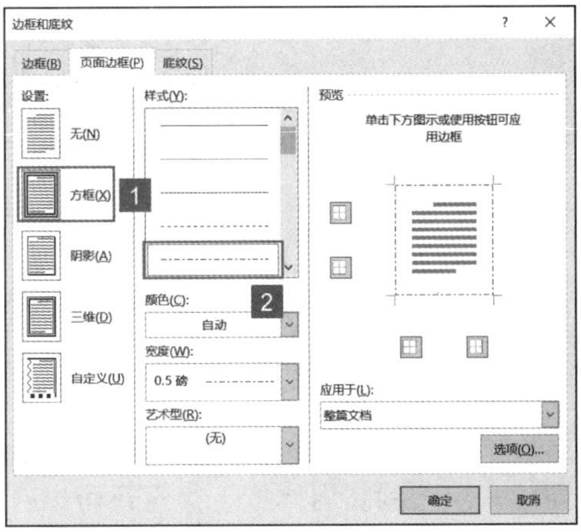

图 7-34

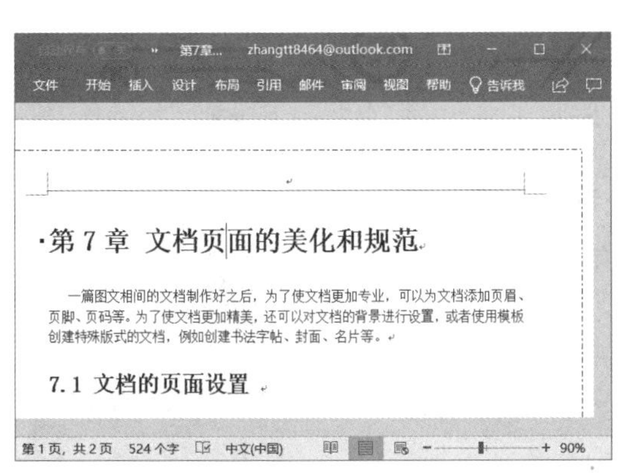

图 7-35

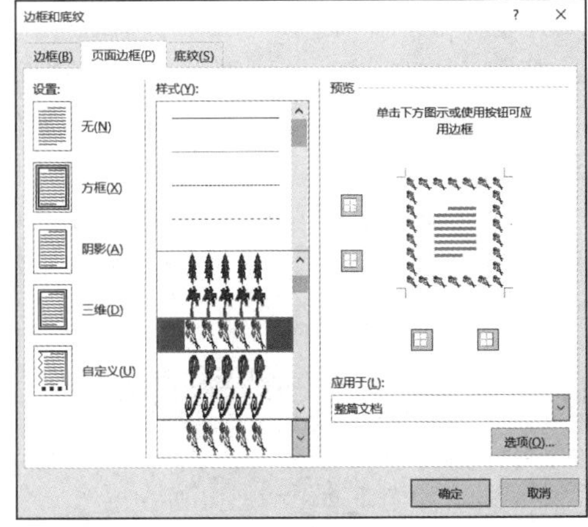

图 7-36

步骤 5：返回 Word 文档，即可看到设置的艺术型边框已应用到文档中，效果如图 7-37 所示。

步骤 6：如果需要取消设置的页面边框，可以在“边框和底纹”对话框内的“设置”窗格下选择“无”项，然后单击“确定”按钮即可，如图 7-38 所示。

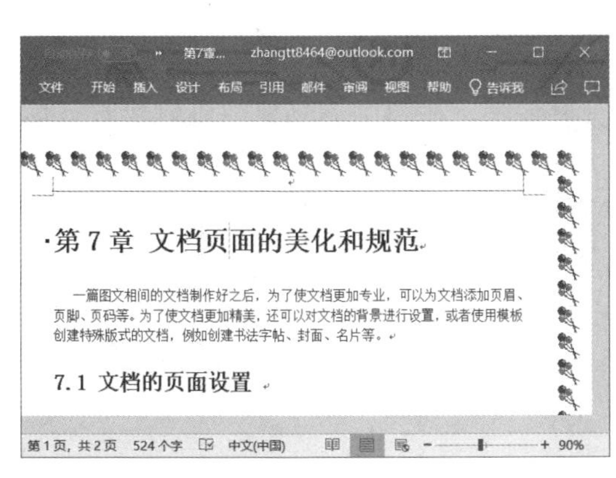

图 7-37

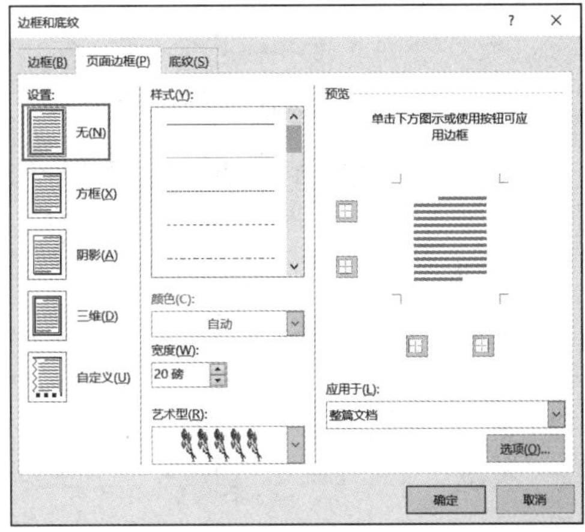

图 7-38

7.3 添加页眉与页脚

一篇好的文档不能缺少页眉和页脚的点缀，它们往往是画龙点睛之笔。企业中制作的文档通常都需要插入公司统一的页眉和页脚样式，这也是企业文化的一种体现。页眉和页脚的插入是用户需要学习的一个重点，下面将向大家逐一进行介绍。

7.3.1 添加页眉

Word 2019 为用户提供了 20 多种页眉样式以供直接套用，或者用户可以根据自身需要插入统一的页眉样式，甚至还可以自行设计页眉样式。

1. 快速套用内置页眉样式

如果需要直接套用内置的页眉样式，可以使用“页眉”列表来实现，具体的操作步骤如下。

步骤 1：打开 Word 文档，切换至“插入”选项卡，在“页眉和页脚”组内单击“页眉”下拉按钮，然后在展开的页眉列表内选择合适的样式，例如“积分”，如图 7-39 所示。

步骤 2：此时即可看到 Word 文档中已应用了相应的页眉样式，效果如图 7-40 所示。用户可以在“标题”文本框内输入页眉文字，输入完成后，还可以选中该文本内容，切换至“开始”选项卡，在“字体”组内设置其字体、字号、颜色等样式。

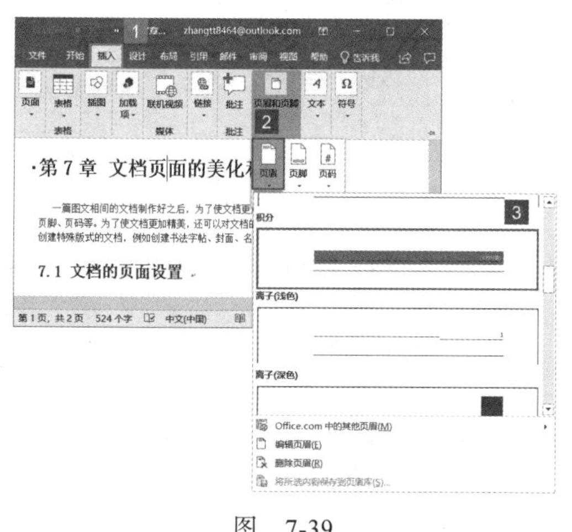

图 7-39

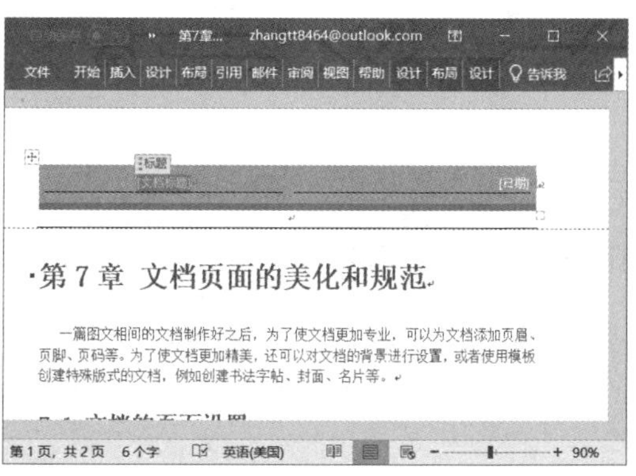

图 7-40

步骤 3：单击页眉文本框内的“日期”设置菜单，在弹出的菜单内可以设置日期，例如单击“今日”按钮，如图 7-41 所示。

步骤 4：此时即可看到当前日期已显示在页眉文本框内，效果如图 7-42 所示。

注意：如果用户需要在文档中设置页眉和页脚为“奇偶页不同”，上面设置的页眉只针对文档的奇数页。对于偶数页的页眉设置，切换至“设计”选项卡，在“页眉和页脚”组内单击“页眉”下拉列表选择“平面（偶数页）”页眉样式，即可设置偶数页的页眉。设置完成后，单击“关闭页眉和页脚”按钮即可，如图 7-43 所示。

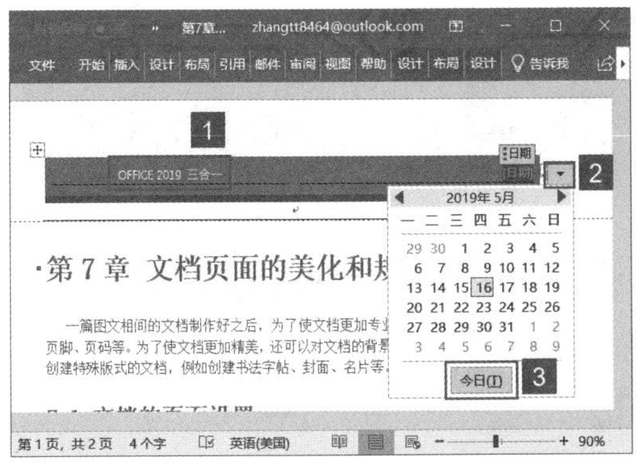

图 7-41

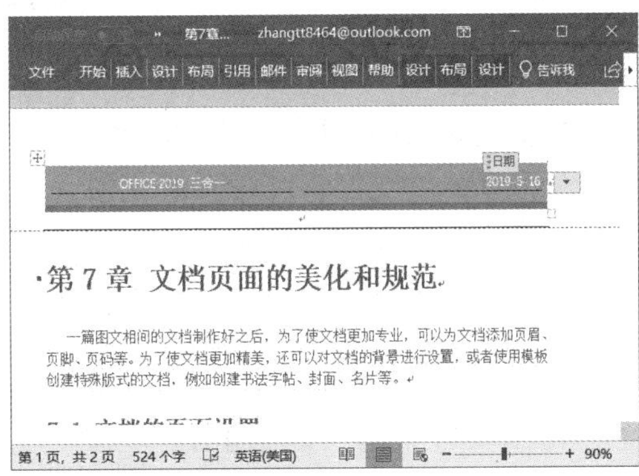

图 7-42

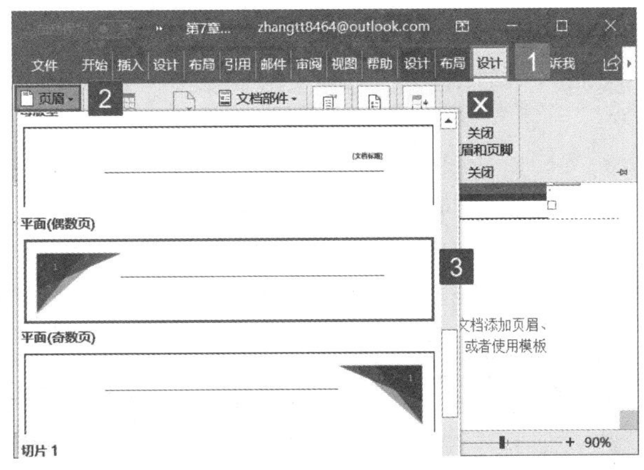

图 7-43

2. 自行设计页眉效果

如果用户需要自行设计页眉样式，例如将与文档相关的图片作为页眉，可以使用以下操作来实现。

步骤 1：打开 Word 文档，在文档页眉处双击鼠标左键，即可激活页眉设置区域。切换至页眉和页脚工具的“设计”选项卡，然后在“插入”组内单击“图片”按钮，如图 7-44 所示。

步骤 2：弹出“插入图片”对话框，定位至图片所在文件夹位置，选中需要插入的图片，单击“插入”按钮，如图 7-45 所示。

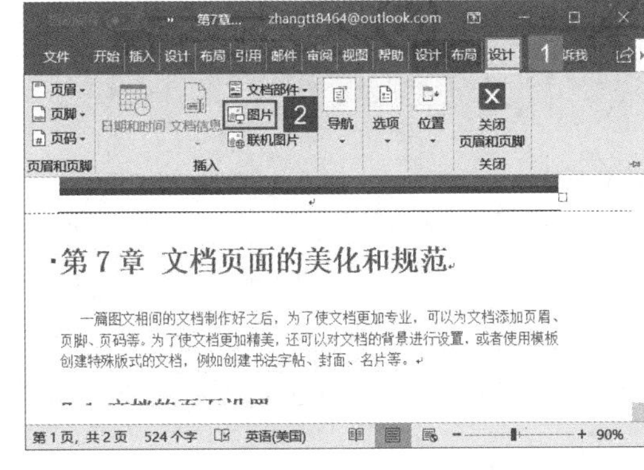

图 7-44

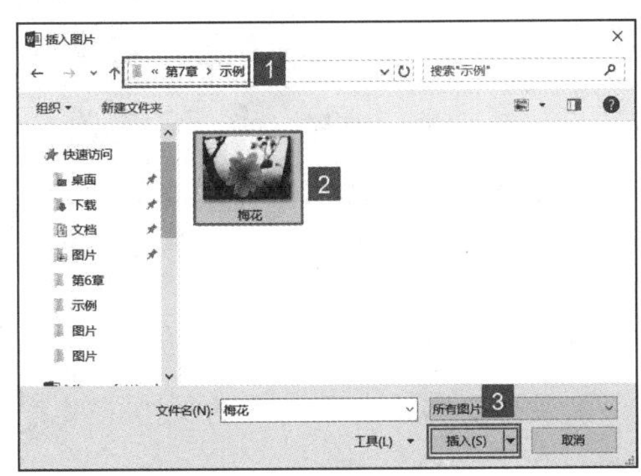

图 7-45

步骤 3：返回 Word 文档，即可在页眉处看到插入的图片，调整其大小和位置，如图 7-46 所示。

技巧点拨：*用户还可以在“格式”选项卡下的“调整”组内对页眉中图片的颜色、对比度、艺术效果等进行设置。*

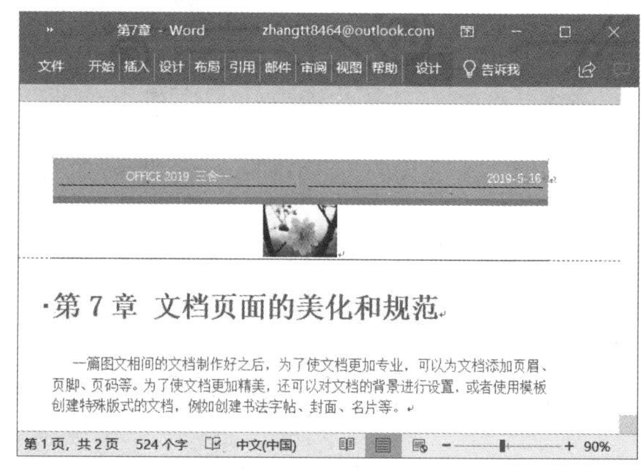

图 7-46

7.3.2 添加页脚

Word 同样为用户提供了 20 多种页脚样式以供用户直接套用，或者用户可以根据自身需要插入统一的页脚样式，甚至自行设计页脚样式。下面来介绍一下插入页脚的具体操作步骤。

步骤 1：打开 Word 文档，切换至“插入”选项卡，在“页眉和页脚”组内单击“页脚”下拉按钮，然后在展开的页脚列表内选择合适的页脚样式即可，例如“边线型”，如图 7-47 所示。

步骤 2：此时即可在 Word 文档内看到插入的页脚样式，如图 7-48 所示。

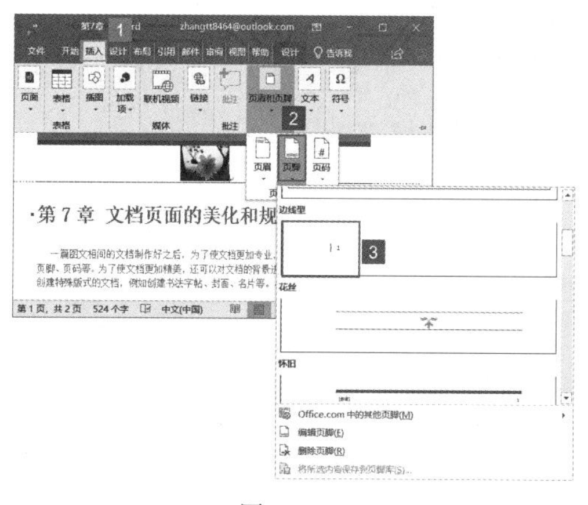

图 7-47

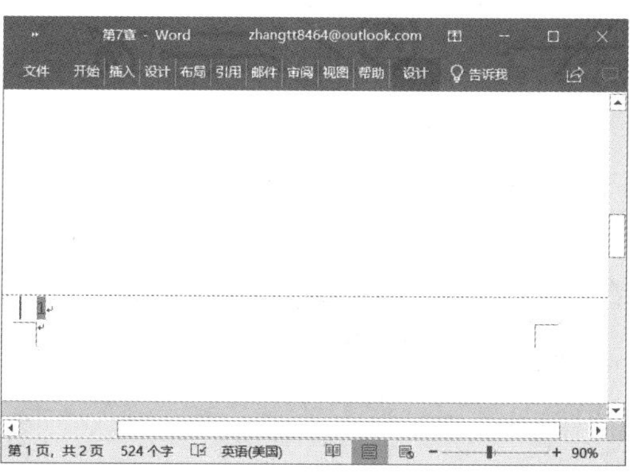

图 7-48

7.4 页码的添加

一篇完整的文稿不能缺少页码，在文档的制作过程中，需要学会掌握如何在文档中插入页码，以及如何设置页码格式等操作。

7.4.1 添加页码

如果需要直接套用内置的页边距尺寸，可以使用“页码”按钮来实现，具体的操作步骤如下。

步骤 1：打开 Word 文档，切换至“插入”选项卡，在“页眉和页脚”组内单击“页码”下拉按钮，然后在展开的菜单列表内单击“页面顶端”按钮，在展开的顶端样式内选择合适的页码样式，例如“圆形”，如图 7-49 所示。

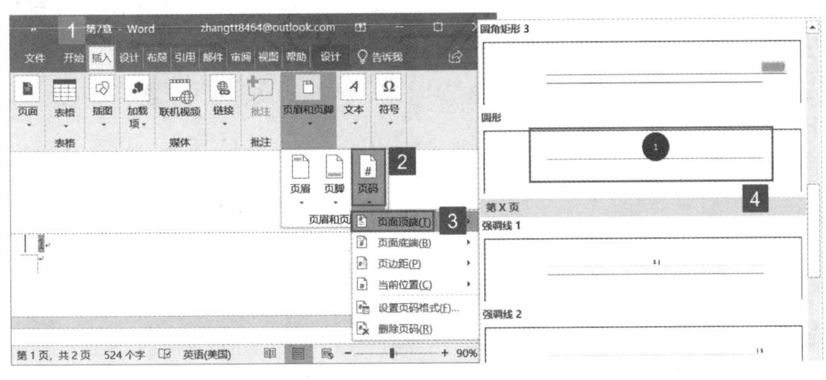

图 7-49

步骤 2：此时即可在 Word 文档内看到插入的页码效果，如图 7-50 所示。

技巧点拨：如果用户需要设置其他样式的内置页码，可以继续在“页码”列表内进行选择。如果需要取消设置的页码，可以在“页码”菜单列表内单击“删除页码”按钮即可。

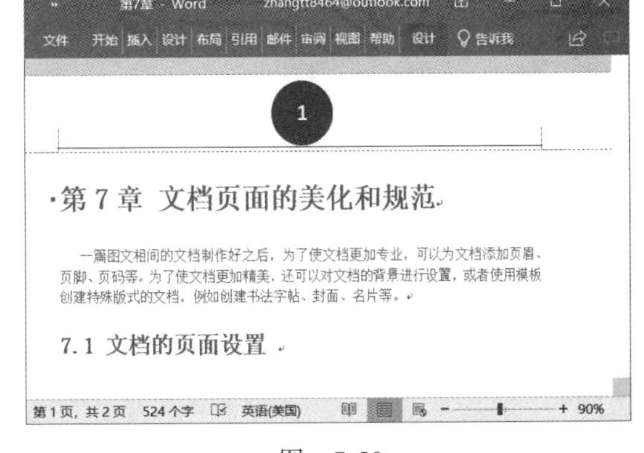

图 7-50

7.4.2 设置页码效果

用户还可以根据需要对插入的页面进行效果设置，例如：设置页码形状样式、设置页码编号格式等。

1. 设置页码形状样式

如果用户需要设置页码的形状颜色，可以通过下面的操作来实现。

步骤 1：打开 Word 文档，鼠标左键双击插入的页码位置，切换至“格式”选项卡，在“形状样式”组内单击“设置形状格式”按钮，如图 7-51 所示。

步骤 2：此时即可在窗口右侧打开“设置形状格式”对话框，单击选中“纯色填充”前的单选按钮，然后单击“颜色”右侧的下拉按钮选择合适的颜色，如图 7-52 所示。

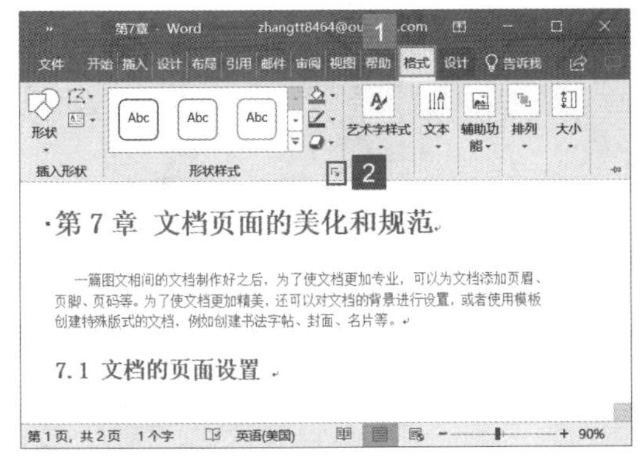

图 7-51

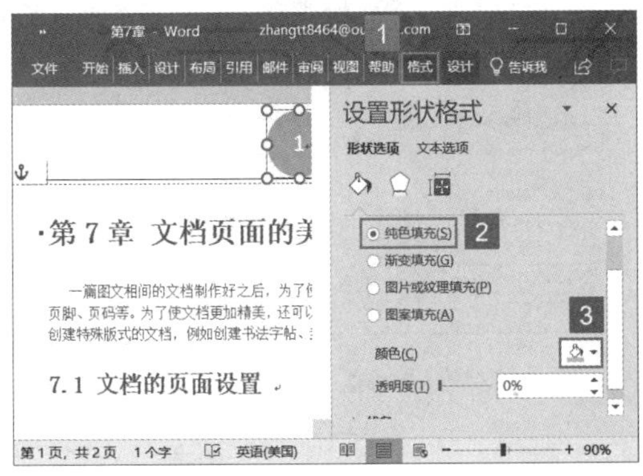

图 7-52

步骤 3： 单击“关闭”按钮返回 Word 文档即可看到页面形状已应用设置的颜色，效果如图 7-53 所示。

步骤 4： 再次切换至“格式”选项卡，在“形状样式”组内单击“形状效果”下拉按钮，然后在弹出的菜单列表内选择“阴影”按钮，再在展开的阴影样式库内选择“内部：左上”项，如图 7-54 所示。

步骤 5： 此时即可在 Word 文档内看到形状的阴影效果，如图 7-55 所示。

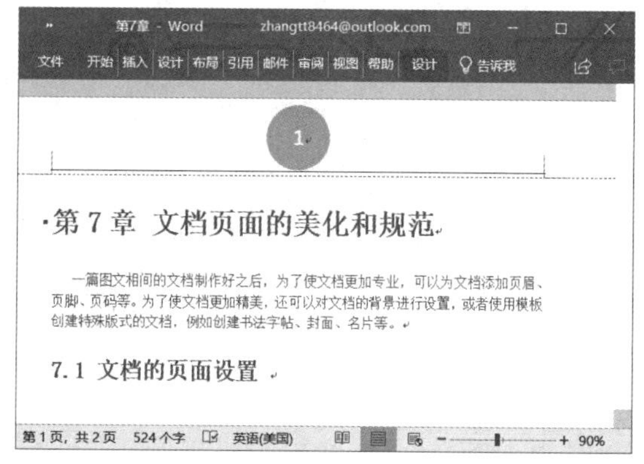

图 7-53

2. 设置页码编号格式

如果用户需要重新设置页码的编号格式，可以通过下面的操作来实现。

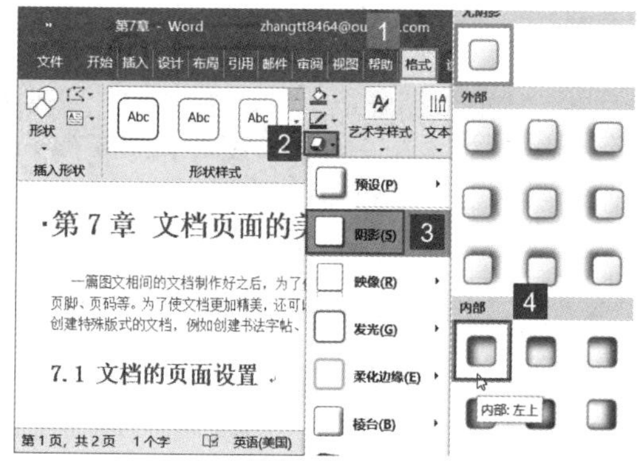

图 7-54

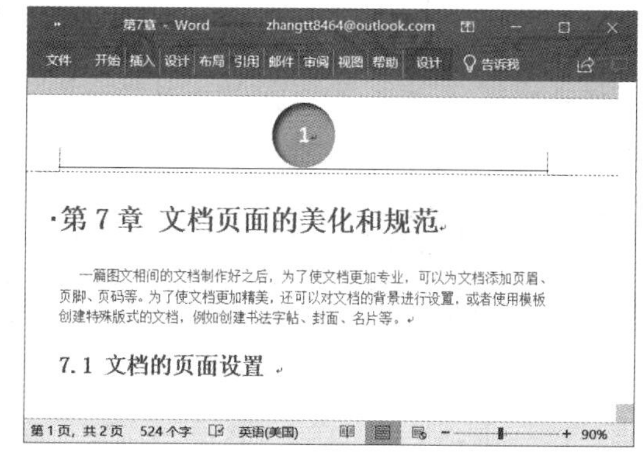

图 7-55

步骤 1： 打开 Word 文档，鼠标左键双击插入的页码位置，切换至“设计”选项卡，在“页眉和页脚”组内单击“页码”下拉按钮，然后在展开的菜单列表内单击“设置页码格式”按钮，如图 7-56 所示。

步骤 2： 弹出“页码格式”对话框，单击“编号格式”下拉按钮选择合适的编号格式，然后单击“确定”按钮，如图 7-57 所示。除此以外，用户还可以在该对话框内设置起始页码及章节号等格式。

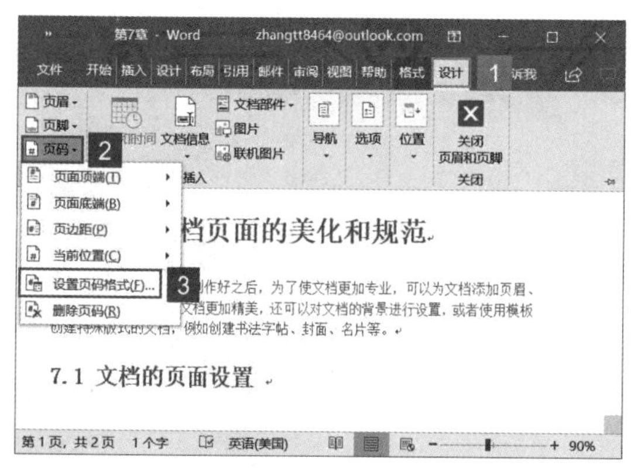

图 7-56

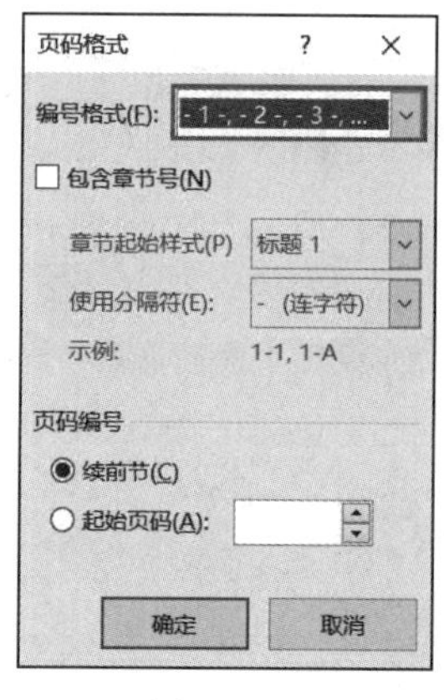

图 7-57

步骤 3：此时即可看到页码编号已更换为设置的新页码编号，如图 7-58 所示。

步骤 4：设置完成后，在“设计”选项卡内单击“关闭页眉和页脚”按钮即可，如图 7-59 所示。

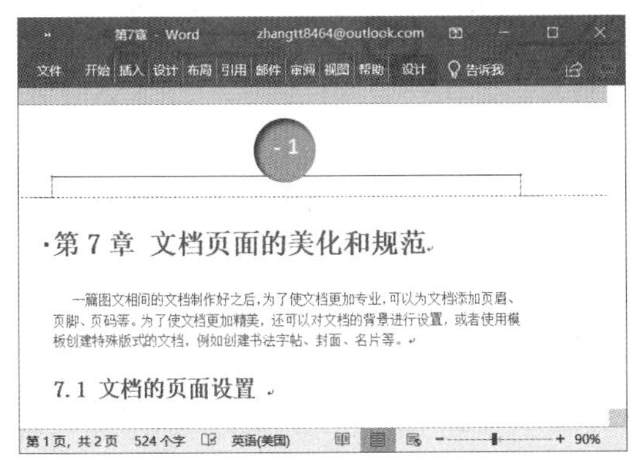

图 7-58

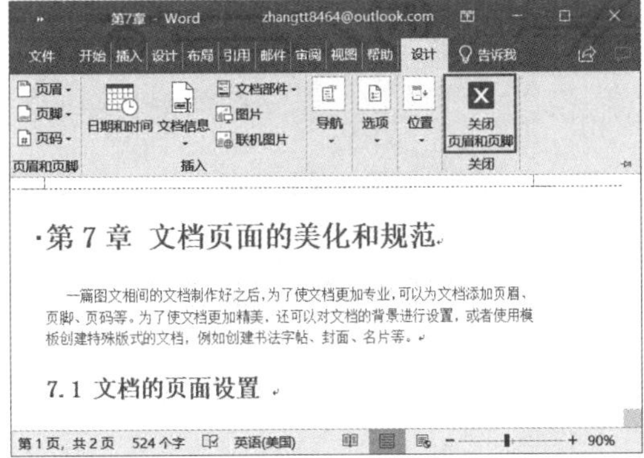

图 7-59

步骤 5：返回 Word 文档，设置后的页码效果如图 7-60 所示。

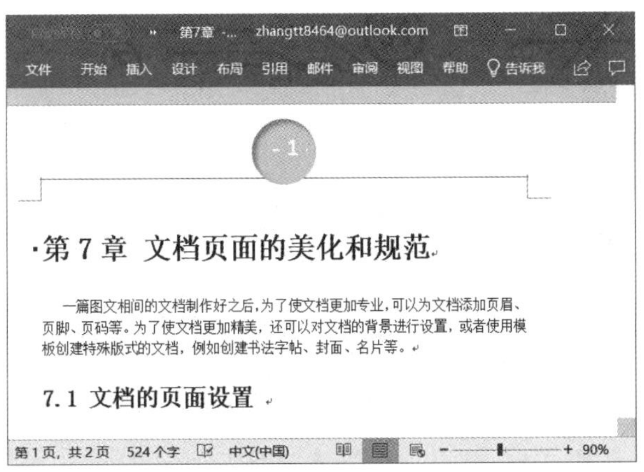

图 7-60

7.5 分栏显示文档内容

在 Word 2019 默认设置下的文档内容都是一栏显示的，但是有时候为了文档的编排效果更加合理与美观，需要对文档内容进行分栏设置。下面介绍一下详细的操作步骤。

7.5.1 设置整篇文档分栏编排

如果要为整篇文档设置分栏编排，可以使用“栏”功能来实现，具体操作步骤如下。

步骤 1：打开 Word 文档，切换至“布局”选项卡，在“页面设置”组内单击“栏”按钮，然后即可在弹出的菜单列表内看到 Word 提供的内置分栏方式，此处选择“两栏”，如图 7-61 所示。

步骤 2：此时即可看到文档内容已分两栏显示，效果如图 7-62 所示。

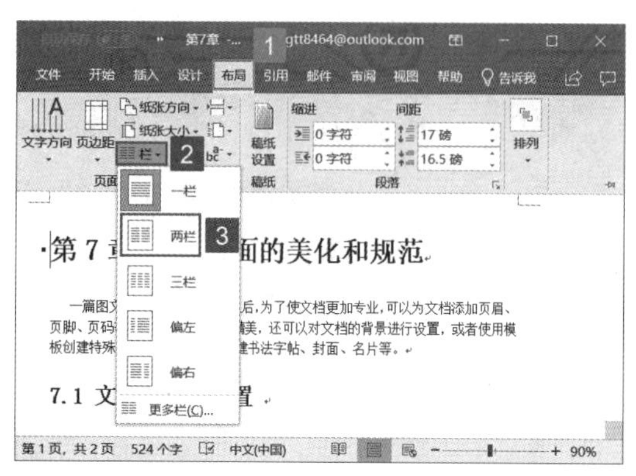

图 7-61

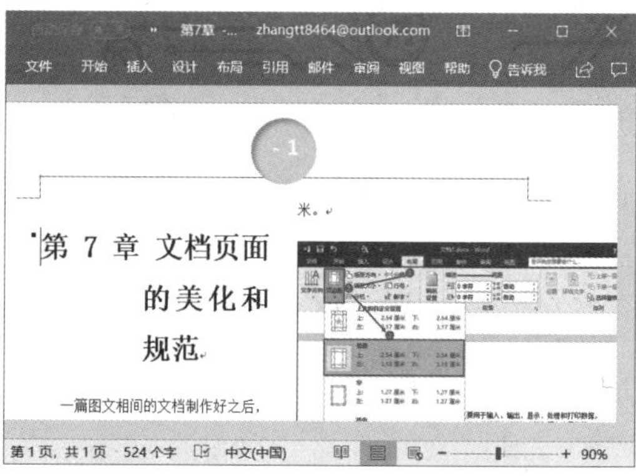

图 7-62

步骤 3：如果用户在分栏样式列表内单击“偏左”选项，如图 7-63 所示。

步骤 4：此时即可看到文档内容以“偏左”方式编排文档，效果如图 7-64 所示。

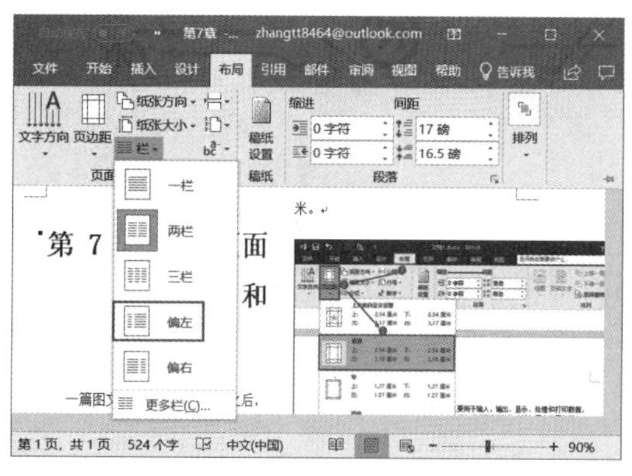

图 7-63

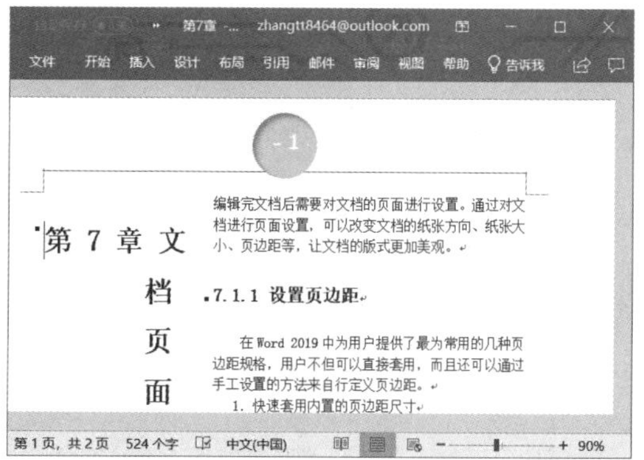

图 7-64

7.5.2 设置局部文档分栏编排

上一节介绍了对整篇文档进行分栏设置的操作步骤，但是有时候，用户并不需要将文档头也一同分栏，此时就需要进行局部分栏，接下来介绍一下具体的操作步骤。

步骤 1：打开 Word 文档，将光标定位至文档头下，切换至“布局”选项卡，在“页面设置”组内单击“栏”下拉按钮，然后在展开的菜单列表内单击“更多栏”按钮，如图 7-65 所示。

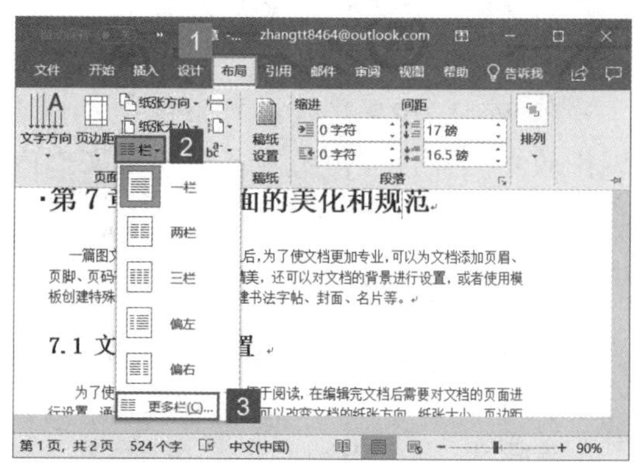

图 7-65

步骤 2：打开“栏”对话框，在“预设”窗格内单击“两栏”按钮，然后单击“应用于”右侧的下拉列表选择“插入点之后”。设置完成后，单击“确定”按钮，如图 7-66 所示。

步骤 3：返回 Word 文档，即可看到设置的分栏效果，如图 7-67 所示。

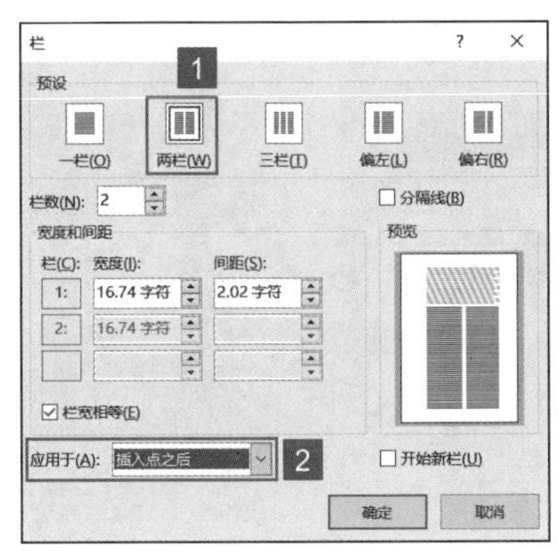

图　7-66

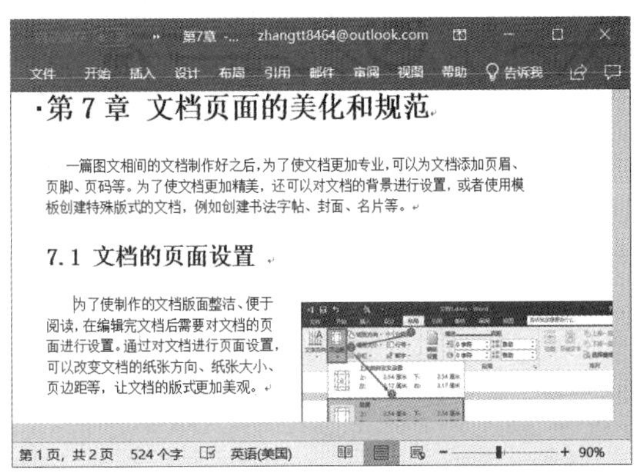

图　7-67

7.5.3　使用分栏符

用户除了可以使用 Word 2019 提供的默认分栏宽度和间距外，还可以进行自定义设置。同时还可以为分栏添加辅助分隔线。下面介绍一下具体的操作步骤。

步骤 1：打开 Word 文档，将光标定位至文档头下，切换至“布局”选项卡，在“页面设置”组内单击“栏”下拉按钮，然后在展开的菜单列表内单击“更多栏”按钮，如图 7-68 所示。

步骤 2：打开“栏”对话框，在“预设”窗格内单击“两栏”按钮，取消勾选“栏宽相等”前的复选框，在“宽度和间距”窗格内对栏 1 的宽度和间距进行设置，然后单击“应用于”右侧的下拉列表选择“插入点之后”。设置完成后，单击“确定”按钮，如图 7-69 所示。

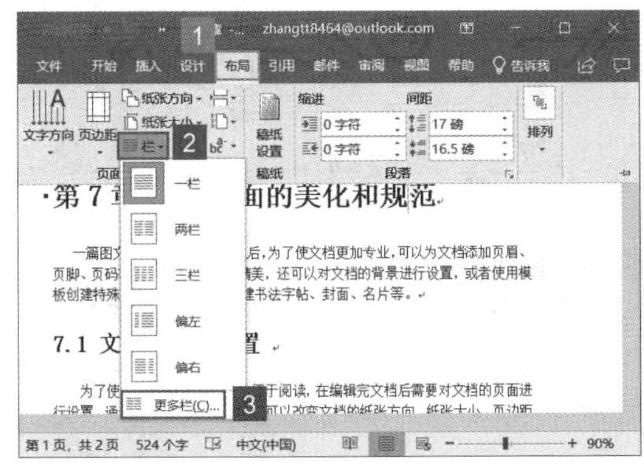

图　7-68

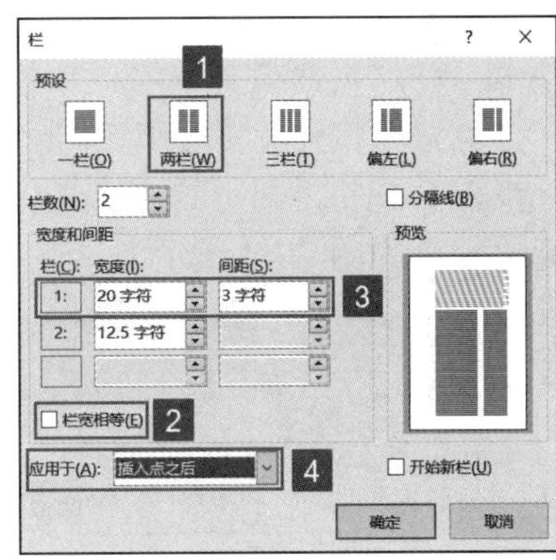

图　7-69

步骤 3：返回 Word 文档，即可看到自定义设置的栏宽和间距，效果如图 7-70 所示。

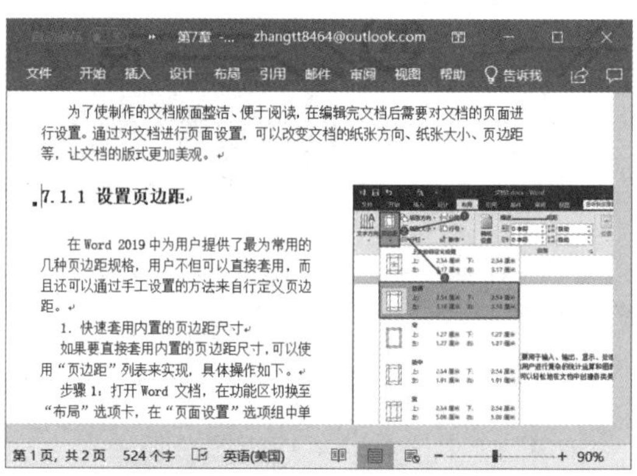

图 7-70

7.6 分页、分栏与分节

在编辑文档的过程中，有时候需要在特定的位置，或者特定的文档排版中插入分页符、分栏符和分节符，从而使文档的版式符合用户的设计需要。在 Word 2019 中，插入分页符、分栏符和分节符，可以直接在“布局”选项卡下的“页面设置”组内实现。

7.6.1 添加分页符和分栏符

要在文档中插入分页符和分栏符，可以通过“分隔符”功能来实现。下面将介绍一下分页符和分栏符的具体操作步骤。

1. 插入分页符

步骤 1：打开 Word 文档，将光标定位至需要插入分页符的位置。切换至“布局”选项卡，在“页面设置”组内单击“分隔符”下拉按钮，即可弹出分隔符菜单列表，单击“分页符”按钮，如图 7-71 所示。

步骤 2：此时即可看到在光标位置处插入分页符，并将其后的文本作为新页的起始标记，效果如图 7-72 所示。

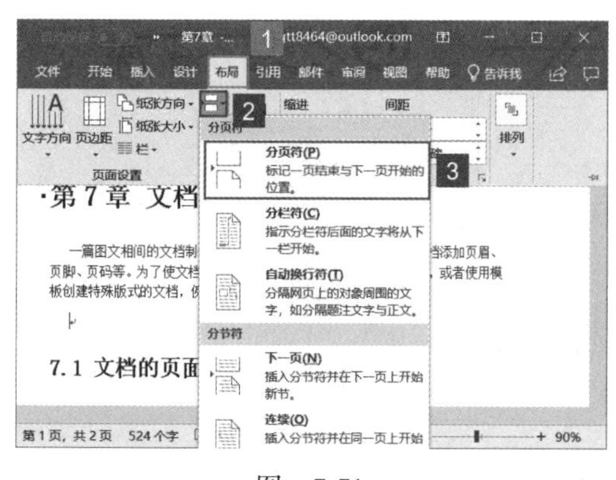

图 7-71

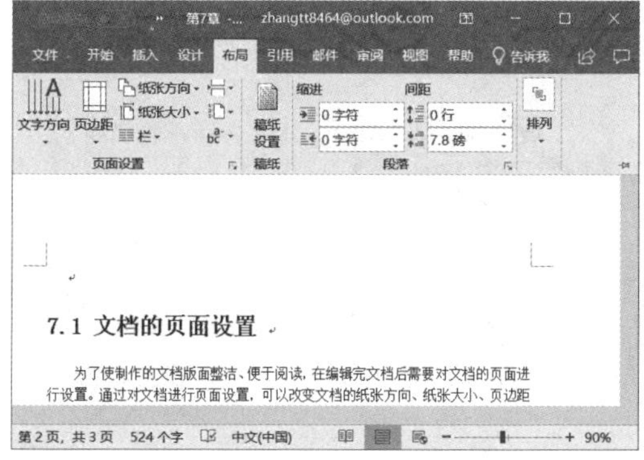

图 7-72

2. 插入分栏符

步骤 1：打开 Word 文档，将光标定位至需要插入分栏符的位置。切换至“布局”

选项卡，在“页面设置”组内单击“分隔符”下拉按钮，即可弹出分隔符菜单列表，单击“分栏符”按钮，如图 7-73 所示。

步骤 2：此时即可看到在光标位置处插入分栏符，并将其后的文本在下一栏显示，效果如图 7-74 所示。

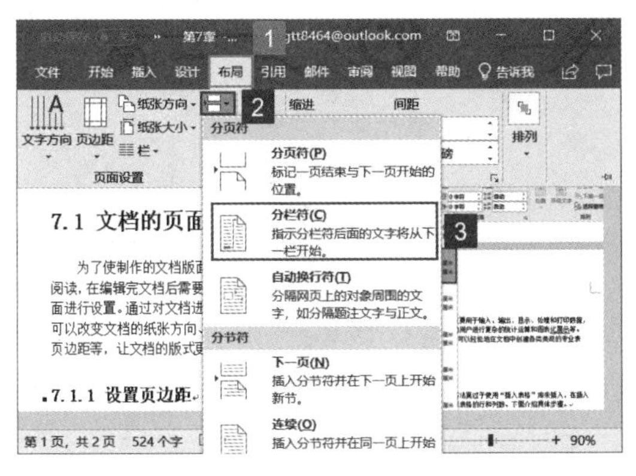

图 7-73

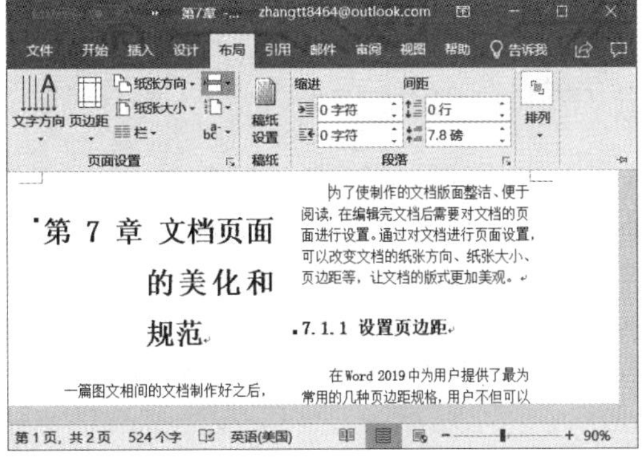

图 7-74

7.6.2 添加分节符

Word 中的分节符可以改变文档中一个或多个页面的版式和格式，如将一个单页页面的一部分设置为双页页面。使用分节符可以分隔文档中的各章，使章的页码编号单独从 1 开始。另外，使用分节符还能为文档的章节创建不同的页眉和页脚。如果要在文档中插入分节符，可以通过下面的操作来实现。

步骤 1：打开 Word 文档，将光标定位至需要插入分节符的位置。切换至“布局”选项卡，在“页面设置”组内单击“分隔符”下拉按钮，即可弹出分隔符菜单列表，单击“下一页”按钮，如图 7-75 所示。

步骤 2：插入点光标后的文档将被放置下一页开始新的节，如图 7-76 所示。

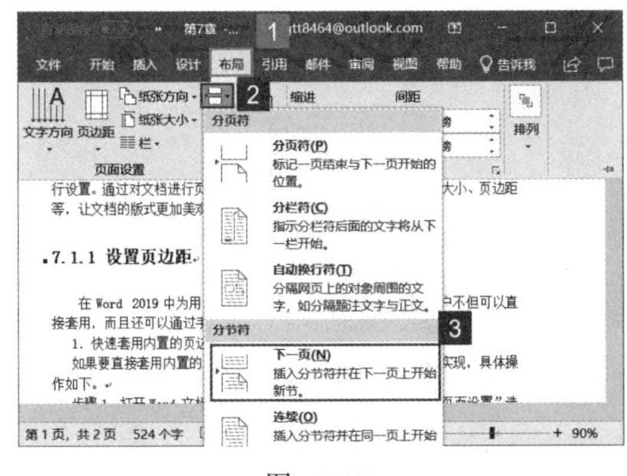

图 7-75

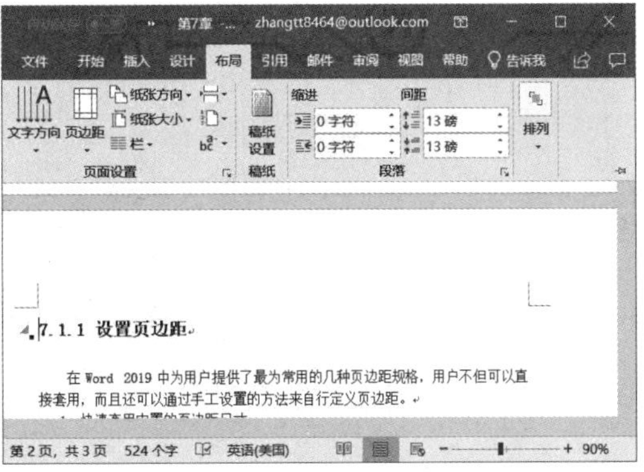

图 7-76

技巧点拨：“下一页”选项用于插入一个分节符，并在下一页开始新的节，常用于在文档中开始新的章节。“连续”选项用于插入一个分节符，并在同一页上开始新节，适用于在同一页中实现同一种格式。“偶数页”选项用于插入分节符，并在下一个偶数页上开始新节。“奇数页”选项用于插入分节符，并在下一个奇数页上开始新页。

7.7 特殊版式文档的创建

使用 Word 2019 能够方便地创建各种具有特殊需要的文档格式，如字帖、稿纸格式的文档、信封以及公文和宣传册等专业文档。

7.7.1 使用模板

Word 模板是指 Word 中内置的包含固定格式设置和版式设置的模板文件，用于帮助用户快速生成特定类型的 Word 文档。例如在 Word 2019 中除了通用型的空白文档模板之外，还内置了多种文档模板，如博客文章模板、书法模板等。另外，Office 网站还提供了证书、奖状、名片、简历等特定功能模板。借助这些模板，用户可以创建比较专业的 Word 2019 文档。下面以创建个人简历为例介绍在 Word 2019 中创建模板的使用方法。

步骤 1： 打开 Word 文档，单击“文件”按钮，然后在展开的菜单内单击“新建”选项，并在右侧的模板列表内选择需要使用的模板，例如“简历”，如图 7-77 所示。

步骤 2： 此时即可预览并显示该模板的有关信息，然后单击“创建”按钮，如图 7-78 所示。

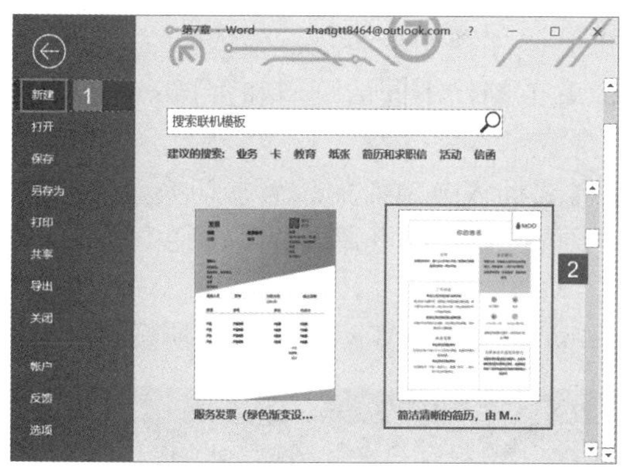

图 7-77

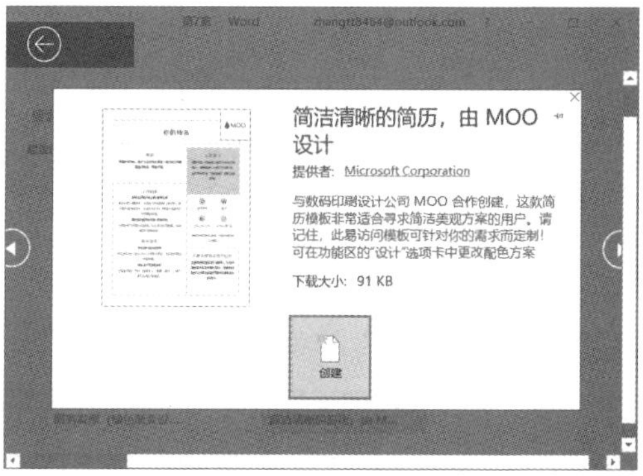

图 7-78

步骤 3： Word 2019 下载该模板的同时会创建一个基于该模板的新文档，如图 7-79 所示。

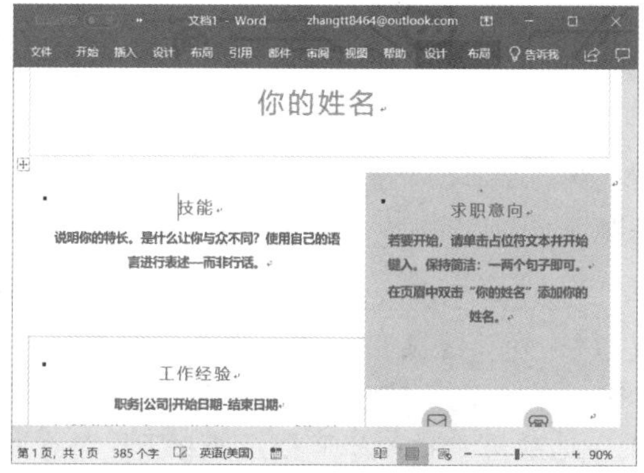

图 7-79

技巧点拨：对于经常使用的文档，用户可以将其定义为模板。创建该文档后单击"文件"按钮，选择"另存为"命令，然后选择快捷菜单中的"Word 模板"命令将该文档保存为模板即可。如果对某个内置模板不满意，可以在 Word 中对其进行修改，然后再次保存它。

7.7.2 创建书法字帖

书法字帖是写字临摹的样本。使用 Word 2019 可以创建字帖文档，这种字帖文档的字体、文字颜色、网格样式以及文字方向等都是可以设置的。下面介绍创建书法字帖的方法。

步骤 1：打开 Word 文档，单击"文件"按钮，然后在展开的菜单内单击"新建"选项，并在右侧的模板列表内选择需要使用的模板，例如"书法字帖"，如图 7-80 所示。

步骤 2：Word 将创建一个新文档并打开"增减字符"对话框。在"可用字符"窗格内单击需要使用的字符，并单击"添加"按钮将其添加到"已用字符"列表内。依次选择并添加字符，完成字符选择后，单击"关闭"按钮，如图 7-81 所示。

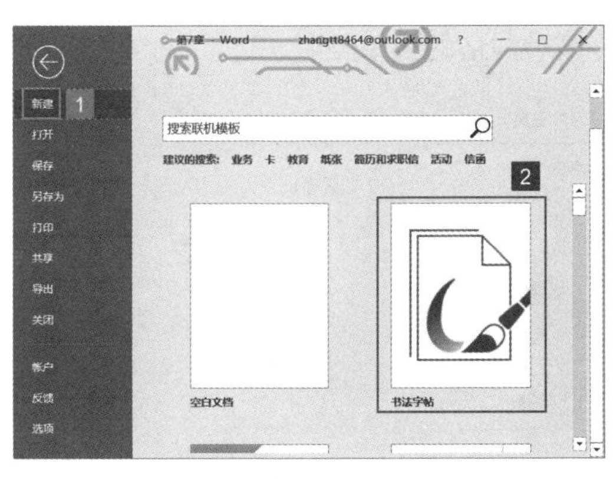

图 7-80

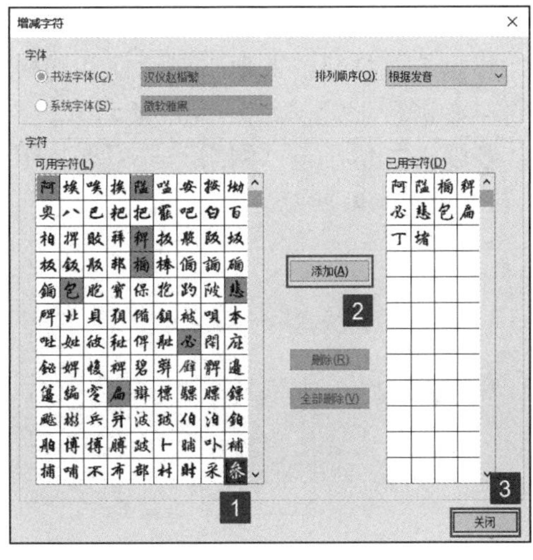

图 7-81

技巧点拨：在"增减字符"对话框内选择字符时，可以按住 Ctrl 键依次单击需要的字符以便同时选择多个字符。在"已用字符"列表内选择某个字符后，单击"删除"按钮即可将其从列表中删除；如果单击"全部删除"按钮，将删除"已用字符"列表中的所有字符。在"排列顺序"下拉列表内，如果选择"根据发音"选项，"可用字符"列表中的汉字将按照汉语拼音顺序排序；如果选择"根据形状"选项，"可用字符"列表中的汉字将按照偏旁部首排序。

步骤 3：返回 Word 文档，即可看到已插入选择的字符，如图 7-82 所示。

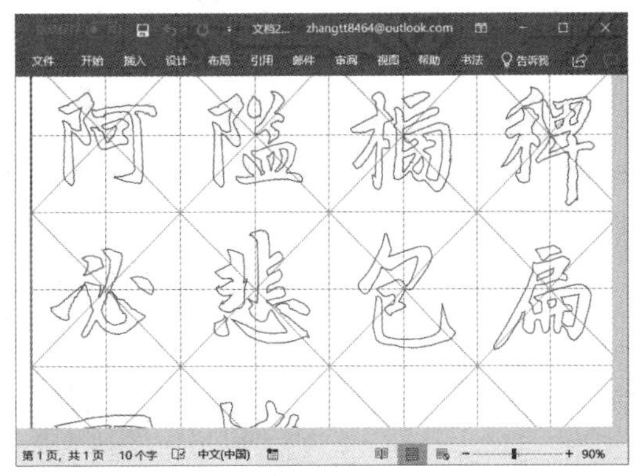

图 7-82

步骤 4：切换至"书法"选项卡，单击“网格样式”下拉按钮，即可在展开的样式列表内选择字帖网格的样式，例如“九宫格”选项，如图 7-83 所示。

步骤 5：此时即可看到文档内的网格样式已变成九宫格，单击“选项”按钮，如图 7-84 所示。

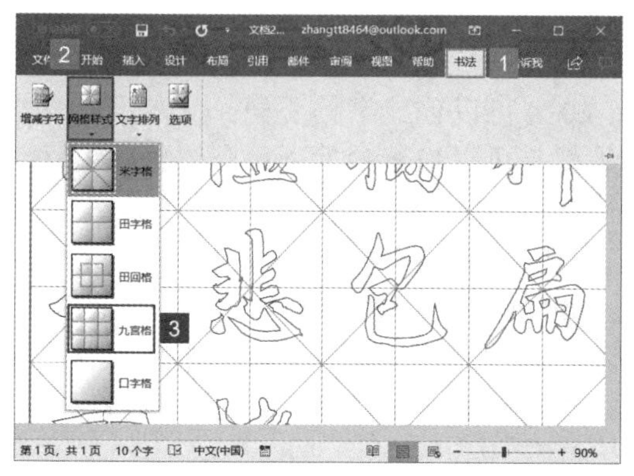

图 7-83

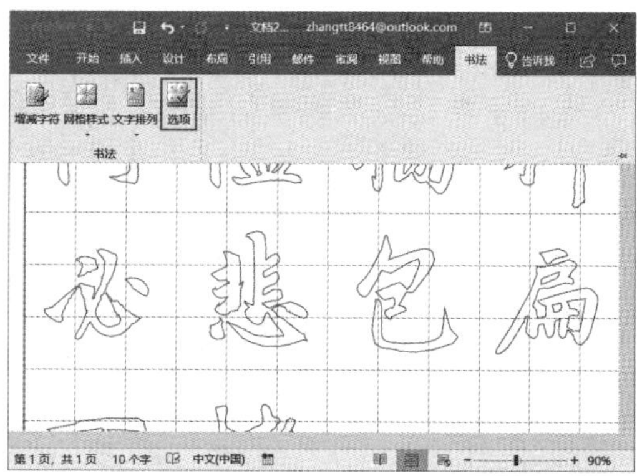

图 7-84

步骤 6：打开“选项”对话框并切换至“字体”选项卡，用户可以对字体颜色以及是否空心进行设置，如图 7-85 所示。

步骤 7：切换至“网络”选项卡，用户可以对网格的线条颜色、边框、内线等进行设置，如图 7-86 所示。

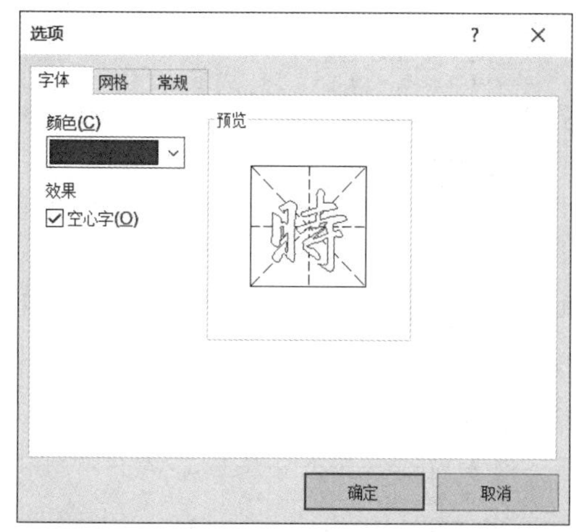

图 7-85

图 7-86

步骤 8：切换至“常规”选项卡，用户可以对字帖每页内的行列数、字符数以及纸张方向进行设置，例如此处将行数和列数设置为“6×4”，单击“确定”按钮，如图 7-87 所示。

步骤 9：返回 Word 文档，即可看到文档内的字帖已按 6 行 4 列的形式排列，效果如图 7-88 所示。

步骤 10：此外，用户还可以对文字排列进行设置。切换至“书法”选项卡，单击“文字排列”下拉按钮，然后在展开的菜单列表内选择文字排列方式，例如“竖排，从左到右”，如图 7-89 所示。

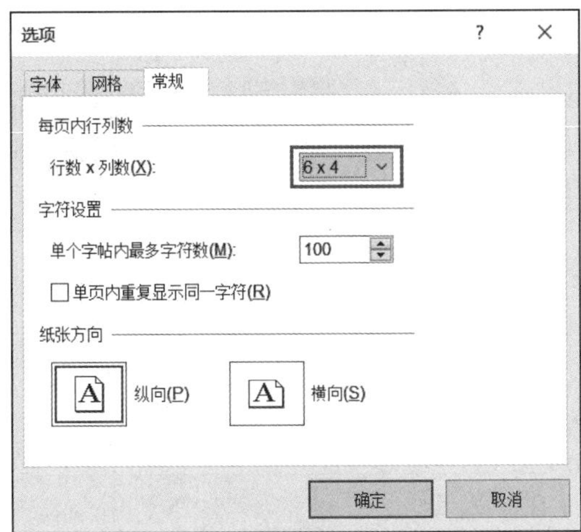

图　7-87

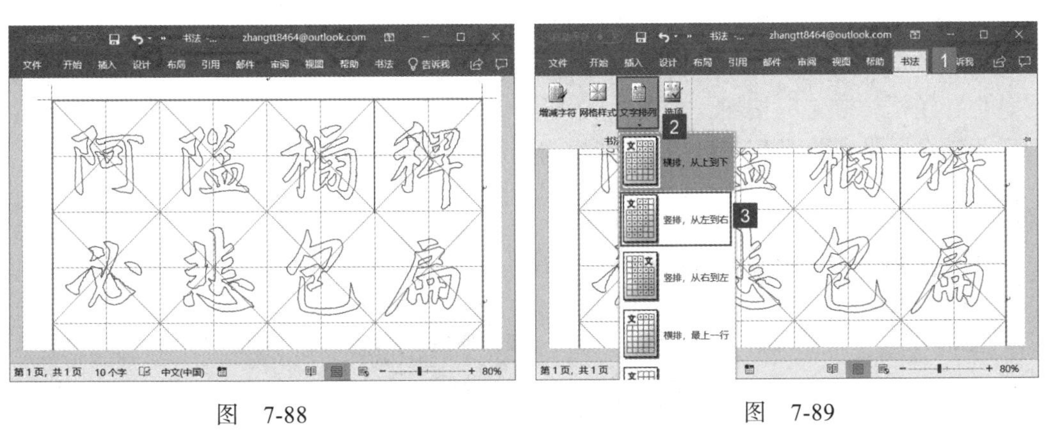

图　7-88　　　　　　　　　　　　图　7-89

步骤 11：设置完成后，效果如图 7-90 所示。完成设置后，打印文档即可获得自己的字帖。

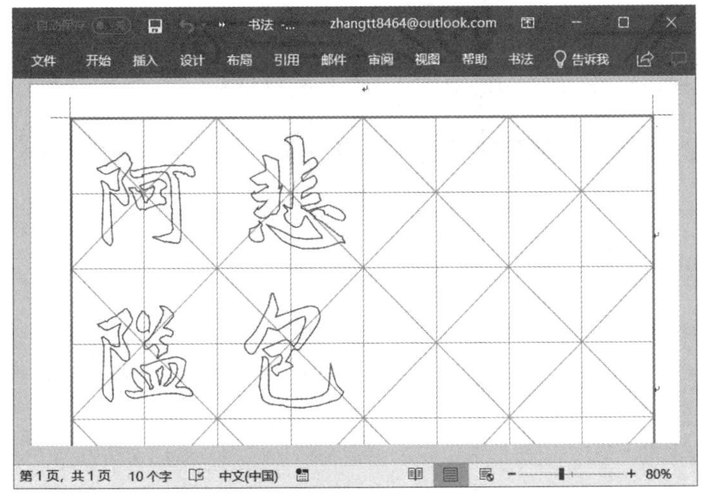

图　7-90

7.7.3 创建稿纸格式文档

写文章经常用到稿纸，每个文字和标点符号都要占用一个方格。在 Word 中有时候也需要用到方格，使用 Word 2019 能够创建稿纸格式的文档，使用“布局”选项卡下的“稿纸设置”按钮能够制作方格稿纸以及行线稿纸样式的文档。下面介绍具体的操作方法。

步骤 1：打开 Word 文档，切换至“布局”选项卡，在“稿纸”组内单击“稿纸设置”按钮，如图 7-91 所示。

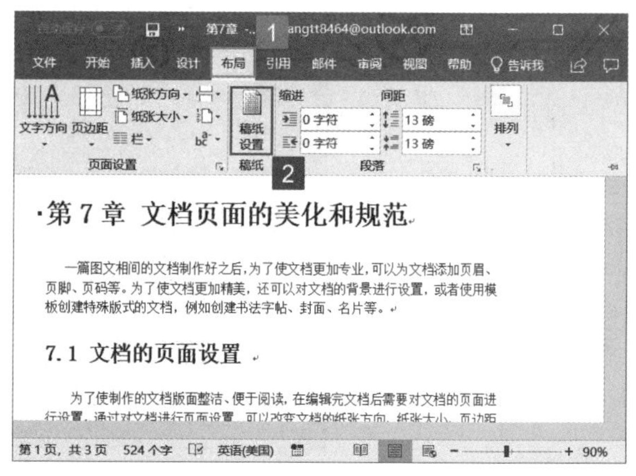

图 7-91

步骤 2：打开“稿纸设置”对话框，单击“格式”下拉列表选择“方格式稿纸”选项，单击“网格颜色”下拉列表选择网格颜色，单击勾选“允许标点溢出边界”前的复选框，单击“确定”按钮，如图 7-92 所示。

步骤 3：即可看到 Word 文档已转换为稿纸格式，如图 7-93 所示。

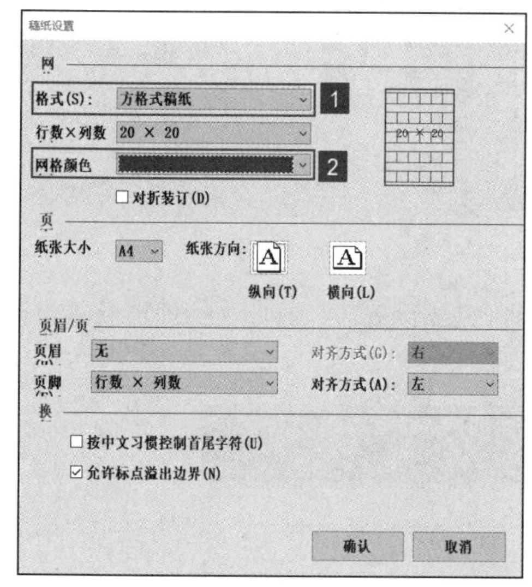

图 7-92

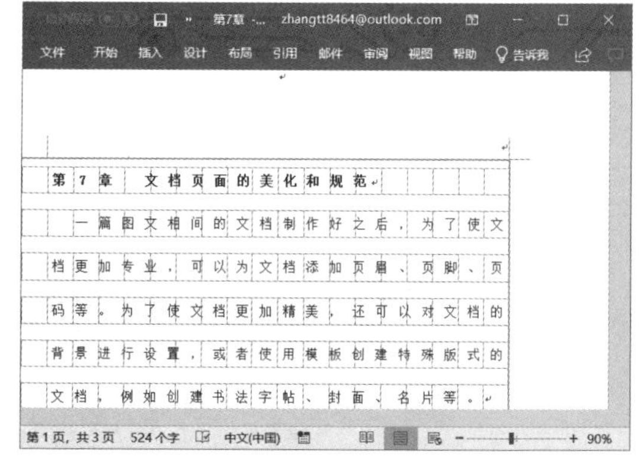

图 7-93

7.7.4 创建封面

在 Word 2019 中，用户可以轻松地对文档的外观进行自定义设置，各种预定义的样式足以创建一个专业级外观的文档。同时，Word 2019 的实时预览功能可以让用户尝试各种各样不同的格式选项，而不需要真正地更改文档。下面介绍一下为 Word 文档创建封面的具体操作步骤。

步骤 1：打开 Word 文档，切换至“插入”选项卡，在“页面”组内单击“封面”下拉按钮，然后在展开的封面样式库内选择合适的样式，例如“镶边”，如图 7-94 所示。

步骤 2：此时即可看到选中的封面样式已插入到文档中，如图 7-95 所示。

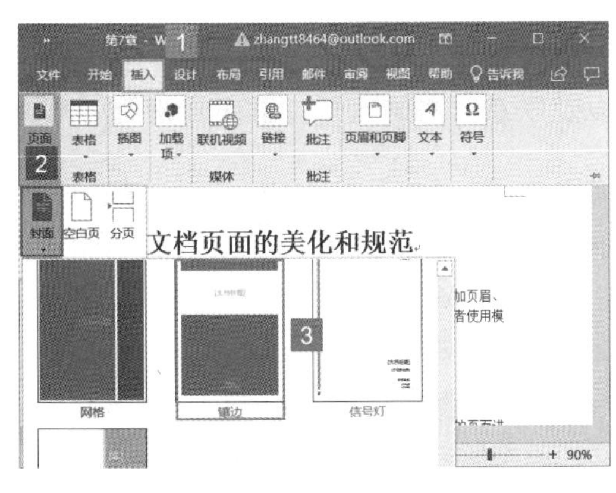

图 7-94

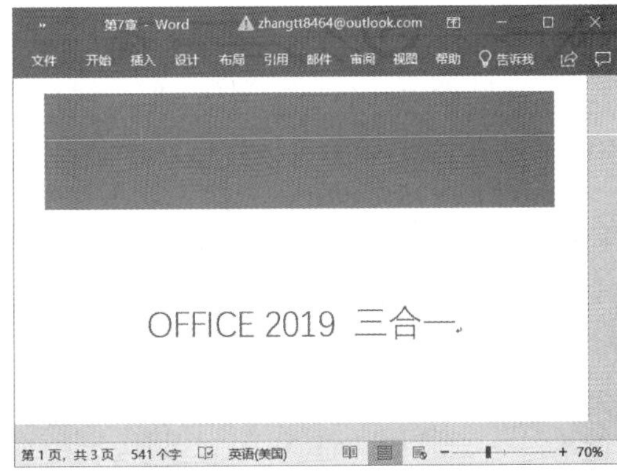

图 7-95

步骤 3：用户可以在“标题”编辑文本框内输入文档标题，并设置其字体、字号、颜色等样式，如图 7-96 所示。

步骤 4：用户还可以在“作者”“公司名称”“公司地址”编辑文本框内输入相应的内容，如图 7-97 所示。

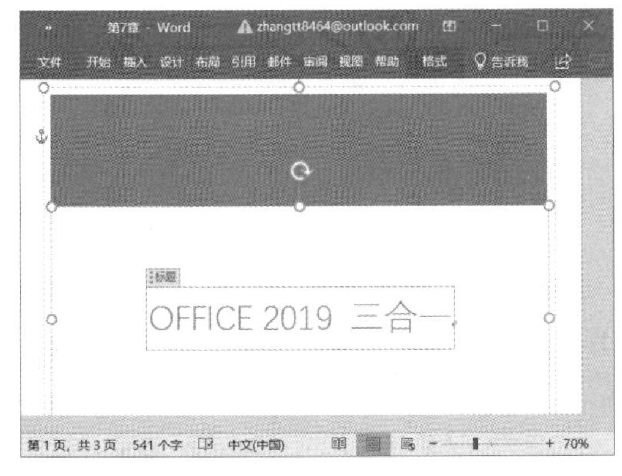

图 7-96

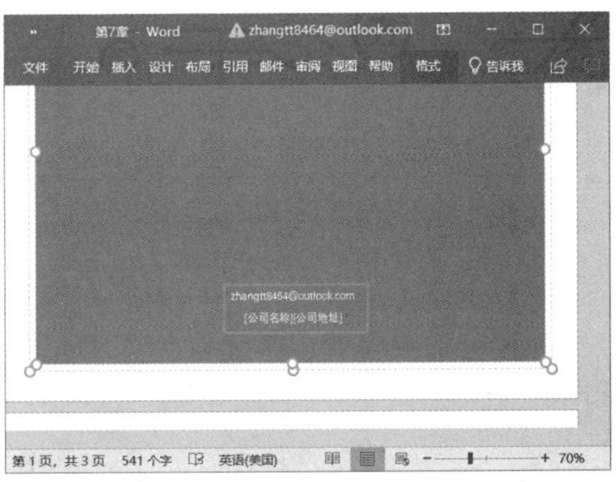

图 7-97

步骤 5：如果用户对默认的封面样式不满意，可以切换至“格式”选项卡，在“形状样式”组内单击其他按钮，然后在展开的样式库内选择合适的形状样式，如图 7-98 所示。设置完成后，效果如图 7-99 所示。

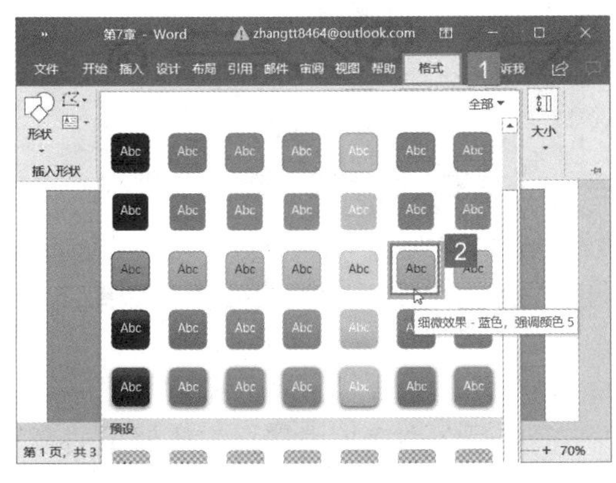

图 7-98

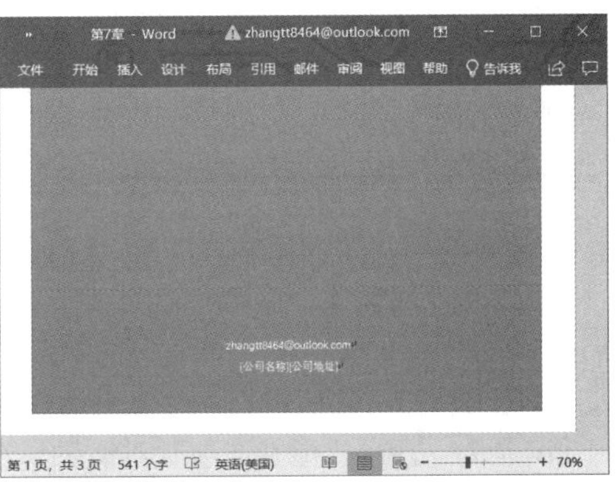

图 7-99

7.7.5 设计名片

名片是标示姓名、所属组织、公司单位以及联系方法的纸片。下面介绍使用 Word 2019 名片模板来制作名片的具体操作方法。

步骤 1：打开 Word 文档，切换至“插入”选项卡，在“插图”组内单击“形状”下拉按钮，然后在弹出的形状样式库内单击“横向文本框”按钮，如图 7-100 所示。

步骤 2：此时文档中的光标会变成十字形，按住鼠标左键不放并拖动鼠标，释放鼠标即可绘制一个横向文本框。调整其大小及位置，效果如图 7-101 所示。

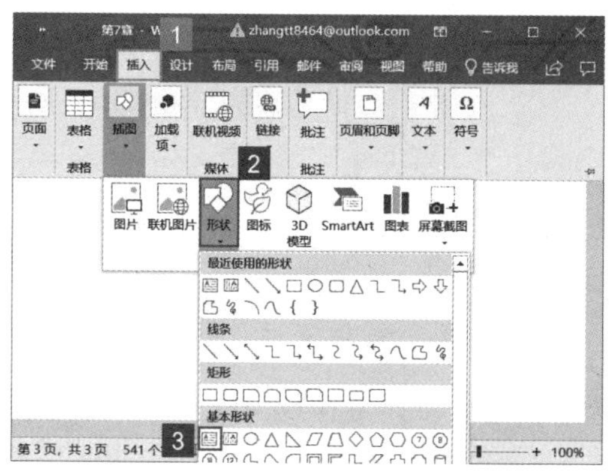

图 7-100

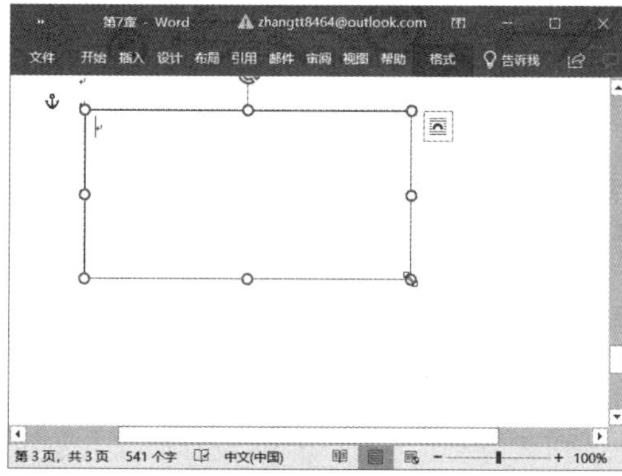

图 7-101

步骤 3：在文本框内输入相应的文字，并设置其字体、字号、位置等。输入完成后，效果如图 7-102 所示。

步骤 4：选中该文本框，切换至“格式”选项卡，在“形状样式”组内单击“形状轮廓”下拉按钮，然后在展开的菜单列表内单击“无轮廓”选项，取消文本框的边框，如图 7-103 所示。

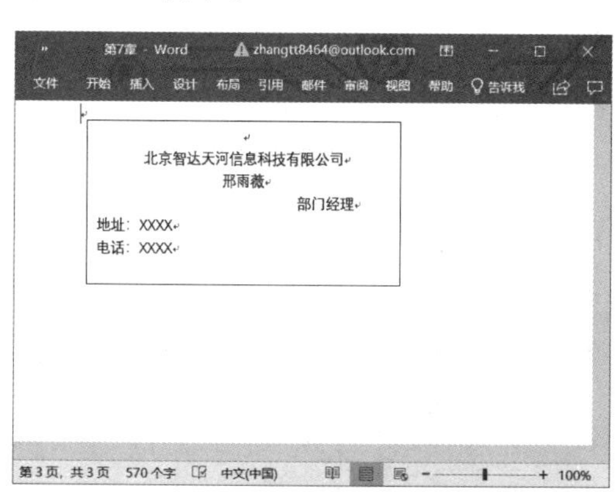

图 7-102

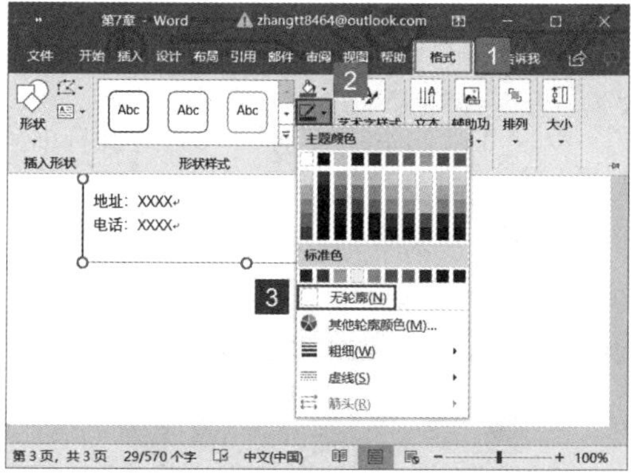

图 7-103

步骤 5：切换至“邮件”选项卡，在“创建”组内单击“标签”按钮，如图 7-104 所示。

步骤 6：弹出“信封和标签”对话框，单击“选项”按钮，如图 7-105 所示。

步骤 7：打开“标签选项”对话框，在“产品编号”列表框内选择需要使用的名片样式，例如“东亚尺寸”，单击“新建标签”按钮，如图 7-106 所示。

步骤 8：此时 Word 文档即可创建一个新文档，并根据设置的名片大小创建了表格，如图 7-107 所示。

图 7-104

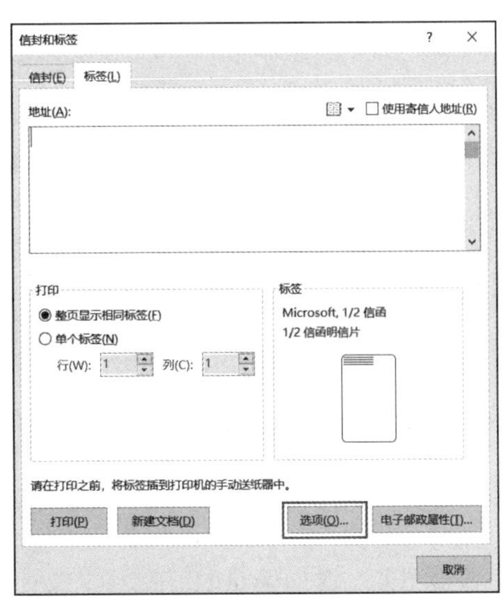

图 7-105

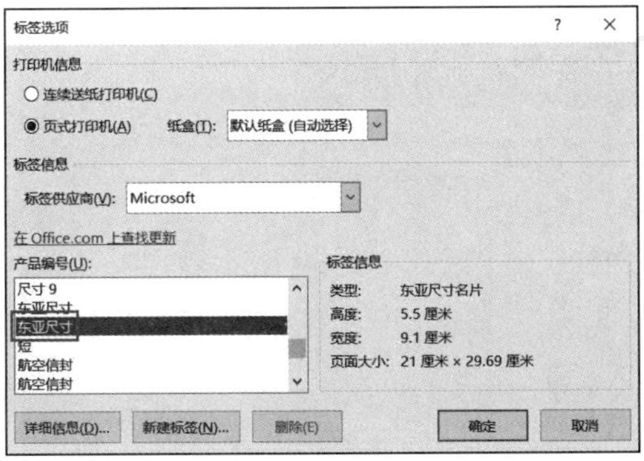

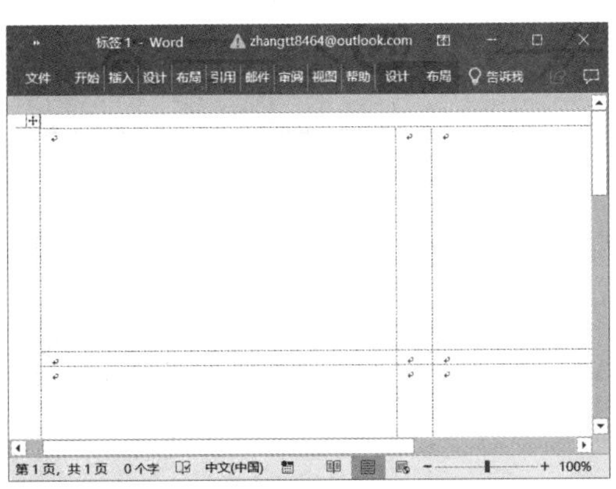

图 7-106

图 7-107

步骤 9： 切换至原 Word 文档，选中创建的文本框，按“Ctrl+C”快捷键复制文本框。切换至创建的标签文档，切换至“开始”选项卡，在“剪贴板”组内单击“粘贴”下拉按钮，然后在弹出的菜单列表内单击“选择性粘贴”选项，如图 7-108 所示。

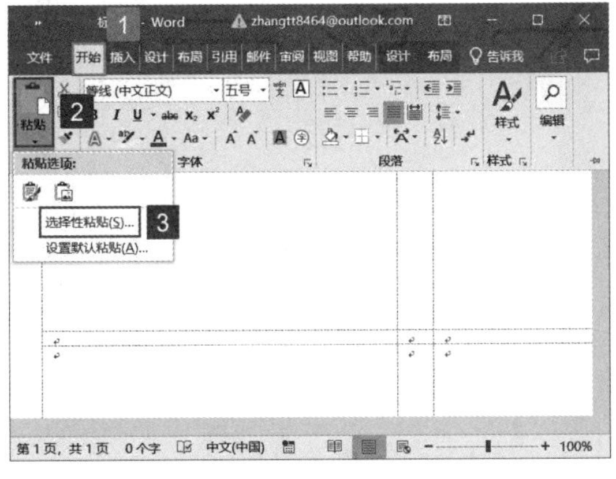

图 7-108

步骤 10： 打开“选择性粘贴”对话框，在“形式”列表框内选择“图片（增强型图元文件）”选项，然后单击“确定”按钮，如图 7-109 所示。

技巧点拨： 这里将文本框转换为图像对象进行粘贴，在粘贴后，可以任意调整其大小，且不会改变文字的布局。

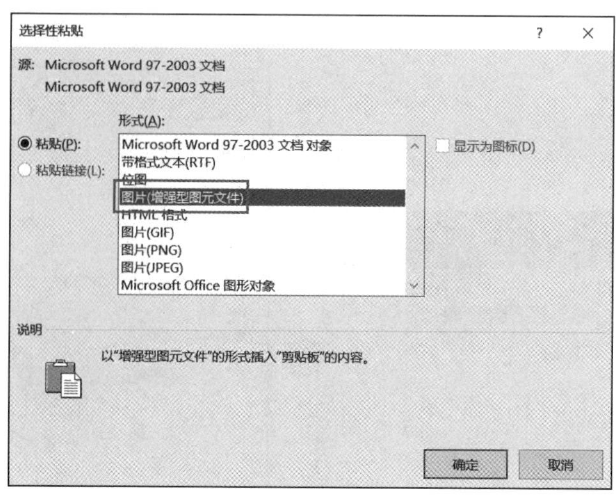

图 7-109

步骤 11：返回 Word 文档，即可看到选中的文本框作为图片粘贴到单元格中。拖动图片边框上的控制柄调整其大小，使之与单元格的大小相配，然后将第一个单元格中的图片粘贴到其他的单元格中完成制作，效果如图 7-110 所示。

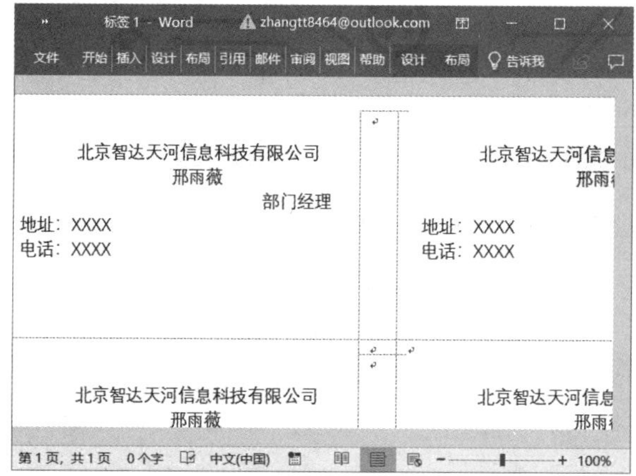

图 7-110

第8章 文档的审阅与打印

文档编辑完成后，可以使用Word 2019中自带的校对功能对文档内容进行校对与修订，使文档表达准确，避免错误的发生。如果要将文档打印出来，则需要提前对文档的页面以及打印进行设置。本章将对文档的校对与修订，创建题注和索引以及文档的打印方法与技巧进行介绍。

- 转换文本内容
- 校对文本内容
- 文档的修订和批注
- 创建题注和索引
- 文档的打印

8.1 转换文本内容

Word 自带语言转换功能，可以把繁体中文转换成简体中文，或者把英语文档转换成其他语言的文档，轻松地完成文档的翻译工作。

8.1.1 翻译词组

当用户需要将文档中的某个单词、词组或句子翻译成其他语言时，可利用翻译工具来完成，而且还可以将翻译的内容替代原有内容插入和复制到原文档中。下面介绍使用翻译工具的具体操作步骤。

步骤 1：打开 Word 文档，选择需要翻译的词组，如“科技发展”，切换至“审阅”选项卡，在“语言”组内单击“翻译”下拉按钮，然后在弹出的菜单列表内单击“翻译所选内容”选项，如图 8-1 所示。

步骤 2：此时 Word 会在窗口右侧打开“翻译工具”对话框，单击“目标语言”右侧的下拉按钮选择需要转换的语言，例如“俄语”，如图 8-2 所示。

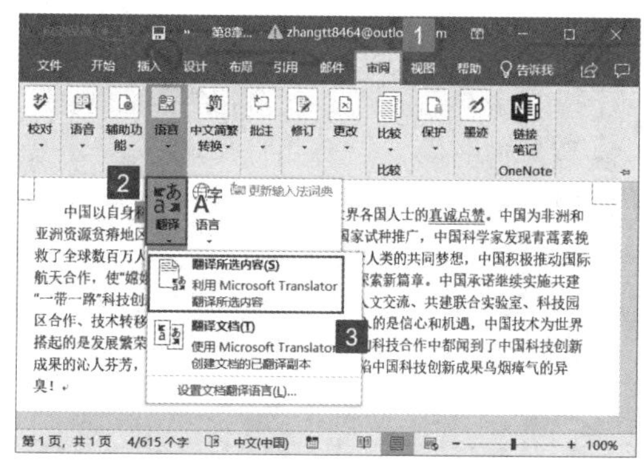

图 8-1

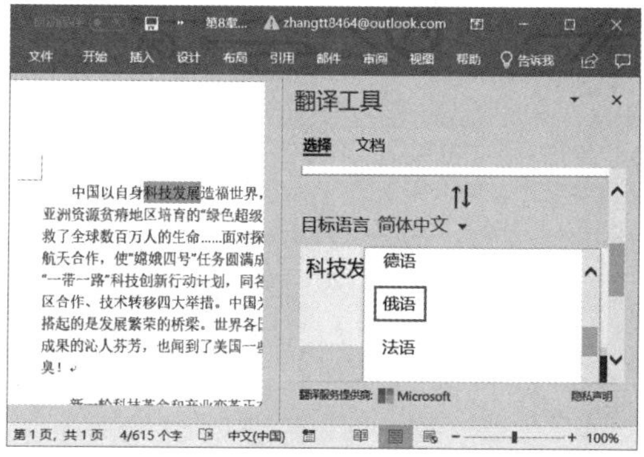

图 8-2

步骤 3：“目标语言”文本框内即可显示翻译后文本内容，单击“插入”按钮，如图 8-3 所示。

步骤 4：单击“关闭”按钮返回 Word 文档主界面，即可看到翻译的俄语文本已被插入至文档中，效果如图 8-4 所示。

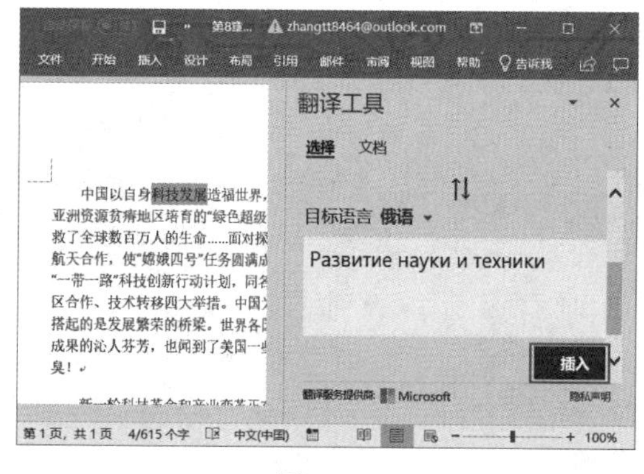

图 8-3

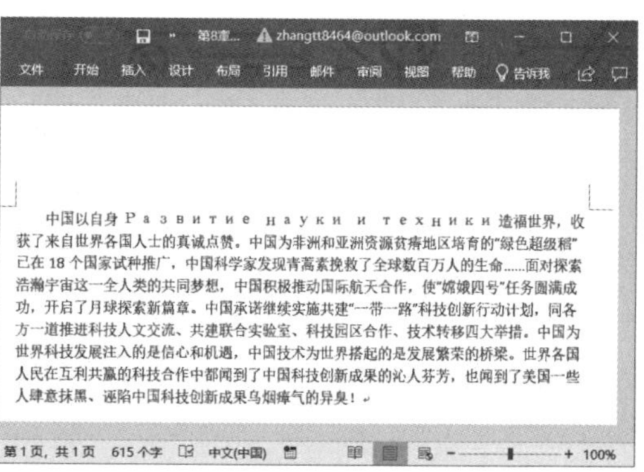

图 8-4

8.1.2　简繁转换

Word 2019 支持用户对文档进行简繁转换，既可将简体中文转换为繁体中文，也可将繁体转换为简体，操作简单便捷。

步骤 1： 打开 Word 文档，切换至“审阅”选项卡，在“中文简繁转换”组内单击“简转繁”按钮，如图 8-5 所示。

步骤 2： 此时即可看到文本内容由简体中文全部转换为繁体中文，如图 8-6 所示。

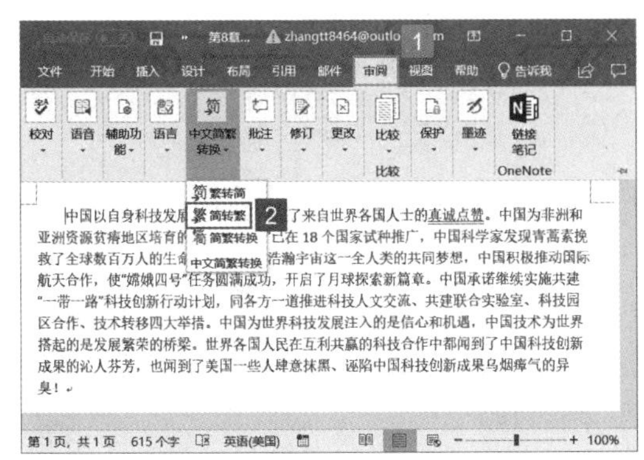

图　8-5

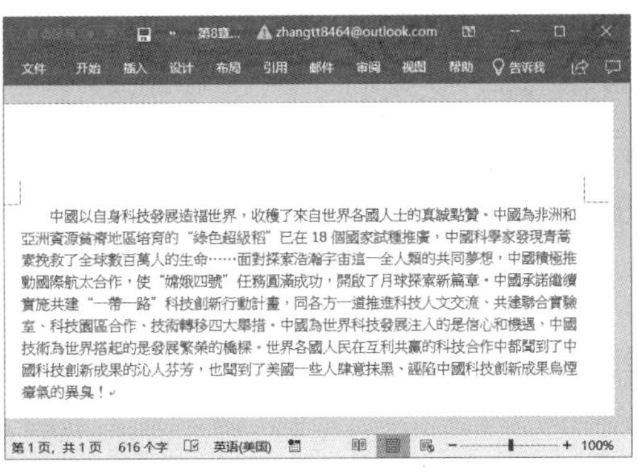

图　8-6

技巧点拨： 若用户需将繁体中文转换为简体，可单击“繁转简”按钮。另一种开启简繁互换功能的是“简繁转换”按钮，会弹出“中文简繁转换”对话框，选择转换方向后单击“确定”按钮即可。

8.2　校对文本内容

文档编辑完成后，对其内容的校对是一项必不可少的步骤，该操作可以及时标记出文档中的拼音和语法错误，从而避免文档出现低级错误。校对文档时，还可统计文档的页数、行数和字数等信息。

8.2.1　校对拼写和语法

用户在使用 Word 文档编辑文本时，经常遇到在一些字词的下方存在红色和蓝色波浪线的情况。这些波浪线是 Word 提供的拼写和语法检查功能，利于用户发现在编辑过程中出现的拼写或语法错误。下面介绍一下校对文档的具体步骤。

步骤 1： 打开 Word 文档，切换至“审阅”选项卡，在“校对”组内单击“拼写和语法”按钮，如图 8-7 所示。

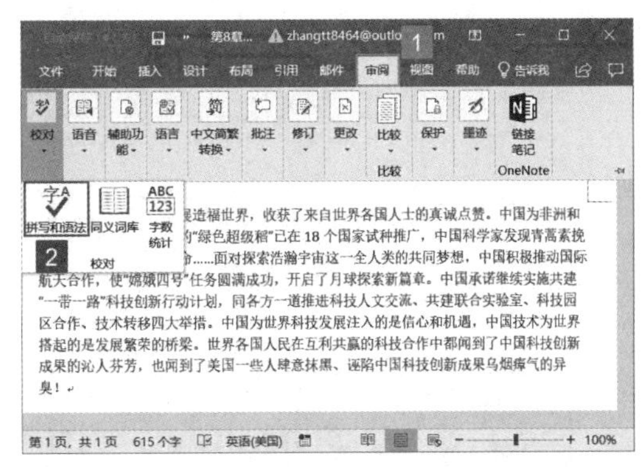

图　8-7

步骤 2： 此时 Word 即可在窗口右侧打开“编辑器”对话框，显示检测到的拼写或语法错误，如图 8-8 所示。

步骤 3：用户可以根据自身需要对其进行更改或忽略，校对完成后，系统会弹出提示框，单击“确定”按钮即可，如图 8-9 所示。

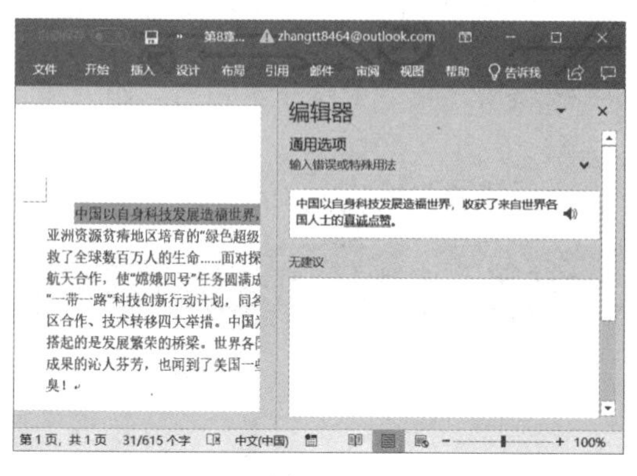

图 8-8

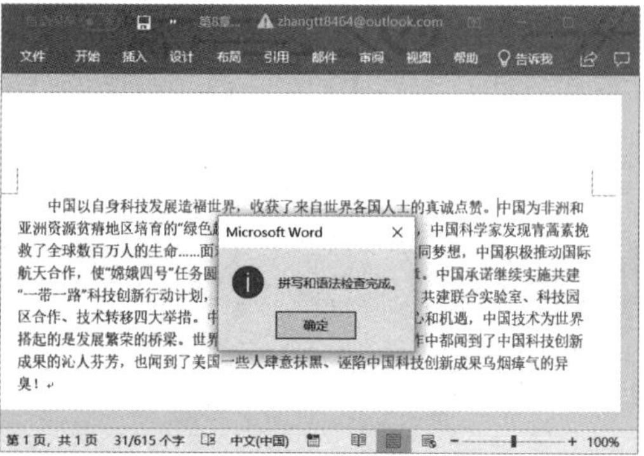

图 8-9

8.2.2 字数统计

创建并编辑完成文档后，可以通过字数统计按钮查看文档的页数、字数、字符数、行数、段落数等信息。下面介绍一下统计文档字数的具体步骤。

步骤 1：打开 Word 文档，切换至“审阅”选项卡，在“校对”组内单击“字数统计”按钮，如图 8-10 所示。

步骤 2：弹出“字数统计”对话框，显示出统计的具体信息，如页数、字数、行数、段落数等，如图 8-11 所示。

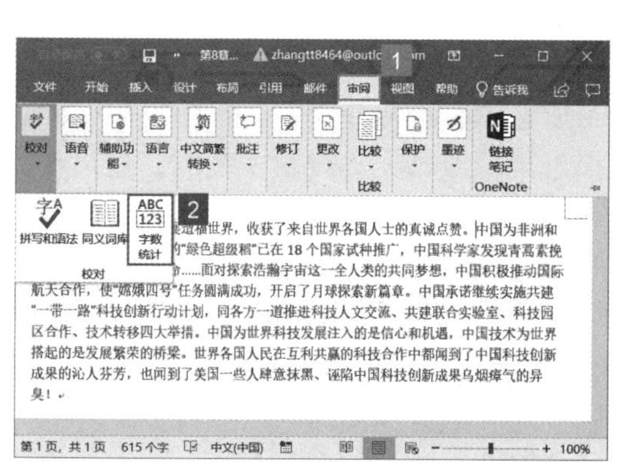

图 8-10

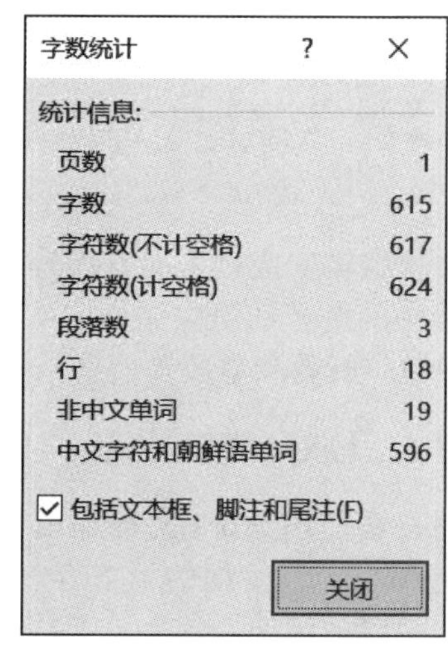

图 8-11

8.3 文档的修订和批注

Word 2019 能够自动记录审阅者对文档的修改，同时允许不同的审阅者在文档中添加批注，以记录自己的意见。本节将对 Word 文档的修改和批注操作进行介绍。

8.3.1 修订文档

启动 Word 的修订功能，进入至修订状态，即可对文档进行修改操作，修改的内容会通过修订标记显示出来，并且不会对原文档进行实质性的删减，也能方便原作者查看修订的具体内容。下面介绍在文档中添加修订并对修订样式进行设置的方法。

步骤 1：打开 Word 文档，切换至“审阅”选项卡，在“修订”组内单击“修订”下拉按钮，然后在弹出的菜单列表内单击“修订”按钮，如图 8-12 所示。

步骤 2：对文档进行编辑，文档中被修改的内容会以修订的方式显示，如图 8-13 所示。

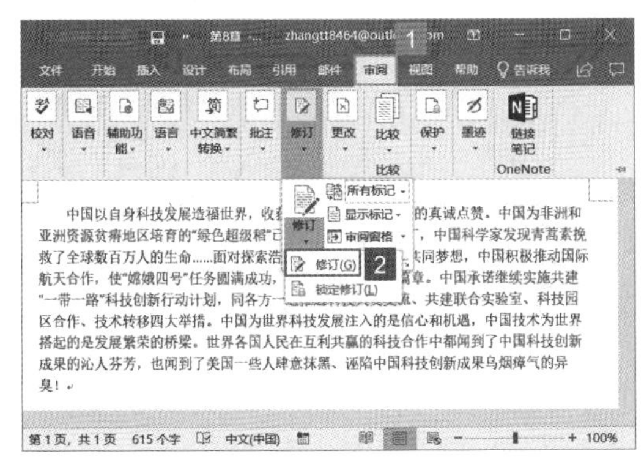

图 8-12

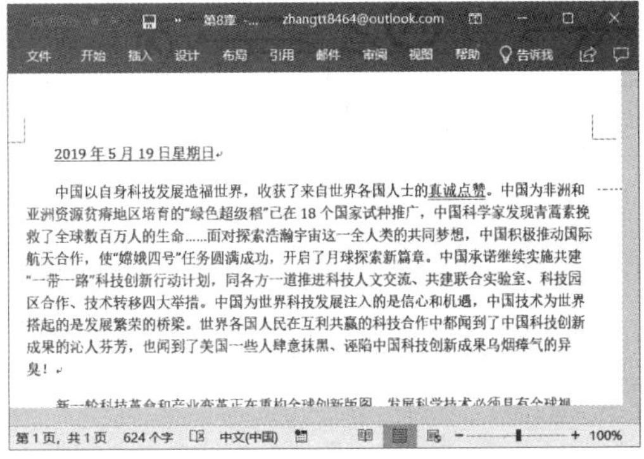

图 8-13

技巧点拨：单击“修订”按钮，能够直接进入修订状态对文档进行修订；再次单击该按钮，即可退出文档的修订状态。

步骤 3：在“修订”组内单击“修订选项”按钮，如图 8-14 所示。

步骤 4：弹出“修订选项”对话框，单击“高级选项”按钮，如图 8-15 所示。

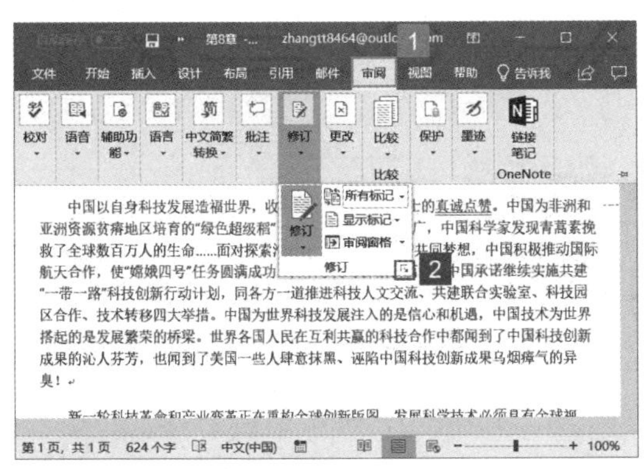

图 8-14

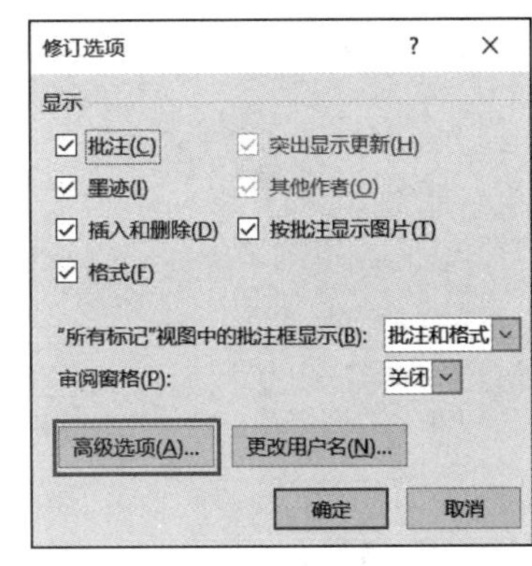

图 8-15

步骤 5：打开“高级修订选项”对话框，单击“插入内容”下拉列表选择“双下划线”选项，将文档中的修改内容标记设置为双下划线，单击“修订行”下拉列表选择“右侧框线”选项，使修改行标记显示在行的右侧，完成设置后单击“确定”按钮，如图 8-16 所示。除此之外，用户还可以在该对话框内，对删除内容的标记、颜色、批注颜色等进行自定义设置。

步骤 6：返回“修订选项”对话框，单击“确定”按钮返回 Word 文档，即可看到修订标记发生改变，如图 8-17 所示。

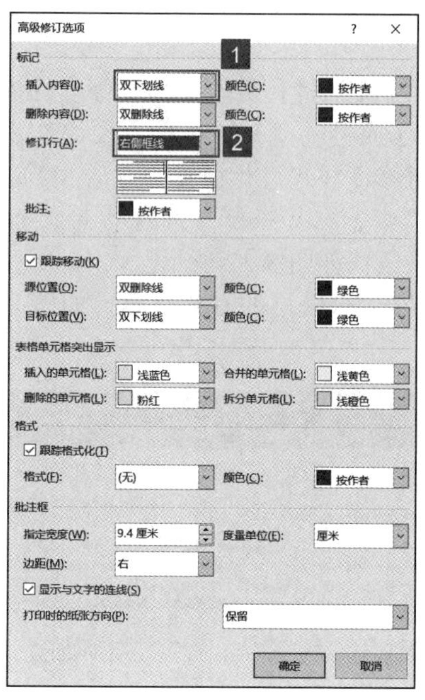

图 8-16

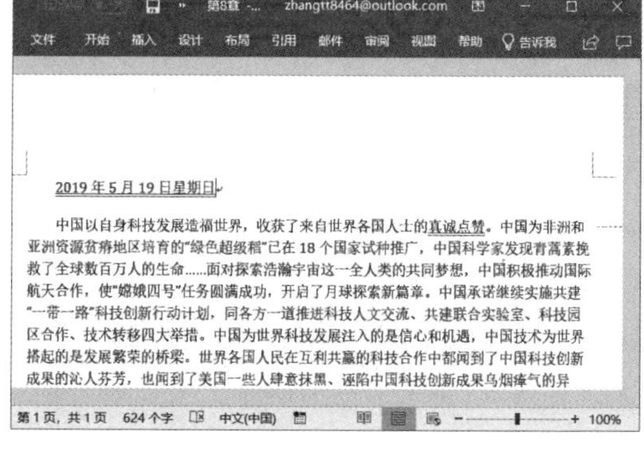

图 8-17

步骤 7：切换至“审阅”选项卡，在“修订”组内单击“显示标记”下拉按钮，在展开的标记选项内单击“批注框”下拉按钮，然后在展开的菜单列表内单击“在批注框中显示修订”选项，如图 8-18 所示。

步骤 8：此时即可看到修订内容在批注框内显示，如图 8-19 所示。

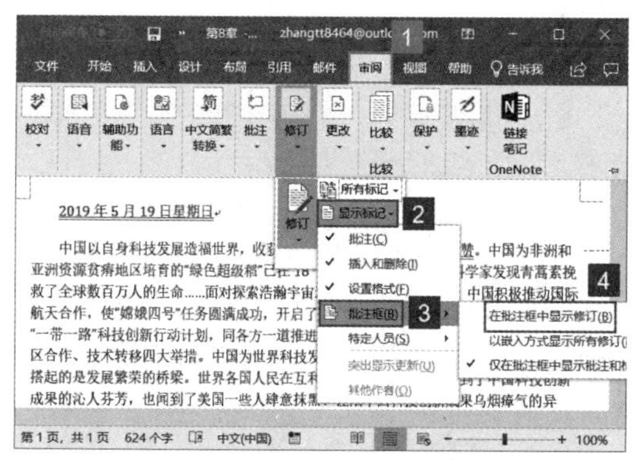

图 8-18

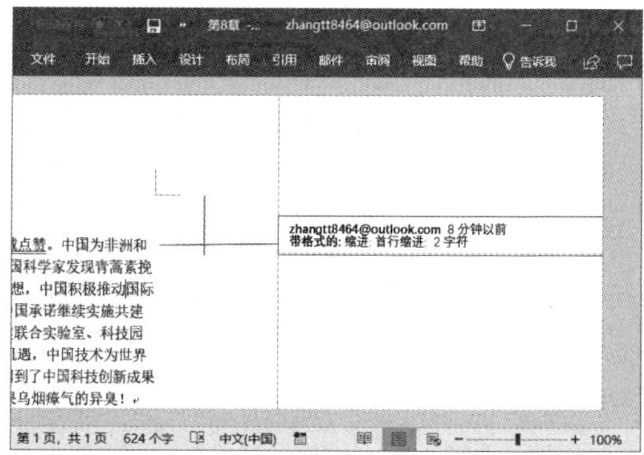

图 8-19

步骤 9：切换至“审阅”选项卡，在“更改”组内单击“接受”下拉按钮，然后在展开的菜单列表内单击“接受并移到下一条”按钮，如图 8-20 所示。

步骤 10：此时，系统将接受本处的修订，并定位到下一条修订，如图 8-21 所示。

技巧点拨：当文档存在多个修订内容时，在“更改”组内单击“上一条”或“下一条”按钮即可将光标定位到上一条或下一条修订处。在“更改”组内单击“拒绝”下拉按钮，然后在展开的菜单列表内选择“拒绝并移到下一条”选项，将拒绝当前的修订并定位到下一条修订。如果用户不想接受其他审阅者的全部修订，则可以选择“拒绝对文档的所有修订”选项。

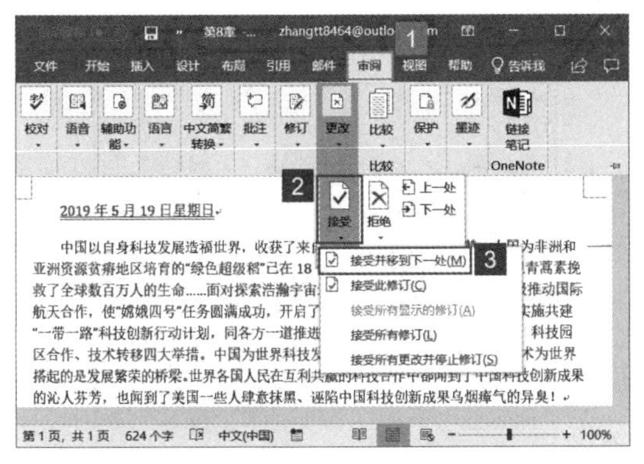

图 8-20

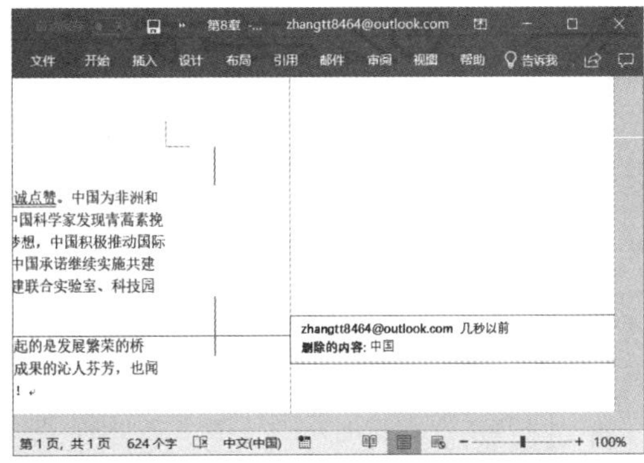

图 8-21

8.3.2 批注文档

批注是对文档进行的注释，由批注标记、连线以及批注框构成。当需要对文档进行附加说明时，就可插入批注。并通过特定的定位功能，对批注进行查看。当不再需要某条批注时，也可将其删除。下面介绍在文档中添加批注的方法。

步骤 1：新建批注。打开 Word 文档，将光标定位至需要添加批注的文本内容后面，或者选择需要添加批注的对象。切换至“审阅”选项卡，在“批注”组内单击“新建批注”按钮，如图 8-22 所示。

步骤 2：此时即可在文档右侧出现批注框。在批注框内输入批注内容即可创建批注，如图 8-23 所示。

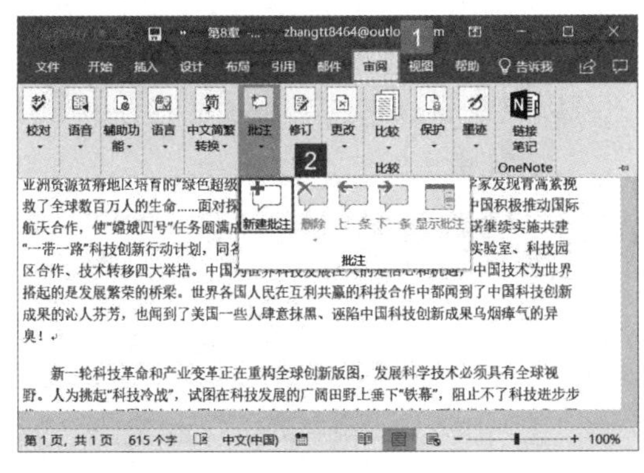

图 8-22

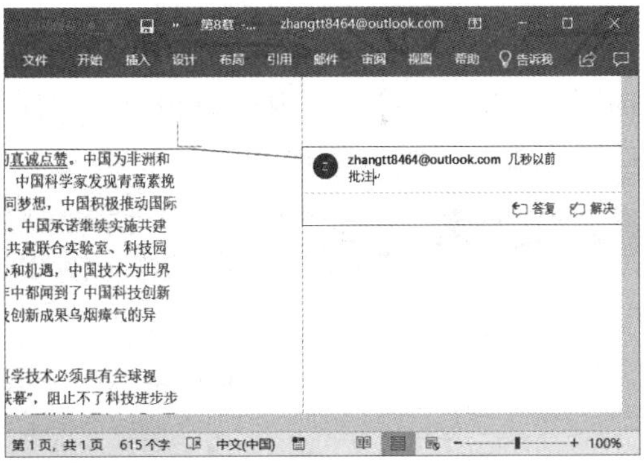

图 8-23

步骤 3：设计批注样式。在“修订”组内单击“修订选项”按钮，如图 8-24 所示。

步骤 4：弹出“修订选项”对话框，单击“高级选项”按钮，如图 8-24 所示。

步骤 5：弹出“高级修订选项”对话框，单击“批注”下拉列表设置批注框的颜色，在“指定宽度”右侧的增量框内输入数值设置批注框的宽度，单击“边距”下拉列表选择“左”选项将批注

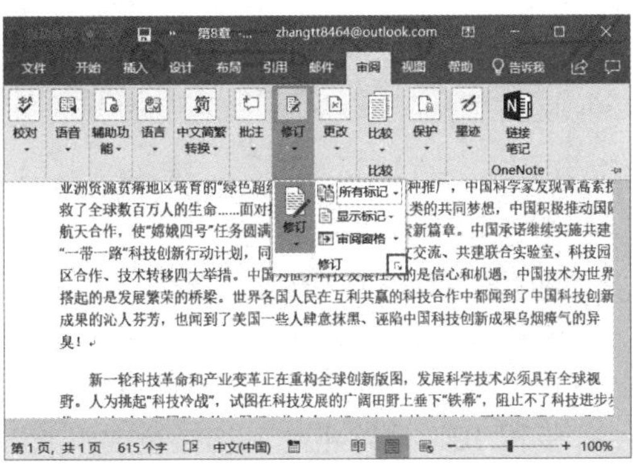

图 8-24

框放置在文档的左侧，完成设置后单击“确定”按钮，如图 8-26 所示。

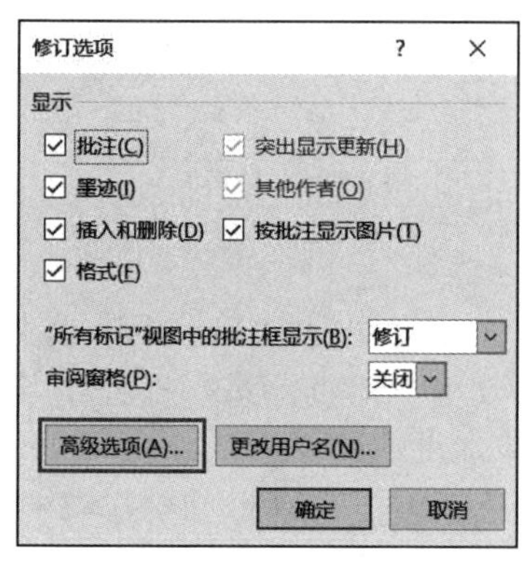

图 8-25

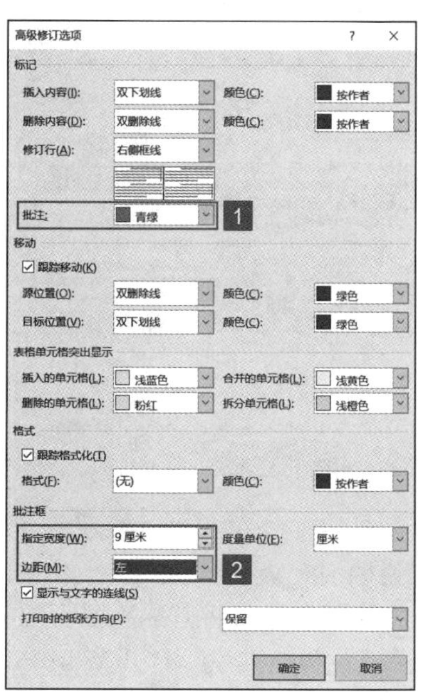

图 8-26

步骤 6：返回“修订选项”对话框，单击“确定”按钮返回 Word 文档。即可看到批注框的样式和位置已发生改变，如图 8-27 所示。

步骤 7：Word 2019 能够将在文档中添加批注的所有审阅都记录下来。在“修订”组内单击“显示标记”下拉按钮，然后在展开的菜单列表内选择“特定人员”选项，在打开的审阅者名单列表内选择相应的审阅者，可以仅查看该审阅者添加的批注，如图 8-28 所示。

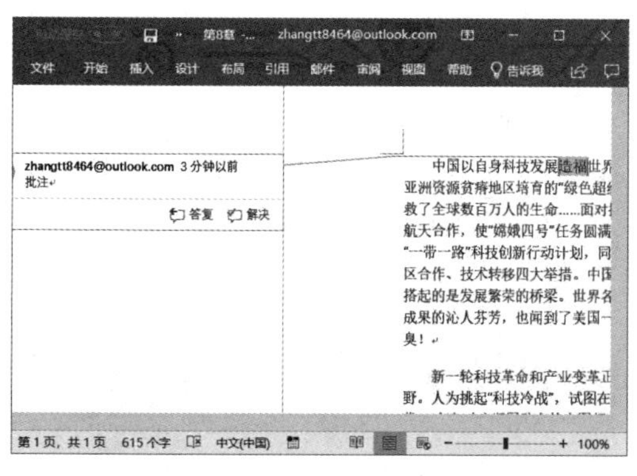

图 8-27

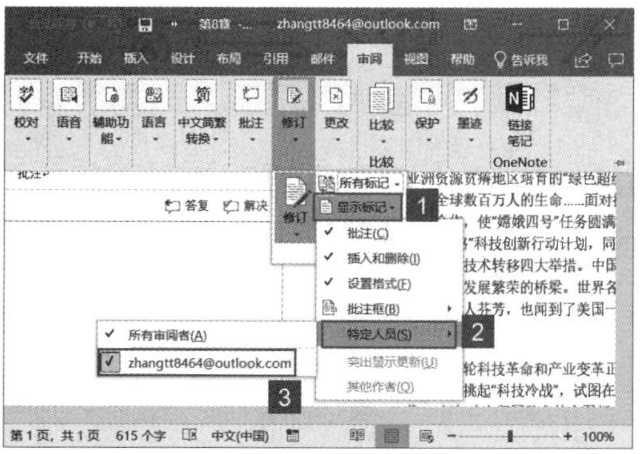

图 8-28

步骤 8：在“修订”组内单击“审阅窗格”下拉按钮，然后在展开的菜单列表内单击“垂直审阅窗格”选项，如图 8-29 所示。

步骤 9：此时即可在 Word 窗口左侧打开“修订”对话框，显示了文档的修订记录和批注内容，并且随时更新修订的数量，如图 8-30 所示。

步骤 10：删除批注。切换至“审阅”选项卡，在“批注”组内单击“删除”按钮，如图 8-31 所示。

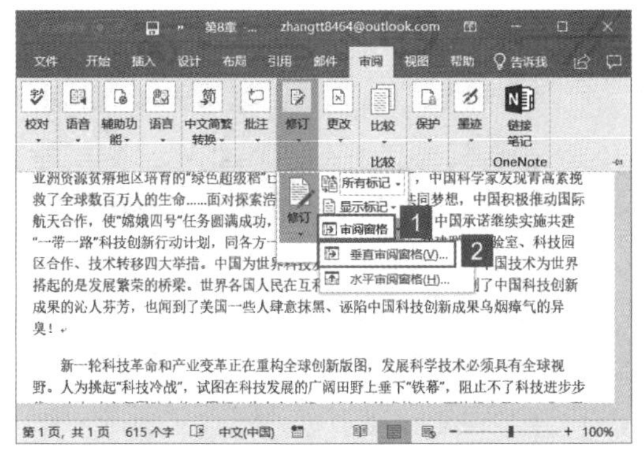

图 8-29

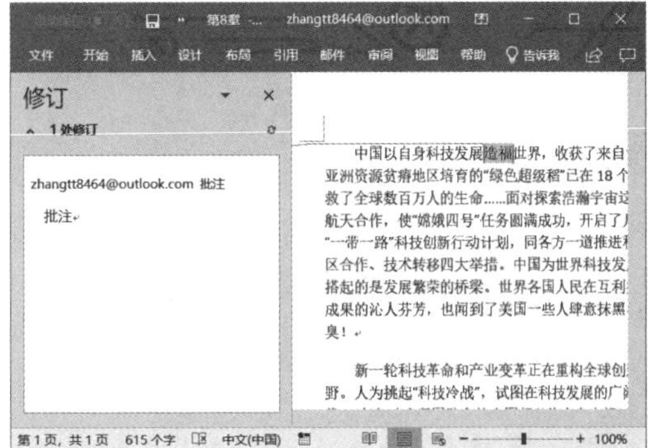

图 8-30

步骤 11：此时即可看到“修订”对话框内的批注内容已消失，效果如图 8-32 所示。单击“关闭”按钮返回 Word 文档即可。

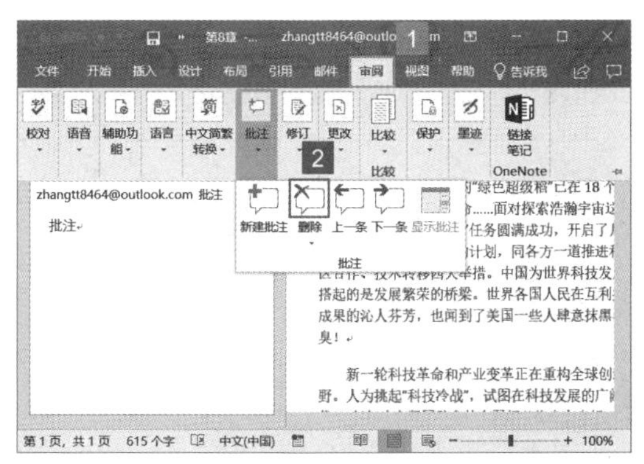

图 8-31

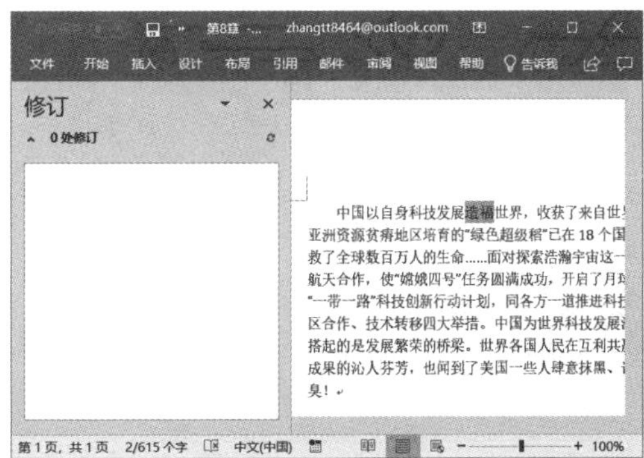

图 8-32

8.4 创建题注和索引

在 Word 文档使用图片、表格和图表非常常见，为了方便阅读和使文档更有规律，则需要使用题注对其编号。而索引是帮助读者了解书籍价值的关键，能够帮助读者了解文档的实质。本节将对在 Word 2019 文档中使用题注和索引的相关知识进行介绍。

8.4.1 使用题注

题注是用于对文档中的图片、公式、表格、图表和其他项目进行编号与识别的文字片段。Word 可以自动插入题注，并且在插入时自动对这些题目进行编号。下面介绍插入题注的具体步骤。

步骤 1：在文档中插入图片，将光标定位在图片下方。切换至“引用”选项卡，在“题注”组内单击“插入题注”按钮，如图 8-33 所示。

步骤 2：弹出“题注”对话框，单击“标签”下拉列表选择标签类型，此时即可在“题注”文本框内显示该类标签的题注样式。如果不符合需求，用户可以单击“新建标签”按钮，如图 8-34 所示。

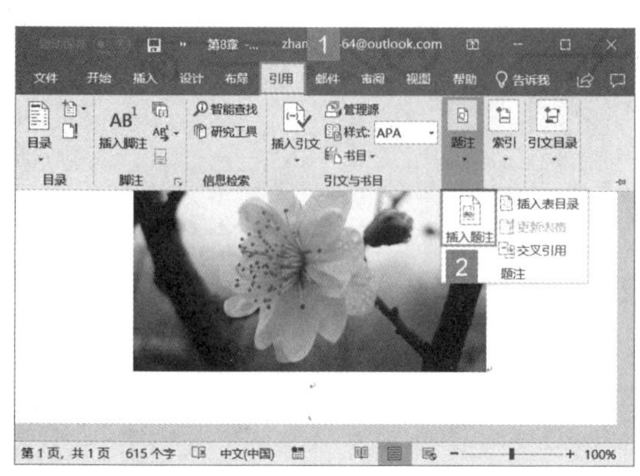

图 8-33

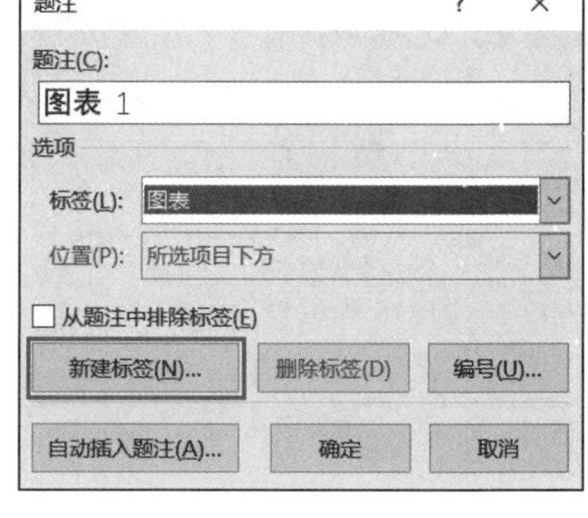

图 8-34

步骤 3：打开“新建标签”对话框，在“标签”文本框内输入新的标签样式名称，单击“确定”按钮，如图 8-35 所示。

步骤 4：返回“题注”对话框，即可将新建的标签添加到“标签”下拉列表内，选中该标签即可。单击“编号”按钮，如图 8-36 所示。

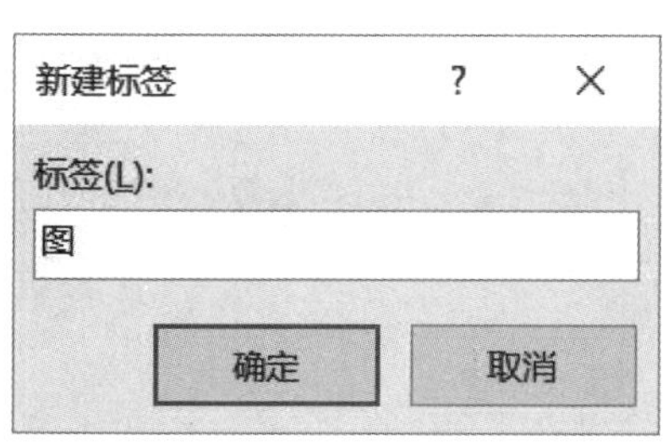

图 8-35

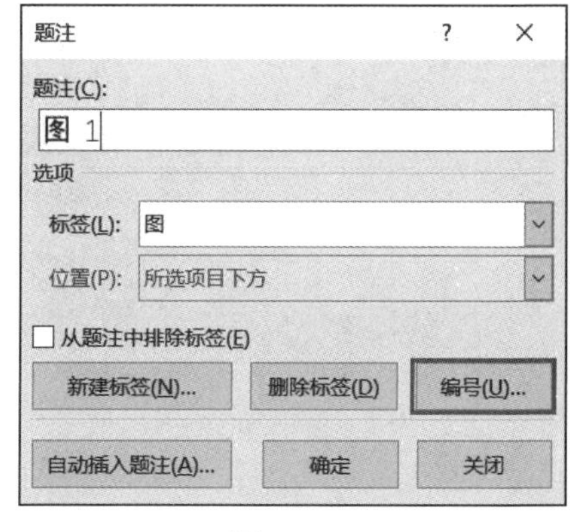

图 8-36

步骤 5：打开“题注编号”对话框，单击“格式”下拉列表选择编号格式，完成设置后单击“确定”按钮，如图 8-37 所示。

步骤 6：返回“题注”对话框，即可在“题注”文本框内看到设置的标签及编号，单击“确定”按钮，如图 8-38 所示。

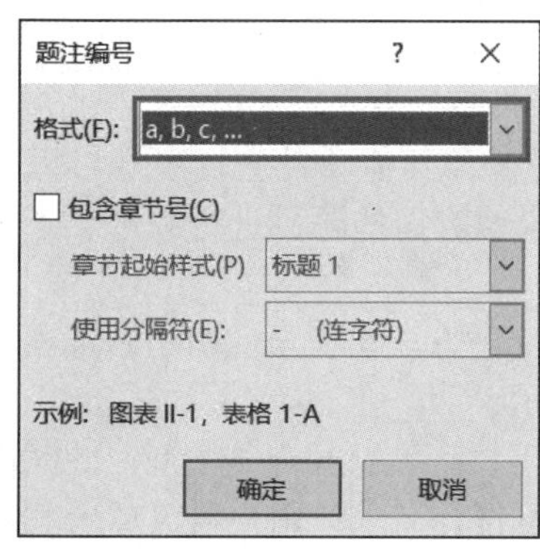

图 8-37

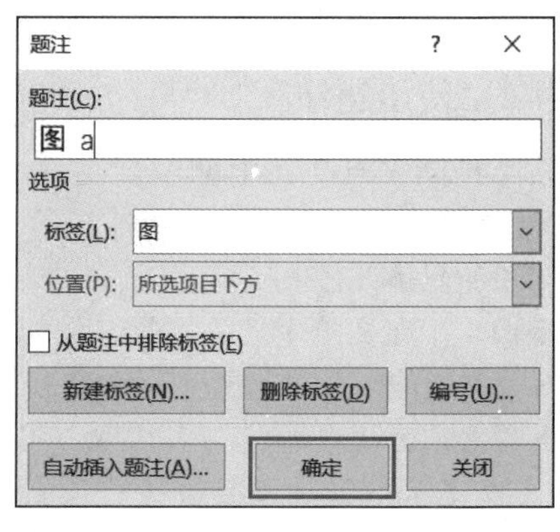

图 8-38

步骤 7：返回 Word 文档，即可在图片下方看到添加的题注。按“Ctrl+Shift+S”快捷键打开“应用样式”对话框，单击“修改”按钮，如图 8-39 所示。

步骤 8：弹出“修改样式”对话框，对题注的样式进行修改。单击“字体”下拉列表将其设置为宋体，单击“字号”下拉列表将其设置为五号，并将其设置为居中对齐方式。设置完成后，单击“确定”按钮，如图 8-40 所示。

图 8-39

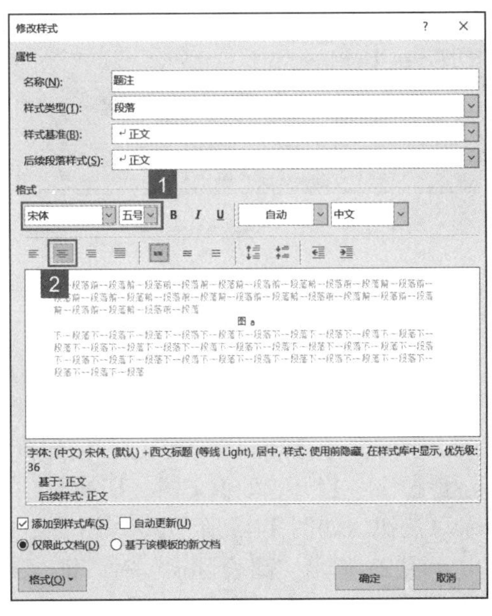

图 8-40

步骤 9：返回 Word 文档，即可看到题注格式发生改变，单击“关闭”按钮关闭应用样式对话框即可，如图 8-41 所示。

步骤 10：继续插入图片，切换至“引用”选项卡，在“题注”组内单击“插入题注”按钮，如图 8-42 所示。

图 8-41

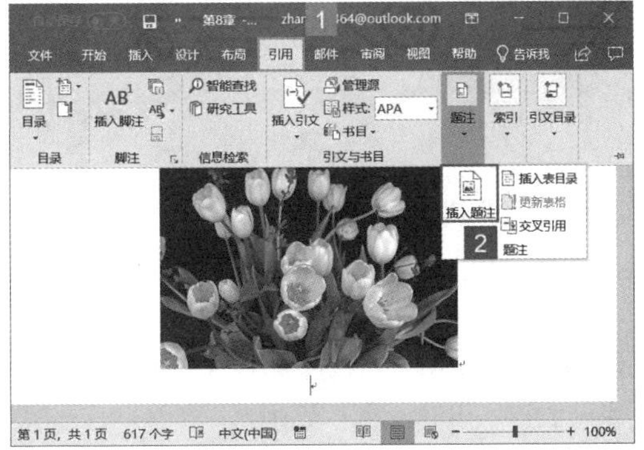

图 8-42

步骤 11：打开“题注”对话框，即可在“题注”文本框内看到自动更改的编号，单击“确定”按钮，如图 8-43 所示。

步骤 12：返回 Word 文档，即可看到第二张图片已添加题注，效果如图 8-44 所示。

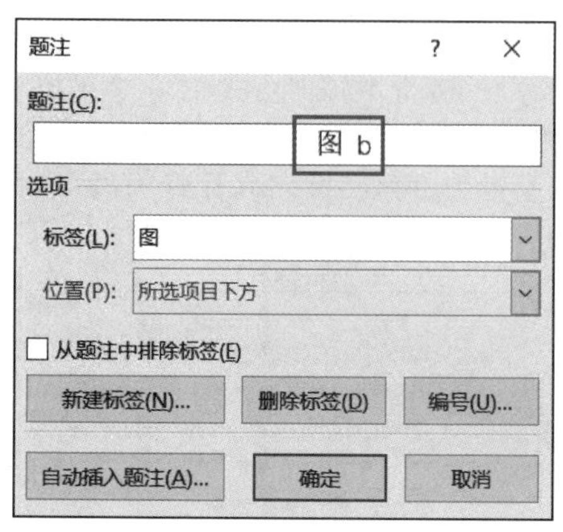

图 8-43

图 8-44

8.4.2 使用图表目录

如果文档中的图片和表格较多，用户可以为图表建立目录。在建立图表目录时，可以根据图表的题注或者自定义样式的图表标签为依据，并参考页序，按照排序级别排列。下面介绍图表目录的创建和使用方法。

步骤 1：打开 Word 文档，切换至“引用”选项卡，在“题注”组内单击“插入表目录”按钮，如图 8-45 所示。

步骤 2：弹出“图表目录”对话框，对插入的图表目录进行设置。单击“题注标签”下拉 按钮选择标签，单击“确定”按钮，如图 8-46 所示。

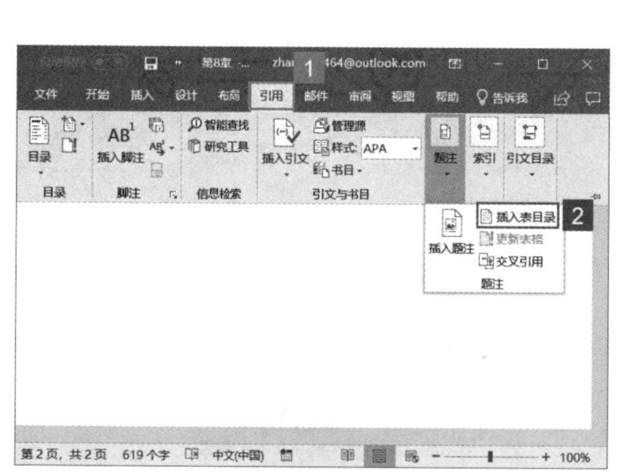

图 8-45

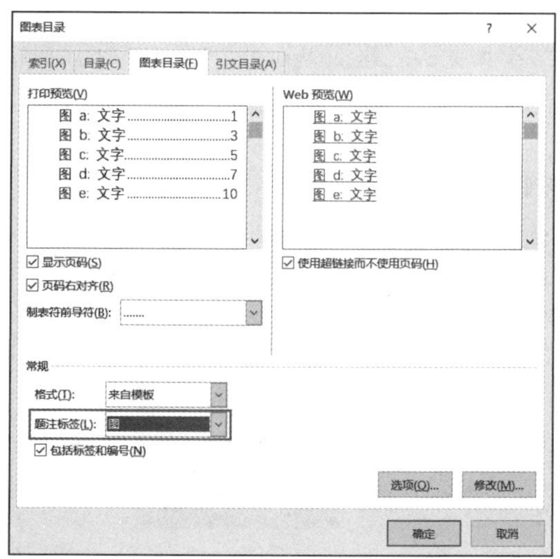

图 8-46

步骤 3：返回 Word 文档，即可看到插入的表目录。按住“ Ctrl”键并单击表目录项，能够快速定位至该目录项所对应的图表，如图 8-47 所示。

步骤 4：如果用户对默认的样式不满意，可以进行自定义设置。切换至“引用”选项卡，在“题注”组内单击“插入表目录”按钮，打开“图表目录”对话框。单击“修改”按钮，如图 8-48 所示。

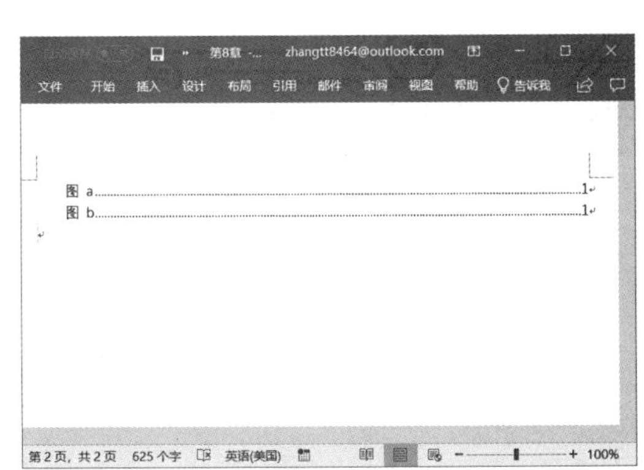

图 8-47

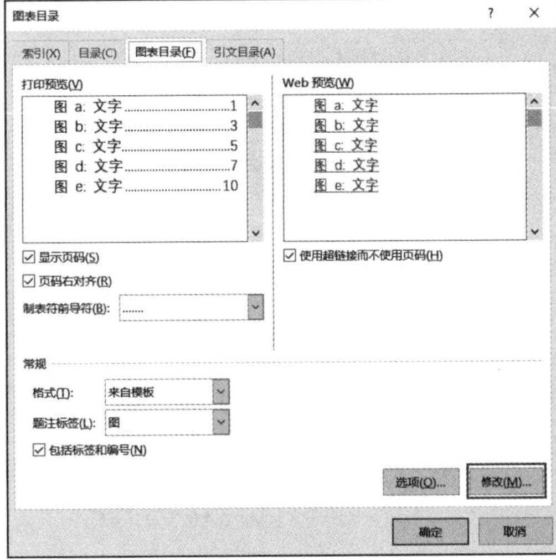

图 8-48

步骤5：打开“样式”对话框，单击“修改”按钮，如图8-49所示。

步骤6：打开“修改样式”对话框，用户可以对图表目录的字体、字号、颜色等格式进行设置。例如此处将字体设置为“华文行楷”，将字号设置为“五号”，将颜色设置为“绿色”，设置完成后，单击“确定”按钮，如图8-50所示。

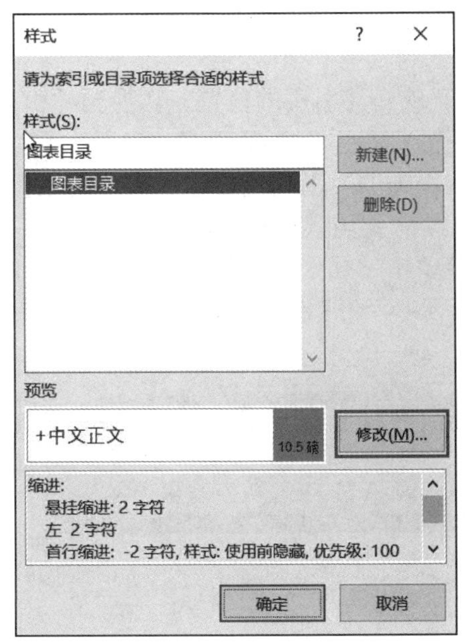

图 8-49

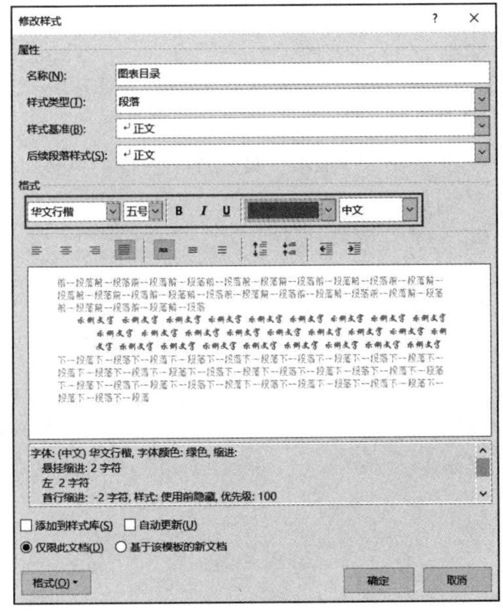

图 8-50

步骤7：返回“样式”对话框，可以在“预览”文本框内看到设置效果，单击“确定”按钮，如图8-51所示。

步骤8：返回“图表目录”对话框，单击“确定”按钮返回Word文档，即可看到图表目录的样式发生改变，效果如图8-52所示。

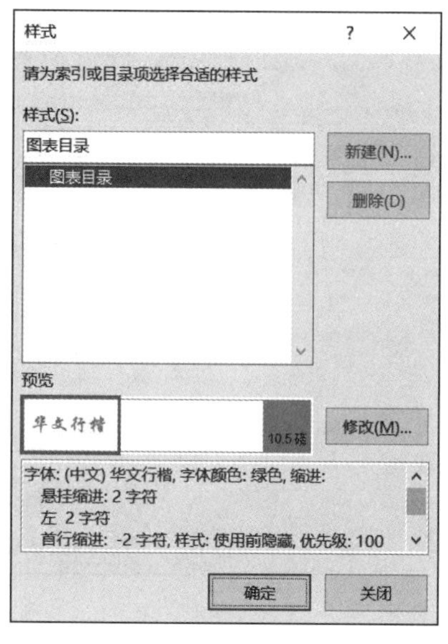

图 8-51

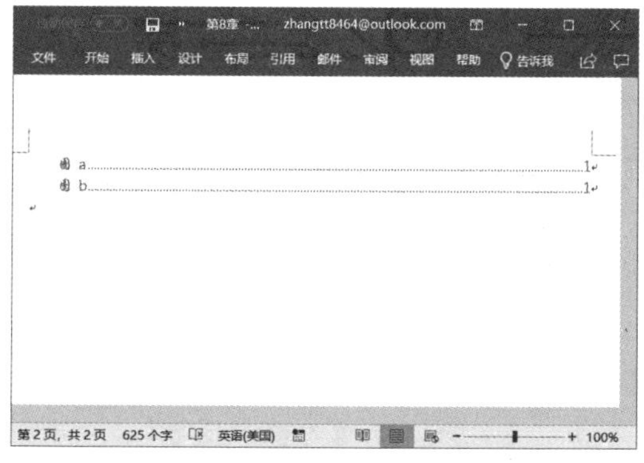

图 8-52

8.4.3 使用交叉引用

交叉引用是对 Microsoft Word 文档中其他位置的内容的引用，例如，可为标题、脚注、书签、题注、编号段落等创建交叉引用。下面将介绍在 Word 中使用交叉引用的方法。

步骤 1：打开 Word 文档，将光标定位至需要实现交叉引用的位置，切换至“引用”选项卡，在“题注”组内单击“交叉引用”按钮，如图 8-53 所示。

步骤 2：弹出“交叉引用”对话框，单击“引用类型”下拉列表选择需要的项目类型，例如“标题”，单击“引用内容”下拉列表选择需要插入的信息，在“引用哪一个标题”文本框内选择引用的具体内容。完成设置后单击“插入”按钮，如图 8-54 所示。

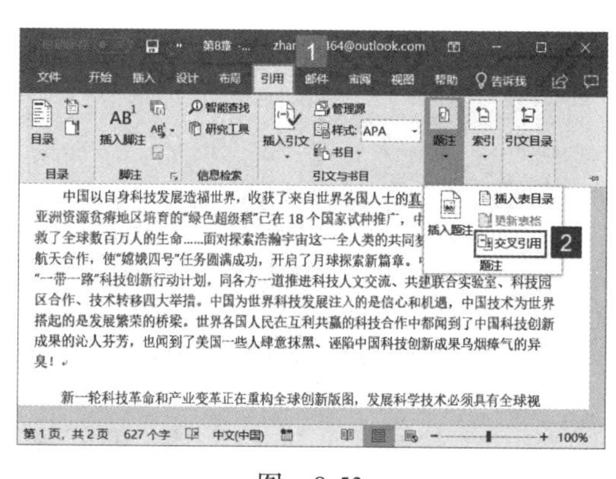

图 8-53

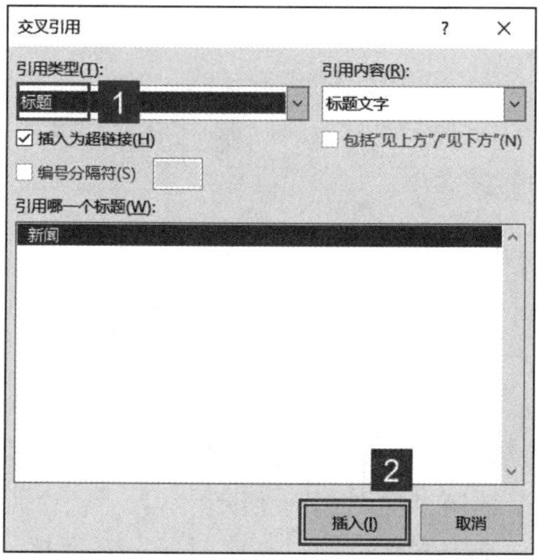

图 8-54

技巧点拨：如果取消勾选“插入为超链接”前的复选框，则插入的交叉引用不具有链接能力。如果“包括‘见上方’/‘见下方’”复选框可用，可勾选此复选框来包含引用项目的相对位置信息。另外，单击“插入”按钮后，如果还需要创建其他的交叉引用，可不关闭对话框，在文档中定位至新的插入点继续插入即可。

步骤 3：单击“关闭”按钮关闭“交叉引用”对话框，返回 Word 文档，即可看到新插入的引用。按住“Ctrl”键并单击文档中的交叉引用，即可跳转至引用指定的位置，如图 8-55 所示。

技巧点拨：如果需要对创建的交叉引用进行修改，在文档中选择插入的交叉引用后，再次打开“交叉引用”对话框，选择新的引用项目后单击“插入”按钮即可。

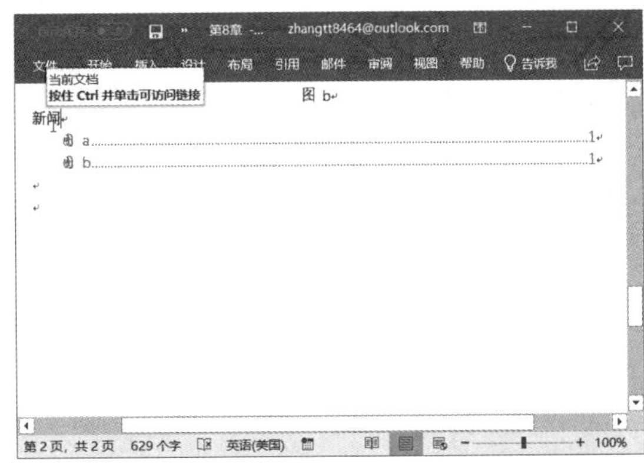

图 8-55

8.4.4 创建索引

索引是根据一定需要，把书刊中的主要概念或各种题名摘录下来，标明出处、页码，按一定次序分条排列，以供人查阅的资料。它是图书中重要内容的地址标记和查阅指南，设计科学、编辑合理的索引不但可以使阅读者倍感方便，也是图书质量的重要标志之一。Word 提供了图书编辑排版的索引功能，下面介绍创建索引的步骤。

步骤 1：打开 Word 文档，切换至“引用”选项卡，在“索引”组内单击“标记条目”按钮，如图 8-56 所示。

步骤 2：弹出“标记索引项”对话框，在“主索引项”右侧的文本框内输入选择的文字，然后单击“标记”按钮标记索引项，如图 8-57 所示。在不关闭对话框的情况下标记其他索引项。

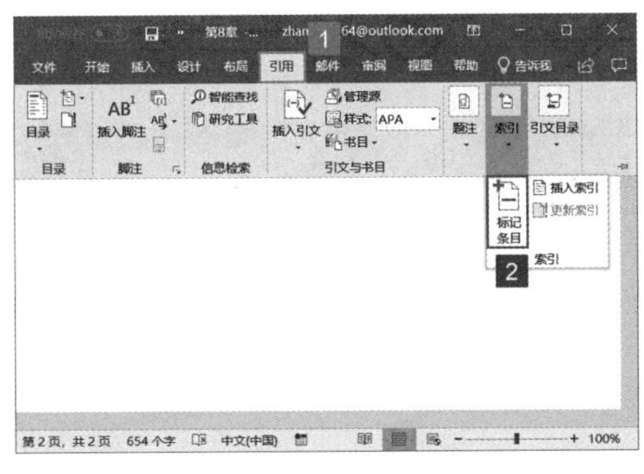

图 8-56

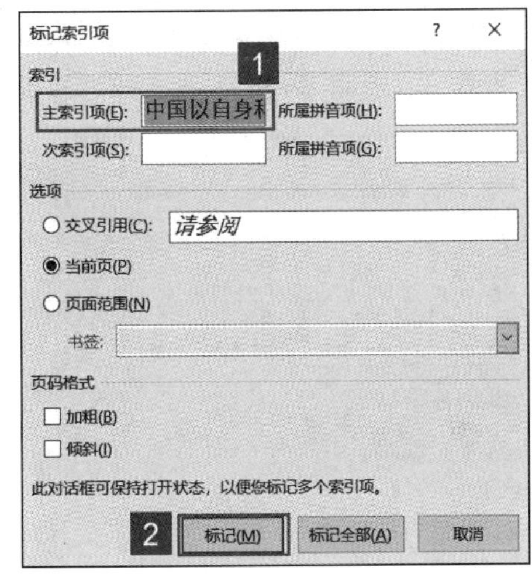

图 8-57

技巧点拨：在次索引项后面加上“:”，可以创建下级索引项。单击选中“交叉引用”单选按钮，在其后的文本框中输入文字可以创建交叉索引。单击选中“当前页”单选按钮，可以列出索引项的当前页码。单击选中“页码范围”单选按钮，Word 会显示一段页码范围。当一个索引项有多页时，则可选定这些文本后将索引项定义为书签，然后在“书签”文本框中选定该书签，Word 将能自动计算该书签所对应的页码范围。

步骤 3：添加完成后，单击“关闭”按钮返回 Word 文档，如图 8-58 所示。

步骤 4：将光标定位至需要创建索引的位置，切换至“引用”选项卡，在“索引”组内单击“插入索引”按钮，如图 8-59 所示。

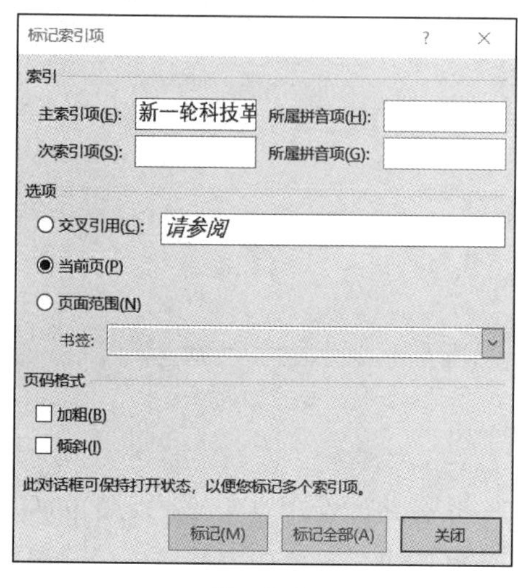

图 8-58

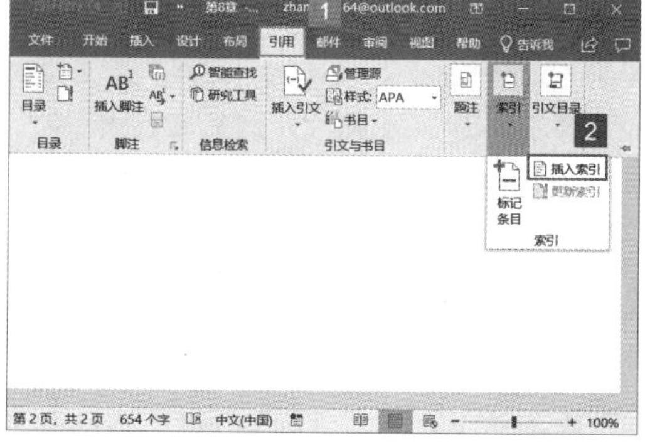

图 8-59

步骤 5：打开“索引”对话框，对创建的索引进行设置。例如此处将索引的“栏数”设置为 1，完成设置后单击“确定”按钮，如图 8-60 所示。

技巧点拨：如果选中“缩进式”单选按钮，次索引项将相对于主索引项缩进。如果选中“接排式”，则主索引项将和次索引项排在一行中。由于中文和西文的排序方式不同，应该在“语言（国家 / 地区）”下拉列表框中选择索引使用的语言。如果是中文，则可在“排序依据”下拉列表中选择排序的方式。若勾选“页码右对齐”复选框，页码将右排列，而不是紧跟在索引项的后面。

步骤 6：返回 Word 文档，即可看到已添加索引，如图 8-61 所示。

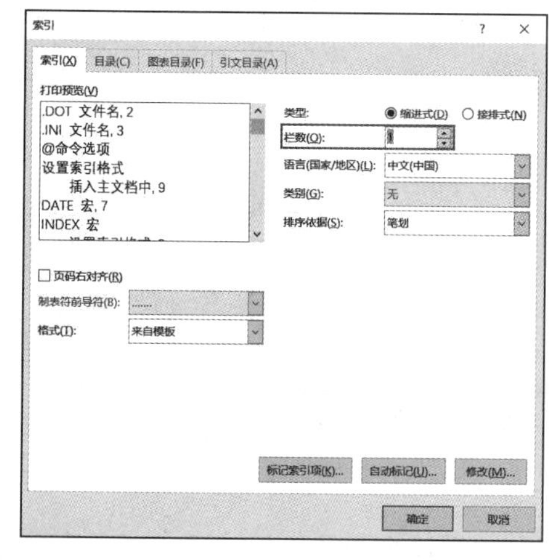

图 8-60

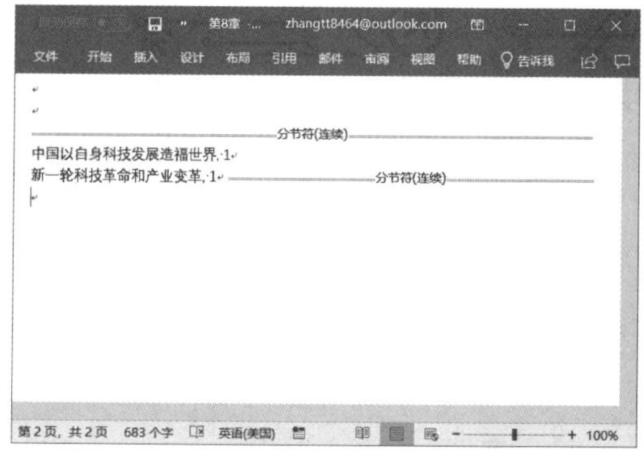

图 8-61

步骤 7：如果需要对索引的样式进行修改，可以再次打开“索引”对话框，单击“修改”按钮，如图 8-62 所示。

步骤 8：打开“样式”对话框，在“索引”列表内选择需要修改样式的索引，单击“修改”按钮，如图 8-63 所示。

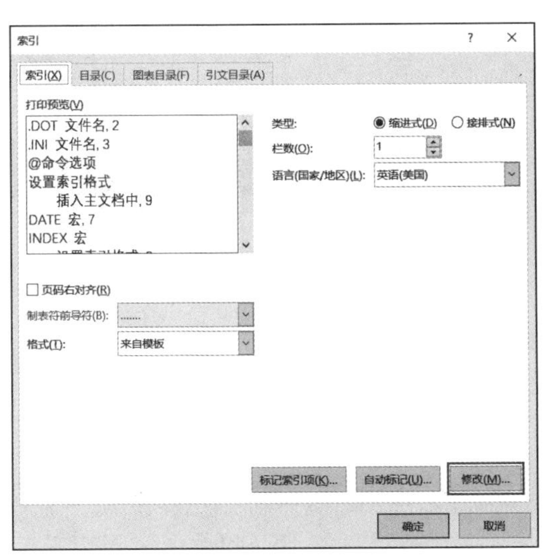

图 8-62

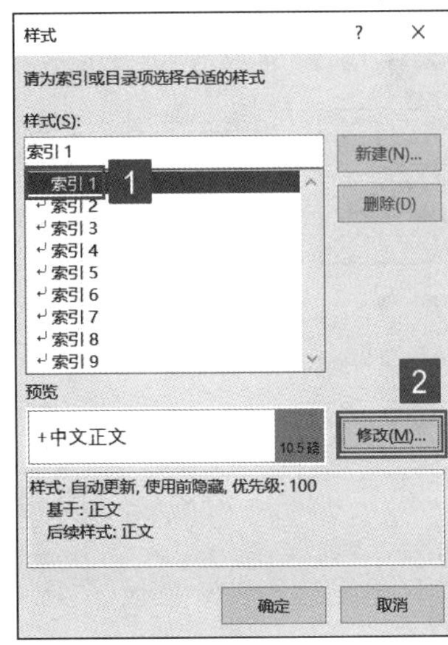

图 8-63

步骤 9：打开“修改样式”对话框，对索引样式进行设置。例如此处将索引的字体修改为“华文楷体”，将索引的文本颜色设置为“红色”。完成设置后，单击“确定”按钮，如图 8-64 所示。

步骤 10：返回“样式”对话框，即可在“预览”文本框内看到设置的索引样式，单击“确定”按钮，如图 8-65 所示。

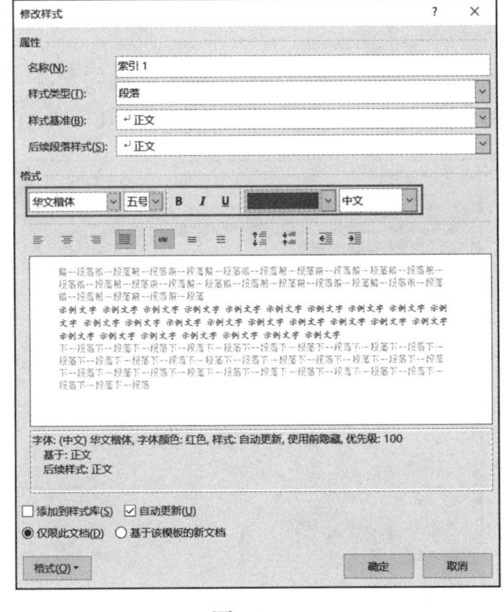

图 8-64

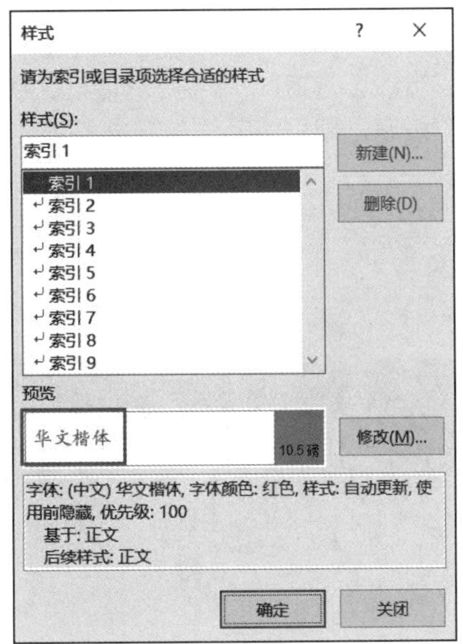

图 8-65

步骤 11：返回“索引”对话框，即可在“打印预览”文本框内看到样式效果，单击“确定”按钮，如图 8-66 所示。

步骤 12：返回 Word 文档，即可看到索引文字的字体和颜色均发生改变，如图 8-67 所示。

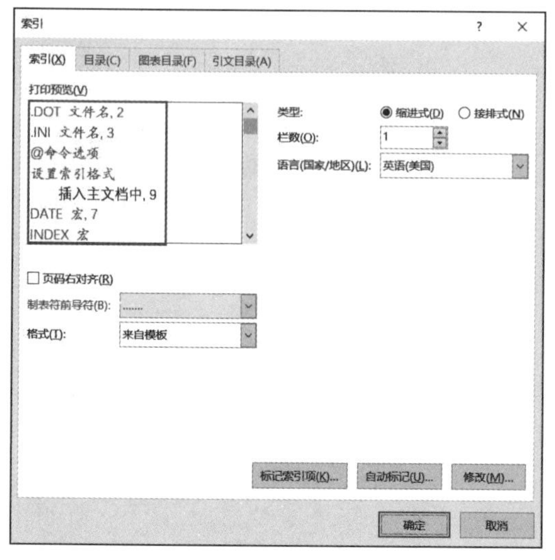

图 8-66

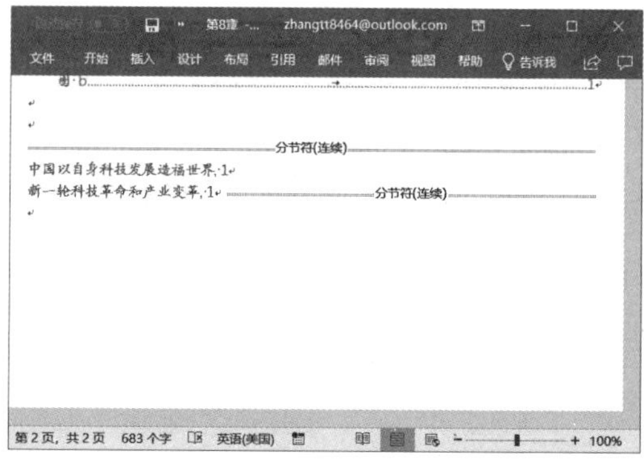

图 8-67

8.4.5 使用书签

书签，顾名思义就是一本书的标签，通过它，用户可以更快地找到阅读或者修改的位置，特别是一本比较长的文章。在编辑 Word 文档的过程中，如果需要在某处进行标记以便以后查找、修改时，可以在该处插入书签（书签仅显示在屏幕上，不会打印出来）。下面介绍一下使用书签的操作步骤。

步骤 1：打开 Word 文档，将光标定位至需要添加书签的位置，切换至“插入”选项卡，在“链接”组内单击“书签”按钮，如图 8-68 所示。

步骤 2：打开“书签”对话框，在“书签名”文本框内输入书签名称，然后单击“添加”按钮，即可将其添加到书签列表中，这样就创建了一个新书签，如图 8-69 所示。

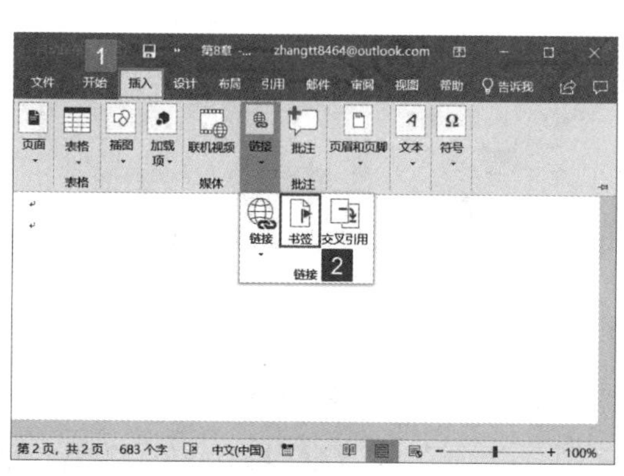

图 8-68

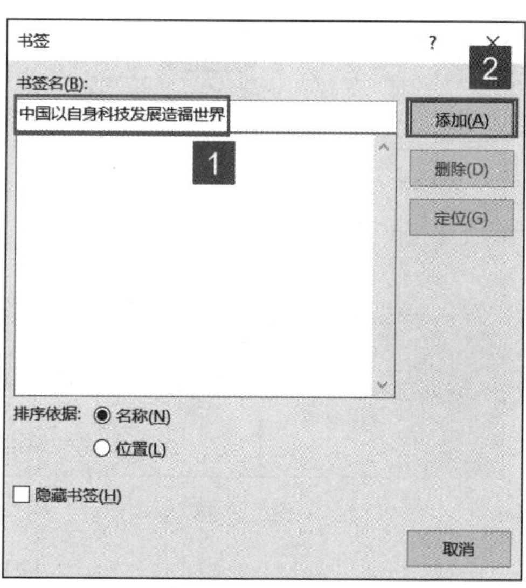

图 8-69

技巧点拨：在“书签”对话框内，选中“名称”单选按钮或“位置”单选按钮，可以设置列表中书签的排列顺序。如选中“位置”单选按钮，书签将按照在文档中出现的先后顺序来排列。如果需要查看隐藏的书签，可以勾选“隐藏书签”复选框。

步骤3：书签创建完成后，单击“链接”组内的“书签”按钮，打开“书签”对话框，在“书签名”列表内选择书签，单击“定位”按钮，即可定位至书签所在的位置，如图8-70所示。

步骤4：切换至“开始”选项卡，在“编辑”组内单击“查找”下拉按钮，然后在展开的菜单列表内单击“高级查找”按钮，如图8-71所示。

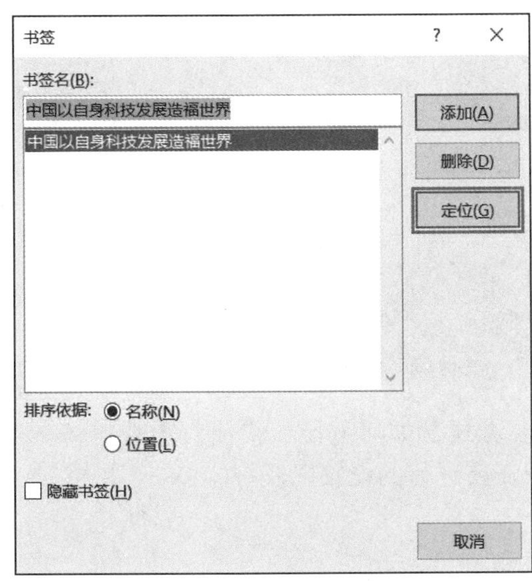

图 8-70

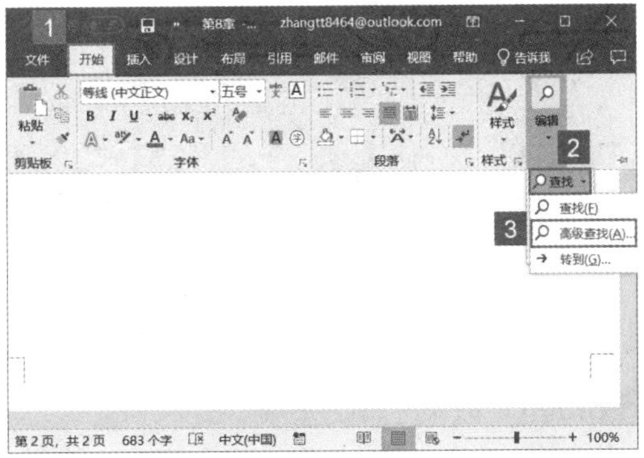

图 8-71

步骤5：打开“查找和替换”对话框，切换至“定位”选项卡，在“定位目标”列表框内单击“书签”选项，然后单击“请输入书签名称”下拉列表选择书签名称，单击“定位”按钮，即可快速定位至书签位置，如图8-72所示。

步骤6：默认情况下，Word文档中是不显示书签的。如果用户需要显示书签，可以单击“文件”按钮，然后在展开的菜单列表内单击“选项”按钮，如图8-73所示。

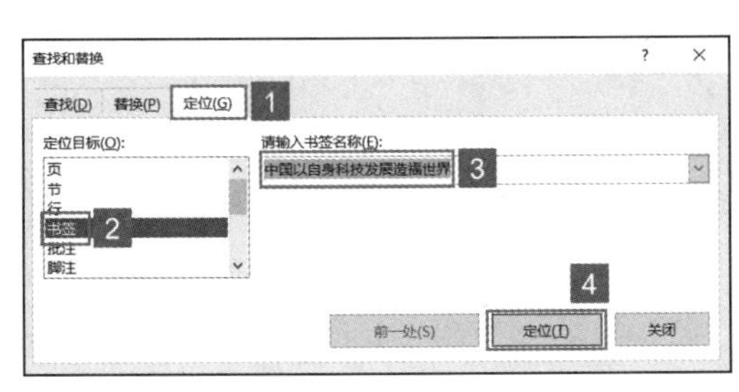

图 8-72

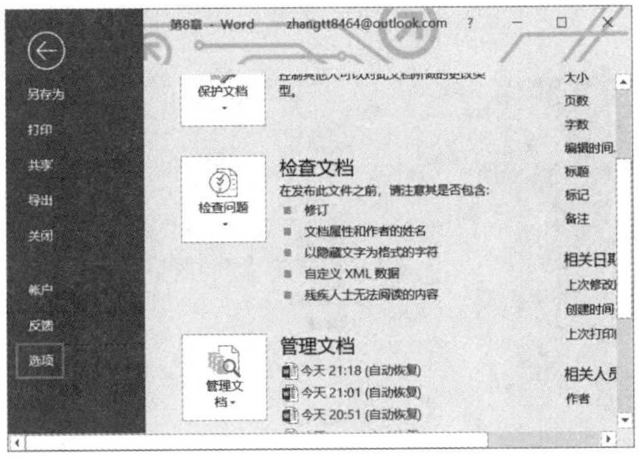

图 8-73

步骤7：打开“Word选项”对话框，在左侧窗格内单击“高级”选项，在右侧窗格的“显示文档内容”栏中勾选“显示书签”前的复选框，单击“确定”按钮，如

图 8-74 所示。

步骤 8：返回 Word 文档，即可显示添加的书签，如图 8-75 所示。

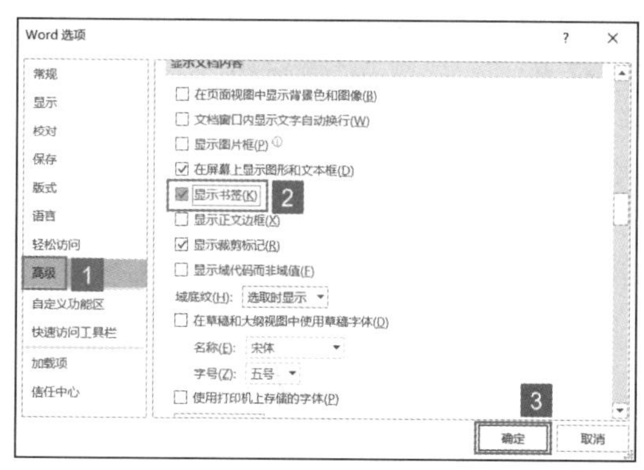

图 8-74

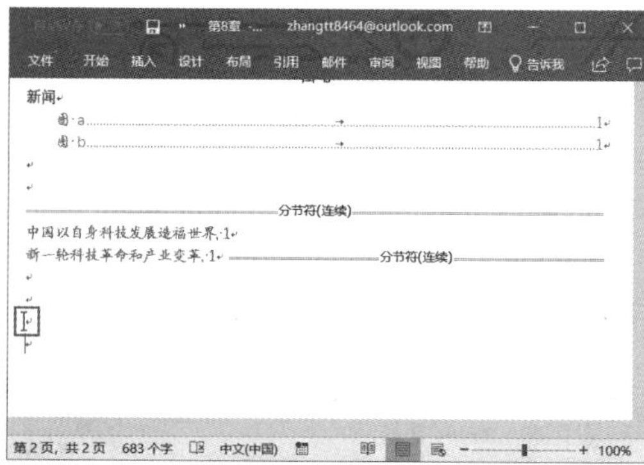

图 8-75

8.5 文档的打印

用纸张保存或传送文档是信息交流的重要方式，如何方便、快捷、美观地将文档打印出来是非常重要的。本节将介绍文档打印需要进行的设置以及打印 Word 文档。

8.5.1 设置打印选项

在打印 Word 文档前，需要先对要打印的文档内容进行设置。在 Word 2019 中，通过“ Word 选项”对话框能够进行文档的“打印选项”设置，可以决定是否打印文档中绘制的图形、插入的图像以及文档属性信息等内容。下面介绍对文档打印选项的设置。

步骤 1：打开 Word 文档，单击“文件”按钮，然后在展开的菜单列表内单击“选项”选项，如图 8-76 所示。

步骤 2：打开“ Word 选项”对话框，在左侧窗格内选择“显示”选项，在右侧窗格内的“打印选项”栏中勾选相应的复选框设置文档的打印内容。完成设置后单击“确定”按钮，如图 8-77 所示。

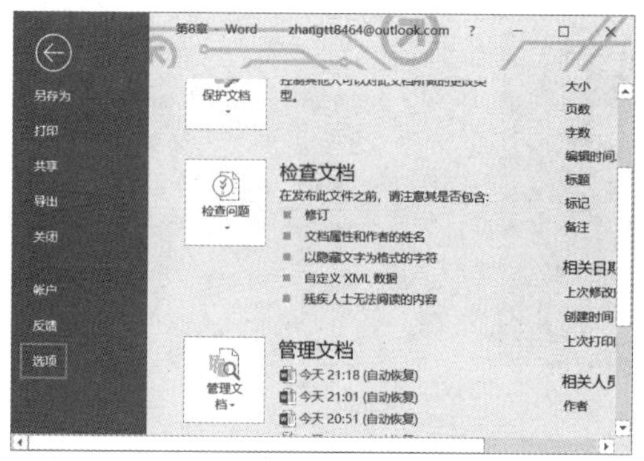

图 8-76

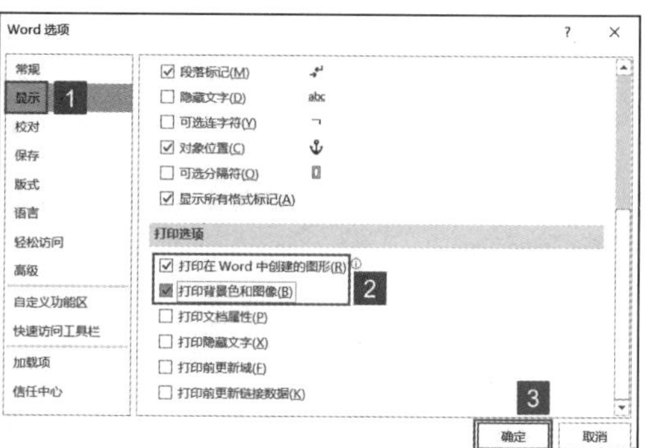

图 8-77

8.5.2 预览打印文档

在打印 Word 文档前，还可以对文档进行预览，该功能可以根据文档打印的设置模拟文档被打印在纸张上的效果。预览时可以及时发现文档中的版式错误，如果对打印效果不满意，也可以及时对文档的版面进行重新设置和调整，以便获得满意的打印效果，避免打印纸张的浪费。下面介绍在 Word 中预览文档的打印效果的方法。

打开 Word 文档，单击“文件”按钮，然后在展开的菜单列表内单击“打印”选项，此时在右侧的窗格内即可预览打印效果。拖动“显示比例”滑块能够调整文档的显示大小，单击“下一页”按钮和“上一页”按钮，能够进行预览的翻页操作，如图 8-78 所示。

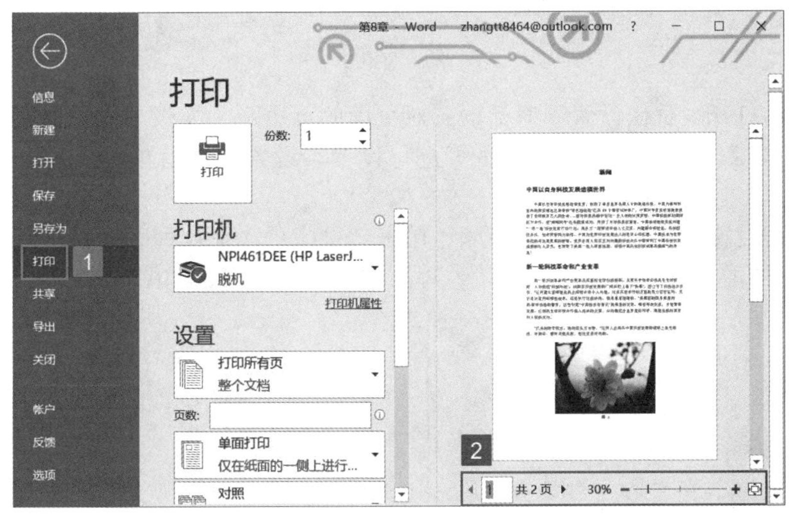

图 8-78

8.5.3 打印文档

设置完成并且对预览效果满意后，就可以对文档进行打印了。在 Word 2019 中，用户可以对打印的页面、页数、份数、方向等进行设置。下面介绍一下具体的操作方法。

图 8-79

步骤 1：打开 Word 文档，单击“文件”按钮，然后在展开的菜单列表内单击“打印”选项。Word 2019 默认是打印文档中的所有页面，如果用户只需打印当前页，可以单击打印范围设置下拉列表选择“打印当前页”选项，即可实现只打印当前页，如图 8-79 所示。

步骤 2：除此之外，用户还可以对打印的单双面、方向、页边距、纸张大小、每版页数等进行设置。也可以单击“页面设置”按钮，如图 8-80 所示。

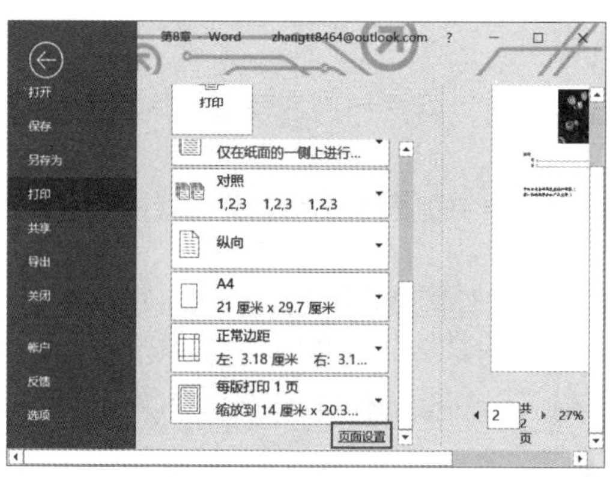

图 8-80

步骤 3：打开“页面设置”对话框，对页面的页边距、纸张方向、页面范围、纸张大小、纸张来源、页眉和页脚、网格等进行设置。设置完成后单击“确定”按钮，如图 8-81 所示。

步骤 4：设置完成后即可进行打印，单击“打印机”下拉列表选择打印机，然后在“份数”右侧的增量框内设置打印数量，单击“打印”按钮，如图 8-82 所示。

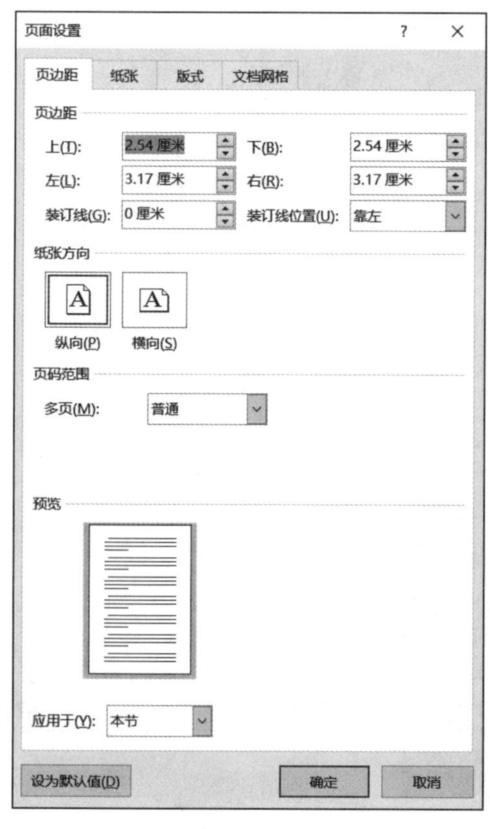

图 8-81

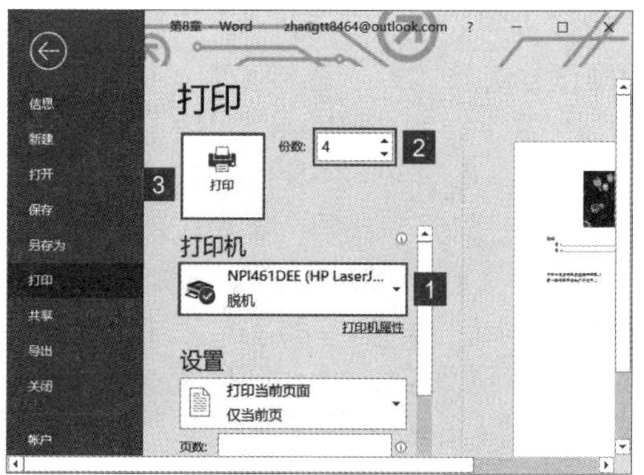

图 8-82

第三篇

Excel 2019 应用

第9章 Excel 2019的基本操作

Excel是一种很“表格”形式的管理和分析数据的软件。在日常办公中，我们经常用Excel处理数据，作为办公软件Office的一部分，Excel能完成表格的设计和数据的组织，根据数据表格产生各类图表，进行数据分析和数据统计工作。它可以广泛地应用于金融、财税、审计、行政等领域，有助于提高工作效率，实现办公自动化。本章主要介绍工作簿、工作表以及单元格的基本操作方法与技巧。

- 工作簿的基本操作
- 工作表的基本操作
- 单元格的基本操作

9.1 工作簿的基本操作

对 Excel 的操作就是对工作簿的操作。用户需要建立电子表格，首先需要新建工作簿，完成对表格的编辑后，需要保存工作簿，以备下次使用。

9.1.1 新建空白工作簿

启动程序 Excel 2019 即可新建一个工作簿，除此之外，还可以根据需要建立专业的工作簿（如根据模板建立、根据已有文档建立等），下面将具体介绍。

1. 启动 Excel 2019 程序新建空白工作簿

要想建立空白工作簿，可以按多个方法来建立。

方法一：通过“开始”菜单新建工作簿。

单击桌面左下角的“开始”按钮，在展开的菜单列表中找到 Excel，单击即可新建 Excel 2019 工作簿，如图 9-1 所示。

图 9-1

方法二：在桌面上创建 Microsoft Office Excel 2019 的快捷方式。

单击桌面左下角的“开始”按钮，在展开的菜单列表中找到 Excel，选中并拖动图标至桌面后，释放鼠标即可创建 Excel 快捷方式。

方法三：通过“任务栏”新建工作簿。

步骤 1：单击桌面左下角的“开始”按钮，右键单击菜单列表中的 Excel 图标，在打开的菜单列表中选择“更多” – “固定到任务栏”，如图 9-2 所示。

步骤 2：完成后 Excel 图标即可显示在任务栏中，如图 9-3 所示。当需要新建工作簿时，单击该图标即可启动 Excel 2019 程序即可。

图 9-2

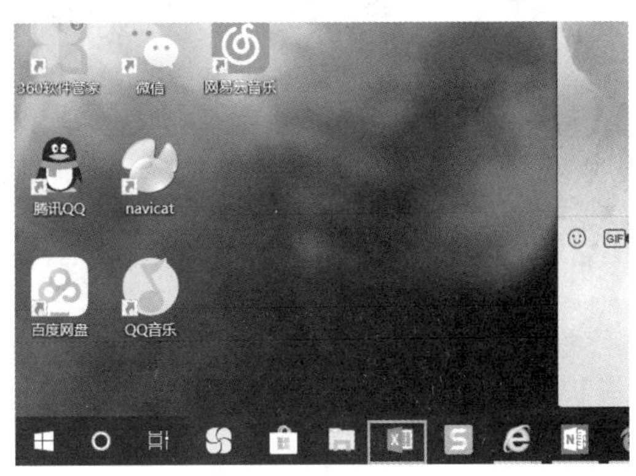

图 9-3

2. 启动 Excel 2019 程序后新建工作簿

启动 Excel 2019 程序后，如果要再建立新的工作簿，可以通过如下方法实现：

在 Excel 2019 主界面，单击“文件”按钮，在打开菜单列表中单击“新建”按钮，如果要创建空白工作簿，单击“空白工作簿”选项，即可成功创建一个空白工作簿，如图 9-4 所示。

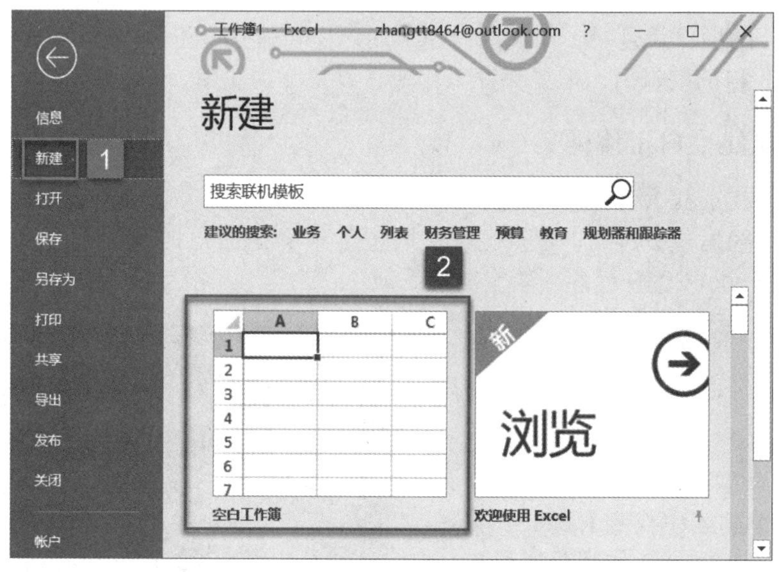

图 9-4

9.1.2 根据模板建立新工作簿

除了建立空的工作簿之外，Excel 还给用户提供了许多模板以供使用，即根据实际需要套用特定的模板，从而实现局部编辑即可让表格投入使用。

步骤 1：在 Excel 2019 主界面，单击“文件”按钮，在打开的菜单列表中单击“新建”按钮。

步骤 2：在“模板”列表中显示了多种工作簿模板，单击要使用的模板，例如“基本流程图的流程图”，如图 9-5 所示。

步骤 3：在弹出的“学生日历”模板预览中单击“创建”按钮，如图 9-6 所示。

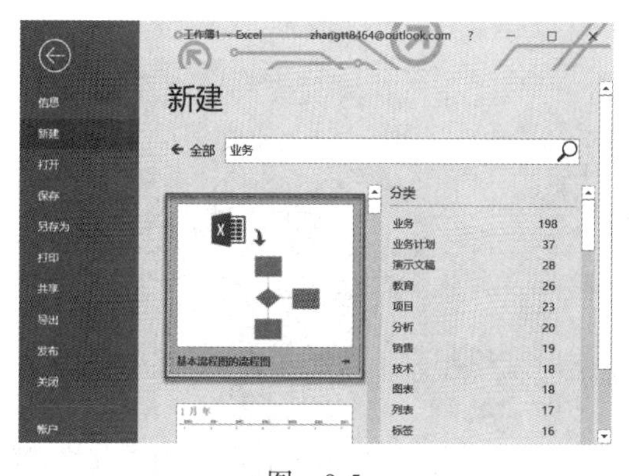

图 9-5

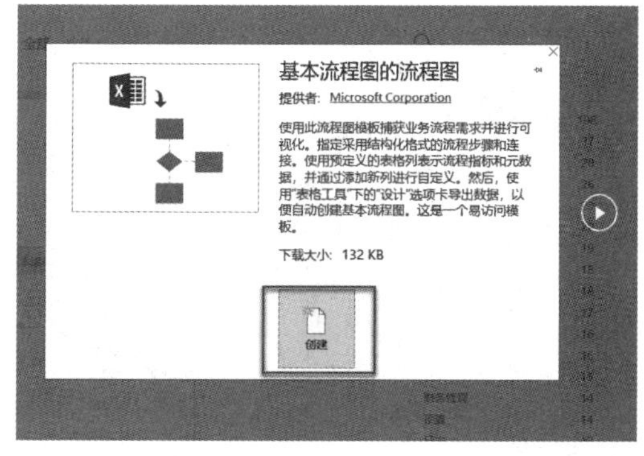

图 9-6

步骤 4：成功创建“基本流程图的流程图”工作簿，效果如图 9-7 所示。针对这样的工作簿，用户只需要根据实际需要进行局部编辑，即可得出满足条件的表格。

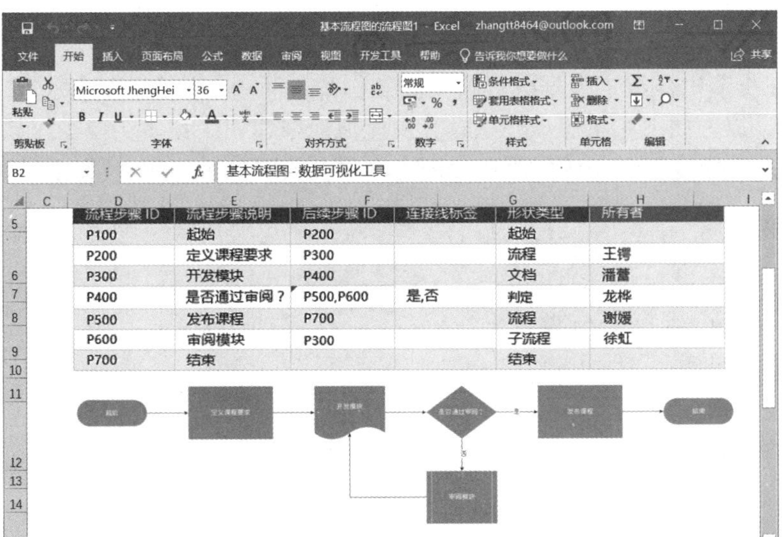

流程步骤 ID	流程步骤说明	后续步骤 ID	连接线标签	形状类型	所有者
P100	起始	P200		起始	
P200	定义课程要求	P300		流程	王锷
P300	开发模块	P400		文档	潘蕾
P400	是否通过审阅？	P500,P600	是,否	判定	龙桦
P500	发布课程	P700		流程	谢媛
P600	审阅模块	P300		子流程	徐虹
P700	结束			结束	

图 9-7

9.1.3 保存工作簿

我们建立工作簿的目的在于编辑相关表格，进行相关数据计算、分析等，那么完成工作簿的编辑后，则需要将工作簿保存起来，以方便下次查看与使用。

步骤 1：工作簿编辑完成后，在程序主界面单击左上角的“保存”按钮，或者依次单击“文件”–“保存”按钮，即可将工作簿保存到原来的位置。如果要更改保存位置或者对文件名等进行编辑，可依次单击“文件”–“另存为”按钮，打开“另存为”窗口，如图 9-8 所示。

步骤 2：双击“这台电脑”按钮，打开“另存为”对话框，选择保存位置后，在“文件名”右侧的文本框内输入文件名，单击“保存类型”右侧的下拉按钮，选择保存类型，设置完成后单击“保存”按钮，即可将工作簿以指定的名称保存到指定位置，如图 9-9 所示。

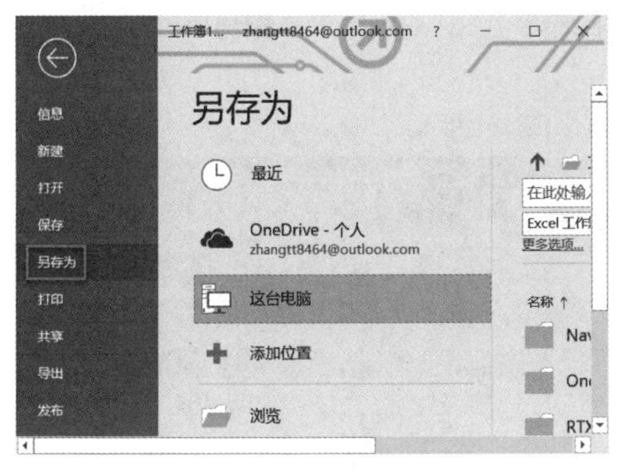

图 9-8

图 9-9

技巧点拨：在编辑文档的过程中，经常按保存按钮，可以避免因突发事件（如死机、断电）而造成数据损失。

9.1.4 将建立的工作簿保存为模板

在 9.1.2 小节中介绍了根据模板建立新工作簿，而用户也可以将建立完成的工作簿保存为模板，以方便下次新建工作簿时套用此模板来建立。具体实现操作如下：

步骤 1：工作簿编辑完成后，在程序主界面上依次单击“文件”–“另存为”按钮，打开“另存为”窗口。

步骤 2：双击“这台电脑”按钮，打开“另存为”对话框，单击“保存类型”右侧的下拉按钮，选择保存模板，例如“Excel 模板”，然后单击“保存”按钮，即可将工作簿保存为 Excel 模板，如图 9-10 所示。

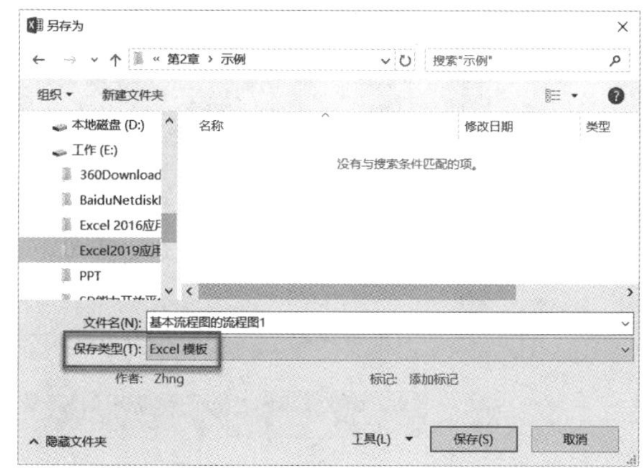

图 9-10

技巧点拨：这一操作很实用，例如工资的核算工作每月都需要进行，那么我们利用 Excel 建立一个工资管理系统，每月的工资核算工作只需要更改工资管理系统中的相关变动数据即可快速生成。可以将第一次建立完成的工资管理系统工作簿保存为模板，以后各月可以依据此模板建立工作簿，按当月实际情况对个别数据进行修改即可，而不必重新建立。

9.1.5 关闭当前工作簿

关闭工作簿应当使用正确的方法，这样可以防止数据意外丢失。如果要关闭工作簿，可以使用下列方法进行操作。

- 单击窗口右上角的“关闭”按钮，如果此前未保存，Microsoft Excel 会弹出“是否保存对‘工作簿 1’的更改”对话框，如图 9-11 所示。单击“是”按钮即可保存对工作簿的修改自动关闭工作簿；单击“否”按钮，不保存对工作簿的修改，自动关闭工作簿；单击“取消”按钮，则会撤销“关闭”工作簿的操作。
- 单击“文件”选项卡 文件 ，然后单击“关闭”命令，即可关闭使用的工作簿。
- 右键单击标题栏，然后单击快捷菜单中的“关闭”命令，关闭整个 Excel 窗口，如图 9-12 所示。
- 使用快捷键“Alt+F4（Fn+Alt+F4）”关闭 Excel 窗口。

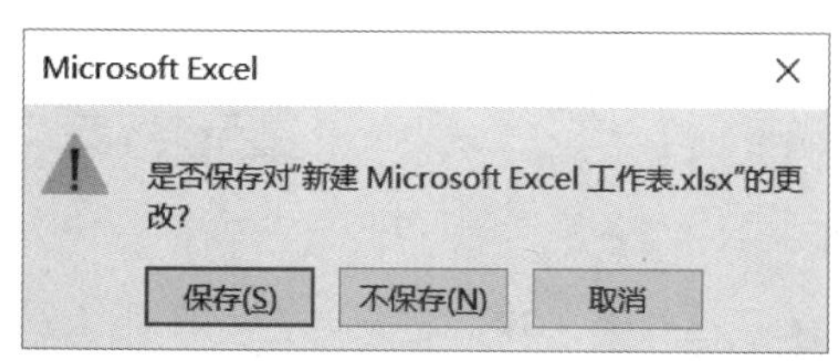

图 9-11

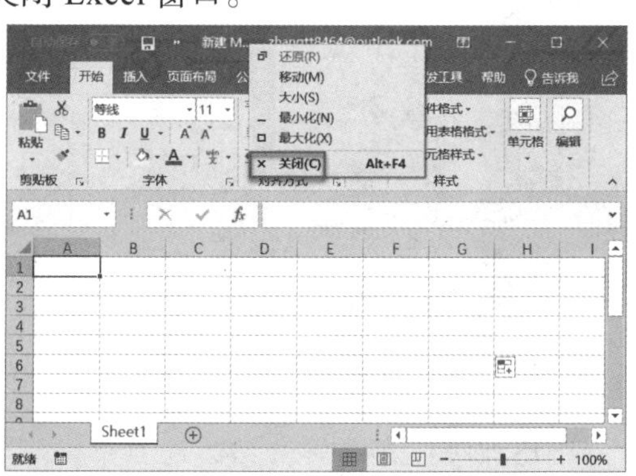

图 9-12

9.2 工作表的基本操作

一个工作簿由多张工作表组成，因此对工作簿的编辑实际就是对工作表的编辑。对工作表的基本操作通常包括工作表的重命名、工作表的添加删除、工作表的复制移动等，这些都是我们使用 Excel 软件过程中最基本也是最常用的操作。

9.2.1 重命名工作表

新建的工作簿默认都包含 1 张工作表，其名称为“Sheet1”，根据当前工作表中所涉及的实际内容的不同，通常需要通过为工作表重命名，以达到标识的作用。

步骤 1：打开 Excel 2019，在需要重命名的工作表标签上单击鼠标右键，在弹出的快捷菜单列表中单击“重命名”按钮，如图 9-13 所示。

步骤 2：工作表默认的“Sheet1”标签即可进入文字编辑状态，输入新名称，按“Enter”键即可完成对该工作表的重命名，如图 9-14 所示。

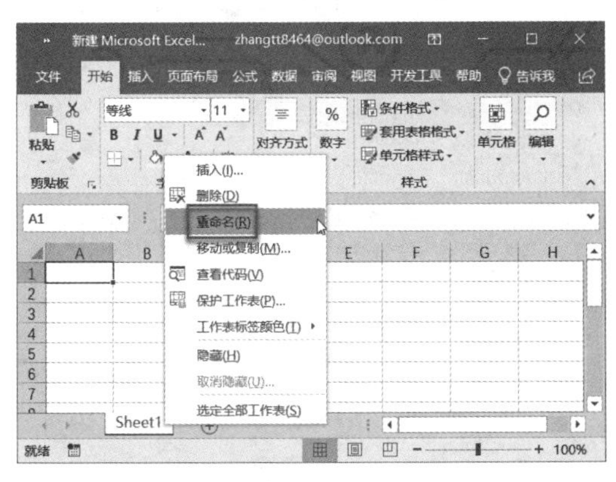

图 9-13

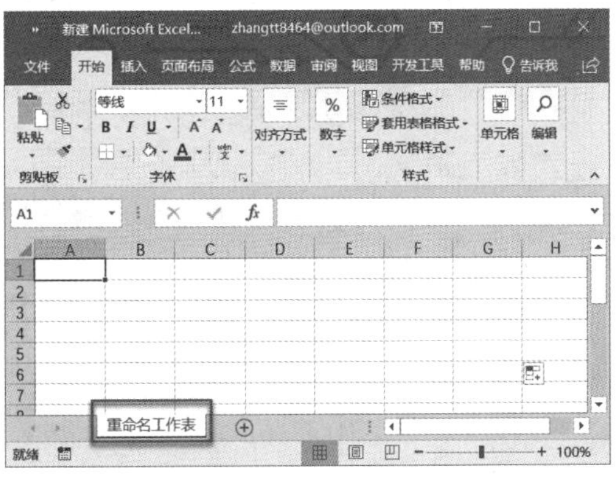

图 9-14

技巧点拨：也可以在工作表标签上双击鼠标，进入文字编辑状态下重新输入工作表名称。

9.2.2 添加和删除工作表

默认情况下，Excel 2019 会自动创建一个工作表，但在实际操作过程中，需要的工作表个数是不尽相同的，有时需要向工作簿中添加工作表，而有时又需要将不需要的工作表删除。下面介绍在工作簿中添加和删除工作表的操作方法。

步骤 1：打开 Excel 2019，在主界面下方的工作表标签上单击鼠标右键，在弹出的快捷菜单列表中单击“插入”按钮，如图 9-15 所示。

步骤 2：打开“插入”对话框，在“常用”选项卡中选择“工作表”选项，然后单击“确定”按钮，如图 9-16 所示。即可在当前工作簿中插入一个空白工作表，如图 9-17 所示。

技巧点拨：单击工作表标签右侧的“插入工作表”标签⊕，或按“Shift+F11”快捷键，将可以直接插入空白工作表。

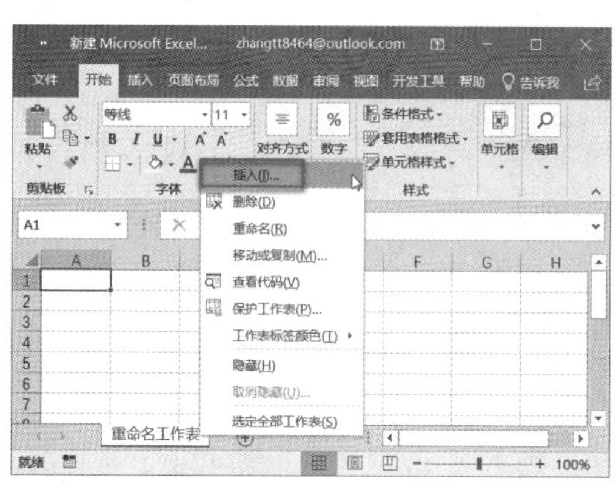

图 9-15

图 9-16

步骤 3：选择要删除的工作表，在其标签上单击鼠标右键，在弹出的快捷菜单列表中单击“删除”按钮，即可将当前的工作表从工作簿中删除，如图 9-18 所示。

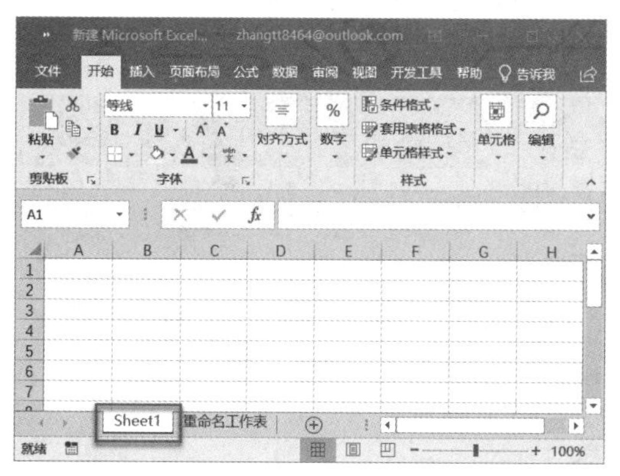

图 9-17

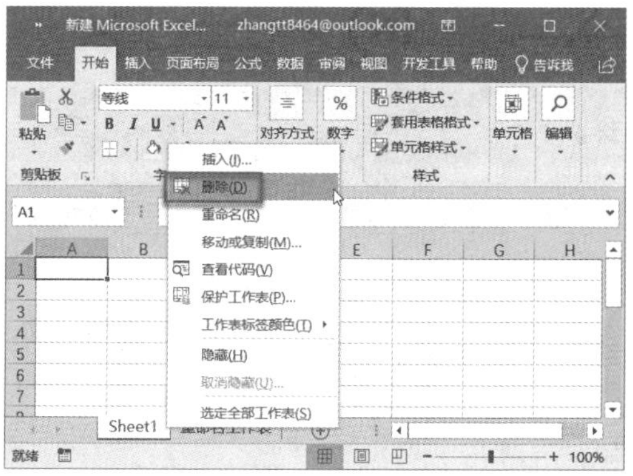

图 9-18

9.2.3 移动工作表

工作表建立后可以移动其位置，也可以复制所建立的工作表，这也是工作簿编辑中的基本操作。要移动工作表的位置，可以使用命令，也可以直接用鼠标进行拖动。具体实现操作如下。

方法一：使用命令移动工作表。

步骤 1：打开 Excel 2019，在要移动的工作表标签上单击鼠标右键，在弹出的快捷菜单列表中单击“移动或复制”按钮，如图 9-19 所示。

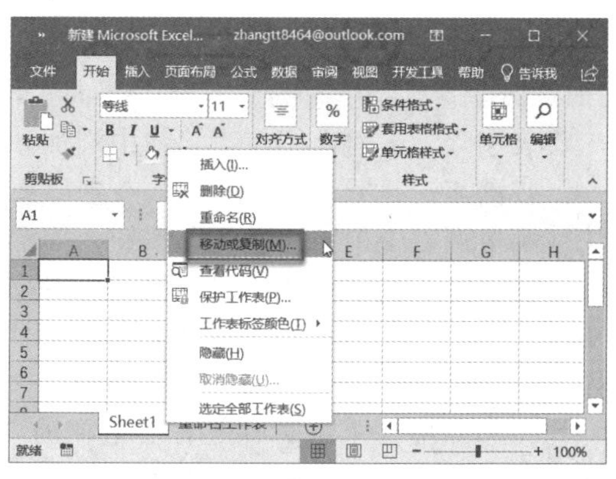

图 9-19

步骤 2：打开“移动或复制工作表”对话框，在“下列选定工作表之前”列表框中选择要将工作表移动到的位置，单击“确定”按钮，如图 9-20 所示。

步骤 3：工作表移到指定的位置上，效果如图 9-21 所示。

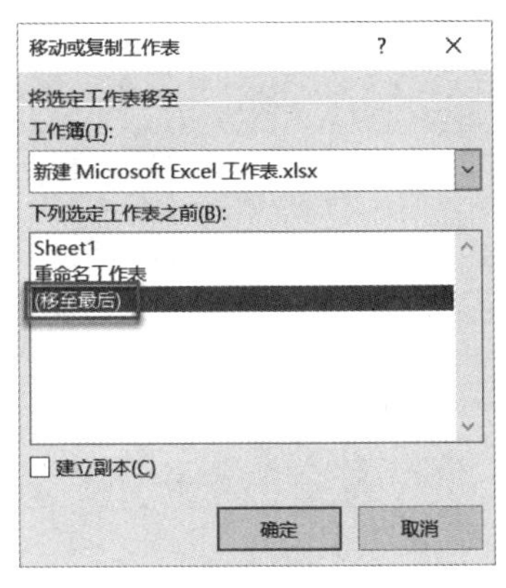

图 9-20

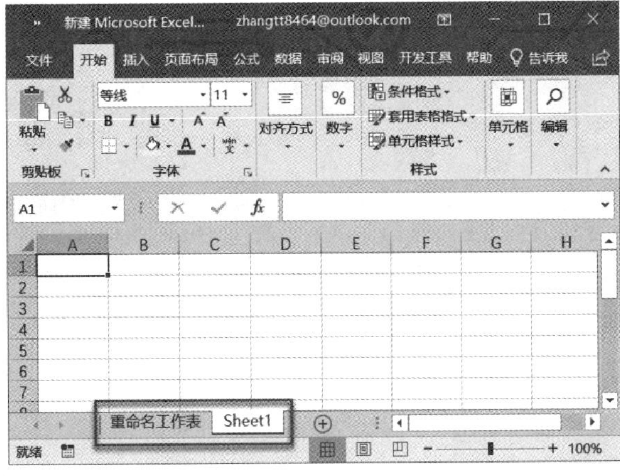

图 9-21

技巧点拨：如果想将工作表移到其他工作簿中，则可以把目标工作簿打开，在“移动或复制工作表”对话框的“工作簿”下拉菜单中选择要移动到的工作簿，然后再在“下列选定工作表之前”列表中选择要将工作表移动到的位置。

方法二：拖动鼠标移动工作表。

拖动鼠标移动工作表具有方便快捷的优点。

单击选中要移动的工作表，然后将其拖动至要移动到的位置，如图 9-22 所示，释放鼠标即可。

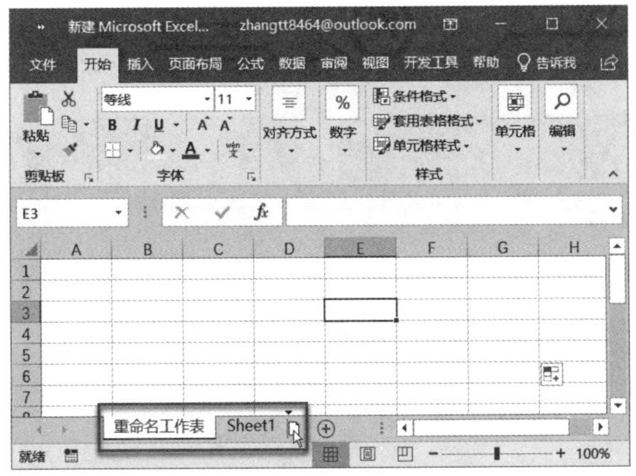

图 9-22

9.2.4 复制工作表

要实现工作表的复制，一般有两种方法，使用命令复制工作表和使用鼠标拖动复制工作表，具体实现操作如下。

方法一：使用命令复制工作表。

步骤 1：打开 Excel 2019，右键单击要复制的工作表，在弹出的快捷菜单列表中单击“移动或复制”按钮。

步骤 2：打开“移动或复制工作表”对话框，在“下列选定工作表之前”列表框中选择工作表要复制到的位置，然后勾选“建立副本”前的复选框，如图 9-23 所示。

步骤 3：单击“确定”按钮，即可将工作表复制到指定的位置，如图 9-24 所示。

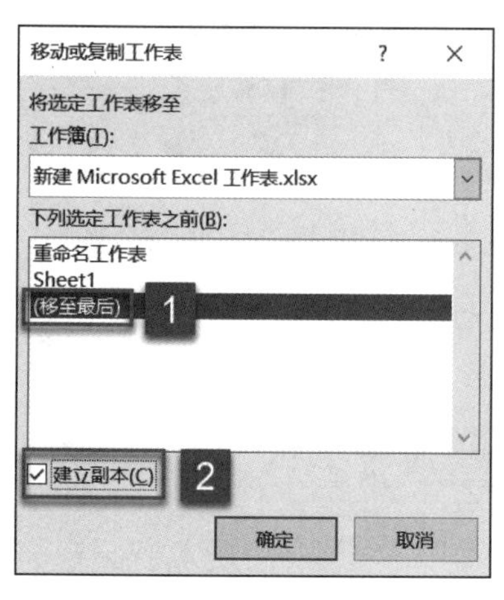

图 9-23

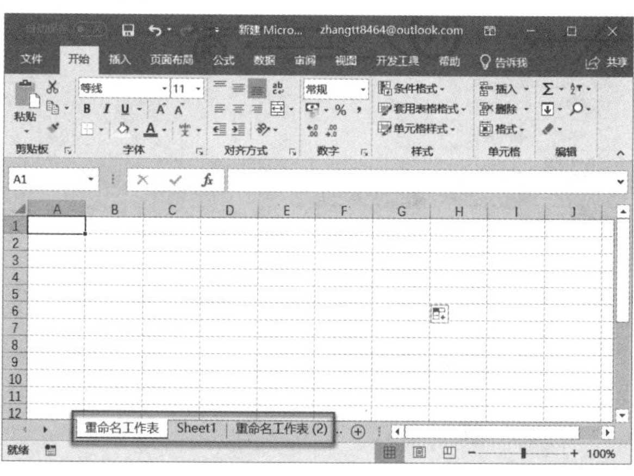

图 9-24

技巧点拨：如果想将工作表复制其他工作簿中，可以把目标工作簿打开，在“移动或复制工作表”对话框的“工作簿”下拉菜单中选择要复制到的工作簿，然后再在“下列选定工作表之前”列表中选择要将工作表复制到的位置。

方法二：拖动鼠标复制工作表。

除了使用上面的方法复制工作表之外，还可以拖动鼠标快速复制工作表。

步骤 1：单击要复制的工作表标签，然后按住“Ctrl”键不放，拖动鼠标至要复制到的位置，如图 9-25 所示。

步骤 2：释放鼠标即可将该工作表复制到相应位置，如图 9-26 所示。

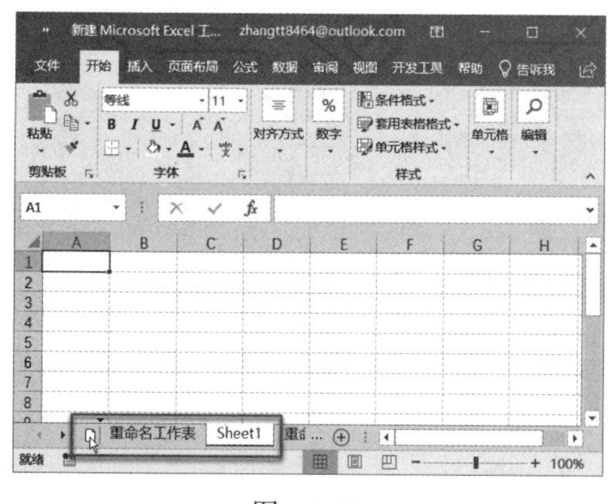

图 9-25

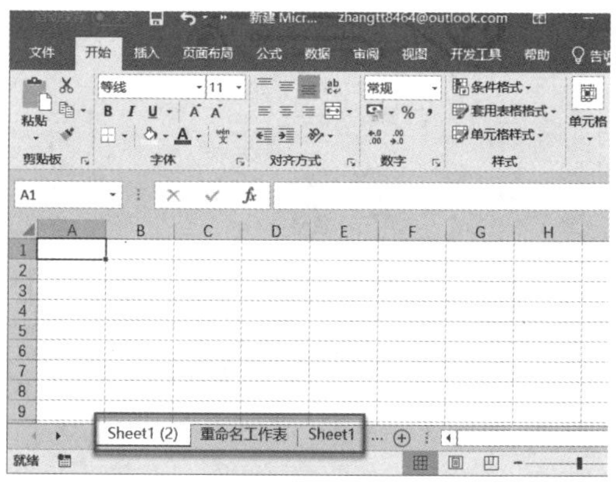

图 9-26

9.2.5 拆分工作表

Excel 2019 提供了“拆分”命令按钮，能够实现工作表在垂直或水平方向上的拆分。下面介绍拆分工作表的操作步骤：

步骤 1：打开 Excel 2019，切换至“视图”选项卡，在工具栏中单击“拆分”按钮，如图 9-27 所示。

步骤 2：此时，工作表中会出现一个十字形拆分框，拖动主界面右侧垂直滚动条直接的横向拆分框可以调整位置，工作表被拆分为两个完全相同的窗格。当在一个窗格中选择单元格时，另一个窗格中对应的单元格也会被选中，如图 9-28 所示。

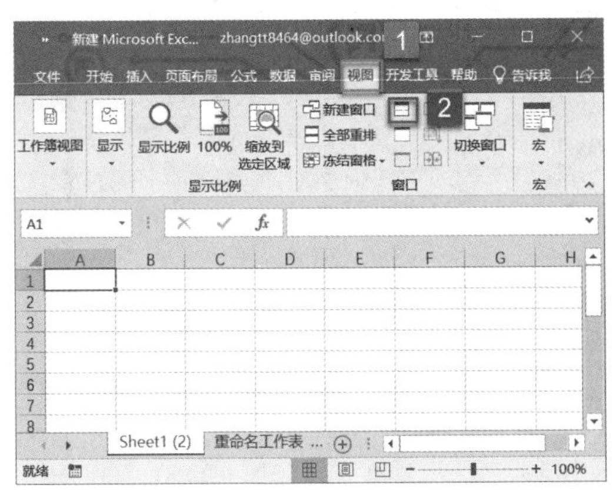

图 9-27

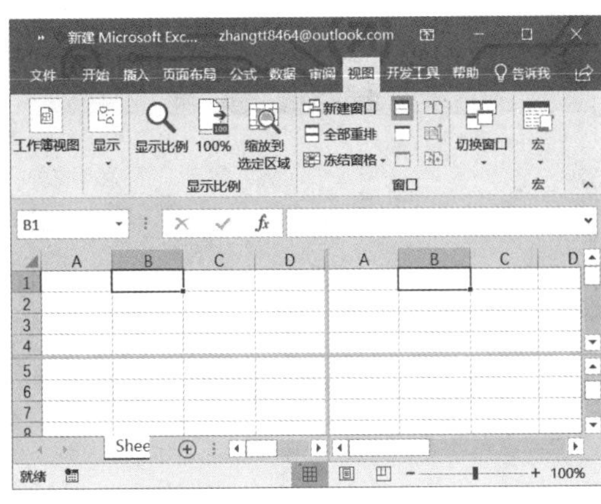

图 9-28

步骤 3：再次单击“视图”选项卡下的“拆分”按钮，即可取消对工作表的拆分，恢复原状。

9.2.6 保护工作表

当工作表中的数据非常重要，用户不希望被他人看到时，可以将工作表隐藏起来。对工作簿进行保护操作，可以避免无关用户对工作表结构进行修改。下面介绍隐藏工作表和保护工作簿的方法。

步骤 1：右键单击需要隐藏的工作表标签，在弹出的快捷菜单列表中单击“隐藏”按钮，如图 9-29 所示，选择的工作表则会被隐藏。

步骤 2：取消隐藏时，右键单击任意工作表标签，在弹出的快捷菜单列表中单击“取消隐藏”按钮，如图 9-30 所示。

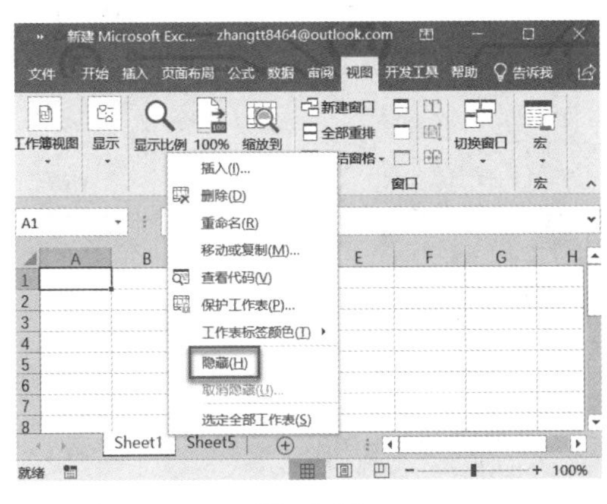

图 9-29

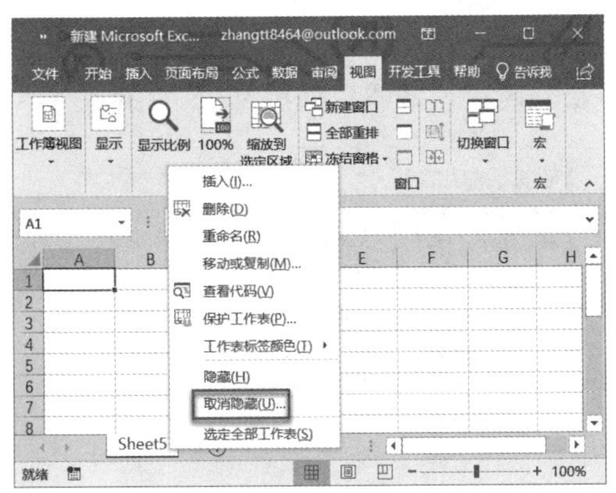

图 9-30

步骤 3：弹出“取消隐藏”对话框，在“取消隐藏工作表”下方的列表框内选择要取消隐藏的工作表，单击“确定”按钮，如图 9-31 所示。即可取消隐藏选中的工作表，如图 9-32 所示。

步骤 4：切换至“审阅”选项卡，单击“更改”组中的“保护工作簿”按钮。如图 9-33 所示。

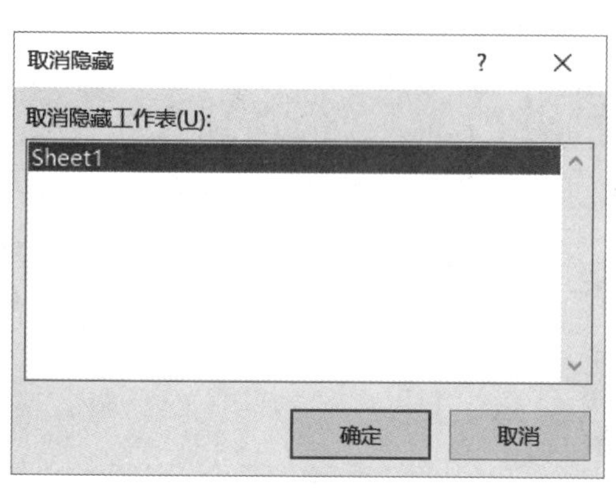

图 9-31

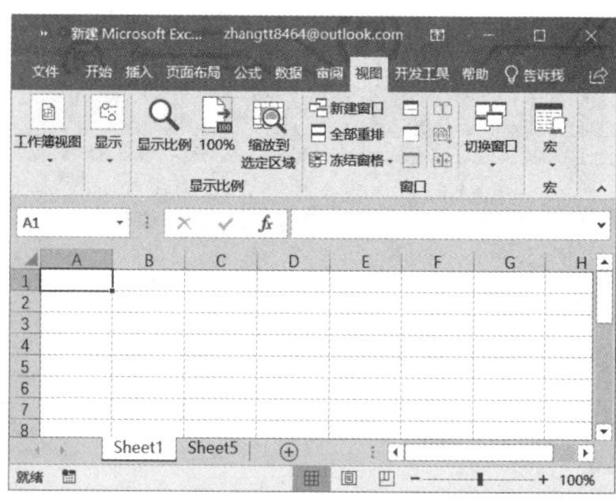

图 9-32

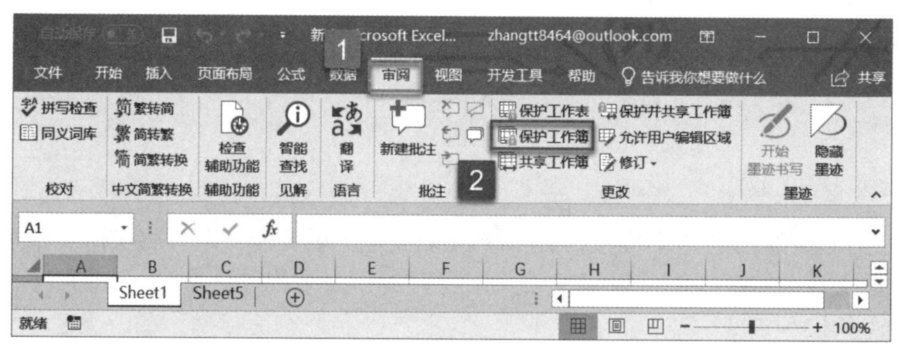

图 9-33

步骤 5：弹出“保护结构和窗口”对话框，在“密码”文本框中输入保护工作簿的密码，勾选“结构”或“窗口”前的复选框，选择需要保护的对象，完成设置后单击“确定”按钮，如图 9-34 所示。

步骤 6：弹出“确认密码”对话框，在“重新输入密码”文本框内再次输入密码，单击“确定”按钮，如图 9-35 所示。

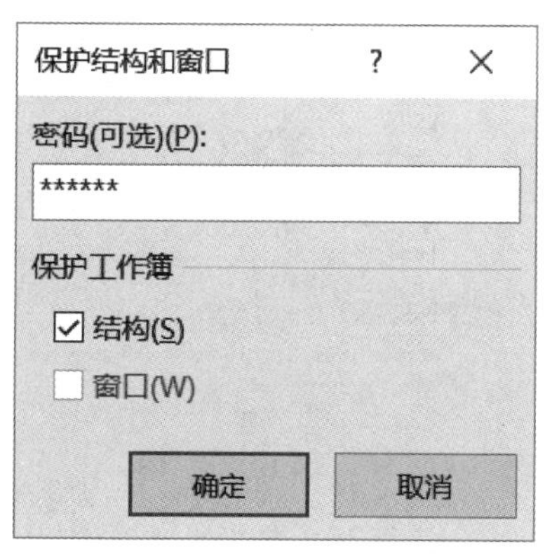

图 9-34

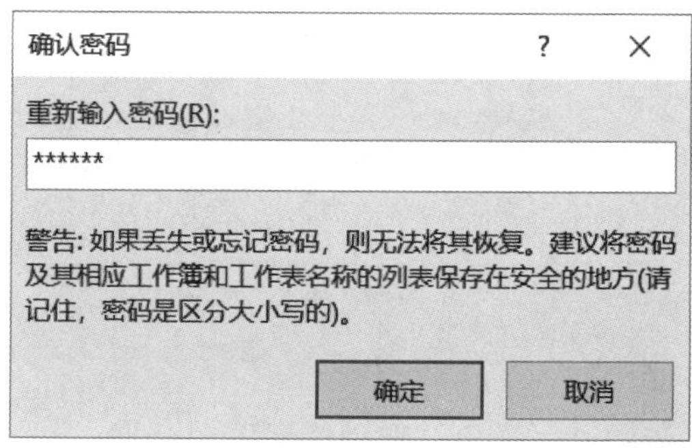

图 9-35

步骤 7：此时工作簿处于保护状态，对工作表无法实现移动、复制和隐藏等操作，如图 9-36 所示。

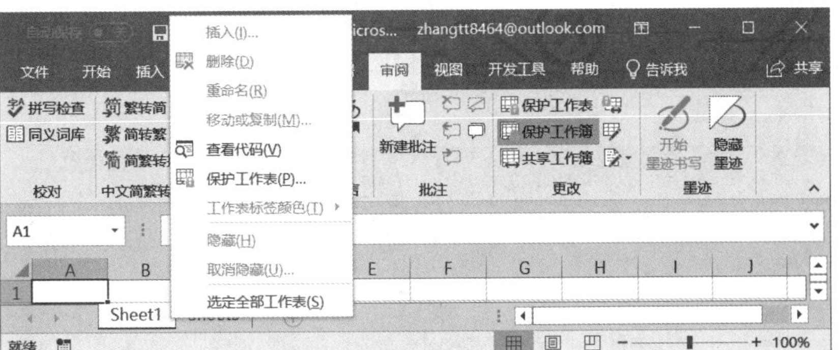

图 9-36

9.3 单元格的基本操作

单元格是组成工作表的元素，对工作表的操作实际就是对单元格的操作。在后面的章节中我们会介绍到如何在单元格中编辑数据、进行数据处理等，本小节中主要介绍单元格插入与删除、合并与拆分、单元格的行列等基本操作。

9.3.1 插入单元格

Excel 报表在编辑过程中有时需要不断更改，例如规划好框架后突然发现还少了一个元素，此时则需要插入单元格。具体操作如下。

步骤 1：单击选中要在其前面或上面插入单元格的单元格（如单元格 D1），切换至“开始”选项卡，单击“单元格”组中“插入”按钮的下拉按钮，展开隐藏的下列菜单列表，单击“插入单元格”按钮，如图 9-37 所示。或者单击选中要在其前面或上面插入单元格的单元格，按“Ctrl+Shift+=”快捷键。

步骤 2: 弹出“插入”对话框，选择插入的单元格格式，如“整列”，然后单击“确定”按钮，如图 9-38 所示。此时就可以看到在 D1 单元格左侧插入了一列单元格，如图 9-39 所示。

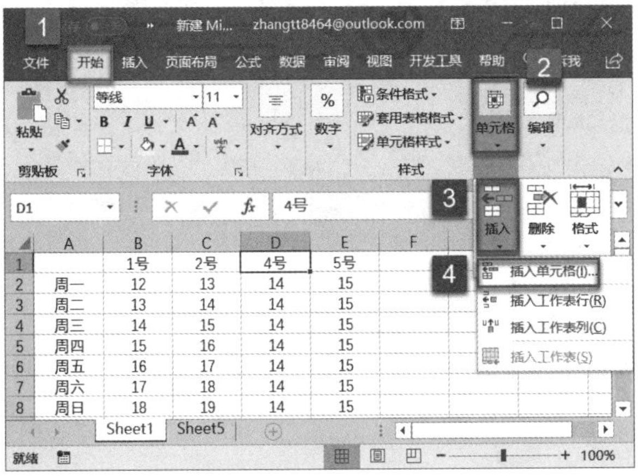

图 9-37

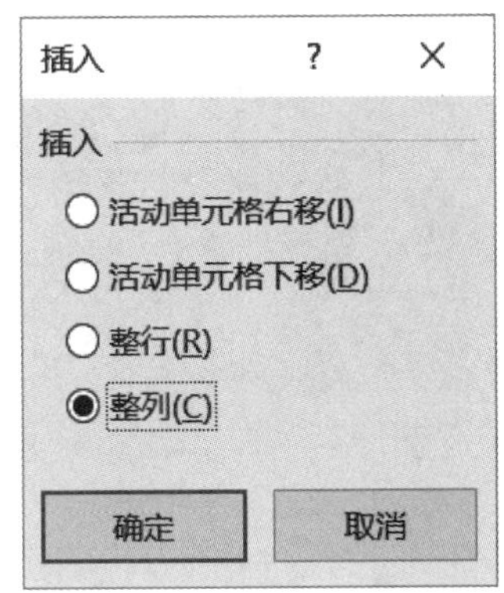

图 9-38

步骤 3： 也可以直接右键单击要在其前面或上面插入单元格的单元格（如单元格 E6），然后在打开的菜单列表框中单击“插入”按钮，即可弹出“插入”对话框，如图 9-40 所示。

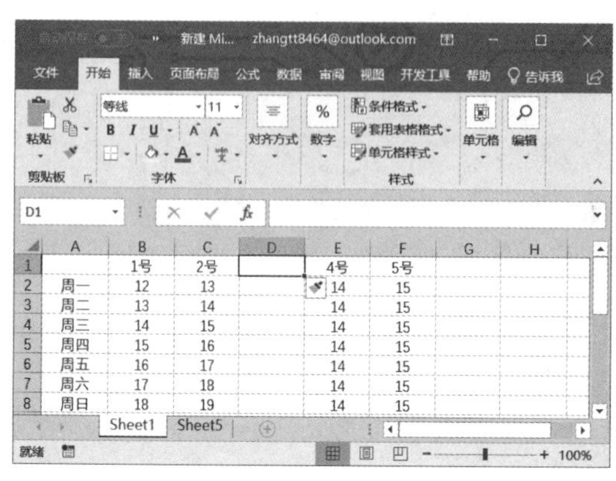

图 9-39

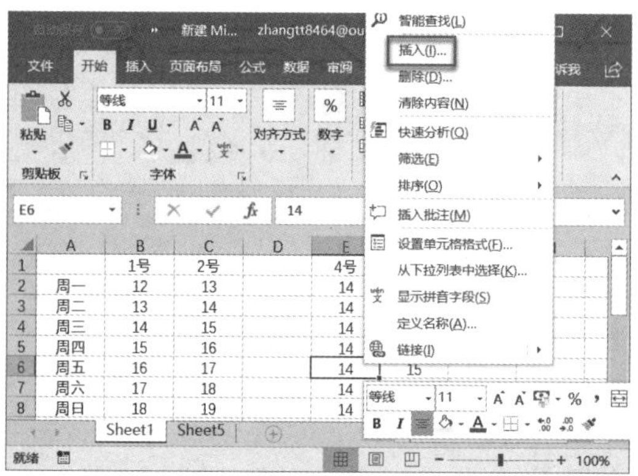

图 9-40

9.3.2 在工作表中快速插入多行或多列

用户有时需要在工作表中插入多行或多列，方法通常有以下几种，用户可以任选一种进行插入操作。

方法一：

用前面讲过的方法先插入一行或一列，然后再插入一行或一列，重复操作，直到插入足够多的行或列。当然，这是一种最不明智的操作方法。

方法二：

在插入一行或一列后，按快捷键“Ctrl+Y”插入，直到插入足够多的行或列。

方法三：

Excel 允许用户一次性插入多行或多列，单击需要插入列的下一列，然后向右拖鼠标，拖动的列数就是希望插入的列数。在被选定列的任意位置右键单击，在弹出的菜单列表中单击“插入”按钮，如图 9-41 所示。效果如图 9-42 所示。同样，插入行也是进行以上操作。

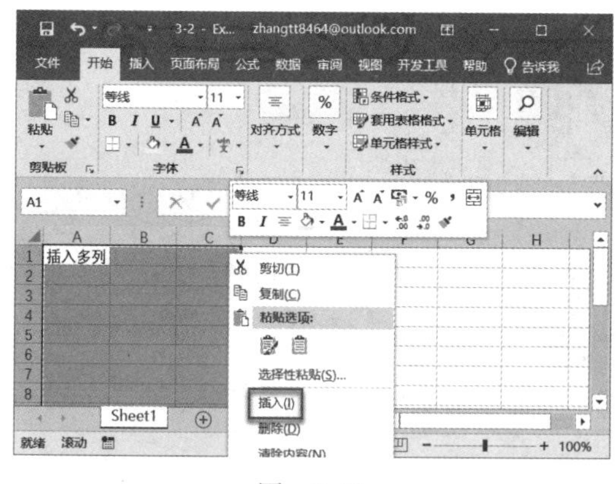

图 9-41

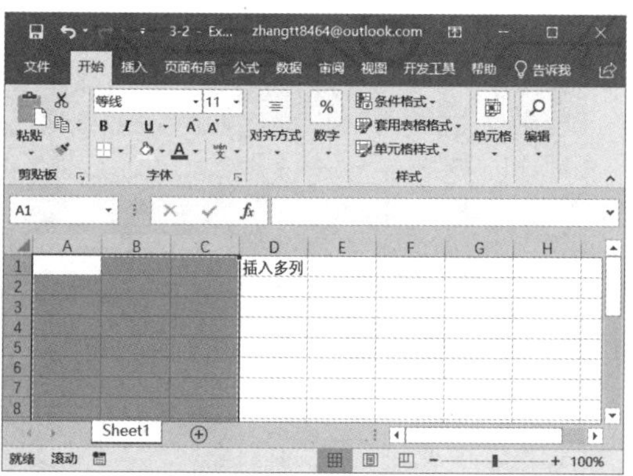

图 9-42

9.3.3 删除单元格

删除单元格也是报表调整、编辑过程中常见的操作。例如规划好框架后突然发现还多了一个元素或一条记录，此时则需要删除单元格。

步骤 1：单击选中要删除的单元格（如单元格 C3），切换至“开始”选项卡，单击“单元格”组中“删除”按钮的下拉按钮，展开隐藏的下列菜单列表，单击“删除单元格”按钮，如图 9-43 所示。

步骤 2：弹出“删除”对话框，单击选中“下方单元格上移”左侧的单选按钮，然后单击“确定”按钮，如图 9-44 所示。

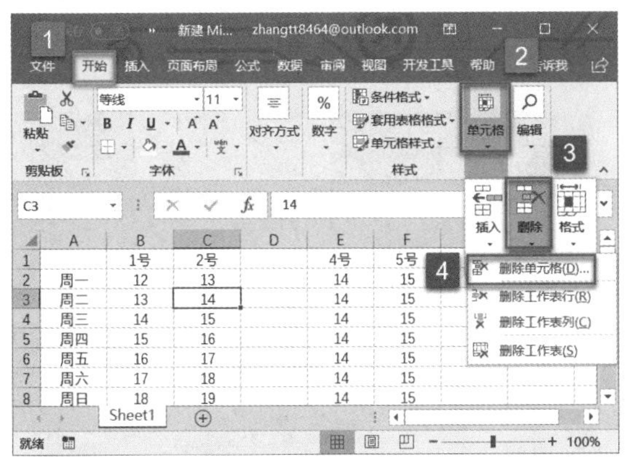

图 9-43

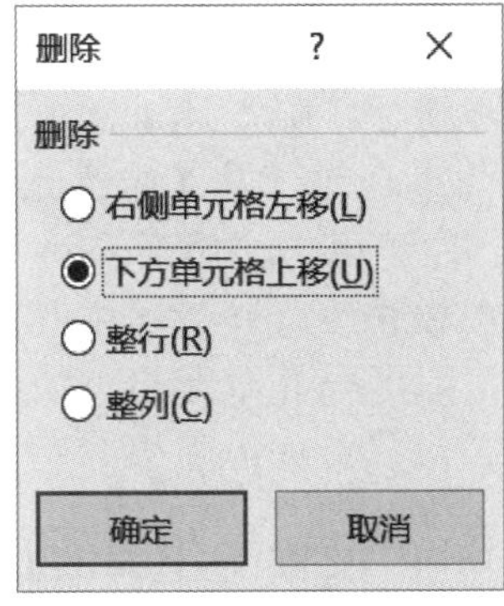

图 9-44

步骤 3：此时就可以看到选中的单元格已被删除，效果如图 9-45 所示。

步骤 4：除上述方法，也可以直接右键单击要删除的单元格（如单元格 C6），然后在打开的菜单列表框中单击“删除”按钮，即可弹出“删除”对话框，如图 9-46 所示。

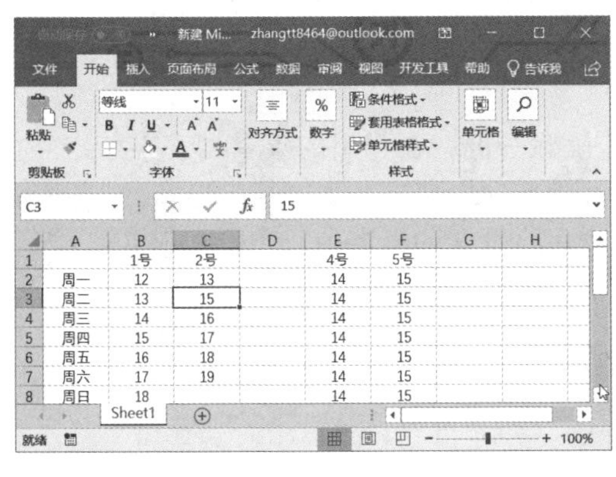

图 9-45

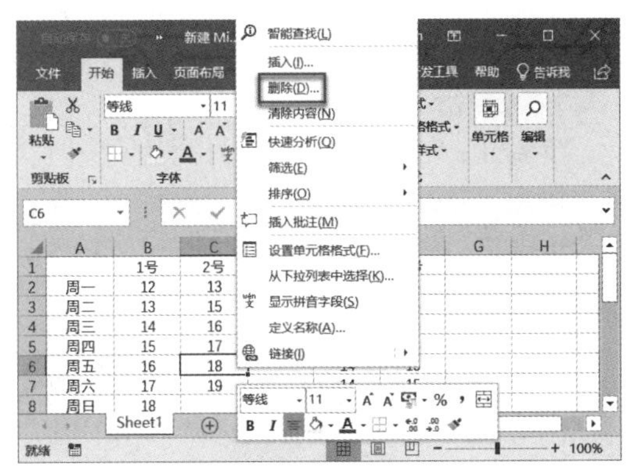

图 9-46

9.3.4 合并单元格

单元格的合并在表格的编辑过程中经常用到，包括将多行合并为一个单元格、多列合并为一个单元格、将多行多列合并为一个单元格。

步骤 1：选中要合并的多个单元格（如单元格 B8、C8），切换至“开始”选项卡，单击“对齐方式”组中“合并后居中”按钮的下拉按钮，展开隐藏的下拉菜单列表，单击“合并后居中”选项，如图 9-47 所示，合并效果如图 9-48 所示。

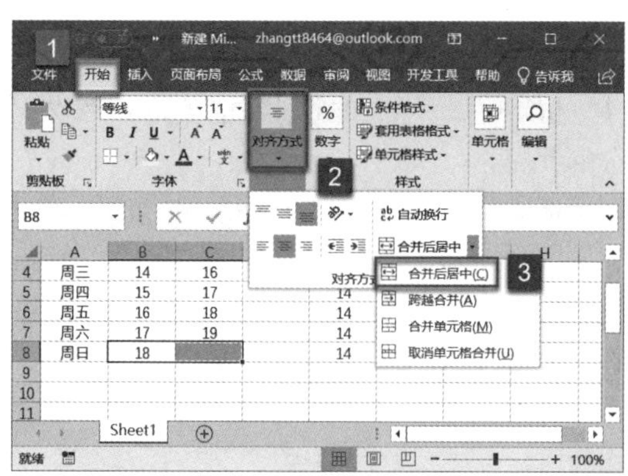

图 9-47

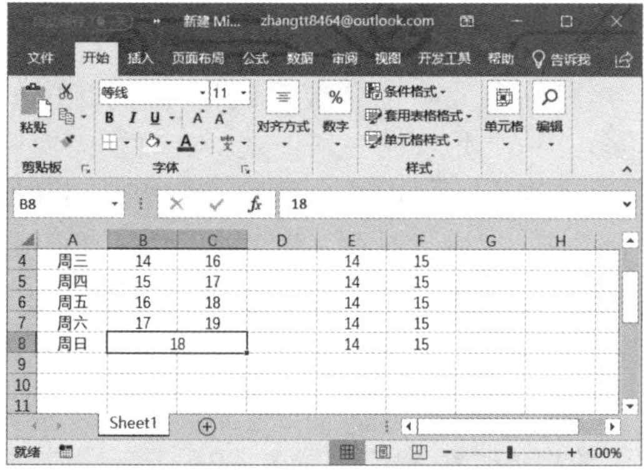

图 9-48

步骤 2：除上述方法，选中要合并的多个单元格（如单元格 B8、C8），右键单击，然后在弹出的菜单栏中单击“合并后居中”图标按钮，即可合并单元格，如图 9-49 所示。

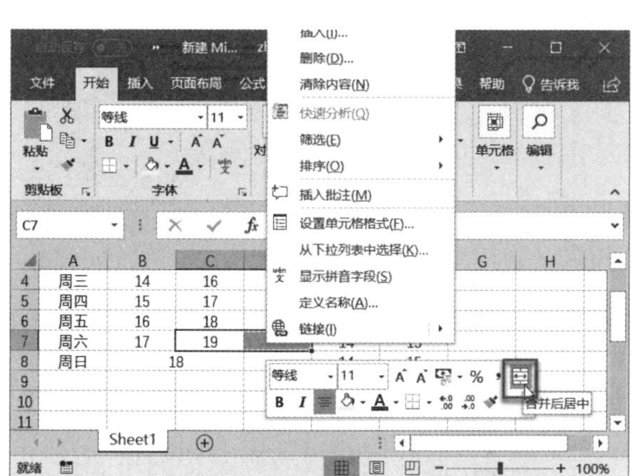

图 9-49

9.3.5 设置工作表的行高与列宽

在工作表的编辑过程中经常需要调整特定行或列的高度或宽度，例如当单元格中输入的数据超出该单元格宽度时，需要调整单元格的列宽。

方法一：使用命令调整行高和列宽。

1. 调整行高

步骤 1：在需要调整其行高的行标上单击鼠标右键，在弹出的菜单列表中单击“行高”按钮，如图 9-50 所示。

步骤 2：弹出“行高”对话框，在编辑框输入要设置的行高值，单击“确定”按钮，如图 9-51 所示。

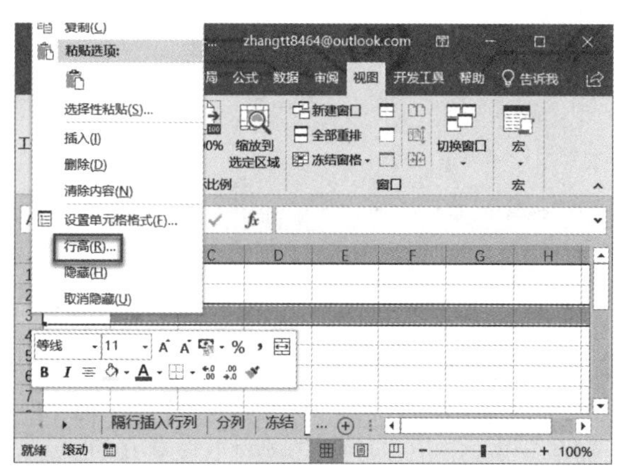

图 9-50

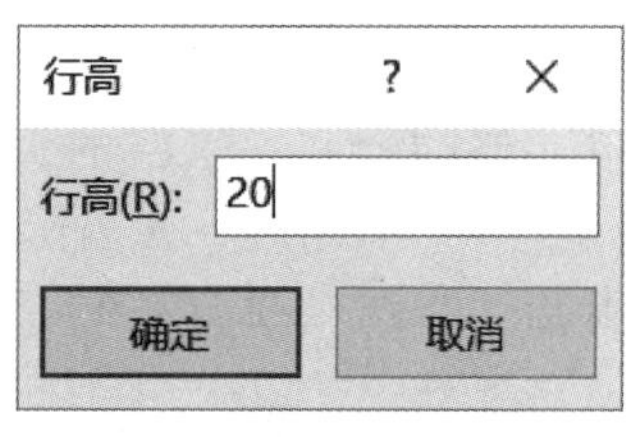

图 9-51

步骤 3：调整行高为 20 后的效果如图 9-52 所示。

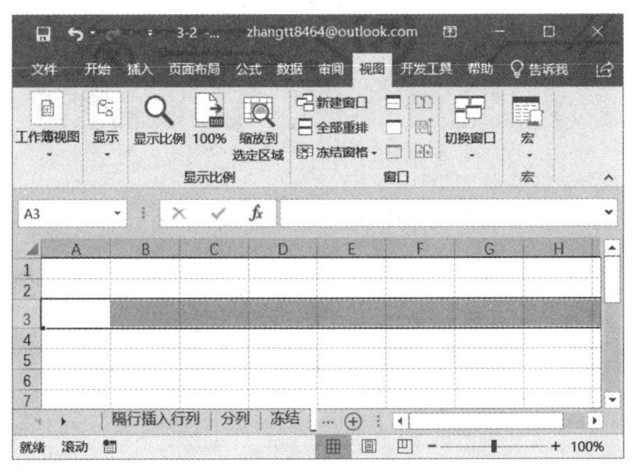

图 9-52

2. 调整列宽

步骤 1：在需要调整其列宽的列标上单击鼠标右键，在弹出的菜单列表中单击“列宽”按钮。

步骤 2：弹出“列宽”对话框，在编辑框输入要设置的列宽值，单击“确定”按钮，如图 9-53 所示。调整列宽为 15 后的效果如图 9-54 所示。

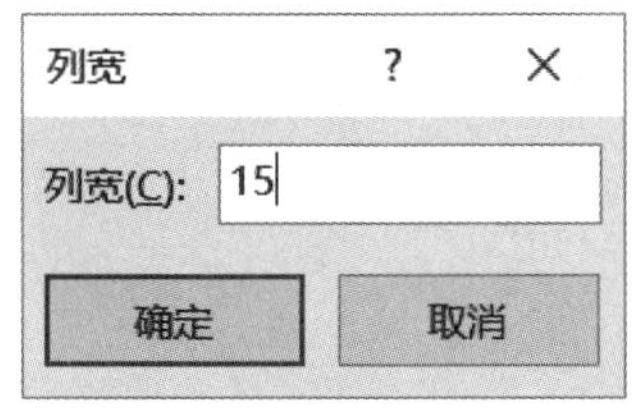

图 9-53

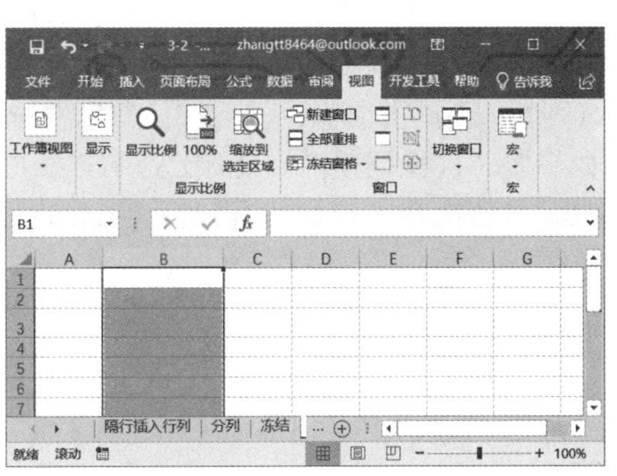

图 9-54

方法二：使用鼠标拖动的方法调整行高列宽。

1. 调整行高

单击要调整行高的某行下边线上，光标会变为双向对拉箭头，如图 9-55 所示。按住鼠标向上拖动，即可减小行高（向下拖动即可增大行高），拖动时右上角会显示具体尺寸。

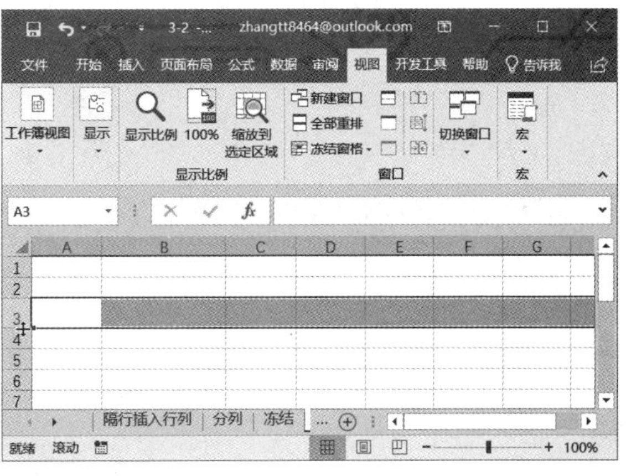

图 9-55

2. 调整列宽

单击要调整列宽的某列右边线上，光标会变为双向对拉箭头，如

图 9-56 所示。按住鼠标向左拖动，即可减小列宽（向右拖动即可增大列宽），拖动时右上角显示具体尺寸。

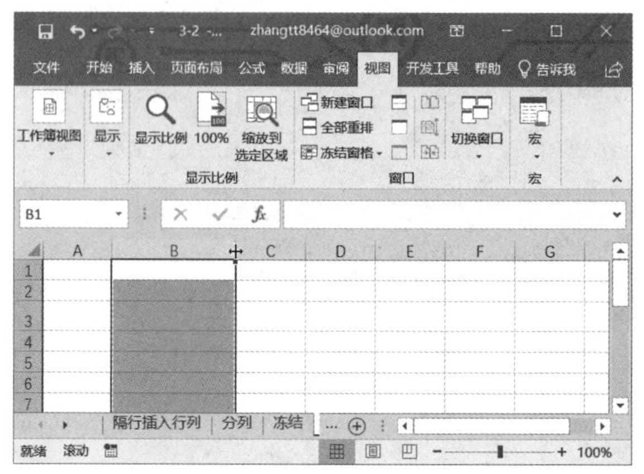

图 9-56

技巧点拨：如何一次性调整多行或多列（包括连续的和非连续的）的行高或列宽呢?

要一次调整多行的行高或多列的列宽，关键在于调整之前要准确选中要调整的行或列。选中之后，注意在选中的区域上单击鼠标右键，然后选择“行高（列宽）”命令，只有这样才能打开“行高（列宽）”设置对话框进行设置。

如果要一次性调整的行（列）是连续的，在选取时可以在要选择的起始行（列）的行标（列标）上单击鼠标，然后按住鼠标左键不放进行拖动即可选中多列；

如果要一次性调整的行（列）是不连续的，可首先选中第一行（列），按住“Ctrl”键不放，再依次在要选择的其他行（列）的行标（列标）上单击，即可选择多个不连续的行（列）。

第10章 表格的数据编辑与美化

在创建好表格后，首先要解决的一个问题就是如何输入数据，掌握一些输入数据的技巧，有助于提高办公效率，例如在输入一些特殊数据时，要掌握其中的规程，又如在连续的多个单元格中输入具有特定规律或相同数据时，启动自动填充功能可以让输入变得便捷。在输入并编辑完数据后，可以对表格进行适当美化，可以使表格看起来更加条理明晰。

- 表格数据的输入
- 格式化数据
- 表格数据的选择性粘贴
- 数据查找与替换
- 表格字体与对齐方式设置
- 表格边框与底纹设置
- 套用样式美化单元格与表格

10.1 表格数据的输入

利用 Excel 程序可以建立报表、完成相关数据的计算与分析。那么在进行这些工作前首先需要将相关数据输入到工作表中，根据实际操作的需要，可能需要输入多种不同类型的数据，如文本型数据、数值型数据、日期型数据等。

10.1.1 相同数据的快速填充

在工作表中输入相同数据时，可以使用数据填充功能来完成。

方法一：使用“填充”功能输入相同数据。

步骤 1：选中需要进行填充的单元格区域（注意，要包含已经输入数据的单元格，即填充源），如单元格区域 B2:B7，切换至“开始”选项卡，单击“编辑”组中的“填充”按钮，在弹出的菜单列表中选择填充方向“向下”，如图 10-1 所示。

步骤 2：数据填充后的效果如图 10-2 所示。

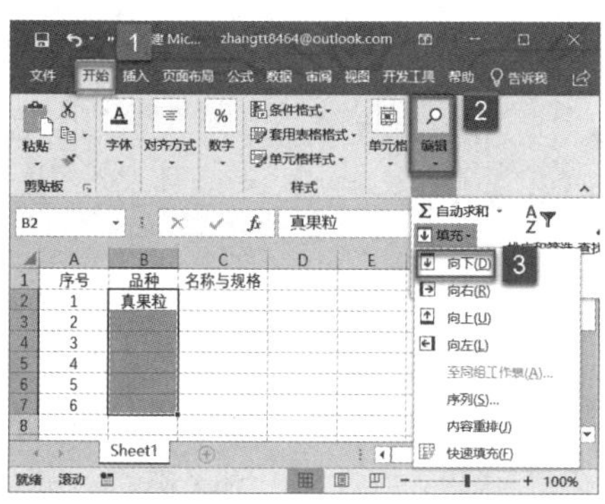

图 10-1

图 10-2

方法二：使用鼠标拖动的方法输入相同数据。

步骤 1：将鼠标光标定位到单元格 C2 右下角，至光标变成十字形状（+），如图 10-3 所示。

步骤 2：按住鼠标左键不放，向下拖动至填充结束的位置，释放鼠标，然后单击右下方的“自动填充选项”按钮，并勾选“复制单元格”前的单选按钮，此时即可看到拖动过的位置上都会出现与单元格 C2 中相同的数据，如图 10-4 所示。

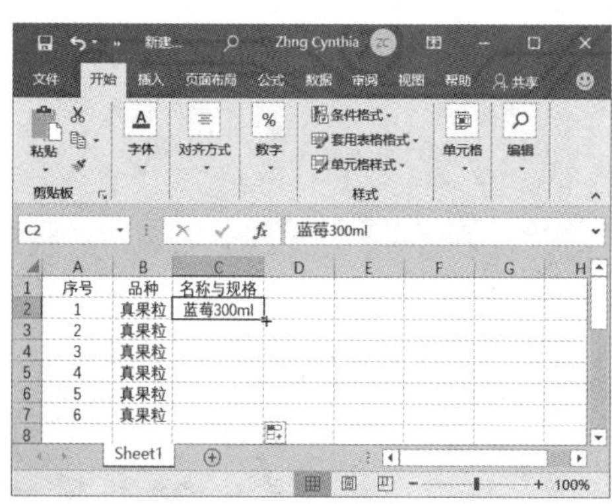

图 10-3

图 10-4

10.1.2 有规则数据的填充

通过填充功能可以实现一些有规则数据的输入，例如输入序号、日期、星期数、月份、甲乙丙丁等。要实现有规律数据的填充，需要选择至少两个单元格来作为填充源，这样程序才能根据当前选中填充源的规律来完成数据的填充。下面介绍连续序号输入的步骤。

步骤 1：在单元格 A3 和 A4 中分别输入序号 1、2。选中单元格区域 A2:A3，将光标移至该单元格区域右下角，至光标变成十字形状（✚），如图 10-5 所示。

步骤 2：按住鼠标左键不放，向下拖动直到填充结束的位置，释放鼠标，拖动过的位置上即会按特定的规则完成序号的输入，如图 10-6 所示。

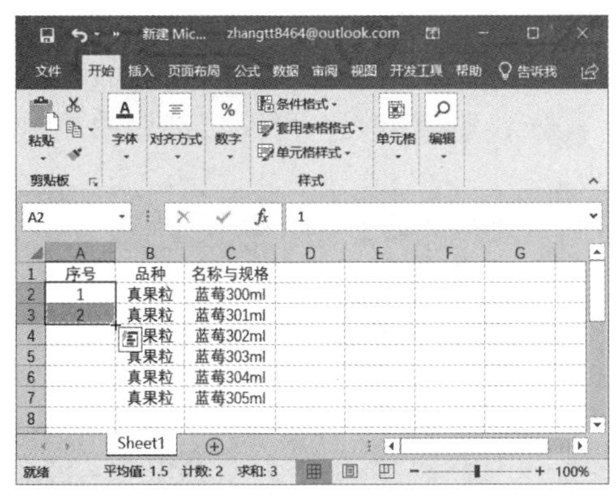

图 10-5

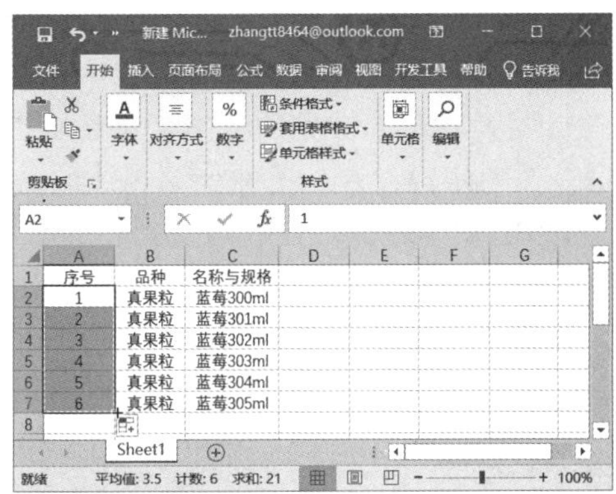

图 10-6

10.1.3 非连续单元格数据的填充

当需要在多个非连续的单元格中输入相同的数据时，并不需要逐个依次输入。Excel 提供了一种快捷的输入方法，下面对这个方法进行介绍。

步骤 1：按住“Ctrl”键，然后单击需要输入数据的单元格，此时最后一个单元格会显示为白色，如图 10-7 所示。

步骤 2：在最后一个单元格中输入数据后按“Ctrl+Enter”快捷键，所有选择的单元格将被填充相同的数据，如图 10-8 所示。

图 10-7

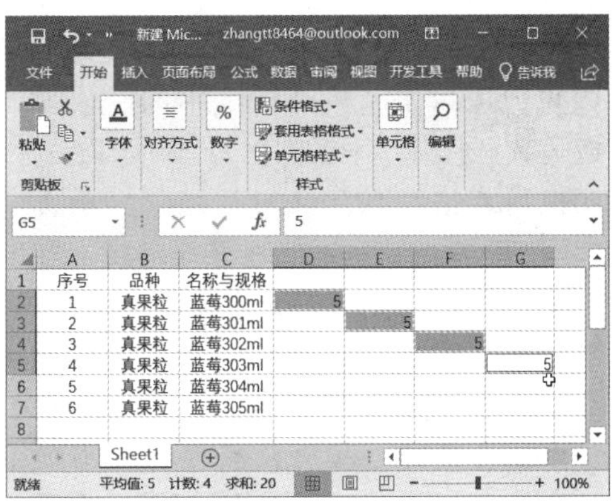

图 10-8

10.2 格式化数据

Excel 工作表中往往包含大量的数据，这些数据包括数值、货币、日期、百分比、文本和分数等类型。不同类型的数据在输入时会有不同的方法，为了方便输入，同时使相同类型的格式具有相同的外观，应该对单元格数据进行格式化。本节将介绍不同类型的数据在输入时进行格式化的方法。

10.2.1 设置数据格式

对于常见的数据类型，Excel 提供了常用的数据格式供用户选择使用。在 Excel 功能区“开始”选项卡的“数字”组中，各个命令按钮可以用于对单元格数据的不同格式进行设置。对于常见的数据类型，如时间、百分数和货币等，可以直接使用该组中的命令按钮快速设置。下面介绍具体的操作方法。

步骤 1：将数据格式设置为货币格式，选中单元格区域 D 列，切换至“开始”选项卡，如图 10-9 所示。

步骤 2：打开“数字”组中的“数字格式”下拉列表，单击“货币”按钮，单元格中的数据自动转换为货币格式，如图 10-10 所示。

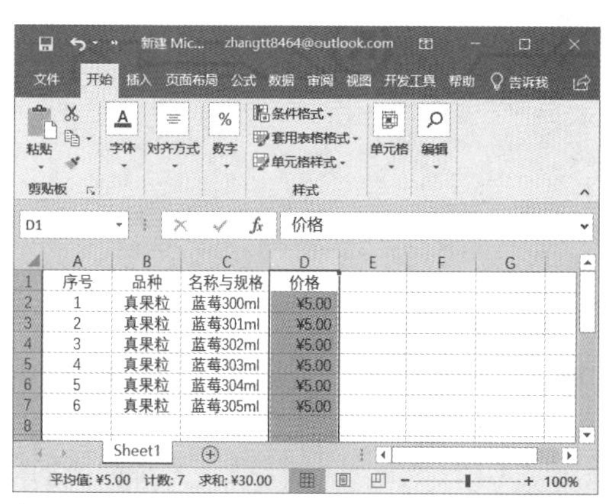

图 10-9

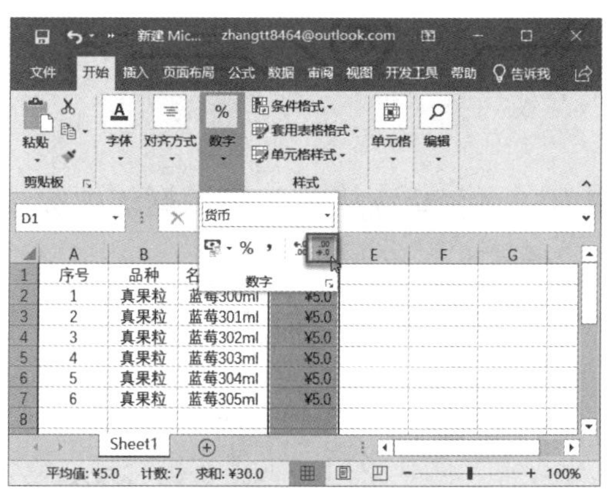

图 10-10

步骤 3：如果需要为货币数据减少小数位，可单击“数字”组中的“减少小数位数”按钮，如图 10-11 所示。

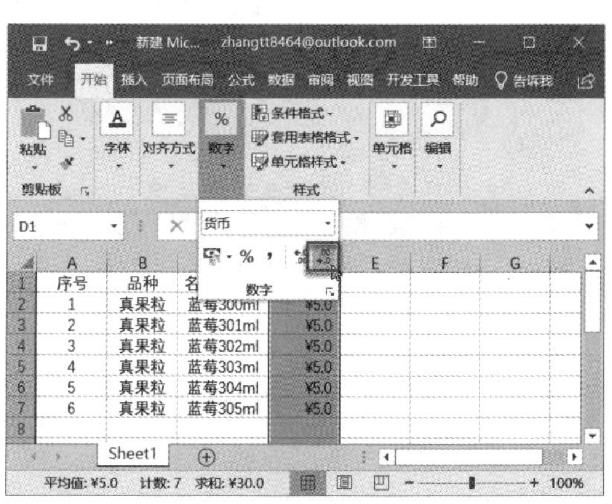

图 10-11

技巧点拨：在“数字”组中，单击“会计数字格式”按钮上的下三角按钮可以得到一个下拉列表，选择相应的选项后可以在添加货币符号时，在数据中添加分隔符，并在右侧显示两位小数。单击“千位分隔符”按钮，数据将被添加千位分隔符，右侧显示两位小数，多于两位小数的按四舍五入处理。单击“百分比样式”按钮，数据将以百分比形式显示，没有小数位。

Excel 还提供了在单元格中自动输入大小中文数字的功能，下面简单介绍一下方法。

步骤 1：选中单元格区域 D 列，切换至“开始”选项卡，单击“数字”组中的“数字格式”按钮 ，如图 10-12 所示。

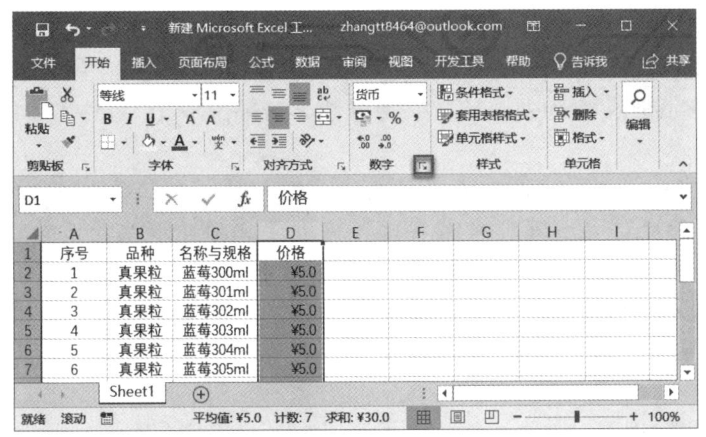

图 10-12

步骤 2：弹出“设置单元格格式”对话框，单击“分类”列表框中的“特殊”项，在右侧“类型”下方的菜单列表中选择“中文大写数字”，单击“确定”按钮，如图 10-13 所示。

步骤 3：返回 Excel 主界面，发现 D 列中的数字自动转换为大写汉字，如图 10-14 所示。

图 10-13

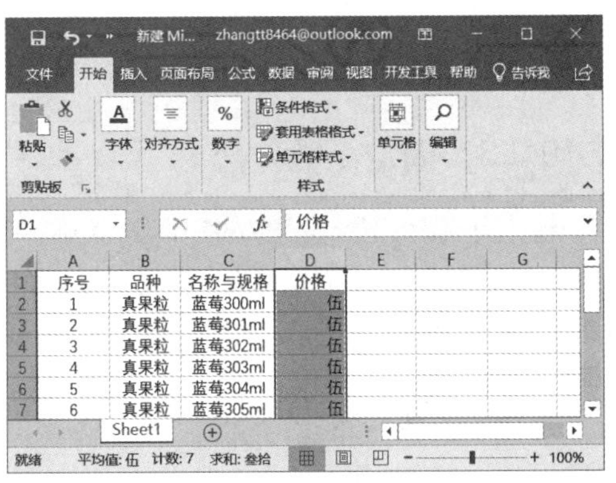

图 10-14

技巧点拨：Excel 一共提供了 12 种类型的数字格式可供设置，用户可在“类型”列表中选择需要设置的数字类型后再进行设置。“常规”类型为默认的数字格式，数字以整数、小数或者科学记数法的形式显示；“数值”类型数字可以设置小数点位数、添加千位分隔符以及设置如何显示负数；“货币”类型和“会计专用”类型的数字可以设置小数位、选择货币符号以及设置如何显示负数。

10.2.2 自定义数据格式

Excel 除预设了大量数据格式供用户选择使用外，还为用户提供了对数据格式进行自定义的功能。

步骤 1：选中单元格区域 D 列，打开“设置单元格格式”对话框，单击“分类”列表框中的“自定义”项，在右侧“类型”下方文本框中的格式代码后面添加单位“元”字，在前面添加颜色代码“[红色]”，设置完成后单击“确定”按钮，如图 10-15 所示。

步骤 2：单元格区域 D 列内的文字将自动添加单位“元”，文字颜色变为红色，效果如图 10-16 所示。

技巧点拨：Excel 以代码定义数值类型，代码中的“#”为数字占位符，表示只显示有效数字。0 为数字占位符，当数字比代码数量少时显示无意义的 0。“_”表示留出与下一个字符等宽的空格。“*”表示重复下一个字符来填充列宽。“@”为文本占位符，表示引用输入的字符。“?”为数字占位符，表示在小数点两侧增加空格。“[红色]”为颜色代码，用于更改数字的颜色。

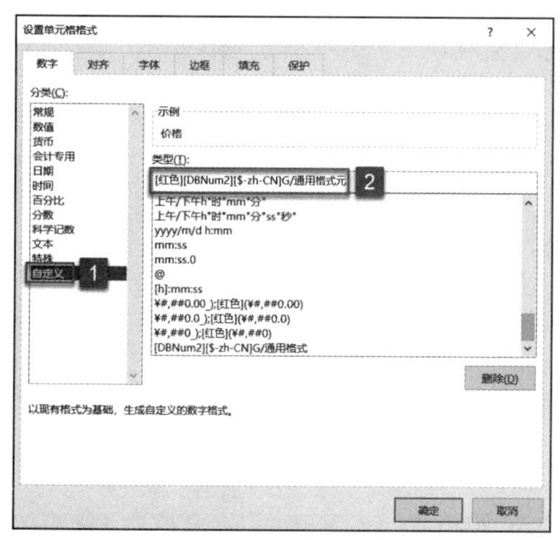

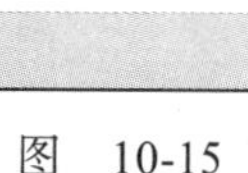

图 10-15

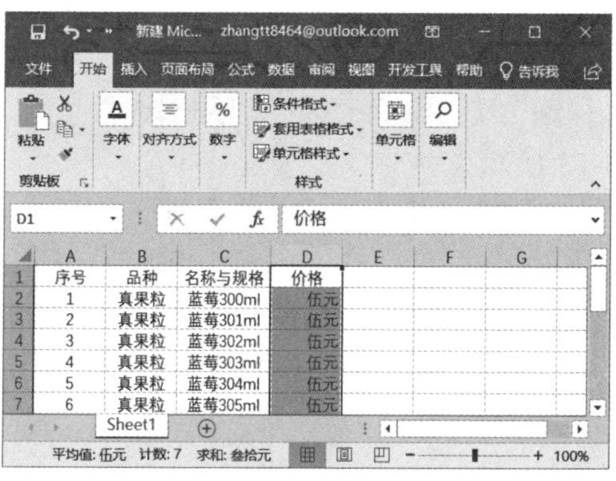

图 10-16

10.2.3 固定小数位数

输入小数在 Excel 表格中非常常见，用常规的方法输入，不仅容易出错，而且效率较低。如果工作表中小数部分的位数都一样，可以通过 Excel 的自动插入小数点功能指定小数点位数，输入时无须输入小数点即可实现小数的输入。下面介绍具体的操作步骤。

步骤 1：依次单击“文件” - “选项”按钮，打开“Excel 选项”对话框。单击左侧窗格中的“高级”项，单击勾选右侧窗格中“编辑选项”下“自动输入小数点”前的复选框，在“小位数”右侧的增量框中设置小位数，设置完成后单击“确定”按钮，如图 10-17 所示。

步骤 2：将单元格格式设置为数值格式，然后在单元格 F2 中输入数字“2000”，按“Enter”键，该数字将自动变成含有两位小数位的数字 20.00，如图 10-18 所示。

技巧点拨：如果需要在单元格中输入整数，单元格格式应设置为常规格式，然后只需在输入数字后面添加 0 即可，0 的个数与设置的小数位数一致。例如需要输入整数 321，这里应该输入 32100。

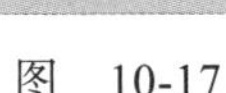

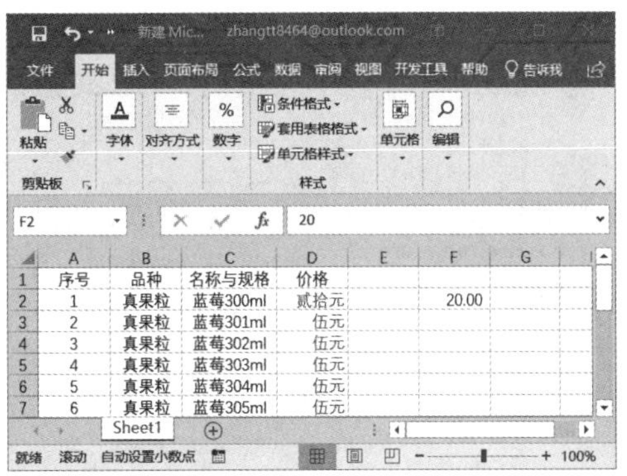

图 10-17　　　　图 10-18

10.2.4 设置数据的有效范围

Excel 提供了设置数据有效范围的功能，使用该功能能够对单元格中输入的数据进行限制，以避免输入不符合条件的数据。下面介绍设置数据有效范围的操作方法。

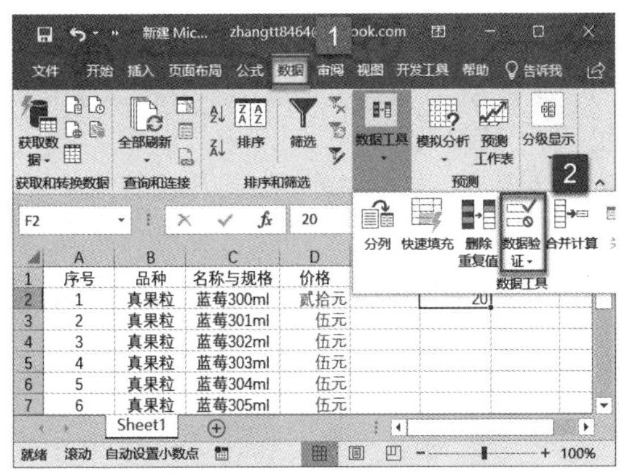

图 10-19

步骤 1：单击选中单元格 F2，切换至“数据”选项卡，单击“数据工具”组中的“数据验证”按钮，如图 10-19 所示。

步骤 2：弹出“数据验证”对话框，单击“允许”下方的下拉列表选择“整数”项，在“最小值”文本框内输入“10”，在“最大值”文本框内输入“1000”，如图 10-20 所示。

步骤 3：切换至“输入信息”选项卡，在“标题”和“输入信息”文本框中分别输入提示信息标题和内容，如图 10-21 所示。

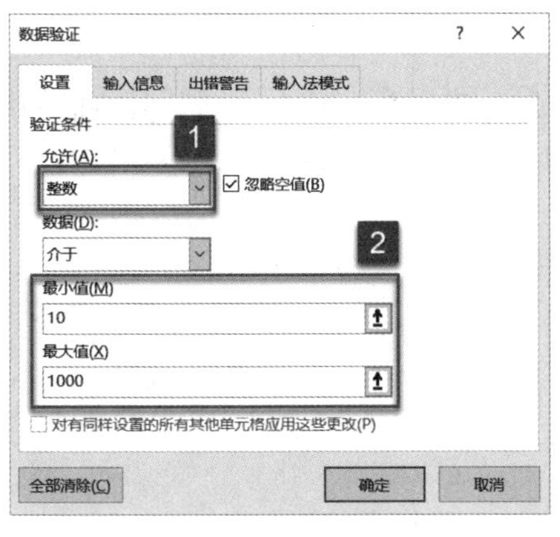

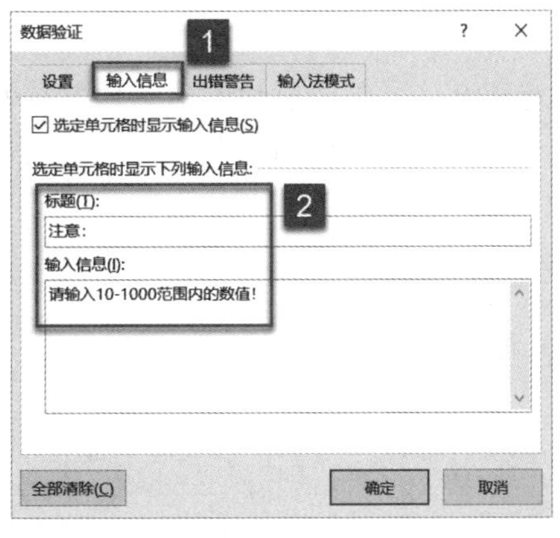

图 10-20　　　　图 10-21

步骤 4：切换至“出错警告”选项卡，在“样式”下拉列表中选择图标样式，在“标题”和“错误信息”文本框中分别输入标题文字和警告文字，完成设置后单击“确定”

按钮，如图 10-22 所示。

步骤 5：选中该单元格后，Excel 会给出设置的提示信息，如 10-23 所示。

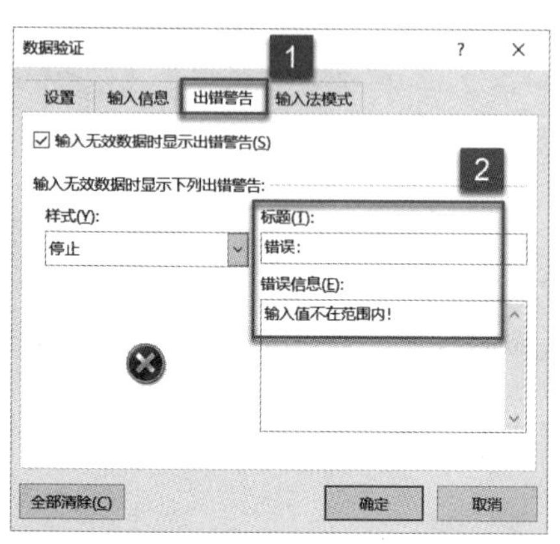

图　10-22

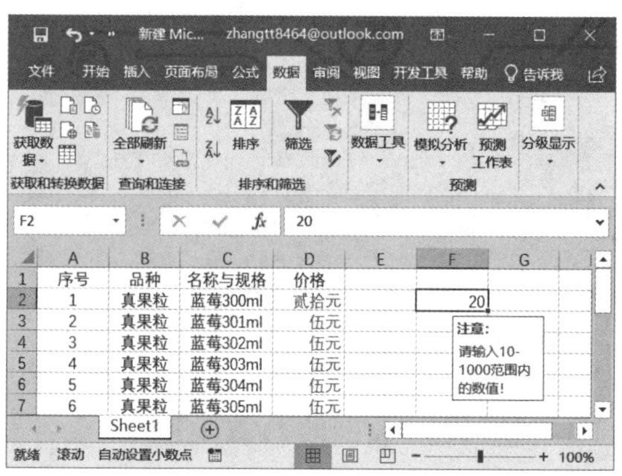

图　10-23

步骤 6：如果输入的数值不符合设置的条件，完成输入后，Excel 将给出“输入错误”提示对话框，如图 10-24 所示。

步骤 7：单击“重试”按钮，当前输入的数据将全选，此时将能够在单元格中再次进行输入，如图 10-25 所示。单击“取消”按钮将取消当前输入的数字。

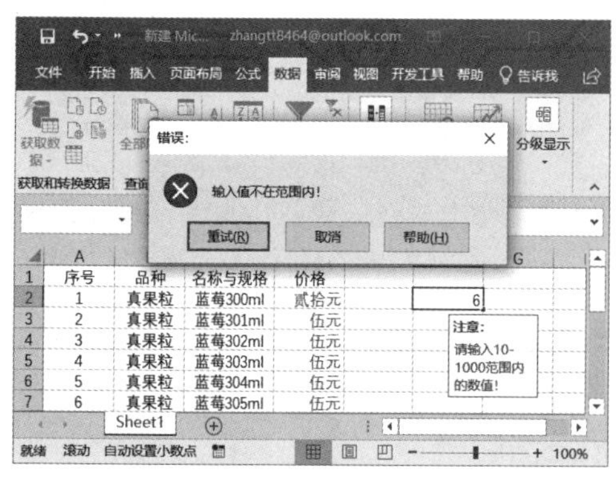

图　10-24

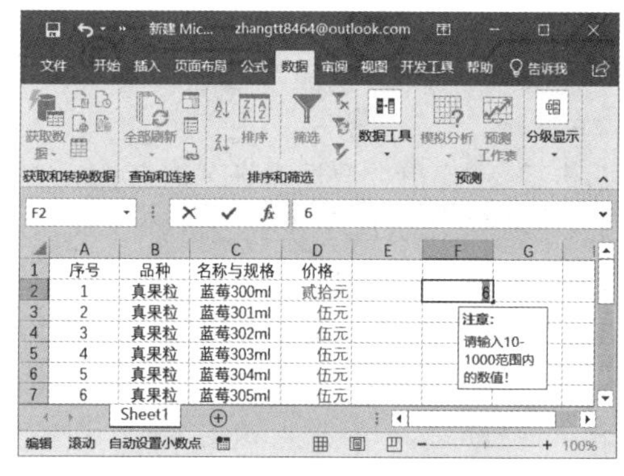

图　10-25

步骤 8：如果要删除创建的数据有效范围设置，可以在“数据验证”对话框的任意选项卡内单击“全部清除”按钮，然后单击“确定”按钮即可，如图 10-26 所示。

图　10-26

10.3 表格数据的选择性粘贴

移动、复制与粘贴是数据编辑过程中最常进行的操作，运用这些操作可以在很大程度上提高数据编辑效率。

使用“选择性粘贴”功能可以达到特定的目的，例如可以实现数据格式的复制、公式的复制、复制时进行数据计算等。下面举几个实例进行说明。

1. 无格式粘贴 Excel 数据

在进行数据粘贴时，经常要进行无格式粘贴（即粘贴时去除所有格式），此时需要使用“选择性粘贴”功能。

步骤 1：选中单元格区域，按“Ctrl+C”组合键进行复制。然后单击选中粘贴位置，切换至“开始”选项卡，单击“剪贴板”组中的“选择性粘贴”按钮，如图 10-27 所示。

步骤 2：弹出“选择性粘贴”对话框，在“粘贴”窗格中单击选择“数值”前的单选按钮，然后单击“确定”按钮即可，如图 10-28 所示。

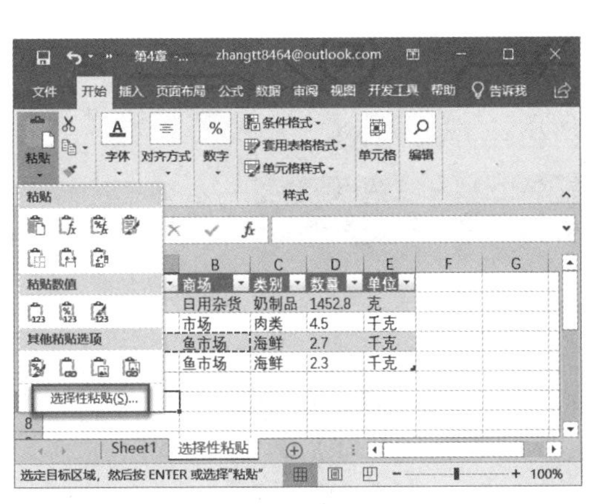

图　10-27

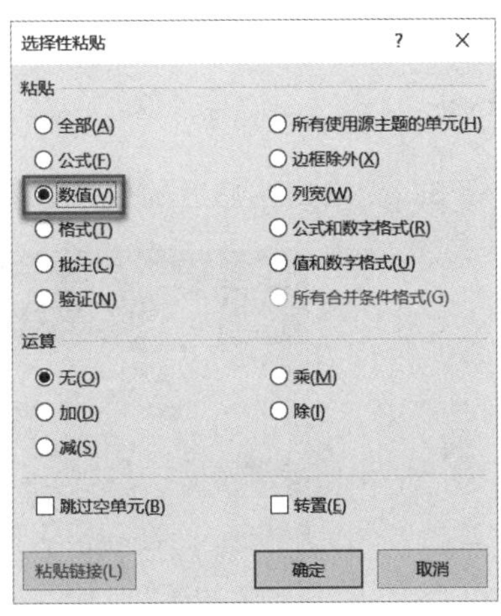

图　10-28

步骤 3：无格式粘贴后的效果如图 10-29 所示。

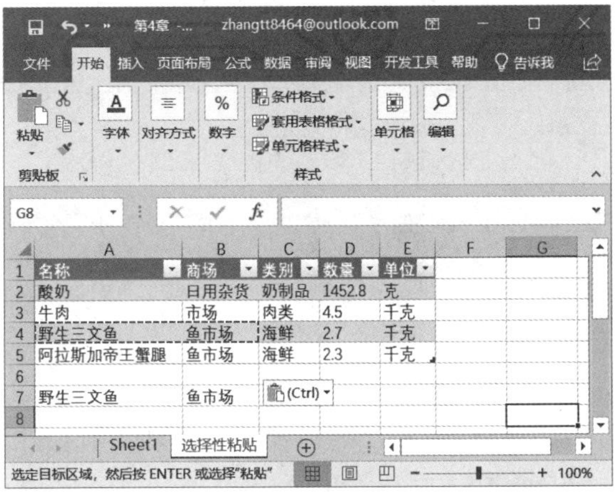

图　10-29

2. 无格式粘贴网页中的数据或其他文档中的数据

步骤 1：在网页中或其他文档中选中目标内容，按“Ctrl+C”组合键进行复制，然后单击选中粘贴位置，切换至“开始”选项卡，单击“剪贴板”组中的“选择性粘贴”按钮，如图 10-30 所示。

步骤 2：弹出“选择性粘贴”对话框，在“方式”列表选内单击“文本”项，单击“确定”按钮，如图 10-31 所示。

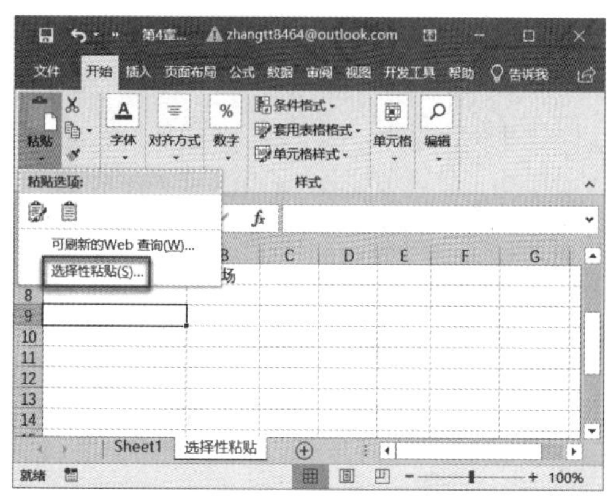

图 10-30

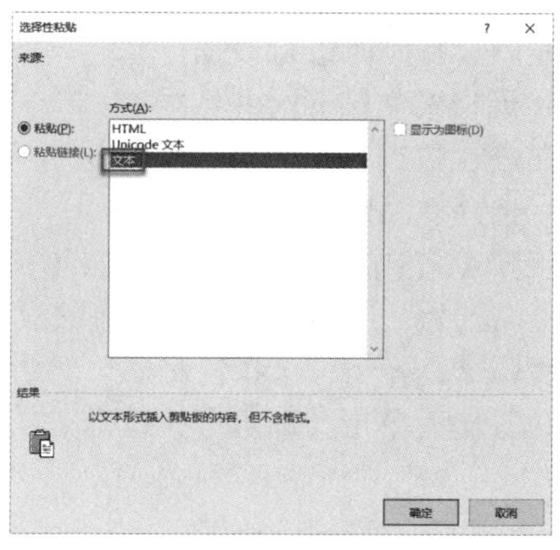

图 10-31

步骤 3：无格式粘贴后的效果如图 10-32 所示。

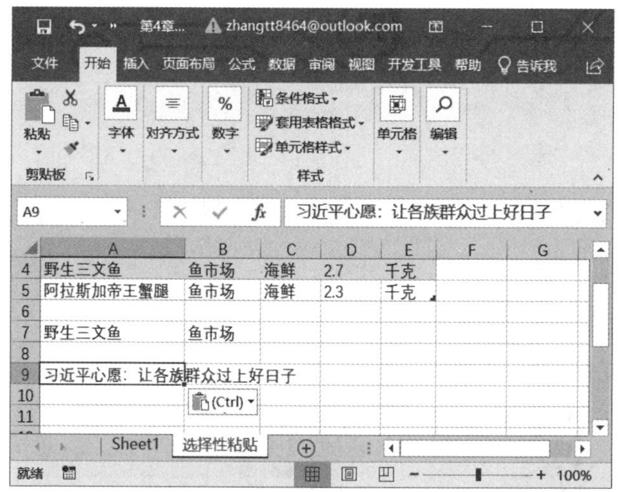

图 10-32

10.4 数据查找与替换

在日常办公中，可能随时需要从庞大数据库中查找相关记录或者需要对数据库中个别数据进行修改，如果采用手工方式来查找或修改数据其效率会非常低下。此时可以使用“查找与替换”功能来快速完成该项工作。

10.4.1 数据查找

要快速查找到特定数据，其操作如下。

步骤 1：将光标定位到数据库首行，切换至“开始”选项卡，单击“编辑”组中的“查找和选择”按钮，然后在弹出的菜单列表中单击“查找”项，如图 10-33 所示。

步骤 2：弹出“查找和替换”对话框，在“查找内容”文本内输入查找信息，如图 10-34 所示。

技巧点拨：按“Ctrl+F”组合键，可以快速打开“查找”对话框。

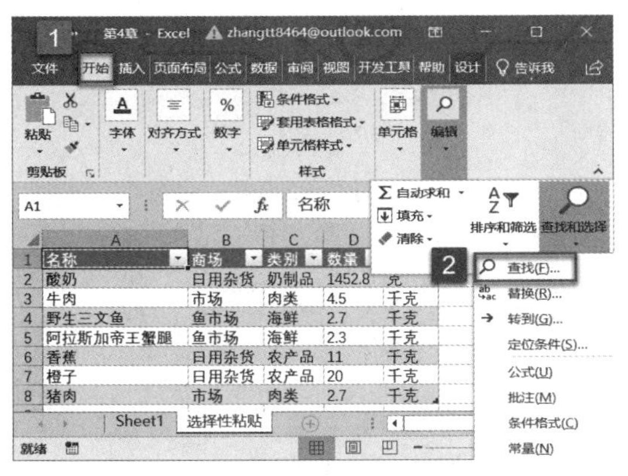

图 10-33

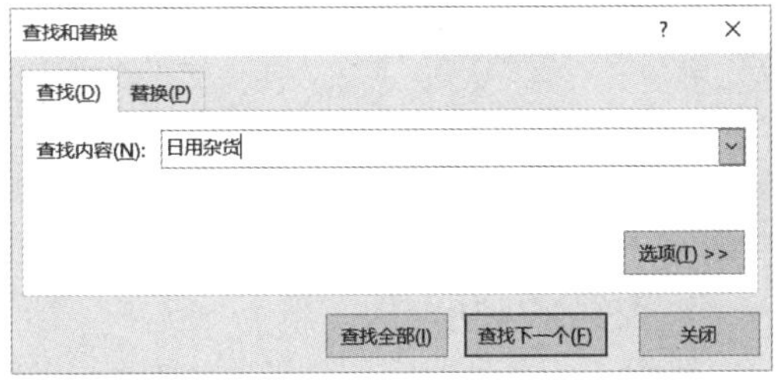

图 10-34

步骤 3：单击“查找下一个”按钮，光标即可定位在满足条件的单元格上。可依次单击“查找下一个”按钮查找满足条件的记录，如图 10-35 所示。

步骤 4：若单击“查找全部”按钮，即可显示出所有满足条件的记录所在工作表、单元格以及其他信息，如图 10-36 所示。

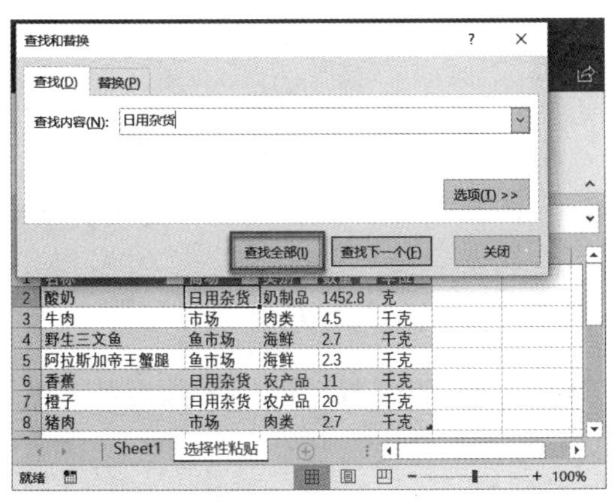

图 10-35

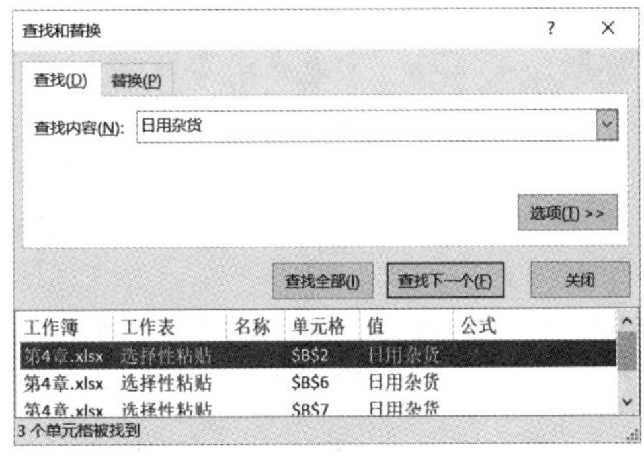

图 10-36

步骤 5：进行查找时，默认查找范围为当前工作表。要实现在工作簿中进行查找，可以单击“查找和替换”对话框中的“选项”按钮，激活选项设置，在“范围”右侧的下拉列表中选择查找范围“工作簿”，如图 10-37 所示。

技巧点拨：在查找过程中，也可以区分大写和区分全/半角。只需要在“选项”设置中将“区分大小写”和“区分全/半角”复选框选中即可。

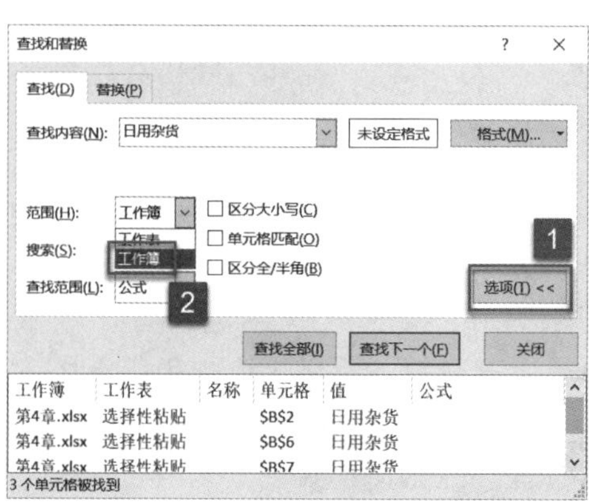

图 10-37

10.4.2 数据替换

如果需要从庞大数据库中查找相关记录并对其进行更改，此时可以利用替换功能来实现。

1. 数据替换功能的使用

步骤 1：将光标定位到数据库首行，切换至“开始”选项卡，单击“编辑”组中的“查找和选择”按钮，然后在弹出的菜单列表中单击“替换”项，如图 10-38 所示。

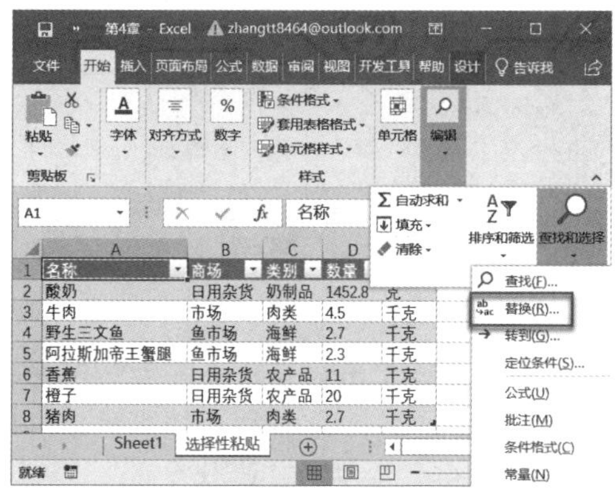

图 10-38

步骤 2：弹出“查找和替换”对话框，在“查找内容”中输入要查找的内容，在“替换为”中输入要替换为的内容，如图 10-39 所示。

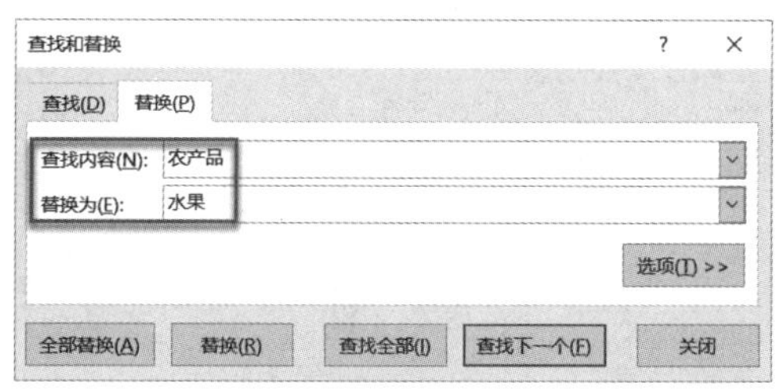

图 10-39

步骤 3：单击“查找下一个”按钮，光标即可定位第一个在满足条件的单元格上，如图 10-40 所示。

步骤 4：单击“替换”按钮，即可将查找的内容替换为所设置的替换为内容，如图 10-41 所示。

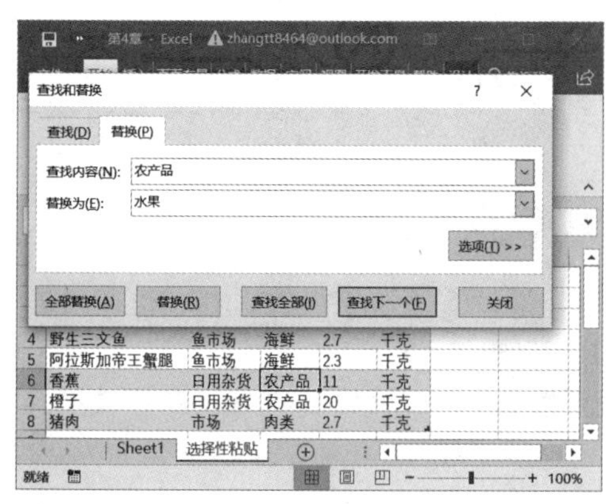

图 10-40

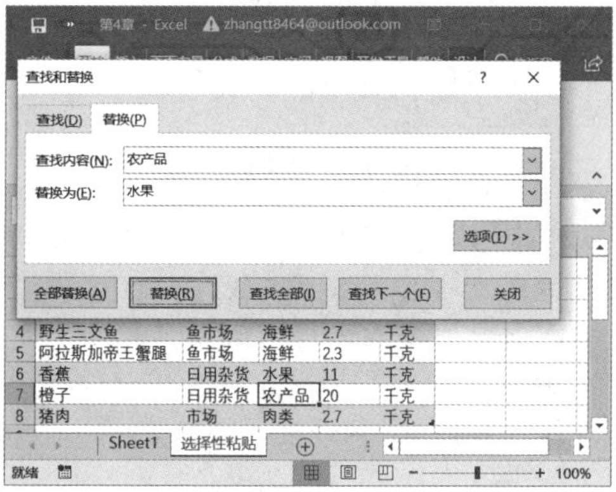

图 10-41

2. 设置让替换后的内容显示特定格式

可以设置让替换后的内容显示为特定的格式，达到特殊标识的作用。下面举例介绍如何实现让替换后的内容显示特定的格式。

步骤 1：打开“查找和替换”对话框，分别在“查找内容”与“替换为”框中输入要查找的内容与替换为内容。单击“选项”按钮，展开“选项”设置。然后单击“替换为”右侧的“格式”按钮，如图 10-42 所示。

步骤 2：弹出“替换格式”对话框，切换至“字体”选项卡，可以对替换内容进行字体、字形、字号、颜色等格式设置，如图 10-43 所示。切换至“填充”选项卡，还可以设置填充颜色等格式。

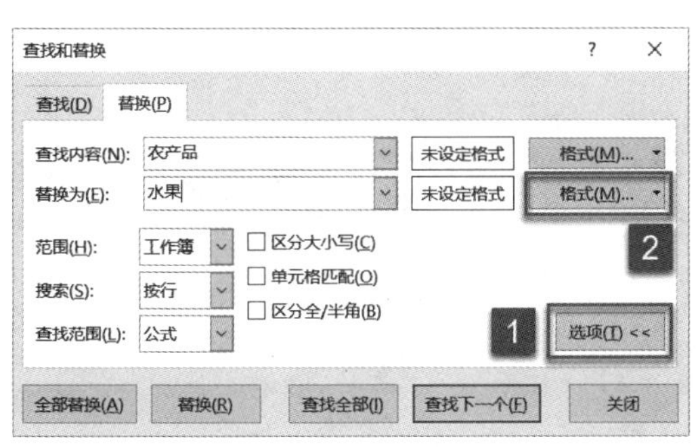

图 10-42

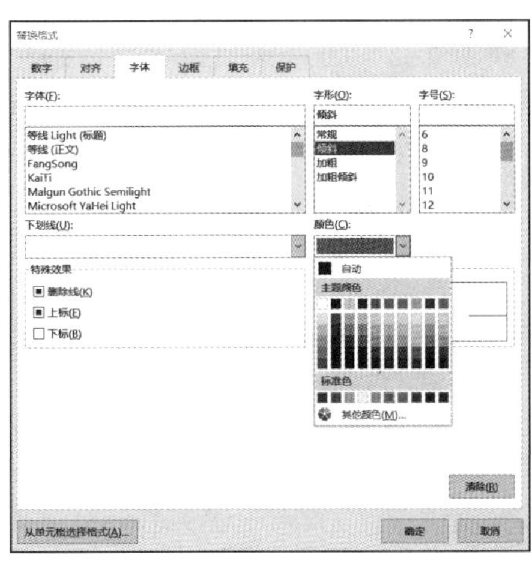

图 10-43

技巧点拨：在设置替换格式时，还可以设置让替换后的内容满足特定的数字格式（在“数字”选项卡下设置），设置替换后的内容显示特定边框（在“边框”选项卡下设置），只需要选择相应的选项卡按与上面相同的方法进行设置即可。

步骤 3：单击“确定”按钮，返回至“查找和替换”对话框，原“未设定格式”会显示为“预览”格式，如图 10-44 所示。

步骤 4：设置好查找内容、替换为内容以及替换为内容的格式后，单击“全部替换”按钮，Excel 会弹出提示框提示当前操作的完成情况，并自动进行查找并替换，替换后的内容显示为所设置的格式，如图 10-45 所示。

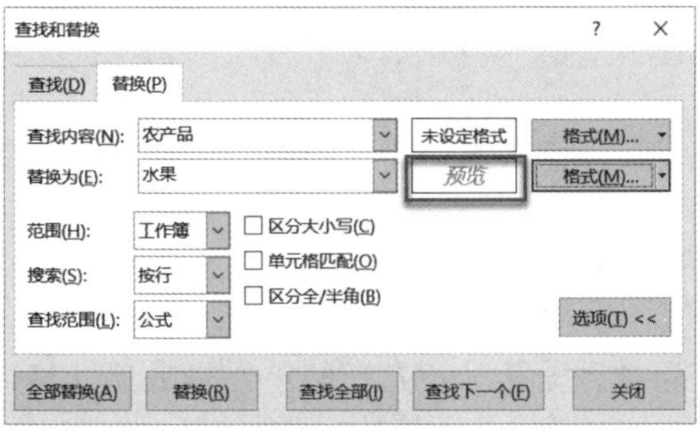

图 10-44

图 10-45

10.5 表格字体与对齐方式设置

输入数据后，默认情况下的显示效果是：“常规”格式、等线 11 号、文本左对齐数字右对齐。而在实际操作中，需要对这些默认的格式进行修改，以满足特定的需要。

10.5.1 设置表格字体

输入到单元格中的数据默认显示为等线 11 号，因此可根据实际需要重新设置数据的字体格式。

步骤 1：单击选中要设置字体的单元格或单元格区域，如单元格 A2，在“开始”选项卡的“字体”组中单击“字号”右侧的下拉按钮，在展开的字号下拉列表中单击选择字号大小，如“20”，效果如图 10-46 所示。

步骤 2：单击“字体”右侧的下拉按钮，在展开的字体下拉列表中单击选择字体，如：“方正舒体”，效果如图 10-47 所示。

图 10-46

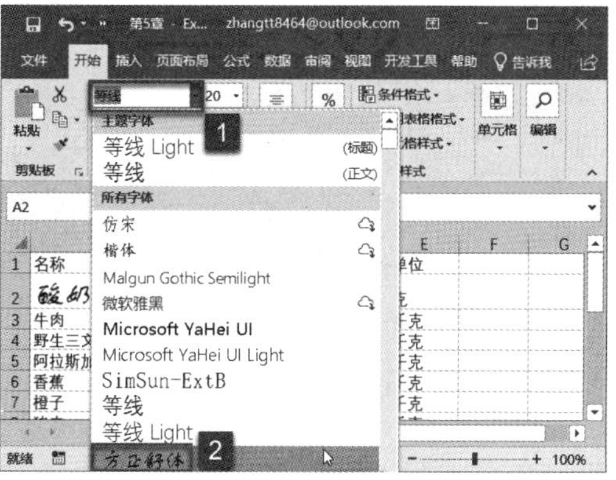

图 10-47

步骤 3：另外，Excel 在“字体”组中还为用户提供了加粗、倾斜、下划线、字体颜色等其他功能设置。

10.5.2 设置表格对齐方式

输入到单元格中的数据，默认对齐方式为：文本左对齐，数字、日期等右对齐。因此可根据实际需要重新设置数据的对齐方式。

Excel 在“开始”选项卡的“对齐方式”组中提供了不同的对齐方式：

- ❑ ：这三个按钮用于设置水平对齐方式，依次为：顶端对齐、垂直居中、底端对齐；
- ❑ ：这三个按钮用于设置垂直对齐方式，依次为：文本左对齐、居中、文本右对齐；
- ❑ ：这个按钮用于设置文字倾斜或竖排显示，通过单击右侧的下拉按钮，还可以选择设置不同的倾斜方向或竖排形式。

步骤 1：设置标题文字居中显示。单击选中要设置对齐方式的单元格或单元格区域，如单元格 A1，在“开始”选项卡中“对齐方式”组中分别单击“垂直居中”和“居中”按钮即可实现标题文字居中效果，如图 10-48 所示。

步骤 2：设置列标识文字分散对齐效果。选中列标识所在单元格区域，在“开始”选项卡中“对齐方式”组单击“设置单元格格式”按钮，如图 10-49 所示。

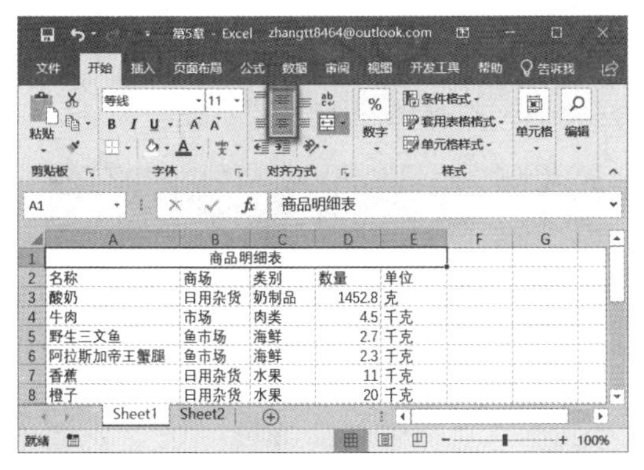

图 10-48

图 10-49

步骤 3：弹出“设置单元格格式”对话框。单击“水平对齐”的下拉按钮，在打开的菜单列表中选择“分散对齐”，如图 10-50 所示。

步骤 4：单击“确定”按钮，即可看到列标识文字显示分散对齐的效果，如图 10-51 所示。

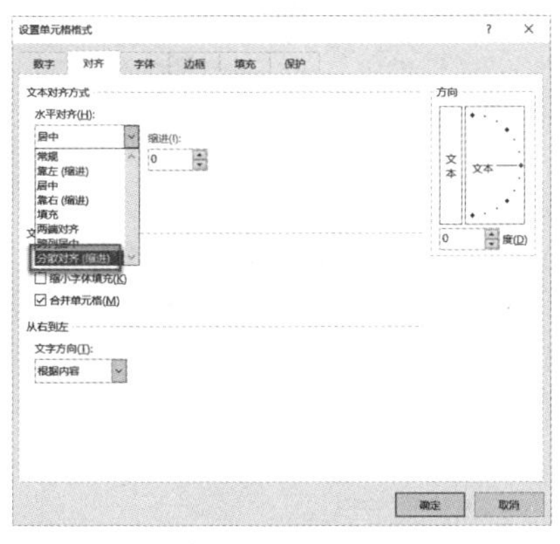

图 10-50

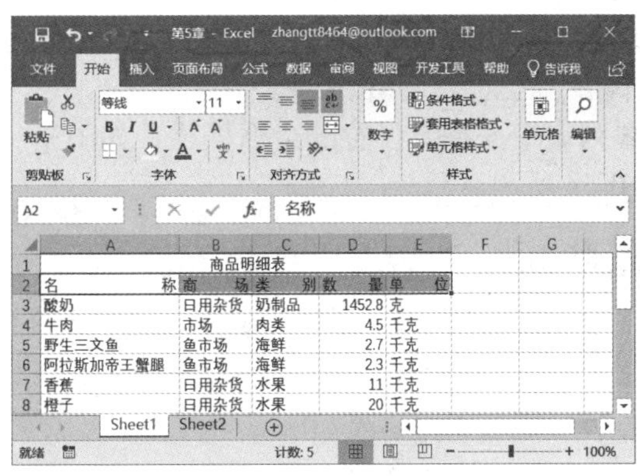

图 10-51

技巧点拨：在“设置单元格格式”对话框的“对齐”选项卡中，还可以在“方向”栏中选择竖排文字，或通过设置倾斜角度让文本倾斜显示。

10.6 表格边框与底纹设置

在表格中完成字体和对齐方式设置后，接下来就可以对表格边框和底纹进行颜色填充和边框样式设置。

10.6.1 设置表格边框效果

Excel 默认显示的网格线只是用于辅助单元格编辑，如果想为单元格添加边框效果，就需要另外设置。

步骤 1：选中要设置对齐方式的单元格或单元格区域如 A2:E2，打开“设置单元格格式”对话框，切换至“边框”选项卡，在“样式”列表框内选择外边框样式，在“颜色”下拉列表中选择颜色，在“预置”窗格中选择“外边框”按钮，即可在边框窗格内看到预览效果，如图 10-52 所示。

步骤 2：单击“确定”按钮，返回 Excel 主界面，效果如图 10-53 所示。

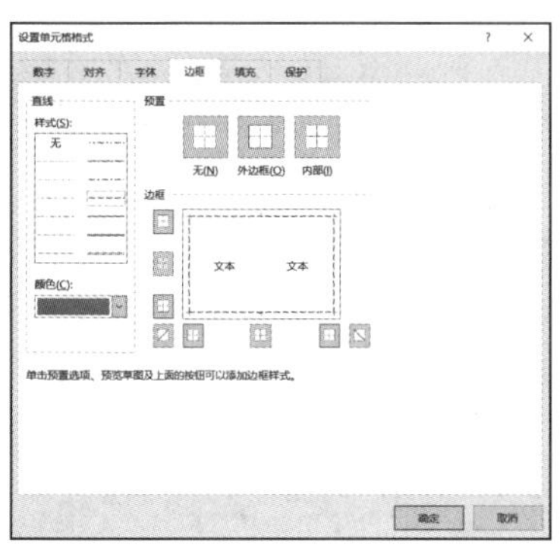

图 10-52

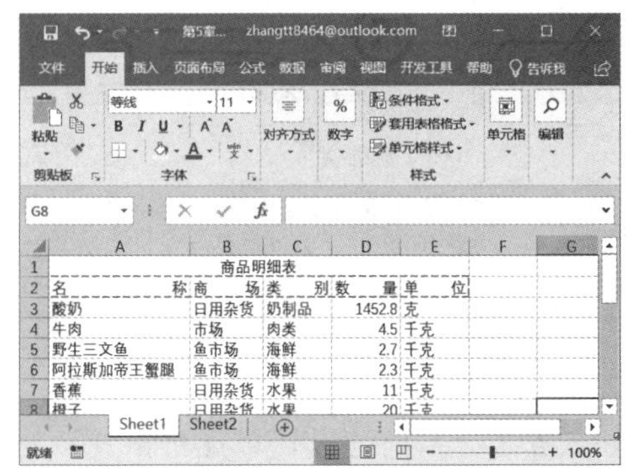

图 10-53

步骤 3：除了通过“设置单元格格式”–“边框”选项卡对表格边框进行设置外，还可以直接在“字体”组内单击“边框”设置按钮，在展开的菜单列表中选择要设置的边框样式，如图 10-54 所示。

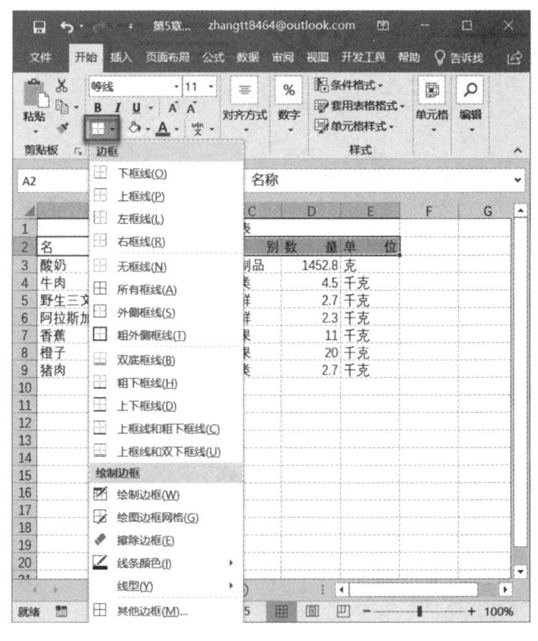

图 10-54

10.6.2 设置表格底纹效果

前面介绍了对表格边框进行效果设置，这里接着介绍为表格进行底纹效果设置，具体实现操作如下。

1. 通过“字体”–“填充颜色”按钮快速设置

单击选中要设置表格底纹的单元格区域如 A2:E2，单击“字体”组的“填充颜色”按钮，在打开的菜单列表“主题颜色”“标准色”窗格中选择颜色，当鼠标移至该颜色时，选中区域即可进行预览，单击鼠标即可应用填充颜色，如图 10-55 所示。

2. 通过“设置单元格格式”–“填充”选项卡进行设置

步骤 1：单击选中要设置表格底纹的单元格区域如 A2:E2，打开“设置单元格格式”对话框，切换至“填充”选项卡，在“背景色”窗格内选择颜色，在“图案颜色”的下拉列表中选择图案颜色，在“图案样式”的下拉列表中选择图案样式，如图 10-56 所示。

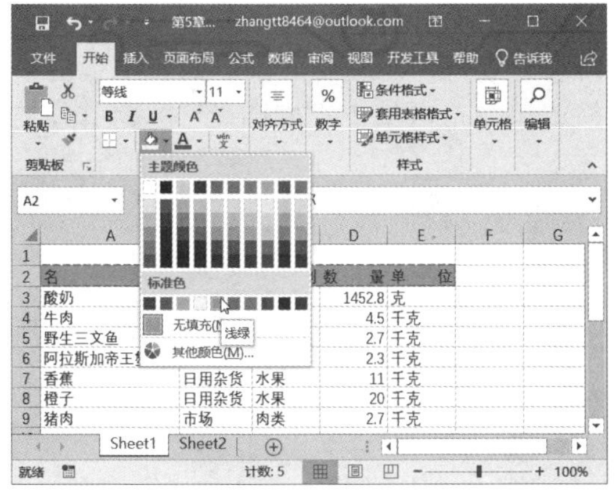

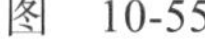
图 10-55

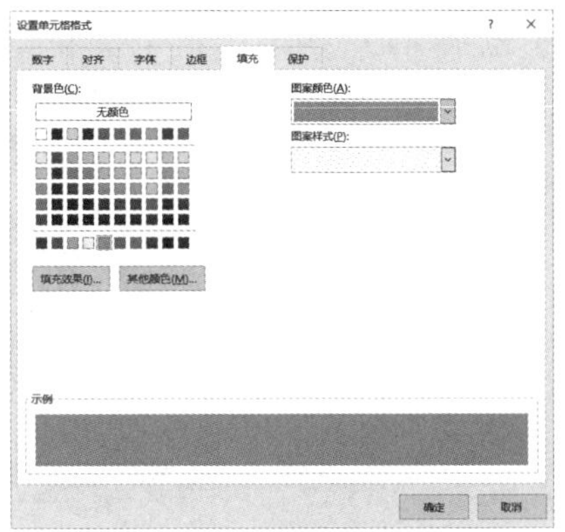
图 10-56

步骤 2：设置完成后，单击“确定”按钮，效果如图 10-57 所示。

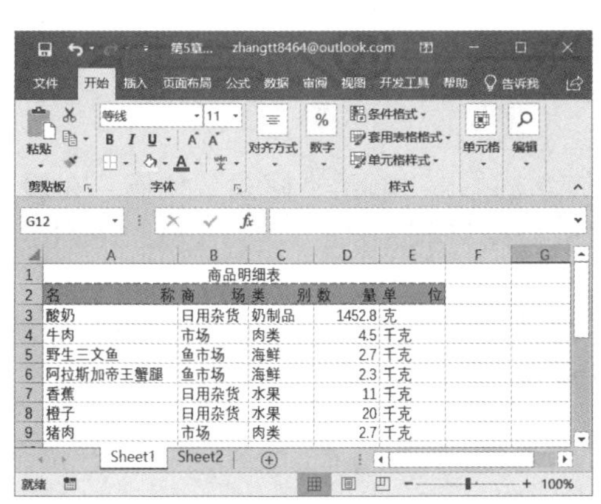

图 10-57

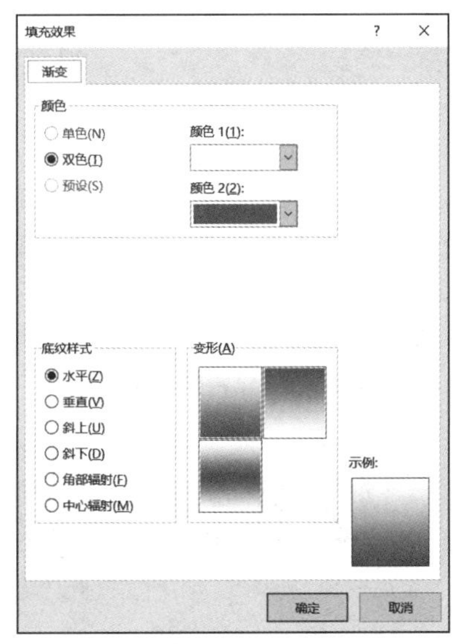

图 10-58

步骤 3：在“设置单元格格式”对话框的“填充”选项卡中，可以单击“填充效果”按钮打开“填充效果”对话框，对颜色、底纹样式、变形进行设置，如图 10-58 所示。

10.7 套用样式美化单元格与表格

Excel 的“单元格样式”功能可以快速地美化单元格，这将提高对工作表的美化速度。下面我们就来认识该功能的具体使用方法。

10.7.1 套用单元格样式

套用“单元格样式”，就是将 Excel 提供的单元格样式方案直接运用到选中的单元格中。例如使用“单元格样式”设置表格的标题，具体操作如下。

步骤 1：选中要套用单元格样式的单元格区域，如合并的表头单元格 A1，在“开始”选项卡的“样式”组中单击“单元格样式”按钮，在展开的菜单列表中单击单元格样式方案，即可将其应用到选中的单元格或单元格区域中，如选择“标题”分类下的“标题 1”方案，应用效果如图 10-59 所示。

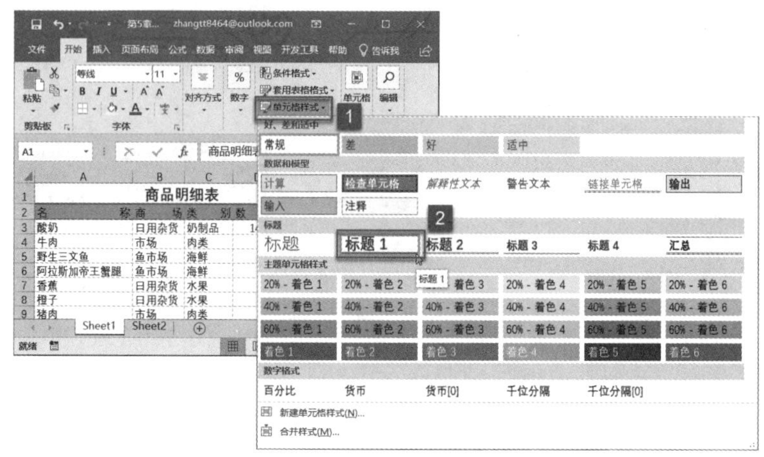

图 10-59

技巧点拨：Excel 提供了 5 种不同类型的方案样式，分别是“好、差和适中”“数据和模型”“标题”“主题单元格格式”和“数字格式”。对于报表标题单元格的效果设置，也可以直接使用“标题”中的标题样式。

步骤 2：选中表格列标识单元格区域 A2:E2，单击“单元格样式”按钮，在展开的菜单列表中选择“数据和模型”分类下的“解释性文本”方案，应用效果如图 10-60 所示。

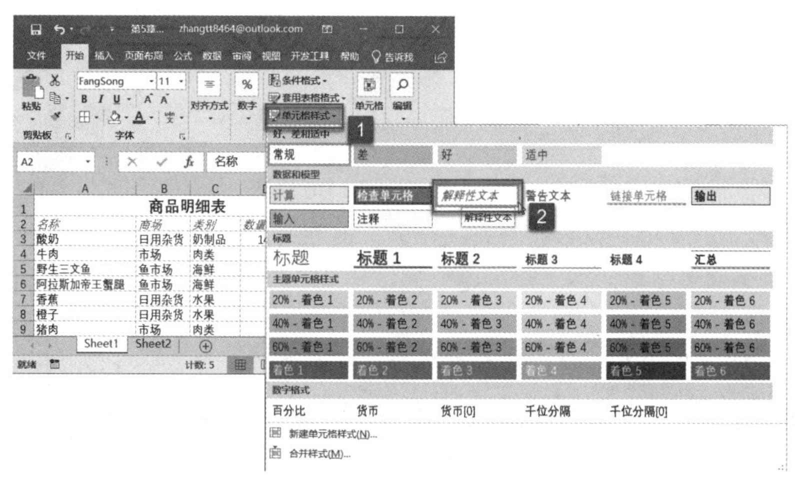

图 10-60

10.7.2 新建单元格样式

对于经常需要按照特定格式来修饰表格的情况，可以通过新建单元格样式来达到目的，然后当需要使用时直接套用即可。新建单元格样式的具体操作方法如下。

步骤 1：在“开始”选项卡下，单击“样式”组中的“单元格样式”按钮，然后在展开的菜单列表中单击“新建单元格样式”按钮，如图 10-61 所示。

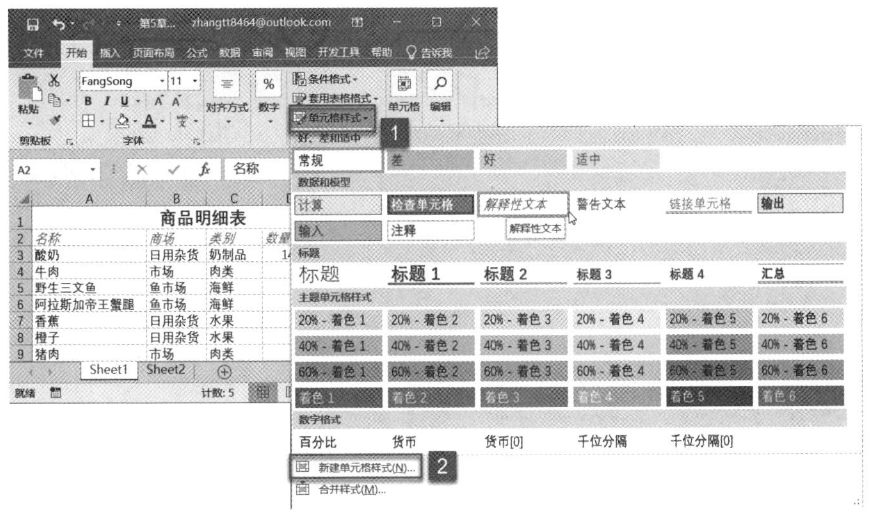

图 10-61

步骤 2： 弹出“样式”对话框，在“样式名”右侧的文本框内输入样式名，如“新建样式”，然后单击“格式”按钮，如图 10-62 所示。

步骤 3： 弹出“设置单元格格式”对话框，在“字体”选项卡中可以对“字体”“字形”“字号”等进行自定义设置，如图 10-63 所示。

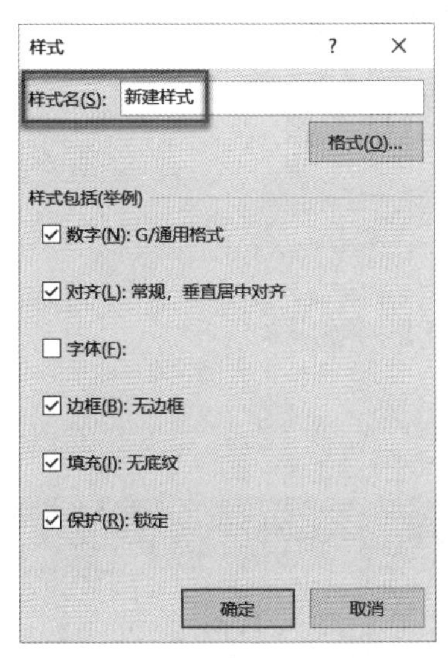

图 10-62

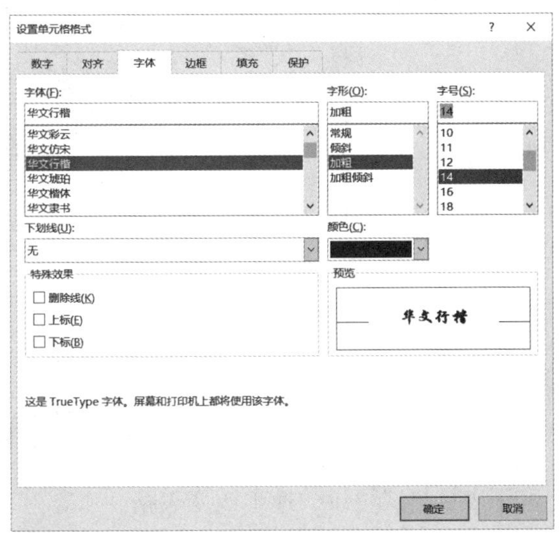

图 10-63

步骤 4： 切换到“填充”选项卡，可以对单元格的背景色、图案颜色、图案样式等进行设置，如图 10-64 所示。

步骤 5： 设置完成后，单击“确定”按钮，返回至“样式”对话框，在“样式包括”窗格中可以看到设置的单元格样式，如图 10-65 所示。

步骤 6： 确定新单元格样式设置完成后，单击“确定”按钮，单元格样式“新建样式”则新建完成。当需要使用该样式时，在“单元格样式”的菜单列表中，单击“自定义”下的“新建样式”按钮即可，如图 10-66 所示。

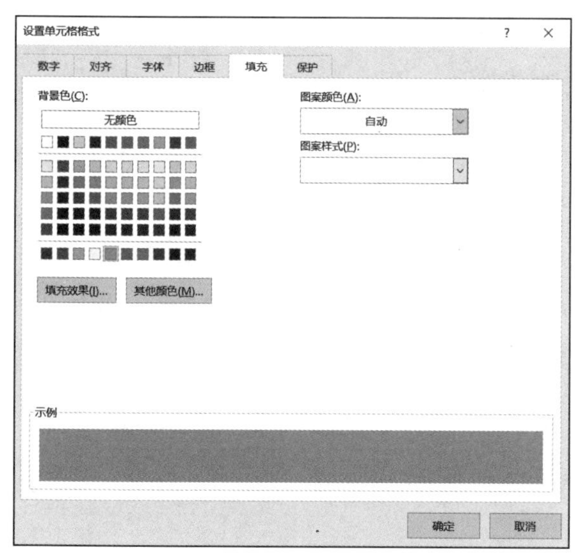

图 10-64

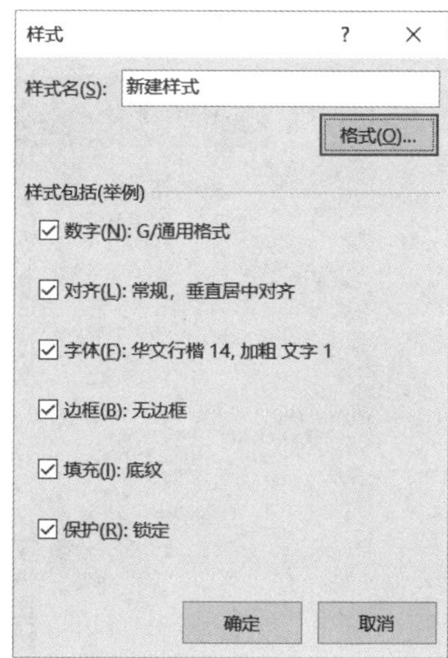

10-65

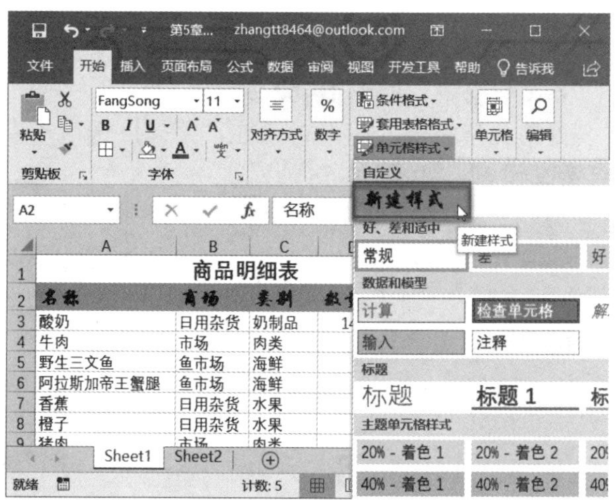

图 10-66

10.7.3 套用表格样式

Excel 为用户提供了大量的表格格式，套用表格格式可以快速地改变表格外观。但是在 Excel 中，“表格格式”已将表格套用效果与筛选功能整合。那么如何取消表格样式的筛选功能，只使用背景、格式等其他样式效果呢？接下来就介绍下具体的操作步骤。

步骤 1：选中套用表格格式的单元格区域，如单元格区域 A2:E9，切换至“设计”选项卡，单击“工具”组中的“转换为区域”按钮，如图 10-67

图 10-67

所示。

步骤 2：Excel 会弹出提示框，单击“是”按钮，如图 10-68 所示。

步骤 3：返回 Excel 主界面，查看转换为正常区域的表格，如图 10-69 所示。

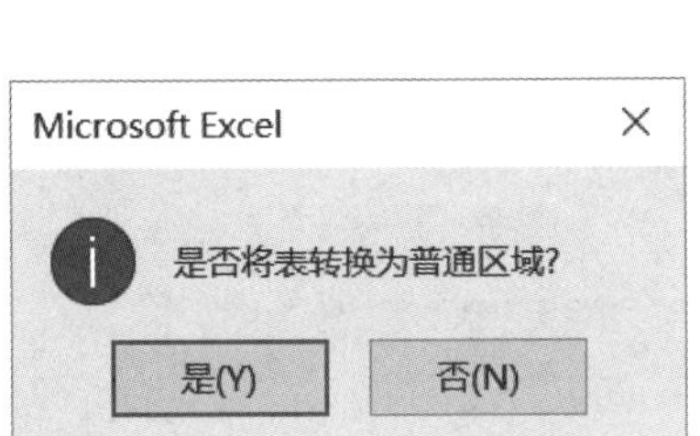

图 10-68

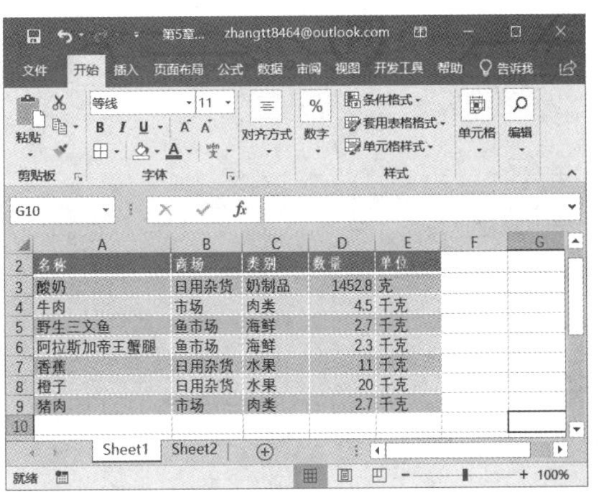

图 10-69

10.7.4 新建表格样式

工作中，常常会遇到一些格式固定并且需要经常使用的表格。此时用户可以根据需要对表格样式进行自定义，然后保存这种样式，方便以后作为可以套用的表格格式来使用。下面介绍新建自定义套用表格格式的方法。

步骤 1：单击“开始”选项卡下“样式”组中的“套用表格格式”按钮，在弹出的菜单列表中单击“新建表格样式”按钮，如图 10-70 所示。

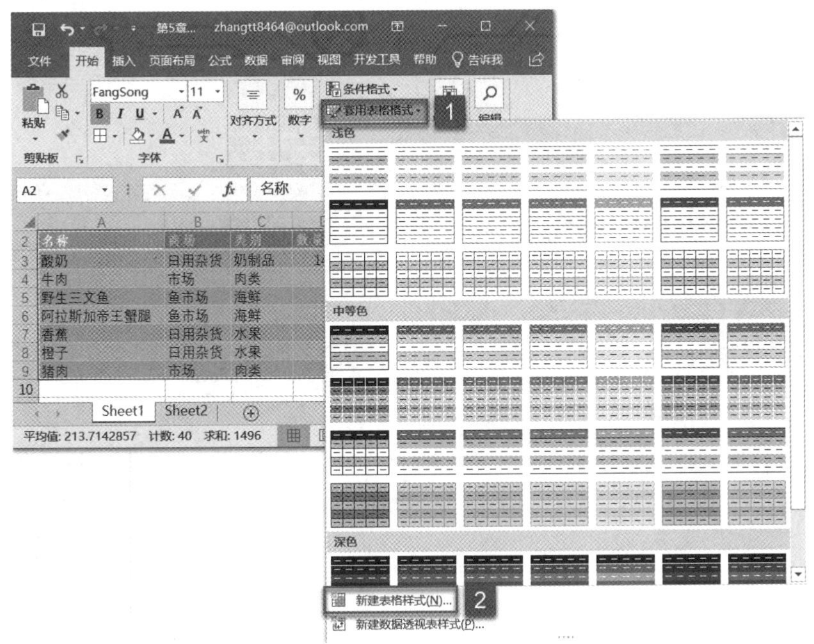

图 10-70

步骤 2：弹出“新建表样式”对话框，在“名称”右侧的文本框内输入样式名称，在“表元素”下方的菜单列表中选择“整个表”项，然后单击“格式”按钮，如图 10-71 所示。

步骤 3：弹出“设置单元格格式”对话框，在“边框”选项卡内对表格的样式、颜色、预置等格式进行设置，然后单击“确定”按钮，如图 10-72 所示。

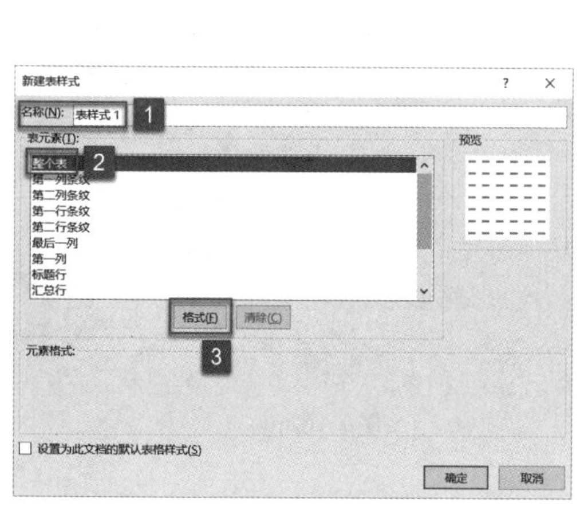

图 10-71

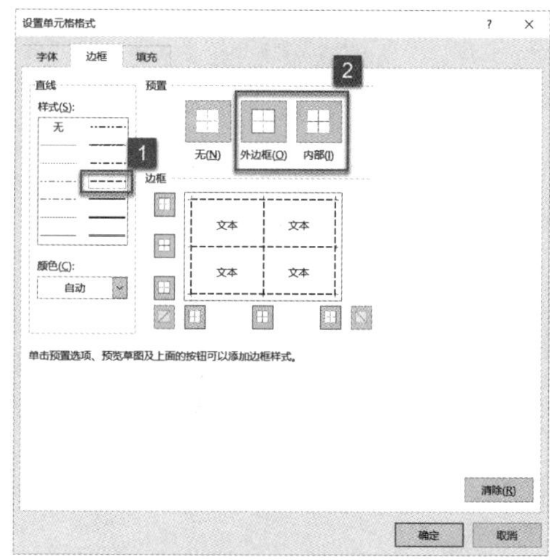

图 10-72

步骤 4：返回“新建表样式”对话框，在“表元素”下方的菜单列表中选择“第一行条纹”项，然后单击“格式”按钮，如图 10-73 所示。

步骤 5：弹出“设置单元格格式”对话框，在“填充”选项卡内对表格的背景色、图案颜色、图案样式等格式进行设置，然后单击“确定”按钮，如图 10-74 所示。

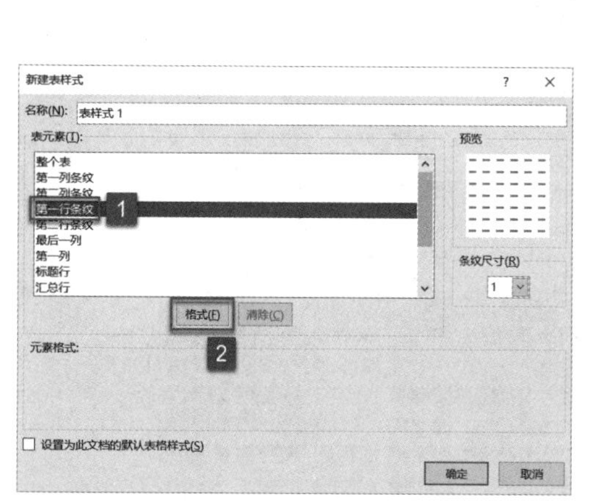

图 10-73

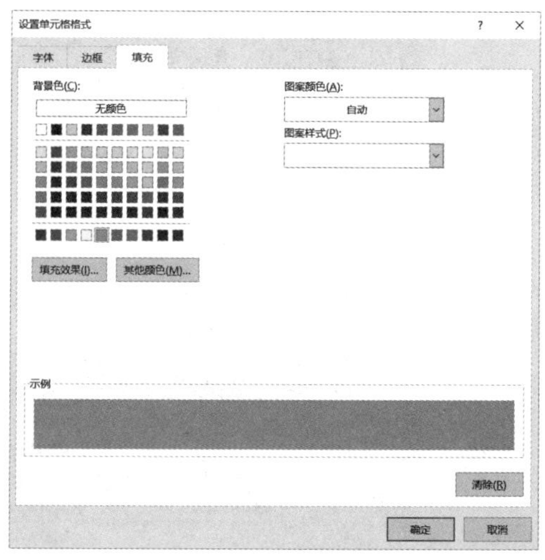

图 10-74

步骤 5：返回“新建表样式”对话框，可以在“预览”窗格内看到设置后的表格样式，如图 10-75 所示。

步骤 6：单击“确定”按钮，返回 Excel 主界面，选中单元格区域 A2:E9，单击“套用表格样式”菜单列表中“自定义”下方刚刚新建的“表样式 1”样式，如图 10-76 所示。

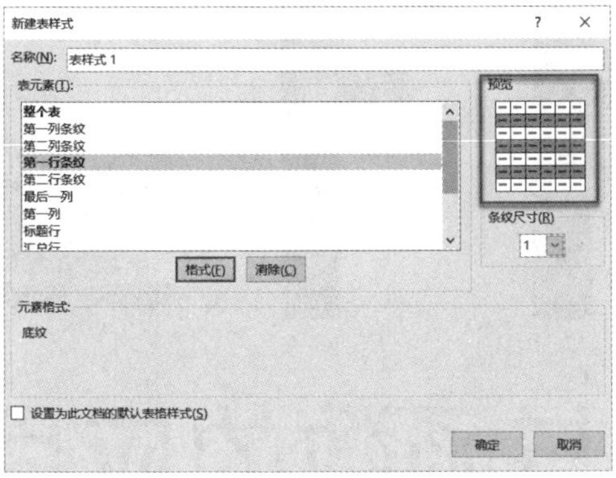

图 10-75

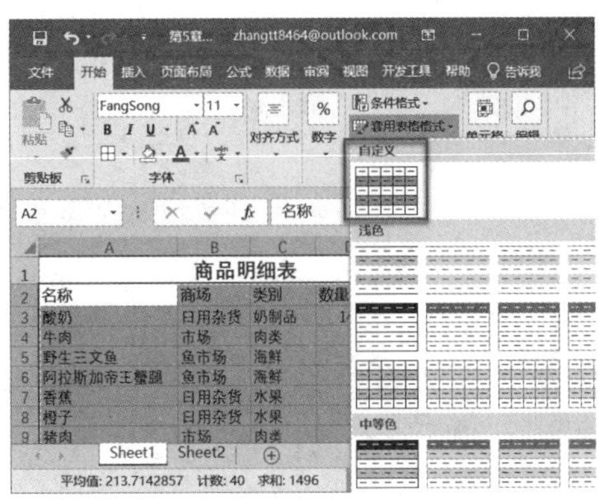

图 10-76

步骤 7：弹出“套用表格式”对话框，确认“表数据的来源”文本框的单元格地址无误后，单击“确定”按钮，如图 10-77 所示。

步骤 8：返回 Excel 主界面，可以看到自定义样式被应用到指定的单元格中，如图 10-78 所示。

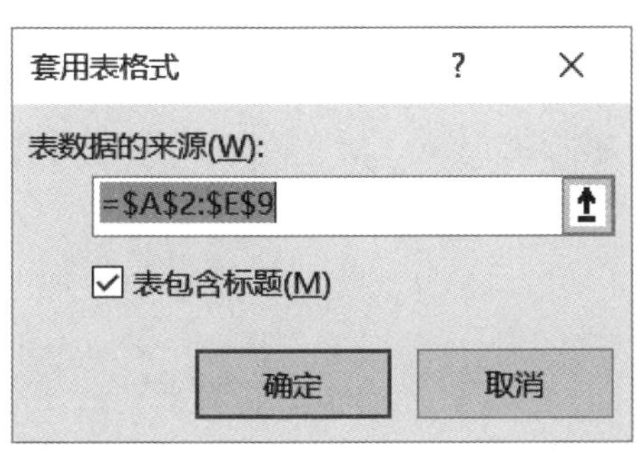

图 10-77

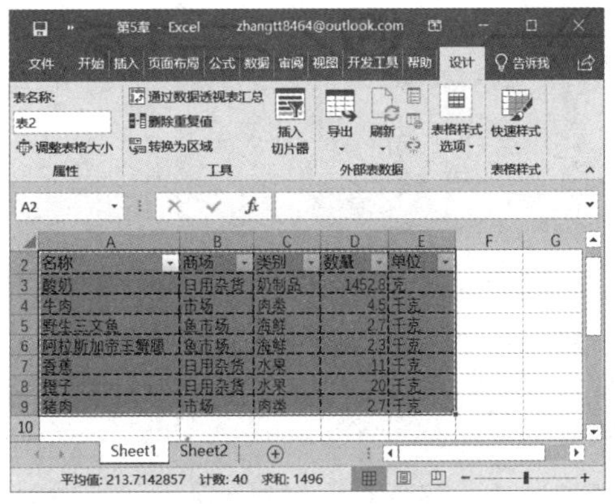

图 10-78

步骤 9：如果用户对已创建的自定义表格样式不满意，可以进行重新设置。打开“套用表格样式”的菜单列表，右键单击自定义的表格样式，在弹出的菜单列表中可以选择“修改”“复制”“删除”等设置，如图 10-79 所示。

图 10-79

第11章 Excel公式与函数的应用

Excel是目前处理数据使用最频繁的工具之一，其拥有的强大功能的函数库更是受到广大用户的喜爱。Excel系统提供了两种数据计算的方式，当计算较简单时，可在单元格中直接输入公式，当要在海量数据中进行复杂运算时，就需要利用函数来提高计算速度。用户要想利用公式或函数快速得到正确的运算结果，就需要对公式以及函数的结构、用法、引用功能进行了解，为数据的正确计算提供保障。本章系统介绍Excel 2019中的公式与函数的使用方法和技巧。

- 公式的应用
- 函数的应用
- 单元格引用
- 审核公式
- 数组公式的应用
- 常用函数应用举例

11.1 公式的应用

11.1.1 公式概述

公式是可以进行执行计算、返回信息、操作其他单元格的内容以及测试条件等操作的方程式。公式始终以等号 (=) 开头。接下来通过举例说明可以在工作表中使用的公式类型。

- ❑ =A1+A2+A3：将单元格 A1、A2 和 A3 中的值相加。
- ❑ =5+2*3：将 5 加到 2 与 3 的乘积中。
- ❑ =TODAY()：返回当前日期。
- ❑ =UPPER(“hello”)：使用 UPPER 函数将文本“hello”转换为“HELLO”。
- ❑ =SQRT(A1)：使用 SQRT 函数返回单元格 A1 中值的平方根。
- ❑ =IF(A1>1)：测试单元格 A1，确定值是否大于 1。

公式还可以包含下列部分内容或全部内容：函数、引用、运算符和常量。

- ❑ 常量：直接输入到公式中的数字或文本值，例如 8。
- ❑ 引用：A3 返回单元格 A3 中的值。
- ❑ 函数：PI() 函数返回值 PI：3.141592654…。
- ❑ 运算符：^(脱字号）运算符表示数字的乘方，而 *(星号）运算符表示数字的乘积。

11.1.2 输入公式

在工作表的空白单元格内输入等号，Excel 就默认该单元格将输入公式。输入公式既可以直接手动输入，也可以通过单击或拖动鼠标来引用单元格或单元格区域输入。

步骤 1：打开 Excel 工作表，选中需要输入公式的单元格，在公式编辑栏内输入“=SUM(D2:D9)”，如图 11-1 所示。

步骤 2：按“Enter”键即可返回公式的计算结果，如图 11-2 所示。

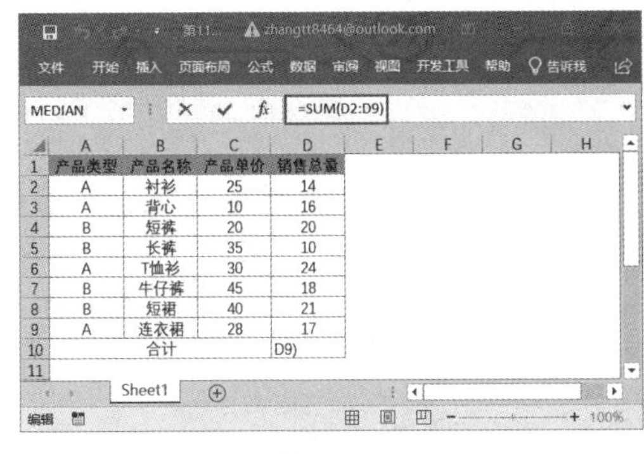

图 11-1

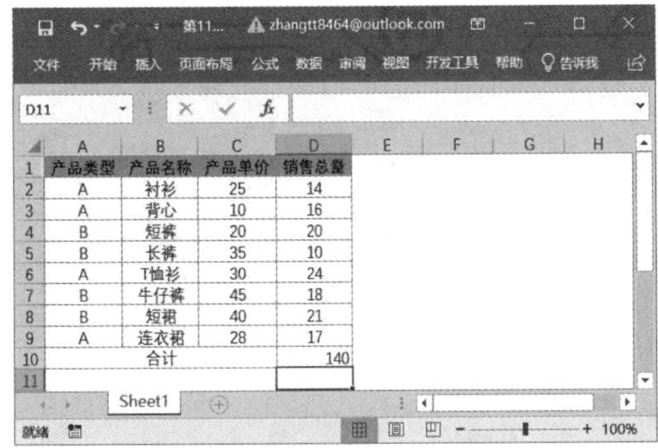

图 11-2

11.1.3 移动或复制公式

首先用户要知道，移动或复制公式时，相对单元格引用可能会发生什么样的更改。

- ❑ 移动公式：移动公式时，无论使用何种类型的单元格引用，公式中的单元格引用都不会更改。

❑ 复制公式：复制公式时，相对单元格引用会更改。

移动或复制公式的具体操作步骤如下。

步骤 1：选择包含公式的单元格。

步骤 2：验证公式中的单元格引用是否产生所需结果。可以执行以下操作切换引用类型：选中包含公式的单元格如单元格 A1，将其向下复制到单元格 C3，下表 11-1 显示了引用类型的更新情况。

表11-1　引用类型更新情况

单元格 A1 引用是：	单元格 C3 更改为：
$A$1（绝对列和绝对行）	$A$1
A$1（相对列和绝对行）	C$1
$A1（绝对列和相对行）	$A3
A1（相对列和相对行）	C3

步骤 3：单击“开始”选项卡中“剪贴板”组中的“复制”按钮。

步骤 4：如果要复制公式和任何设置，则单击“开始”选项卡中“剪贴板”组中的“粘贴”按钮即可。

步骤 5：如果只复制公式，则单击“粘贴”-“选择性粘贴”菜单列表中的“公式”按钮，如图 11-3 所示。

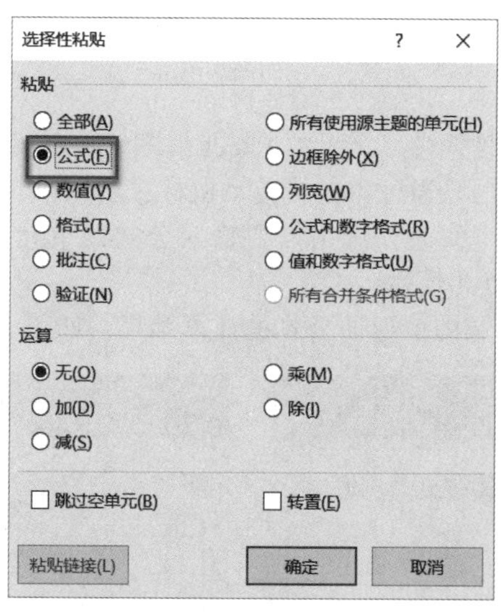

图　11-3

11.2 函数的应用

Excel 中的函数是一些预定义的公式，它可运用一些参数并按照特定的顺序和结构对数据进行复杂计算。使用函数进行计算可以简化公式的输入过程，并且只需设置函数的必要参数就可进行正确计算，所以和使用公式进行计算相比较，使用函数占用的空间小，速度更快。

11.2.1　函数的构成

函数的类型虽然各式各样，但其结构却大同小异。输入函数时，以等号开头，然后是函数名、括号、参数、参数分隔符，组成一个完成的函数结构。以函数“=SUM(A1，B2，C3)”为例来介绍函数的构成。

$$\text{等号}=\underset{\text{函数名}}{\underline{\text{SUM}}}\ \underset{\text{参数名}}{\underline{(\text{A1, B2, C3})}}$$

11.2.2　函数的参数及其说明

按参数数目不同，函数分为有参函数和无参函数。当函数有参数时，其参数就是指函数名后括号内的常量值、变量、表达式或函数等，多个参数间使用逗号分隔。当函数没有参数时，函数只有函数名称与括号 ()，如：NA() 等。在 Excel 中绝大多数函数都是有参数的。在使用函数时，如果想了解某个函数包含哪些参数，可以按如下方法来查看：

步骤 1：选中单元格 F15，在公式编辑栏中输入“= 函数名 (”后即可看到函数的参数名称，如果想更加清楚地了解各参数的设置问题，可以单击公式编辑栏前的“插入函数”按钮fx，如图 11-4 所示。

步骤 2：弹出“函数参数”对话框，将光标定位到不同的参数编辑框中，即可看到该参数设置的提示文字，如图 11-5 所示。

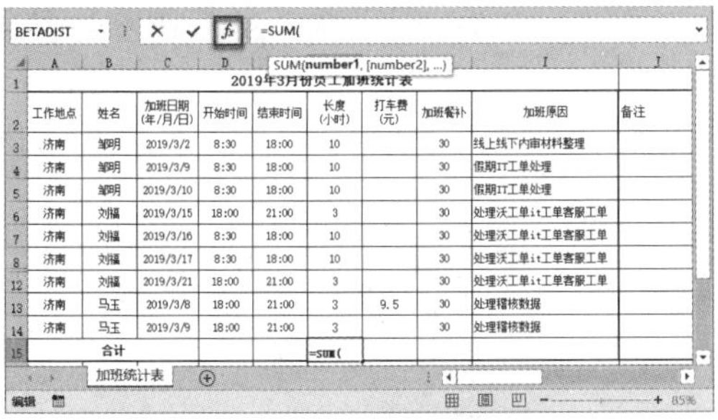

图　11-4

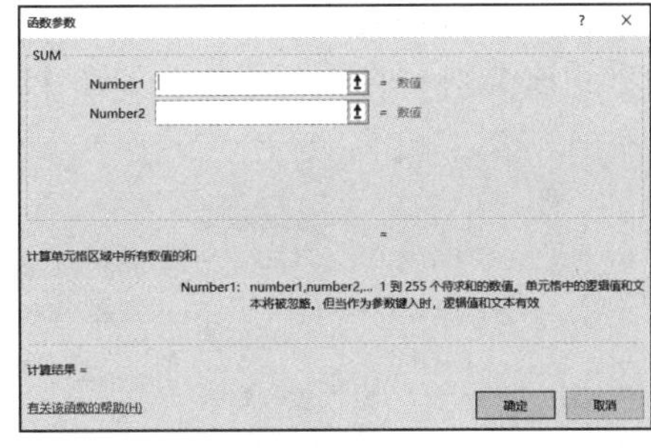

图　11-5

函数参数类型举例如下：

（1）公式“=SUM(B2:B10)”中，括号内的“B2:B10”就是函数参数，且是变量值。

（2）公式“=IF(D3=0,0,C3/D3)”中，括号中的“D3=0”、“0”、“C3/D3”，分别是 IF 函数的 3 个参数，且是常量和表达式两种类型。

（3）公式“=VLOOKUP($A$9,$A$2:$D$6,COLUMN(B1))”中，除了使用变量值作为参数外，还使用了函数表达式“COLUMN(B1)”作为参数（以该表达式返回的值作为 VLOOKUP 函数的 3 个参数），这个公式是函数嵌套使用的例子。

函数可以嵌套使用，嵌套使用的意思就是将某个函数的返回结果作为另一个函数的参数来使用。有时为了达到计算要求，需要嵌套多个函数来设置公式，此时则需要用户对各个函数的功能及其参数有详细的了解。

11.2.3 函数的种类

不同的函数有不同的计算目的，Excel 提供了 300 多个内置函数，以满足用户不同的计算需求，划分了多个函数类别，下面来了解一下函数的类别及其包含的函数。

步骤 1：打开 Excel 工作簿，切换至“公式”选项卡，在“函数库”组中可以看到多个不同的函数类别，单击函数类别可以查看该类别下所有的函数（按字母顺序排列），如图 11-6 所示。

步骤 2：单击“其他函数”按钮，可以看到还有其他几种类别的函数，如图 11-7 所示。

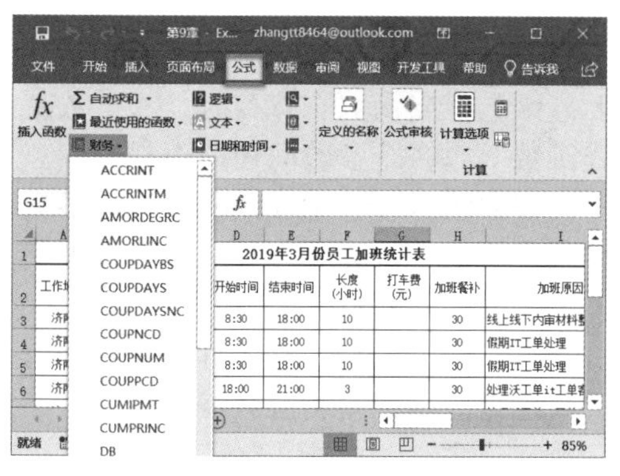

图 11-6

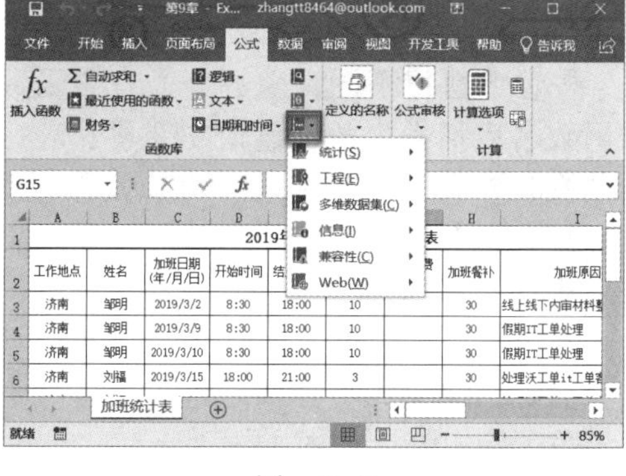

图 11-7

步骤 3：单击“插入函数”按钮，弹出“插入函数”对话框，在“或选择类别”右侧的下拉列表框内可以看到各函数类别，单击某函数类别，即可在“选择函数”列表框内看到该类别下的所有函数，如图 11-8 所示。

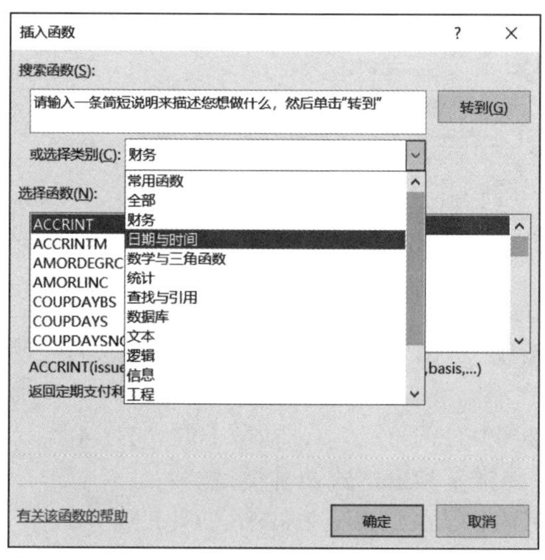

图 11-8

11.2.4 插入函数

用户可以使用“插入函数”对话框来完成函数的输入。插入函数的操作步骤如下。

步骤 1：打开 Excel 工作表，选中需要插入函数的单元格，单击“插入函数”按钮 *fx*，如图 11-9 所示。

步骤 2：弹出“插入函数”对话框，在“选择函数”列表框内选择需要的函数，例如“SUM”，单击“确定”按钮，如图 11-10 所示。

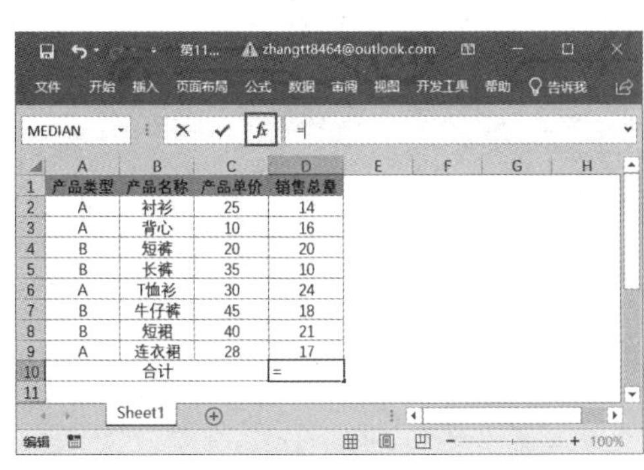

图 11-9

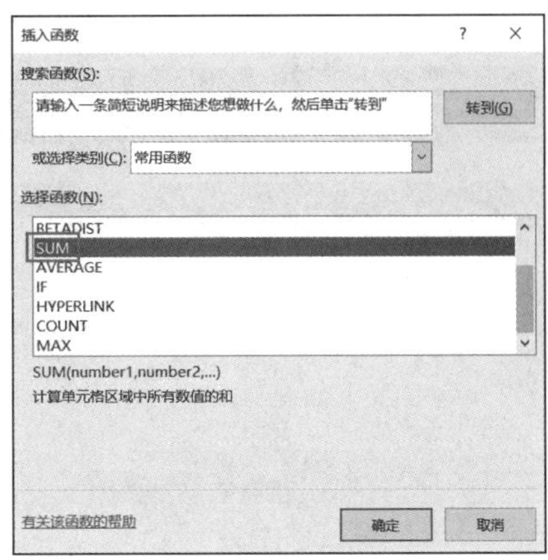

图 11-10

步骤 3：弹出“函数参数”对话框，在参数文本框输入需要求和的单元格区域，单击“确定”按钮，如图 11-11 所示。

步骤 4：返回 Excel 工作表，即可看到该函数的计算结果，如图 11-12 所示。

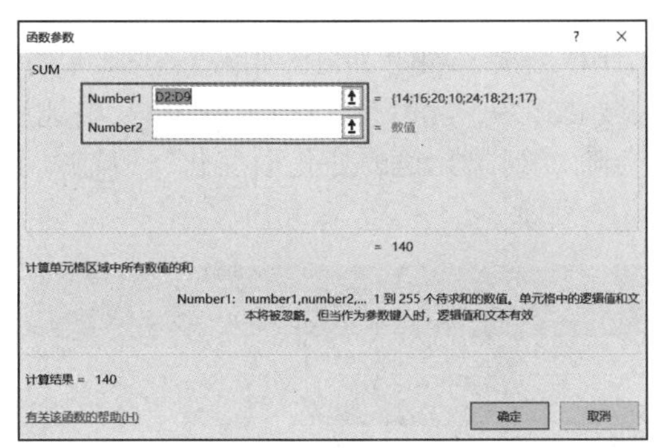

图 11-11

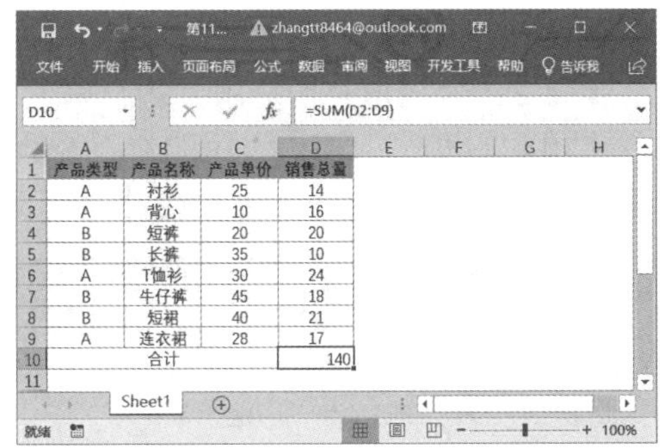

图 11-12

11.3 单元格引用

在使用公式进行计算时，常常需要使用单元格或单元格区域来引用工作表中的一个或多个单元格，或者引用其他工作表中的单元格，以达到快速计算的目的。根据引用方式的不同，可分为相对引用、绝对引用和混合引用三种。

11.3.1 相对引用

在利用相对引用来复制公式时，公式中所在的单元格和当前单元格的位置是相对的，所以当公式所在的单元格位置发生改变时，引用的单元格也会随之改变。在默认情况下，公式中对单元格的引用都是相对引用。

步骤 1：打开 Excel 工作表，在单元格 E2 中输入公式“ =C2*D2”，该公式对单元格采用了相对引用，按”Enter”键得出计算结果，如图 11-13 所示。

步骤 2：使用填充柄复制公式至单元格区域 E3:E9，此时公式内引用的单元格地址会发生相应的变化，例如选中单元格 E9，可以看到公式为“ =C9*D9”，如图 11-14 所示。

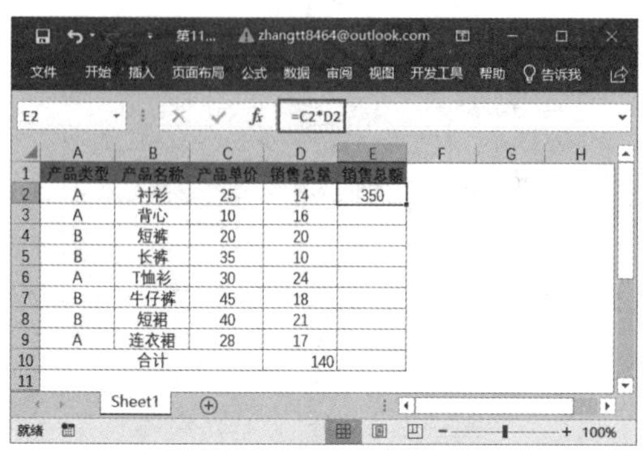

产品类型	产品名称	产品单价	销售总量	销售总额
A	衬衫	25	14	350
A	背心	10	16	
B	短裤	20	20	
B	长裤	35	10	
A	T恤衫	30	24	
B	牛仔裤	45	18	
B	短裙	40	21	
A	连衣裙	28	17	
	合计		140	

图 11-13

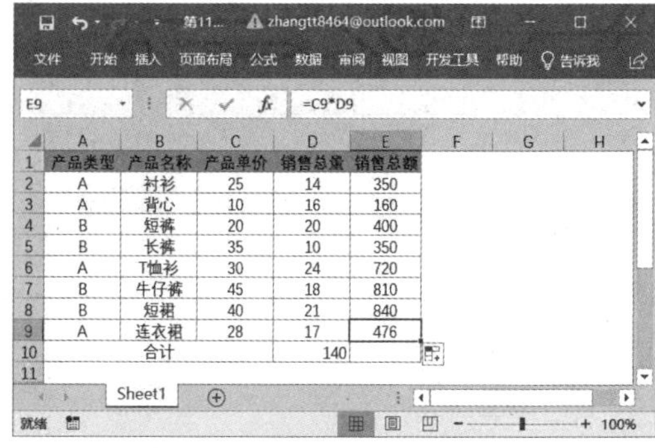

产品类型	产品名称	产品单价	销售总量	销售总额
A	衬衫	25	14	350
A	背心	10	16	160
B	短裤	20	20	400
B	长裤	35	10	350
A	T恤衫	30	24	720
B	牛仔裤	45	18	810
B	短裙	40	21	840
A	连衣裙	28	17	476
	合计		140	

图 11-14

11.3.2 绝对引用

当单元格的列和行标签前同时添加 $ 符号时，就表明该单元格使用了绝对引用。在输入公式时，若不需要公式自动调整单元格的引用位置，则需要使用绝对引用。

步骤 1：打开 Excel 工作表，在单元格 D2 中输入公式“ =C2*$F$2”，该公式对单元格 F2 采用了绝对引用，按“Enter”键得出计算结果，如图 11-15 所示。

步骤 2：使用填充柄复制公式至单元格区域 D3:D9，此时公式内引用的单元格地址会发生相应的变化，其中引用的 C 列单元格会随 D 列单元格的变化而变化，但绝对引用的单元格 F2 的地址不会发生变化，如图 11-16 所示。

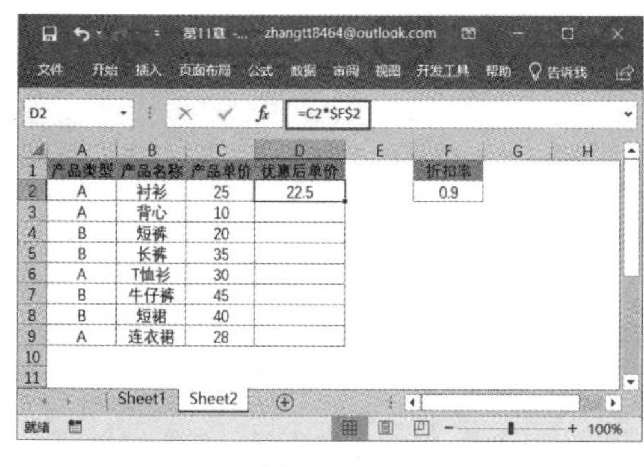

产品类型	产品名称	产品单价	优惠后单价		折扣率
A	衬衫	25	22.5		0.9
A	背心	10			
B	短裤	20			
B	长裤	35			
A	T恤衫	30			
B	牛仔裤	45			
B	短裙	40			
A	连衣裙	28			

图 11-15

产品类型	产品名称	产品单价	优惠后单价		折扣率
A	衬衫	25	22.5		0.9
A	背心	10	9		
B	短裤	20	18		
B	长裤	35	31.5		
A	T恤衫	30	27		
B	牛仔裤	45	40.5		
B	短裙	40	36		
A	连衣裙	28	25.2		

图 11-16

11.3.3 混合引用

混合引用是指在利用公式引用单元格时，包含一个绝对引用坐标和一个相对引用坐标的单元格引用。既可以绝对引用行相对引用列，也可以相对引用列绝对引用行。

步骤 1：打开 Excel 工作表，在单元格 D5 中输入公式“ =$C$5*D$2”，该公式采用了混合引用，按“Enter”键得出计算结果，如图 11-17 所示。

步骤 2：使用填充柄复制公式至单元格区域 E5:F5，此时公式内引用的单元格地址会发生相应的变化，得到同一产品在不同折扣下的优惠价格，如图 11-18 所示。

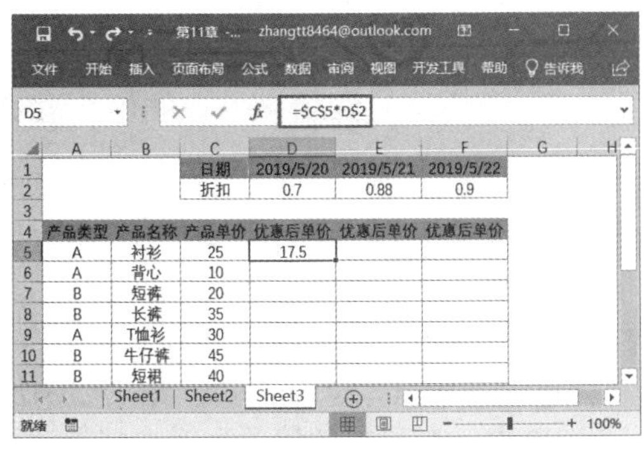
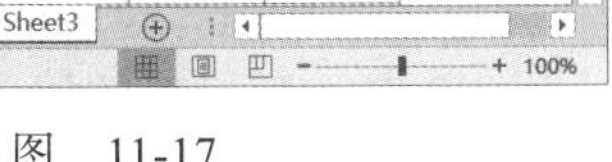

图 11-17

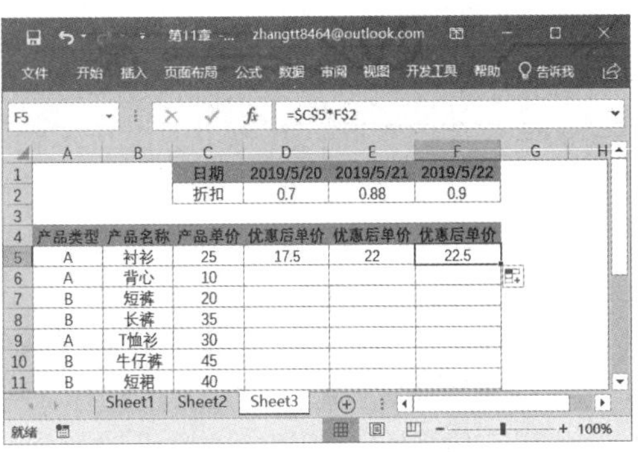

图 11-18

11.3.4 对其他工作表数据的引用

在输入公式时，除了可以引用同一工作表中的数据外，还可引用其他工作表中的单元格，其一般格式是：工作表名！单元格地址。工作表名后的“！”是引用工作表时系统自动加上的。

步骤 1：打开 Excel 工作表，在工作表 Sheet2 的单元格 D2 中输入公式“=C2*”，如图 11-19 所示。

步骤 2：然后切换至工作表 Sheet1，单击单元格 G2，按“Enter”键返回工作表 Sheet2，即可看到公式编辑栏内自动显示了“Sheet2!G2”，如图 11-20 所示。

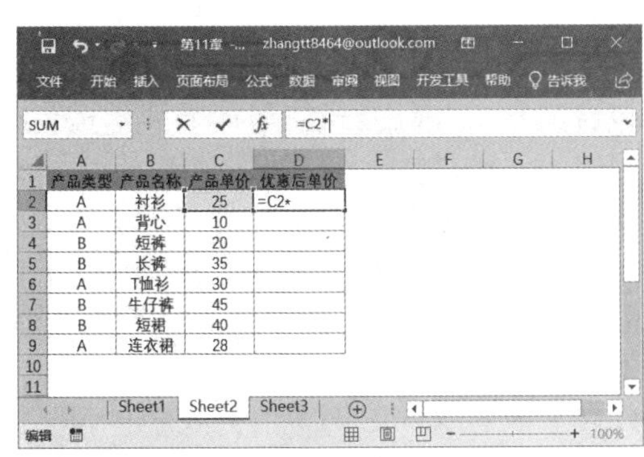

图 11-19

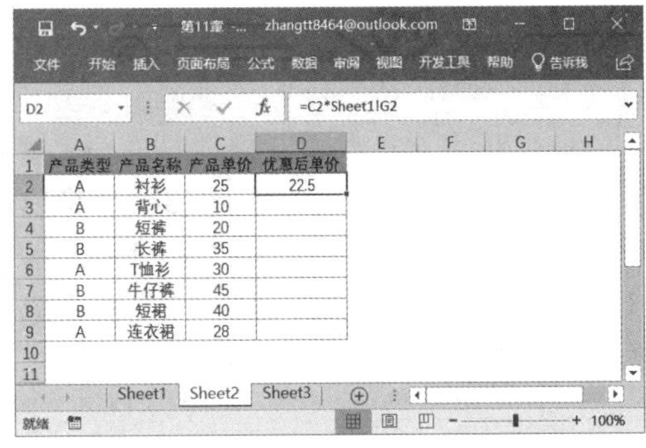

图 11-20

11.4 审核公式

在完成公式的输入后，用户可通过命令、宏或错误值来发现公式计算是否有错，在发现错误后，可通过公式中返回的错误值的类型来分析错误原因，还可使用 Excel 提供的公式审核功能，来对工作表中的错误进行检查或追踪，此外还可利用追踪箭头方式来追查出错的起源。

11.4.1 查找和更正公式中的错误

公式中的错误不仅会导致计算结果错误，还会产生意外的结果。查找并及时更正公式中的错误，可以避免此类问题的发生。

如果公式不能计算出正确的结果，Microsoft Excel 单元格中会显示一个错误的值。公式的错误原因不同，其解决方法也不相同。

❑ ####

当列宽不够，或者使用了负的日期或时间时，出现错误。

可能的原因和解决方法如下。

（1）列宽不足以显示包含的内容，其解决方法有两种。

一是增加列宽：其解决方法是选择该列，在弹出的“列宽”对话框中修改列宽的值。

二是字体填充：其解决方法是选择该列，右键单击，在弹出的菜单列表中选择“设置单元格格式”按钮，打开“设置单元格格式”对话框，切换至“对齐”选项卡，在“文本控制”列表框中选中“缩小字体填充”复选框。

（2）使用了负的日期或时间，其解决方法如下：

如果使用 1900 年日期系统，Microsoft Excel 中的日期和时间必须为正值。

如果对日期和时间进行减法运算，应确保建立的公式是正确的。如果公式是正确的，虽然结果是负值，但可以通过将该单元格的格式设置为非日期或时间格式来显示该值。

❑ #VALUE!

如果公式所包含的单元格具有不同的数据类型，则 Microsoft Excel 将显示 #VALUE！错误。如果启用了错误检查，将鼠标指针定位在错误指示器上时，屏幕提示会显示“公式中所用的某个值是错误的数据类型”。通常，对公式进行较少更改即可修复此问题。

可能的原因和解决方法如下：

（1）公式中所含的一个或多个单元格中包含文本，并且公式使用标准算术运算符（+、-、* 和 /）对这些单元格执行数学运算。例如，公式“=A1+B1”（其中 A1 包含字符串“happy”，而 B1 包含数字 1314）将返回 #VALUE！错误。

解决方法：不要使用算术运算符，使用函数（例如 SUM、PRODUCT 或 QUOTIENT）对可能包含文本的单元格执行算术运算，避免在函数中使用算术运算符，使用逗号来分隔参数。

（2）使用了数学函数（例如 SUM、PRODUCT 或 QUOTIENT）的公式中包含了文本字符串的参数。例如，公式“=PRODUCT(3，“happy”)”将返回 #VALUE! 错误，因为 PRODUCT 函数要求使用数字作为参数。

解决方法：确保数学函数（例如 SUM、PRODUCT 或 QUOTIENT）中的任何参数都没有直接在函数中使用文本作为参数。如果公式使用了某个函数，而该函数引用的单元格包含文本，则会忽略该单元格且不会显示错误。

（3）工作簿使用了数据连接，而该连接不可用。

解决方法：如果工作簿使用了数据连接，执行必要步骤以恢复该数据连接，或者，如果可能，可以考虑导入数据。

❑ #REF

当单元格引用无效时，会出现此错误。

可能的原因和解决方法如下：

（1）可能删除了其他公式所引用的单元格，或者可能将单元格粘贴到其他公式所引用的其他单元格上。

解决方法：如果在 Excel 中启用了错误检查，单击显示错误的单元格旁边的按钮，并单击“显示计算步骤”(如果显示）按钮，然后选择适合的解决方案即可。

（2）可能存在指向当前未运行的程序的对象链接和嵌入 (OLE) 链接。

解决方法：更改公式，或者在删除或粘贴单元格之后，立即单击快速访问工具栏上的“撤销”按钮，以恢复工作表中的单元格。

（3）可能链接到了不可用的动态数据交换 (DDE) 主题（客户端 / 服务器应用程序的服务器部分中的一组或一类数据），如“系统”。

解决方法：启动对象链接和嵌入 (OLE) 链接调用的程序。使用正确的动态数据交换 (DDE) 主题。

（4）工作簿中可能有个宏在工作表中输入了返回值为“#REF！”错误的函数。

解决方法：检查函数以确定是否引用了无效的单元格或单元格区域。例如，如果宏在工作表中输入的函数引用函数上面的单元格，而含有该函数的单元格位于第一行中，这时函数 将返回“#REF!”，因为第一行上面再没有单元格。

如果公式无法正确计算结果，Excel 会显示错误值，例如 #####、#DIV/0！、#N/A、#NAME？、#NULL！、#NUM！、#REF！和 #VALUE！等。每种错误类型都有不同的原因和不同的解决方法，详情可以见 Microsoft Excel 2019 帮助。

11.4.2 公式兼容性问题

Excel 2019 的函数，与 Excel 2007 和早期版本兼容。打开 Excel，切换至“公式”选项卡，单击“函数库”组中的“其他函数”按钮，然后在弹出的菜单中选择“兼容性”项，在下一级菜单列表中选择“插入函数”项，如图 11-21 所示。Excel 会弹出“插入函数”对话框，在对话框下方会显示函数的兼容性情况，如图 11-22 所示。

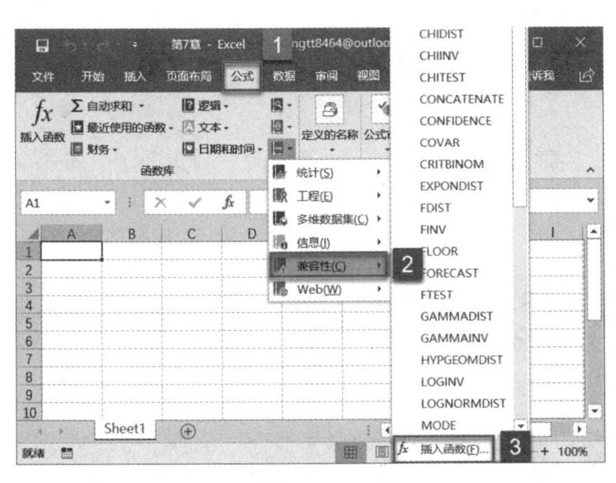

图 11-21

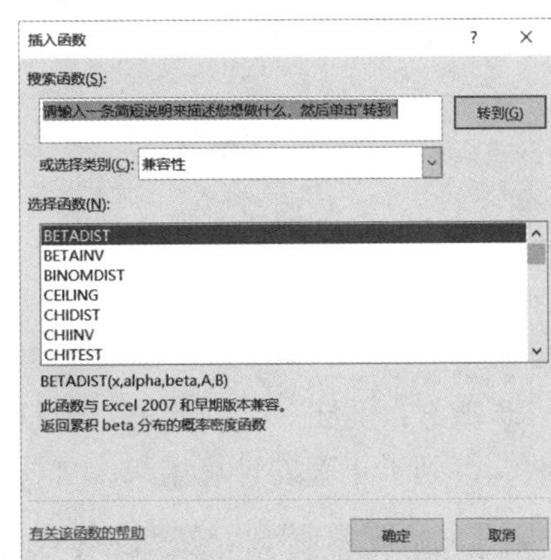

图 11-22

11.4.3 公式错误检查

当公式返回的是一个错误值时，除了利用错误值的类型判断公式出错的原因，也可利用 Excel 中的错误检查来迅速找出错误，从而修改公式，得到正确的运算结果。

步骤 1：打开 Excel 工作表，选中某一错误值，切换至“公式”选项卡，在“公式审核”组内单击“错误检查”按钮，如图 11-23 所示。

步骤 2：弹出“错误检查”对话框，单击“显示计算步骤”按钮，如图 11-24 所示。

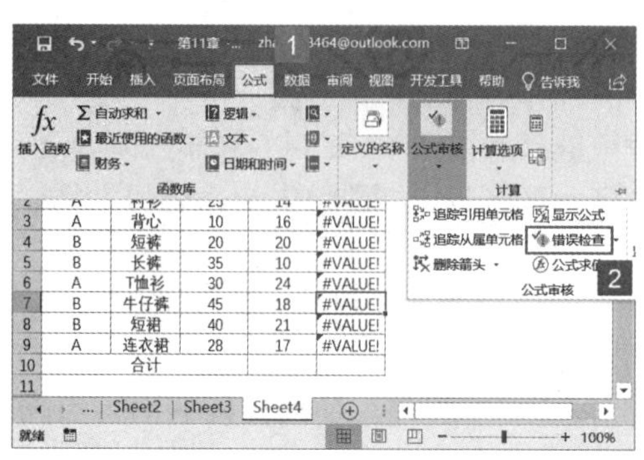

图 11-23

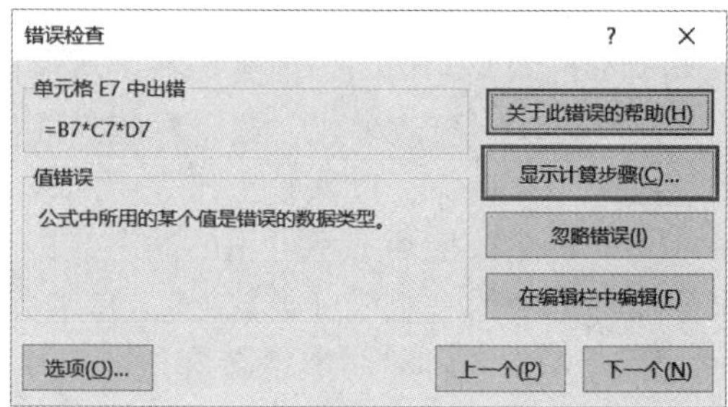

图 11-24

步骤 3：弹出“公式求值”对话框，在“求值”列表框会显示所选单元格的求值流程，如图 11-25 所示，检查公式出错的原因。

步骤 4：单击“关闭”按钮返回“错误检查”对话框，单击“在编辑栏中编辑”按钮，如图 11-26 所示。

技巧点拨：在“错误检查”对话框中，用户单击“显示计算步骤”按钮后，会弹出“公式求值”对话框，可查看整个计算流程，若单击“选项”按钮会弹出“Excel 选项”对话框，在“错误检查规则”区域中可通过勾选相应复选框来设置错误的检查规则，而在“错误检查”区域中，可勾选“允许后台错误检查”复选框，以保证及时查看错误并更正，还可在“使用此颜色标识错误”框中，选择标记误差发生位置的颜色。

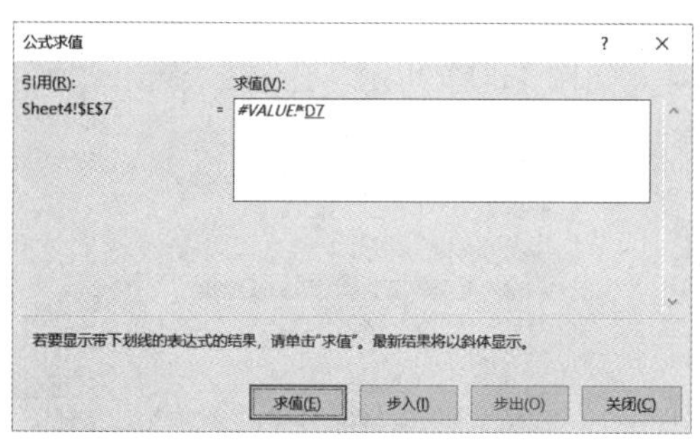

图 11-25

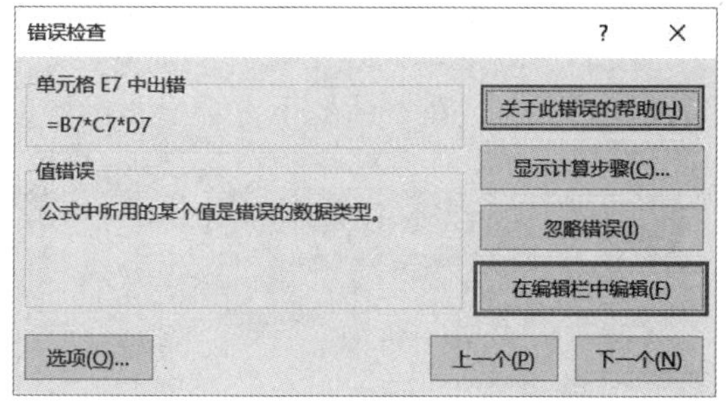

图 11-26

步骤 5：在公式编辑栏中将单元格的公式更改为“=C7*D7”，如图 11-27 所示。

步骤 6：关闭“错误检查”对话框，将新公式复制至其他单元格，此时错误得到了修改，得到了正确的计算结果，如图 11-28 所示。

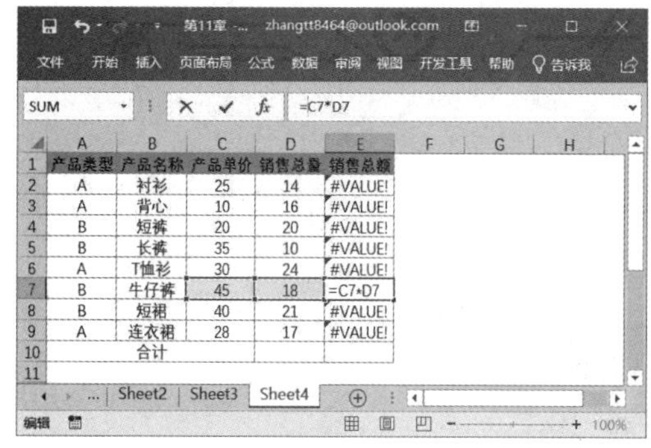

图 11-27

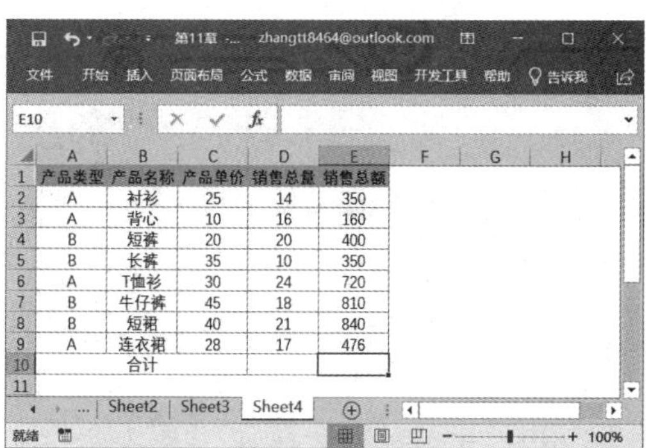

图 11-28

11.4.4 用追踪箭头标识公式

在检查公式时，可利用 Excel 中的追踪功能来查看公式所在单元格的引用单元格和从属单元格，从而了解公式和值的关系。在完成公式的追踪后，可利用“删除箭头”功能选择要删除的追踪箭头。

1. 追踪引用单元格

追踪引用单元格，是指利用箭头标识出公式所在单元格和公式所引用的单元格，其中箭头所在的单元格就是公式所在位置，而蓝色圆点所在的单元格就是所有引用的单元格。

步骤 1：打开 Excel 工作表，选中任意一个含有公式的单元格，如单元格 E7，切换至“公式”选项卡，在“公式审核”组内单击“追踪引用单元格”按钮，如图 11-29 所示。

步骤 2：单元格 C7 和 F4 之间出现一个箭头，箭头所在的单元格就是公式所在位置，而蓝色圆点所在的单元格就是所有引用的单元格，如图 11-30 所示。

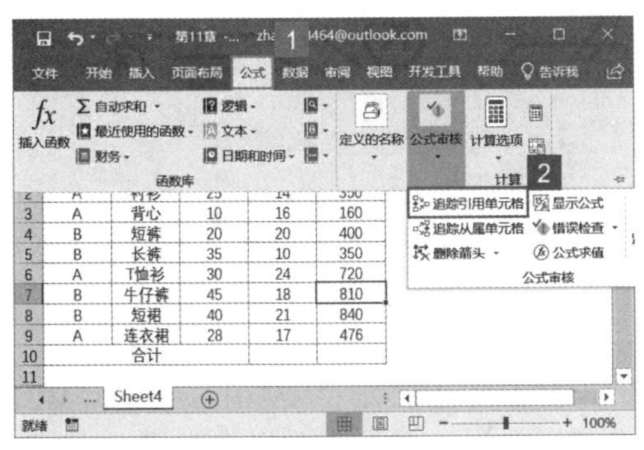

图 11-29

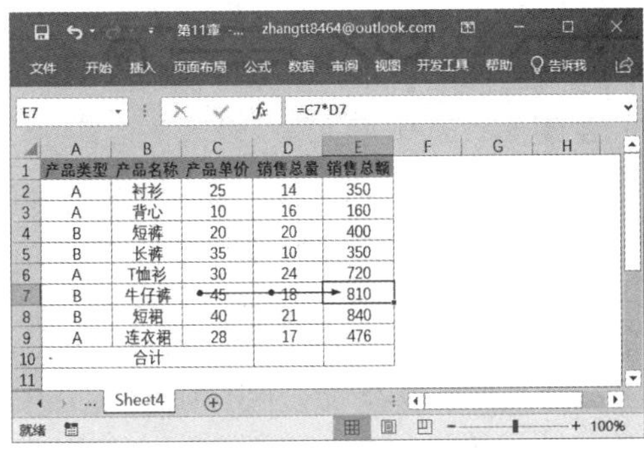

图 11-30

2. 追踪从属单元格

若某一单元格公式中引用了其他单元格，那么被引用的单元格就是从属单元格，例如单元格 A3 的公式引用了单元格 A2，那么单元格 A2 就是单元格 A3 的从属单元格。

步骤 1：打开 Excel 工作表，选中单元格 D2，切换至“公式”选项卡，在“公式审核”组内单击“追踪从属单元格”按钮，如图 11-31 所示。

步骤 2：此时工作表中出现了从单元格 D2 出发的箭头，箭头指向的单元格就是引用了单元格 D2 的从属单元格，如图 11-32 所示。

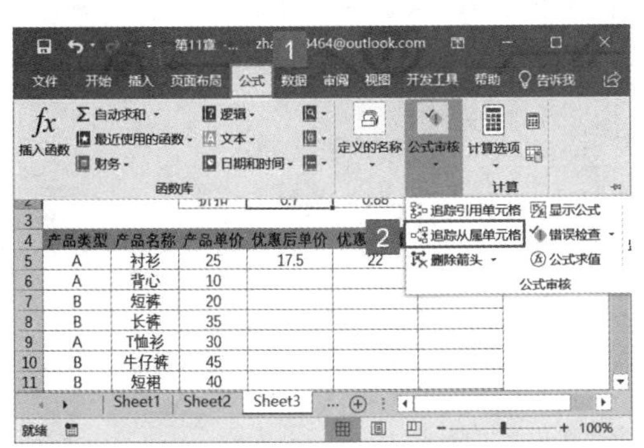

图 11-31

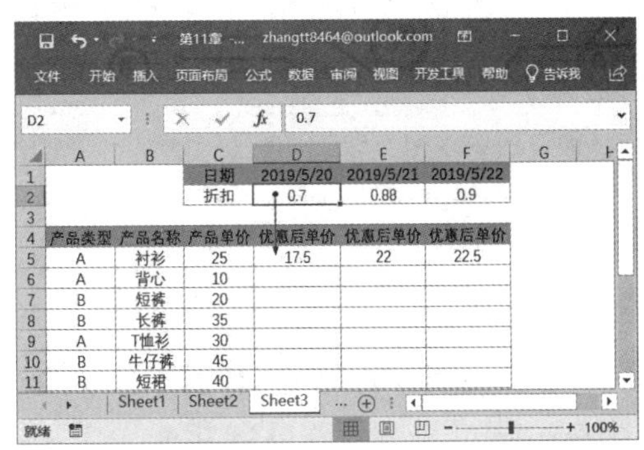

图 11-32

11.5 数组公式的应用

应用数组公式，可以方便地对列表以及数组进行计算，同时也可提高计算大量数据的速度。本节将介绍一些数组公式的应用实例，主要包括 N 个最大值的求和，以及为指定范围内的数值分类等。

11.5.1 N 个最大 / 最小值求和

LARGE 函数和 SMALL 函数可用于计算 N 个最大 / 最小值的和，可返回一个范围内 N 个最大 / 最小值的和。下面以计算某班级期末考试各科成绩最高分的和为例，介绍使用数组公式对 N 个最大 / 最小值求和的操作步骤。本例的原始数据如图 11-33 所示。

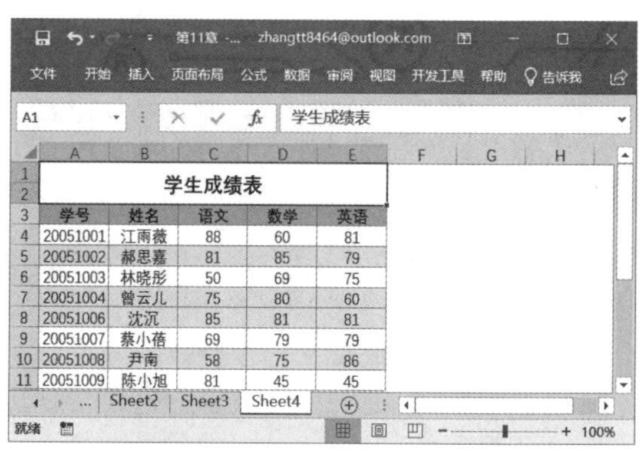

图 11-33

步骤 1：选中单元格 G4，在公式编辑栏中输入公式“=SUM(LARGE(C4:E11,ROW(INDIRECT("1:3"))))”，按“Ctrl+Shift+Enter”组合键，即可计算出各科成绩最大值的和，如图 11-34 所示。

技巧点拨：在公式“=SUM(LARGE(C4:E11,ROW(INDIRECT("1:3"))))”中，LARGE 函数共计算 3 次，返回“数学”“语文”和“英语”的最大值，并将计算结果存储在数组中，将其作为 SUM 函数的参数进行计算。

步骤 2：如果计算各科成绩最小值的和，需要将 LARGE 函数更换为 SMALL 函数。选中单元格 G7，在公式编辑栏中输入公式“=SUM(SMALL(C4:E11,ROW(INDIRECT("1:3"))))”，按“Ctrl+Shift+Enter”组合键，即可计算出各科成绩最小值的和，如图 11-35 所示。

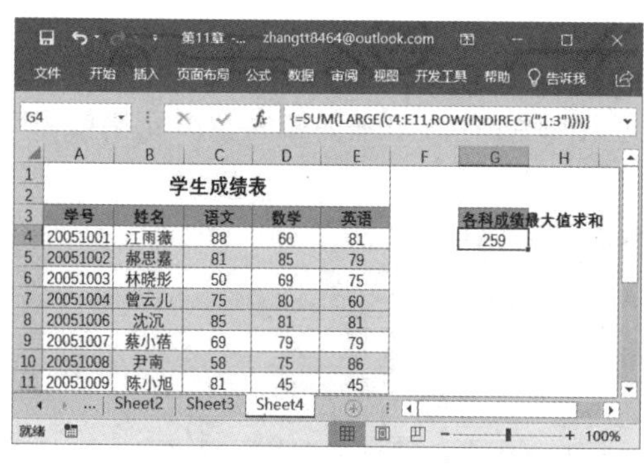

图 11-34

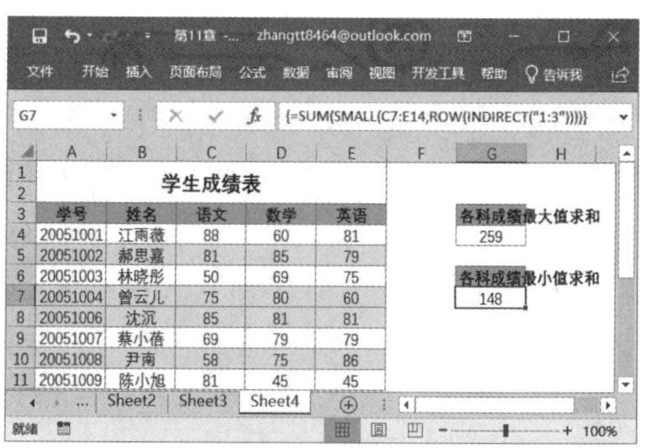

图 11-35

11.5.2 为指定范围内的数值分类

使用数组公式，可以对单列中的数值进行分类，并按照从高到低或从低到高的顺序进行排列。要实现上述功能，需要使用LARGE函数嵌套INDIRECT函数及COLUMN函数。使用数组为指定范围内的数值分类时，如果遇到未包含数值的单元格，则会返回错误值“#NUM !”。为了避免返回错误值，可以使用IF函数进行判断，未包含数值的返回空单元格。为指定范围中的数值进行分类的操作步骤如下所述。

步骤1：打开Excel工作表，选中单元格区域B3:K3，然后在公式编辑栏中输入“=IF()”，如图11-36所示。

步骤2：在公式的括号中输入“ISERR(LARGE(B2:K2,COLUMN(INDIRECT("1:"&COLUMNS(B2:K2))))),”，作为IF函数的第一个参数，如图11-37所示。

技巧点拨：在IF函数的第一个参数中，LARGE函数用于对指定单元格区域中的数值进行排序，然后使用ISERR函数去除因空白单元格而返回的错误值。

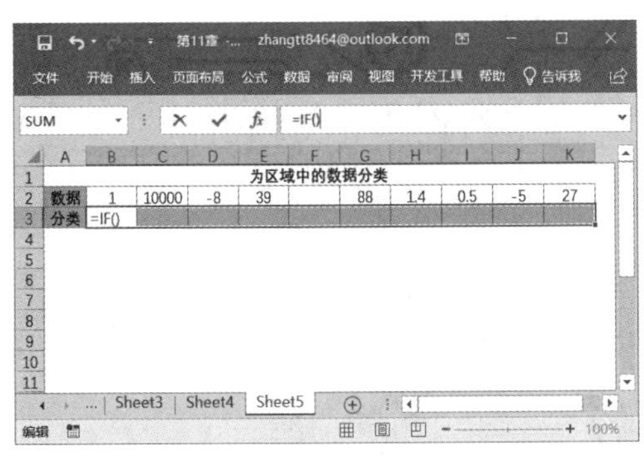

图 11-36

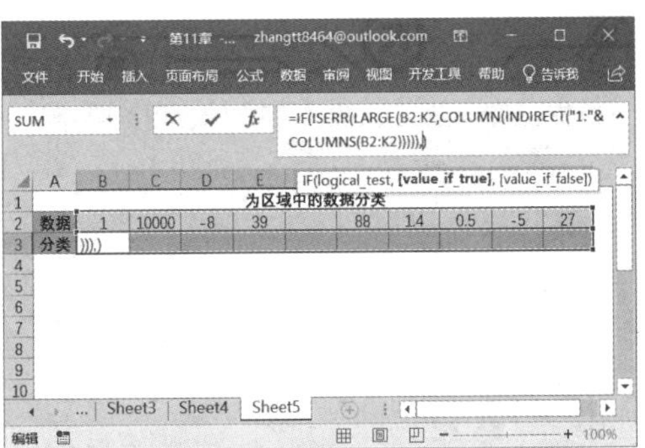

图 11-37

步骤3：继续输入“"",”，作为IF函数的第二个参数，如图11-38所示。

技巧点拨：第二个参数表示如果指定的单元格区域中有未包含数值的单元格，返回空白单元格。

步骤4：最后输入“LARGE(B2:K2,COLUMN(INDIRECT("1:"&COLUMNS(B2:K2))))”，作为IF函数的第三个参数，如图11-39所示。

技巧点拨：在IF函数的第三个参数中，INDIRECT函数用于对指定的数组进行计算，并根据IF函数判断结果值使用LARGE函数返回分类后的数值。

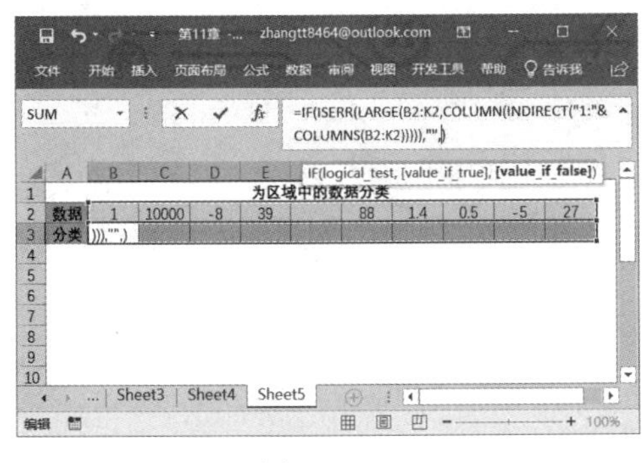

图 11-38

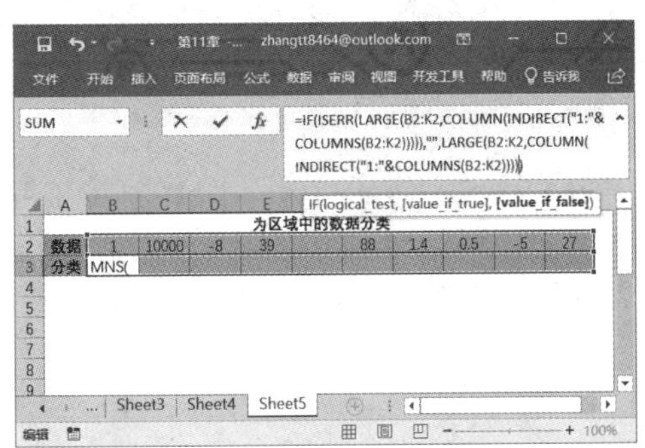

图 11-39

步骤5：按“Ctrl+Shift+Enter”组合键，将公式转换为数组公式，并显示分类结果，如图11-40所示。

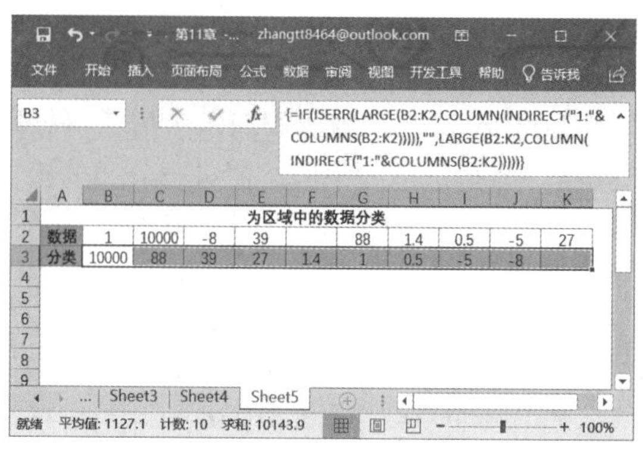

图 11-40

步骤 6：在上述实例中，如果确定数组中未包含空白单元格，可以将公式简化为“=LARGE(B2:K2,COLUMN(INDIRECT("1:"&COLUMNS(B2:K2))))”，如图 11-41 所示。

步骤 7：按“Ctrl+Shift+Enter”组合键，将公式转换为数组公式，并显示分类结果，如图 11-42 所示。

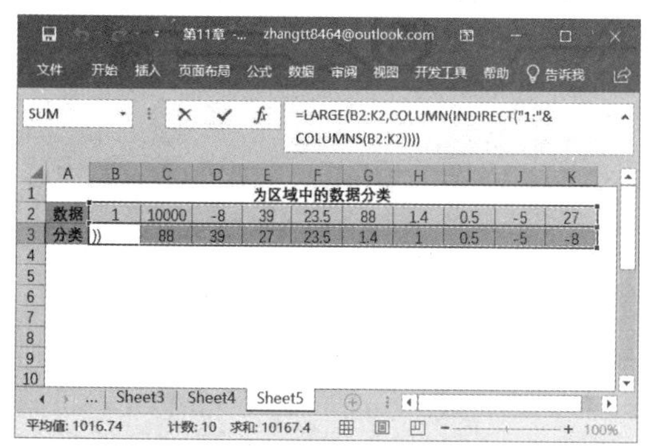

图 11-41

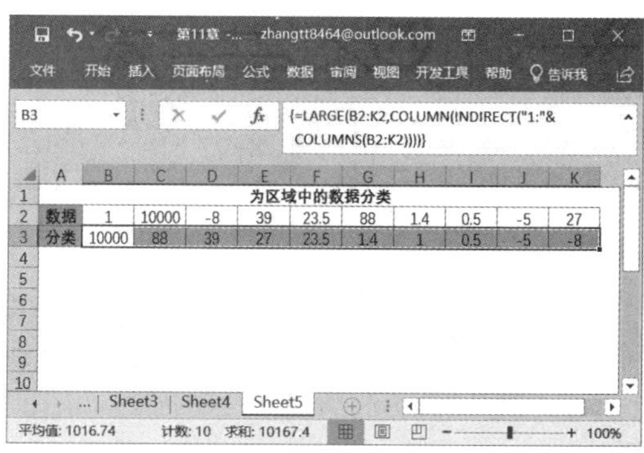

图 11-42

11.6 常用函数应用举例

为了处理工作表中复杂的数字和文本，Excel 提供了 200 多个内置函数供用户选择使用。这些函数分为财务函数、统计函数、文本函数、信息函数以及数学和三角函数等，本节将列举一些函数的应用实例，帮助读者更好地掌握函数的应用方法。

11.6.1 求和

1. SUM 函数：求和

SUM 函数用于计算某一单元格区域中所有数字之和。

其语法是：SUM(number1,number2,...)，其中参数 number，number2，…是要对其求和的 1 到 255 个参数。

下面通过实例具体讲解该函数的操作技巧。例如已知某班级学生的各科成绩表，现在计算学生的总分。

打开工作表，单击选中单元格 F4，在公式编辑栏中输入公式：=SUM(C4:E4)，按“Enter”键即可得到该学生的总分，如图 11-43 所示。然后利用自动填充功能，计算其他学生的总分即可。

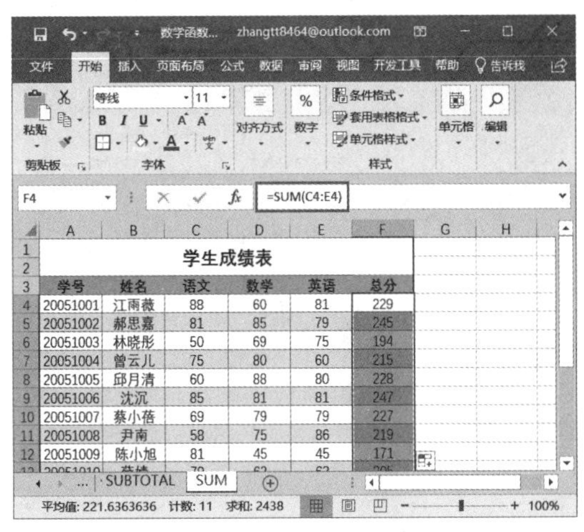

图 11-43

技巧点拨：SUM 函数的用途比较广泛。在学校中可以求学生的总成绩，在会计部门可以求账务的总和等。对 SUM 函数来说，直接键入到参数表中的数字、逻辑值及数字的文本表达式将被计算。如果参数是一个数组或引用，则只计算其中的数字。数组或引用中的空白单元格、逻辑值或文本将被忽略。如果参数为错误值或为不能转换为数字的文本，将会导致错误。

2. SUMIF 函数：对指定单元格求和

SUMIF 函数用于按照给定条件对指定的单元格进行求和。

其语法是：SUMIF(range,criteria,sum_range)。下面首先对其参数进行简单介绍。

- ❑ range：必需。要根据条件计算的单元格区域，每个区域中的单元格都必须是数字，或者是包含数字的名称、数组或引用。空白和文本值将被忽略。所有区域可能包含标准 Excel 格式的日期。
- ❑ criteria：必需。要对单元格添加的条件，其形式可以为数字、表达式、单元格引用、文本或函数等。
- ❑ sum_range：可选。要相加的实际单元格（如果要添加的单元格不在参数 range 指定的单元格区域）。如果省略参数 sum_range，则当区域中的单元格符合条件时，它们既按条件计算，也执行相加。

知识补充：参数 sum_range 与区域的大小和形状可以不同。相加的实际单元格通过以下方法确定：使用 sum_range 中左上角的单元格作为起始单元格，然后包括与区域大小和形状相对应的单元格，如表 11-2 所示。

表11-2　确定相加的实际单元格

如果区域是	并且参数 sum_range 是	则需要求和的实际单元格是
A1:A5	B1:B5	B1:B5
A1:A5	B1:B3	B1:B5
A1:B4	C1:D4	C1:D4
A1:B4	C1:C2	C1:D4

下面通过实例具体讲解该函数的操作技巧。例如，某班级六名男同学分成两组，进行一分钟定点投篮比赛。A 组成员有张辉、徐鑫和郑明涛，B 组成员有王明、毛志强和李卫卫。比赛结束后，又来两名同学，分别是李波和王赐，也进行了定点一分钟投篮。现在要计算 A 组和 B 组的进球总数及其他人员的进球总数。

步骤 1：打开工作表，单击选中单元格 D2，在公式编辑栏中输入公式：=SUMIF(A2:A9,"A*",B2:B9)，按“Enter”键即可得到 A 组进球总数，如图 11-44 所示。

步骤 2：单击选中单元格 D3，在公式编辑栏中输入公式：=SUMIF (A2:A9, "B*", B2:B9)，按“Enter”键即可得到 B 组进球总数，如图 11-45 所示。

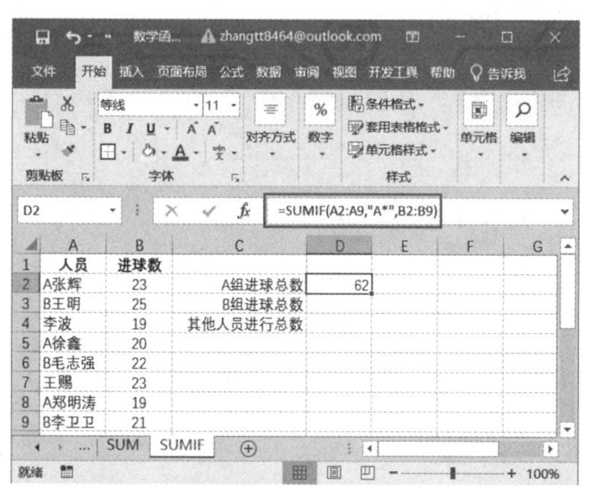

图 11-44

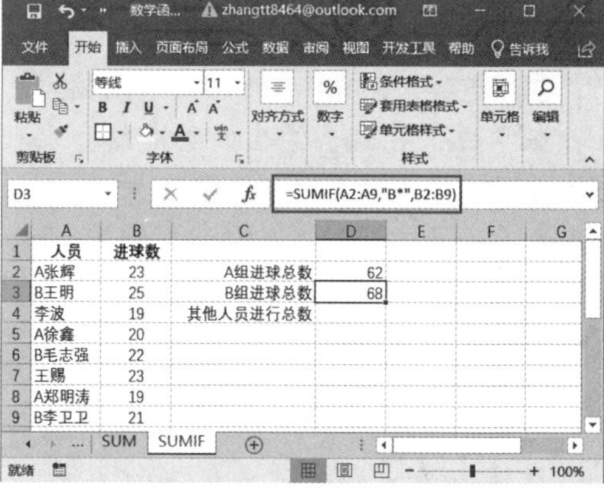

图 11-45

步骤 3：单击选中单元格 D4，在公式编辑栏中输入公式：=SUM(B2:B9)-SUMIF(A2:A9,"A*",B2:B9)-SUMIF(A2:A9,"B*",B2:B9)，按“Enter”键即可得到其他人员进球总数，如图 11-46 所示。

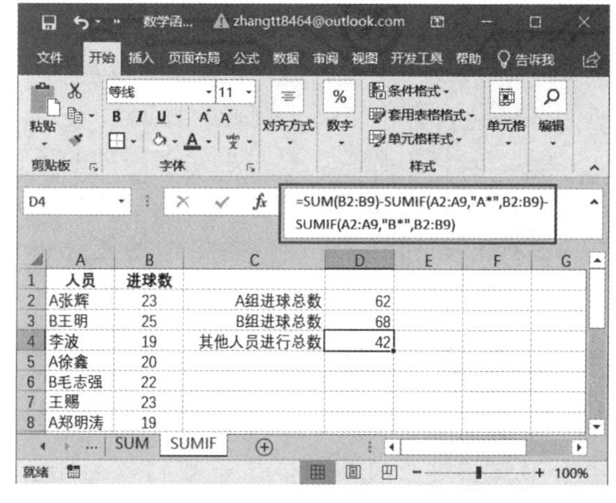

图 11-46

技巧点拨：SUMIF 函数主要进行有条件的求和，可以在 criteria 参数中使用通配符问号（?）和星号（*）。问号匹配任意单个字符；星号匹配任意一串字符。如果要查找实际的问号或星号，请在该字符前键入波形符（~）。使用 SUMIF 函数匹配超过 255 个字符的字符串或字符串 #VALUE! 时，将返回不正确的结果。

3. SUMIFS 函数：对某区域内满足多重条件的单元格求和

SUMIFS 函数用于对某一区域内满足多重条件的单元格进行求和。SUMIFS 函数和 SUMIF 函数的参数顺序不同。具体而言，参数 sum_range 在 SUMIFS 函数中是第一个参数，而在 SUMIF 函数中是第三个参数。如果要复制和编辑这些相似函数，需要确保按正确顺序放置参数。

SUMIFS 函数的语法是：

SUMIFS(sum_range,criteria_range1,criteria1,criteria_range2,criteria2…)，下面首先对其参数进行简单介绍：

sum_range：必需。要求和的单元格区域，其中包括数字或者包含数字的名称、数组或引用。

criteria_range1：必需。使用 criteria1 测试的区域。criteria_range1 和 Criteria1 设置用于搜索某个区域是否符合特定条件的搜索对。一旦在该区域中找到了项，将计算 sum_range 中相应值的和。

criteria1: 必需。定义将计算 criteria_range1 中的哪些单元格的和的条件。

criteria_range2，criteria2⋯：可选。附件区域及其关联条件。最多可以输入 127 个区域或条件对。

下面通过实例具体讲解该函数的操作技巧。例如现有某地区周一至周五的上午、下午的雨水、平均温度和平均风速的测量值，要对这 5 天中平均温度至少为 20 摄氏度且平均风速小于 10 公里 / 小时的日期的总降雨量求和。

打开工作表，单击选中单元格 A9，在公式编辑栏中输入公式：=SUMIFS(B2:F3,B4:F5,">=20",B6:F7,"<10")，按“Enter”键即可计算出满足条件的日期的总降水量，如图 11-47 所示。

=SUMIFS(B2:F3,B4:F5,">=20",B6:F7,"<10")

	A	B	C	D	E	F
1	测试值	周一	周二	周三	周四	周五
2	上午：雨水（总英寸）	1.1	0.6	1.8	2	1.5
3	下午：雨水（总英寸）	1	0.4	3	3.5	2
4	上午：平均温度（摄氏度）	26	18	16	14	20
5	下午：平均温度（摄氏度）	28	14	22	19	18
6	上午：平均风速（公里/小时）	12	6	8	2	3
7	下午：平均风速（公里/小时）	4	24	3	11	9
8	对平均温度至少为20摄氏度且平均风速小于10公里/小时的日期的总降水量求和					
9	5.5					

图 11-47

技巧点拨：只有当参数 sum_range 中的每一单元格满足为其指定的所有关联条件时，才对这些单元格进行求和。sum_range 中包含 TRUE 的单元格计算为 1；sum_range 中包含 FALSE 的单元格计算为 0。与 SUMIF 函数中的区域和条件参数不同的是，SUMIFS 中每个 criteria_range 的大小和形状必须与 sum_range 相同。criteria 参数可以使用通配符问号（?）和星号（*）。问号匹配任一单个字符；星号匹配任一字符序列。如果要查找实际的问号或星号，则在字符前键入波形符（~）。

11.6.2 单元格数量计算函数

1. COUNT 函数：计算参数列表中数字的个数

COUNT 函数用于计算返回包含数字的单元格的个数以及返回参数列表中的数字个数。利用 COUNT 函数可以计算单元格区域或数字数组中数字字段的输入项个数。

其语法是：COUNT(value1,value2,...)，其中参数 value1,value2,... 是可以包含或引用各种类型数据的 1 到 255 个参数，但只有数字类型的数据才计算在内。

下面通过实例具体讲解该函数的操作技巧。已知一组数据，计算数据中包含数字的单元格的个数以及返回参数列表中的数字个数。打开工作表，选中单元格 C3，在公式编辑栏中输入公式：=COUNT(A2:A7)，按“Enter”键即可计算上列数据中包含数字的单元格的个数，结果如图 11-48 所示。

技巧点拨：数字参数、日期参数或者代表数字的文本参数被计算在内。逻辑值和直接键入到参数列表中代表数字的文本被计算在内。如果参数为错误值或不能转换为数字的文本，将被忽略。如果参数是一个数组或引用，则只计算其中的数字。数组或引用中的空白单元格、逻辑值、文本或错误值将被忽略。如果要统计逻辑值、文本或错误值，则需要使用 COUNTA 函数。

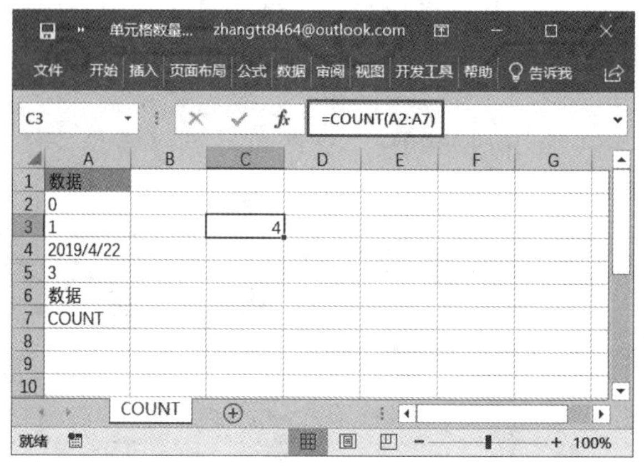

图 11-48

2. COUNTIF 函数：计算区域中满足给定条件的单元格数量

COUNTIF 函数用于计算区域中满足给定条件的单元格的个数。其语法是：COUNTIF(range,criteria)。其中参数 range 是一个或多个要计数的单元格，其中包括数字或名称、数组或包含数字的引用。空值和文本值将被忽略。参数 criteria 为确定哪些单元格将被计算在内的条件，其形式可以为数字、表达式、单元格引用或文本。

下面通过实例具体讲解该函数的操作技巧。已知一组数据，计算区域中满足给定条件的单元格的个数。打开工作表，选中单元格 D2，在公式编辑栏中输入公式：=COUNTIF (A2:A7,"range1")，按“Enter”键即可计算区域内“range1”所在单元格的数量，结果如图 11-49 所示。

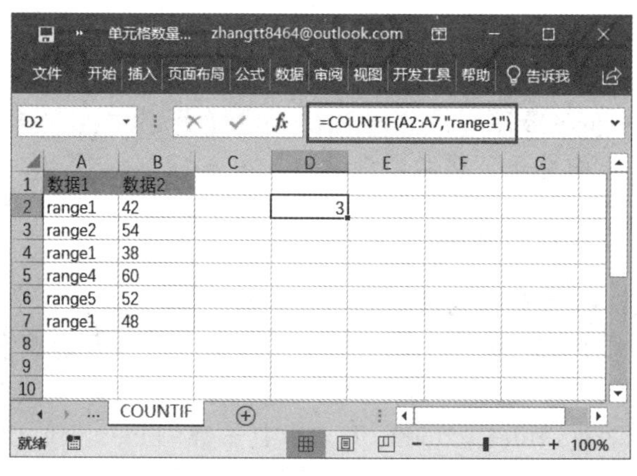

图 11-49

技巧点拨：如可以在条件中使用通配符、问号 (?) 和星号 (*)。问号匹配任意单个字符；星号匹配任意一串字符。如果要查找实际的问号或星号，请在该字符前键入波形符 (~)。

3. COUNTIFS 函数：计算区域中满足多条件的单元格数量

COUNTIFS 函数用于计算某个区域中满足多重条件的单元格数量。其语法是：

COUNTIFS(range1，criteria1,range2，criteria2…)。其中参数 range1,range2,…是计算关联条件的 1 至 127 个区域。每个区域中的单元格必须是数字或包含数字的名称、数组或引用。空值和文本值会被忽略。参数 rriteria1,criteria2,…是数字、表达式、单元格引用或文本形式的 1 至 127 个条件，用于定义要对哪些单元格进行计算。

下面通过实例具体讲解该函数的操作技巧。已知一组数据，计算区域中满足多重条件的单元格数量。打开工作表，选中单元格 D3，在公式编辑栏中输入公式：=COUNTIFS(A2:A7,"range1",B2:B7,">40")，按“Enter”键即可计算区域内“>40 的 range1”的单元格数量，结果如图 11-50 所示。

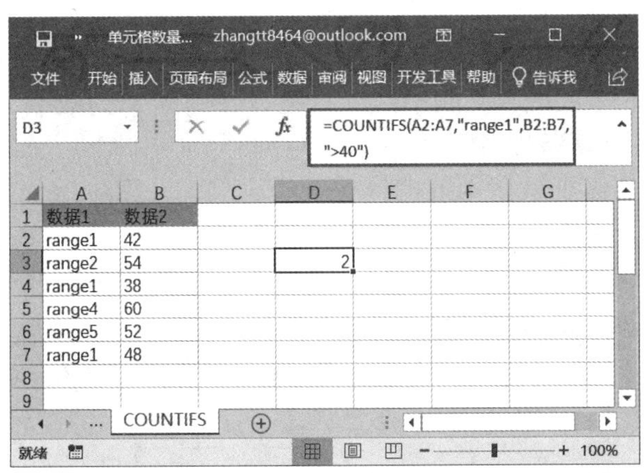

图 11-50

技巧点拨：仅当区域中的每一单元格满足为其指定的所有相应条件时才对其进行计算。如果条件为空单元格，COUNTIFS 函数将其视为 0 值。可以在条件中使用通配符，即问号 (?) 和星号 (*)。问号匹配任一单个字符；星号匹配任一字符序列。如果要查找实际的问号或星号，则需要在字符前键入波形符 (~)。

11.6.3 最大值与最小值函数

1. MAX 函数：计算参数列表中的最大值

MAX 函数用于计算一组值中的最大值。其语法是：MAX(number1,number2,...)，其中参数 number1,number2,... 是要从中找出最大值的 1 到 255 个数字参数。

下面通过实例具体讲解该函数的操作技巧。已知一组给定的数据，计算数据列表中的最大值。打开工作表，单击选中单元格 C3，在公式编辑栏中输入公式：=MAX(A2:A7)，按“Enter”键计算数据列表中的最大值，结果如图 11-51 所示。

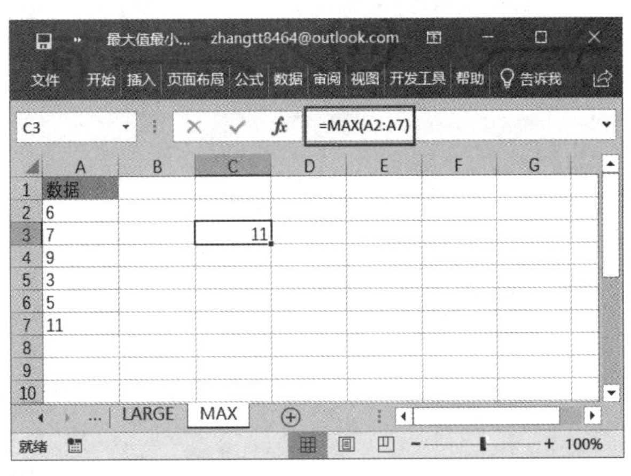

图 11-51

技巧点拨：

（1）参数可以是数字或者是包含数字的名称、数组或引用。逻辑值和直接键入到参数列表中代表数字的文本被计算在内。如果参数为数组或引用，则只使用该数组或引用中的数字。数组或引用中的空白单元格、逻辑值或文本将被忽略。如果参数不包含数字，MAX 函数返回 0（零）。如果参数为错误值或为不能转换为数字的文本，将会导致错误。如果要使计算包括引用中的逻辑值和代表数字的文本，则需要使用 MAX 函数。

（2）MIN 函数用于计算参数列表中的最小值，其语法及操作技巧与 MAX 函数一致，由于篇幅限制，此处不再赘述。

2. MAXIFS 函数：返回一组给定条件或标准指定的单元格之间的最大值

MAXIFS 函数用于返回一组给定条件或标准指定的单元格中的最大值。其语法是：MAXIFS(max_range，criteria_range1，criteria1，[criteria_range2，criteria2]，...)，其中参数 max_range 为确定最大值的实际单元格区域，参数 criteria_rangeN、criteriaN 为用于条件计算的单元格区域及关联条件，参数 criteria 可以为数字、表达式或文本。最多可以输入 126 个区域 / 条件对。

下面通过实例具体讲解该函数的操作技巧。例如某教师统计了学生的考试成绩，要得到女生的总分最高成绩。打开工作表，单击选中单元格 A10，在公式编辑栏中输入公式：=MAXIFS(G2:G8,C2:C8," 女 ")，按“Enter”键即可，结果如图 11-52 所示。

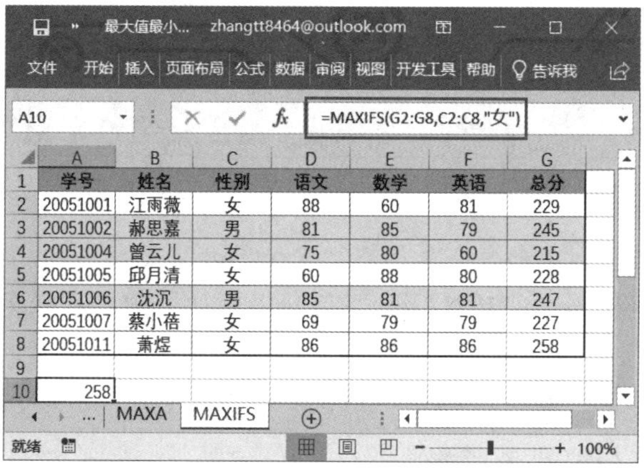

A10 =MAXIFS(G2:G8,C2:C8,"女")

	A	B	C	D	E	F	G
1	学号	姓名	性别	语文	数学	英语	总分
2	20051001	江雨薇	女	88	60	81	229
3	20051002	郝思嘉	男	81	85	79	245
4	20051004	曾云儿	女	75	80	60	215
5	20051005	邱月清	女	60	88	80	228
6	20051006	沈沉	男	85	81	81	247
7	20051007	蔡小蓓	女	69	79	79	227
8	20051011	萧煜	女	86	86	86	258
9							
10	258						

图 11-52

技巧点拨：

（1）参数 max_range 和 criteria_rangeN 的大小和形状必须相同，否则 MAXIFS 函数会返回 #VALUE! 错误。

（2）注意：MINIFS 函数用于返回一组给定条件或标准指定的单元格中的最小值。其语法及操作技巧与 MAXIFS 函数一致，由于篇幅限制，此处不再赘述。

第12章

Excel数据的分析与管理

Excel的主要功能不在于能创建表格、显示和打印表格，而在于对工作表中的数据进行管理、分析、查询和统计，如何对工作表进行数据运算、数据排序，统计筛选、分类汇总、建立数据透视表等，本章就来介绍这些内容。

- 使用条件格式分析数据
- 数据排序
- 数据筛选
- 数据分类汇总
- 使用数据表进行假设分析
- 数据透视表的应用

12.1 使用条件格式分析数据

用户在查看或分析数据时，可以使用条件格式功能让数据的分析更为直观形象，因为条件格式可以突出显示需要关注的数据记录，还可以通过设置单元格内条形图和图标展示数据的变化区域。

在 Excel 2019 中，可使用系统预设的条件格式来突出显示满足特定条件的数据。系统预设的条件格式大体有两种，一种是突出显示大于、小于、等于某个数值的数据，或者突出显示重复值以及高于、低于平均值的数据，另一种是用图标、颜色的深浅或者数据条的长短来表示数据的大小。

12.1.1 使用条件格式突出显示单元格

在实际操作 Excel 的过程中，经常会遇到要突出显示单元格的情况。例如老师想突出显示某次考试总分成绩超过 220 分的学生，具体操作步骤如下。

步骤 1：打开 Excel 工具表，选中单元格区域 E2:E11，切换至“开始”选项卡，单击“样式”组中的“条件格式”按钮，在弹出的菜单列表中依次选择“突出显示单元格规则”–“大于”按钮，如图 12-1 所示。

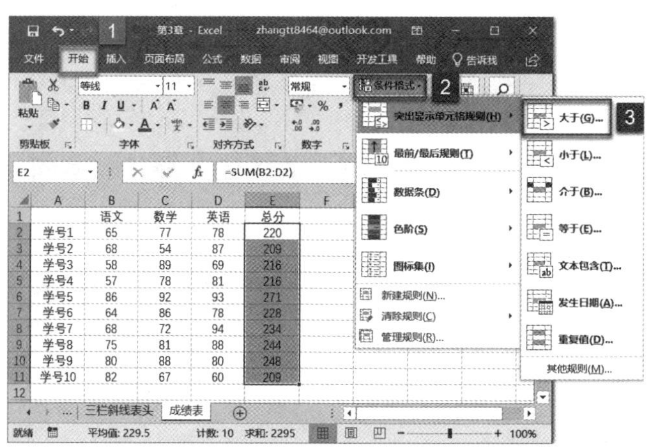

图 12-1

步骤 2：弹出“大于”对话框，在“为大于以下值的单元格设置格式”下方的文本框输入“220”，在“设置为”右侧的列表框内选择单元格格式，然后单击“确定”按钮即可，如图 12-2 所示。

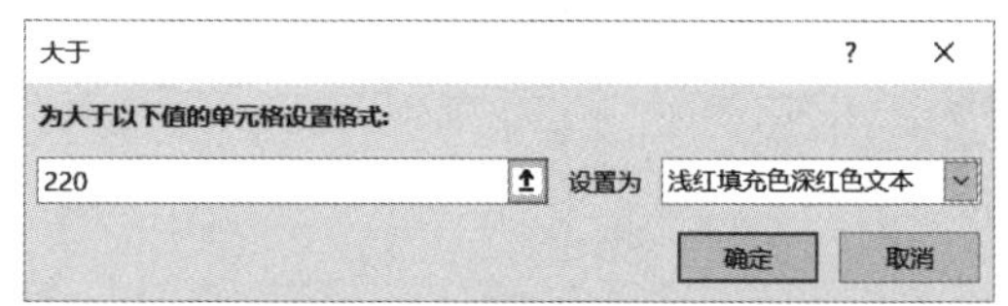

图 12-2

步骤 3：如果对提供的格式不满意，可以单击下拉列表框中的“自定义格式”按钮，弹出“设置单元格格式”对话框，切换至“填充”选项卡，可以对背景色、填充效果、图案样式、图案颜色等进行自定义设置，如图 12-3 所示。

步骤 4：设置完成后，返回 Excel 主界面，效果如图 12-4 所示。

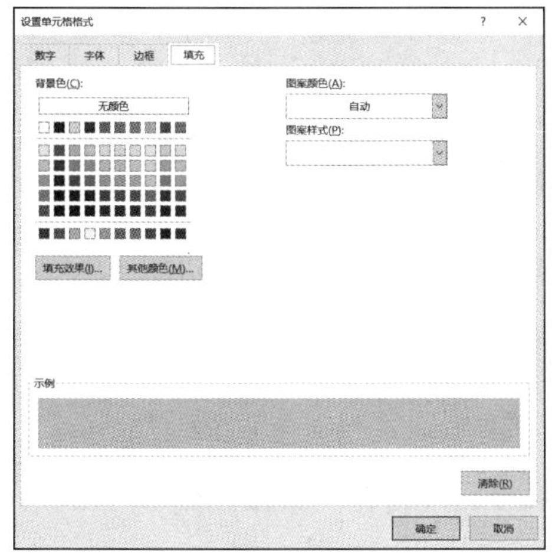

图 12-3

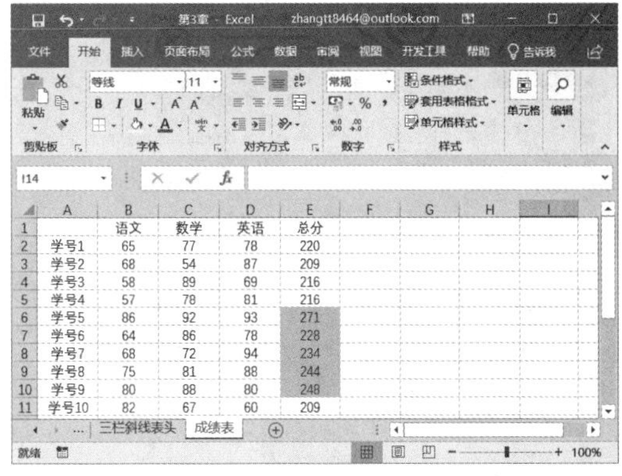

图 12-4

12.1.2 使用数据条和图标集显示数据

利用数据条、图标集或者色阶这种图形的方式显示数据，会更加清晰明确，利于用户直观地对比数据之间的大小，提高分析数据的效率。

步骤 1： 打开 Excel 工作表，选中单元格区域 F3:F10，切换至“开始”选项卡，在“样式”组内单击“条件格式”下拉按钮，在展开的菜单列表内单击“数据条”下拉按钮，然后在展开的样式库内选择“绿色渐变填充数据条”选项，如图 12-5 所示。

步骤 2： 此时即可看到选中单元格内已填充了绿色数据条，数值越大数据条越长，如图 12-6 所示。

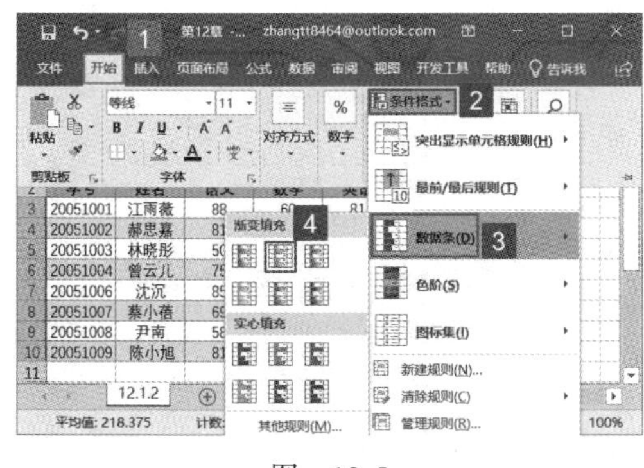

图 12-5

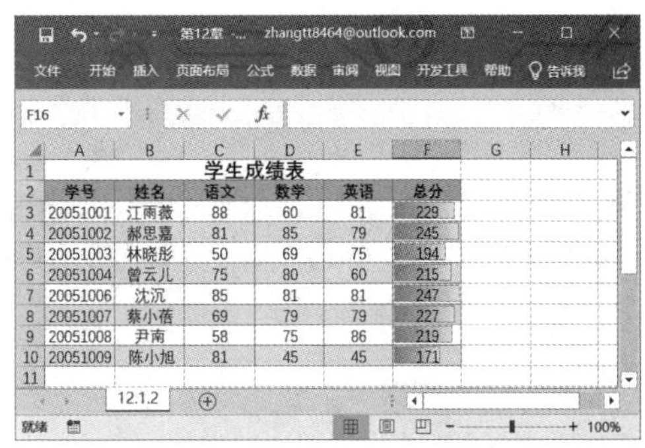

图 12-6

步骤 3： 除此之外，用户还可以用图标表现数据大小。选中单元格区域，切换至“开始”选项卡，在“样式”组内单击“条件格式”下拉按钮，在展开的菜单列表内单击“图标集”下拉按钮，然后在展开的样式库内选择“五项箭头（彩色）”选项，如图 12-7 所示。

步骤 4： 此时即可看到选中单元格内已添加图标集，不同的图标与颜色表示不同的数据，如图 12-8 所示。

技巧点拨： 条件格式中的数据条功能是用条形的长度来展示数据大小，条形图越长就说明数据越大，条形图越短就说明数据越小，这种数据分析方式有利于用户更加直观、快速分辨出大量数据中的较高值和较低值。而图标集功能是将数据分为多个类别，并且每个类别都用不同的图标加以区分，能让用户快速区分数据中的每个等级。条件格式中的色阶是不同色调来区分数据的最值和中间值，从而让值的区域范围一目了然。

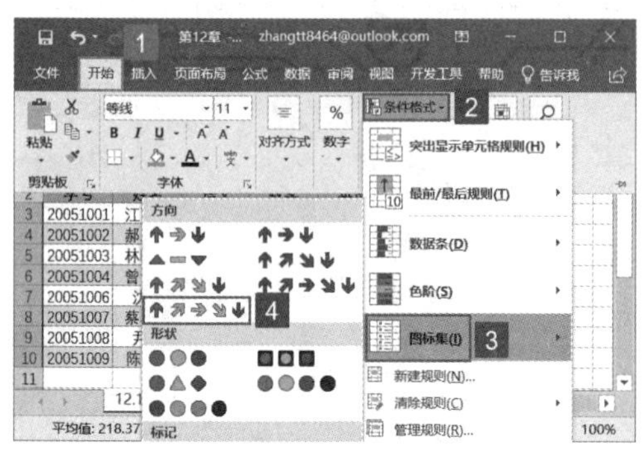

图 12-7

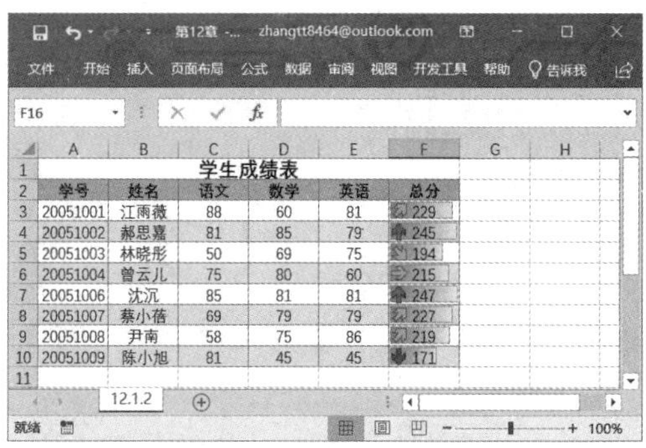

学生成绩表

学号	姓名	语文	数学	英语	总分
20051001	江雨薇	88	60	81	229
20051002	郝思嘉	81	85	79	245
20051003	林晓彤	50	69	75	194
20051004	曾云儿	75	80	60	215
20051006	沈沉	85	81	81	247
20051007	蔡小蓓	69	79	79	227
20051008	尹南	58	75	86	219
20051009	陈小旭	81	45	45	171

图 12-8

12.1.3 自定义条件格式规则

用户除了可以使用 Excel 2019 系统提供的条件格式来分析数据外，还可使用公式自定义设置条件格式规则，即通过公式自行编辑条件格式规则，让条件格式的运用更为灵活。

步骤 1：打开 Excel 工作表，选中单元格区域 F3:F10，切换至“开始”选项卡，在“样式”组内单击“条件格式”下拉按钮，在展开的菜单列表内单击“新建规则”按钮，如图 12-9 所示。

步骤 2：弹出“新建格式规则”对话框，在“选择规则类型”列表框内单击“仅对高于或低于平均值的数据设置格式”选项，单击“选定范围的平均值”左侧的下拉列表选择“低于”项，然后单击“格式”按钮，如图 12-10 所示。

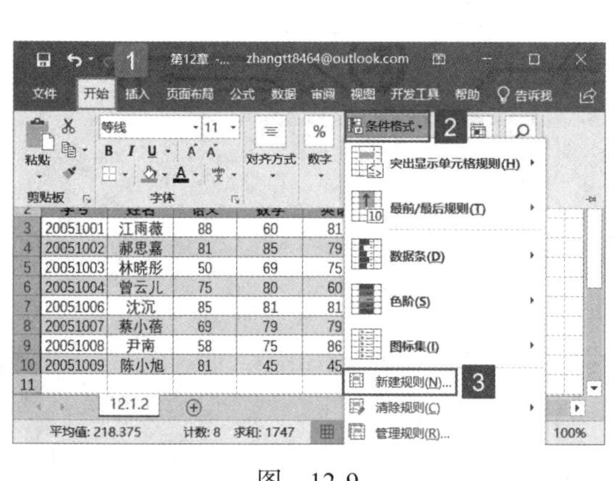

图 12-9

图 12-10

步骤 3：弹出“设置单元格格式”对话框，对符合条件格式数值的单元格格式进行设置。例如切换至“填充”选项卡，在颜色列表内选择“红色”填充颜色，设置完成后单击“确定”按钮，如图 12-11 所示。

步骤 4：返回“新建格式规则”对话框，即可在“预览”文本框内看到设置效果，单击“确定”按钮，如图 12-12 所示。

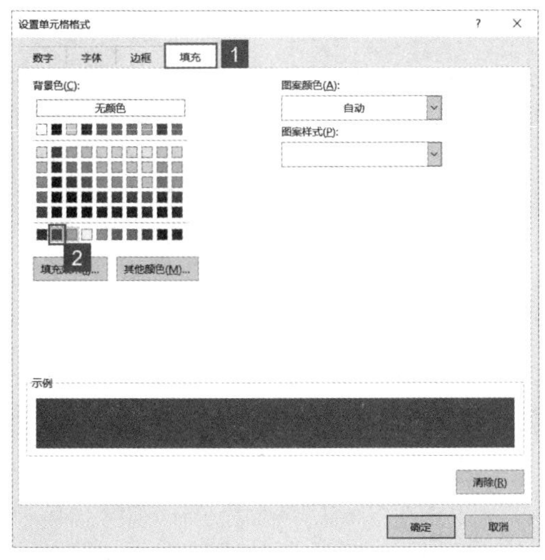

图 12-11

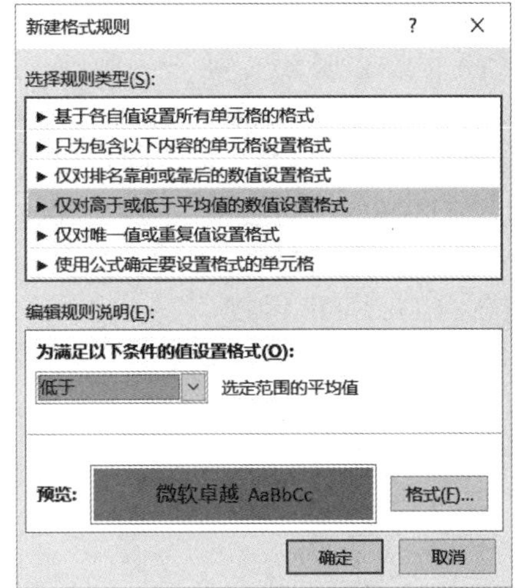

图 12-12

步骤 5：返回 Excel 工作表，即可看到符合条件的单元格已按新建的格式规则显示，效果如图 12-13 所示。

F3 =SUM(C3:E3)

学生成绩表					
学号	姓名	语文	数学	英语	总分
20051001	江雨薇	88	60	81	229
20051002	郝思嘉	81	85	79	245
20051003	林晓彤	50	69	75	194
20051004	曾云儿	75	80	60	215
20051006	沈沉	85	81	81	247
20051007	蔡小蓓	69	79	79	227
20051008	尹南	58	75	86	219
20051009	陈小旭	81	45	45	171

平均值: 218.375 计数: 8 求和: 1747

图 12-13

12.2 数据排序

用户在 Excel 表格中录入数据后，内容可能杂乱无章，不利于查看和比较，此时就需要对数据进行排序。所谓排序是指对表格中的某个或某几个字段按照特定规律进行重新排列。在 Excel 中，用户可对单一字段进行排序，也可设定多个关键字的多条件排序，还可自行设定排序序列，进行自定义排序。

12.2.1 3 种实用的工作表排序方法

排序是工作表数据处理中经常性的操作，Excel 2019 排序分为有序数计算（类似成绩统计中的名次）和数据重排两类。以下介绍三种实用的工作表排序方法。

❑ 数值排序

（1）RANK 函数

RANK 函数是 Excel 计算序数的主要工具，其语法是：RANK(number,ref,order)，其中参数 number 为参与计算的数字或含有数字的单元格，参数 ref 是对参与计算的数字单元格区域的绝对引用，参数 order 是用来说明排序方式的数字（如果 order 为零或省略，则以降序方式给出结果，反之按升序方式）。

（2）COUNTIF 函数

COUNTIF 函数可以统计某一区域中符合条件的单元格数目，其语法为 COUNTIF(range,criteria)。其中参数 range 为参与统计的单元格区域，参数 criteria 是以数字、表达式或文本形式定义的条件。其中数字可以直接写入，表达式和文本必须加引号。

（3）IF 函数

Excel 自身带有排序功能，可使数据以降序或升序方式重新排列。如果将它与 IF 函数结合，可以计算出没有空缺的排名。根据排序需要，单击 Excel 工具栏中的‘降序’或“升序”按钮，即可使工作表中的所有数据按要求重新排列。

❑ 文本排序

特殊场合需要按姓氏笔画排序，这类排序称为文本排序。笔画排序的规则是：按姓氏的笔画数进行排列，笔画数相同的姓氏根据起笔顺序排列（横、竖、撇、捺、折），笔划数和起笔顺序都相同的字，按字形结构排列，先左右、再上下，最后整体字。如果姓字相同，则依次看名字的第二、三字，规则同姓字。接下来以姓名排序为例，介绍笔画排序的具体操作步骤。

步骤 1：选中要进行排序的单元格区域，切换至“数据”选项卡，单击“排序和筛选”组内的“排序”按钮，如图 12-14 所示。

步骤 2，如果所选中的单元格区域旁边还有数据，Excel 会弹出“排序提醒”对话框，单击选中“以当前选定区域排序”前的单选按钮，然后单击“排序”按钮即可，如图 12-15 所示。

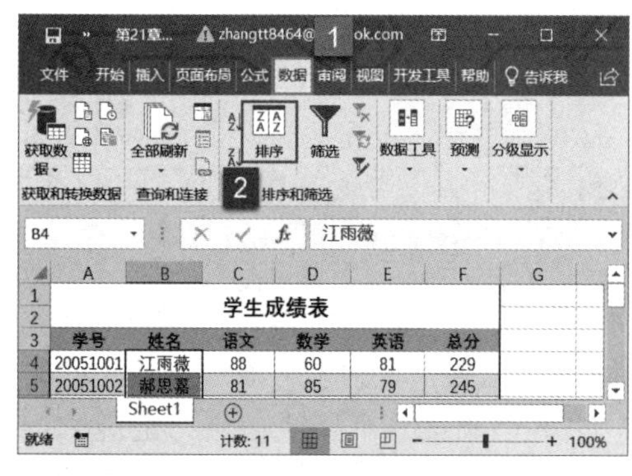

图 12-14

排序提醒

Microsoft Excel 发现在选定区域旁边还有数据。该数据未被选择，将不参加排序。

给出排序依据

○ 扩展选定区域(E)

◉ 以当前选定区域排序(C)

排序(S)... 取消

图 12-15

步骤 3：弹出“排序”对话框，单击“选项”按钮，如图 12-16 所示。

步骤 4：弹出“排序选项”对话框，在“方法”窗格内单击选中“笔画排序”前的单元格按钮，然后根据数据排列方向选择“按行排序”或“按列排序”，并单击“确定”按钮，如图 12-17 所示。

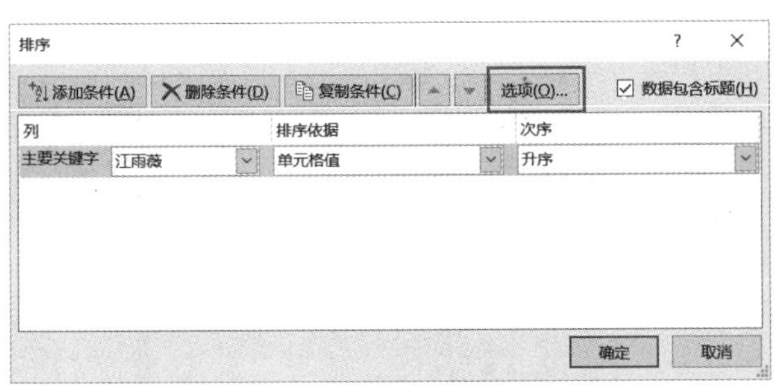

图 12-16

排序选项
区分大小写(C)
方向
按列排序(T)
按行排序(L)
方法
字母排序(S)
笔划排序(R)
确定
取消

图 12-17

步骤 5： 返回“排序”对话框。如果数据带有标题行，单击勾选“数据包含标题”前的复选框。单击“主要关键字”下拉按钮，选择主要关键字。单击“排序依据”下拉按钮，选择排序依据。单击“次序”下拉按钮，选择“升序”、“降序”或“自定义序列”选项。然后单击“确定”按钮即可，如图 12-18 所示。

步骤 6： 返回 Excel 主界面，即可看到选中区域已按笔画排序，如图 12-19 所示。

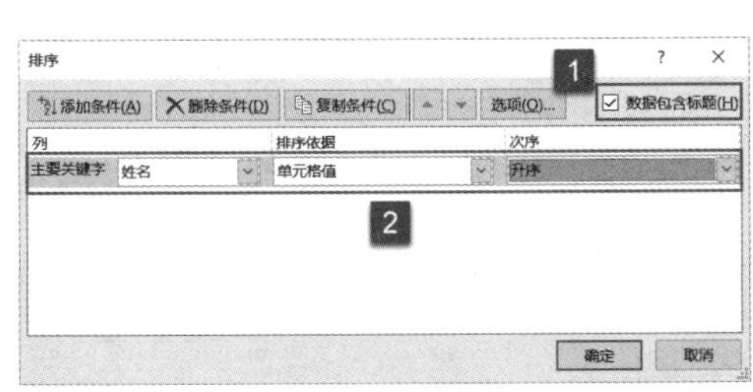

图 12-18

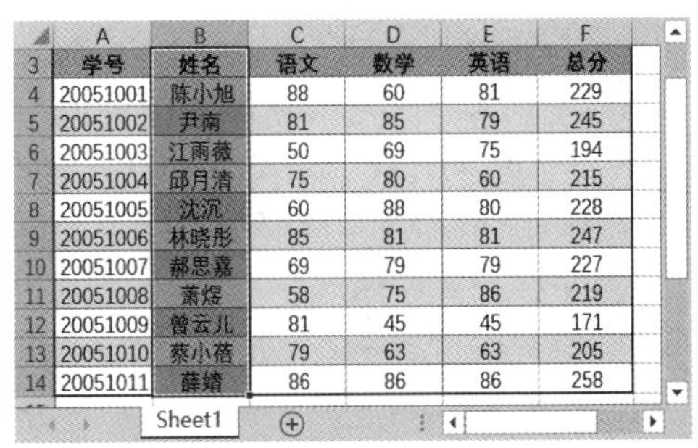

	A	B	C	D	E	F
3	学号	姓名	语文	数学	英语	总分
4	20051001	陈小旭	88	60	81	229
5	20051002	尹南	81	85	79	245
6	20051003	江雨薇	50	69	75	194
7	20051004	邱月清	75	80	60	215
8	20051005	沈沉	60	88	80	228
9	20051006	林晓彤	85	81	81	247
10	20051007	郝思嘉	69	79	79	227
11	20051008	萧煜	58	75	86	219
12	20051009	曾云儿	81	45	45	171
13	20051010	蔡小蓓	79	63	63	205
14	20051011	薛婧	86	86	86	258

Sheet1

图 12-19

❑ 自定义排序

使用自定义排序的具体方法与文本排序的操作相类似，其具体操作步骤如下。

步骤 1： 选中要进行排序的单元格区域，打开“排序”对话框，单击“次序”下拉按钮，选择“自定义序列”项，如图 12-20 所示。

步骤 2： 弹出“自定义序列”对话框，在“自定义序列”菜单列表中选择一种序列，或者选择“新序列”项并在右侧“输入序列”窗格内输入新序列，并单击“添加”按钮，选择完成后单击“确定”按钮，如图 12-21 所示。

步骤 3： 返回“排序”对话框，单击“确定”按钮即可。

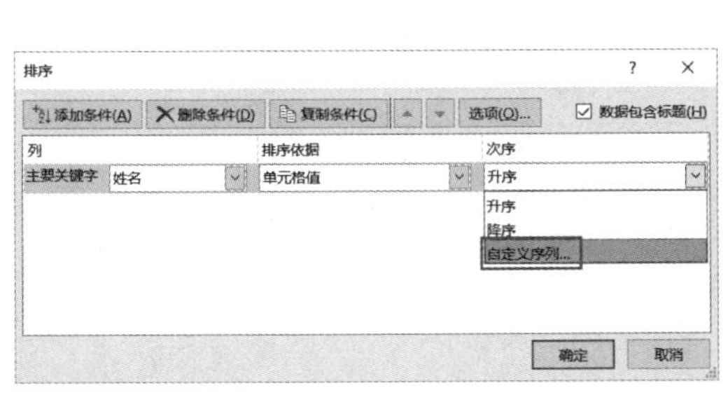

图 12-20

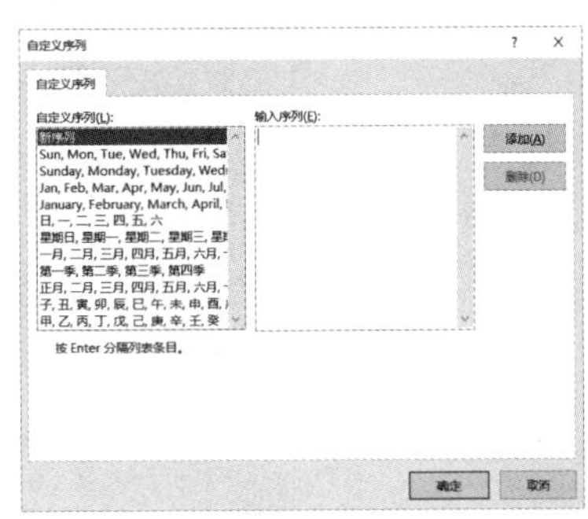

图 12-21

12.2.2 多条件排序

对于不经常使用 Excel 排序功能的用户来说，排序通常情况下只对一列或一行进行排序。然而现在的多数用户通常都会因工作需要同时运用多种排序。Excel 2019 最多可对 64 个关键字进行排序，这在很大程度上满足了用户的需要。

如图 12-22 所示的工作表中，有一个六列数据的表格，如果需要对这六个关键字同时进行排序，用户可执行以下操作步骤。

	A	B	C	D	E	F
3	学号	姓名	语文	数学	英语	总分
4	20051001	陈小旭	88	60	81	229
5	20051002	尹南	81	85	79	245
6	20051003	江雨薇	50	69	75	194
7	20051004	邱月清	75	80	60	215
8	20051005	沈沉	60	88	80	228
9	20051006	林晓彤	85	81	81	247
10	20051007	郝思嘉	69	79	79	227
11	20051008	萧煜	58	75	86	219
12	20051009	曾云儿	81	45	45	171
13	20051010	蔡小蓓	79	63	63	205
14	20051011	薛婧	86	86	86	258

Sheet1

图 12-22

步骤 1：选择数据区域内任意单元格，打开"排序"对话框，单击勾选对话框右上角"数据包含标题"前的复选框，然后单击"主要关键字"下拉按钮，选择"学号"项，单击"次数"下拉按钮，选择"降序"项，设置好主要关键字条件后单击对话框左上角的"添加条件"按钮，如图 12-23 所示。

步骤 2：在"主要关键字"下方即可出现"次要关键字"行，然后依次单击"次要关键字"、"排序依据"、"次序"以及"选项"按钮，设置次要关键字的条件。将工作表中剩余标题全部设为次要关键字后，单击"确定"按钮即可，如图 12-24 所示。

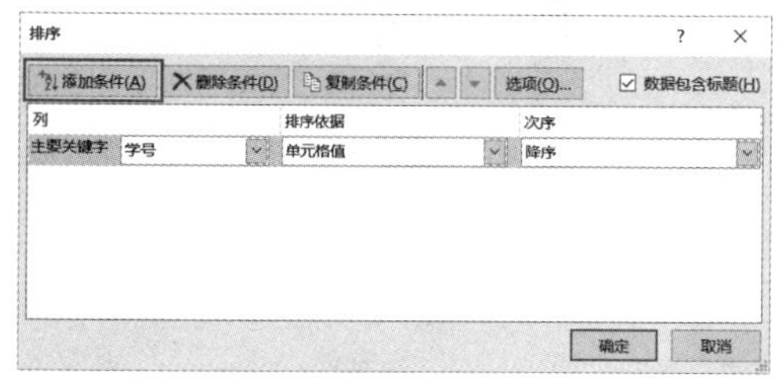

图 12-23

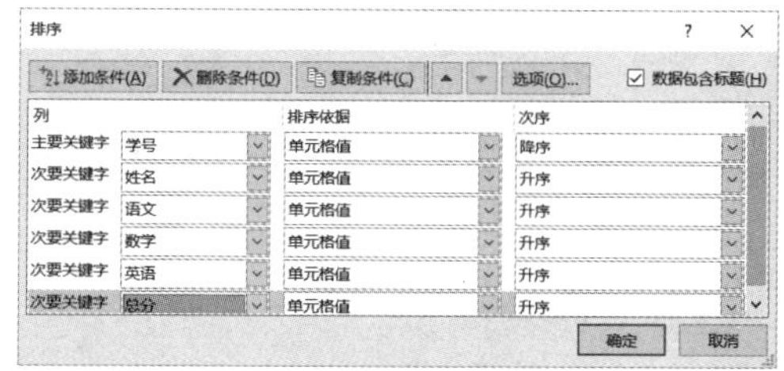

图 12-24

步骤 3：返回 Excel 主界面，即可看到工作表内数据已完成排序，如图 12-25 所示。

	A	B	C	D	E	F
1	学号	姓名	语文	数学	英语	总分
2	20051011	薛婧	86	86	86	258
3	20051010	蔡小蓓	79	63	63	205
4	20051009	曾云儿	81	45	45	171
5	20051008	萧煜	58	75	86	219
6	20051007	郝思嘉	69	79	79	227
7	20051006	林晓彤	85	81	81	247
8	20051005	沈沉	60	88	80	228
9	20051004	邱月清	75	80	60	215
10	20051003	江雨薇	50	69	75	194
11	20051002	尹南	81	85	79	245
12	20051001	陈小旭	88	60	81	229

Sheet1

图 12-25

12.3 数据筛选

在一张复杂的 Excel 表格中，可以通过强大的筛选功能迅速找出符合条件的数据，而其他不满足条件的数据，Excel 工作表会自动将其隐藏。

12.3.1 自动筛选符合条件的数据

使用 Excel 自动筛选功能，可以轻松地把符合某个条件的数据挑选出来。如图 12-26 所示，用户想把组别为“B 组”的学生挑选出来，如何实现呢？使用“自动筛选”功能的具体操作步骤如下。

组别	姓名	语文	数学	英语	总分
A组	薛婧	86	86	86	258
B组	萧煜	58	75	86	219
B组	陈小旭	88	60	81	229
A组	江雨薇	50	69	75	194
A组	郝思嘉	69	79	79	227
B组	蔡小蓓	79	63	63	205
A组	沈沉	60	88	80	228
B组	林晓彤	85	81	81	247
B组	曾云儿	81	45	45	171

图 12-26

步骤 1：选中单元格 A1，切换至“数据”选项卡，单击“排序和筛选”组内的“筛选”按钮，如图 12-27 所示。

步骤 2：此时可以看到单元格区域内的标题行均增加了筛选按钮，单击“组别”筛选按钮，在打开的菜单列表中单击取消勾选“A 组”前的复选框，如图 12-28 所示。

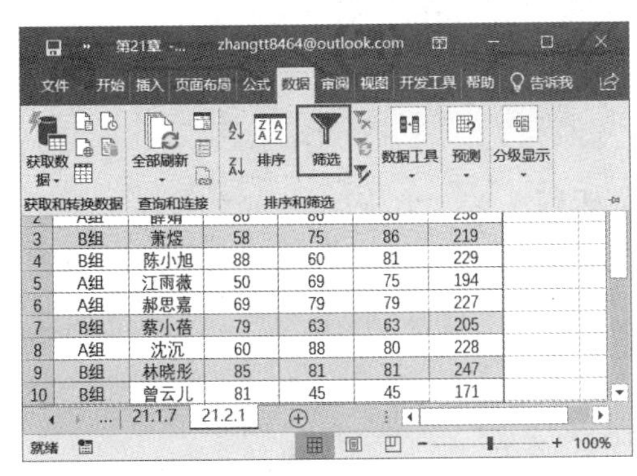

图 12-27

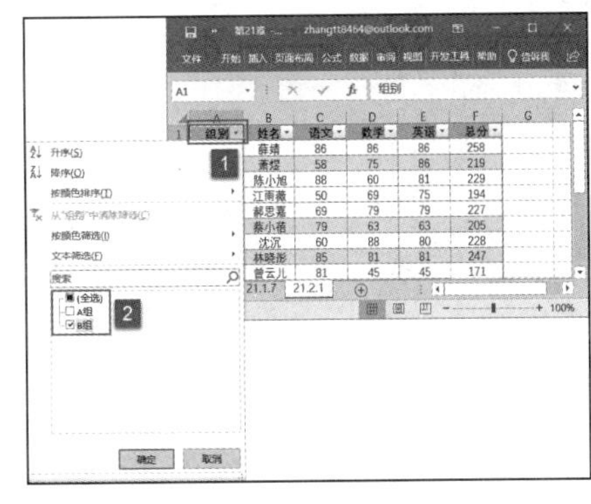

图 12-28

步骤 3：单击“确定”按钮返回 Excel，即可看到“B 组”的学生已被挑选出来，如图 12-29 所示。

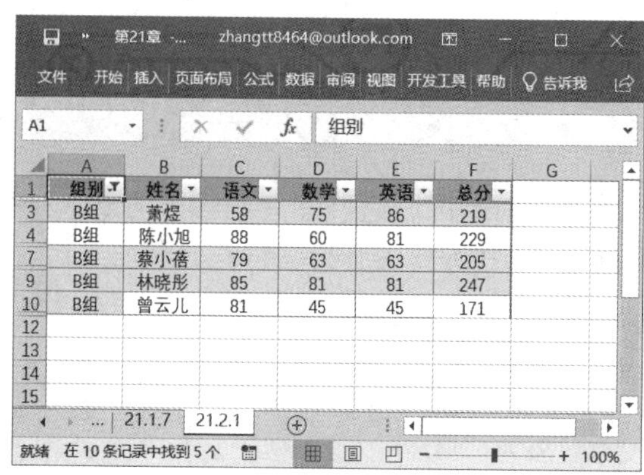

图 12-29

12.3.2 “或”条件和“与”条件筛选

如果想筛选出同时满足两个或多个条件的记录，需要进行“与”条件的设置；如果想筛选出的结果满足两个或多个条件其中的一个，需要进行“或”条件筛选。

1. 自动筛选中的“或”条件的使用

例如本例中要筛选出分数大于 220 或小于 200 的记录，具体的操作步骤如下。

步骤 1：打开工作表，选中标题行，切换至“数据”选项卡，在“排序和筛选”组内单击“筛选”按钮，如图 12-30 所示。

步骤 2：单击“总分”右侧的下拉按钮，在弹出的菜单列表内单击“数字筛选”下拉按钮，然后在展开的筛选条件列表内单击“大于”按钮，如图 12-31 所示。

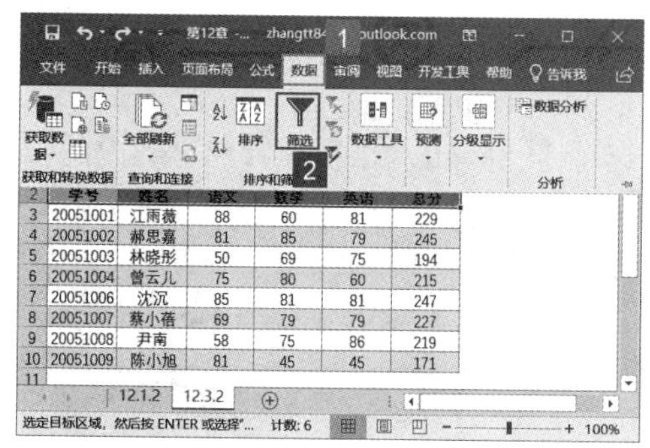

图 12-30

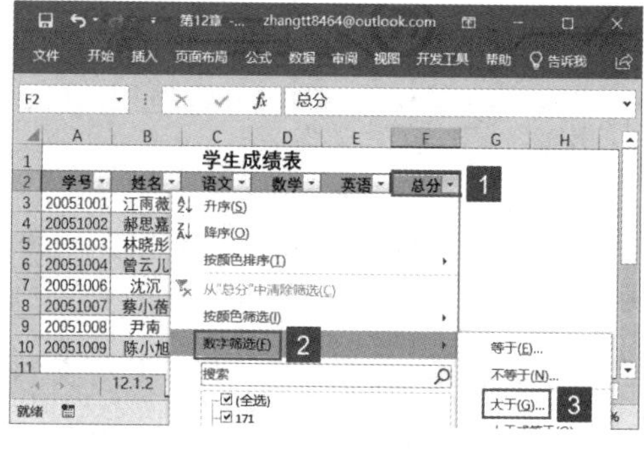

图 12-31

步骤 3：弹出“自定义自动筛选方式”对话框，在“大于”右侧的文本框内输入“220”，选中“或”单选按钮，然后单击下方的下拉列表选择“小于”项，并在右侧的文本框内输入“200”。设置完成后单击“确定”按钮，如图 12-32 所示。

图 12-32

步骤4：返回Excel工作表，即可筛选出分数大于220或小于200的记录，如图12-33所示。

	学生成绩表				
学号	姓名	语文	数学	英语	总分
20051001	江雨薇	88	60	81	229
20051002	郝思嘉	81	85	79	245
20051003	林晓彤	50	69	75	194
20051006	沈沉	85	81	81	247
20051007	蔡小蓓	69	79	79	227
20051009	陈小旭	81	45	45	171

就绪 在8条记录中找到6个

图 12-33

2. 自动筛选中的“与”条件的使用

例如本例中要筛选出分数大于200且小于220的记录，具体的操作步骤如下。

步骤1：单击“总分”右侧的下拉按钮，在弹出的菜单列表内单击“数字筛选”下拉按钮，然后在展开的筛选条件列表内单击“大于”按钮，如图12-34所示。

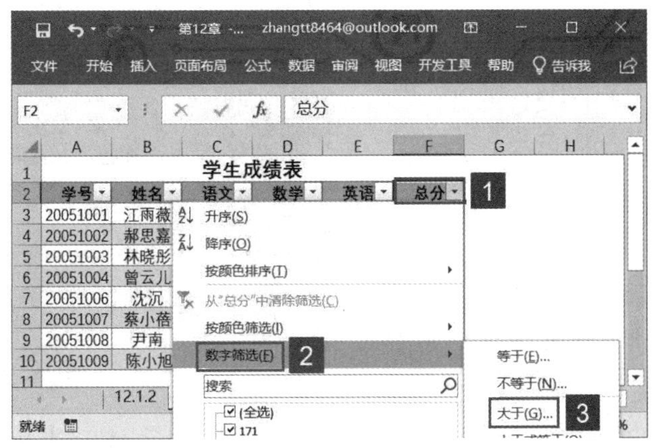

图 12-34

步骤2：弹出“自定义自动筛选方式”对话框，在“大于”右侧的文本框内输入“200”，选中“与”单选按钮，然后单击下方的下拉列表选择“小于”项，并在右侧的文本框内输入“220”。设置完成后单击“确定”按钮，如图12-35所示。

图 12-35

步骤 3：返回 Excel 工作表，即可筛选出大于 200 且小于 220 的记录，如图 12-36 所示。

图 12-36

12.3.3 筛选高于或低于平均值的记录

在对数据进行数值筛选时，Excel 2019 还可进行简单的数据分析，并筛选出分析结果，例如，筛选高于或低于平均值的记录。以图 12-37 所示的数据介绍一下筛选高于平均值记录的具体操作步骤。

步骤 1：选中数据区域内任意单元格，切换至“数据”选项卡，单击“排序和筛选”组内的“筛选”按钮，然后单击“语文”筛选按钮，在打开的菜单列表中单击“数字筛选”项，在打开的菜单列表中选择“高于平均值”项，如图 12-38 所示。

步骤 2：返回 Excel 主界面，即可看到语文成绩高于平均值的数据已被筛选出来，如图 12-39 所示。

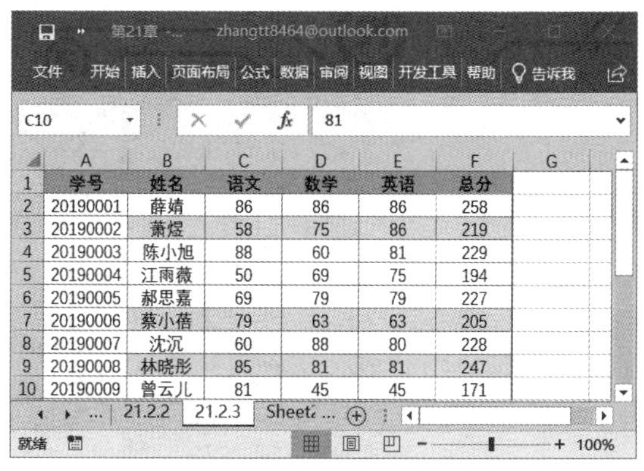

图 12-37

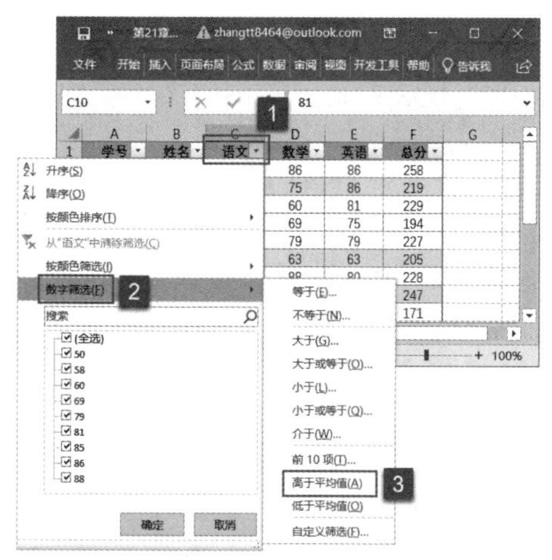

图 12-38

图 12-39

12.3.4 按颜色进行排序或筛选

在 Excel 中不仅可以对关键字进行排序和筛选，还可以对颜色进行排序和筛选。如图 12-40 所示的工作表，以下将通过该工作表说明如何按颜色进行排序或筛选操作。

货号	型号	颜色	价格
A001	XXL		86
A002	XXL		75
A003	XXL		60
A004	XXL		69
A005	XL		79
A006	L		63
A007	XL		88
A008	L		81
A009	L		45

图 12-40

步骤 1：按颜色进行排序。选中数据区域内任意单元格，切换至“数据”选项卡，单击“排序和筛选”组内的“筛选”按钮，然后单击“颜色”筛选按钮，在打开的菜单列表中单击“按颜色排序”项，在打开的菜单列表中选择任意颜色，例如粉色，如图 12-41 所示。

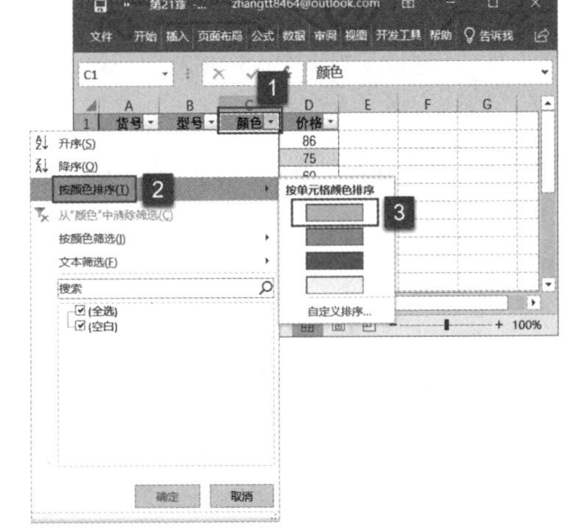

图 12-41

步骤 2：返回 Excel 主界面，即可看到粉色单元格区域已被排序在单元格区域前列，如图 12-42 所示。

步骤 3：重复上述操作，依次选择其他颜色，即可将单元格区域按颜色排序，最终效果如图 12-43 所示。

货号	型号	颜色	价格
A001	XXL		86
A009	L		45
A002	XXL		75
A003	XXL		60
A004	XXL		69
A005	XL		79
A006	L		63
A007	XL		88
A008	L		81

图 12-42

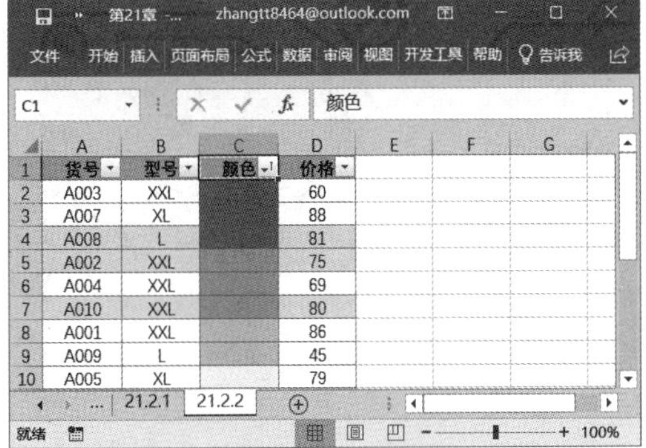

货号	型号	颜色	价格
A003	XXL		60
A007	XL		88
A008	L		81
A002	XXL		75
A004	XXL		69
A010	XXL		80
A001	XXL		86
A009	L		45
A005	XL		79

图 12-43

步骤 4：按颜色进行筛选。选中数据区域内任意单元格，切换至“数据”选项卡，单击“排序和筛选”组内的“筛选”按钮，然后单击“颜色”筛选按钮，在打开的菜单列表中单击“按颜色筛选”项，在打开的菜单列表中选择任意颜色，例如粉色，如图 12-44 所示。

步骤 5：返回 Excel 主界面，即可看到粉色单元格区域已被筛选出来，如图 12-45 所示。

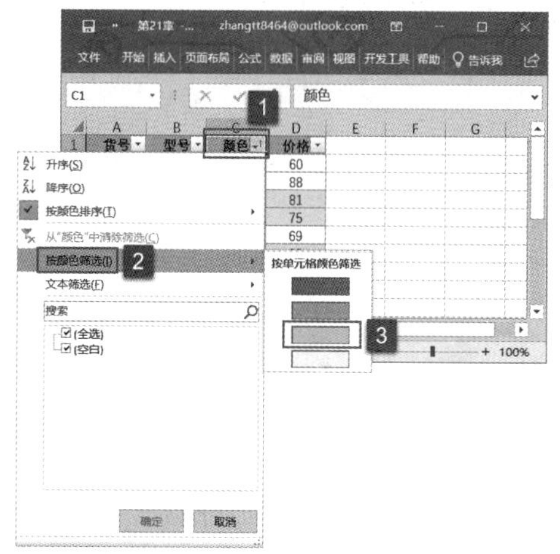

图 12-44

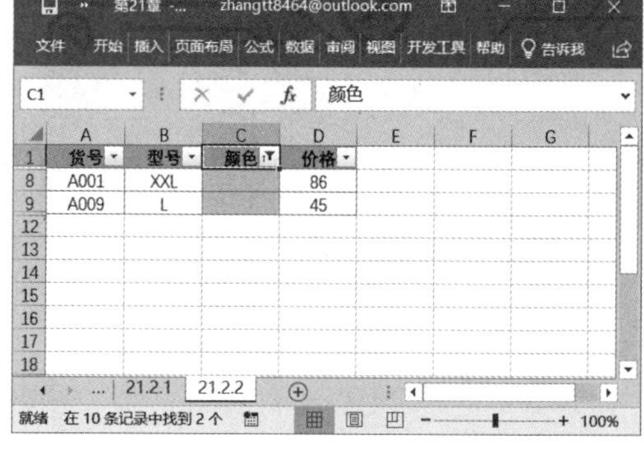

图 12-45

12.3.5 对数据进行高级筛选

采用高级筛选方式可将筛选到的结果存放于其他位置，以便于对数据分析。在高级筛选方式下可以实现同时满足两个条件的筛选。如图 12-46 所示，筛选出总分在 230 分以上且语文成绩在 80 分以上的数据记录。

学号	姓名	语文	数学	英语	总分
A001	薛婧	86	86	86	258
A002	萧煜	58	75	86	219
A003	陈小旭	88	60	81	229
A004	江雨薇	50	69	75	194
A005	郝思嘉	69	79	79	227
A006	蔡小蓓	79	63	63	205
A007	沈沉	60	88	80	228
A008	林晓彤	85	81	81	247
A009	曾云儿	81	45	45	171

图 12-46

步骤 1：在工作表任意单元格区域内输入筛选条件，然后切换至“数据”选项卡，单击“排序和筛选”组内的“高级”按钮，如图 12-47 所示。

步骤 2：弹出“高级筛选”对话框，单击选中“将筛选结果复制到其他位置”前的单选按钮（也可保持默认设置），然后在“条件区域”文本框内输入刚输入筛选条件的单元格区域，在“复制到”文本框内输入筛选结果要保存的单元格区域，如图 12-48 所示。

图 12-47

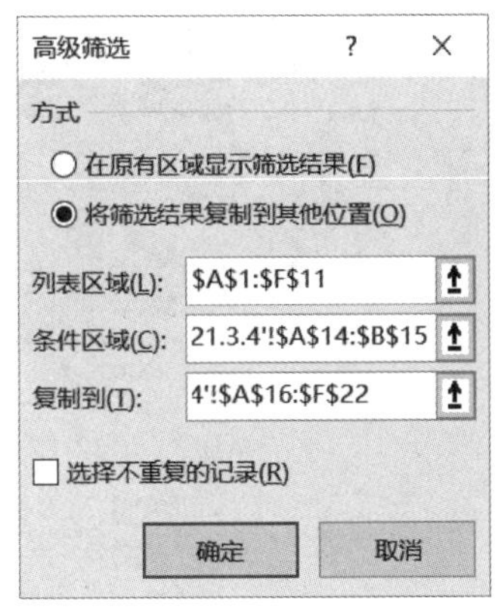

图 12-48

步骤 3：单击“确定”按钮返回 Excel 主界面，即可看到符合筛选条件的数据记录已显示在指定单元格区域，如图 12-49 所示。

	A	B	C	D	E	F	G
10	A009	曾云儿	81	45	45	171	
11	A010	邱月清	75	80	60	215	
12							
13	筛选条件						
14	总分	语文					
15	>230	>80					
16	学号	姓名	语文	数学	英语	总分	
17	A001	薛婧	86	86	86	258	
18	A008	林晓彤	85	81	81	247	
19							

图 12-49

12.3.6 取消当前数据范围的筛选和排序

在对工作表进行了数据筛选后，如果要取消当前数据范围的筛选或排序，则可以执行以下操作。

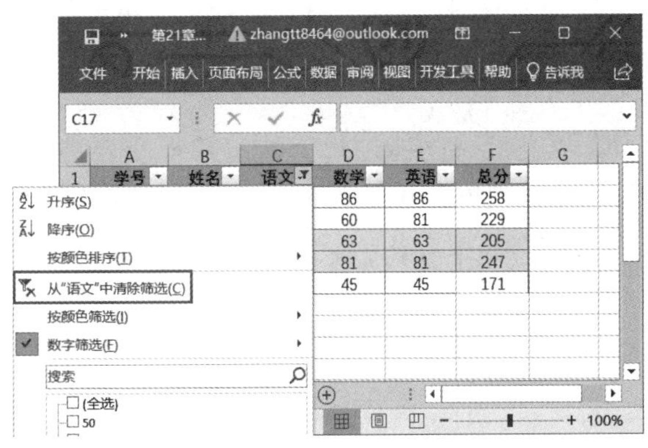

图 12-50

- 单击设置了筛选的列标识右侧的按钮，在弹出菜单列表中选择“从‘**’中清除筛选”项即可，如图 12-50 所示。
- 如果在工作表中应用了多处筛选，用户想要一次清除，可以切换至“开始”选项卡，单击“编辑”组内的“排序和筛选”按钮，然后在弹出的菜单列表中选择“清除”项即可，如图 12-51 所示。

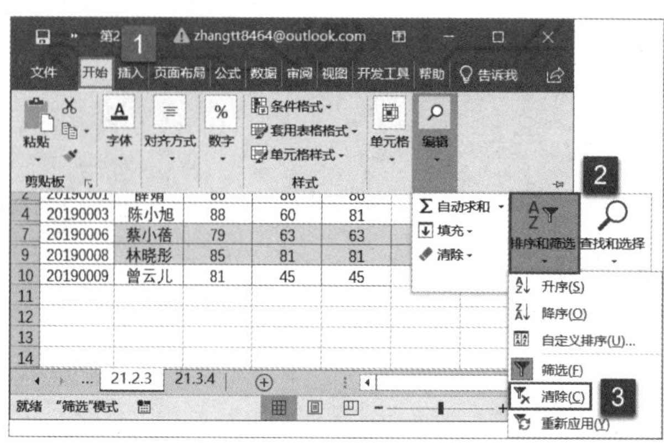

图 12-51

❑ 如果在工作表中应用了多处筛选，用户想要一次清除，还可以直接切换至“数据”选项卡，单击“排序和筛选”组内的“清除”按钮即可，如图 12-52 所示。

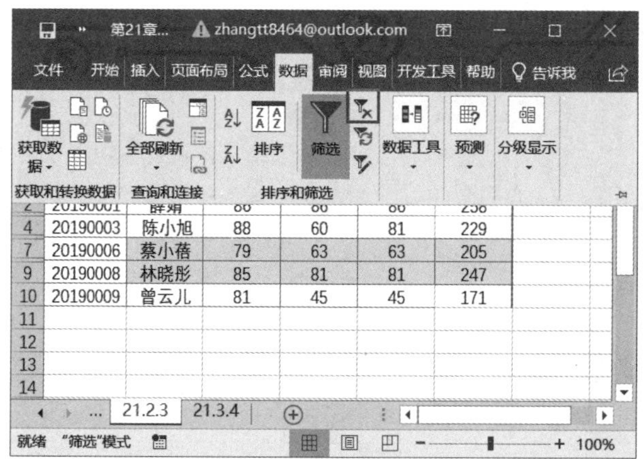

图 12-52

12.4 数据分类汇总

分类汇总功能通过为所选单元格自动添加合计或小计，汇总多个相关数据行。此功能是数据库分析过程中一个非常实用的功能。

12.4.1 创建分类汇总

在创建分类汇总前需要对所汇总的数据进行排序，即将同一类别的数据排列在一起，然后将各个类别的数据按指定方式汇总。例如，要统计出本次考试男生和女生的总分总和，则需要首先按“性别”字段进行排序，然后进行分类汇总设置。

步骤 1：设置自动筛选。打开工作表，选中标题行，切换至“数据”选项卡，在“排序和筛选”组内单击“筛选”按钮，如图 12-53 所示。

步骤 2：按“性别”字段进行排序。选中“性别”列中任意单元格，切换至“数据”选项卡，在“排序和筛选”组内单击“升序”按钮，如图 12-54 所示。

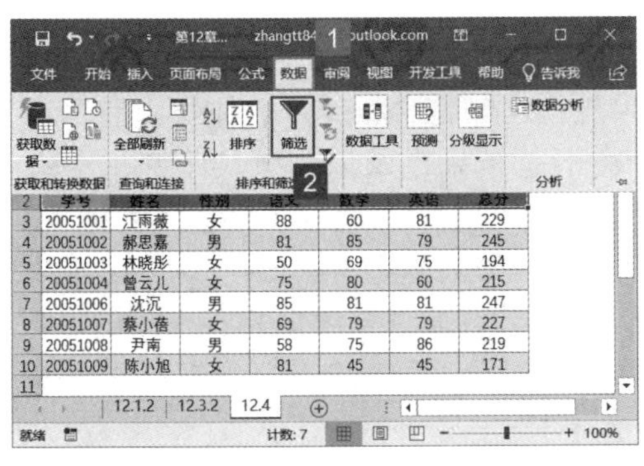

图 12-53

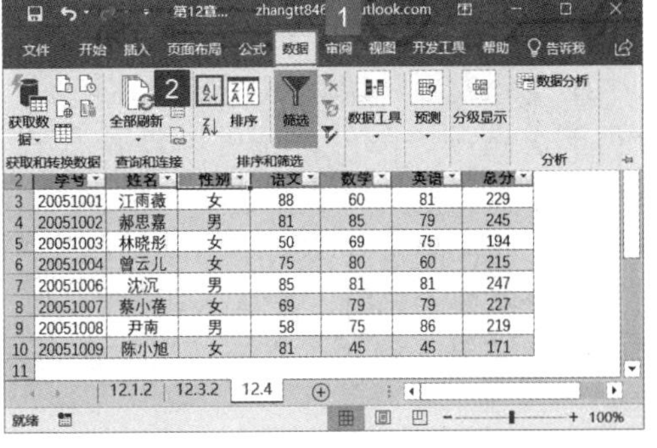

图 12-54

步骤 3： 创建分类汇总。切换至“数据”选项卡，在“分级显示”组内单击“分类汇总”按钮，如图 12-55 所示。

步骤 4： 弹出“分类汇总”对话框，单击“分类字段”下拉列表选择“性别”选项，在“选定汇总项”列表内单击勾选“总分”前的复选框。设置完成后，单击“确定”按钮，如图 12-56 所示。

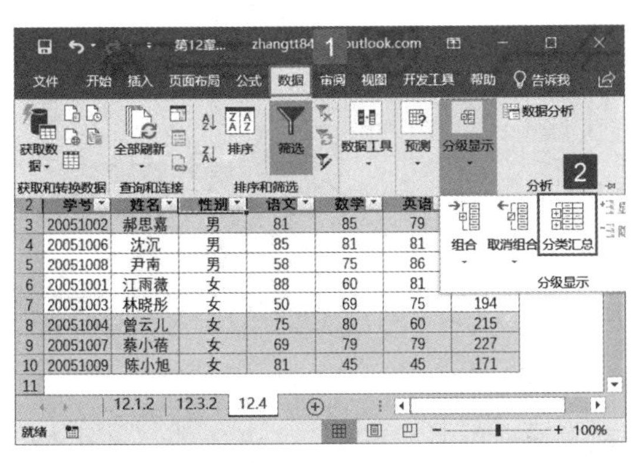

图 12-55

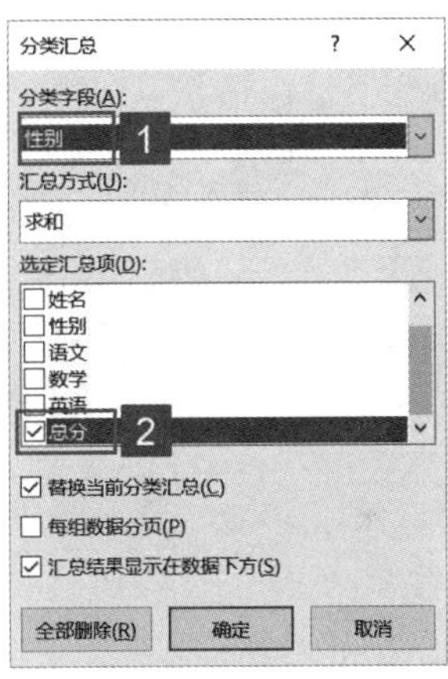

图 12-56

步骤 5： 返回 Excel 工作表，即可看到以“性别”排序后的总分进行分类汇总，并显示分类汇总后的结果，如图 12-57 所示。

	A	B	C	D	E	F	G
4	20051006	沈沉	男	85	81	81	247
5	20051008	尹南	男	58	75	86	219
6			男 汇总				711
7	20051001	江雨薇	女	88	60	81	229
8	20051003	林晓彤	女	50	69	75	194
9	20051004	曾云儿	女	75	80	60	215
10	20051007	蔡小蓓	女	69	79	79	227
11	20051009	陈小旭	女	81	45	45	171
12			女 汇总				1036
13			总计				1747
14							

图 12-57

12.4.2 编辑分类汇总

建立分类汇总统计出相应的结果后，如果想得出其他分析结果，则可以重新设置分类汇总选项。另外，还可以设置只查看分类汇总结果以及取消分类汇总的分级显示等。

1. 更改汇总方式得到不同统计结果

进行分类汇总时，默认采用的汇总方式为“求和”，通过更改汇总方式可以得到不同的统计结果。例如，要统计出本次考试男生、女生总分的最大值，具体的操作步骤如下。

步骤 1：编辑分类汇总。切换至“数据”选项卡，在“分级显示”组内单击“分类汇总”按钮，如图 12-58 所示。

步骤 2：弹出“分类汇总”对话框，单击“分类字段”下拉列表选择“性别”选项，单击“汇总方式”下拉列表选择“最大值”选项，在“选定汇总项”列表内单击勾选“总分”前的复选框。设置完成后，单击“确定”按钮，如图 12-59 所示。

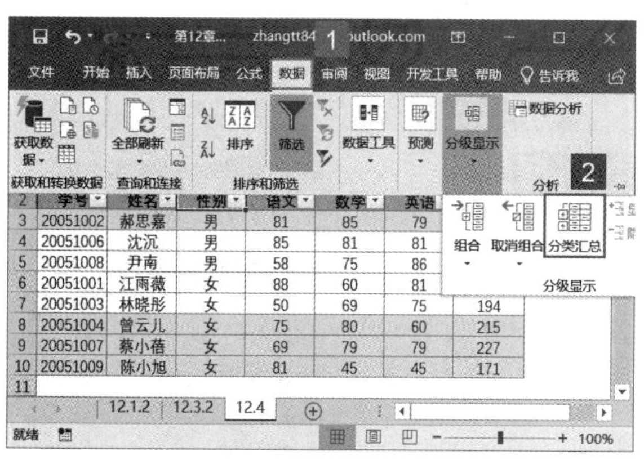

图 12-58

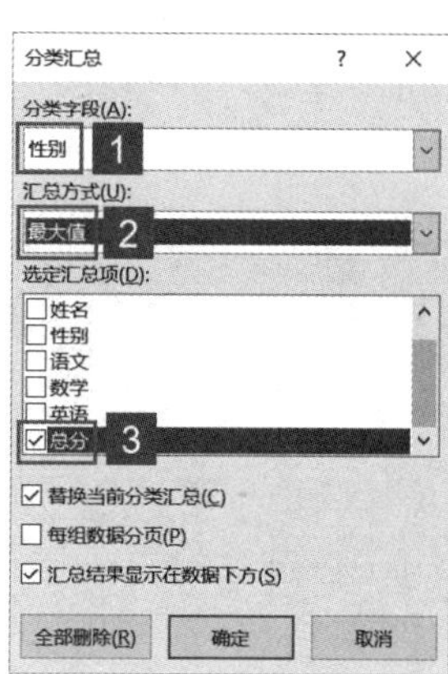

图 12-59

步骤 3：返回 Excel 工作表，即可看到汇总值更改为男生、女生总分的最大值，如图 12-60 所示。

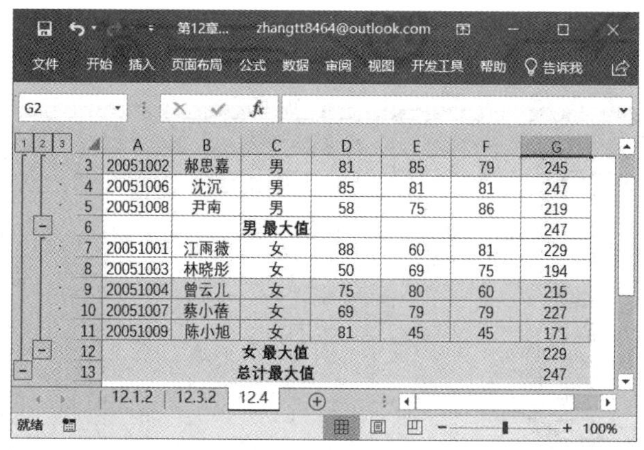

图 12-60

2. 只将分类汇总结果显示出来

在进行分类汇总后，如果只想查看分类汇总结果，可以通过单击分级序号来实现。

工作表编辑窗口左上角显示的序号即为分级序号，单击2按钮（或依次单击左侧的“-”按钮进行折叠），即可实现只显示出分类汇总的结果，如图 12-61 所示。

3. 取消分类汇总默认的分级显示效果

在进行分类汇总后，其结果都会根据当前实际情况分级显示。通过单击级别序号可以实现分级查看汇总结果。如果在分类汇总后，想将其转换为普通表格形式，则可以取消分级显示效果。

步骤 1：选中分类汇总结果的任意单元格，切换至“数据”选项卡，在“分级显示”组内单击“取消组合”下拉按钮，然后在展开的菜单列表内单击“清除分级显示”按钮，如图 12-62 所示。

步骤 2：即可得到清除分级显示后的效果，如图 12-63 所示。

步骤 3：如果想恢复分级显示的效果，可以选中单元格区域，切换至“数据”选项卡，在“分级显示”组内单击“组合”下拉按钮，然后在展开的菜单列表内单击“自动建立分级显示”按钮，如图 12-64 所示。

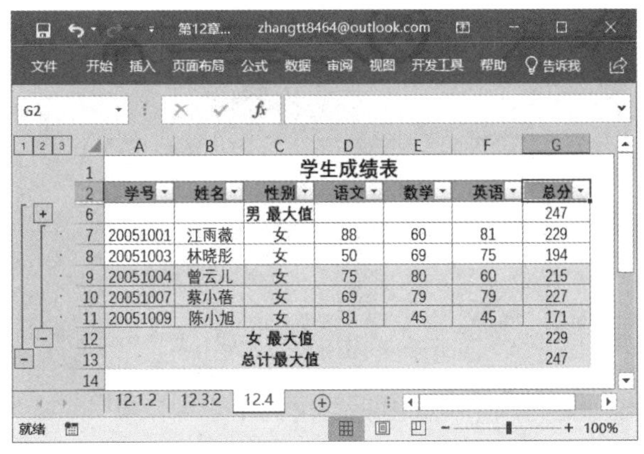

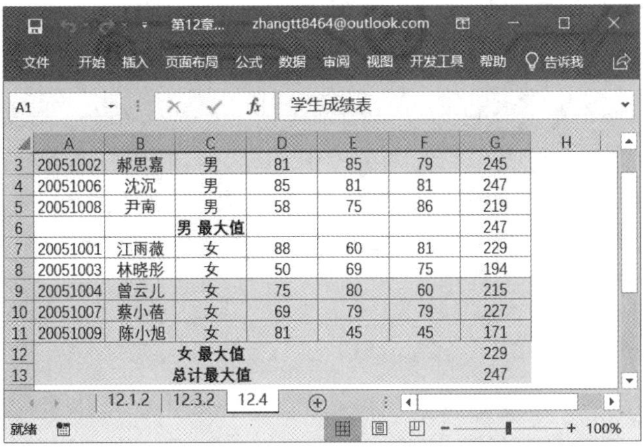

	A	B	C	D	E	F	G
1	学生成绩表						
2	学号	姓名	性别	语文	数学	英语	总分
6			男 最大值				247
7	20051001	江雨薇	女	88	60	81	229
8	20051003	林晓彤	女	50	69	75	194
9	20051004	曾云儿	女	75	80	60	215
10	20051007	蔡小蓓	女	69	79	79	227
11	20051009	陈小旭	女	81	45	45	171
12			女 最大值				229
13			总计最大值				247

图 12-61

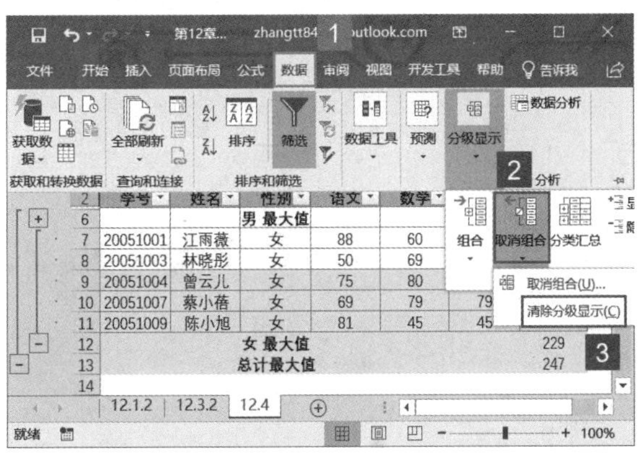

图 12-62

	A	B	C	D	E	F	G	H
3	20051002	郝思嘉	男	81	85	79	245	
4	20051006	沈沉	男	85	81	81	247	
5	20051008	尹南	男	58	75	86	219	
6			男 最大值				247	
7	20051001	江雨薇	女	88	60	81	229	
8	20051003	林晓彤	女	50	69	75	194	
9	20051004	曾云儿	女	75	80	60	215	
10	20051007	蔡小蓓	女	69	79	79	227	
11	20051009	陈小旭	女	81	45	45	171	
12			女 最大值				229	
13			总计最大值				247	

图 12-63

步骤 4：即可自动创建分级显示，效果如图 12-65 所示。

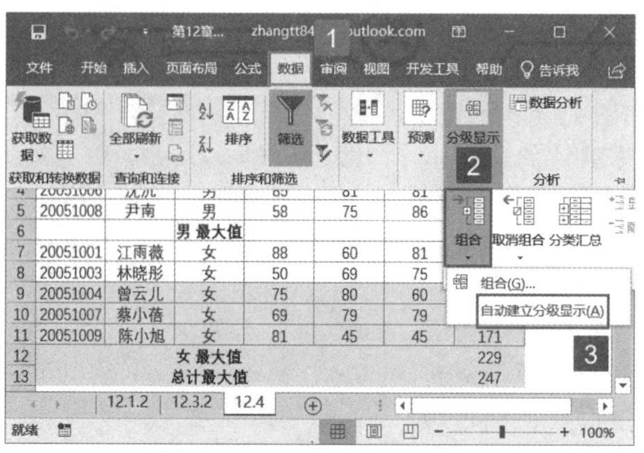

图 12-64

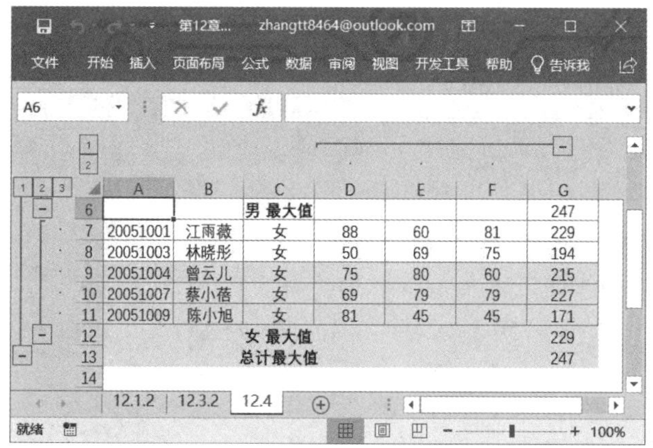

图 12-65

12.5 使用数据表进行假设分析

数据表指的是一个单元格区域，可用于显示一个或多个公式中某些值的更改对公式结果的影响。数据表实际是一组命令的组成部分，有时也称这些命令为“假设分析”。用户可以通过更改单元格中的值，以查看这些更改对工作表中公式结果有何影响。使用数据表可以快捷地通过一步操作计算出多种情况下的值，可以有效查看和比较由工作表中不同的变化所引起的各种结果。

12.5.1 数据表的类型

数据表有两种类型：单变量数据表和双变量数据表。在具体使用时，需要根据待测试的变量数来决定创建单变量数据表还是双变量数据表。下面以计算购房贷款月还款额为例，介绍这两种类型的区别（实例将在后面的两个小节中详细介绍）。

- 单变量数据表：如果需要查看不同年限对购房贷款月还款额的影响，则可以使用单变量数据表。在下面的单变量数据表示例中，单元格 B7 中包含付款公式 =PMT(B2/12,A7*12,B1-B4)，它引用了输入单元格 A7。

- ❑ 双变量数据表：双变量数据表可用于显示不同利率和贷款年限对购房贷款月还款额的影响。在双变量数据表示例中，单元格 A7 中包含付款公式 =PMT(B2/12,B3*12,B1-B4)，它引用了输入单元格 B2 和 B3。

12.5.2 使用单变量数据表

下面通过实例详细说明如何使用单变量数据表进行假设分析。

步骤 1：计算年限为 1 年的每月还款额。单击选中单元格 B7，在公式编辑栏中输入公式：=PMT(B2/12,A7*12,B1-B4)，按“Enter”键即可，如图 12-66 所示。

步骤 2：选中单元格区域 A7:B18，切换至“数据”选项卡，在“预测”组中单击“模拟分析”按钮，然后在打开的菜单列表中选择“模拟运算表”项，如图 12-67 所示。

图 12-66

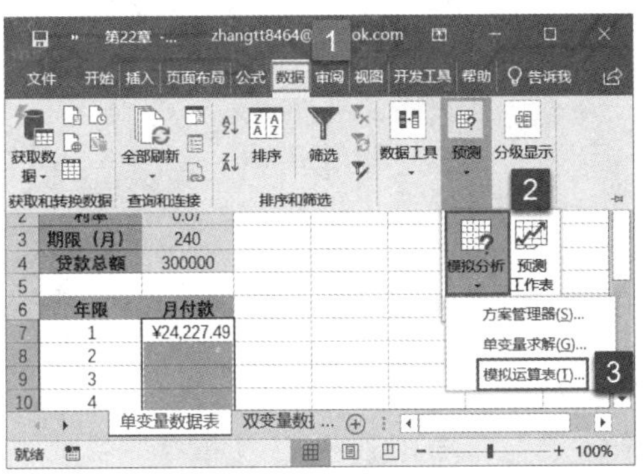

图 12-67

步骤 3：弹出“模拟运算表”对话框，在“输入引用列的单元格”文本框内选择引用单元格“$A$7”（如果所选单元格区域为行方向，则需要在“输入引用行的单元格”文本框内选择），如图 12-68 所示。

技巧点拨：单变量数据表的输入数值应当排列在一列中（列方向）或一行中（行方向），而且单变量数据表中使用的公式必须引用输入单元格。所谓的输入单元格是指，该单元格中的源输入值将被替换。输入单元格可以是工作表中的任意单元格，不一定是数据表的一部分。

步骤 4：单击“确定”按钮返回 Excel 主界面，即可看到模拟运算表的结果，如图 12-69 所示。

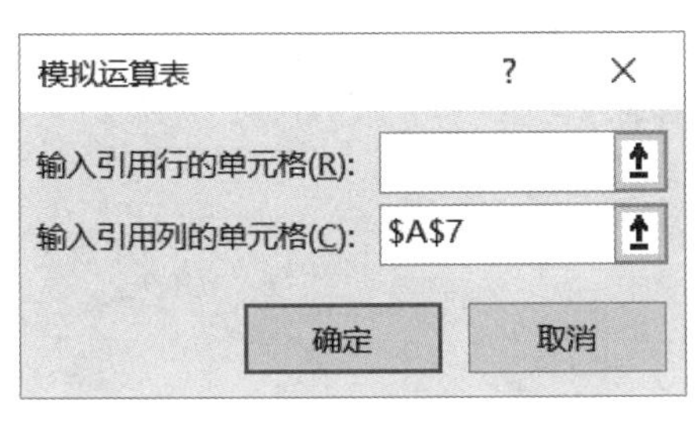

图 12-68

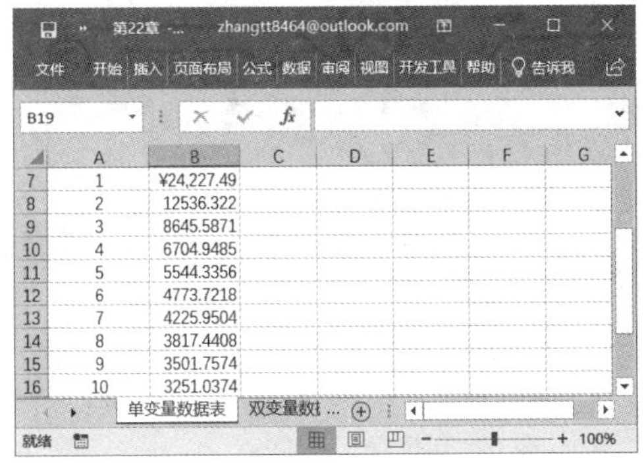

图 12-69

步骤 5：此时，如果单击单元格区域 B8:B18 内的任意单元格，或者选中单元格区域，在公式编辑栏内可以看到数据表的区域数组形式：{=TABLE(,A7)}，如图 12-70 所示，其中 () 中的单元格地址为所引用的单元格。由于是单变量数据表，所以数组公式中只有一个单元格地址，而且又是列引用，所以是 (,A8) 形式，如果是行引用，则为 (A8,) 形式。

技巧点拨：用户无法对区域数组中的数据进行单独编辑，因为区域数组是以整体形式存在的，而不是以单独形式存在。如果用户试图编辑其中的一个数值，则会出现警告对话框，提示不能更改模拟运算表的一部分，如图 12-71 所示。

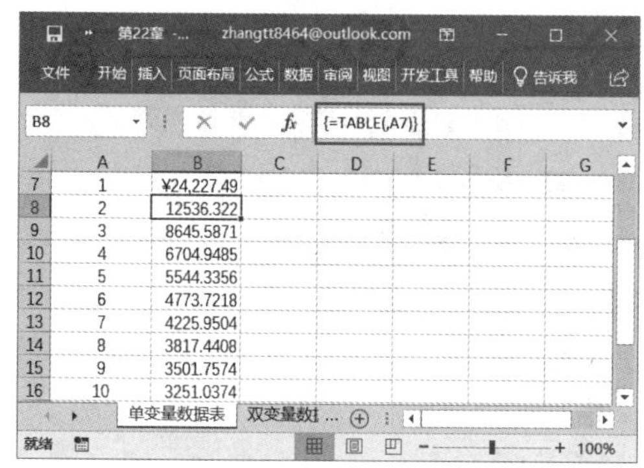

图 12-70

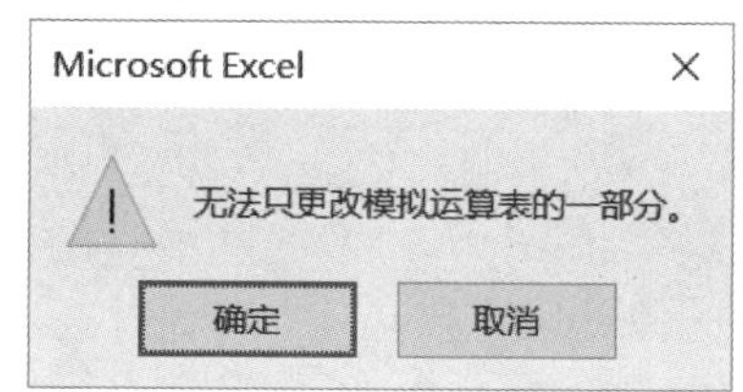

图 12-71

12.5.3 使用双变量数据表

下面通过实例详细说明如何使用双变量数据表进行假设分析。

步骤 1：计算年限为一年的每月还款额。单击选中单元格 B7，在公式编辑栏中输入公式：=PMT(B2/12,B3*12,B1-B4)，按“Enter”键即可，如图 12-72 所示。

提示：在双变量数据表中，输入公式必须位于两组输入值的行与列相交的单元格，否则无法进行双变量假设分析。本例中的单元格 B7 即为相交的单元格。

步骤 2：选中单元格区域 A6:G18，切换至“数据”选项卡，在“预测”组中单击“模拟分析”按钮，然后在打开的菜单列表中选择“模拟运算表”项，打开“模拟运算表”对话框，在“输入引用行的单元格”文本框内选择引用单元格“$B$2”，在“输入引用列的单元格”文本框内选择引用单元格“$B$3”，如图 12-73 所示。

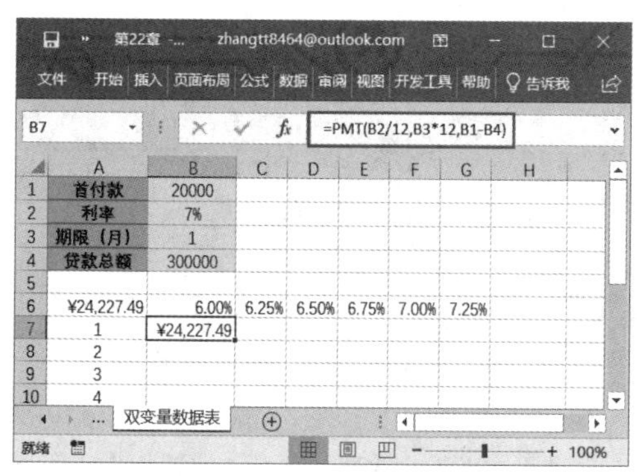

图 12-72

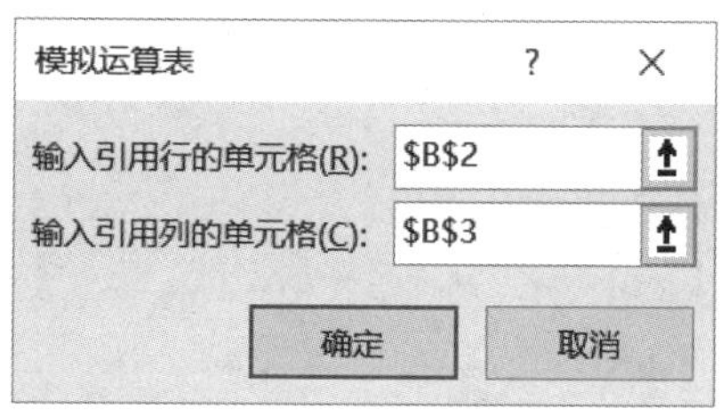

图 12-73

步骤 3：单击“确定”按钮返回 Excel 主界面，即可看到模拟运算表的结果，如图 12-74 所示。

步骤 4：此时，如果单击单元格区域 B7:G18 内的任意单元格，或者选中单元格区域，在公式编辑栏内可以看到数据表的区域数组形式：{=TABLE(B2,B3)}，如图 12-75 所示，其中 () 中的单元格地址为所引用的单元格。由于是双变量数据表，所以数组公式中有两个单元格地址，一个为行引用（B2），一个为列引用（B3）。

图 12-74

图 12-75

12.5.4 清除数据表

如果要清除数据表，可以按照以下步骤进行操作：选中整个数据表（包括所有的公式、输入值、计算结果、格式和批注），切换至“开始”选项卡，在“编辑”组中单击“清除”按钮，然后在打开的菜单列表中选择“全部清除”项即可，如图 12-76 所示。

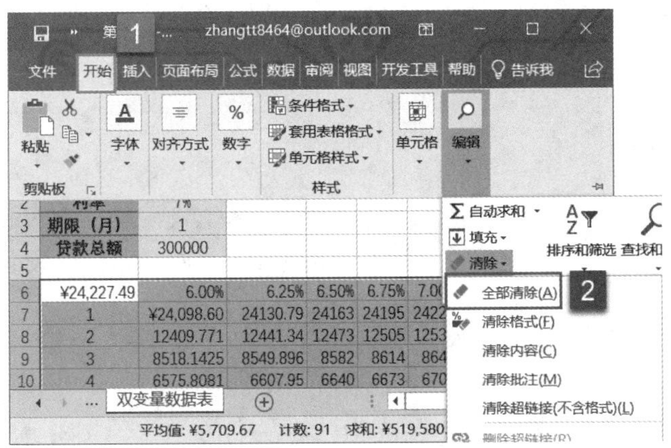

图 12-76

12.6 数据透视表的应用

Excel 中的数据透视表是一种可以快速汇总大量数据的分析工具，能够深入分析数值数据。熟练掌握数据透视表，可以有效地分析和组织大量的复杂数据，对数据进行分类汇总和聚合。当工作表数据庞大、结构复杂时，使用数据透视表能够更加表现出数据分布的规律。数据透视表的交互特性使得用户不必使用复杂的公式以及烦琐的操作即可实现对数据的动态分析。

12.6.1 数据透视表概述

在 Excel 中，使用数据透视表可以快速汇总大量数据，并能够对生成的数据透视表进行各种交互式操作。使用数据透视表可以深入分析数值数据，并且可以回答一些预料不到的数据问题。数据透视表主要具有以下用途。

- 使用多种用户友好的方式查询大量数据。
- 分类汇总和聚合数值数据，按分类与子分类对数据进行汇总并创建自定义计算和公式。
- 展开或折叠要关注结果的数据级别，查看感兴趣区域汇总数据的明细。
- 将行移动到列或将列移动到行（或“透视”），以查看源数据的不同汇总。
- 对最有用和最关注的数据子集进行筛选、排序、分组，并有条件地设置格式，使所关注的信息更加清晰明了。
- 提供简明而有吸引力的联机报表或打印报表，并且可以带有批注。

当需要分析相关的汇总值，特别是要合计较大的数字列表并对每个数字进行多种不同的比较时，通常使用数据透视表。例如，图 12-78 所示的数据透视表，与图 12-77 所示的源数据表相比，可以方便地看到单元格 C15 内第三季度芬达销售额与其他产品在第三季度或其他季度的销售额的比较。

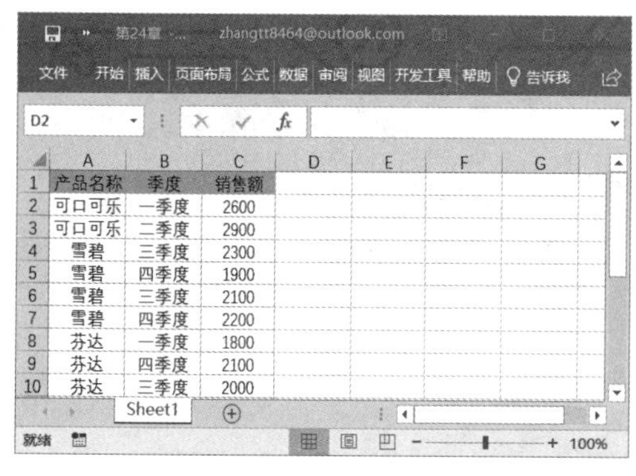

图 12-77

图 12-78

在数据透视表中，源数据中的每列或每个字段都成为汇总多行信息的数据透视表字段。

在上面的例子中，“产品名称”列成为“产品名称”字段，芬达的每条记录在单个芬达项中进行汇总。

数据透视表中的值字段（如某产品某季度的“求和项：销售额”）提供要汇总的值。上述报表中的单元格 C17 内包含的“求和项：销售额”值，来自源数据中“产品名称”列，包含“雪碧”和“季度”列，包含“三季度”的每一行。默认情况下，值区域中的数据采用以下两种方式对数据透视图中的基本源数据进行汇总：数值使用 SUM 函数，文本值使用 COUNT 函数。

12.6.2 创建数据透视表

如果要创建数据透视表，必须连接到一个数据源，并输入报表的位置。下面通过实例介绍如何创建数据透视表。

步骤 1：选中单元格区域内任意单元格，注意必须确保单元格区域具有列标题。然后切换至“插入”选项卡，在“表格”组内单击“数据透视表”按钮，如图 12-79 所示。

步骤 2：弹出“创建数据透视表”对话框，在“选择一个表或区域”下方的“表/区域”文本框内输入单元格区域或表名引用，此处默认选择当前工作表的单元格区域 $A$1:$C$10，然后在“选择放置数据透视表的位置”下方选择要放置数据透视表的位置，此处单击“新工作表”前的单选按钮，如图 12-80 所示。

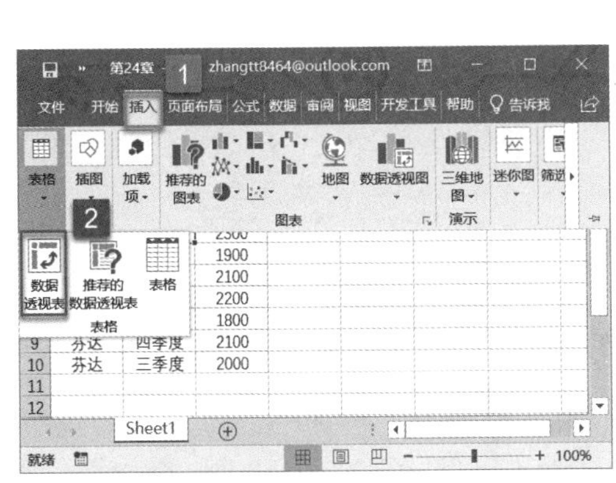
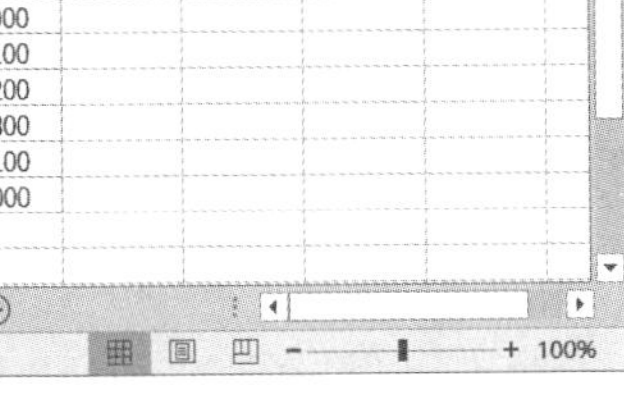

图 12-79

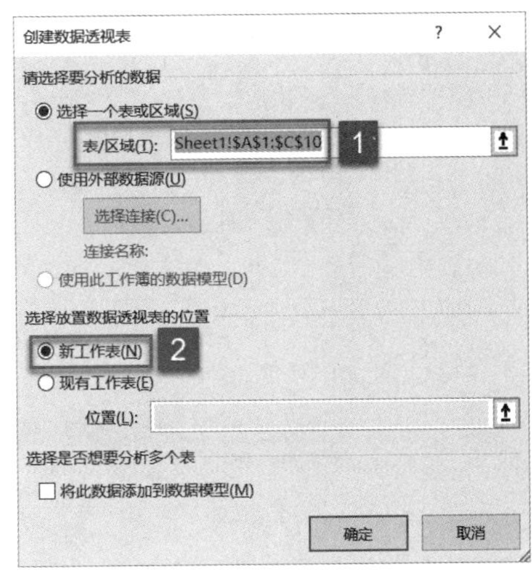

图 12-80

步骤 3：单击“确定”按钮返回 Excel 主界面，即可将空数据透视表添加至指定位置，并在窗口右侧显示数据透视表窗格，以便添加字段、创建布局、自定义数据透视表等，如图 12-81 所示。

步骤 4：在“选中要添加到报表的字段”菜单列表框内单击勾选“产品名称”“季度”“销售额”前的复选框，即可看到数据透视表发生了变化，如图 12-82 所示。

图 12-81

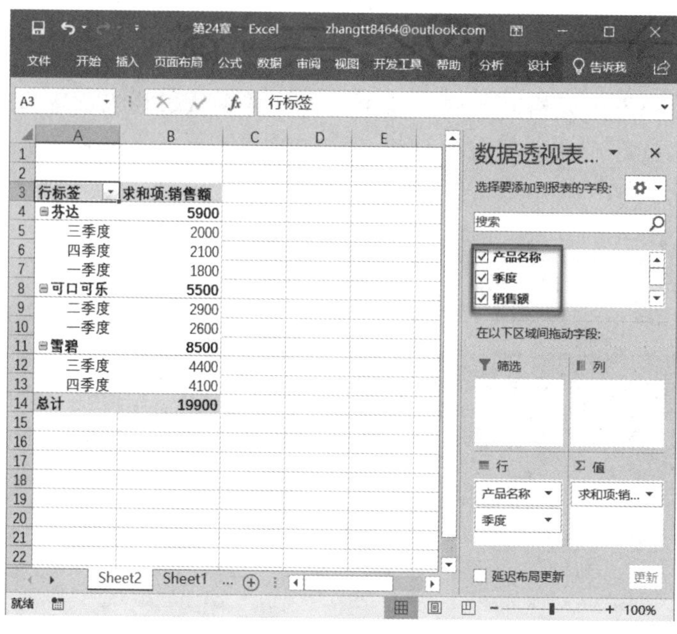

图 12-82

步骤 5：右键单击“选中要添加到报表的字段”菜单列表框内的“季度”字段，在打开的菜单列表中单击“添加到列标签”按钮，或者直接使用鼠标将“行”窗格内“季度”字段拖动至“列”窗格内，观察数据透视表的变化，如图 12-83 所示。

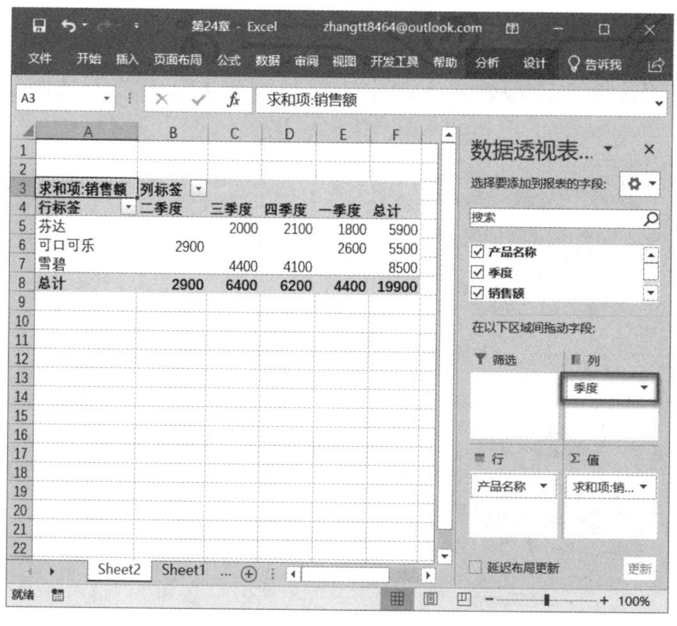

图 12-83

12.6.3 编辑数据透视表

1. 添加数据透视表字段

如果要将字段添加到数据透视表中，可以执行下列操作之一。

- ❑ 在数据透视表字段列表的字段部分中选中要添加的字段旁边的复选框。此时字段会放置在布局部分的默认区域中，也可以在需要时重新排列这些字段。

提示： 默认情况下，非数值字段会被添加到“行标签”区域，数值字段会被添加到“值”区域，而 OLAP 日期和时间层次会被添加到“列标签”区域。

- ❑ 在数据透视表字段列表的字段名称处右键单击，在弹出的菜单列表中选择相应的命令按钮：“添加到报表筛选”“添加到行标签”“添加到列标签”和“添加到数值”即可，从而将该字段放置在布局部分中的特定区域，如图 12-84 所示。
- ❑ 在数据透视表字段列表内单击并拖动某个字段名，然后将其移动至布局部分的某个区域。如果要多次添加某个字段，则重复该操作。

添加到报表筛选
添加到行标签
添加到列标签
添加到数值
添加为切片器
添加为日程表

图 12-84

2. 删除数据透视表字段

如果要删除数据透视表字段，可以执行下列操作之一。

- ❑ 在布局区域中单击字段名称，然后在弹出的菜单列表中单击“删除字段”按钮，如图 12-85 所示。
- ❑ 取消勾选字段列表内各字段名称前的复选框，即可删除该字段的所有实例，如图 12-86 所示。

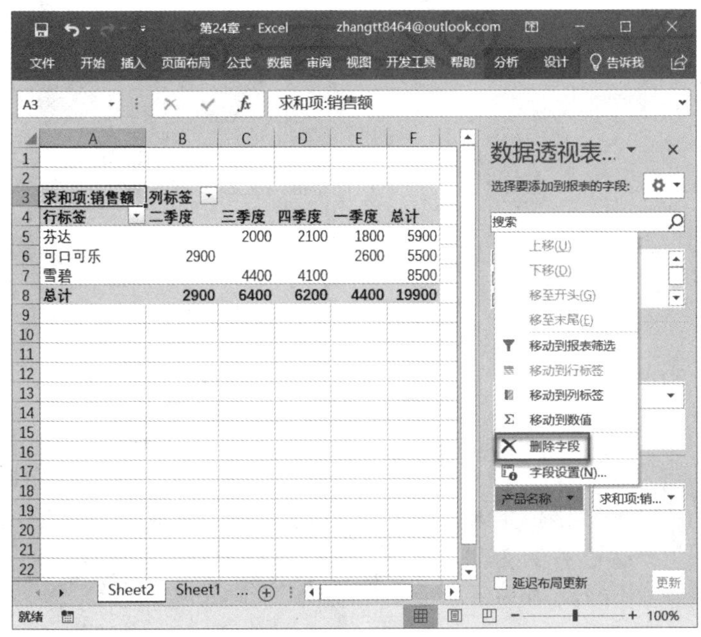

图 12-85

3. 更改数据透视表的排序方式

在数据透视表中可以方便地对数据进行排序，下面通过实例介绍具体操作步骤。

步骤 1： 打开数据透视表，单击“产品名称”右侧的下拉按钮，在打开的菜单列表中选择“降序”按钮，如图 12-87 所示。此时，产品名称列即可更改为按降序排列，如图 12-88 所示。

步骤 2： 单击“产品名称”右侧的下拉按钮，在打开的菜单列表中选择“其他排序选项”按钮，如图 12-89 所示。

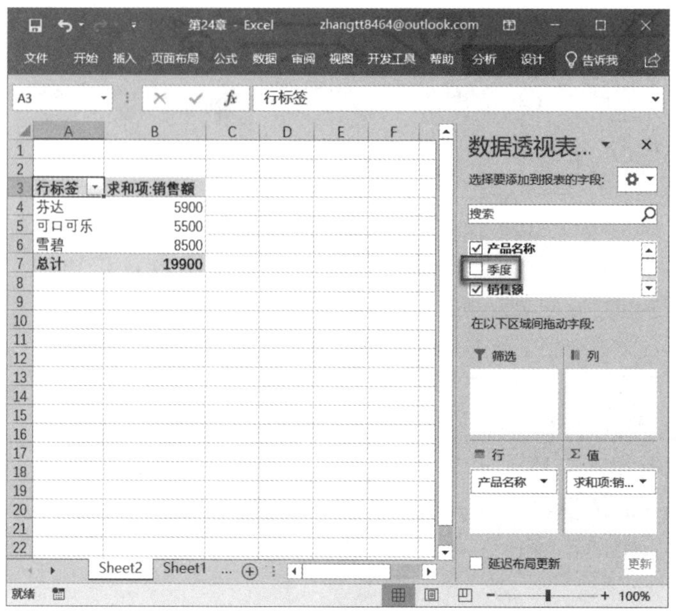

图 12-86

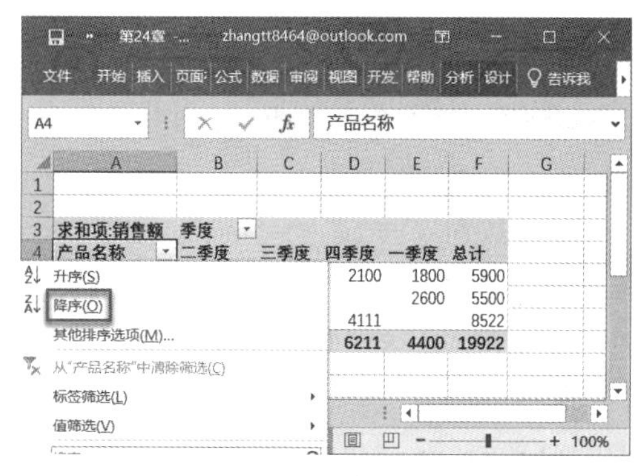

图 12-87

图 12-88

步骤 3：打开“排序（产品名称）”对话框，单击选中“升序排序（从 A 到 Z）依据”前的单选按钮，并在下方列表内选择“产品名称”，单击“确定”按钮即可将产品名称列更改回按升序排列，如图 12-90 所示。或者单击“产品名称”右侧的下拉按钮，在打开的菜单列表中直接选择“升序”按钮。

步骤 4：如果要设置更多的排序选项，可以单击“排序（产品名称）”对话框中的“其他选项”按钮，如图 12-91 所示。

步骤 5：打开“其他排序选项（产品名称）”对话框，即可根据自身需要设置自动排序、主关键字排序次序、排序依据、方法等选

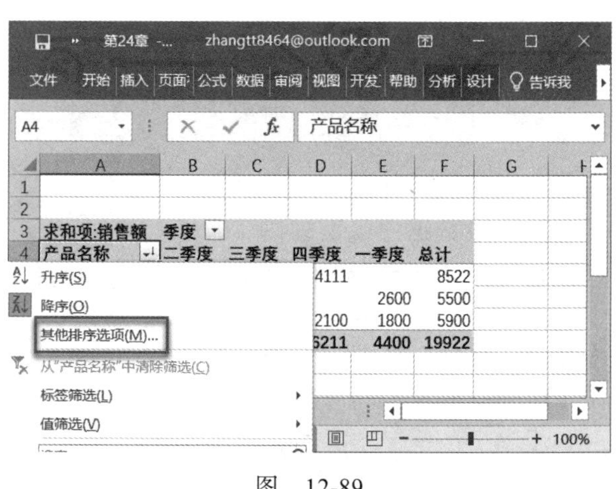

图 12-89

项，如图 12-92 所示。例如，如果希望每次更新报表时都对数据自动排序，则勾选“每次更新报表时自动排序”前的复选框。

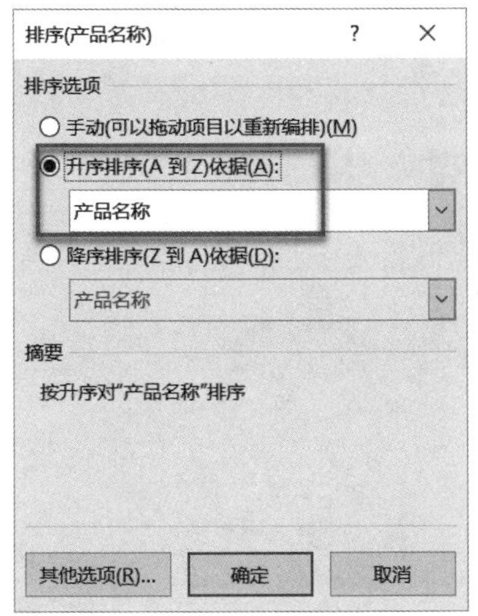

图 12-90

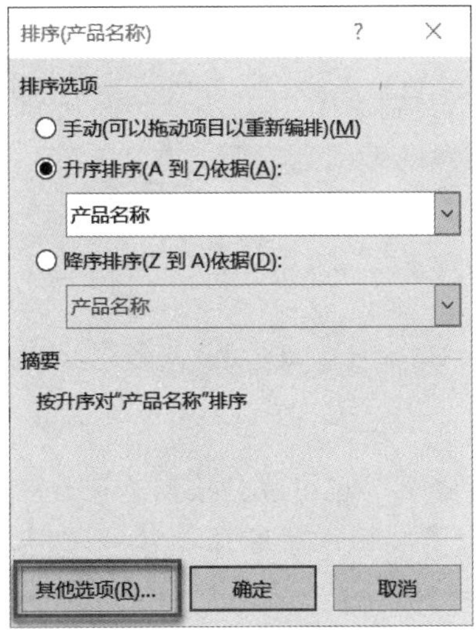

图 12-91

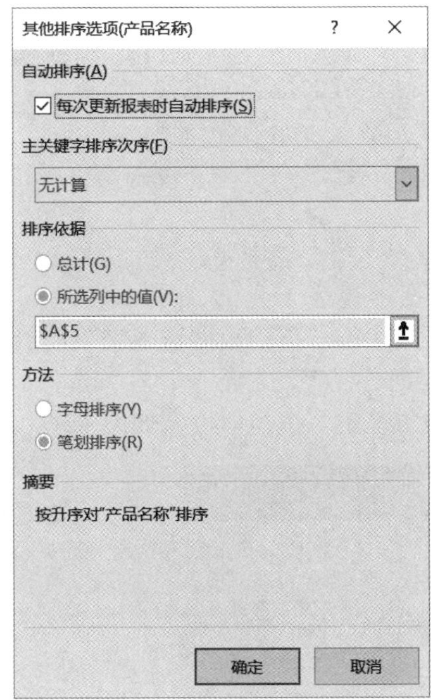

图 12-92

4. 更改数据透视表的汇总方式

默认情况下，数据透视表的汇总方式为求和汇总，也可以根据需要将其更改为其他汇总方式，例如平均值、最大值、最小值、计数等。下面通过实例说明如何更改数据透视表的汇总方式。

步骤 1：在数据透视表区域内右键单击任意单元格，然后在打开的菜单列表中单击“值汇总依据”项打开子菜单列表，然后在打开的子菜单列表中选择“计数”按钮，如

图 12-93 所示。更改汇总方式后的数据透视表如图 12-94 所示。

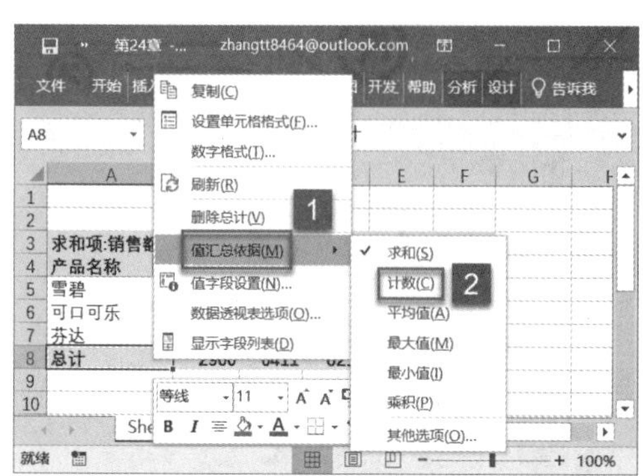

图 12-93

图 12-94

步骤 2：也可以在数据透视表区域内右键单击任意单元格，然后在打开的菜单列表中单击“值字段设置”项。打开“值字段设置”对话框，在“值汇总方式”选项卡下“计算类型”菜单列表框内选择一种类型，单击“确定”按钮即可，如图 12-95 所示。

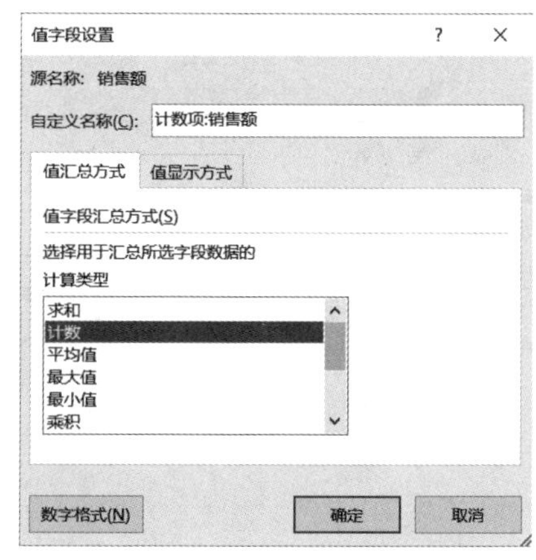

图 12-95

5. 移动数据透视表

有时可能需要移动数据透视表的位置，以便在原来的位置插入工作表单元格、行或列等其他内容。要移动数据透视表，可以按照以下步骤进行操作。

步骤 1：打开数据透视表，单击选中要移动的数据透视表，切换至数据透视表工具的“分析”选项卡，单击“操作”组中的“移动数据透视表”按钮，如图 12-96 所示。

步骤 2：打开“移动数据透视表”对话框，在“选择放置数据透视表的位置”下，执行以下操作之一后，单击“确定”按钮即可，如图 12-97 所示。

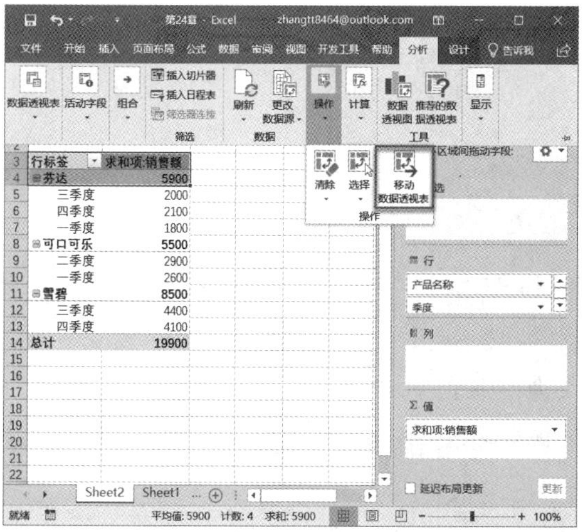

图 12-96

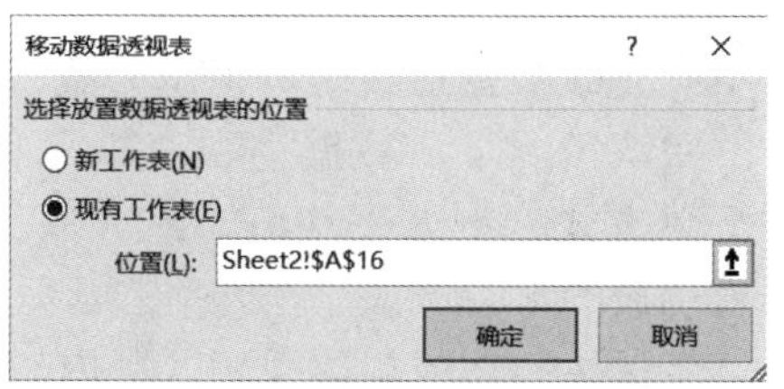

图 12-97

- 如果要将数据透视表放入一个新的工作表（从单元格 A1 开始），则单击“新工作表”前的单选按钮。
- 如果要将数据透视表放入现有工作表，则单击“现有工作表”前的单选按钮，然后在“位置”文本框内输入或选择单元格位置。

6. 刷新数据透视表

如果修改了工作表中数据透视表的源数据，数据透视表并不会自动随之发生相应的变化，需要用户手动进行刷新，下面介绍刷新数据透视表的具体操作步骤：在数据透视表区域内右键单击任意单元格，然后在打开的菜单列表中单击“刷新”按钮即可，如图 12-98 所示。

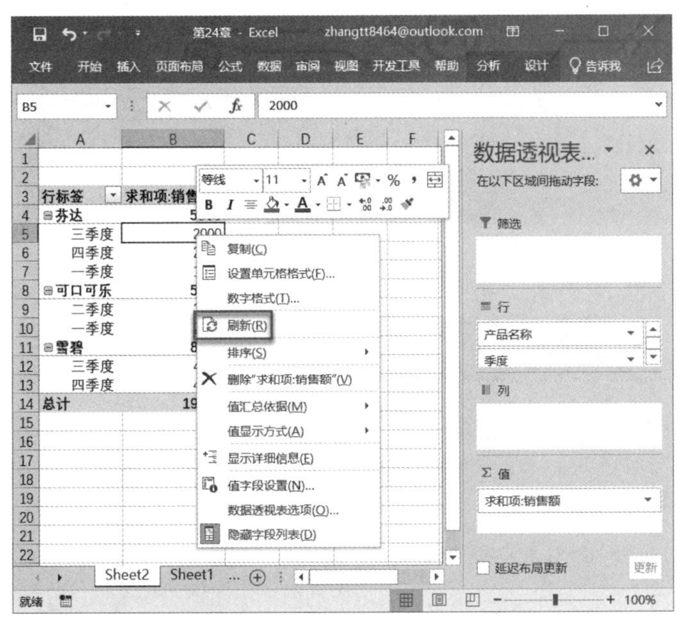

图 12-98

7. 清除与删除数据透视表

如果要从数据透视表中删除所有的报表筛选、行标签和列标签、值以及格式，然后重新设计数据透视表的布局，可以使用“全部清除”命令，具体操作步骤如下：

在数据透视表区域内单击任意单元格，切换至数据透视表工具的“分析”选项卡，单击“操作”组中的“清除”下拉按钮，然后在打开的菜单列表中单击“全部清除”按钮，如图 12-99 所示。

使用“全部清除”命令可以快速重新设置数据透视表，但不会删除数据透视表，如图 12-100 所示。

“全部清除”之后，数据透视表的数据连接、位置和缓存仍然保持不变。如果存在与数据透视表关联的数据透视图，则“全部清除”命令还会删除相关的数据透视图字段、图表自定义和格式。

要注意的是，如果在两个或多个数据透视表之间共享数据连接或使用相同的数据，然后对其中一个数据透视表使用“全部清除”命令，则同时还会删除其他共享数据透视表中的分组、计算字段或项及自定义项。但是，如果在 Excel 试图删除其他共享数据透视表中的项之前发出警告，则可以取消该操作。

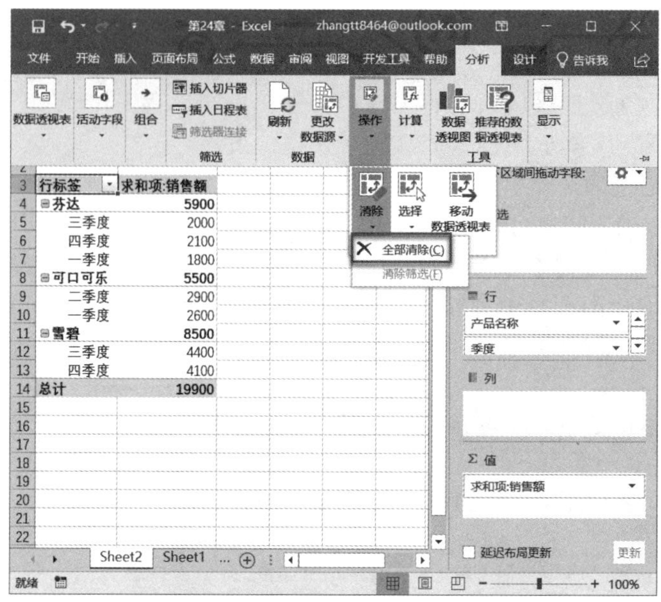

图 12-99

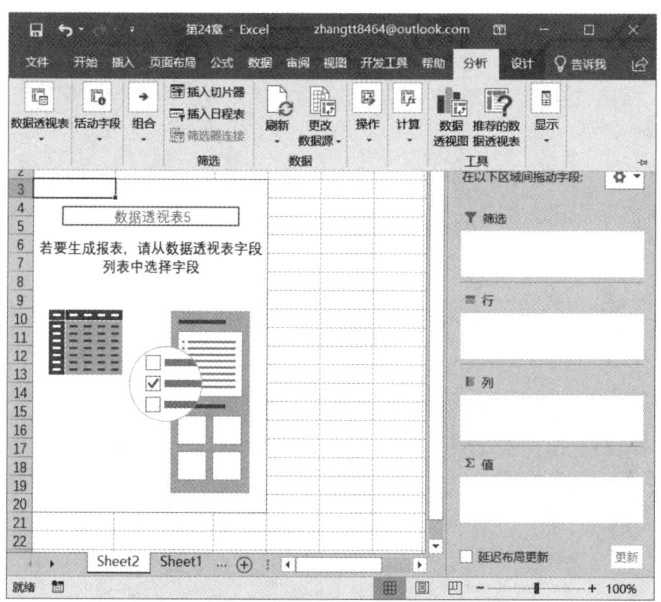

图 12-100

提示：如果包含数据透视表的工作表有保护，则不会显示“全部清除”命令。如果为工作表设置了保护，并勾选了“保护工作表”对话框中的“使用数据透视表”复选框，则“全部清除”命令将无效，因为“全部清除”命令需要刷新操作。

如果要删除数据透视表，则可以按照以下步骤进行操作：

在数据透视表区域内单击任意单元格，切换至数据透视表工具的“分析”选项卡，单击“操作”组中的“选择”下拉按钮，然后在打开的菜单列表中单击“整个数据透视表”按钮，然后按“Delete”键即可。

要注意体会“全部清除”与删除的不同。

第13章 Excel 图表的应用

如果想在 Excel 中更加清晰地表达数据间的关系及趋势，可以使用图表。图表能够使分析的数据更加形象生动地展现出来，视觉效果更佳。本章将为用户介绍如何创建、修改以及编辑图表，创建完图表后，还可以套用图表样式美化图表。

- 认识图表
- 常用图表及应用范围
- 编辑图表
- 图表分析数据应用

13.1 认识图表

图表具有直观反映数据的能力，在日常生活与工作中我们经常看到，在分析某些数据时会用一些图表来说明，可见图表在日常工作中具有重要的作用。

13.1.1 了解图表的构成

图表由多个部分组成，在新建图表时包含一些特定部件，另外还可以通过相关的编辑操作添加其他部件或删除不需要的部件。了解图表各个组成部分的名称，以及准确地选中各个组成部分，对于图表的编辑非常重要。这是因为，在建立初始的图表后，为了获取最佳的表达效果，通常还需要根据实际进行一系列的编辑操作，而所有的编辑操作都需要准确地选中要编辑的对象。

1. 图表组成部分

图表各组成部分如图 13-1 所示，总体分为图表标题、垂直（值）轴标签、水平（类别）轴标签、数据区域四部分。

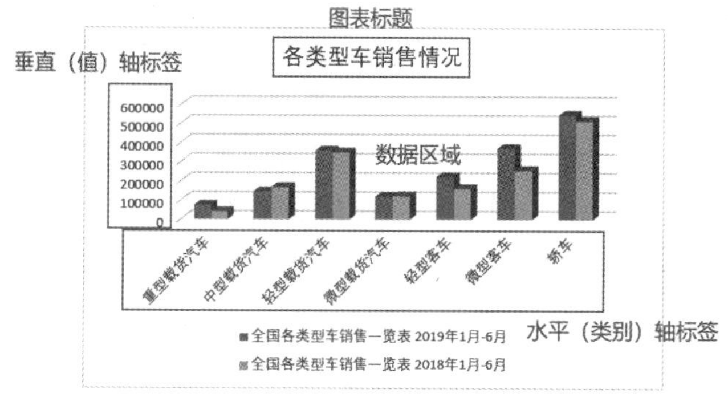

图 13-1

2. 准确选中图表中的对象

方法一：利用鼠标选择图表各个对象。

将鼠标移动至图表区域内对象上时，稍等几秒 Excel 即可出现技巧点拨文字，然后单击鼠标即可，如图 13-2 所示。

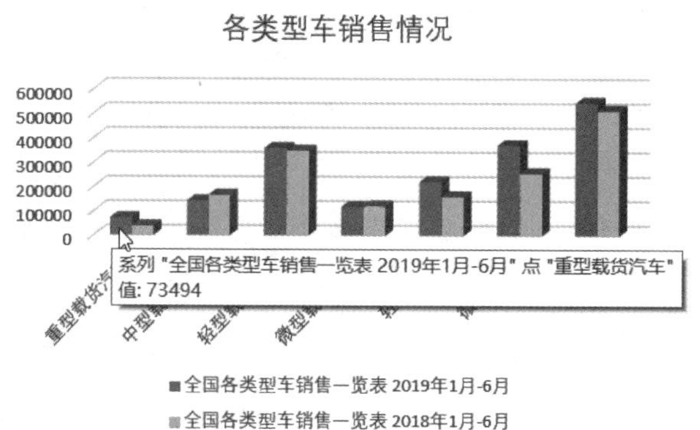

图 13-2

方法二：利用工具栏选择图表各对象。

单击选中图表，切换至图表工具下的“格式”选项卡，单击“当前所选内容”下拉按钮，在打开的菜单列表中继续单击“图表区”下拉按钮，此时图表内的所有对象均展示在菜单列表中，然后单击要进行编辑的图表对象即可，如图 13-3 所示。

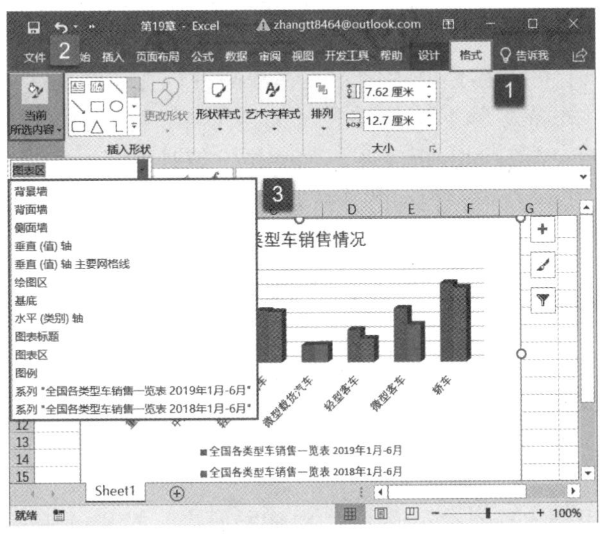

图 13-3

13.1.2 创建图表

在 Excel 中，在编辑好源数据后，用户即可根据这些数据轻松地创建一些简单的图表，若要让创建的图表更加专业美观，则需对其进行合理的设置。

步骤 1：打开工作表，切换至“插入”选项卡，然后在“图表”组中选择要创建的图表类型即可。例如此处单击“插入柱形图或条形图”下拉按钮，选择“三维柱形图”窗格内的“三维簇状柱形图”图表，如图 13-4 所示。

步骤 2：此时，工作表中就生成了默认效果的三维簇状柱形图，如图 13-5 所示。

图 13-4

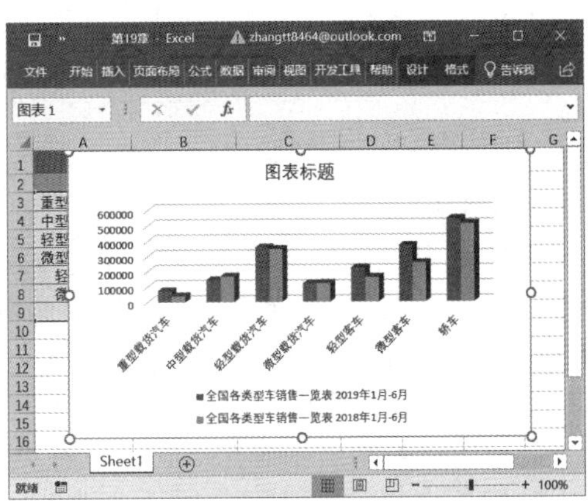

图 13-5

13.2 常用图表及应用范围

对于初学者而言，如何挑选合适的图表类型来表达数据是一个难点。不同的图表类型所表达的重点有所不同，因此我们首先要了解各类型图表的应用范围，学会根据当前数据源以及分析目的选用最合适的图表类型来进行直观的表达。

Microsoft Excel 支持多种类型的图表，如柱形图、条形图、层次结构图表、瀑布图、股价图、曲面图、雷达图、折线图、面积图、统计图表、组合图、饼图、圆环图、气泡图、XY（散点图）等，每种标准图表类型都有几种子类型。Excel 2019 还新增了漏斗图和地图图表等。

13.2.1 柱形图或条形图

1. 柱形图

柱形图显示一段时间内数据的变化，或者显示不同项目之间的对比。柱形图具有下面的子图表类型。

❑ 簇状柱形图

这种图表类型用于比较类别间的值。水平方向表示类别，垂直方向表示各分类的值，因此从图表中可直接比较出各类型的车在不同年份的销售额，如图 13-6 所示。

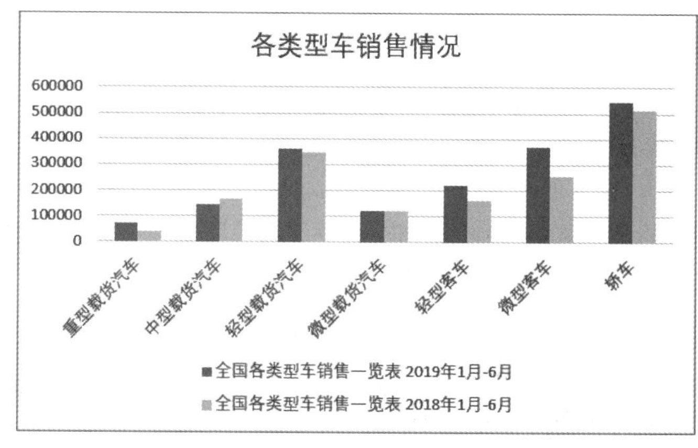

图 13-6

❑ 堆积柱形图

这种图表类型显示各个项目与整体之间的关系，从而比较各类别的值在总和中的分布情况。如图 13-7 所示，可以清晰地看出在不同年份各类型车的销售额与总体之间的比例关系。

❑ 百分比堆积柱形图

这种图表类型以百分比形式比较各类别的值在总和中的分布情况。如图 13-8 所示，垂直轴的刻度显示的是百分比而非数值，因此图表显示了不同年份各类型车的销售额占总体的百分比。

技巧点拨：以上显示的簇状柱形图、堆积柱形图、百分比堆积柱形图都是二维格式，除此之外还可以以三维效果显示，其表达效果与二维效果一样，只是显示的柱状不同，分别有柱形、圆柱状、圆锥形、棱锥形。

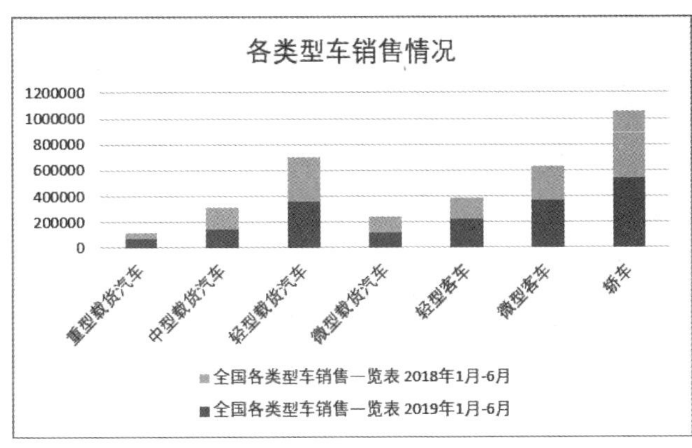

图 13-7

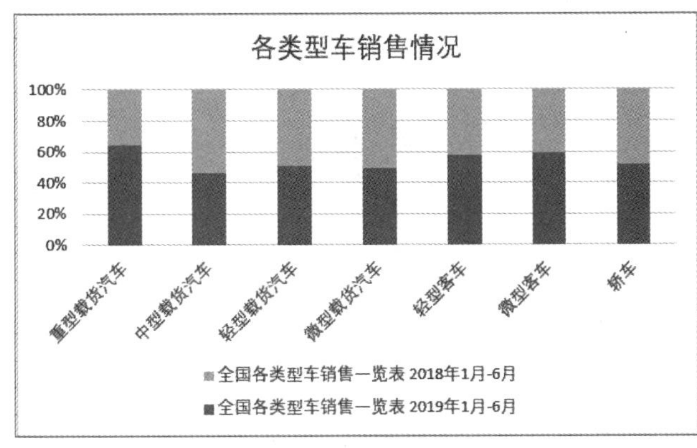

图 13-8

2. 条形图

条形图显示各个项目之间的对比，主要用于表现各项目之间的数据差额。可以将它看成是顺时针旋转 90 度的柱形图，因此条形图的子图表类型与柱形图基本一致，各种子图表类型的用法与用途也基本相同。条形图的每一种子图表类型也分为二维与三维两种类型。

❑ 簇状柱形图

这种图表类型比较类别间的值。如图 13-9 所示，垂直方向表示类别，水平方向表示各类别的值。

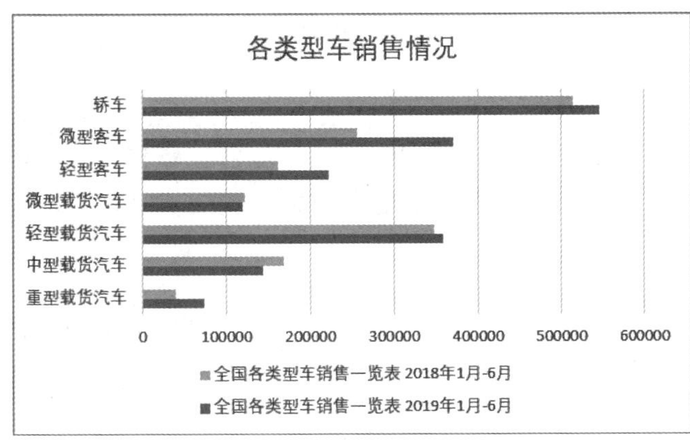

图 13-9

❑ 堆积条形图

这种图表类型显示各个项目与整体之间的关系。如图 13-10 所示，可以看出在不同年份各类型车的销售额与总体之间的比例关系。

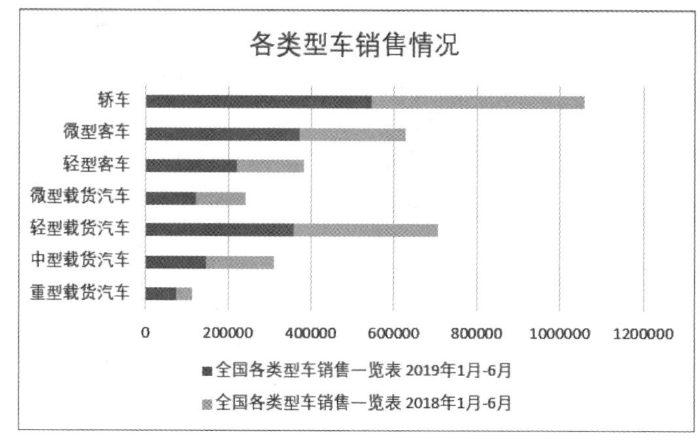

图 13-10

❑ 百分比堆积条形图

这种图表类型以百分比形式比较各类别的值在总和中的分布情况，如图 13-11 所示。

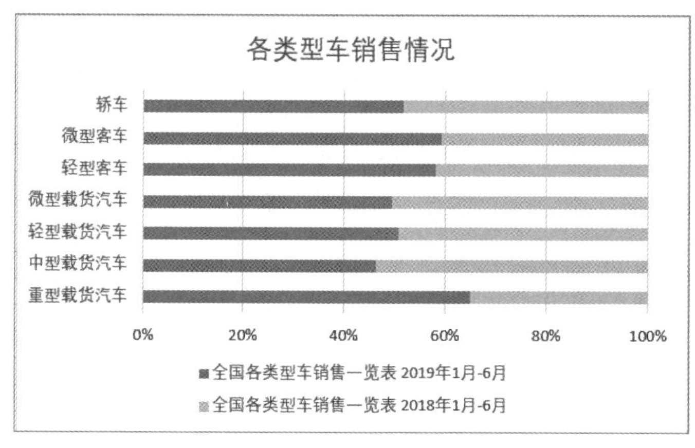

图 13-11

13.2.2 层次结构图表

1. 树状图

树状图主要用来比较层次结构不同级别的值，并以矩形显示层次结构级别中的比例，效果如图 13-12 所示。此图表类型通常在数据按层次结构组织并具有较少类别时使用。

2. 旭日图

旭日图主要用来比较层次结构不同级别的值，并以环形显示层次结构级别中的比例，效果如图 13-13 所示。此图表类型通常在数据按层次结构组织并具有许多类别时使用。

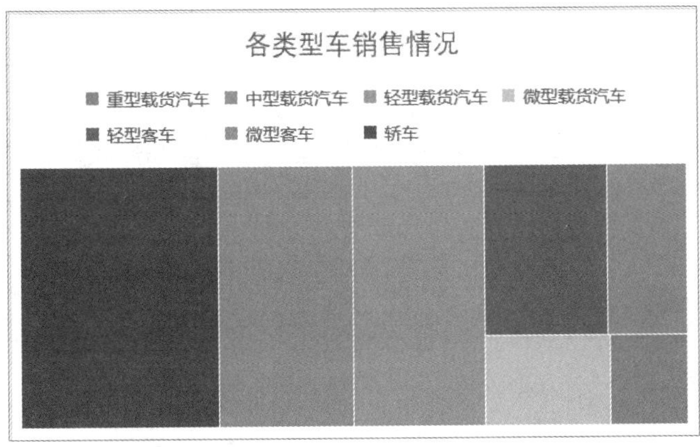

图 13-12

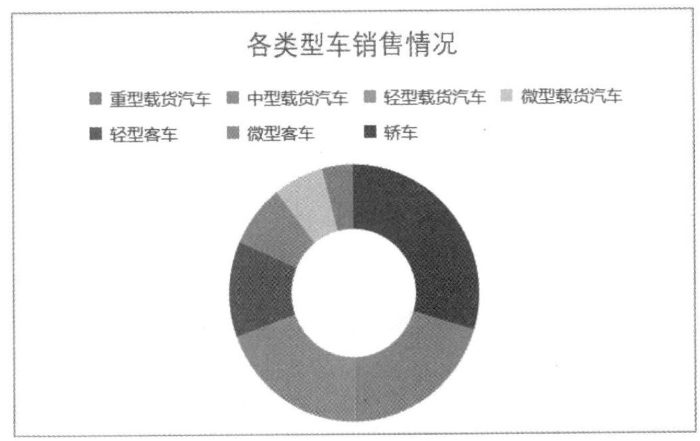

图 13-13

13.2.3 瀑布图、漏斗图、股价图、曲面图、雷达图

1. 瀑布图

瀑布图主要用来显示一系列正值和负值的累积影响。如图 13-14 所示为某商品的价格增减情况图表。此图表类型通常在有数据表示流入和流出时使用，如财务数据。

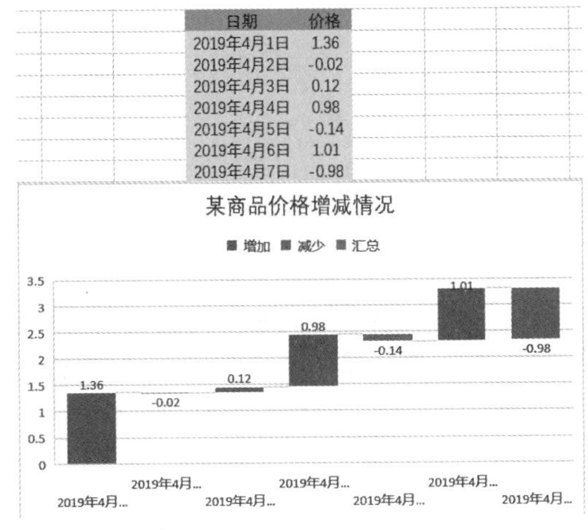

日期	价格
2019年4月1日	1.36
2019年4月2日	-0.02
2019年4月3日	0.12
2019年4月4日	0.98
2019年4月5日	-0.14
2019年4月6日	1.01
2019年4月7日	-0.98

图 13-14

2. 漏斗图

漏斗图主要用来显示流程中多阶段的值。例如，可以使用漏斗图来显示销售管道中每个阶段的销售潜在客户数。通常情况下，值逐渐减小，从而使条形图呈现出漏斗形状，如图 13-15 所示。此图表类型通常在数据值显示逐渐递减时使用。

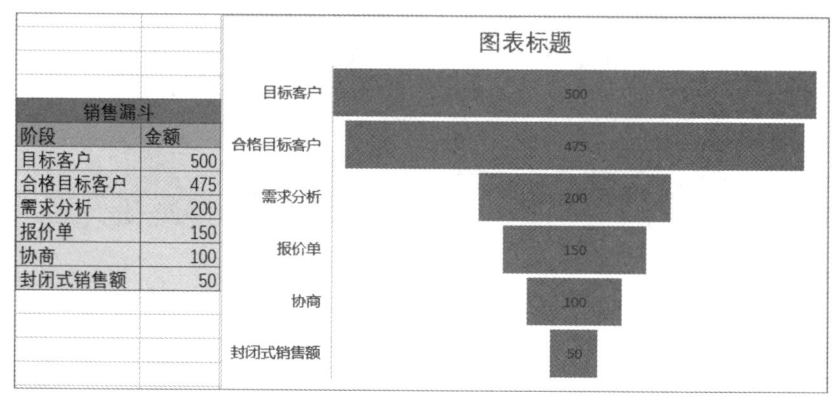

销售漏斗	
阶段	金额
目标客户	500
合格目标客户	475
需求分析	200
报价单	150
协商	100
封闭式销售额	50

图 13-15

3. 股价图

股价图主要用来显示股票随时间的表现趋势。如图 13-16 所示为某股票的开盘－盘高－盘底－收盘图，通常在拥有四个系列的价格值（开盘、盘高、盘底、收盘）时使用。

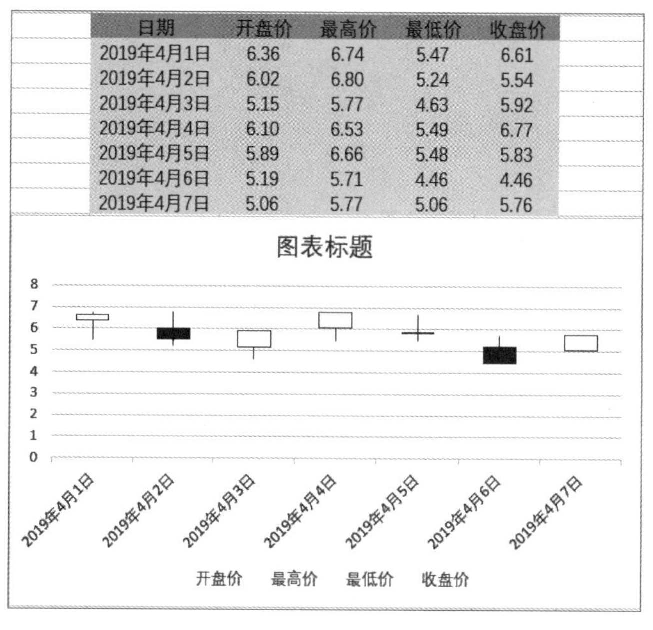

日期	开盘价	最高价	最低价	收盘价
2019年4月1日	6.36	6.74	5.47	6.61
2019年4月2日	6.02	6.80	5.24	5.54
2019年4月3日	5.15	5.77	4.63	5.92
2019年4月4日	6.10	6.53	5.49	6.77
2019年4月5日	5.89	6.66	5.48	5.83
2019年4月6日	5.19	5.71	4.46	4.46
2019年4月7日	5.06	5.77	5.06	5.76

图 13-16

股价图除上述类型外，还有：盘高－盘底－收盘图，通常在拥有三个系列的价格值（盘高、盘底、收盘）时使用；成交量－盘高－盘底－收盘图，通常在拥有四个系列的价格值（成交量、盘高、盘底、收盘）时使用；成交量－开盘－盘高－盘底－收盘图，通常在拥有五个系列的价格值（成交量、开盘、盘高、盘底、收盘）时使用。

4. 曲面图

曲面图是以平面来显示数据的变化情况和趋势。如果用户希望找到两组数据之间的最佳组合，可以通过曲面图来实现。就像在地形图中一样，颜色和图案表示具有相同取值范围的区域。

如图 13-17 所示为三维曲面图，在连续曲面上跨两维显示各类型车销售量的趋势线，此图表类型通常在类别和系列均为数字时使用。

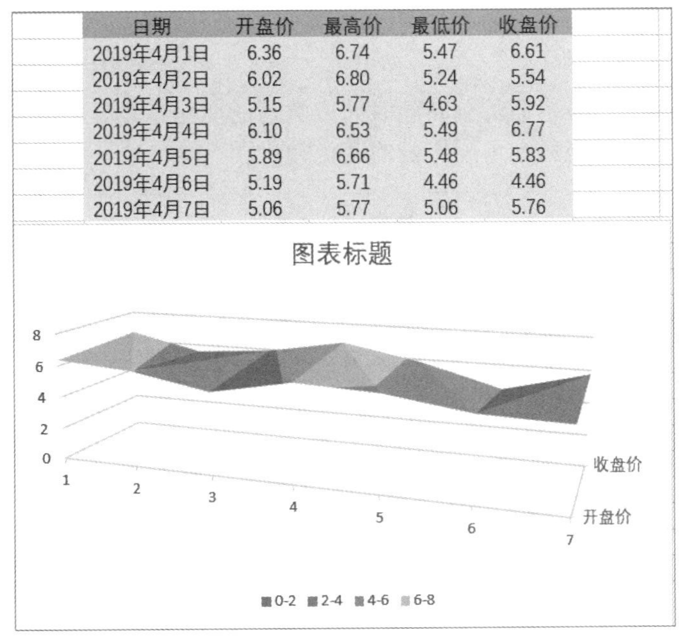

日期	开盘价	最高价	最低价	收盘价
2019年4月1日	6.36	6.74	5.47	6.61
2019年4月2日	6.02	6.80	5.24	5.54
2019年4月3日	5.15	5.77	4.63	5.92
2019年4月4日	6.10	6.53	5.49	6.77
2019年4月5日	5.89	6.66	5.48	5.83
2019年4月6日	5.19	5.71	4.46	4.46
2019年4月7日	5.06	5.77	5.06	5.76

图 13-17

除上述类型外，还有：三维曲面图（框架图），通常在类别和系列均为数字且需要直接显示数据曲线时使用；曲面图，用于显示三维曲面图的二维顶视图，使用颜色表示值范围，通常在类别和系列均为数字时使用；曲面图（俯视框架图），用于显示三维曲面图的二维顶视图，通常在类别和系列均为数字时使用。

5. 雷达图

雷达图用于显示相对于中心点的值，不能直接比较类别，效果如图 13-18 所示。除此之外，还有带数据标记的雷达图和填充雷达图。

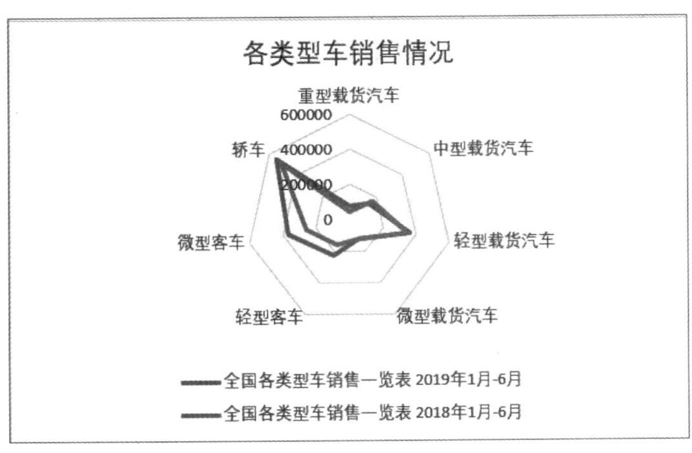

图 13-18

13.2.4 折线图或面积图

1. 折线图

折线图显示随时间或类别的变化趋势。折线图主要分为带数据标记与不带数据标记两大类，这两大类的各类中分别有折线图、堆积折线图、百分比堆积折线图三种类型。除此之外，还有三维折线图。

❑ 折线图

这种图表类型显示各个值的分布随时间或类别的变化趋势。如图 13-19 所示，可以直观看到各类型车的销售额在不同年份的变化趋势。

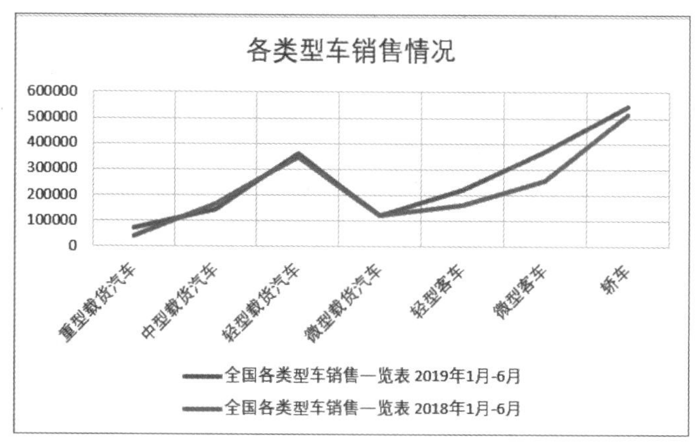

图 13-19

❑ 堆积折线图

这种图表类型显示各个值与整体之间的关系，从而比较各个值在总和中的分布情况。如图 13-20 所示，各数据点上，间隔大的表示销售额高，同时也可以看到哪个类型的车销售额最多。从图表中看到，这一数据源采用这一图表类型展示效果不够直观，可选择其他图表类型。

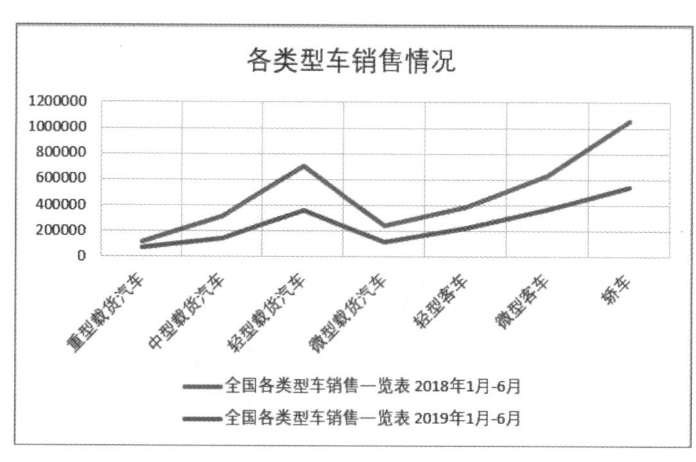

图 13-20

❑ 百分比堆积折线图

这种图表类型以百分比方式显示各个值的分布随时间或类别的变化趋势。如图 13-21 所示，垂直轴的刻度显示的是百分比而非数值，图表显示了各个类型车的销售额占总体的百分比。

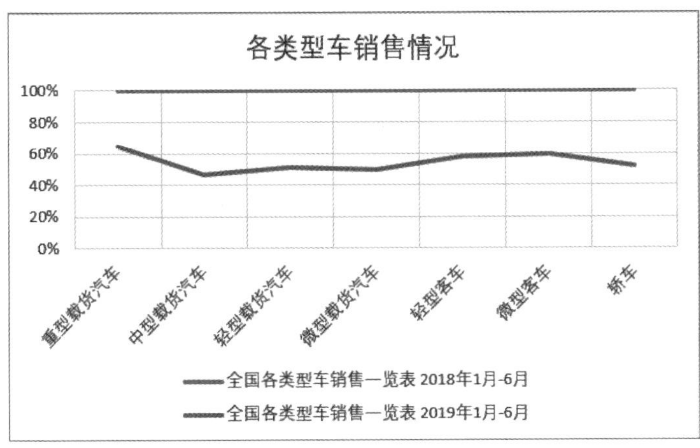

图 13-21

2. 面积图

面积图也用于显示随时间或类别的变化趋势，强调随时间的变化幅度。面积图分为二维面积图和三维面积图，这两大类的各类中分别有面积图、堆积面积图、百分比堆积面积图三种类型。

❑ 面积图

这种图表类型显示各个值的分布随时间或类别的变化趋势。如图 13-22 所示，可以直观看到各类型车的销售额在不同年份的变化趋势。

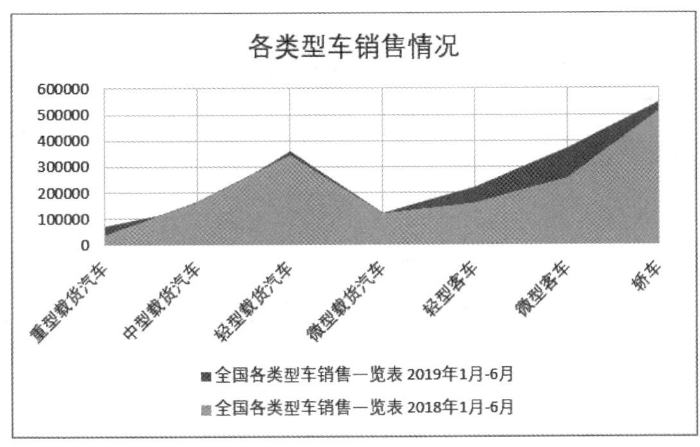

图 13-22

❑ 堆积面积图

这种图表类型显示各个值与整体之间的关系，从而比较各个值在总和中的分布情况。如图 13-23 所示，各数据点上，间隔大的表示销售额高，同时也可以看到哪个类型的车销售额最多。从图表中看到，这一数据源采用这一图表类型展示效果不够直观，可选择其他图表类型。

❑ 百分比堆积面积图

这种图表类型以百分比方式显示各个值的分布随时间或类别的变化趋势。如图 13-24 所示，垂直轴的刻度显示的是百分比而非数值，图表显示了各个类型车的销售额占总体的百分比。

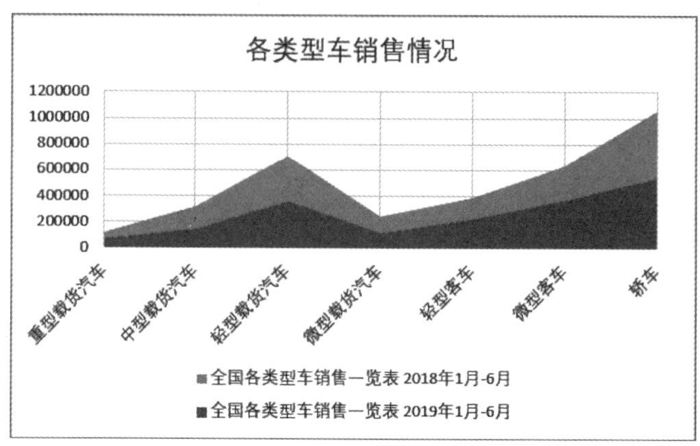

图 13-23

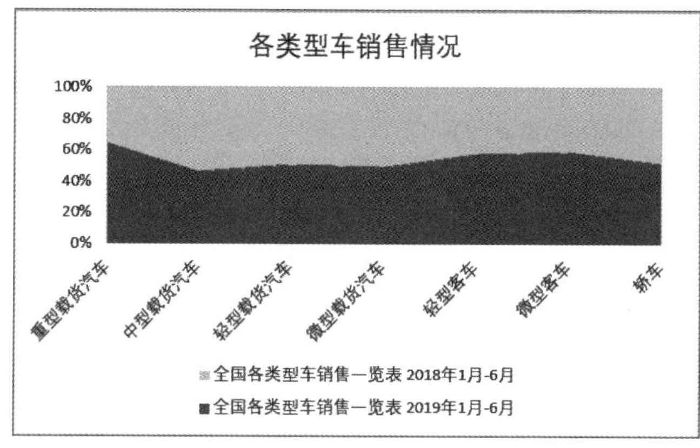

图 13-24

13.2.5 统计图表

1. 排列图

排列图主要用于显示各个元素占总计值的相对比例，显示数据中的最重要因素，效果如图 13-25 所示。

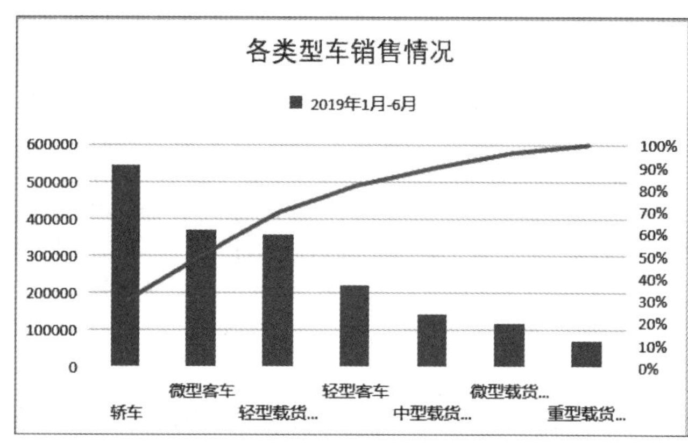

图 13-25

2. 箱形图

箱形图主要用来显示一组数中的变体，效果如图 13-26 所示。此图表类型通常在存在多个数据集且以某种方式互相关联时使用。

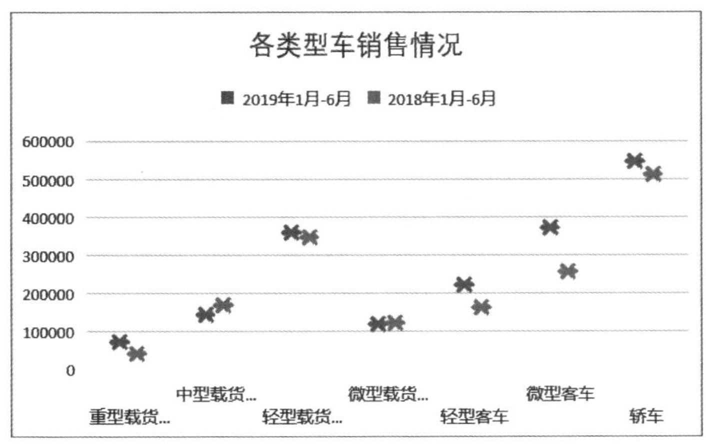

图 13-26

13.2.6 饼图或圆环图

1. 饼图

饼图用于显示组成数据系列的项目在项目总和中所占的比例。当用户希望强调数据中的某个重要元素时可以采用饼图。饼图通常只显示一个数据系列（建立饼图时，如果有几个系列同时被选中，那么图表只绘制其中一个系列）。饼图有饼图、复合饼图和复合条饼图三种类别。

❑ 饼图

这种图表类型显示各个值在总和中的分布情况。如图 13-27 和图 13-28 所示，分别为饼图与三维饼图。这种饼图有不分离型与分离型两种，它们只是显示的方式有所不同，所表达的效果都是一样的。

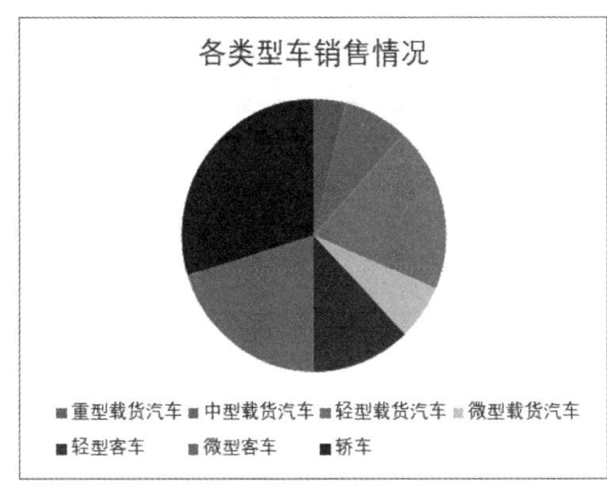

图 13-27

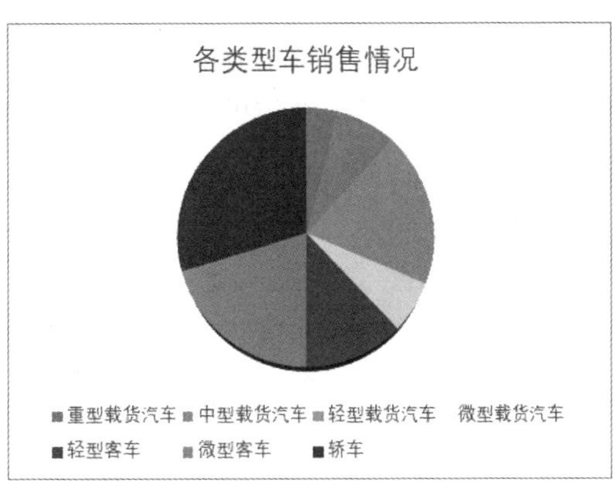

图 13-28

❑ 复合饼图

这是一种将用户定义的值提取出来并显示在另一个饼图中的饼图。例如，为了看清楚细小的扇区，用户可以将它们组合成一个项目，然后在主图表旁的小型饼图或条形图中将该项目的各个成员分别显示出来，效果如图 13-29 所示。

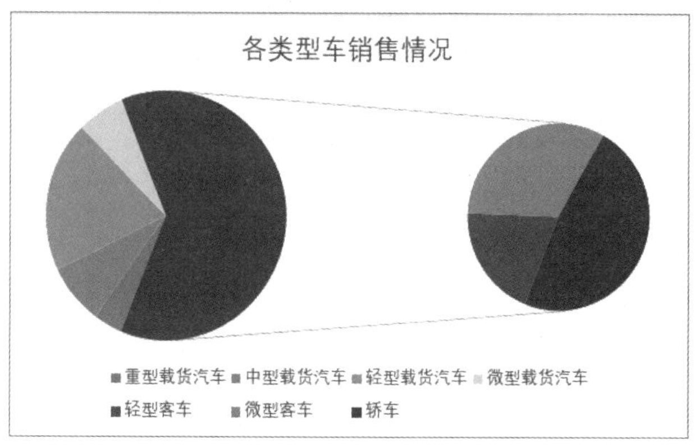

图 13-29

❑ 复合条饼图

复合条饼图用来显示整体的比例，从第一个饼图中提取一些值，将其合并在堆积条形图中，使较小百分比更具可读性或突出强调堆积条形图中的值，效果如图 13-30 所示。

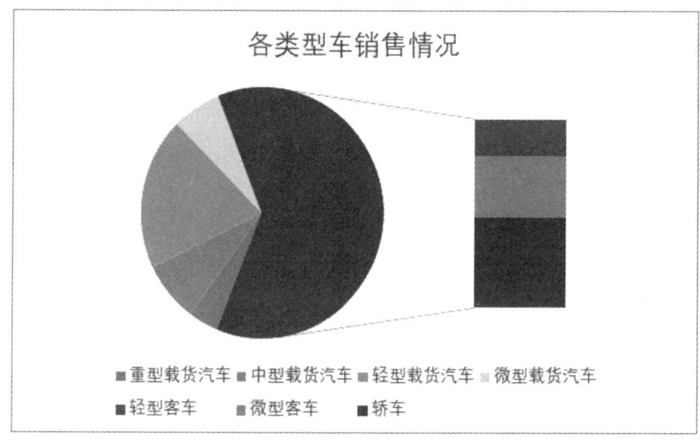

图 13-30

2. 圆环图

圆环图用于显示整体的比例。当存在与较大总和相关的多个系列时，需要采用圆环图。效果如图 13-31 所示。

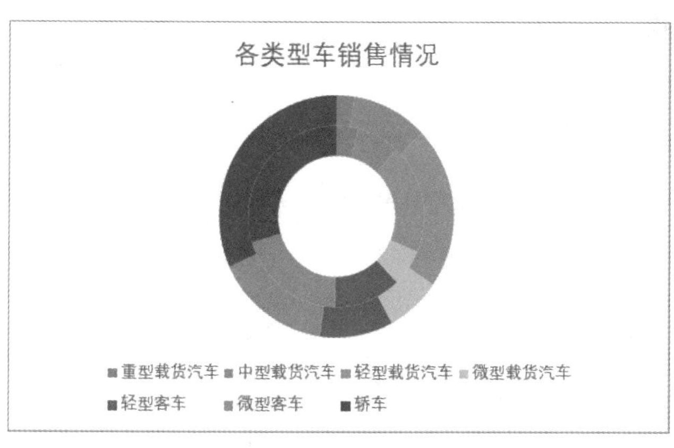

图 13-31

13.2.7 散点图或气泡图

1. XY 散点图

XY 散点图用于展示成对的数据之间的关系。每一对数字中的第一个数字被绘制在垂直轴上，另一个数字被绘制在水平轴上。散点图通常用于科学数据。

散点图分为“仅带数据标记的散点图”“带平滑线和数据标记的散点图”“带平滑线的散点图”“带直线和数据标记的散点图”“带直线的散点图”。几种类型图表的区别在于是否带数据标记，是否显示线条，是显示平滑线还是直线，它们的表达宗旨相同，只是建立后的视觉效果不同。如图 13-32 所示为带平滑线和数据标记的散点图效果。

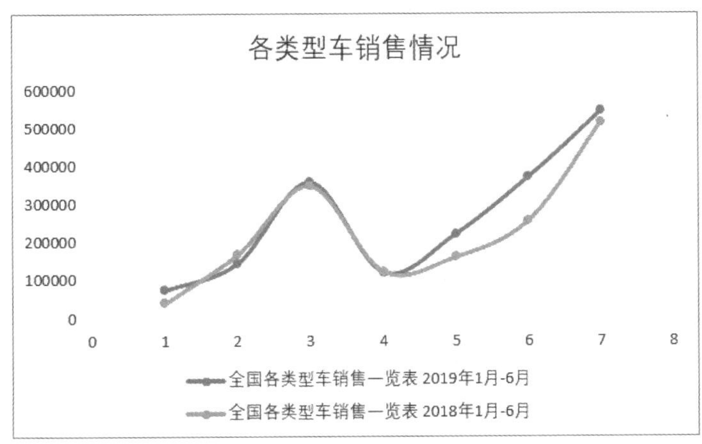

图 13-32

2. 气泡图

气泡图主要用于比较至少三组值或三对数据，并显示值集之间的关系，通常在有第三个值可以用来确定气泡的相对大小时采用气泡图。气泡图分为气泡图和三维气泡图，效果分别如图 13-33 和图 13-34 所示。

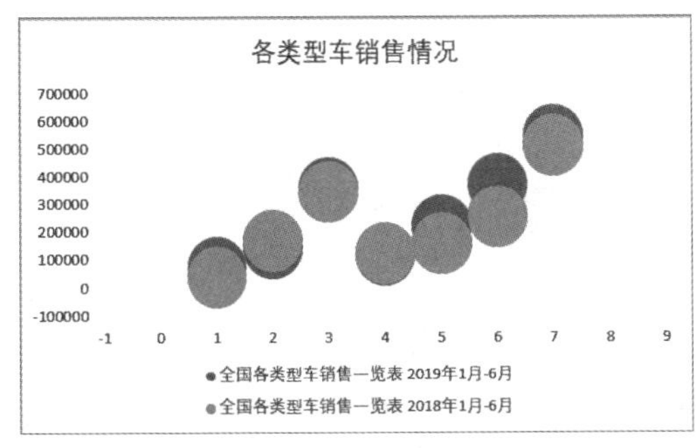

图 13-33

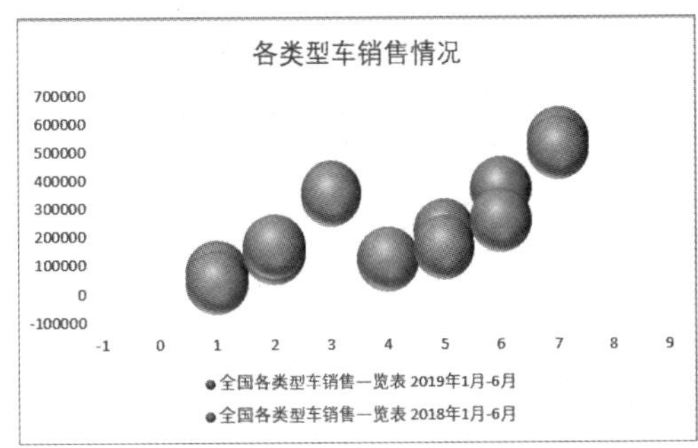

图 13-34

13.3 编辑图表

快速创建图表有时不能完全满足实际需要，此时可以对图表进行编辑修改，以获取最佳效果。

13.3.1　图表大小和位置的调整

创建图表后，经常需要更改图表的大小，并将其移动至合适的位置。

1. 调整图表大小

方法一：选中图表，将光标定位在上、下、左、右控点上，当鼠标指针变成双向箭头时，按住鼠标左键进行拖动即可调整图表宽度或高度，如图 13-35 所示。将光标定位到拐角控点上，当鼠标指针变成双向箭头时，按住鼠标左键进行拖动即可按比例调整图表大小，如图 13-36 所示。

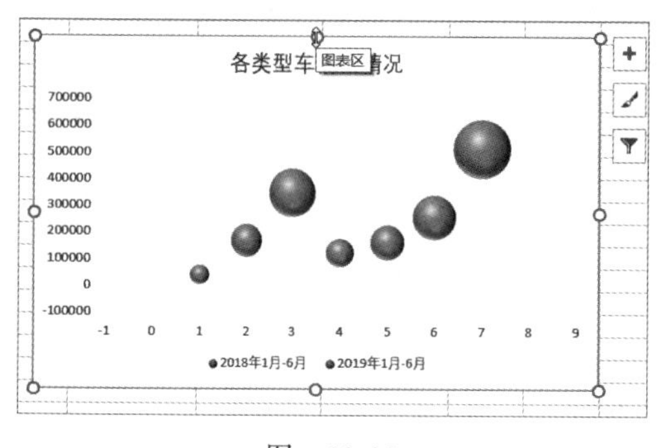

图　13-35

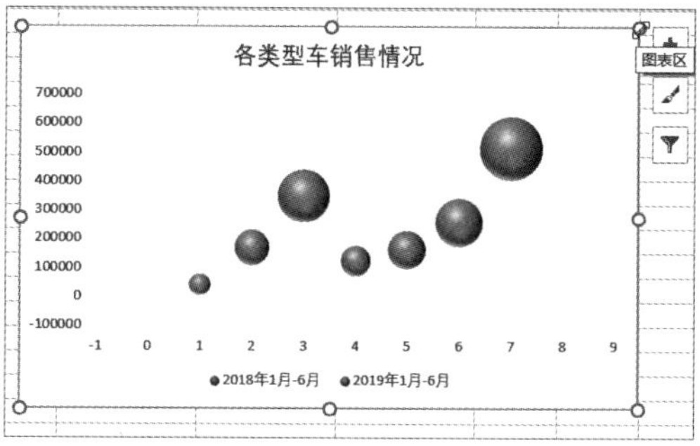

图　13-36

方法二：单击选中图表，切换至图表工具的“格式”选项卡，然后在“大小”组中对图表的高度与宽度进行调整，如图 13-37 所示。

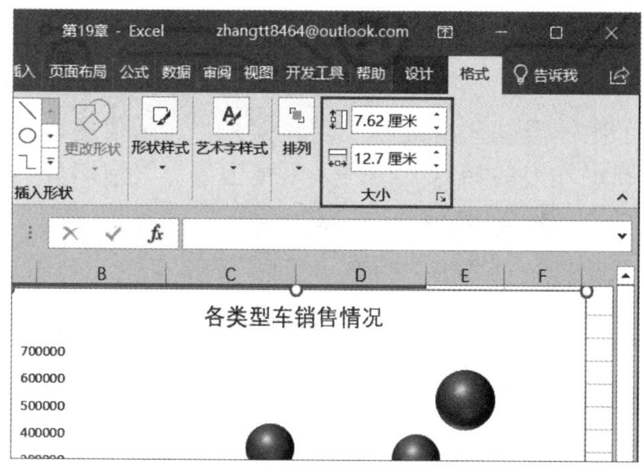

图　13-37

2. 移动图表

步骤 1：在当前工作表上移动图表。单击选中图表，然后将光标定位到上、下、左、右边框上（非控点上），当光标变成双向十字形箭头时，按住鼠标左键进行拖动即可移动图表，如图 13-38 所示。

步骤 2：移动图表至其他工作表中。单击选中图表，切换至图表工具的“设计”选项卡，单击“移动图表”按钮，如图 13-39 所示。弹出“移动图表”对话框，可以单击选中“新工作表”单选按钮，并在右侧文本框内输入新建工作表的名称，将图表移动新的工作表内；也可以单击选中“对象位于”单选按钮，并单击右侧的下拉列表选择工作表，将图表移动至其他工作表中。如图 13-40 所示。

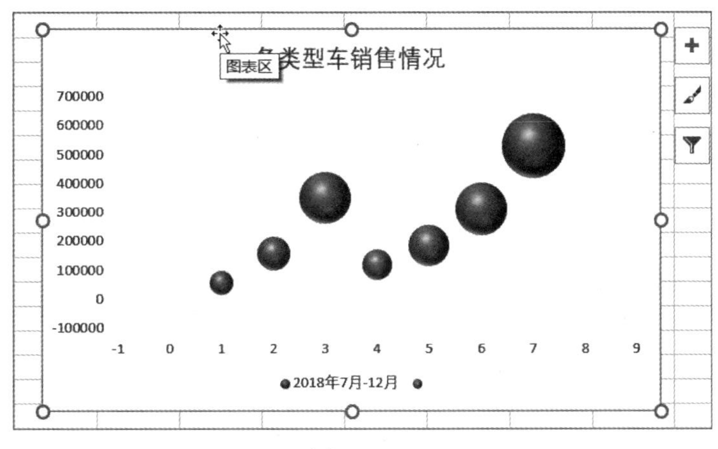

图　13-38

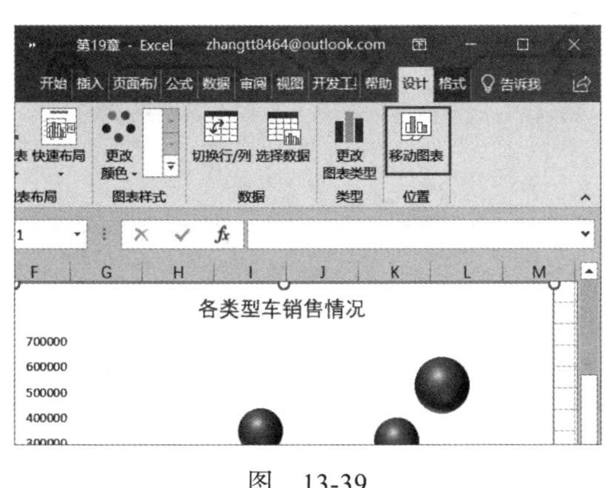

图　13-39

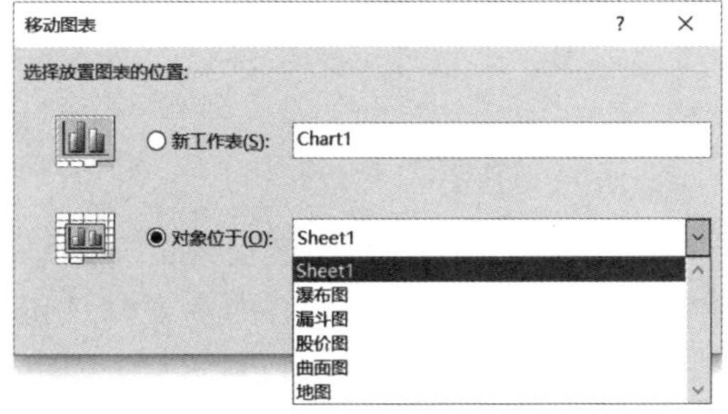

图　13-40

技巧点拨：建立图表后，Excel 会添加一个“图表工具”菜单，包含“设计”和“格式”两个子菜单，这个菜单专门针对图表的操作。选中图表时，这个菜单就会出现；不选中时，该菜单则自动隐藏。

13.3.2　图表的复制和删除

1. 复制图表

复制图表到工作表中：选中目标图表，按 Ctrl+C 组合键进行复制，然后将鼠标定位到当前工作表或者其他工作表的目标位置，按 Ctrl+V 组合键进行粘贴即可。

复制图表到 Word 文档中：选中目标图表，按 Ctrl+C 组合键进行复制，切换到要使用该目标图表的 Word 文档，定位光标位置，按 Ctrl+V 组合键进行粘贴即可。

技巧点拨：以此方式粘贴的图表与源数据源是相链接的，即当图表的数据源发生改变时，任何一个复制的图表也做相应更改。

2. 删除图表

删除图表时，单击选中图表，按键盘上的 Delete 键即可。

13.3.3　更改图表类型

图表创建完成后，如果想更换图表类型，可以直接在已建立的图表上进行更改，而不必重新创建图表。但是在更改图表类型时，要根据当前数据选择合适的图表类型。

步骤 1：选中图表，切换至图表工具的“设计”选项卡，单击“类型”组中的“更改图表类型”按钮，如图 13-41 所示。

步骤 2：弹出“更改图表类型”对话框，在左侧窗格内选择图表类型，并在右侧窗格内选择图表，然后单击“确定”按钮即可，如图 13-42 所示。

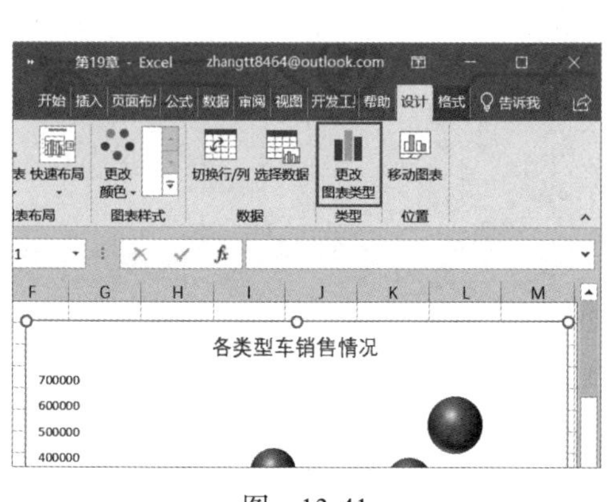

图 13-41

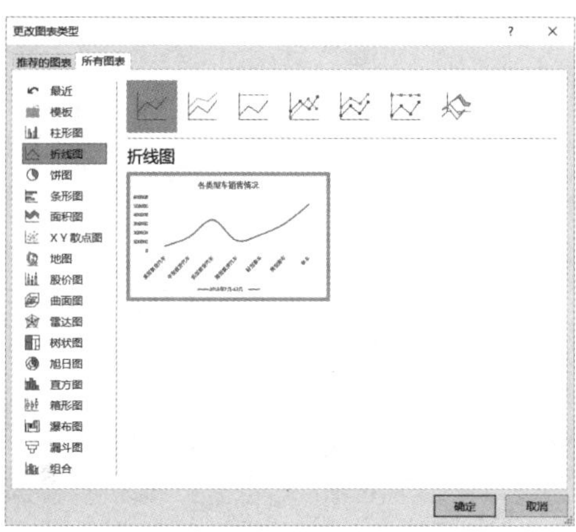

图 13-42

13.3.4 添加图表标题

图表标题用于表达图表反映的主题。有些图表默认不包含标题框，此时需要添加标题框并输入图表标题；有的图表默认包含标题框，也需要重新输入标题文字才能表达图表主题。单击选中图表区域内的“图表标题”即可进行编辑，如图 13-43 所示。

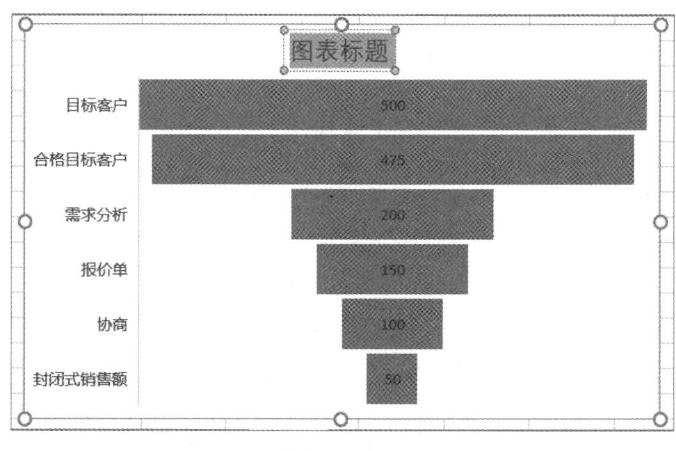

图 13-43

13.3.5 图表对象的边框、填充效果设置

图表的所有对象都可以重新设置其边框线条、颜色、填充效果等。用户可根据自身需要进行设置。

1. 设置图表文字格式

图表中的文字一般包括图表标题、图例文字、水平轴标签与垂直轴标签等，要重新更改默认的文字格式，选中要设置的对象，切换至“开始”选项卡，在“字体”组内即可对其字体、字号、字形、文字颜色等进行设置，如图 13-44 所示。另外，还可以设置艺术字效果（一般用于标题文字），选中要设置的对象，切换至图表工具的“格式”选项卡，在“艺术字样式”组内即可对艺术字样式、文本填充、文本轮廓、文本效果等进行设置，如图 13-45 所示。

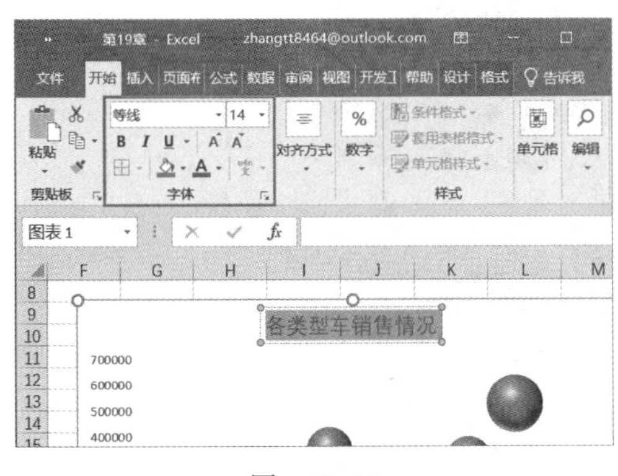

图 13-44

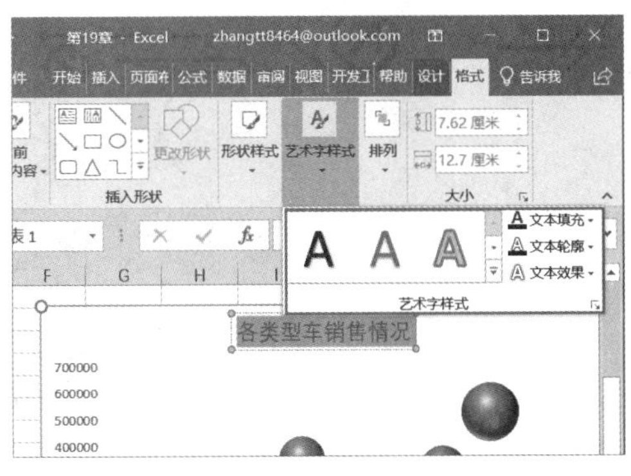

图 13-45

2. 设置图表对象的边框线条

单击选中图表，切换至图表工具的“格式”选项卡，单击“形状样式”组中的“形状轮廓”下拉按钮，打开菜单列表，即可对边框的颜色、轮廓、粗细、虚线等样式进行设置，如图 13-46 所示。

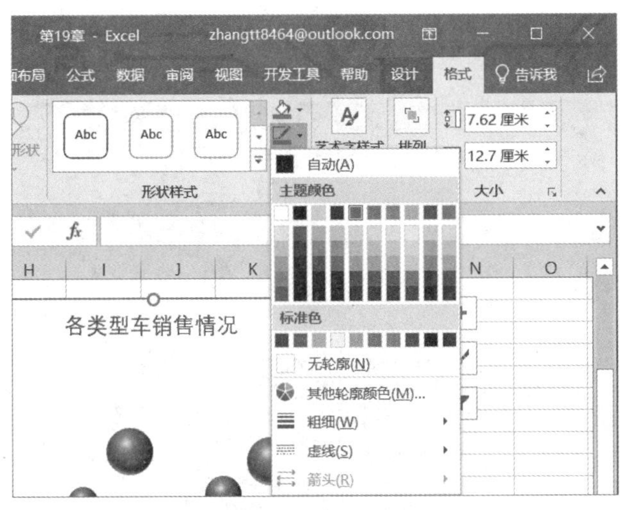

图 13-46

3. 设置图表对象的填充效果

要对图表对象的边框进行填充效果设置，首先需要将目标对象选中，然后再按照如下方法进行设置（下面以设置图表区的边框填充效果为例）。

❑ 设置单色填充效果

单击选中图表区，切换至图表工具的“格式”选项卡，单击“形状样式”组中的“形状填充”下拉按钮，打开菜单列表，在“主题颜色”窗格内可以选择填充颜色，当鼠标指向设置选项时，Excel 中的图表会显示预览效果，如图 13-47 所示。

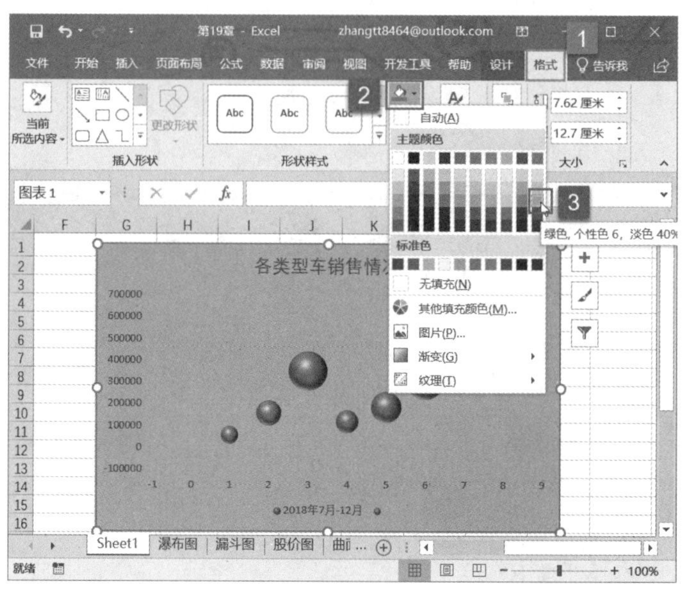

图 13-47

❑ 设置渐变填充效果

单击选中图表，切换至图表工具的“格式”选项卡，单击“形状样式”组中的按钮，打开“设置图表区格式”窗格。选择“填充”标签，单击选中“渐变填充”单选按钮，展开其设置选项，然后设置渐变填充的参数即可，在图表区可以看到渐变填充效果，如图 13-48 所示。

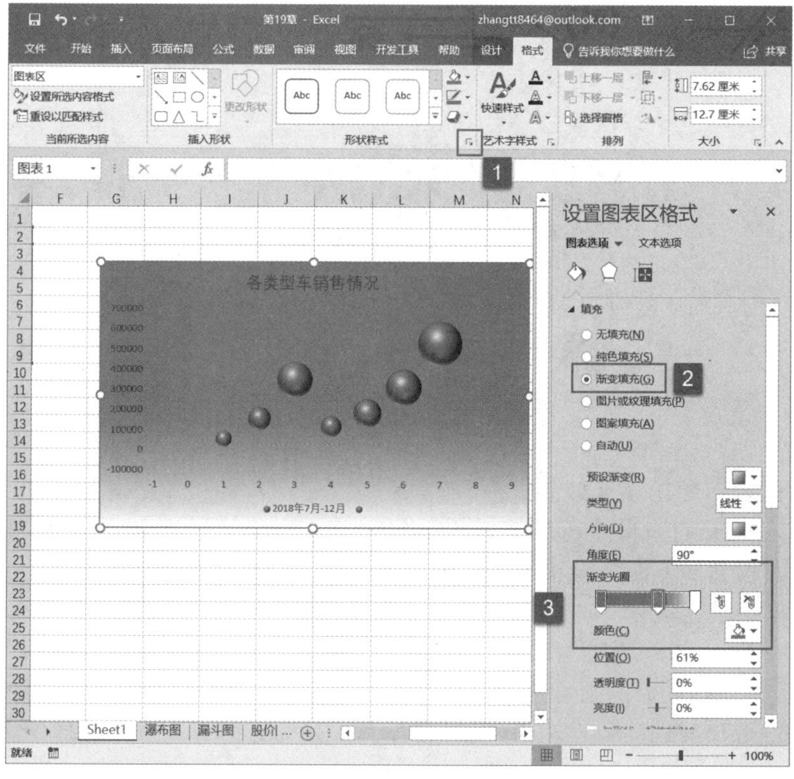

图 13-48

□设置图片填充效果

单击选中图表，切换至图表工具的“格式”选项卡，单击“形状样式”组中的按钮，打开“设置图表区格式”窗格。选择“填充”标签，单击选中“图片或纹理填充”单选按钮，展开其设置选项，然后设置透明度、偏移量等，也可以单击“文件”按钮从本机选择图片进行填充。设置完成后，即可看到图表区的填充效果，如图 13-49 所示。

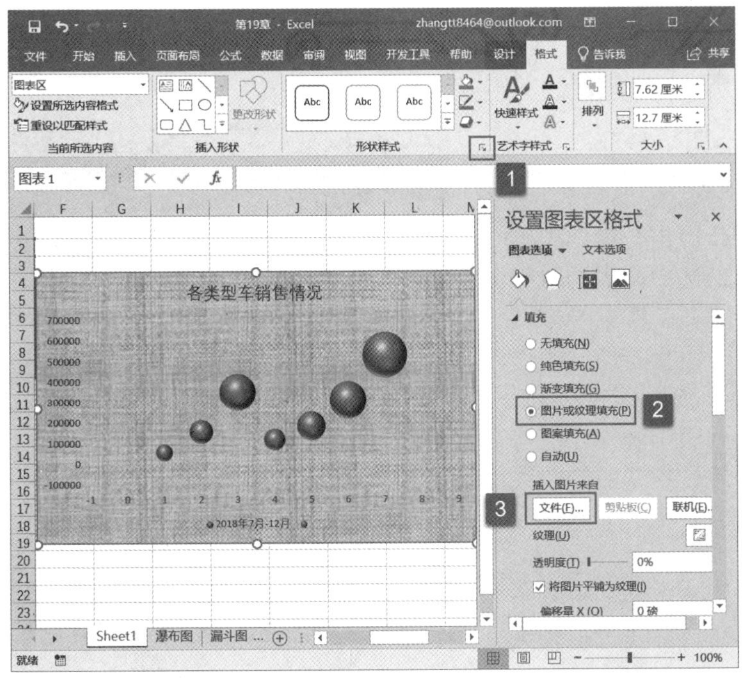

图 13-49

技巧点拨：还可以对选中的对象进行特效设置，其中包括阴影特效、发光特效、三维特效等。

13.3.6 套用图表样式以快速美化图表

Excel 2019 同样可以套用图表样式以快速美化图表，方法是：单击选中图表，切换至图表工具的“设计”选项卡，在“图表样式”组中单击“快速样式”下拉按钮，打开菜单列表单击选择合适的样式即可将图表样式应用到 Excel 主界面的图表中，如图 13-50 所示。

技巧点拨：在套用图表样式之后，之前所设置的填充颜色、文字格式等效果将自动取消。因此，如果想通过图表样式来美化图表，可以在建立图表后立即套用，然后再进行局部修改。

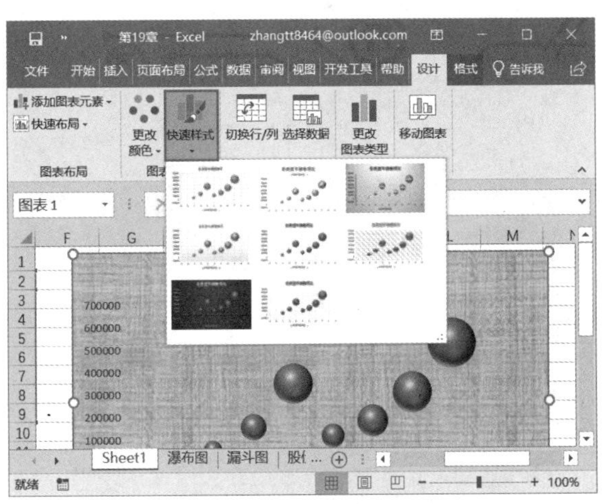

图 13-50

13.4 图表分析数据应用

在图表中使用趋势线、误差线等，可以帮助用户进行各种数据分析，从而直观地说明数据的变化趋势。趋势线多用于预测数据的未来走势，误差线主要用于科学计算或实验，用图形表示相对于数据系列中每个数据点或数据标记的潜在误差量。本节将介绍如何在图表中添加趋势线和误差线。

13.4.1 添加趋势线

如果想为图表添加趋势线，可以按照以下步骤进行操作：打开工作表，单击选中图表的数据系列，切换至图表工具的“设计”选项卡，单击“图片布局”组中的“添加图表元素”下拉按钮，在打开的菜单列表中选择“趋势线”选项，然后在打开的趋势线类型列表中选择一种即可，如图 13-51 所示。

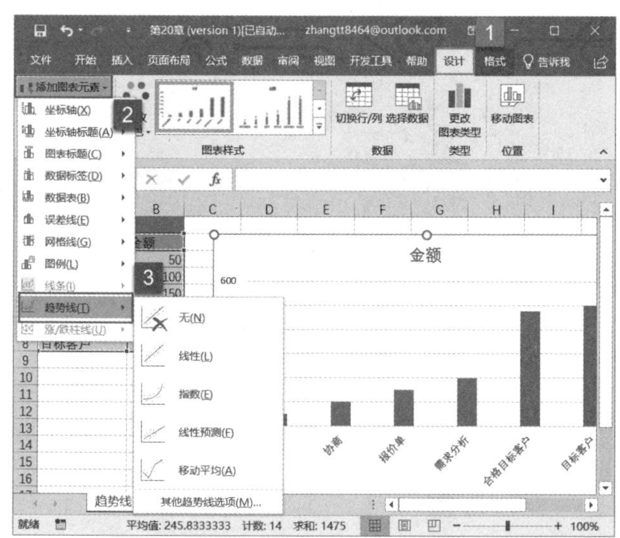

图 13-51

技巧点拨：如果要使用菜单列表中未列出的趋势线类型，或者要自定义趋势线，可以单击菜单列表底部的“其他趋势线选项”按钮，打开“设置趋势线格式”窗格，然后选择其他趋势线类型或自行设置其他选项即可，如图 13-52 所示。例如，选择“移动平均”并采用默认设置的趋势线如图 13-53 所示。

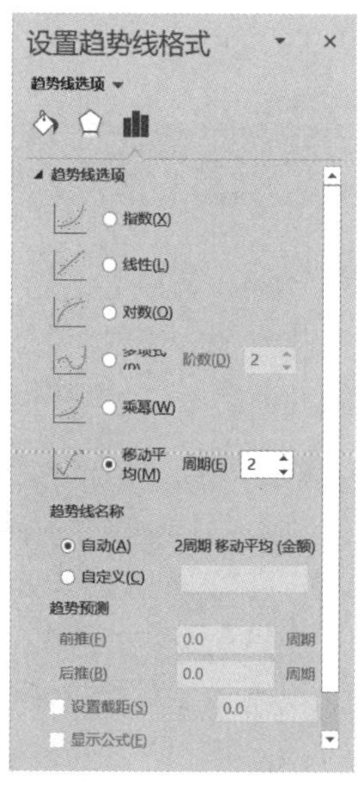

图 13-52

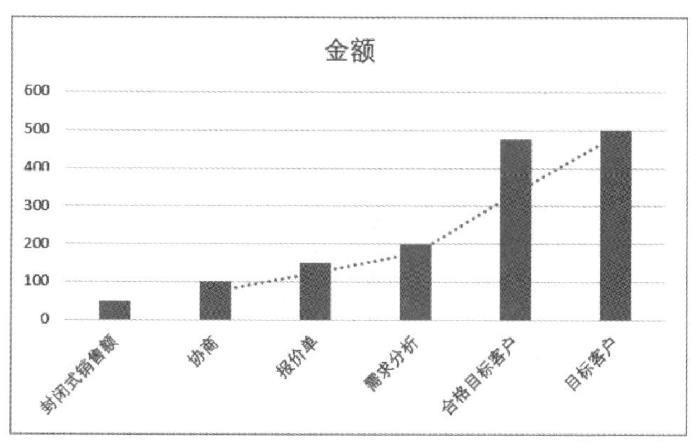

图 13-53

13.4.2 添加误差线

如果要为图表添加误差线，可以按照以下步骤进行操作：打开工作表，单击选中图表的数据系列，切换至图表工具的“设计”选项卡，单击“图片布局”组中的“添加图表元素”下拉按钮，在打开的菜单列表中选择“误差线”选项，然后在打开的误差线类型列表中选择一种即可，如图 13-54 所示。

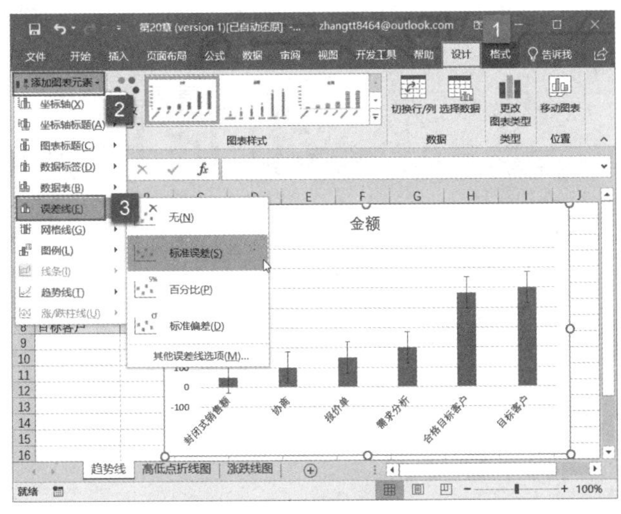

图 13-54

技巧点拨：如果要使用菜单列表中未列出的误差线类型，或者要自定义误差线，可以单击菜单列表底部的“其他误差线选项”按钮，打开“设置误差线格式”窗格，然后选择其他误差线类型或自行设置其他选项即可，如图 13-55 所示。添加误差线后的柱形图如图 13-56 所示。

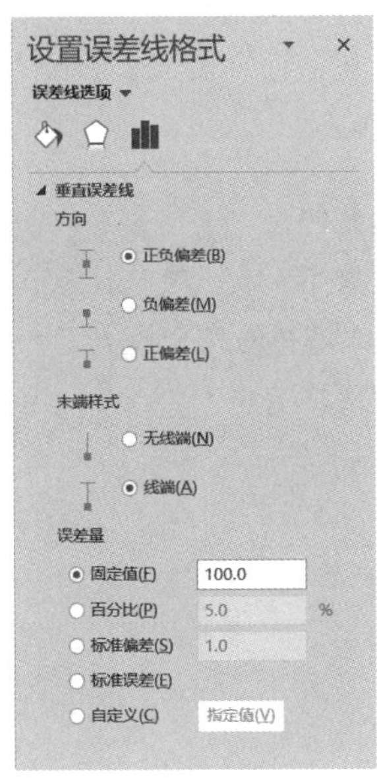

图 13-55

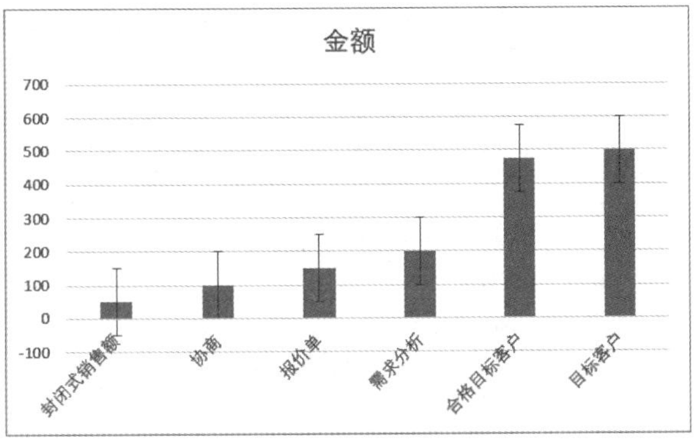

图 13-56

第14章 工作表的打印、共享与安全设置

一张工作表若需要多人协同完成，可以在Excel中创建共享工作簿。当多人一起在共享工作簿上工作时，Excel会自动保持信息不断更新。而若是要将工作表打印出来，则需要先对打印页面以及工作表进行设置。本章将对工作表的打印、工作表的共享、Excel文档安全性的设置以及工作簿的网络应用进行介绍。

- 工作表的打印
- 工作簿的共享
- 设置 Excel 文档的安全性
- 工作簿的网络应用

14.1 工作表的打印

完成电子表格的创建后，往往需要将其打印出来，在打印之前，则需要对页面进行设置。本节将从设置打印缩放比例、设置分页符以及设置工作表的打印区域等几个方面来介绍打印时页面设置的技巧。

14.1.1 快速设置打印页面

在打印工作表之前，用户可以对纸张的大小和方向进行设置。同时，也可以对打印文字与纸张边框之间的距离，即页边距进行设置。下面介绍设置纸张大小和页边距的方法。

步骤 1： 打开工作表，切换至“页面布局”选项卡，单击“页面设置”按钮，如图 14-1 所示。

步骤 2： 弹出“页面设置”对话框，可以在“页面”选项卡内对纸张方向、纸张大小等进行设置，如图 14-2 所示。这里纸张方向设定为“纵向”，如果要打印的表格比较宽，可以设定为“横向”；纸张设置为大多数情况下使用的 A4 纸，若采用其他纸张要注意单独设置。

图 14-1

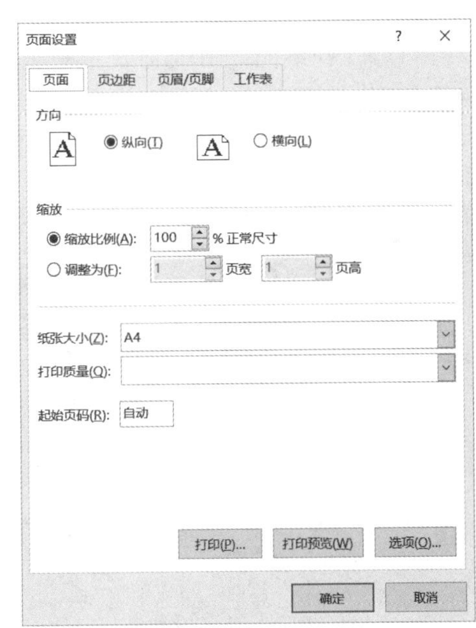

图 14-2

步骤 3： 切换至“页边距”选项卡，可以在“上”“下”“左”“右”“页眉”“页脚”增量框内输入数值设置页边距，然后单击“确定”按钮即可，如图 14-3 所示。

步骤 4： 除此之外，在“页面布局”选项卡的“页面设置”组内，单击“纸张方向”下拉按钮，选择“纵向”或“横向”按钮可以设置纸张方向，单击“纸张大小”下拉按钮，可以选择纸张大小，单击“页边距”按钮，可以选择页边距，如图 14-4 所示。

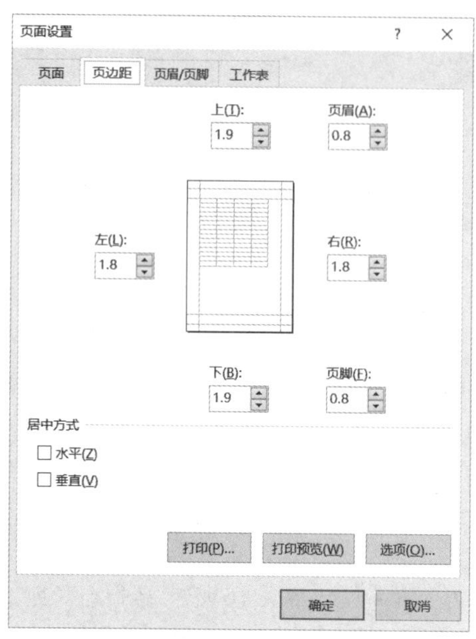

图 14-3

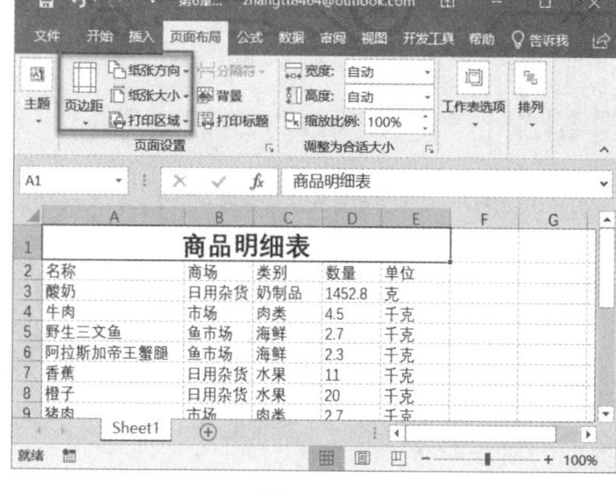

图 14-4

14.1.2 对工作表进行缩放打印

在打印工作表时，有时需要将多页内容打印到一页中，此时可以通过拉伸或收缩工作表的实际尺寸来打印工作表。下面介绍具体的操作方法。

步骤 1： 打开工作表，切换至“页面布局”选项卡，单击“调整为合适大小”组中“宽度”“高度”右侧的下拉按钮，选择“自动”项，然后在“缩放比例”增量框内输入数值，设置缩放比例，如图 14-5 所示。

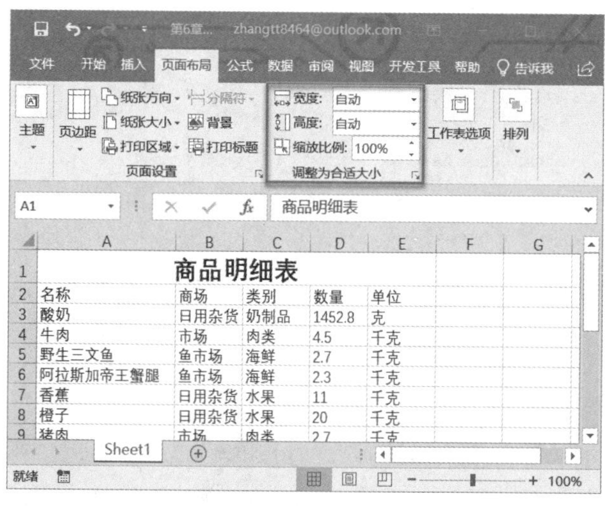

图 14-5

步骤 2： 设置完成后，单击“文件”按钮，在打开的菜单列表中单击“打印”按钮。此时，在右侧窗格中能够预览当前页面的打印效果。单击窗格右下角的“显示边距”按钮，可以预览页边距的设置情况。在“份数”右侧的增量框设置打印份数，选择打印机，单击“打印”按钮即可实现工作表的打印，如图 14-6 所示。

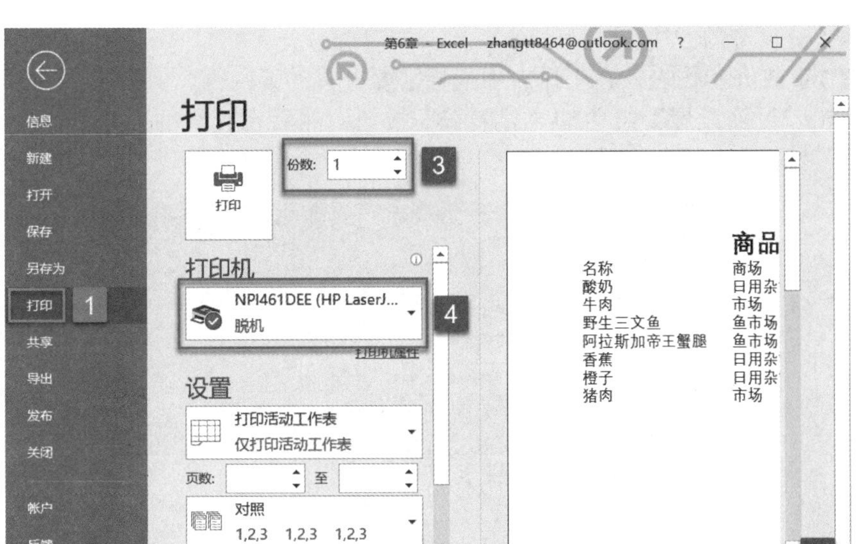

图 14-6

步骤 3: 如果用户需要缩放打印工作表，“调整为合适大小”组中的“宽度”和“高度”必须设置为“自动”。另外，设置缩放比例，还可以在“页面设置”对话框的“页面”选项卡内进行设置，如图 14-7 所示。

图 14-7

14.1.3 对工作表设置分页符

在打印工作表时，Excel 会自动对打印内容进行分页。但有时根据特殊需要，可能需要在某一页中只打印工作表的部分内容，此时则需要在工作表中插入分页符。下面介绍在插入分页符的方法。

步骤 1：打开工作表，在工作表中选择需要分页的下一行。切换至“页面布局”选项卡，单击“页面设置”组中的“分隔符”按钮，然后在打开的菜单列表中单击“插入分页符”按钮，如图 14-8 所示。

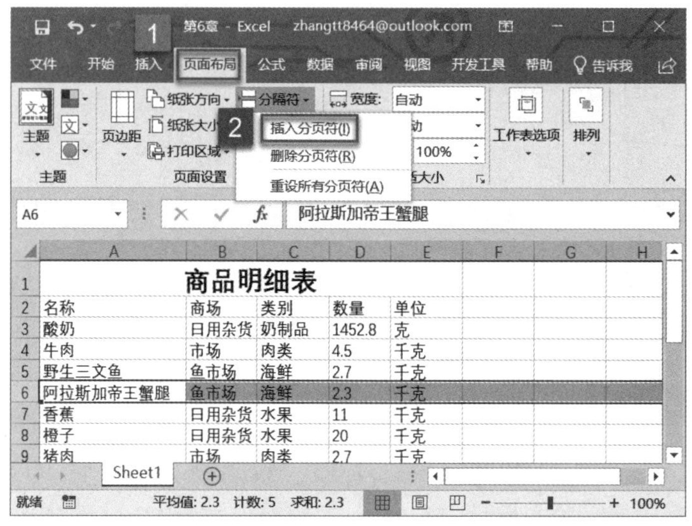

图 14-8

步骤 2：设置完成后，单击“文件”按钮，在打开的菜单列表中单击“打印”按钮。此时，在右侧窗格中能够预览当前页面的打印效果，可以发现插入分页符下一行已不在第一页中显示，“分页符”文本框变成两页，如图 14-9 所示。

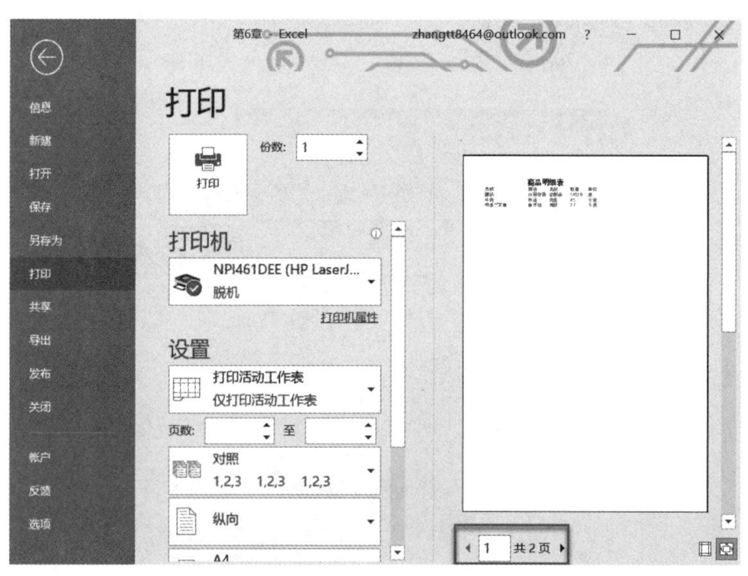

图 14-9

步骤 3：如果需要添加垂直分页符，在工作表中选择需要分页的下一列。重复上述操作，设置完成后，单击“文件”按钮，在打开的菜单列表中单击“打印”按钮。此时，在右侧窗格中能够预览当前页面的打印效果，可以发现插入分页符下一列已不在第一页中显示，“分页符”文本框变成两页，如图 14-10 所示。

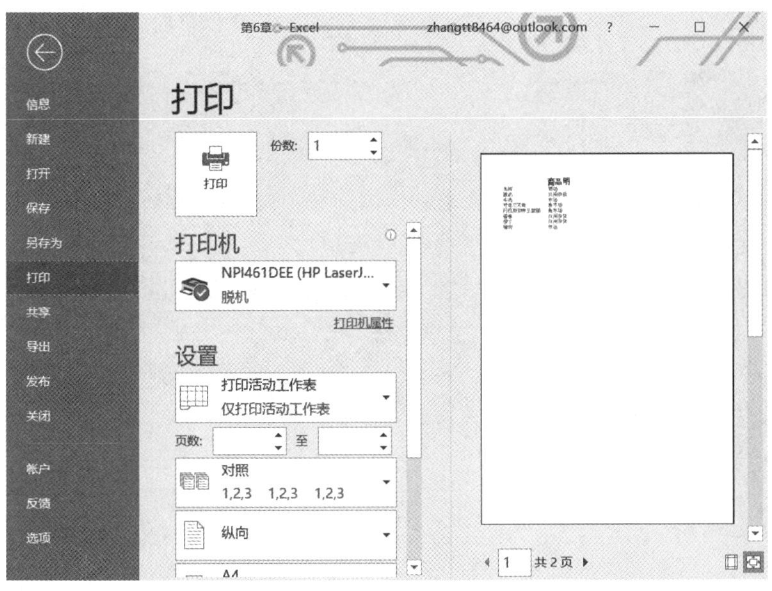

图 14-10

14.1.4 对工作表设置打印区域

默认情况下，用户在工作表中执行打印操作时，会打印当前工作表中所有非空单元格中的内容。而在很多情况下，用户可能仅仅需要打印当前工作表中的部分内容。此时，用户可以为当前工作表设置打印区域。下面介绍设置打印区域的操作方法。

步骤 1： 打开工作表，选择需要打印的单元格区域如 A1:E6，切换至“页面布局”选项卡，单击“页面设置”组中的“打印区域”下拉按钮，在弹出的菜单列表中单击“设置打印区域”按钮，如图 14-11 所示。

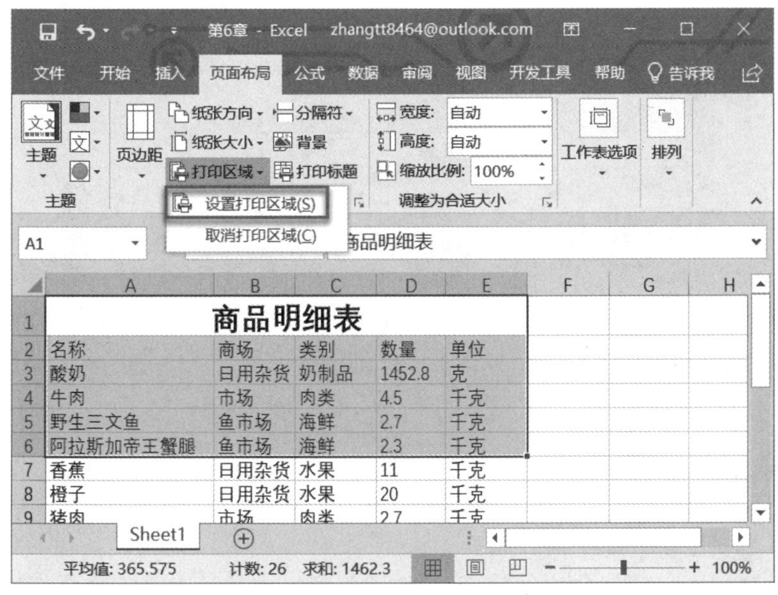

图 14-11

步骤 2： 依次单击“文件”–“打印”按钮，可以看到设定打印区域的预览打印效果，如图 14-12 所示。

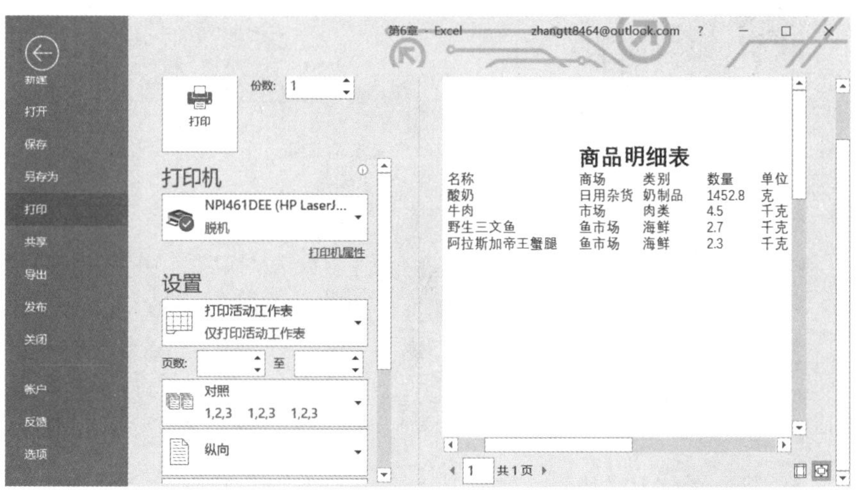

图 14-12

14.1.5 为工作表设置打印标题行

为了便于阅读打印出来的文档，在打印时可以为各页都添加标题行。下面介绍设置打印标题行的设置方法。

步骤 1：打开工作表，切换至“页面布局”选项卡，单击“页面设置”组中的“打印标题”按钮，如图 14-13 所示。

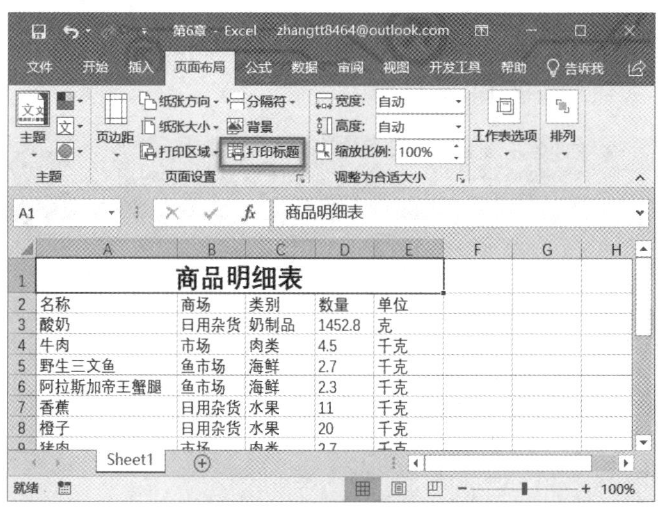

图 14-13

步骤 2：弹出“页面设置”对话框，单击“打印标题”窗格“顶端标题行”右侧的文本框按钮，从工作表中选择作为标题行打印的单元格地址，并单击“打印预览”按钮，如图 14-14 所示。

步骤 3：单击“打印预览”按钮后，在预览窗格内就可以看到每页都包含设置的标题行，如图 14-15 所示。

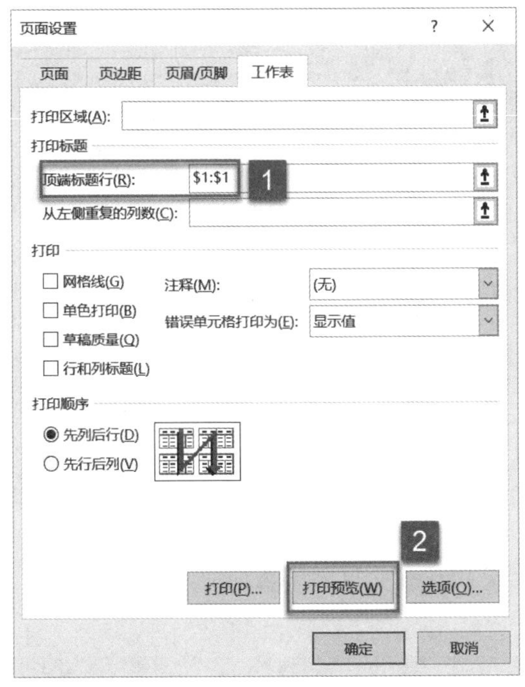

图 14-14

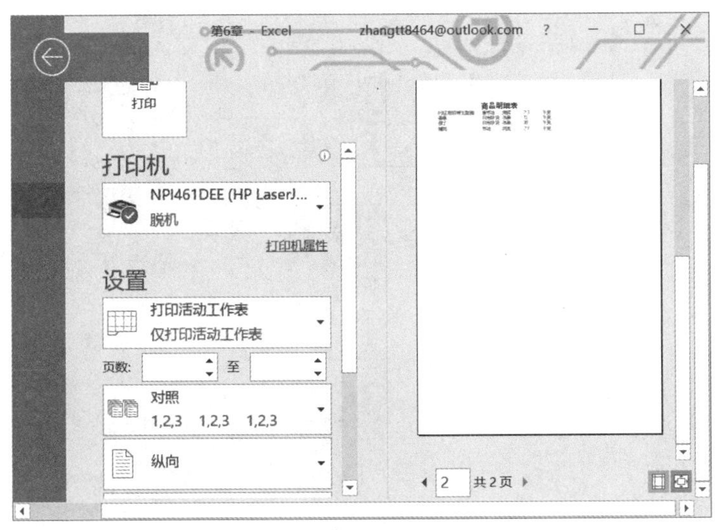

图 14-15

技巧点拨：在“页面设置”对话框的“打印”窗格中，如果勾选“网格线”复选框，打印时将打印网格线。如果使用黑白打印机，则应勾选“单色打印”复选框；对于彩色打印机来说，勾选该复选框能够节省打印时间。勾选“草稿品质”复选框，可以减少打印时间但会降低打印的品质。勾选“行号列标”复选框，打印时将包括工作表的行号和列号。在“批注”下拉列表中可以选择是否打印批注以及批注的打印位置。“打印顺序”组中的单选按钮用于设置工作表的打印顺序。

14.2 工作簿的共享

在 Excel 中，我们可以设置工作簿的共享来加快数据的录入速度，而且在工作过程中还可以随时查看改动情况。当多人一起在共享工作簿上工作时，Excel 会自动保持信息不断更新。在一个共享工作簿中，每个用户都可以输入数据、插入行和列、更改公式，甚至还可以筛选出自己关心的数据，保留自己的视窗。

14.2.1 共享工作簿

1. 使用原始共享工作簿功能

要通过共享工作簿来实现伙伴间的协同操作，必须首先创建共享工作簿。在局域网中创建共享工作簿能够实现多人协同编辑同一个工作表，同时也方便让其他人审阅工作簿。下面介绍创建共享工作簿的具体操作方法。

步骤 1：打开工作簿，切换至“审阅”选项卡，单击“更改”组中的“共享工作簿”按钮，如图 14-16 所示。

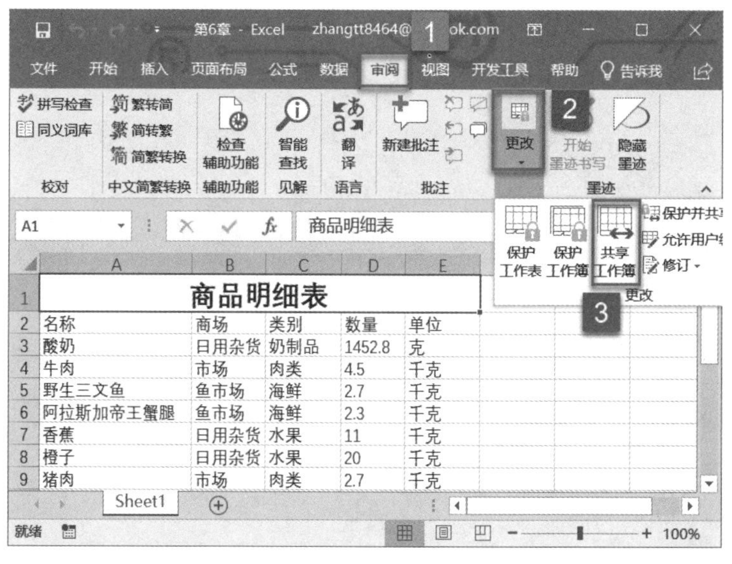

图 14-16

步骤 2：通常打开时，Excel 会弹出提示框，“无法共享此工作簿”，因为此工作簿已启用个人信息。若要共享此工作簿，请单击“文件”选项卡，再单击“ Excel 选项”。在“Excel 选项”对话框中，单击“信任中心”，再单击“信任中心设置”按钮。在“个人信息选项”类别中，取消勾选“保存时删除文档属性中的个人信息”选项旁边的复选框。”单击“确定”按钮后按提示步骤打开“信任中心”对话框，单击左侧窗格中的“隐私选项”按钮，在右侧窗格中，单击取消勾选“保存时从文件属性中删除个人信息”前的复选框，单击“确定”按钮，如图 14-17 所示。

步骤 3：返回 Excel 主界面，重复步骤 1 操作，打开“共享工作簿”对话框，单击勾选“使用旧的共享工作簿功能，而不是新的共同创作体检”前的复选框，如图 14-18 所示。

图 14-17

步骤 4： 切换至“高级”选项卡，在“更新”窗格内单击勾选“自动更新间隔”前的单选按钮，并设置更新时间间隔，如图 14-19 所示。完成设置后，单击“确定”按钮。

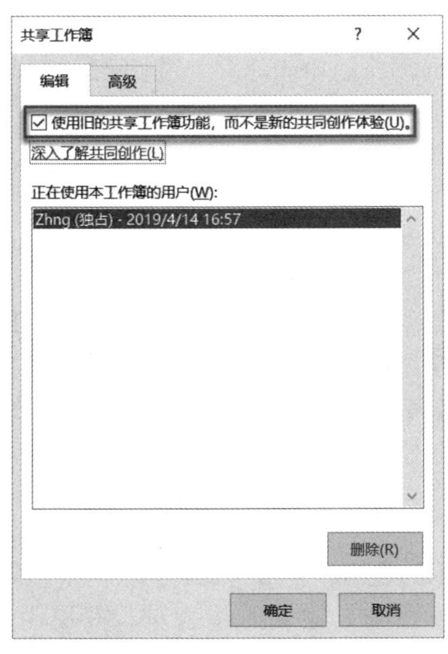

图 14-18

图 14-19

技巧点拨： 在“更新”窗格中，如果选中“保存本人的更改并查看其他用户的更改”单选按钮，则将在一定时间间隔内保存本人的更改结果，并能查看其他用户对工作簿的更改，选中“查看其他人的更改”将只显示其他用户的更改。选中“询问保存哪些修订信息”单选按钮，则将显示提示对话框，询问用户保存哪些修订信息。选中“选用正在保存的修订”单选按钮，保存更新工作簿时最近保存的内容优先。

步骤 5：弹出提示框，单击“确定”按钮保存文档，如图 14-20 所示。此时文档的标题栏中将出现“已共享”字样，如图 14-21 所示，将文档保存到共享文件夹即可实现局域网中的其他用户对本文档的访问。

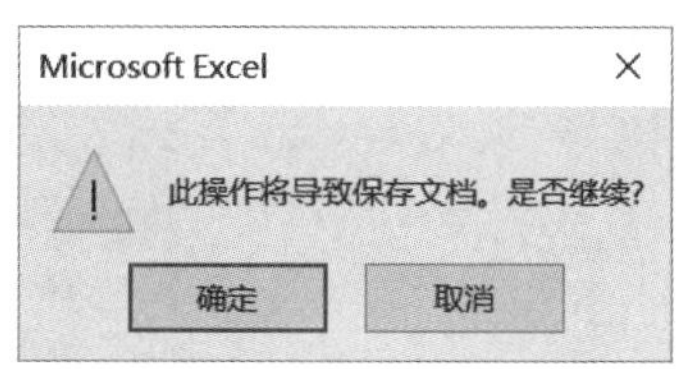

图 14-20

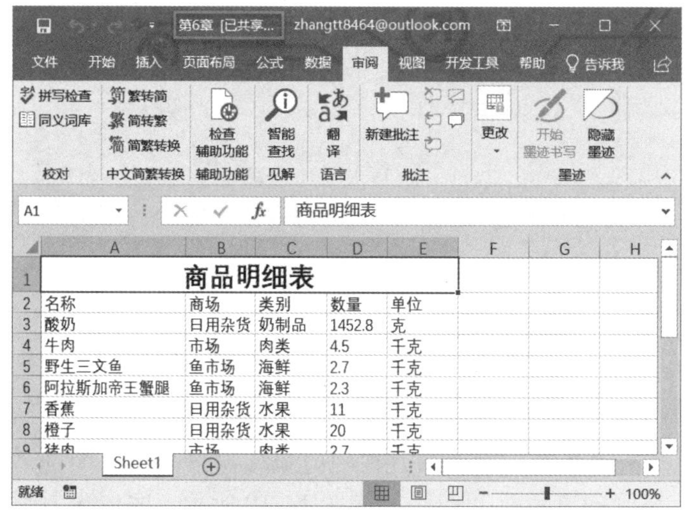

图 14-21

2. 通过共同写创作功能同时写作处理 Excel 工作簿

除上述方法外，Excel 2019 为用户提供了共同创作的功能。多个用户可以打开并处理同一个 Excel 工作簿，这称为共同创作。如果共同进行创作，可以在数秒钟内快速查看彼此的更改。如果使用某些版本的 Excel，将看到以不同颜色表示的其他人的选择。如果正在使用支持共同创作的 Excel 版本，则在右上角选择“共享”，键入电子邮件地址，然后选择云位置。单击“共享”按钮，其他人会收到一封电子邮件邀请他们打开文件。他们可以单击链接打开工作簿。打开 Web 浏览器，并在 Excel Online 中打开工作簿。如果他们想要使用 Excel 应用进行共同创作，可以单击“编辑工作簿” - “在 Excel 中编辑”。但是需要使用支持共同创作的 Excel 应用版本。如果没有受支持的版本，可以单击“编辑工作簿”-“在浏览器中编辑”以编辑文件。接下来介绍下详细的操作步骤。

步骤 1：打开工作簿，单击右上角的“共享”按钮，如图 14-22 所示。

步骤 2：弹出“共享”对话框，单击 OneDrive 按钮，将工作簿副本上传以便共享，如图 14-23 所示。

步骤 3：然后共享窗口会显示如图 14-24 所示的提示，稍等片刻即可。

步骤 4：在 Excel 主界面右侧的“共享”窗格内，输入邀请人员，并单击下方的下拉按钮选择共享权限“可编辑”或“可查看”，然后根据需要键入一条消息，如图 14-25 所示。

步骤 5：也可以单击窗格右侧的“选择联系人”按钮，打开“通讯簿”对话框，在左侧窗格内选择共享伙伴，然后单击“收件人”按钮即可将该联系人添加到邮件收件人窗格中，单击“确定”按钮，如图 14-26 所示。

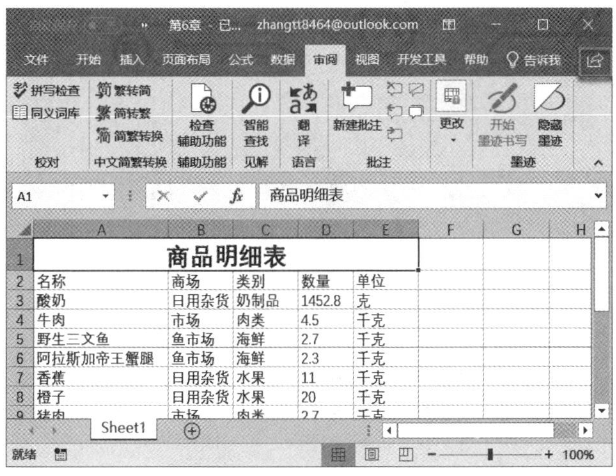

图 14-22

图 14-23

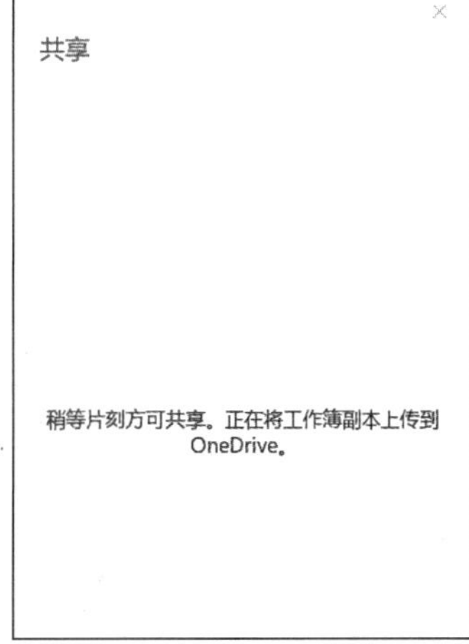

图 14-24

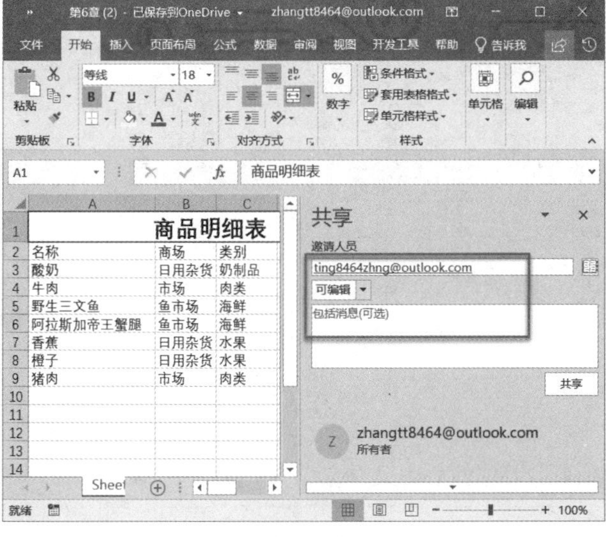

图 14-25

步骤 6：返回主界面，单击“共享”按钮，Excel 会弹出提示框，如图 14-27 所示。

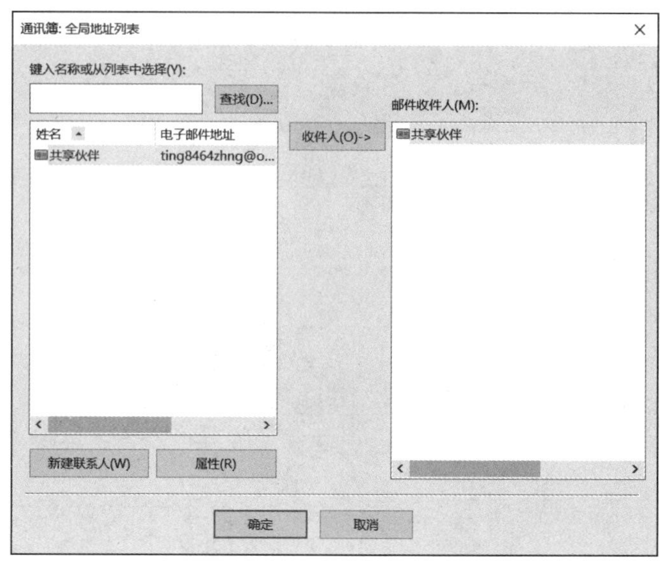

图 14-26

图 14-27

步骤 7：发送成功后，用户即可在“共享”窗格内看到已邀请的人员列表，如图 14-28 所示。

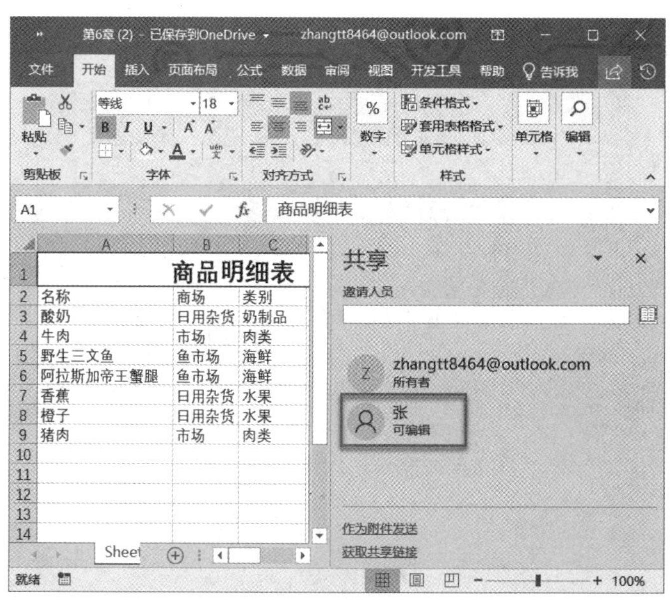

图 14-28

步骤 8：当其他用户进行编辑时，在“人员”图标处可以看到编辑详情，并在工作表界面内看到实时编辑情况，如图 14-29 所示。

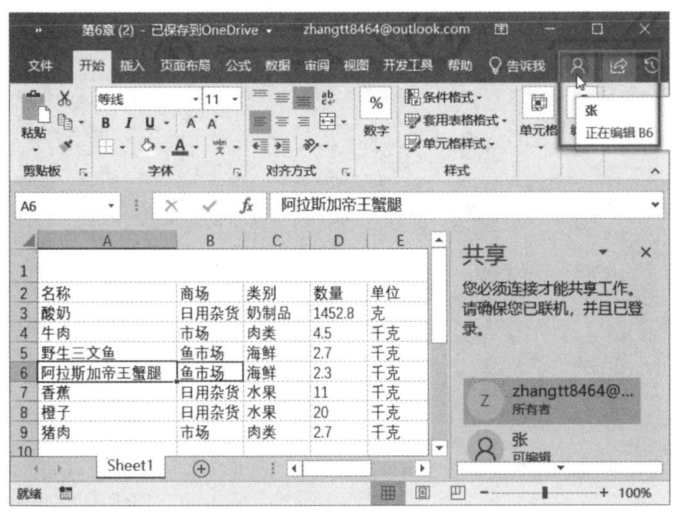

图 14-29

步骤 9：如果用户想修改已邀请人员的权限或者删除该用户，可以右键单击该人员的图标，如图 14-30 所示。然后 Excel 会弹出提示框，如图 14-31 所示。

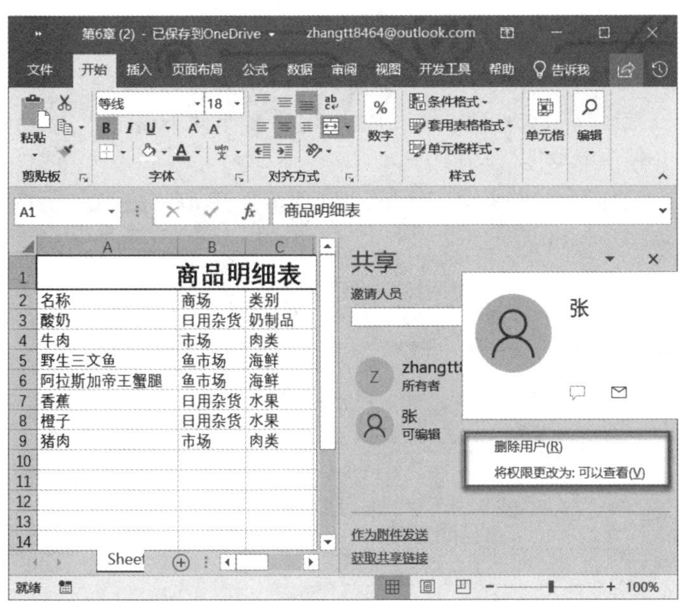

图 14-30

图 14-31

步骤 10：例如在图 14-30 所示的菜单列表中选择“删除用户”按钮，完成后即可显示如图 14-32 所示的效果。

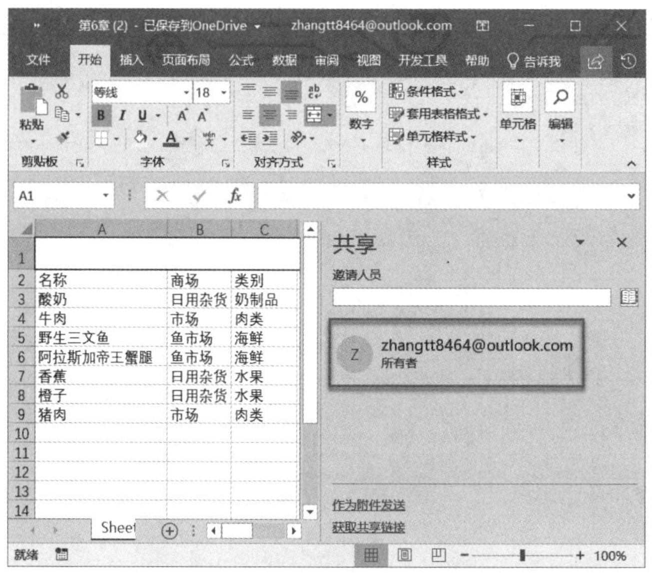

图 14-32

14.2.2 创建受保护的共享工作簿

工作簿在共享时，为了避免用户关闭工作簿的共享或对修订记录进行任意修改，往往需要对共享工作簿进行保护。要实现对共享工作簿的保护，可以创建受保护的共享工作簿。下面介绍具体的操作方法。

步骤 1：打开工作簿，切换至“审阅”选项卡，单击“更改”组内的“保护并共享工作簿”按钮，如图 14-33 所示。

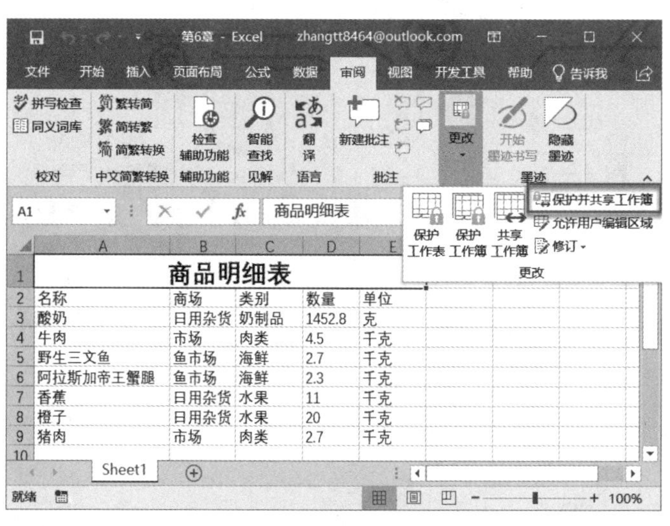

图 14-33

步骤 2：弹出“保护共享工作簿”对话框。单击勾选“以跟踪修订方式共享”前的复选框，同时在“密码”文本框内收入密码，单击“确定”按钮，如图 14-34 所示。

步骤 3：弹出“确认密码”对话框，在“重新输入密码”文本框内再次输入密码，单击“确定”按钮关闭对话框，如图 14-35 所示。

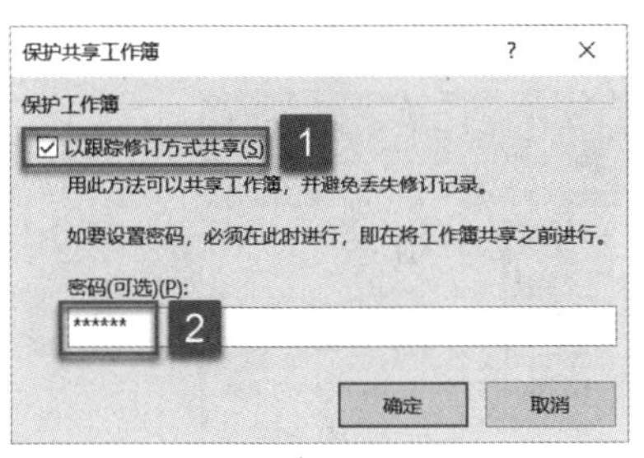

图　14-34

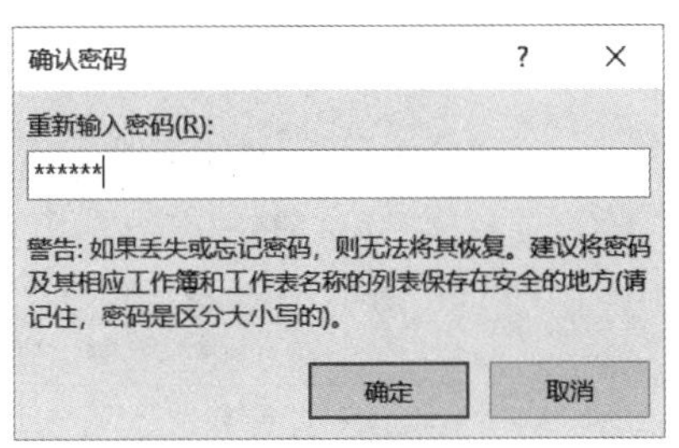

图　14-35

步骤 4：弹出提示框，提示用户对文档进行保存，单击“确定”按钮保存文档即可，如图 14-36 所示。

步骤 5：如果要取消对共享工作簿的保护，切换至“审阅”选项卡，单击“更改”组内的“撤销对共享工作簿的保护”按钮，如图 14-37 所示。此时将打开“取消共享保护”对话框，在“密码”文本框内输入密码，单击“确定”按钮即可，如图 14-38 所示。

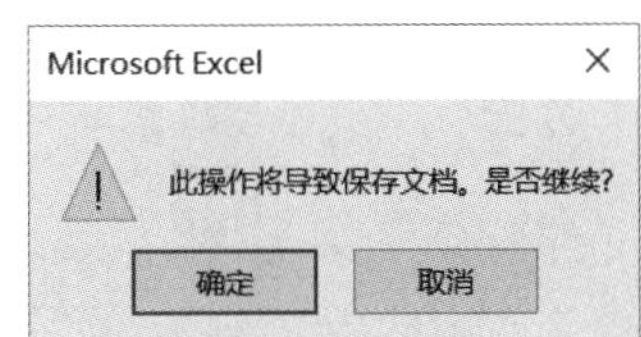

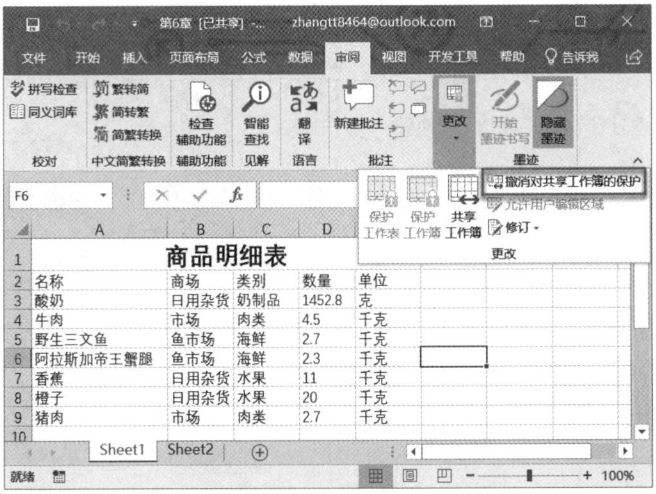

图　14-36

图　14-37

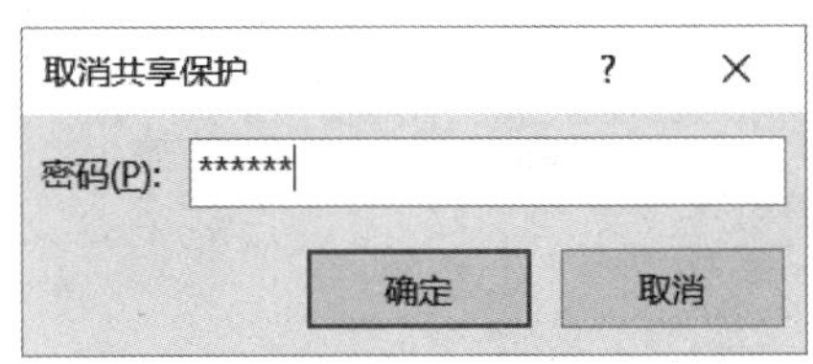

图　14-38

14.2.3　跟踪工作簿的修订

Excel 有一项功能，可以用于跟踪对工作簿的修订。当要把工作簿发送给其他人审阅时可以使用该功能。文件返回后，用户能够看到工作簿的变更，并根据情况接受或拒绝这些变更。下面介绍实现跟踪工作簿修订的设置方法。

步骤 1：打开共享工作簿，切换至“审阅”选项卡，单击“更改”组中的“修订”按钮，在弹出的菜单列表中单击“突出显示修订”按钮，如图 14-39 所示。

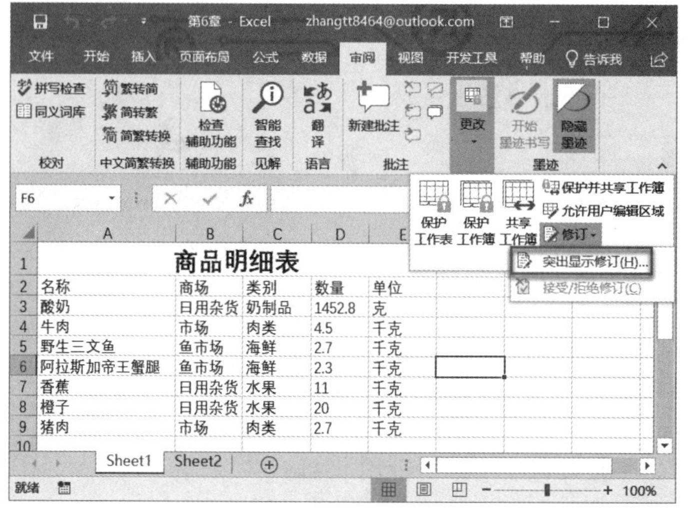

图 14-39

步骤 2：弹出“突出显示修订”对话框，勾选“编辑时跟踪修订信息，同时共享工作簿”前的复选框，单击“时间”右侧的下拉按钮，在弹出的菜单列表中选择“起自日期”项，如图 14-40 所示。

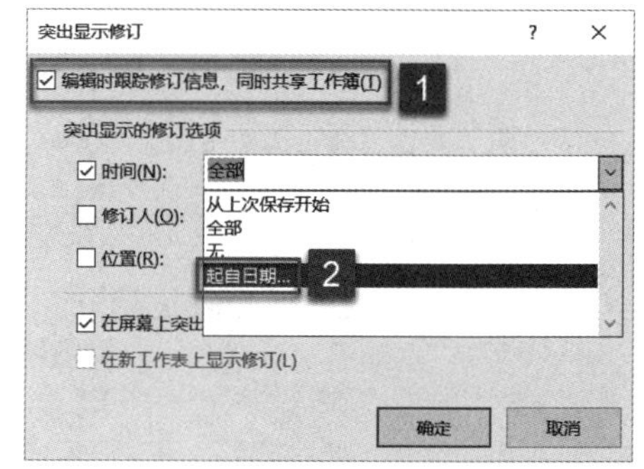

图 14-40

步骤 3：然后“时间”文本框内会自动输入当前日期，如图 14-41 所示。

步骤 4：单击勾选“修订人”前的复选框，并在右侧下拉列表内选择“每个人”项，勾选“位置”前的复选框，单击其右侧的按钮选择单元格区域，如图 14-42 所示。

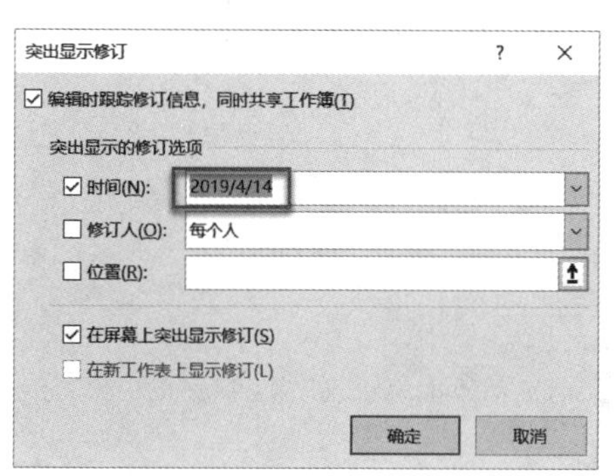

图 14-41

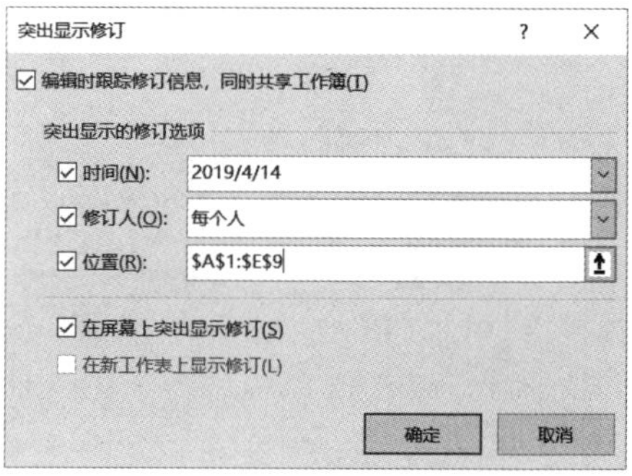

图 14-42

步骤 5：单击“确定”按钮，弹出提示框，单击“确定”按钮即可，如图 14-43 所示。

步骤 6：返回 Excel 主界面，用户可以看到修订过的单元格左上角有一个三角形标志，当鼠标移动至该单元格时，系统会给出提示，如图 14-44 所示。

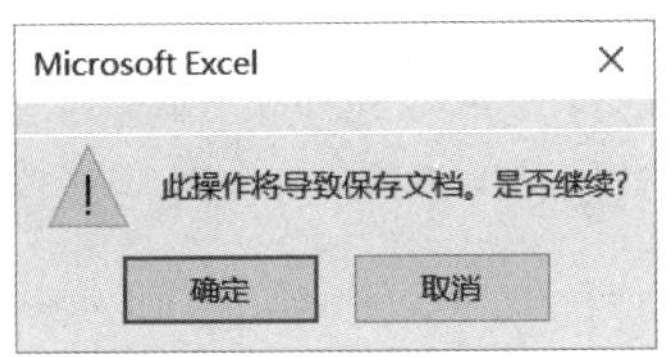

图 14-43

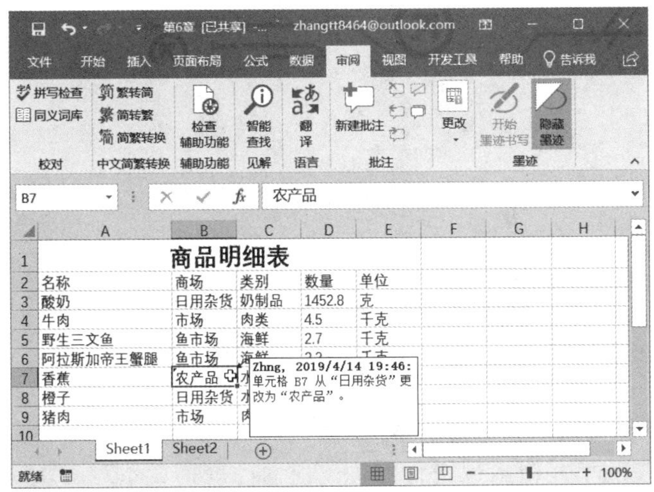

图 14-44

14.2.4 接受或拒绝修订

共享工作簿被修改后，用户在审阅表格时可以选择接受或者拒绝他人的修改数据信息。下面介绍具体的操作方法。

步骤 1：打开工作簿，切换至“审阅”选项卡，单击“更改”组中的“修订”按钮，在弹出的菜单列表中单击“接收 / 拒绝修订”按钮，如图 14-45 所示。然后系统会弹出提示框，单击“确定”按钮即可。

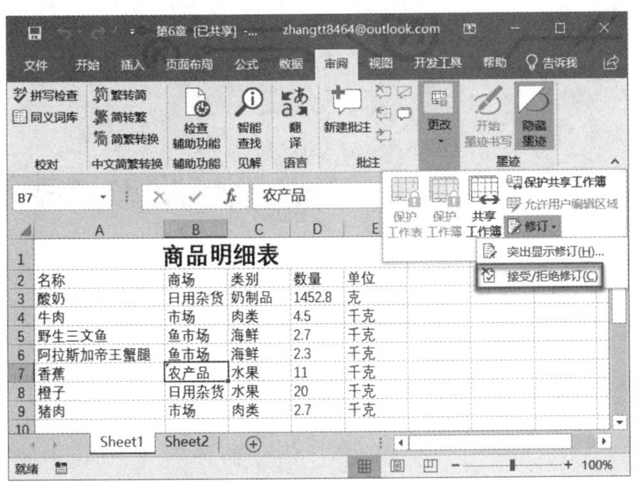

图 14-45

步骤 2：打开“接受或拒绝修订”对话框，在对话框中对“修订选项”进行设置，如这里指定修订人，完成设置后单击“确定”按钮，如图 14-46 所示。

步骤 3：弹出“接受或拒绝修订”对话框，列出第一个符合条件的修订，同时工作表中将指示出该数据。如果接受该修订内容，单击“接受”按钮即可；否则，单击“拒绝”按钮，如图 14-47 所示。

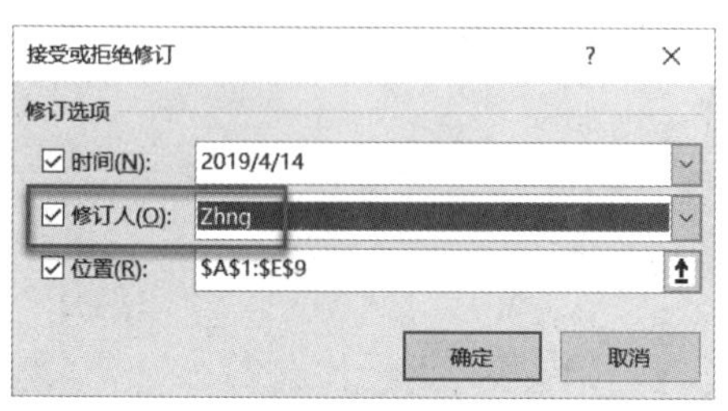

图 14-46

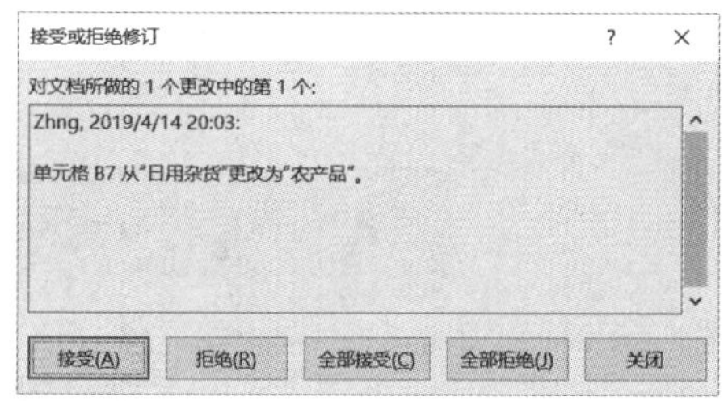

图 14-47

14.3 设置 Excel 文档的安全性

为了保护 Excel 文档中数据表的结构或数据不会被随意更改，可以对工作表、工作簿或特定数据所在的单元格区域进行保护。前面已在第 2 章对工作簿和工作表的保护进行过介绍，接下来本节就介绍一下 Excel 文档安全性的设置方法。

14.3.1 设置允许用户编辑的区域

在工作表中设置允许用户编辑的单元格区域，能够让特定的用户对工作表进行特定的操作，让不同的用户拥有不同的查看和修改工作表的权限，这是保护数据的一种有效方法。下面介绍设置允许用户编辑区域的操作方法。

步骤 1：打开工作簿，切换至“审阅”选项卡，单击“更改”组中的“允许用户编辑区域”按钮，如图 14-48 所示。

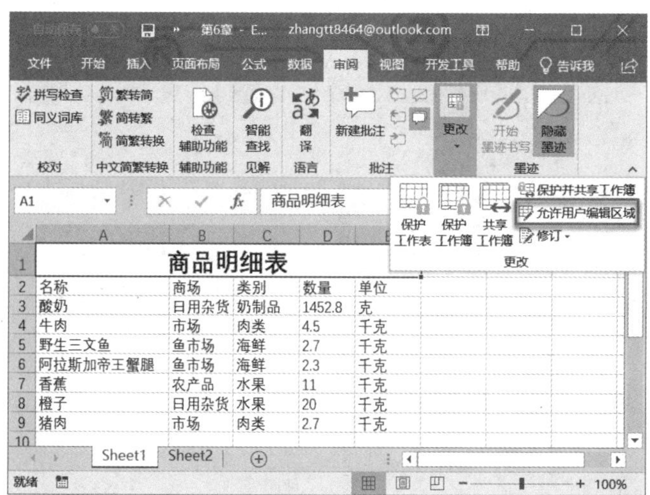

图 14-48

步骤 2：弹出“允许用户编辑区域”对话框，单击“新建”按钮，如图 14-49 所示。

步骤 3：弹出“新区域”对话框，在“标题”文本框内输入名称，在“引用单元格”文本框内输入允许编辑区域的单元格地址，在“区域密码”文本框内输入密码，然后单击“权限”按钮，如图 14-50 所示。

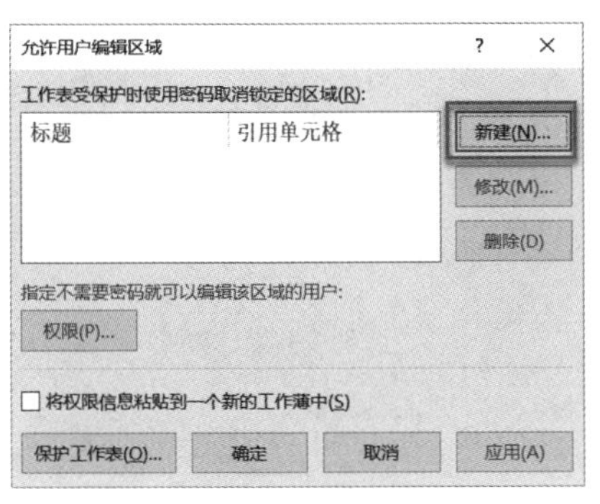

图 14-49

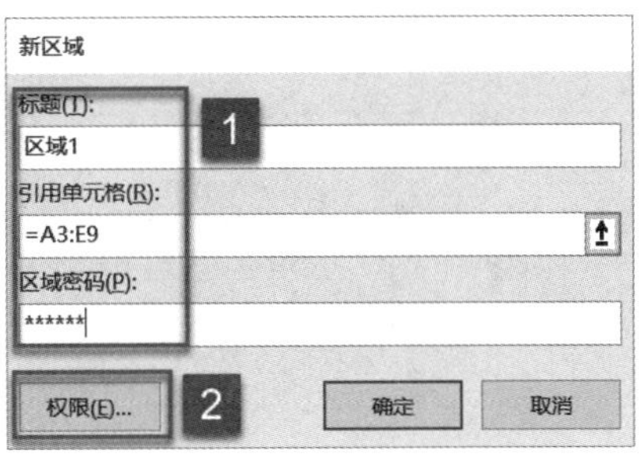

图 14-50

步骤 4：弹出“区域 1 的权限”对话框，单击“添加”按钮，如图 14-51 所示。

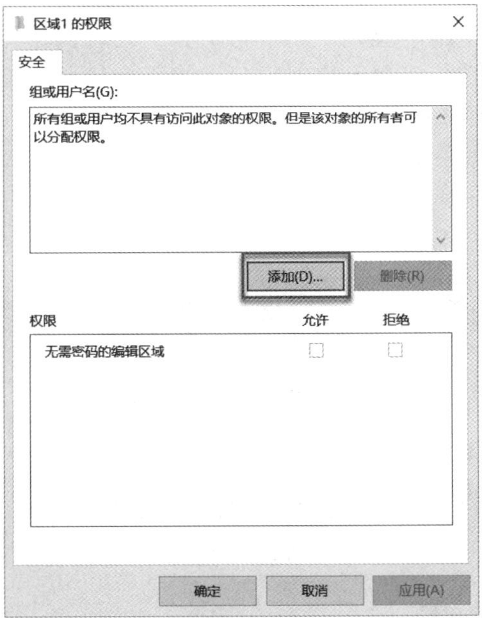

图 14-51

步骤 5：弹出“选择用户或组”对话框。在“输入对象名称来选择”文本框内输入允许编辑当前区域的计算机用户名，完成设置后单击“确定”按钮关闭这两个对话框，如图 14-52 所示。

步骤 6：返回“新区域”对话框，单击“确定”按钮，弹出“确认密码”对话框，重新输入密码后，单击“确定”按钮，如图 14-53 所示。

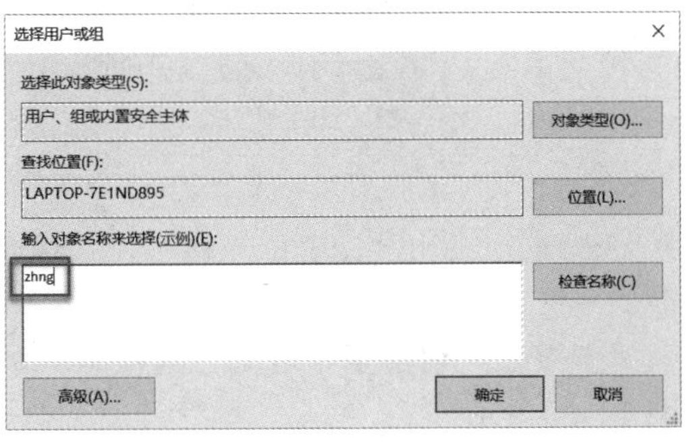

图 14-52

步骤 7：弹出“允许用户编辑区域”对话框，列表中已添加允许编辑的单元格区域，如图 14-54 所示。单击“确定”按钮，被授权的用户将只能编辑设置为允许编辑的数据区域，其他数据区域将不能进行编辑操作。

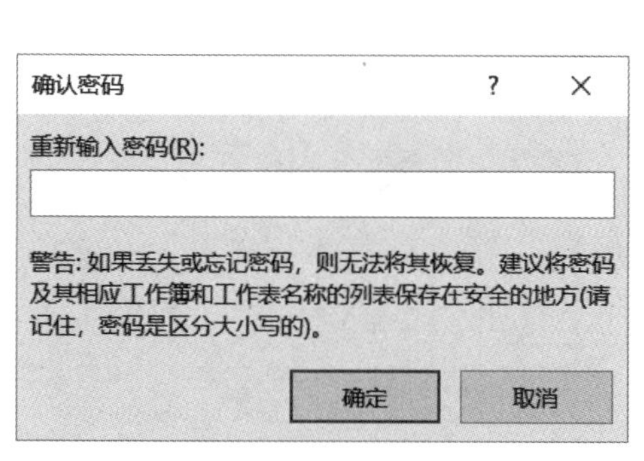

图 14-53

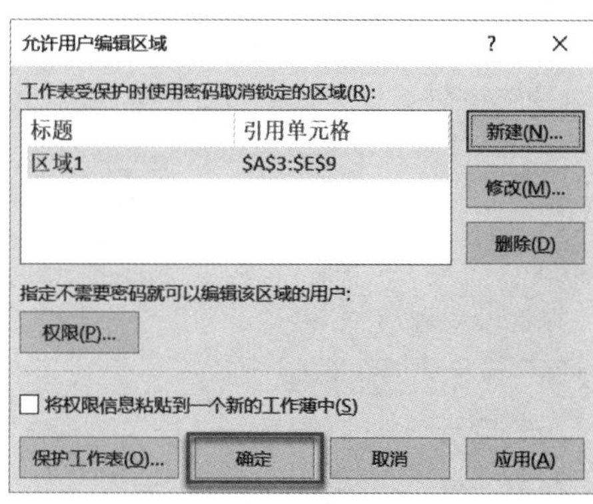

图 14-54

14.3.2 保护公式

在工作表中，如果使用了公式，而不希望其他人看到单元格中的公式，可以将公式隐藏。隐藏公式后，选择该单元格时，公式将不会显示在编辑栏，从而起到保护单元格中公式的作用。下面介绍隐藏公式的具体操作方法。

步骤 1：选中需要隐藏公式的单元格区域，切换至“开始”选项卡，单击“单元格”组中的“格式”按钮，在弹出的菜单列表中单击“设置单元格格式”按钮，如图 14-55 所示。

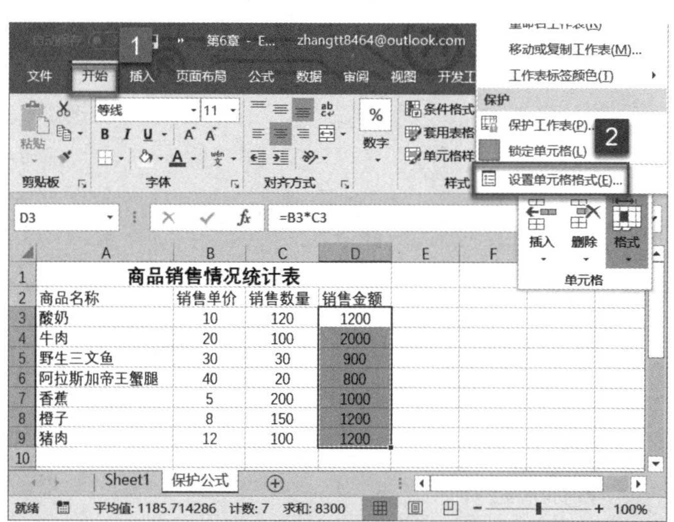

图 14-55

步骤 2：弹出“设置单元格格式”对话框，切换至保护”选项卡，单击勾选“隐藏”前的复选框，单击“确定”按钮，如图 14-56 所示。

步骤 3：切换至“审阅”选项卡，单击“更改”组中的“保护工作表”按钮，如图 14-57 所示。

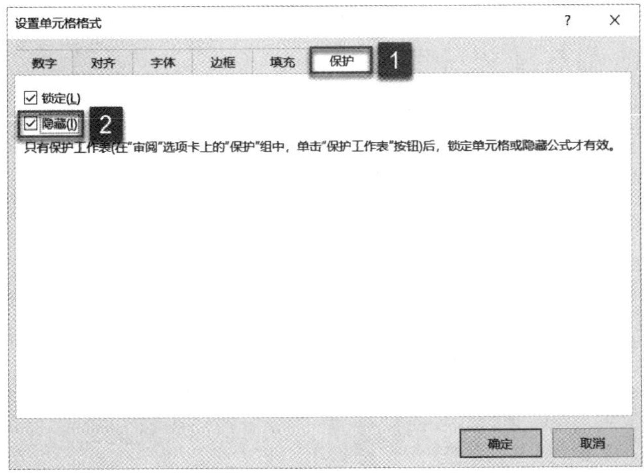

图 14-56

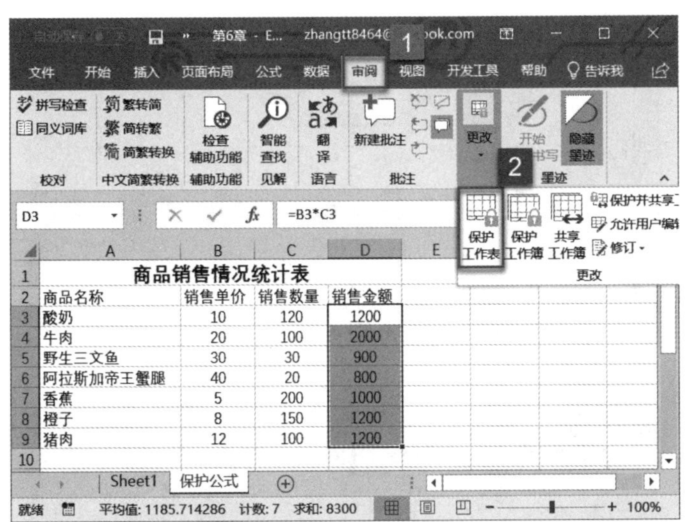

图 14-57

步骤 4： 弹出“保护工作表”对话框。在“取消工作表保护时使用的密码”文本框中输入密码，然后单击“确定”按钮，如图 14-58 所示。

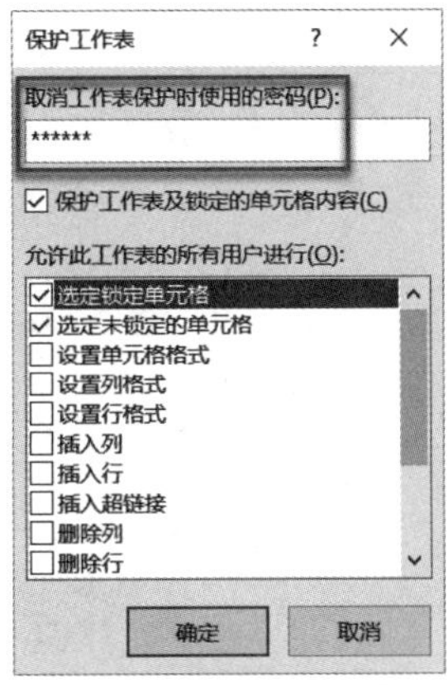

图 14-58

步骤 5：打开“确定密码”对话框，在“重新输入密码”文本框中再次输入密码，单击“确定”按钮，如图 14-59 所示。

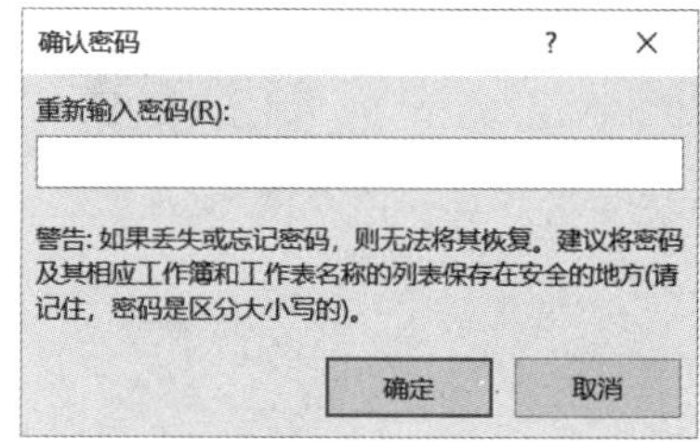

图 14-59

步骤 6：返回工作表，单击存在公式的单元格，编辑栏中将不再显示公式，如图 14-60 所示。

步骤 7：如果要撤销对工作表的保护，可以在“审阅”选项卡中单击“撤销工作表保护”按钮，如图 14-61 所示。弹出“撤销工作表保护”对话框，在“密码”文本框中输入保护密码，单击“确定”按钮即可，如图 14-62 所示。

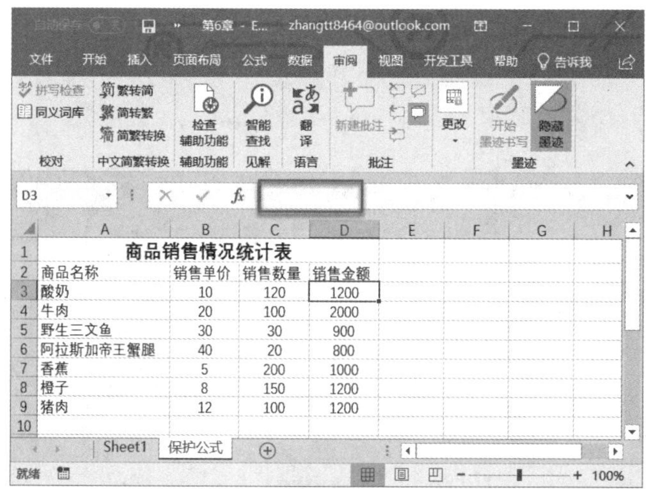

图 14-60

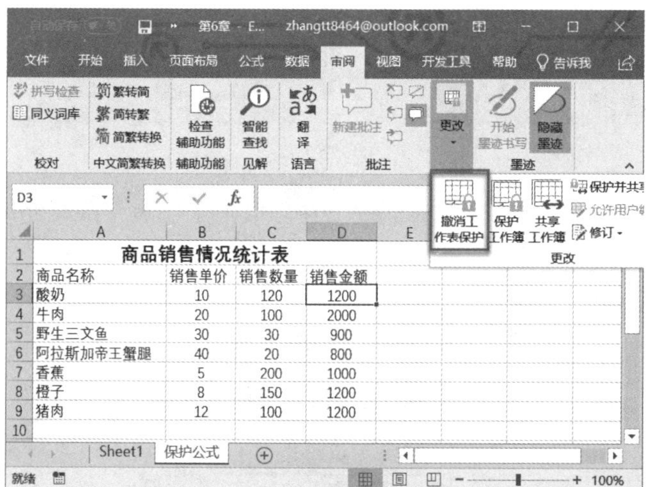

图 14-61

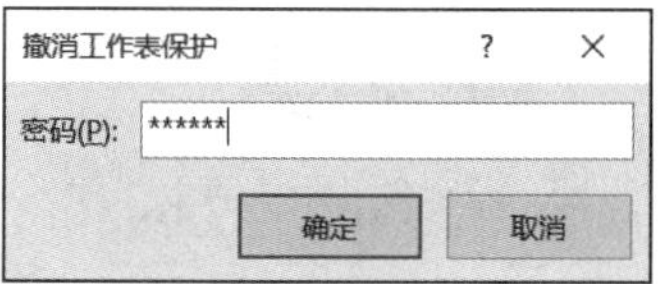

图 14-62

14.4 工作簿的网络应用

随着网络的发展，人们不仅能够通过网络获得需要的信息，而且可以将自己的信息发布到网络上。网络中也包含适合 Excel 进行分析处理的信息，Excel 可以直接从网络获得这些信息并对数据进行分析处理。本节将介绍 Excel 网络应用的有关知识。

14.4.1 获取网上数据

在实际工作中，有时需要对网页上的一些数据信息进行分析。在 Excel 中，可以通过创建一个 Web 查询将包含在 HTML 文件中的数据插入到 Excel 工作表中。下面将介绍在工作表中创建 Web 查询的操作方法。

步骤 1： 启动 Excel 并创建工作表，切换至“数据”选项卡，单击“获取和转换数据”组中的“自网站”按钮，如图 14-63 所示。

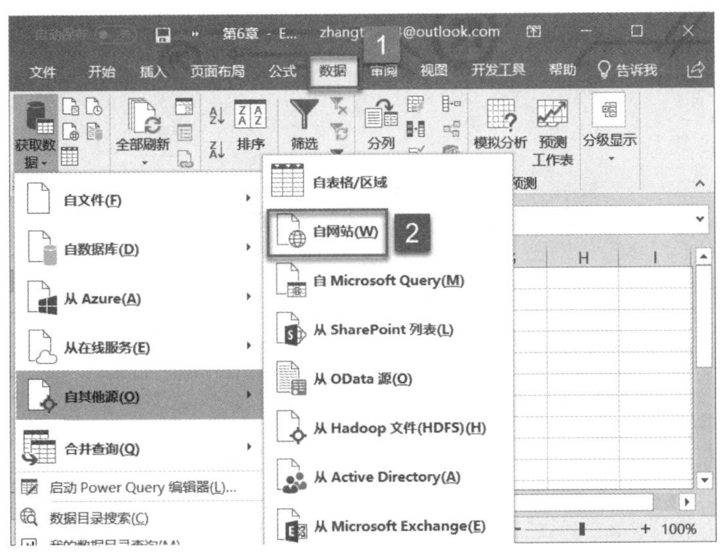

图 14-63

步骤 2： 弹出“从 Web”对话框，在 URL 文本框内输入 Web 页的 URL 地址，例如 http://www.usd-cny.com，单击“确定”按钮，如图 14-64 所示。

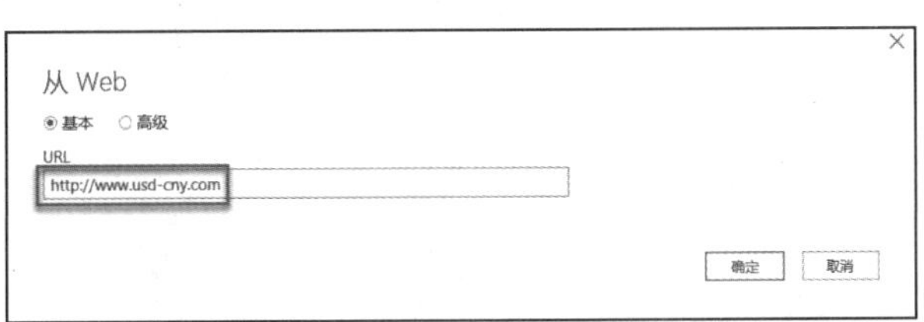

图 14-64

步骤 3： 打开“导航器”对话框，单击“显示选项”窗格下的“Table”按钮，然后单击“表视图”按钮，即可显示 Web 页内的数据表。单击“加载”的下拉按钮，在弹出的菜单列表中单击“加载到”项，如图 14-65 所示。

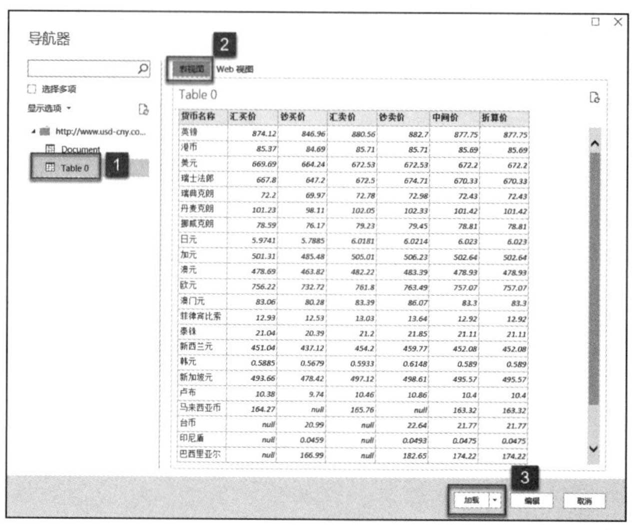

图 14-65

步骤 4：弹出“导入数据”对话框，单击选中“现有工作表”前的单选按钮，然后单击“确定”按钮，如图 14-66 所示。

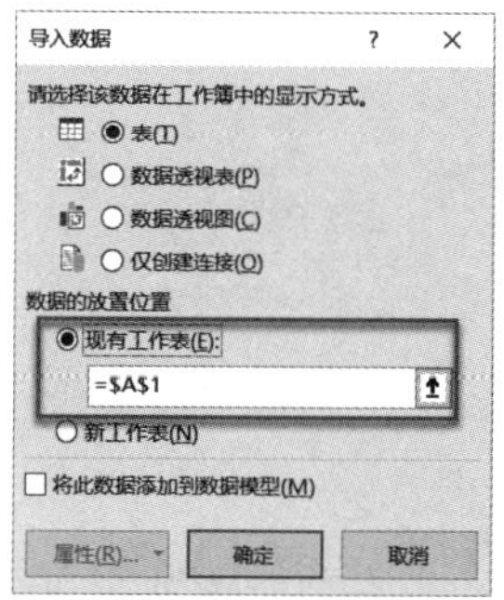

图 14-66

步骤 5：返回 Excel 主界面，此时用户可以看到刚才的表数据已被导入到 Excel 工作表中，如图 14-67 所示。

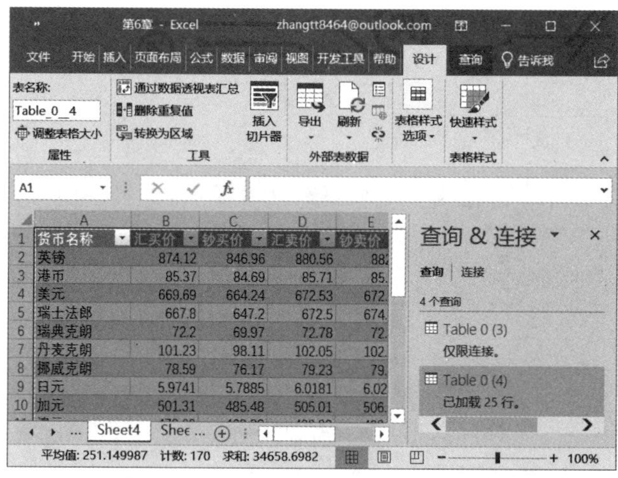

图 14-67

步骤 6：如果用户需要刷新数据，可以切换至“查询”选项卡，单击“加载”组中的“刷新”按钮即可，如图 14-68 所示。

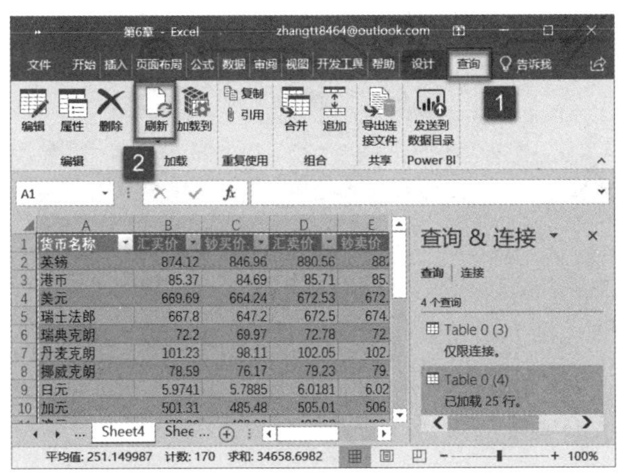

图 14-68

14.4.2 创建交互式 Web 页面文件

在完成数据的处理后，用户可以将工作簿保存为 Web 页面文件，以便任何具有 Web 浏览器的用户都可以通过浏览器看到这些数据。下面介绍将工作簿保存为交互式 Web 页面文件的具体操作方法。

步骤 1：打开工作簿，单击“文件”按钮，在打开的菜单列表中单击“另存为”选项，然后双击“这台电脑”选项，如图 14-69 所示。

步骤 2：弹出“另存为”对话框，指定文件保存的位置，然后在“文件名”文本框内输入名称，单击“保存类型”右侧的下拉按钮，在弹出的菜单列表中选择“网页”项，然后单击“发布”按钮，如图 14-70 所示。

图 14-69

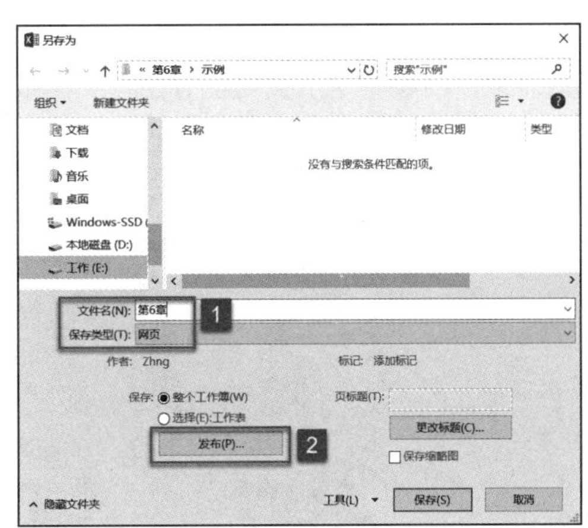

图 14-70

步骤 3：弹出“发布为网页”对话框，单击“选择”右侧的下拉按钮，在打开的菜单列表中选择“整个工作簿”，单击“发布”按钮即可进行工作簿的发布操作，此处单击“更改”按钮，如图 14-71 所示。

步骤 4：弹出“设置标题”对话框，在“标题”文本框内输入标题，然后单击“确定”按钮，如图 14-72 所示。

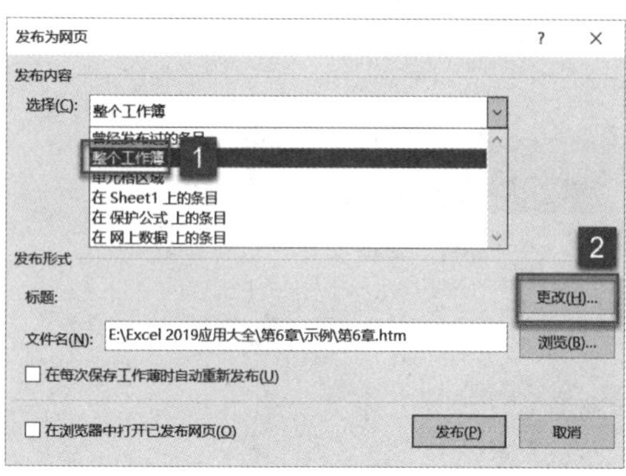

图 14-71

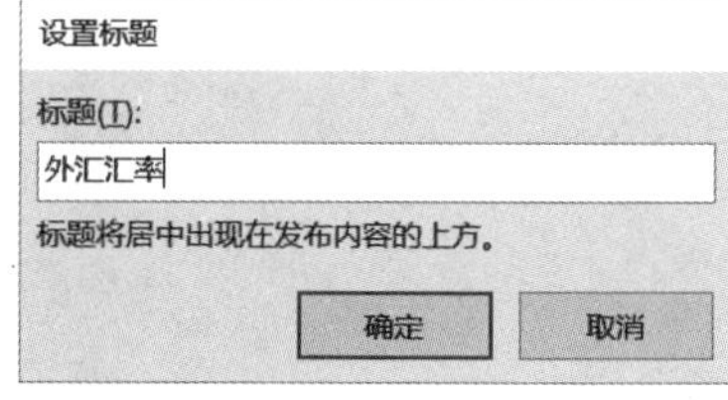

图 14-72

步骤 5：返回“发布为网页”对话框，单击“发布”按钮即可将选择的工作簿发布为网页文件，如图 14-73 所示。

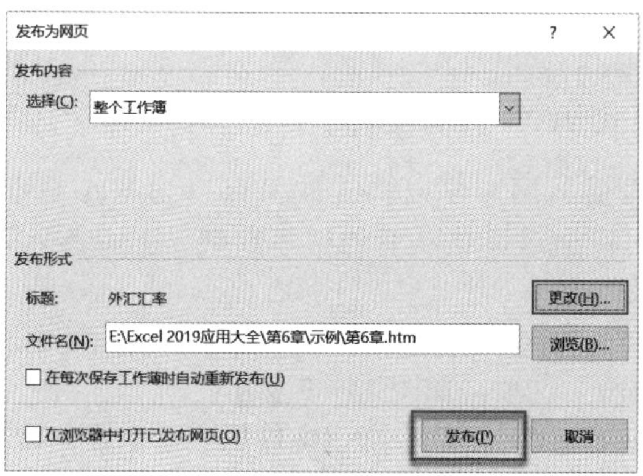

图 14-73

步骤 6：在保存网页文件的文件夹中双击生成的网页文件，系统将打开 IE 浏览器中显示页面文件内容。单击页面下方的标签可以查看工作簿中其他工作表，如图 14-74 所示。

E:\Excel 2019应用大全　搜索...
外汇汇率

货币名称	汇买价	钞买价	汇卖价	钞卖价	中间价	折算价
英镑	874.12	846.96	880.56	882.7	877.75	877.75
港币	85.37	84.69	85.71	85.71	85.69	85.69
美元	669.69	664.24	672.53	672.53	672.2	672.2
瑞士法郎	667.8	647.2	672.5	674.71	670.33	670.33
瑞典克朗	72.2	69.97	72.78	72.98	72.43	72.43
丹麦克朗	101.23	98.11	102.05	102.33	101.42	101.42
挪威克朗	78.59	76.17	79.23	79.45	78.81	78.81
日元	5.9741	5.7885	6.0181	6.0214	6.023	6.023
加元	501.31	485.48	505.01	506.23	502.64	502.64
澳元	478.69	463.82	482.22	483.39	478.93	478.93
欧元	756.22	732.72	761.8	763.49	757.07	757.07
澳门元	83.06	80.28	83.39	86.07	83.3	83.3
菲律宾比索	12.93	12.53	13.03	13.64	12.92	12.92
泰铢	21.04	20.39	21.2	21.85	21.11	21.11
新西兰元	451.04	437.12	454.2	459.77	452.08	452.08
韩元	0.5885	0.5679	0.5933	0.6148	0.589	0.589
新加坡元	493.66	478.42	497.12	498.61	495.57	495.57
卢布	10.38	9.74	10.46	10.86	10.4	10.4
马来西亚币	164.27		165.76		163.32	163.32
台币		20.99		22.64	21.77	21.77

Sheet1　保护公式　网上数据

图 14-74

第四篇

Power Point 2019 应用

第15章 PowerPoint 2019 的基本操作

PowerPoint 是微软公司的演示文稿软件，也是目前制作演示文稿最常用的工具软件，能够制作出集文字、图形、图像、声音、动画以及视频等多媒体元素于一体的演示文稿，被广泛应用于课堂教学、学术报告、产品展示、教育讲座等各种信息传播活动中。

- 演示文稿的基本操作
- 掌握常用视图模式
- 幻灯片的基本操作

15.1 演示文稿的基本操作

启动 PowerPoint 2019 后，用户可以尝试对演示文稿进行一些简单的基本操作，包括新建演示文稿、保存演示文稿、保护演示文稿，熟悉演示文稿的制作和保存过程等。

15.1.1 新建演示文稿

多数情况下，用户需要创建多个演示文稿，新建演示文稿的快速方法分为：根据主题、模版新建演示文稿和根据现有演示文稿创建这两种。

1. 根据主题、模板新建演示文稿

此方法下，用户只需要在新建的模板下添加文本、图片、音频等内容即可快速完成一个精美演示文稿的制作。

步骤 1：打开 PowerPoint 2019，进入 PowerPoint 2019 的工作界面，切换至“文件”选项卡，在左侧菜单列表中单击“新建”按钮，此时在右侧窗格内即可显示很多模板和主题，并有搜索功能，如图 15-1 所示。

步骤 2：选择一个符合的主题或者模板，例如选择“画廊”主题。进入详细选择界面，单击选中符合的模板，然后单击“创建”按钮，如图 15-2 所示。

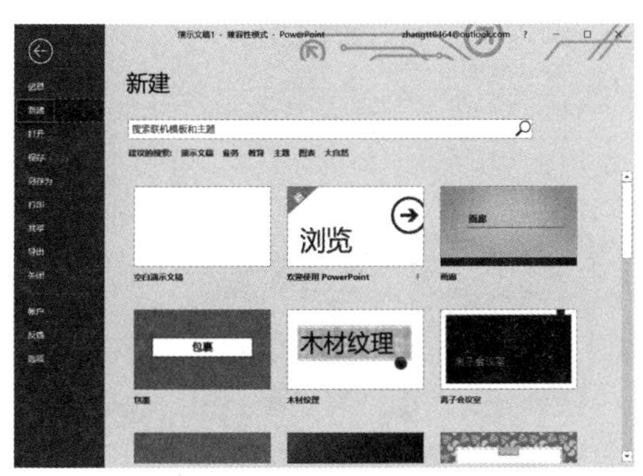

图 15-1

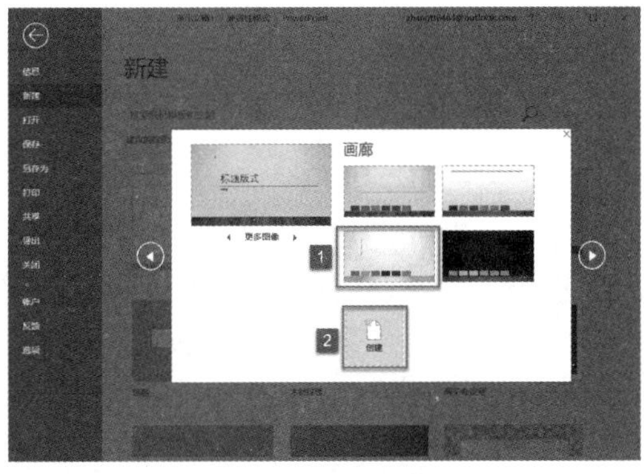

图 15-2

步骤 3：创建完成后，返回 PowerPoint 主界面，效果如图 15-3 所示。

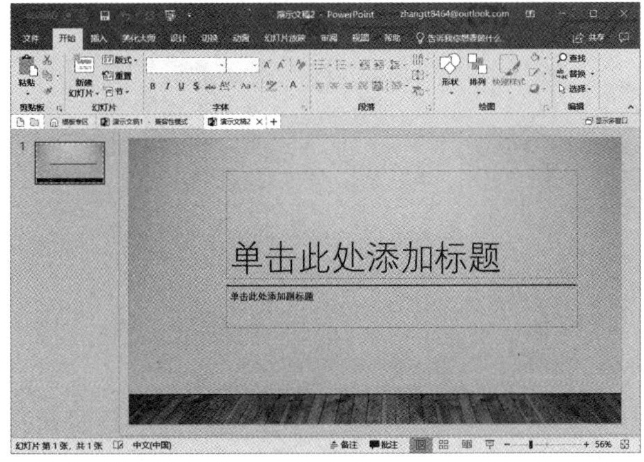

图 15-3

2. 根据现有演示文稿创建

如果用户不想用系统的主题或者模板，而是想用自己电脑中已有的 PPT 时，就可以根据现有的演示文稿进行创建。

步骤 1：打开 PowerPoint 2019，进入 PowerPoint 2019 的工作界面，单击切换至“文件”选项卡，在左侧菜单列表中单击“打开”按钮，然后单击“浏览”按钮。弹出“打开”对话框，在所要打开的文件目录下找到该文件并单击，最后单击“打开”按钮，如图 15-4 所示。

步骤 2：打开后的效果如图 15-5 所示。

图 15-4

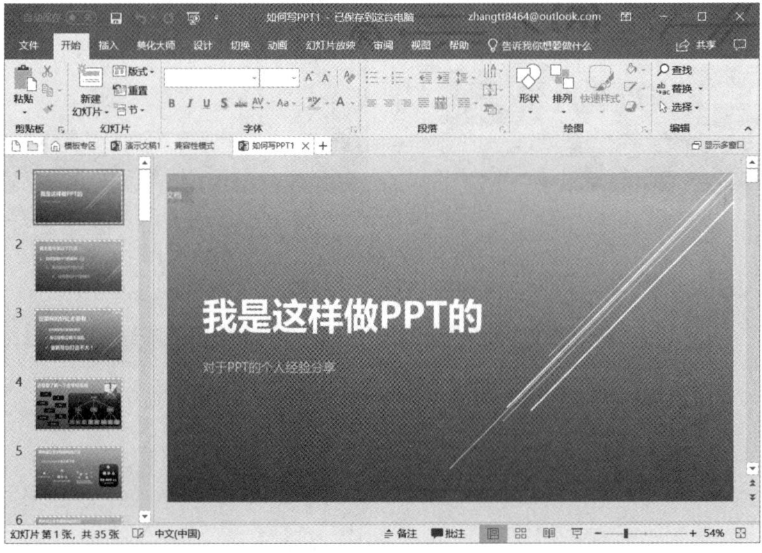

图 15-5

15.1.2 保存演示文稿

保存演示文稿尤为重要，不然会使用户辛苦努力的成果付诸东流，保存演示文稿分为“直接保存”和“另存为”两种方式。

1. 直接保存演示文稿

直接保存演示文稿有两种方法。

方法一：打开 PowerPoint 文件，单击界面左上角的“保存”按钮，如图 15-6 所示。

方法二：打开 PowerPoint 文件，切换至“文件”选项卡，在左侧菜单列表中单击“保存”按钮，如图 15-7 所示。

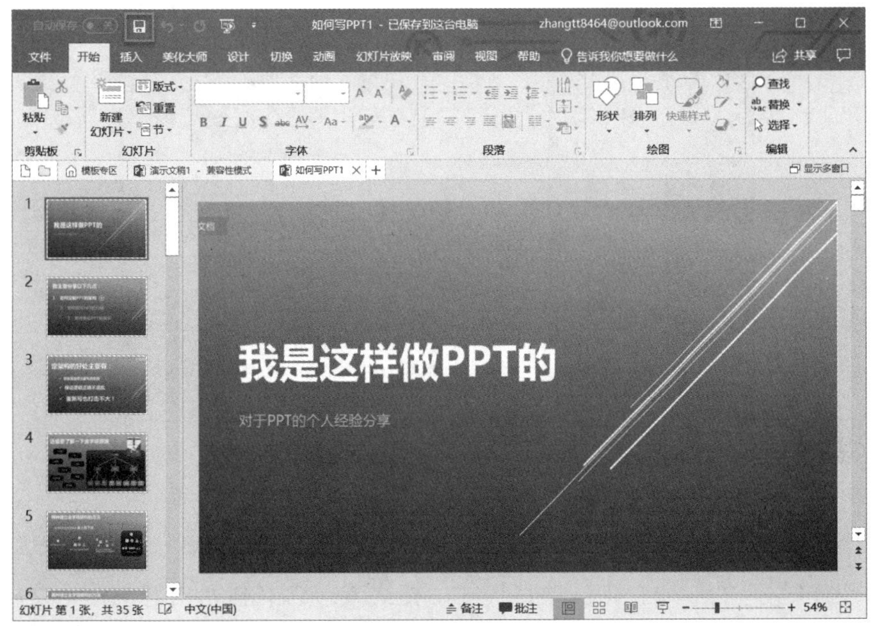

图 15-6

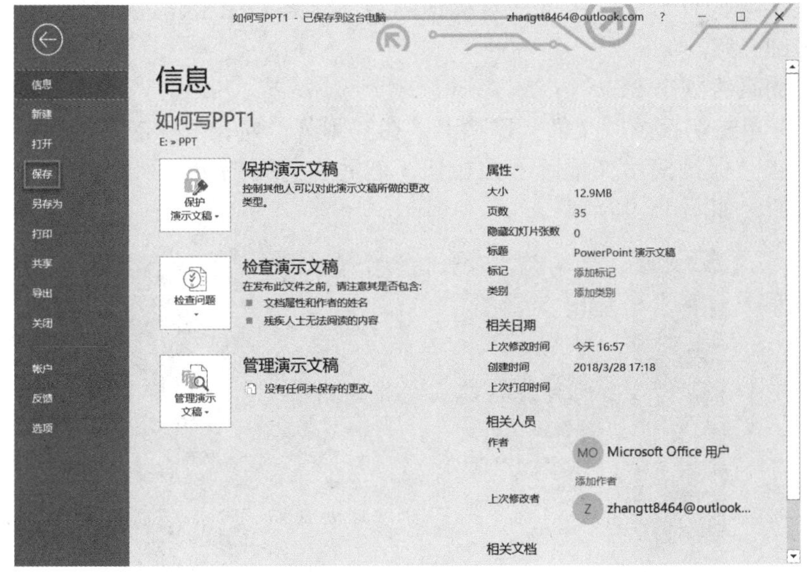

图 15-7

2. 另存为演示文稿

当用户打开已有演示文稿进行修改后，需要将修改的内容保存起来并且还需要保持原有的演示文稿不变的情况下，就可以使用另存为演示文稿的方法对演示文稿进行保存。

单击切换至“文件”选项卡，在左侧菜单列表中单击“另存为”按钮，然后单击“浏览”按钮。弹出“另存为”对话框，在目录列表内选择需要保存到的目录，然后输入“文件名”，选择“保存类型”，最后单击“保存”按钮即可，如图 15-8 所示。

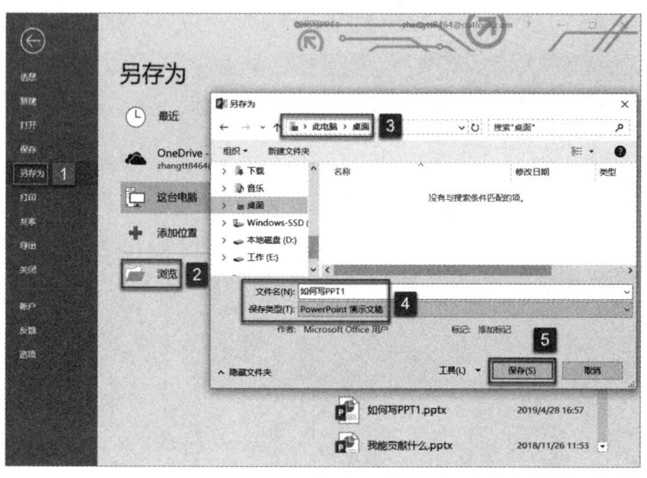

图 15-8

15.1.3 保护演示文稿

如果用户创建了一个有自己独特样式、格式或包含有机密内容的演示文稿，这时候或许就不太希望被他人随意查看、编辑或修改，那么该怎么办呢？此时就应该选择适当的方法来保护演示文稿，一共有标记为最终状态、用密码进行加密、限制访问、添加数字签名等四种方法。接下来对标记为最终状态和用密码进行加密这两种常用的方法进行详细介绍。

1. 标记为最终状态

步骤 1：单击切换至“文件”选项卡，在左侧菜单列表中单击“信息”按钮，在右侧窗格内单击“保护演示文稿”下拉按钮，然后在打开的菜单列表中单击“标记为最终状态”按钮，如图 15-9 所示。

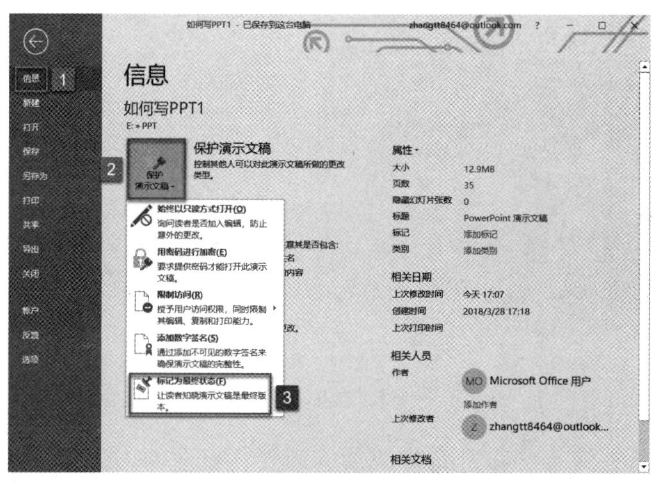

图 15-9

步骤 2：此时 PowerPoint 会弹出提示框，单击“确定”按钮即可，如图 15-10 所示。操作完成后，返回 PowerPoint 主界面，系统会弹出一个窗口提示用户此文件已标记为最终状态，如图 15-11 所示。

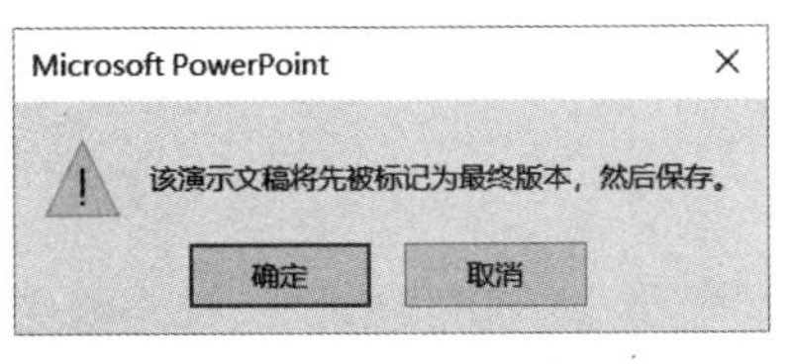

图 15-10

图 15-11

2. 用密码进行加密

用密码对演示文稿进行加密是最安全的一种方法，具体的操作步骤如下。

步骤 1：单击切换至“文件”选项卡，在左侧菜单列表中单击“信息”按钮，在右侧窗格内单击“保护演示文稿”下拉按钮，然后在打开的菜单列表中单击“用密码进行加密”按钮，如图 15-12 所示。

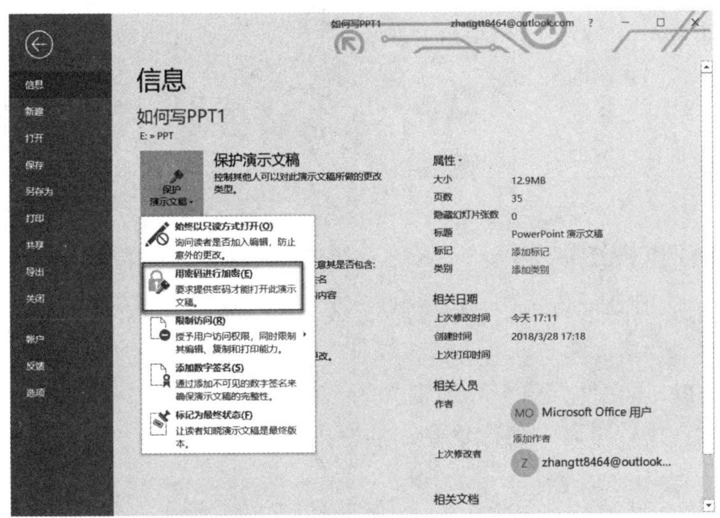

图 15-12

步骤 2：此时 PowerPoint 会弹出“加密文档”对话框，在“密码”文本框内输入密码后，单击“确定”按钮，如图 15-13 所示。继续弹出“确认密码”对话框，在“重新输入密码”文本框内再次输入密码，单击“确定”按钮即可，如图 15-14 所示。

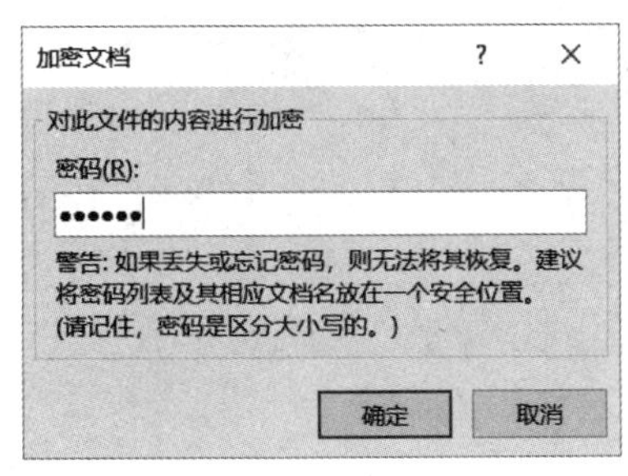

图 15-13

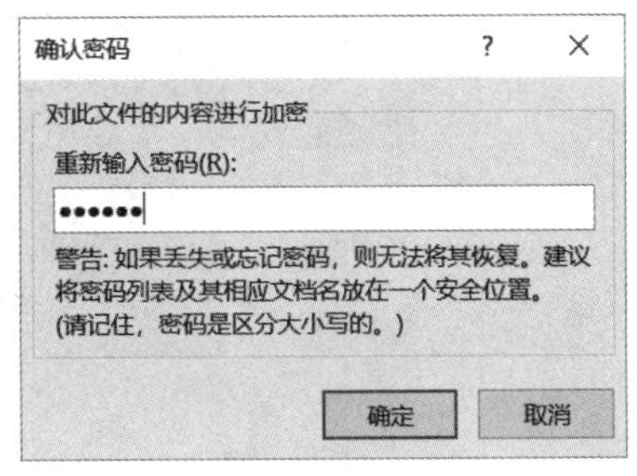

图 15-14

提示：用户需要将自己设置的密码牢牢记住，以免因为忘记密码而打不开文件。

15.2 掌握常用视图模式

当用户已经制作完自己的 PPT 演示文稿，想要预览一下时，可以单击界面右下方工具栏的视图按钮来切换不同的视图方式查看 PPT 演示文稿，以便用户查看并修改自己的 PPT 演示文稿。

15.2.1 普通视图

一般演示文稿的初始视图方式就是普通视图，在此模式下左侧窗格内是用户所制作的所有幻灯片，用户可以选择其中的一张进行查看和修改。

打开 PowerPoint 文件，单击界面下方的“普通视图”按钮，即可切换至普通视图模式，如图 15-15 所示。

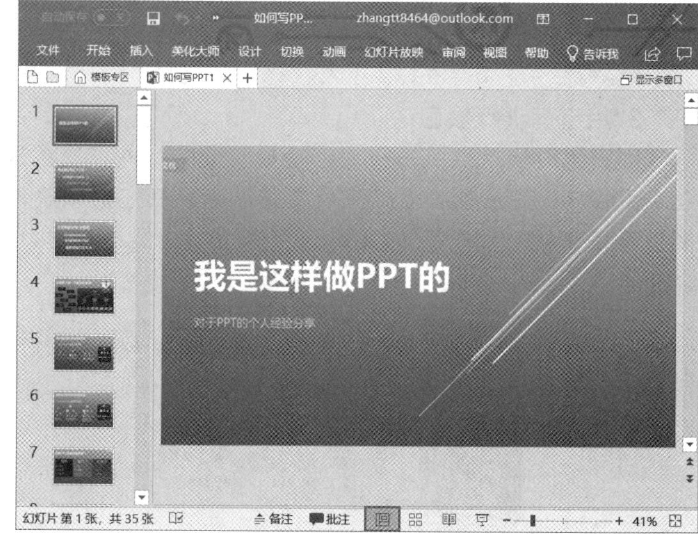

图 15-15

15.2.2 备注页视图

用户在备注页视图下可以对制作的演示文稿进行标记描述等，这样可以使演示文稿更加详细、完整。

打开 PowerPoint 文件，单击界面下方的“备注”按钮，即可切换至备注视图模式，如图 15-16 所示。用户可以在备注信息添加栏内输入备注信息。

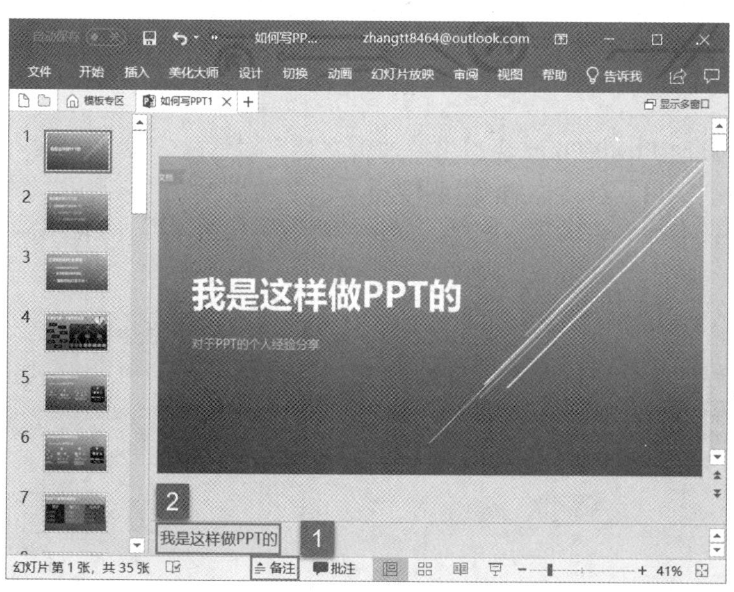

图 15-16

15.2.3 幻灯片浏览视图

在幻灯片浏览视图中，演示文稿中的全部幻灯片的缩图按序号顺序排列，用户双击左键任意幻灯片缩图，即可切换至显示此幻灯片的幻灯片视图模式。

打开 PowerPoint 文件，单击界面下方的“幻灯片浏览”按钮，即可切换至幻灯片浏览视图模式，如图 15-17 所示。在该视图下，用户可以复制、删除幻灯片，调整幻灯片的顺序，但不能对个别幻灯片的内容进行编辑和修改。

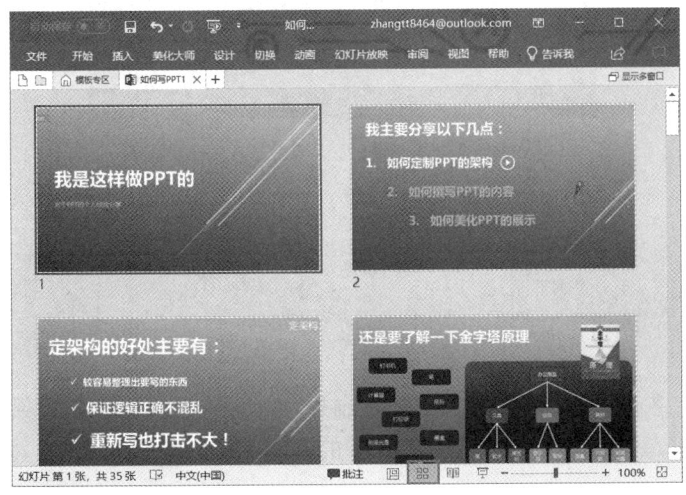

图 15-17

15.2.4 放映视图

在放映视图下，整张幻灯片的内容占满整个屏幕。这就是在计算机屏幕上演示的，将来制成胶片后用幻灯机放映出来的效果，这样可以让用户提前感受制作的 PPT 最后展示出来是什么效果。

步骤 1：打开 PowerPoint 文件，单击界面下方的“放映”按钮，即可切换至幻灯片放映视图模式，如图 15-18 所示。

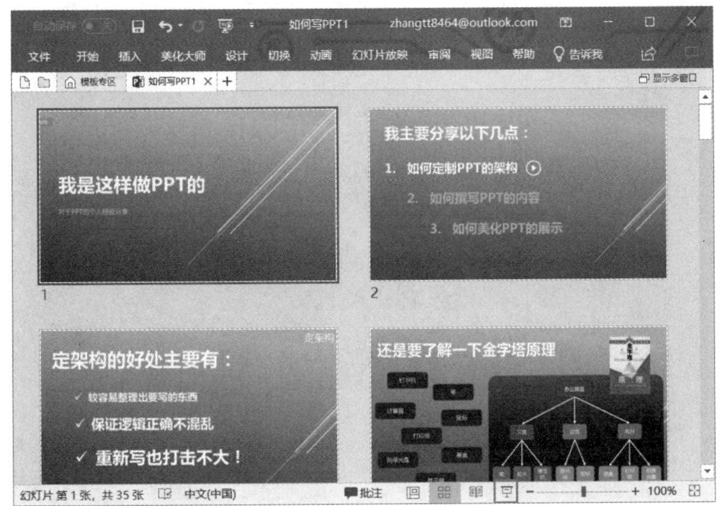

图 15-18

步骤 2：进入幻灯片放映视图，用户可以单击鼠标进行幻灯片的逐个放映，效果如图 15-19 所示。

图 15-19

15.3 幻灯片的基本操作

演示文稿由多张幻灯片组成，所以在制作演示文稿的时候，掌握幻灯片的基本操作是相当重要的，不然很难创建出一个完整的演示文稿。

15.3.1 新建幻灯片

默认的演示文稿中只包含一张幻灯片，那么新建幻灯片就是一项必不可少的操作，系统为用户提供了多种版式的幻灯片，用户可以任意选择新建。

步骤 1：打开 PowerPoint 文件，在左侧窗格内选中第一张幻灯片，切换至“开始”选项卡，然后单击“幻灯片”组内“新建幻灯片”下拉按钮，在打开的菜单列表中单击“两项内容”选项，如图 15-20 所示。

步骤 2：此时即可看到在第一张幻灯片下方，新建了一个版式为“两项内容”的幻灯片，如图 15-21 所示。

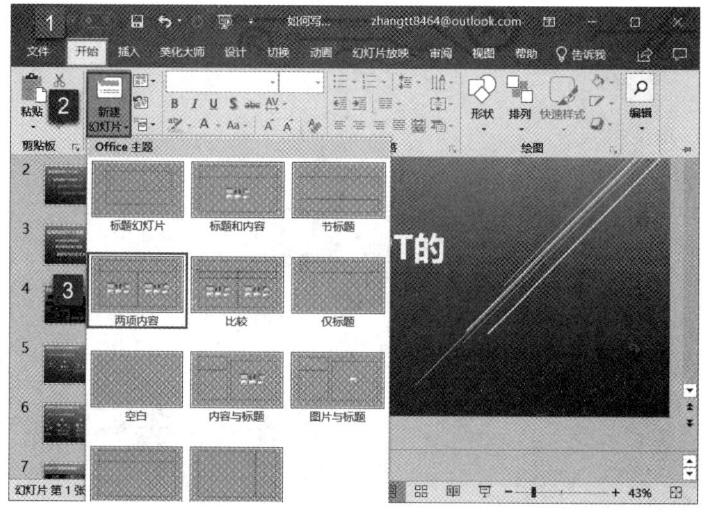

图 15-20

图 15-21

15.3.2 移动幻灯片

移动幻灯片主要用于调整幻灯片的播放顺序，这项操作在幻灯片浏览窗格中即可实现。

打开 PowerPoint 文件，在左侧窗格内选中第四张幻灯片，拖动鼠标至目标位置处，如图 15-22 所示。然后释放鼠标，幻灯片即可发生移动，并且相应幻灯片的序号也自动重新排列。

图 15-22

15.3.3 复制幻灯片

复制幻灯片即生成一张相同的幻灯片并进行移动，此功能主要用于利用已有幻灯片的版式和布局快速编辑生成一张新的幻灯片。

打开 PowerPoint 文件，在左侧窗格内选中第八张幻灯片，右键单击，在弹出的快捷菜单中单击“复制幻灯片”按钮，如图 15-23 所示。此时即可看到在第八张幻灯片下方生成了一张相同的幻灯片，并自动生成序号“9”，如图 15-24 所示。

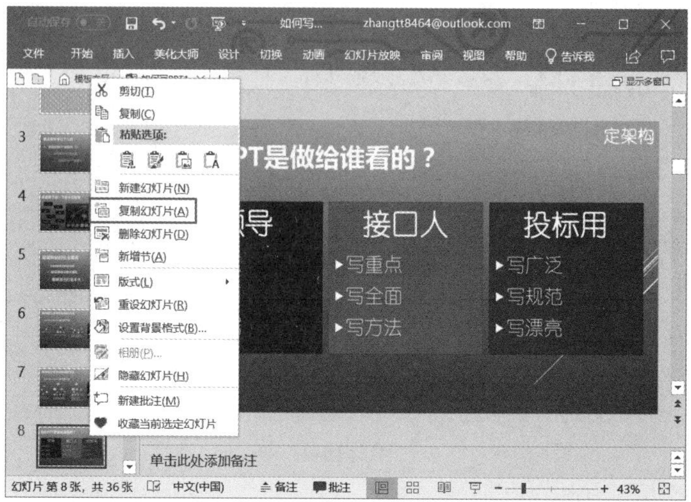

图　15-23

图　15-24

然后用户即可根据自身需要套用此幻灯片的样式，对其内容稍作修改，完成新幻灯片的制作。

15.3.4　更改幻灯片版式

当用户对幻灯片的版式不满意时，可以选择其他版式对其进行更改。

步骤 1： 打开 PowerPoint 文件，在左侧窗格内选中第二张幻灯片，切换至“开始”选项卡，然后单击“幻灯片”组内“幻灯片版式”下拉按钮，在打开的菜单列表中单击“两栏内容”选项，如图 15-25 所示。

步骤 2： 此时即可看到，第二张 PPT 的版式由“标题与内容”修改为“两栏内容”，效果如图 15-26 所示。

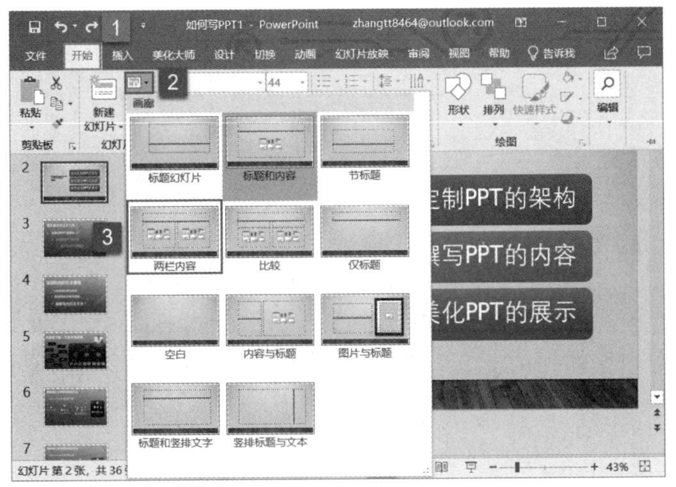

图 15-25

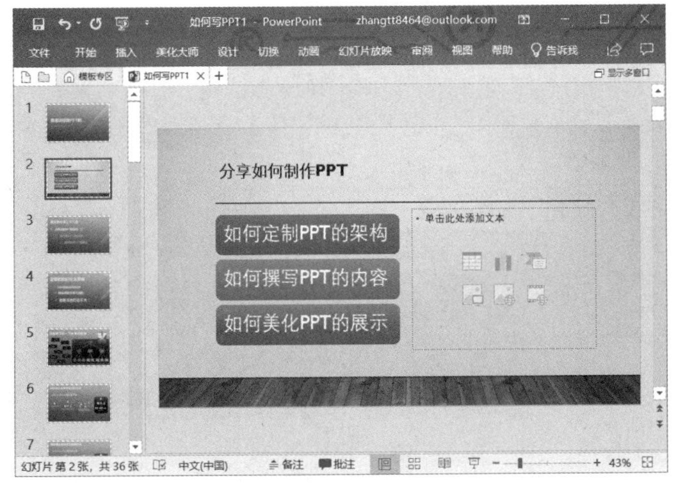

图 15-26

15.3.5 使用节管理幻灯片

当演示文稿中的幻灯片张数过多时，用户可能就会理不清整体的思路以及每张幻灯片之间的逻辑关系，此时可以使用节来将整个演示文稿划分成若干个小节，以便管理。

步骤 1： 打开 PowerPoint 文件，在左侧窗格内选中第一张幻灯片，切换至“开始”选项卡，然后单击“幻灯片”组内“节”下拉按钮，在打开的菜单列表中单击“新增节”按钮，如图 15-27 所示。

步骤 2： 此时即可在第一张幻灯片左上方添加一个“无标题节”按钮，并弹出“重命名节”对话框，在“节名称”文本框内输入名称，如图 15-28 所示。

步骤 3： 单击“重命名”按钮，即可对添加的节进行重命名，如图 15-29 所示。

步骤 4： 当用户不再对该节下的幻灯片进行修改时，单击节左侧的折叠按钮即可，如图 15-30 所示。当演示文稿中存在许多幻灯片时，使用折叠节的功能可以方便用户管理幻灯片，比如移动节可以整体调换顺序。

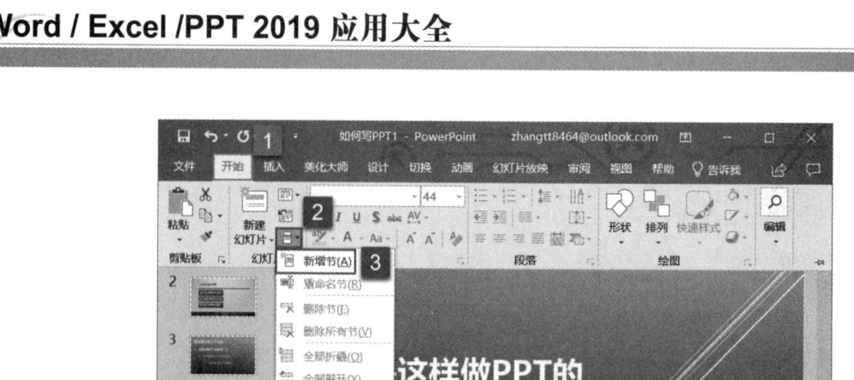

图 15-27

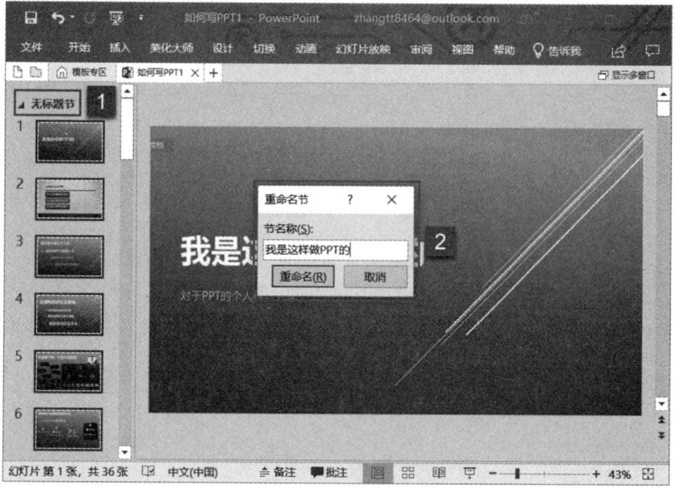

图 15-28

图 15-29

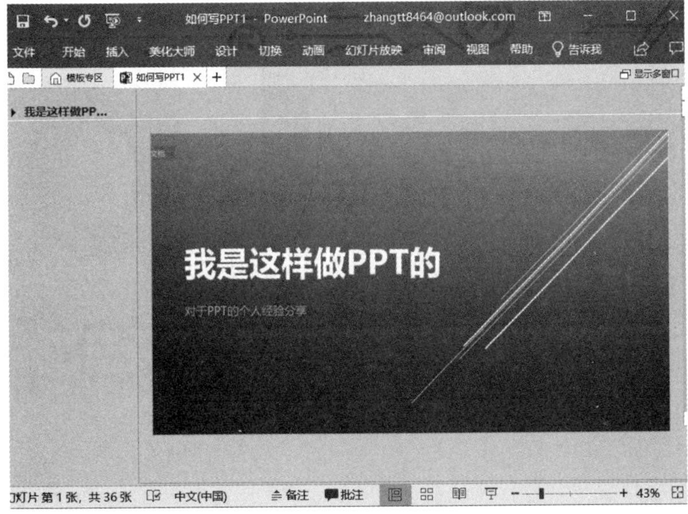

图 15-30

步骤 5：当该节下所有幻灯片都需要删除时，可以右键单击节名称，然后在弹出的快捷菜单中单击“删除节”按钮即可，如图 15-31 所示。

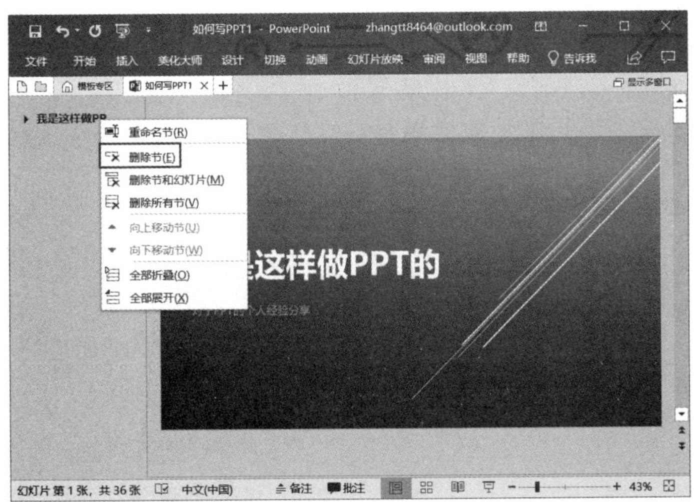

图 15-31

第16章 幻灯片的编辑操作

创建一个空白的演示文稿后，要使演示文稿内容丰富起来，就要为演示文稿添加文本内容、图片、形状、多媒体文件等使演示文稿更美观，必要时还要添加表格、图表等使演示文稿表达更加直观。

- 文本的编辑操作
- 图片的编辑操作
- 形状的编辑操作
- 表格的编辑操作
- 图表的编辑操作
- 多媒体的编辑操作

16.1 文本的编辑操作

文本内容是幻灯片的基础，一段简洁且富有感染力的文本是制作一张有效幻灯片的前提，因而掌握输入文本、编辑文本以及设置文本格式都必不可少。

16.1.1 输入文本

在 PowerPoint 演示文稿中输入文本常见的有三种方法：使用占位符、使用大纲视图和使用文本框。下面分别介绍这三种输入文本的方法。

1. 使用占位符

占位符是一种含有虚线边缘的框，绝大部分的幻灯片版式中都有这种框，在这边框内可以放置标题及正文，或者图表、表格和图片等对象。在创建幻灯片时，用户选择的幻灯片版式，其实就是占位符的位置。在这些幻灯片中，预置了占位符的位置，用户可以直接选择、移动、修改、调整占位符的版式。

步骤 1：启动 PowerPoint 2019，默认的空白演示文稿是一个带有两个占位符的演示文稿，如图 16-1 所示。

步骤 2：在幻灯片的占位符虚线框内单击，即可进入编辑状态，输入所需文本内容即可，如图 16-2 所示。

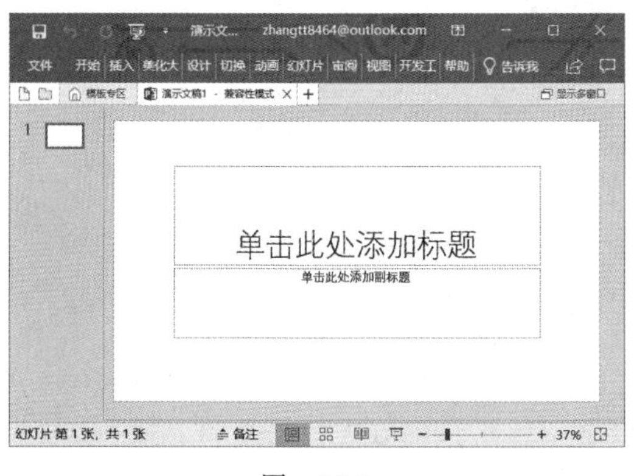

图 16-1

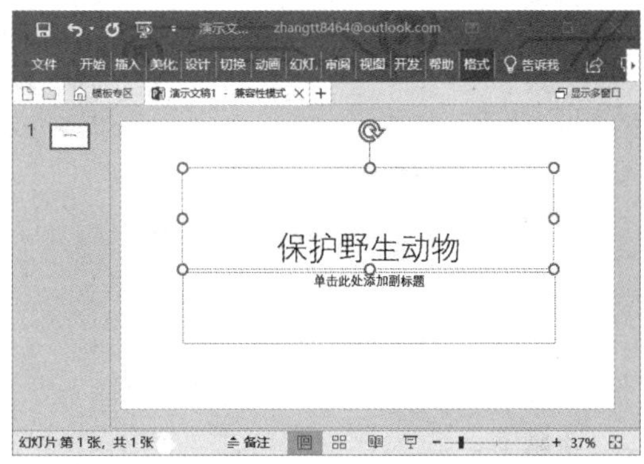

图 16-2

提示：在占位符中输入的文字字体和大小与占位符默认设置格式相同。输入文本时，如果占位符无法容纳所有文本，用户可以通过调整字体大小来增加输入文本的量。在占位符中输入文本时，文字会根据占位符的大小自动换行，也可以使用 Enter 键实现文本的手动换行。

2. 使用大纲视图

一些演示文稿中展示的文字具有不同的层次结构，有时还需要带有项目符号，使用 PowerPoint 2019 的大纲视图能够在幻灯片中方便地创建这种文字结构的幻灯片。下面介绍在大纲视图中输入文字的方法。

步骤 1：打开 PowerPoint 2019，切换至“开始”选项卡，在“幻灯片”组内单击“新建幻灯片”按钮，然后在展开的幻灯片版式列表内单击“空白”选项，新建一张空白幻灯片，如图 16-3 所示。

步骤 2：切换至“视图”选项卡，在“演示文稿视图”组内单击“大纲视图”按钮，如图 16-4 所示。

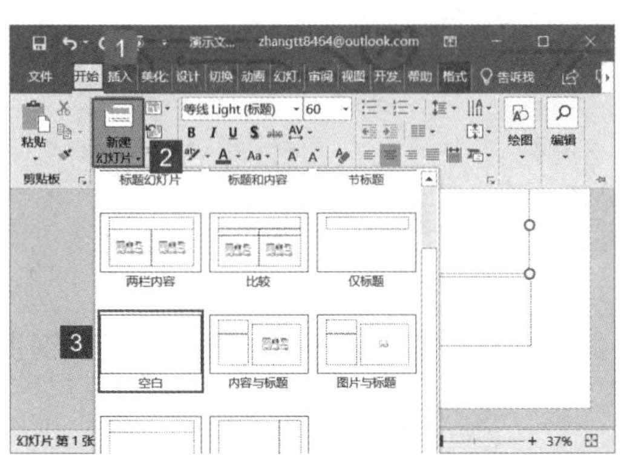

图　16-3

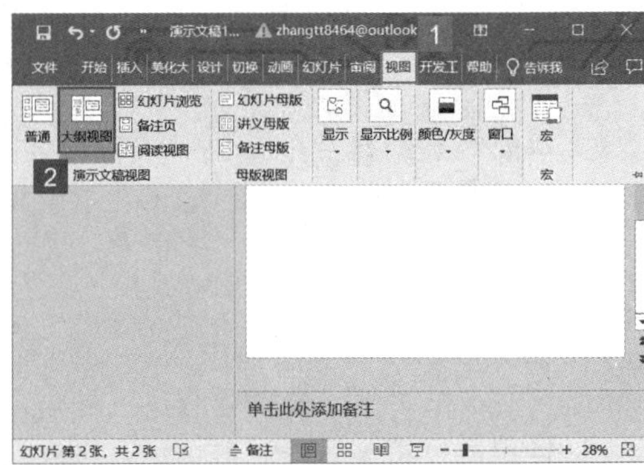

图　16-4

步骤 3：此时 PowerPoint 窗口左侧即可显示所有幻灯片的缩略图，选中新建的空白幻灯片，在该图标右侧直接输入标题即可，如图 16-5 所示。

步骤 4：将光标定位至标题右侧，按“Enter”键再新建一张空白幻灯片，然后按“Tab”键将其转换为下级标题，并输入文本内容，如图 16-6 所示。

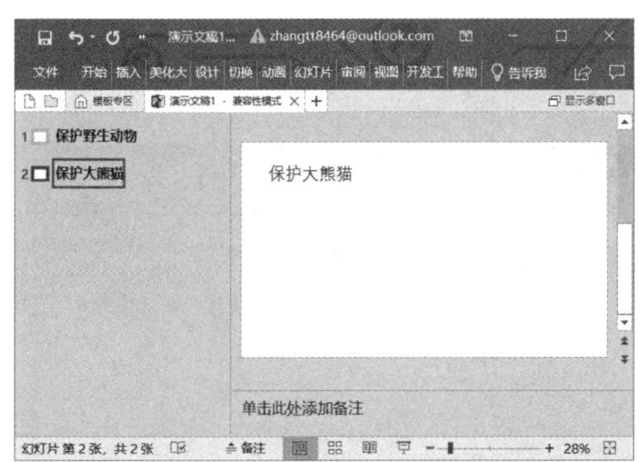

图　16-5

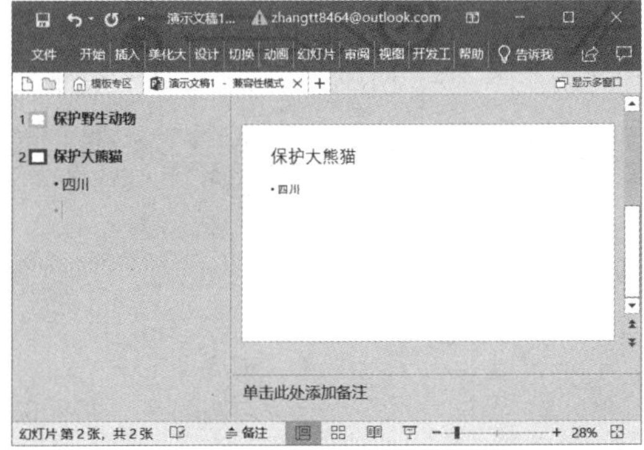

图　16-6

步骤 5：在大纲视图中添加到幻灯片中的文字格式是可以进行修改的。选中某标题文字，切换至“开始”选项卡，用户在“字体”组内设置文字的字体、字号、字形、颜色等格式。此时将标题文字设置为“华文行楷，54 号，绿色”，如图 16-7 所示。

步骤 6：设置完成后，效果如图 16-8 所示。

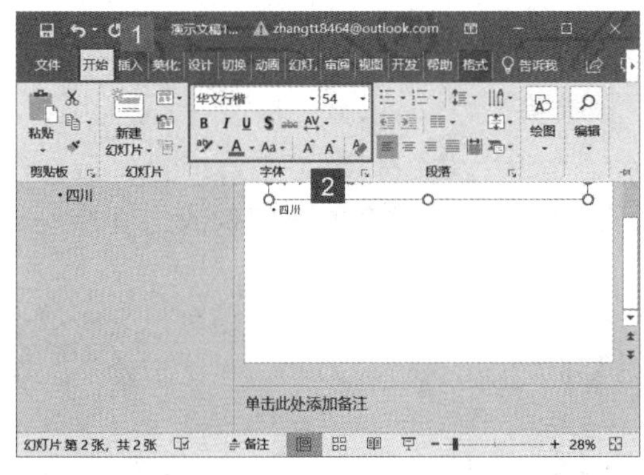

图　16-7

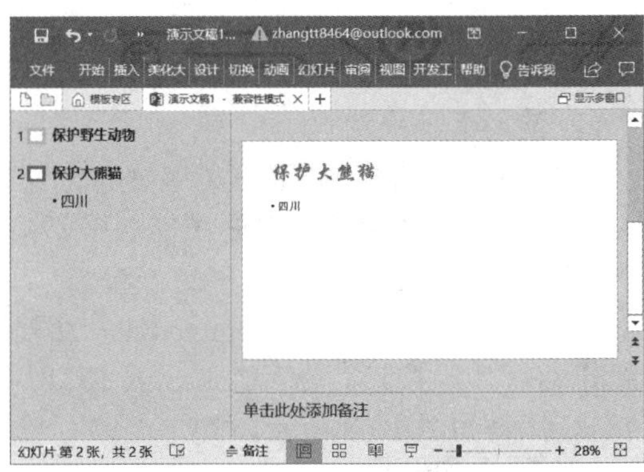

图　16-8

技巧点拨：在大纲视图中输入文字后，按“Ctrl+Enter”快捷键可以插入一张新幻灯片，按“Shift+Enter”快捷键能够实现换行输入。

3. 使用文本框

幻灯片中的占位符是一个特殊的文本框，出现在幻灯片中固定的位置，包含预设的文本格式。实际上，用户可以根据自身需要在幻灯片的任意位置绘制文本框，并设置其文本格式，从而灵活地创建各种形式的文字。下面介绍一下在幻灯片中创建文本框的方法。

步骤 1：打开 PowerPoint 2019，选中需要插入文本框的幻灯片，切换至“插入”选项卡，在“文本”组内单击“文本框”下拉按钮，然后在展开的菜单列表内单击“绘制横排文本框”按钮，如图 16-9 所示。

步骤 2：此时，幻灯片内的光标会变成十字形，按住鼠标左键并拖动鼠标即可绘制一个文本框，如图 16-10 所示。

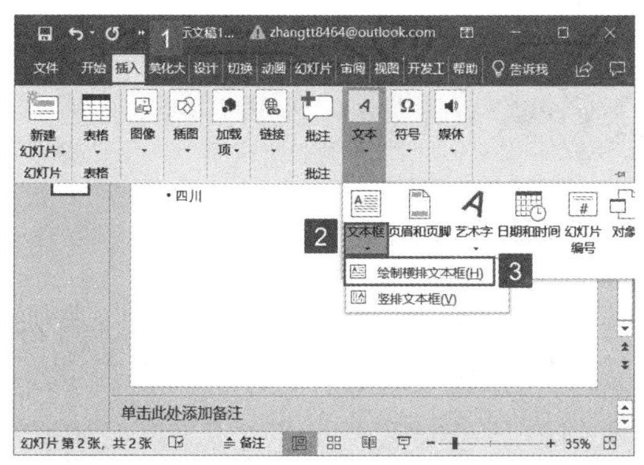

图 16-9

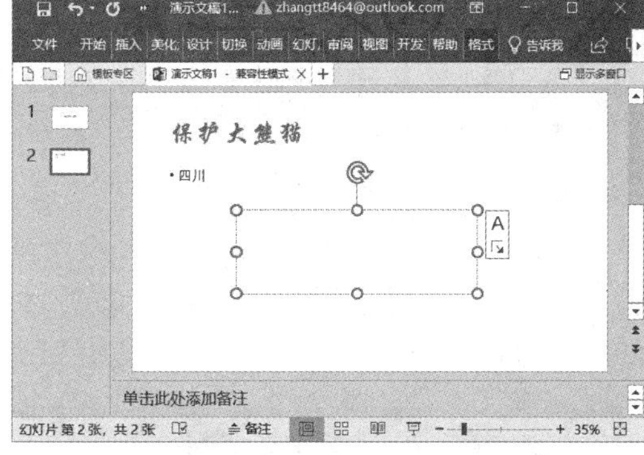

图 16-10

步骤 3：在文本框内输入文字，调整其大小和位置，效果如图 16-11 所示。

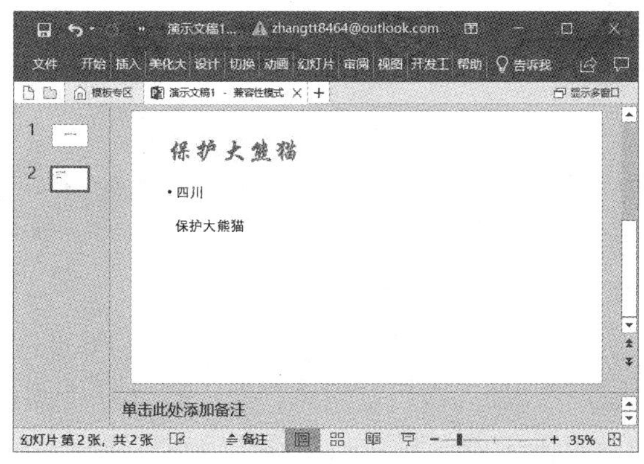

图 16-11

16.1.2 设置文本格式

在文本框内输入文本后，往往需要对其格式进行设置，包括设置其字体、字号和颜色等。同时，对于文本框中的段落，还需要设置段落间距、段落缩进以及行间距等。这些设置与 Word 中文本及段落的设置方法相同，下面介绍文本框中文字格式的设置方法。

步骤 1：打开 PowerPoint 2019，选中需要设置文本格式的文本框，切换至“开始”选项卡，在“字体”组内设置其字体、字号、字形、颜色等。例如此时将其设置为“楷体”“32 号”“绿色，个性色 6，深色 50%”，如图 16-12 所示。

步骤 2：将光标定位至段落文字前，切换至“开始”选项卡，在“段落”组内单击“项目符号”下拉按钮，然后在展开的项目符号样式库中选择合适的样式，如图 16-13 所示。

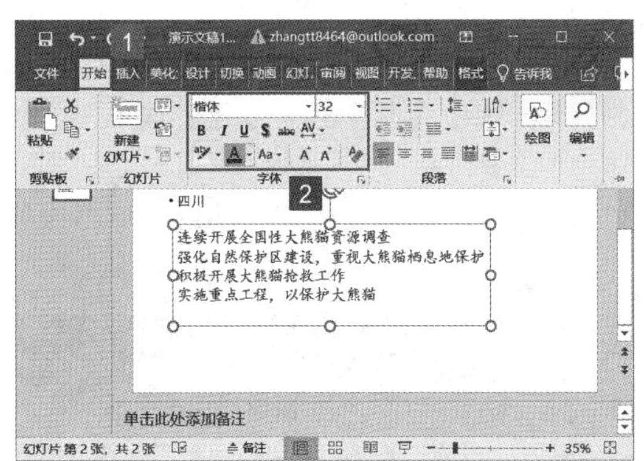

图 16-12

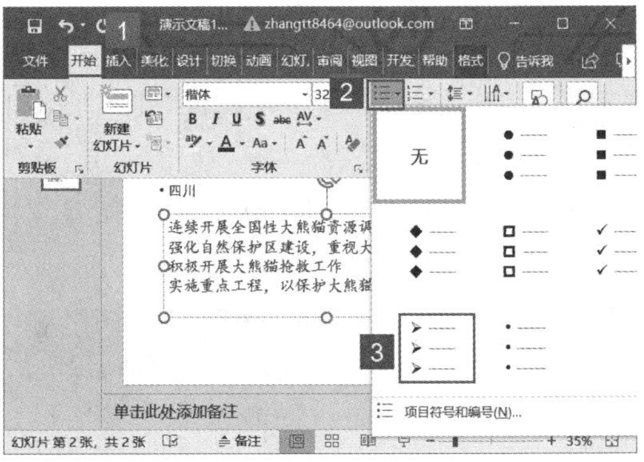

图 16-13

步骤 3：此时即可在光标处显示选中的项目符号，如图 16-14 所示。

步骤 4：将光标定位至下行文字前，单击“段落”组内的“提高列表级别”按钮，如图 16-15 所示。

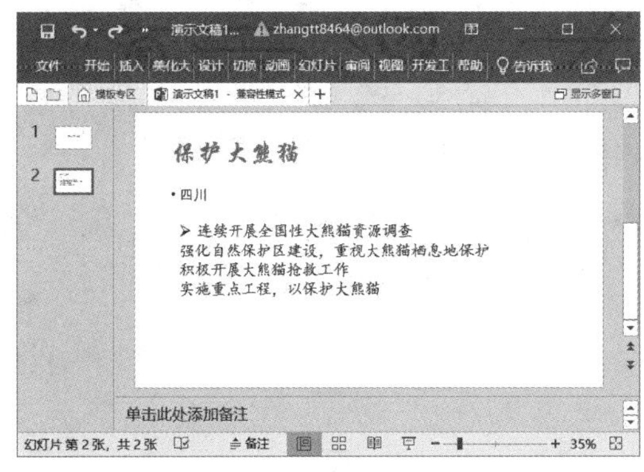

图 16-14

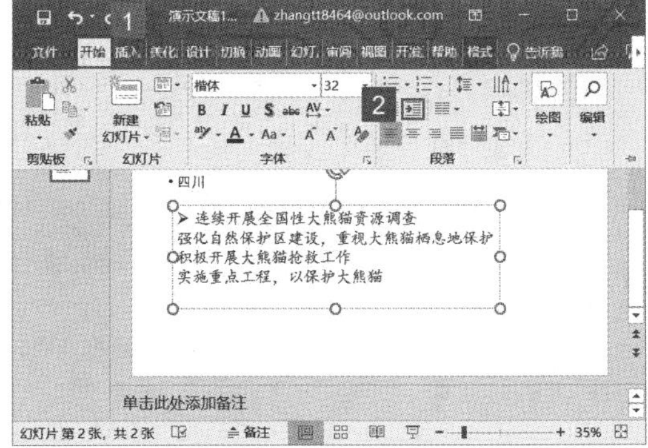

图 16-15

步骤 5：按“Backspace”键将其移至上行文字末尾后按“Enter”键重新换行，即可给该行文字添加项目符号。重复操作完成项目符号的添加，如图 16-16 所示。

步骤 6：选中整个文本框，在“段落”组内单击“行距”下拉按钮，然后在展开的菜单列表内单击“行距选项”选项，如图 16-17 所示。

步骤 7：打开“段落”对话框，单击“行距”下拉列表选择“固定值”选项，然后在“设置值”增量框内输入行距值，单击“确定”按钮，如图 16-18 所示。

步骤 8：返回幻灯片，即可看到段落的行距已发生改变，效果如图 16-19 所示。

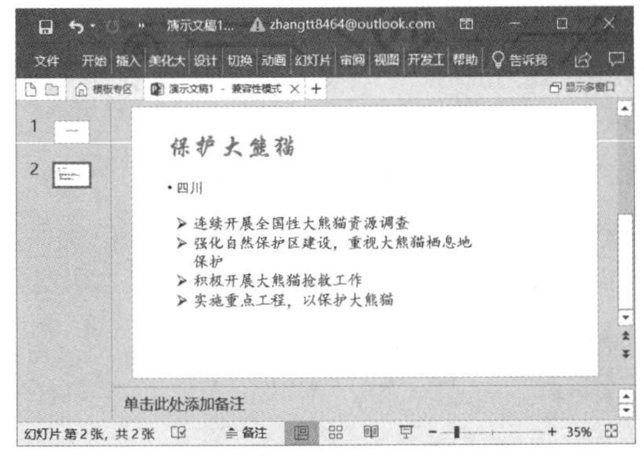
图 16-16

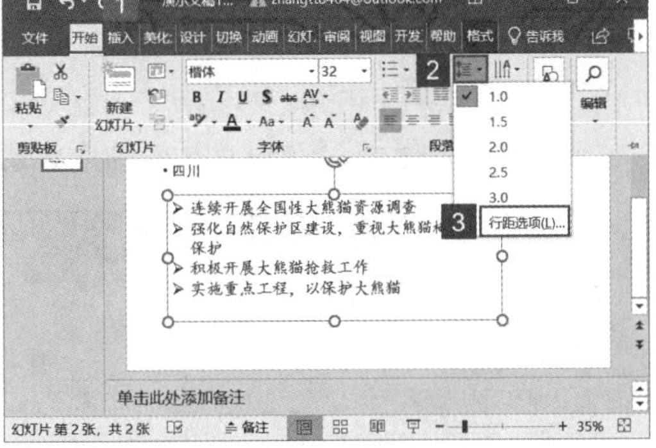
图 16-17

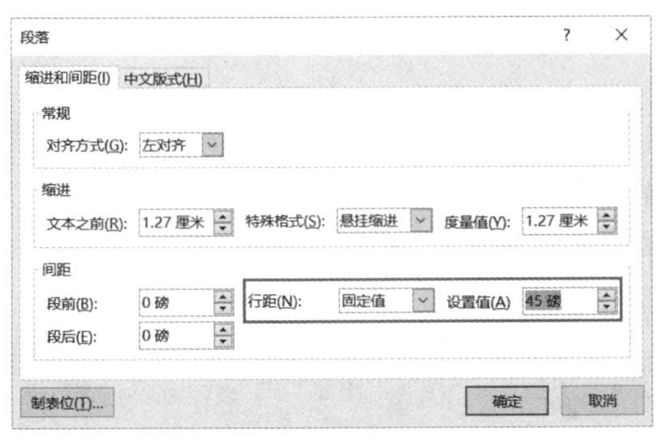
图 16-18

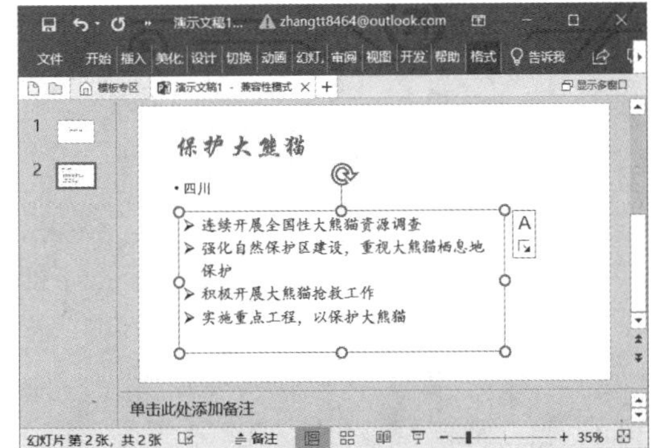
图 16-19

16.1.3 设置文本框样式

绘制的文本框无填充颜色，颜色看起来比较单调，用户可以设置文本框的属性，添加文本框的形状样式。下面介绍一下对文本框样式进行设置的方法。

步骤 1：打开 PowerPoint 2019，选中需要设置样式的文本框，切换至“格式”选项卡，在“形状样式”组内单击“其他”按钮，然后在展开的样式库内选择合适的样式，如图 16-20 所示。

步骤 2：此时即可看到文本框内已应用选中的形状样式，如图 16-21 所示。

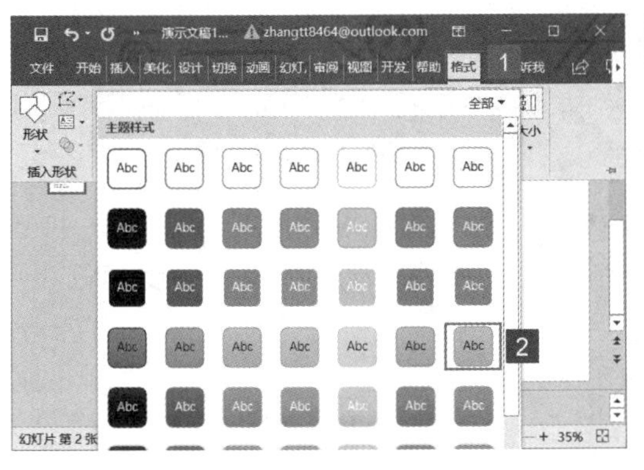
图 16-20

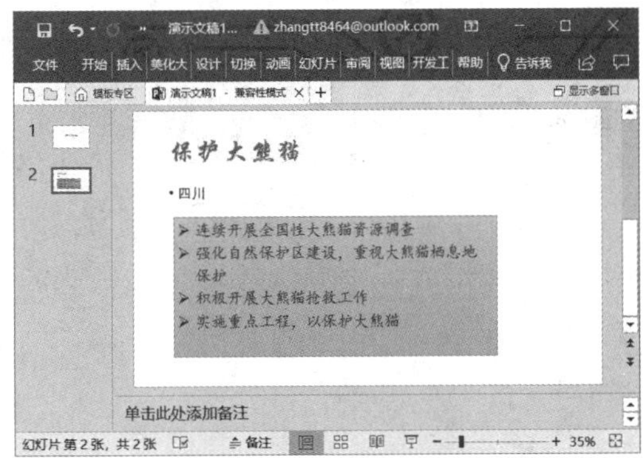
图 16-21

步骤 3：选中文本框，切换至“格式”选项卡，在“插入形状”组内单击“编辑形状”下拉按钮，然后在展开的菜单列表内单击“更改形状”选项，在展开的形状样式库内选择形状，如图 16-22 所示。

步骤 4：此时即可看到文本框的形状已发生更改，效果如图 16-23 所示。

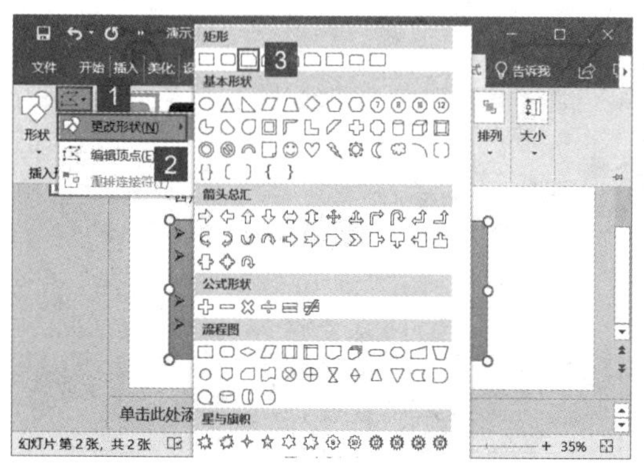

图 16-22

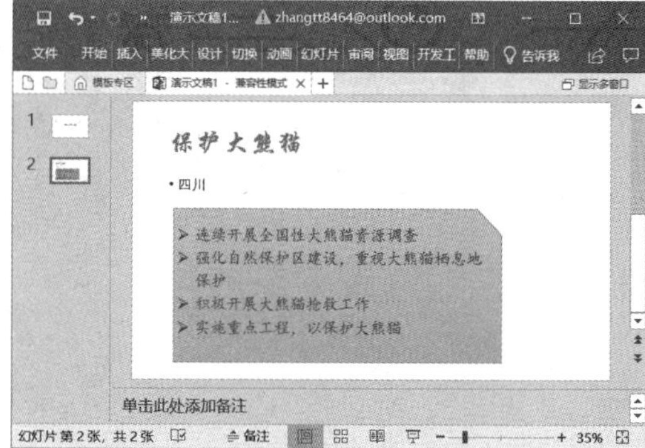

图 16-23

步骤 5：选中文本框，切换至“格式”选项卡，在“艺术字样式”组内单击“快速样式”下拉按钮，然后在展开的样式库内选择合适的艺术字样式，如图 16-24 所示。

步骤 6：此时即可看到文本框内的文字已应用艺术字样式，效果如图 16-25 所示。

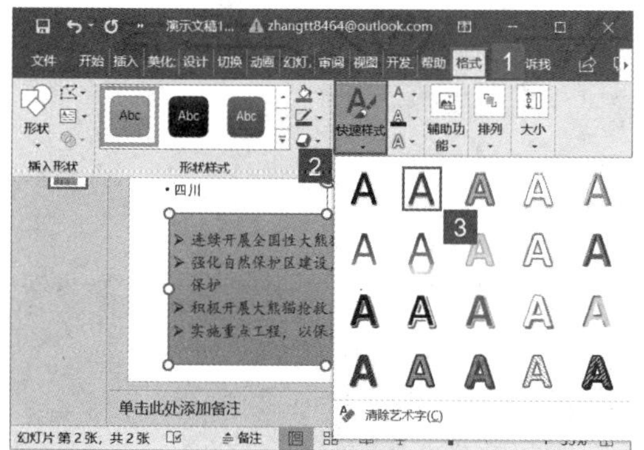

图 16-24

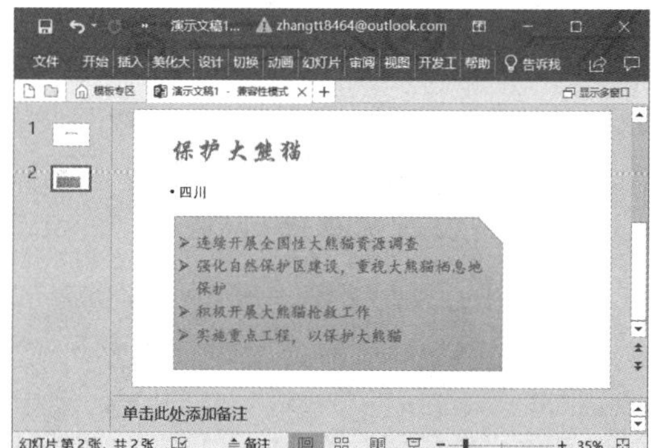

图 16-25

16.2 图片的编辑操作

在幻灯片中插入图片能够丰富幻灯片的内容，增强幻灯片的演示效果。PowerPoint 允许用户在幻灯片中插入各种常见格式的图形文件，并对图片的大小、亮度和色彩等进行调整。

16.2.1 插入图片

在幻灯片中插入较高质量的图片，可以使幻灯片的内容更加丰富。

1. 插入剪贴画

Office 为用户提供了一个剪辑管理器，它自身搜集了许多图片、声音等素材，还与 Microsoft 网站紧密联系在一起，可以实现在线素材的使用。PowerPoint 2019 支持用户直接从必应上将剪贴画添加到幻灯片中。在幻灯片中插入剪贴画的具体操作方法如下。

步骤 1：打开 PowerPoint 文件，选中第三张幻灯片，切换至“插入”选项卡，然后在“图像”组内单击“联机图片”按钮，如图 16-26 所示。

步骤 2：此时，系统会弹出“在线图片”对话框，在搜索框内输入要查找的图像类型关键字，例如“问号”，然后按“Enter”键即可进行搜索，如图 16-27 所示。

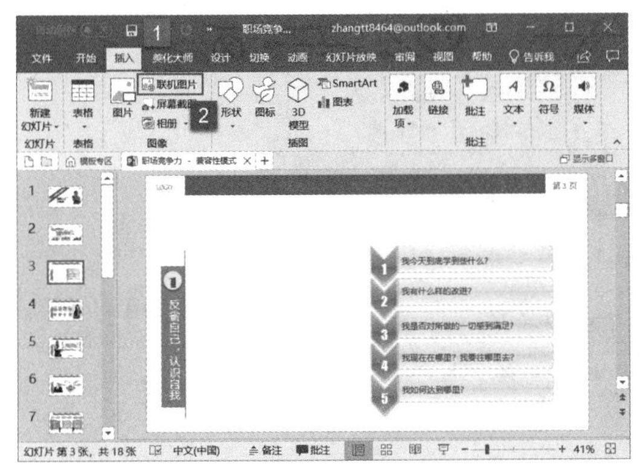

图 16-26

图 16-27

步骤 3：然后单击“筛选”按钮，在弹出的菜单列表中单击“类型”下的“剪贴画”按钮，如图 16-28 所示。

步骤 4：在搜索结果中单击选择一个合适的图像，此时图像右上角即可出现一个对号，表示已经选中该图像，然后再单击“插入”按钮，如图 16-29 所示。

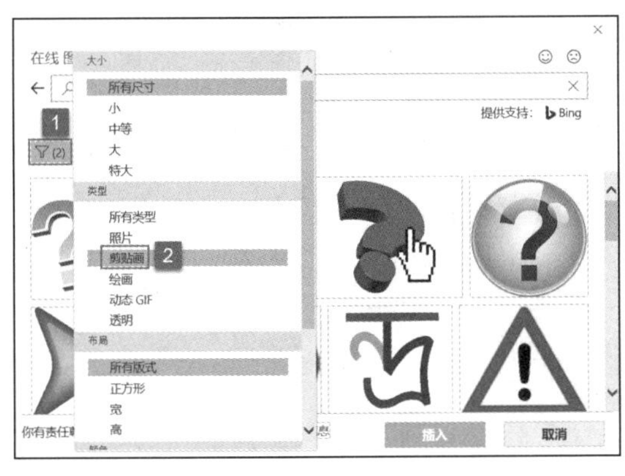

图 16-28

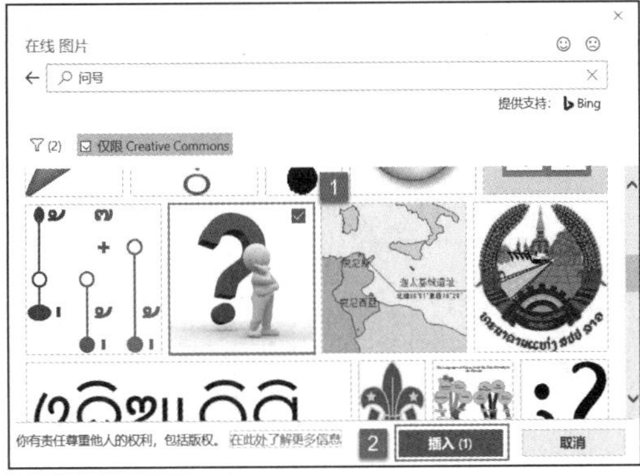

图 16-29

步骤 5：返回 PowerPoint 主界面，即可看到幻灯片内已成功插入选择的剪贴画，调整位置及大小，效果如图 16-30 所示。

2. 插入本地图片

插入本地图片是 PowerPoint 使用最广泛的图片插入方法。PowerPoint 2019 支持所有常用类型的图片。下面具体介绍一下插入本地图片的具体操作步骤。

步骤 1：打开 PowerPoint 文件，选中第一张幻灯片，切换至“插入”选项卡，然后在“图像”组内单击“图片”按钮，如图 16-31 所示。

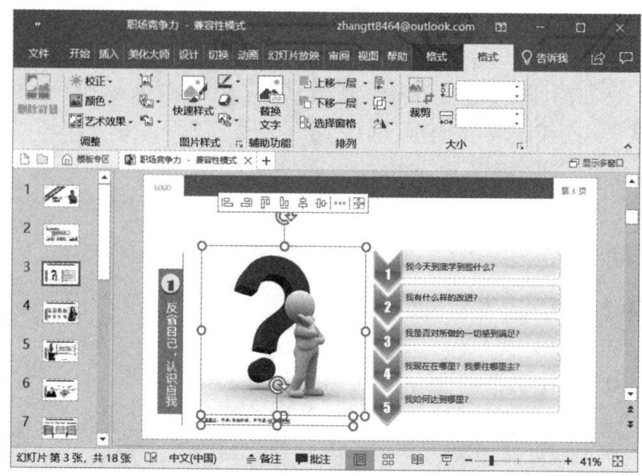

图 16-30

图 16-31

步骤 2：打开“插入图片”对话框，找到图片所在目录，单击选中图片，最后单击“插入”按钮，如图 16-32 所示。

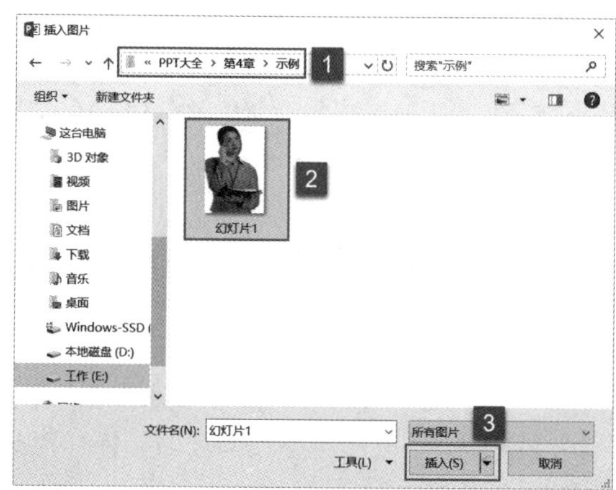

图 16-32

步骤 3：返回幻灯片，调整图片的位置和大小，最终效果如图 16-33 所示。

图 16-33

3. 插入屏幕截图

PowerPoint 有屏幕截图的功能，方便用户插入自己所需图片，而且屏幕截图功能还可以实现对屏幕任意部分的随意截取，具体的操作步骤如下。

步骤 1：打开 PowerPoint 文件，选中第四张幻灯片，切换至“插入”选项卡，在“图像”组内单击“屏幕截图”下拉按钮，然后在展开的菜单列表中选择“屏幕剪辑”选项，如图 16-34 所示。

图 16-34

步骤 2：此时，当前文档的编辑窗口将最小化，屏幕呈灰色显示，拖动鼠标框选取需要截取的屏幕区域，释放鼠标，即可将截取的屏幕图像插入到幻灯片中，如图 16-35 所示。

步骤 3：调整图片的位置和大小，最终效果如图 16-36 所示。

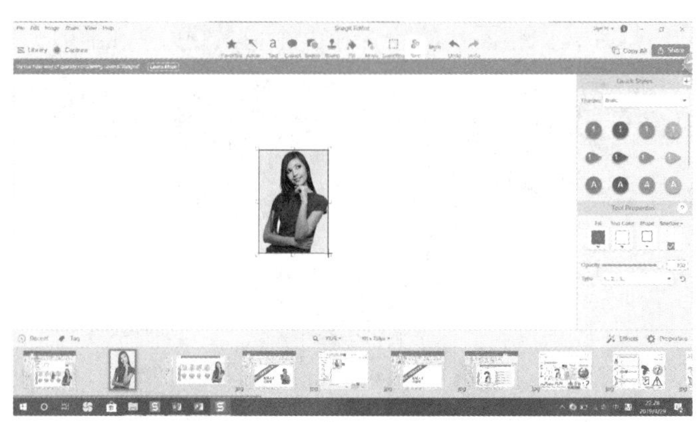

图 16-35

图 16-36

4. 插入图标

图标一直是 PowerPoint 设计中不可或缺的一环。在以前版本中，用户只能在 PowerPoint 中插入难以编辑的 PNG 图标；如果要插入可灵活编辑的矢量图标，就必须借助 AI 等专业的设计软件开启后，再导入 PowerPoint 中，使用上非常不便。

在 Office 2019 版本中，微软为用户提供了图标库，图标库又细分出多种常用的类型。下面介绍一下插入图标的具体操作步骤。

步骤 1：打开 PowerPoint 文件，选中第一张幻灯片，将光标定位到“思考”后，切换至“插入”选项卡，在“插图”组内单击“图标”按钮，如图 16-37 所示。

图 16-37

步骤 2：打开“插入图标”对话框，在左侧类型列表内选中“标志和符号”，然后在右侧图标库内选中需要的图标，单击“插入”按钮即可，如图 16-38 所示。

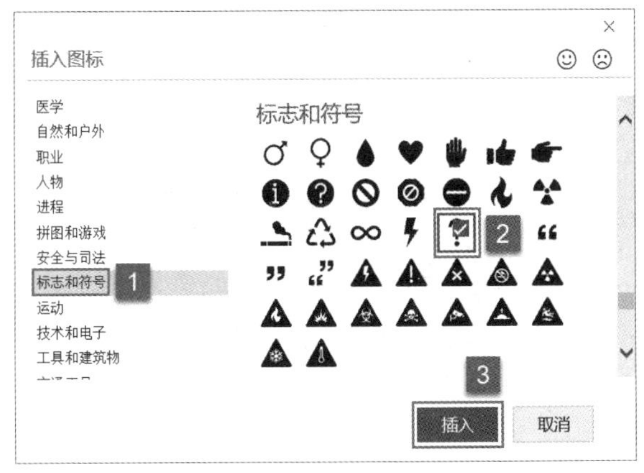

图　16-38

步骤 3：调整图标的位置和大小，最终效果如图 16-39 所示。

图　16-39

16.2.2　编辑图片

在幻灯片中，可以根据具体的布局情况，对图片进行编辑，包括删除图片背景，裁剪图片，更改图片大小，设置图片的对齐方式等。下面介绍一下前两种编辑方式。

1. 删除图片背景

在制作幻灯片的过程中，如果感觉图片的背景颜色和幻灯片主题颜色不搭，或者只想保留图片的主要图像，此时对要保留的区域进行标记，然后删除图片背景。下面介绍一下删除图片背景的具体操作步骤。

步骤 1：打开 PowerPoint 文件，选中第 10 张幻灯片，选中需要处理的图片，切换至“格式”选项卡，单击“删除背景”按钮，如图 16-40 所示。

步骤 2：打开“背景消除”选项卡，此时图片部分区域会显示红色。如果对默认选择的区域不满意，可以单击“优化”组内的“标记要保留的区域”按钮，然后使用标记笔进行标记。标记完成后，单击“关闭”组内的“保留更改”按钮即可，如图 16-41 所示。

图 16-40

图 16-41

步骤 3：返回幻灯片，即可看到背景部分被删除，效果如图 16-42 所示。

图 16-42

2. 裁剪图片

在幻灯片制作过程中，如果用户不需要整张图片，只是需要图片的部分内容，或者用户想制作一些不规则形状的图片使版面更活泼，则可以利用 PowerPoint 的裁剪功能来解决。下面介绍一下具体的操作步骤。

步骤 1：打开 PowerPoint 文件，选中第 10 张幻灯片，选中需要裁剪的图片，切换至“格式”选项卡，在“大小”组内单击“裁剪”下拉按钮，然后在展开的菜单列表内单击“裁剪”选项，如图 16-43 所示。

步骤 2：此时选中图片的边缘会变成虚线，表示可以裁剪。然后使用鼠标对图片进行裁剪，此时图片的阴影部分代表将被剪切的部分，如图 16-44 所示。

图 16-43

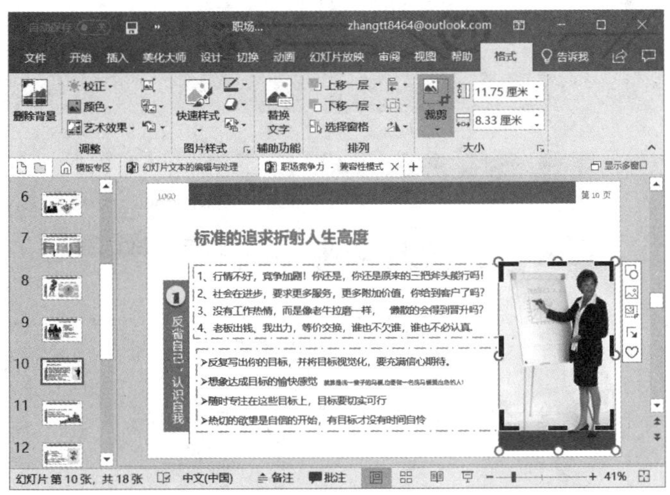

图 16-44

步骤 3：裁剪完成后，调整其大小和位置，最终效果如图 16-45 所示。

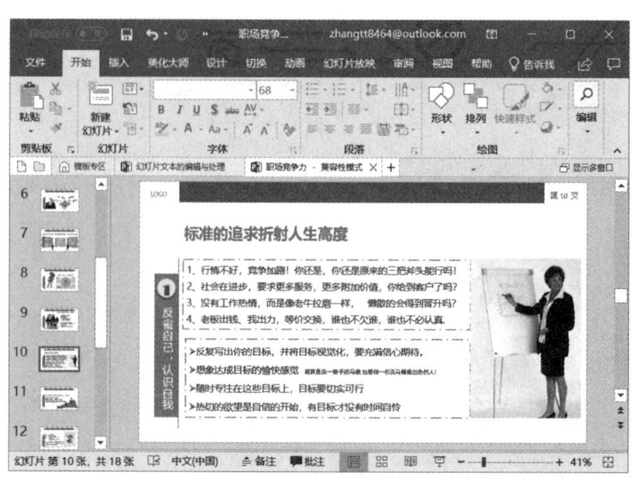

图 16-45

16.2.3 编辑图片的色彩样式

如果用户对插入后的图片并不满意，可以继续对其进行编辑和美化，改变其色彩和样式等，从而达到美化图片的目的。

1. 调整图片的亮度与对比度

亮度就是指图片的明亮程度，如果插入的图片较暗，会导致图像不清晰。对比度就是指颜色之间的对比程度，增大对比度，可以更明显地区分不同颜色。下面来介绍具体的操作步骤。

步骤 1： 打开 PowerPoint 文件，选中第六张幻灯片，选中需要处理的图片，切换至“格式”选项卡，在“调整”组内单击“校正”下拉按钮，然后在展开的菜单列表内单击“图片校正选项”按钮，如图 16-46 所示。

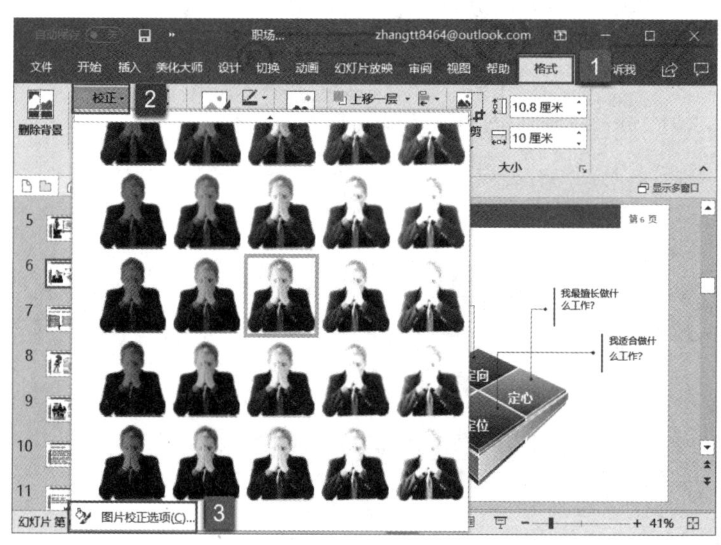

图 16-46

步骤 2： 此时 PowerPoint 即可在界面右侧打开“设置图片格式”窗格。在“图片校正”组内的“亮度 / 对比度”窗格内对图片的亮度和对比度进行调整，如图 16-47 所示。此时幻灯片内会显示调整后的预览效果。

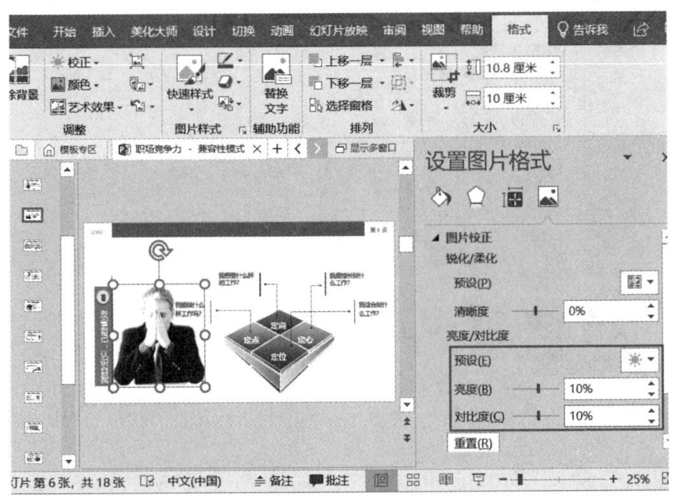

图 16-47

2. 调整图片的饱和度与锐化度

图片的饱和度就是指图片中每个颜色的鲜艳程度，饱和度增加，颜色更加鲜艳。图片的锐化度就是指图片的清晰程度，锐化度越高，图片越清晰。当幻灯片图片的饱和度和锐化度不够时，在放映幻灯片时，可能会导致观众看不清图片，影响观众视觉感受。下面具体介绍一下调整图片的饱和度及锐化度的操作步骤。

步骤 1： 打开 PowerPoint 文件，选中第八张幻灯片，选中需要处理的图片，切换至“格式”选项卡，在“调整”组内单击“颜色”下拉按钮，然后在展开的菜单列表内单击“图片颜色选项”按钮，如图 16-48 所示。

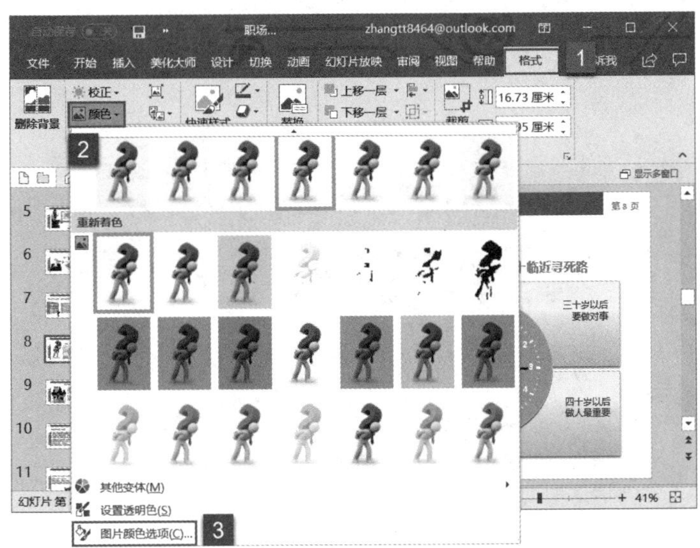

图 16-48

步骤 2： 此时 PowerPoint 即可在界面右侧打开“设置图片格式”窗格。在“图片颜色”组内的“颜色饱和度”窗格内对图片的饱和度进行调整，如图 16-49 所示。

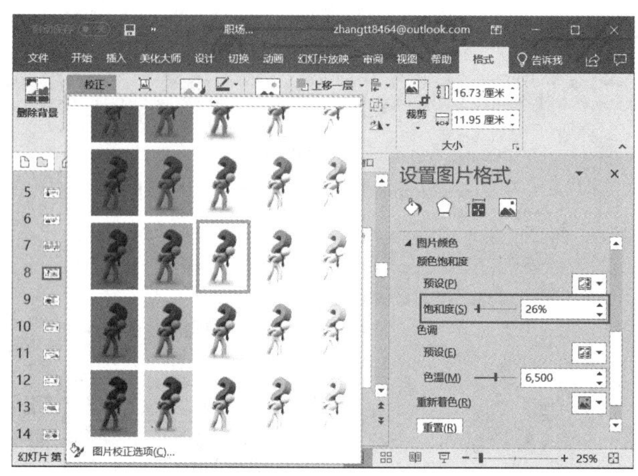

图 16-49

步骤 3：返回幻灯片，即可看到图片的饱和度修改完成，如图 16-50 所示。

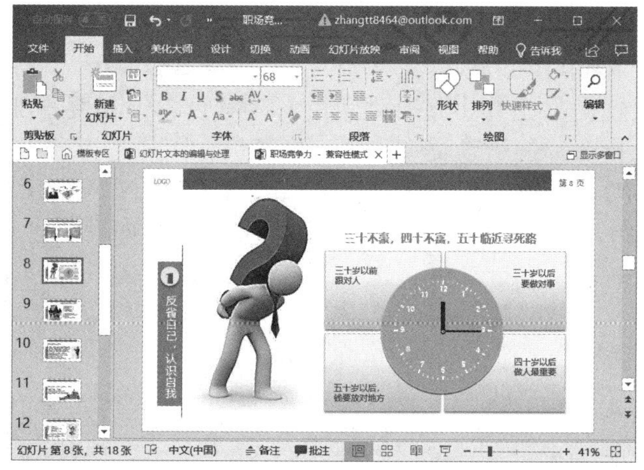

图 16-50

步骤 4：如果用户对图片还是不满意，可以对其清晰度进行设置。展开“设置图片格式”窗格，在“锐化 / 柔化”组内对图片的清晰度进行调整，如图 16-51 所示。

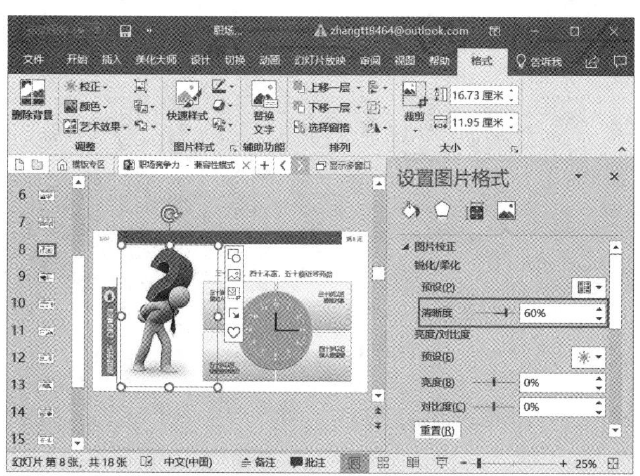

图 16-51

步骤 5：返回幻灯片，即可看到图片的清晰度修改完成，如图 16-52 所示。

图　16-52

16.3 形状的编辑操作

大多专业性的幻灯片，都会使用示意图。示意图通常由形状和 SmartArt 图形构成，使用形状的时候，用户需要对形状进行设置，包括为形状添加文本，设置形状的层次，设置多个形状的对齐方式等，而使用 SmartArt 图形，会比使用形状更简单，不需要用户做过多的设置，因为它本来就是一个拥有完美布局的多个形状的组合。

16.3.1 绘制与编辑形状

使用 PowerPoint 2019 提供的图形工具，能够十分容易地绘制诸如线条、箭头以及标注等常见图形。创建图形并对图形进行设置后，还可对图形样式进行设置，包括设置图形的轮廓宽度、颜色以及图形的填充效果和形状效果。

1. 构造形状

Office 为用户提供了大量的形状来满足用户所需。当用户需要时，直接插入形状即可使用。构造形状的操作步骤也非常简单。

步骤 1：打开 PowerPoint 文件，选择要插入形状的幻灯片，切换至“插入”选项卡，单击“插图”组内的“形状”下拉按钮，然后在展开的形状库内选择“等腰三角形”，如图 16-53 所示。

步骤 2：此时，幻灯片内的光标会变成十字形，在适当位置单击并拖动鼠标，即可绘制形状，如图 16-54 所示。绘制的形状大小并不是固定的，用户可以拖动形状边框上的控点来更改形状的大小。

步骤 3：如要需要插入多个相同的形状，可以按住“Ctrl”键或“Shift”键，单击形状并拖动鼠标至适宜的位置，释放鼠标即可完成复制，如图 16-55 所示。

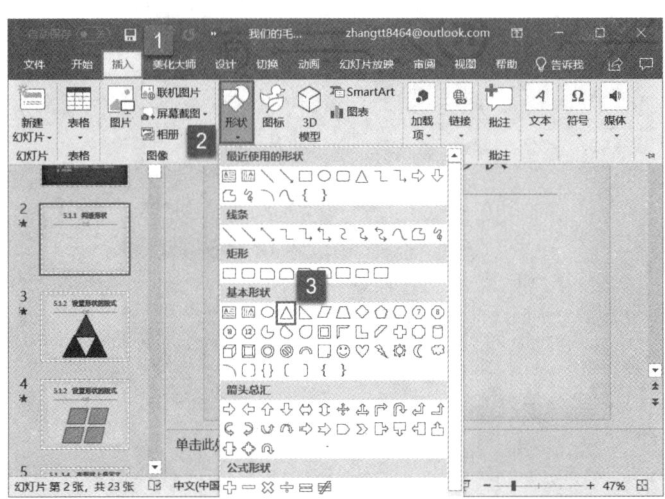

图 16-53

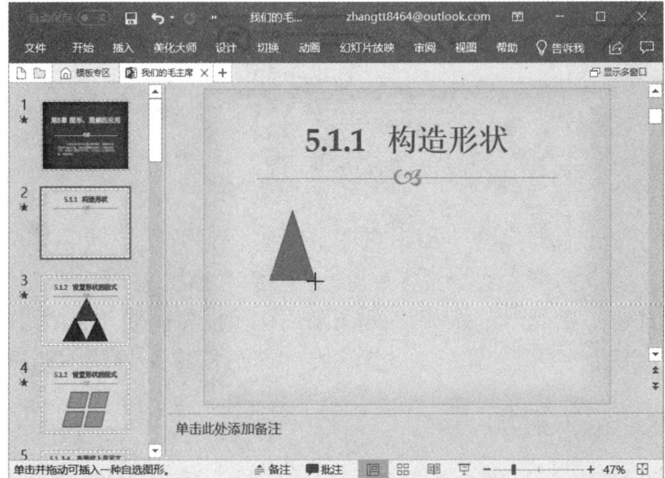

图 16-54

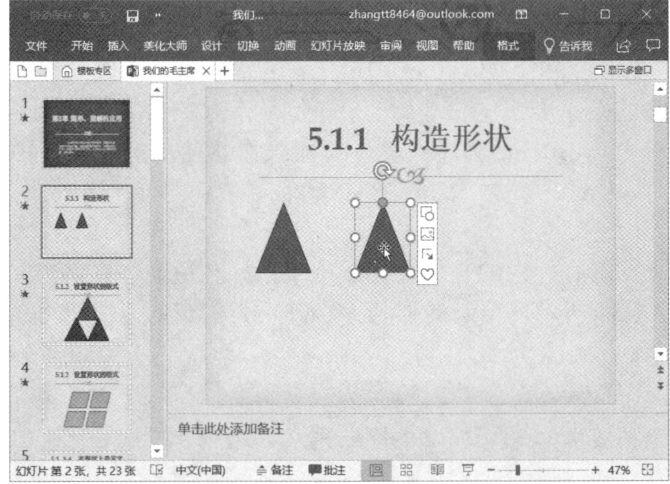

图 16-55

2. 设置形状样式

Office 不仅为用户提供大量的默认形状，而且还提供了形状的编辑修改功能，以满足用户的各种需求，用户可以根据自身需要对形状的填充颜色、轮廓颜色、轮廓粗细、形状效果等进行设置，使幻灯片更丰富多彩。

步骤 1：设置形状的填充颜色。打开 PowerPoint 文件，选择要进行处理的形状，切换至图片工具的“格式”选项卡，单击“形状样式”组内的“形状填充”下拉按钮，然后在展开的颜色库内选择“浅蓝”项，如图 16-56 所示。

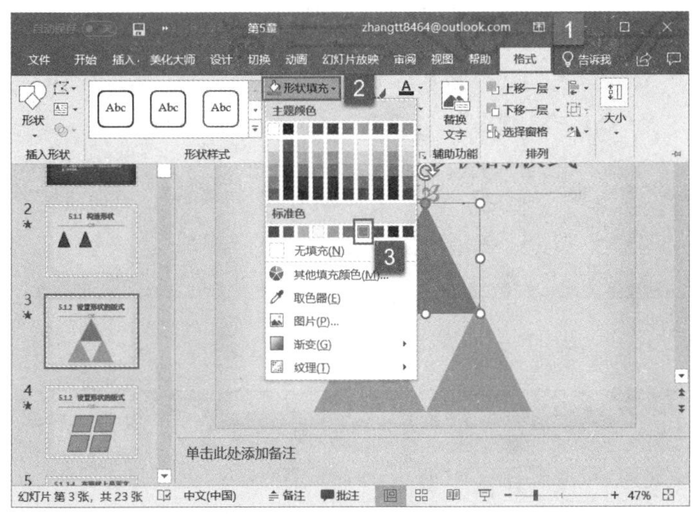

图 16-56

步骤 2：返回幻灯片，即可看到选中形状的填充颜色已被修改，如图 16-57 所示。

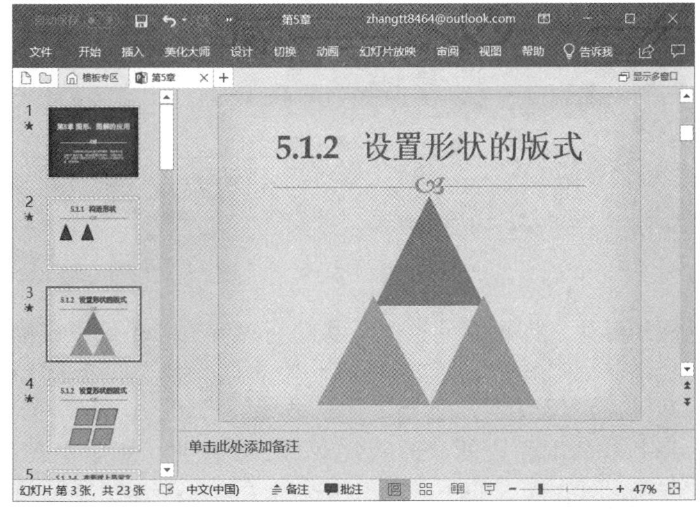

图 16-57

步骤 3：设置形状的轮廓颜色。选择要进行处理的形状，切换至图片工具的“格式”选项卡，单击“形状样式”组内的“形状轮廓”下拉按钮，然后在展开的颜色库内选择“红色”项，如图 16-58 所示。

步骤 4：设置形状的轮廓粗细。选择要进行处理的形状，展开“形状轮廓”的样式列表，单击“粗细”按钮，然后在展开的子样式列表内选择“3 磅”项，如图 16-59 所示。

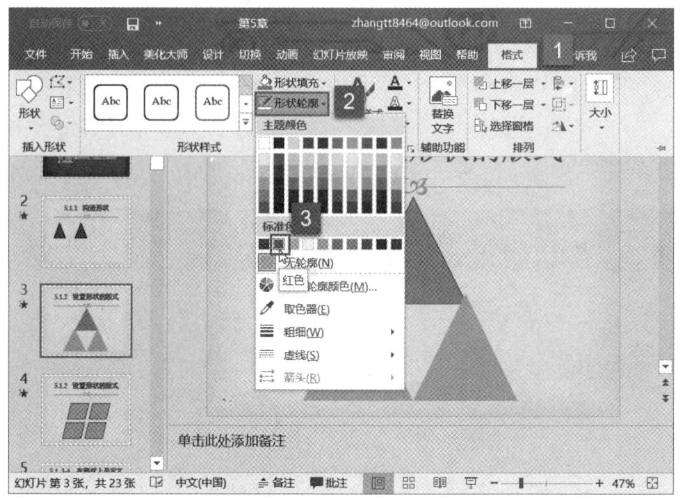

图 16-58

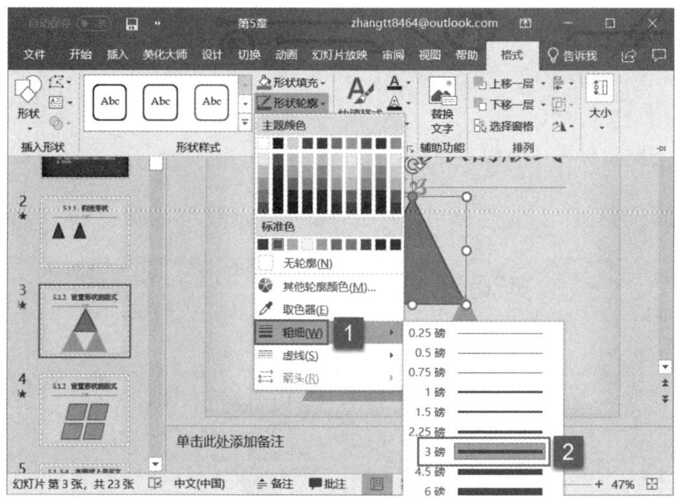

图 16-59

步骤 5：返回幻灯片，即可看到选中形状的轮廓颜色和粗细已被修改，如图 16-60 所示。

步骤 6：设置形状的阴影效果。选择要进行处理的形状，切换至图片工具的“格式”选项卡，单击“形状样式”组内的“形状效果”下拉按钮，然后在展开的效果样式库内单击“阴影”按钮，再在展开的子样式库内选择“偏移：右上”项，如图 16-61 所示。

步骤 7：设置形状的发光效果。展开“形状效果”的样式列表，单击“发光”按钮，然后在展开的子样式列表内选择“发光：5 磅；深红，主题色 5”项，如图 16-62 所示。

步骤 8：返回幻灯片，即可看到选中形状已设置阴影及发光效果，如图 16-63 所示。

步骤 9：设置形状的三维旋转效果。展开“形状效果”的样式列表，单击“三维旋转”按钮，然后在展开的子样式列表内选择“等角轴线：左下”项，如图 16-64 所示。

步骤 10：返回幻灯片，即可看到选中形状已设置三维旋转效果，如图 16-65 所示。

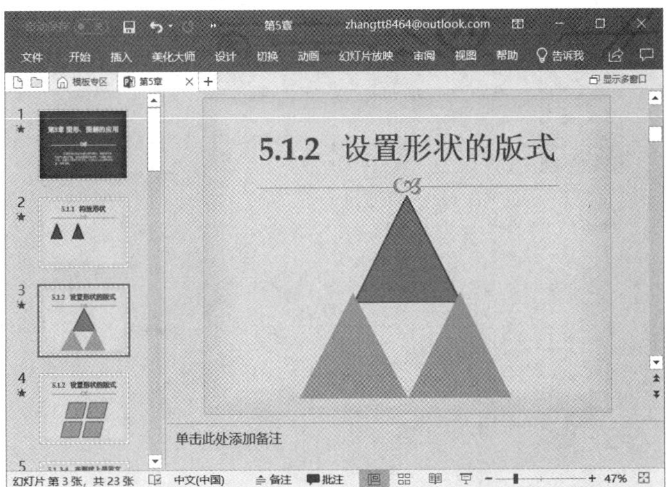

图 16-60

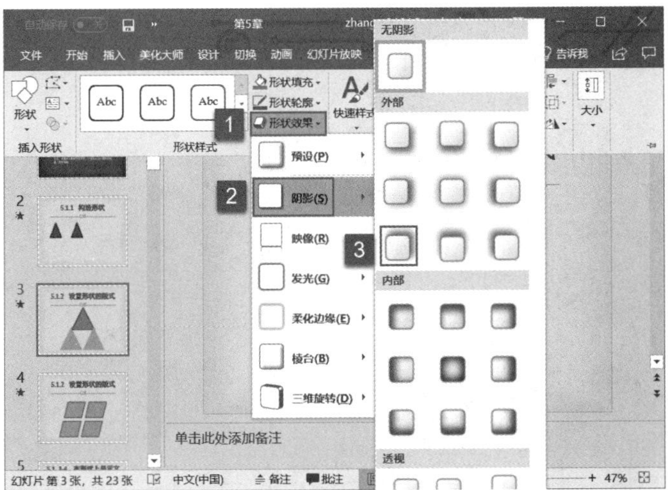

图 16-61

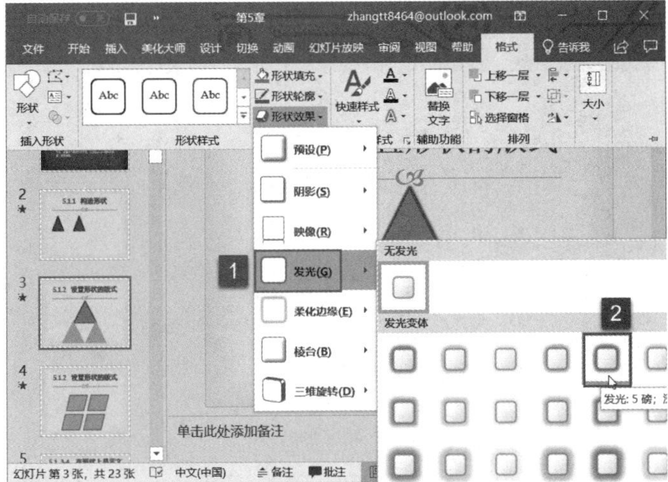

图 16-62

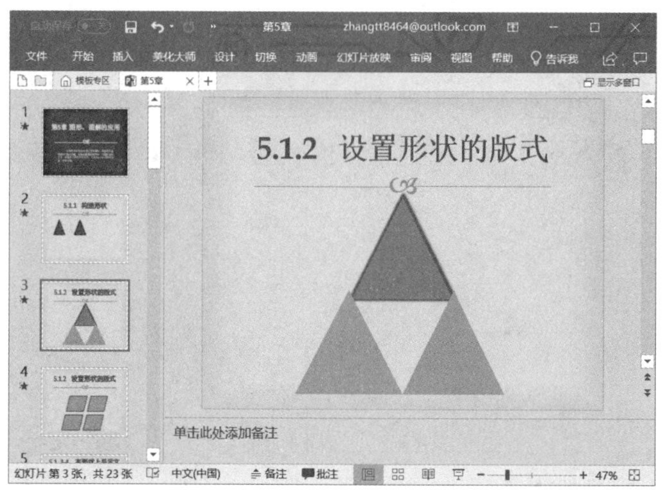

图 16-63

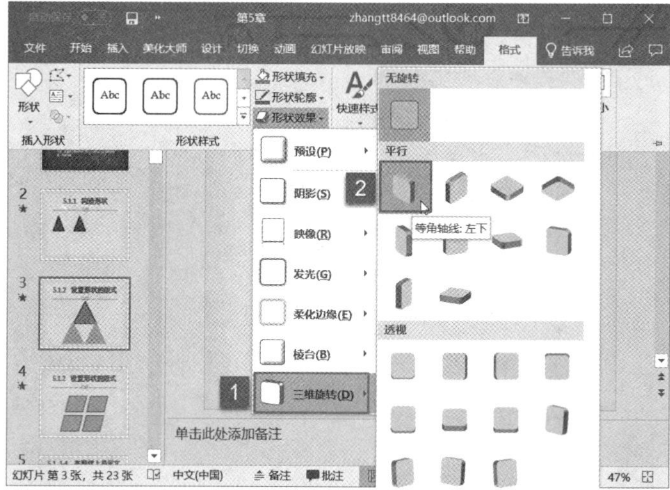

图 16-64

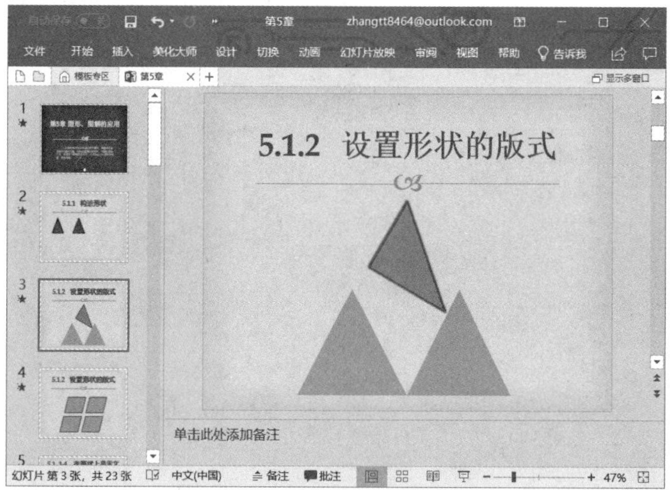

图 16-65

步骤 11：如果用户要统一形状的样式，可以选中目标形状，切换至“开始”选项卡，在“剪切板”组内左键双击“格式刷”按钮，如图 16-66 所示。单击“格式刷”只能进行一次统一操作，双击“格式刷”可以进行多次统一操作。

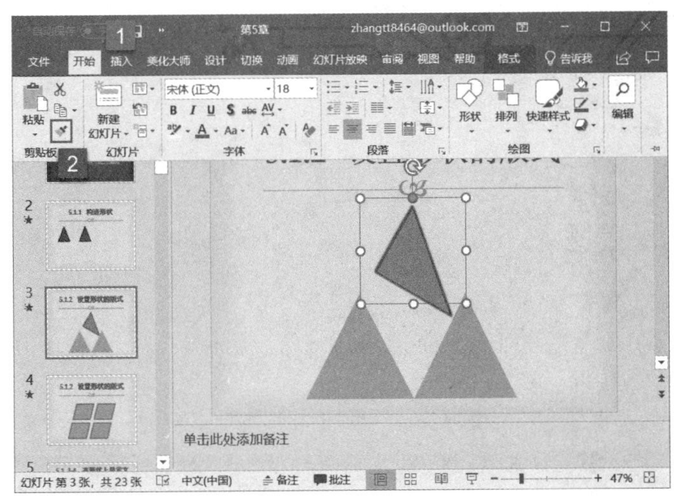

图 16-66

步骤 12：此时幻灯片内会出现格式刷光标，依次单击需要统一样式的形状，如图 16-67 所示。

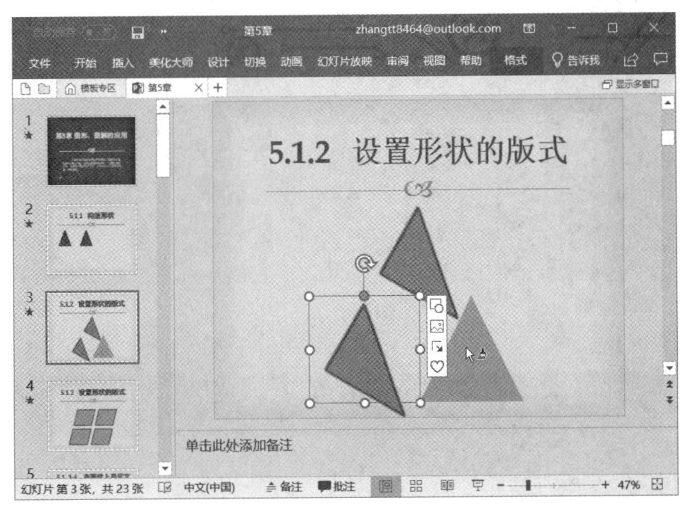

图 16-67

步骤 13：格式刷完成后，最终效果如图 16-68 所示。

3. 更改形状外形

当用户对绘制的形状外形不满意时，可以再次更改其外形。

步骤 1：打开 PowerPoint 文件，选择要进行更改的形状，切换至图片工具的“格式”选项卡，单击“插入形状”组内的“编辑形状”下拉按钮，然后在打开的菜单列表内单击“更改形状”按钮，再在打开的形状样式库内选择“泪滴形”项，如图 16-69 所示。

步骤 2：返回幻灯片，即可看到选中形状由六边形被修改为泪滴形，如图 16-70 所示。

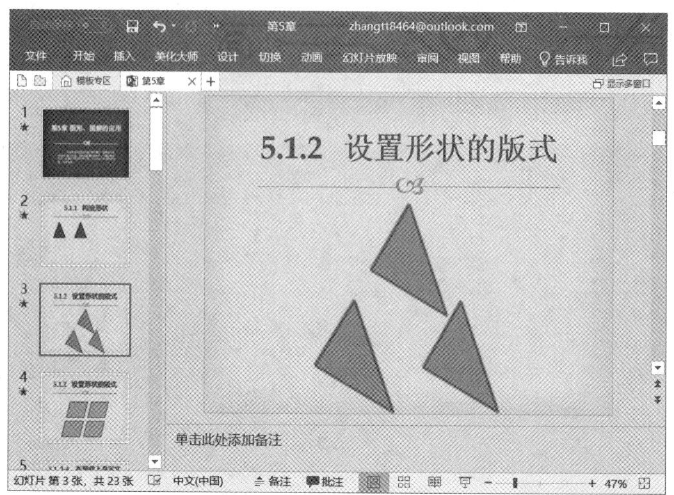

图 16-68

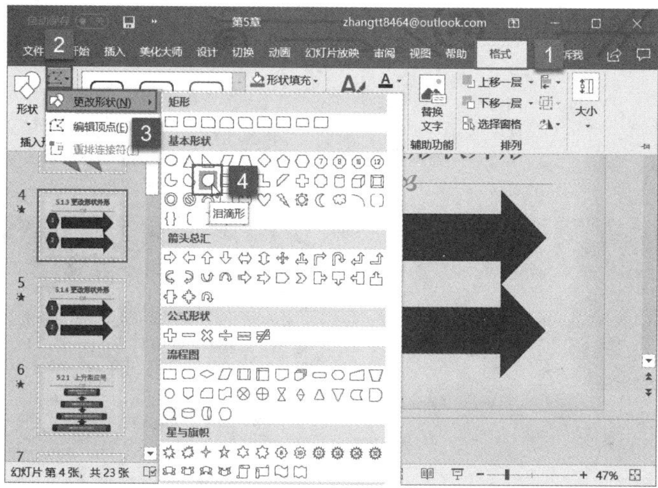

图 16-69

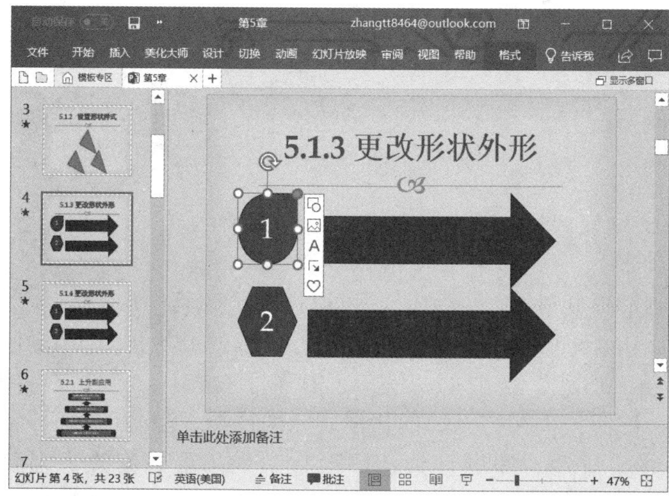

图 16-70

注意：*形状进行更改形状操作后，无法通过格式刷使其他形状具有相同的样式，只能通过编辑形状外形的方法进行更改。*

4. 在形状上显示文本

插入形状能够使演示文稿在视觉上更具美感，在逻辑上更具条理性，但是如果只是插入形状而没有文字说明，则会让观众摸不着头脑。PowerPoint 支持在形状内直接添加文本，便于读者理解其含义。

打开 PowerPoint 文件，选中要插入文本的形状并左键双击，即可直接在形状内输入文本，效果如图 16-71 所示。

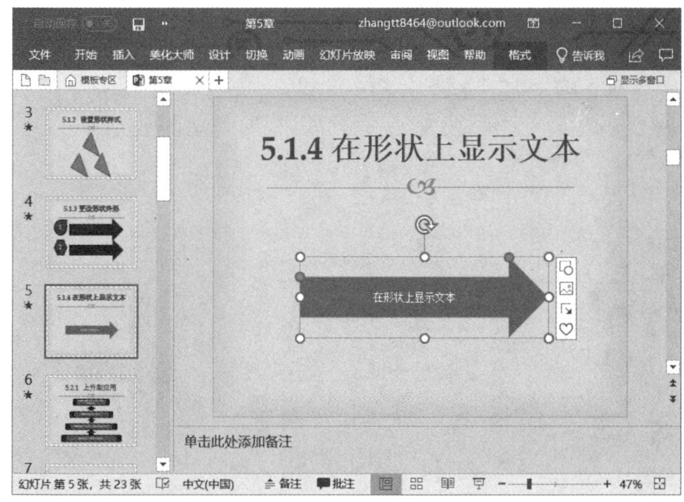

图 16-71

16.3.2 应用 SmartArt 图形

幻灯片的制作离不开 SmartArt 图形，无论是专业人士还是普通用户，仔细观察他们制作的演示文稿，都会发现 SmartArt 图形的身影。SmartArt 图形之所以能够得到大量用户的青睐，与其自身的优点是分不开的。它是经过编辑设计并且可以插入文本的形状，可以提高幻灯片的视觉效果，同时也是文本内容中不可或缺的关键部分，在正文中可以起到标题的重要作用。利用 SmartArt 图形制作示意图，可以更准确地表达用户的思想内容。

1. 插入 SmartArt 图形

在制作幻灯片的过程中，除了正文文本内容可以直接输入外，其他方式的表达都需要使用“插入”选项卡才可以完成，SmartArt 图形也不例外。PowerPoint 2019 为用户提供了种类更加丰富的 SmartArt 图形，其中包括列表式、流程式、循环式、层次结构式、关系式、矩阵式等。用户在选择时，根据自身需要选择插入即可使用。下面介绍下详细的操作步骤。

步骤 1：打开 PowerPoint 文件，切换至“插入”选项卡，单击“插图”组内的“插入 SmartArt 图形”按钮，如图 16-72 所示。

步骤 2：打开“选择 SmartArt 图形”对话框，在左侧的 SmartArt 图形类型列表内选择“列表”项，然后在右侧的图形库内选择“交替六边形”图标，此时对话框内会显示此 SmartArt 图形的详细介绍，最后单击“确定”按钮，如图 16-73 所示。

图 16-72

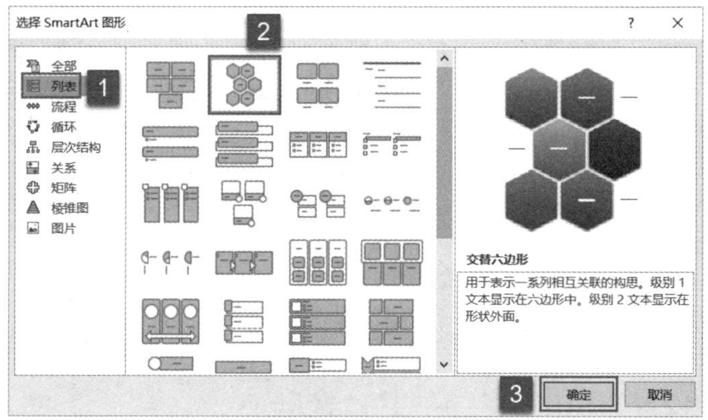

图 16-73

步骤 3：返回 PowerPoint 主界面，即可看到幻灯片内已插入 SmartArt 图形，根据自身需要调整其大小和位置即可，如图 16-74 所示。

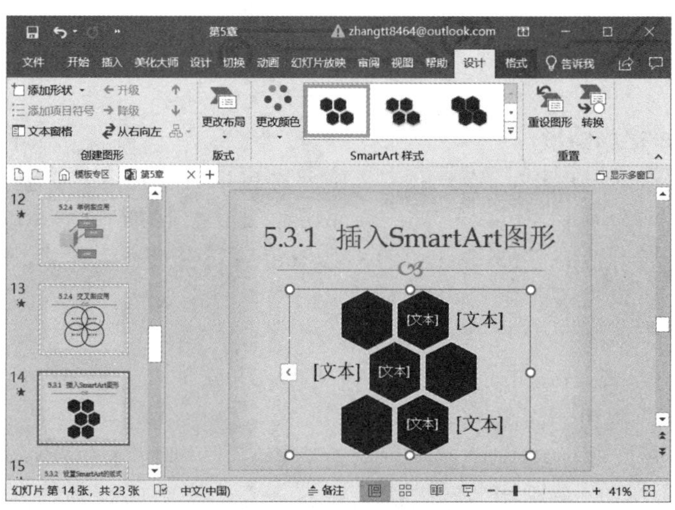

图 16-74

步骤 4：如果需要在插入图形的基础上继续添加形状，可以选中 SmartArt 图形，然后切换至图片工具的“设计”选项卡，单击“创建图形”组内的“添加形状”下拉按钮，在展开的菜单列表内选择“在前面添加形状”项，如图 16-75 所示。

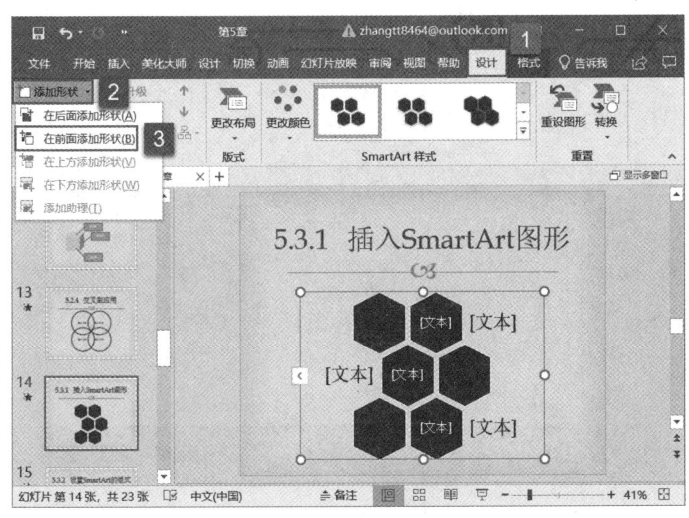

图 16-75

步骤 5：此时即可看到幻灯片内的 SmartArt 图形添加了新的列表，如图 16-76 所示。

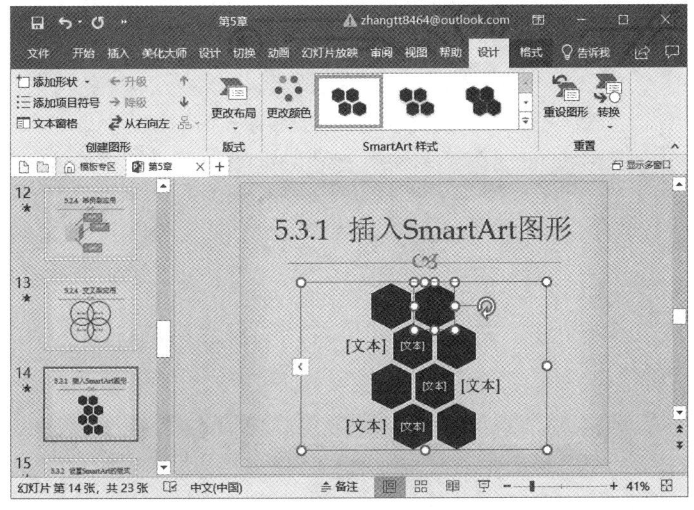

图 16-76

2. 设置 SmartArt 图形的样式

PowerPoint 为用户提供的默认 SmartArt 图形都是单色调的，如果用户对此不满意，可以继续对其进行色彩设置、样式应用等。具体的操作步骤如下。

步骤 1：打开 PowerPoint 文件，在幻灯片内插入一个 SmartArt 图形，如图 16-77 所示。

步骤 2：选中 SmartArt 图形，切换至“设计”选项卡，单击“SmartArt 样式”组内的“更改颜色”下拉按钮，然后在打开的样式库内选择“彩色 – 个性色”样式，如图 16-78 所示。

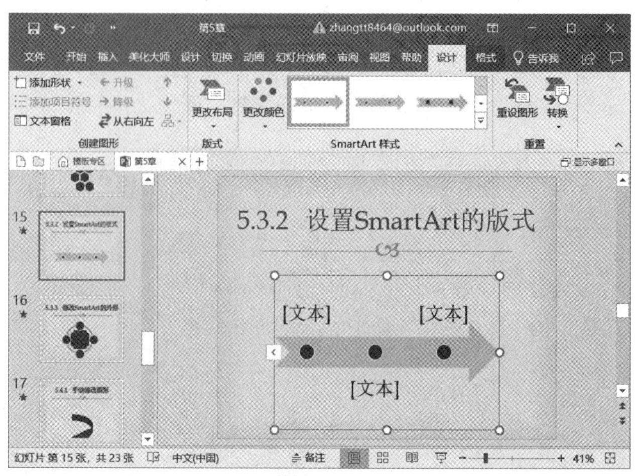

图 16-77

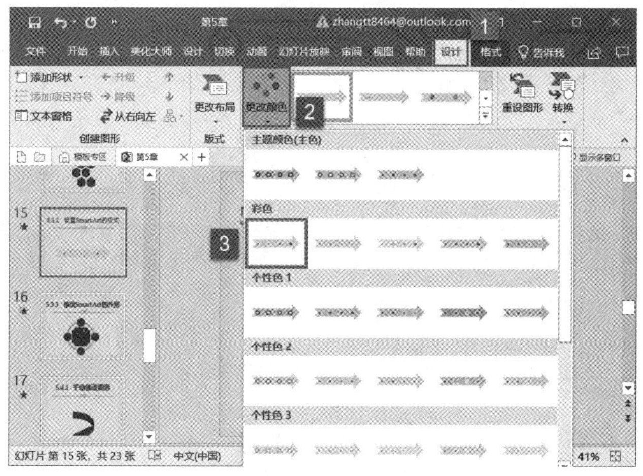

图 16-78

步骤 3： 返回 PowerPoint 主界面，即可看到幻灯片内的 SmartArt 图形颜色已被修改，如图 16-79 所示。

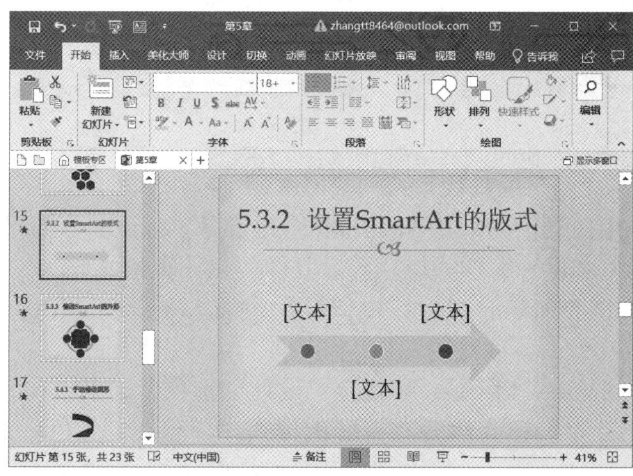

图 16-79

步骤 4： 如果用户对 PowerPoint 提供的内置颜色不满意，还可以对 SmartArt 图形的各部分进行单独设计。选中 SmartArt 图形的一部分，切换至“格式”选项卡，在“形状样式”组内单击“形状填充”下拉按钮，然后在展开的样式库内选择“浅绿”颜色，如图 16-80 所示。

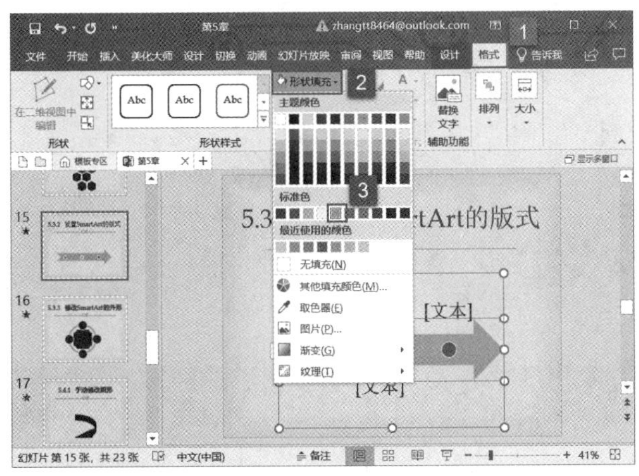

图 16-80

步骤 5： 返回 PowerPoint 主界面，即可看到幻灯片内 SmartArt 图形的选中部分颜色已被修改，如图 16-81 所示。用户可以重复上述方法图形的其他部分进行颜色填充、轮廓设置等，达到所需效果。

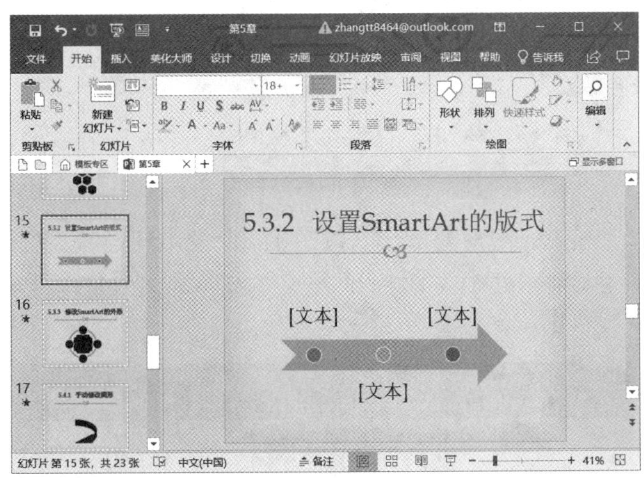

图 16-81

3. 修改 SmartArt 图形的外形

如果用户对插入的 SmartArt 图形外形不满意，可以对形状的大小、样式及颜色进行自定义设置。具体的操作步骤如下。

步骤 1： 打开 PowerPoint 文件，在幻灯片内插入一个 SmartArt 图形，如图 16-82 所示。

步骤 2： 修改 SmartArt 图形的大小。以图 16-82 的中间形状为例，选中该形状，切换至“格式”选项卡，在“大小”组内对其高度、宽度进行设置，然后即可在幻灯片内看到预览效果，如图 16-83 所示。

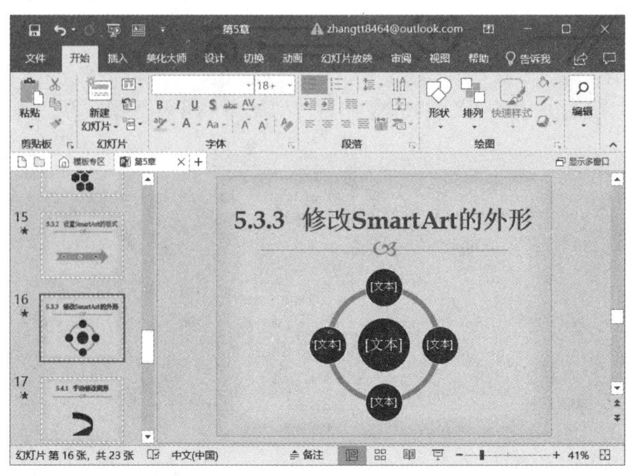

图 16-82

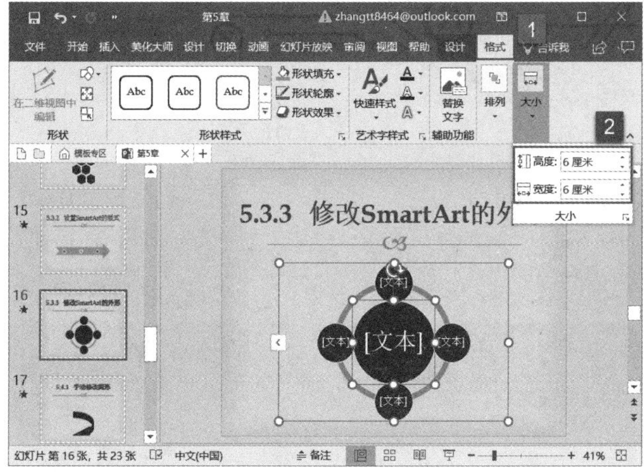

图 16-83

步骤 3：修改 SmartArt 图形的形状。以图 16-82 的中间形状为例，选中该形状，切换至“格式”选项卡，在“形状”组内单击“更改形状”下拉按钮，然后在展开的样式库内选择“菱形”，如图 16-84 所示。

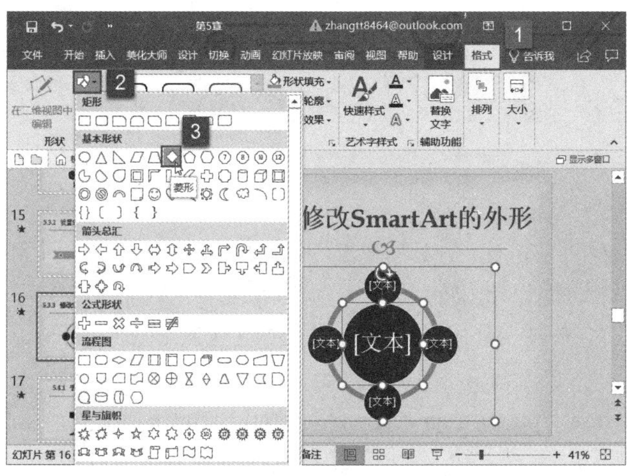

图 16-84

步骤4：返回幻灯片，即可看到选中图形已被修改为菱形，如图16-85所示。

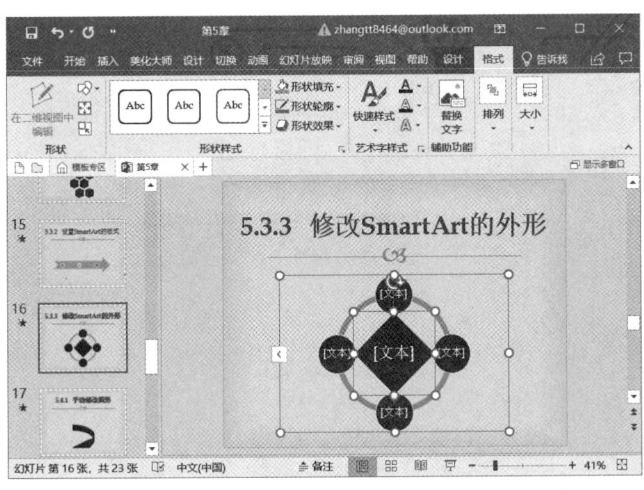

图　16-85

16.4 表格的编辑操作

在制作一些年终总结或销售报告的时候，为了更系统地说明数据，可以在幻灯片中插入表格，然后在表格中编辑数据，并设置表格的格式或表格中内容的格式，从而制作出一个富有实际意义又专业的表格幻灯片。

16.4.1 创建表格

PowerPoint创建表格的方法有很多种，本节将介绍插入表格和绘制表格。

1. 插入表格

要想在幻灯片内快速插入表格，使用“插入表格”功能是最有效的方法，具体操作步骤如下。

步骤1：打开PowerPoint文件，切换至“插入”选项卡，单击“表格”组内的“表格”下拉按钮，然后在展开的表格区域内拖动鼠标，此时即可在幻灯片内看到预览效果，如图16-86所示。

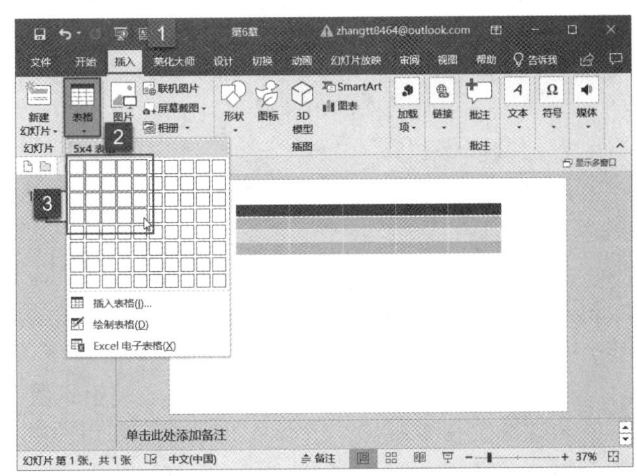

图　16-86

步骤2：释放鼠标，即可在幻灯片内看到相应的表格，如图16-87所示。

步骤3：除上述方法外，还可以在“表格”的下拉菜单列表内单击“插入表格”按钮，如图 16-88 所示。

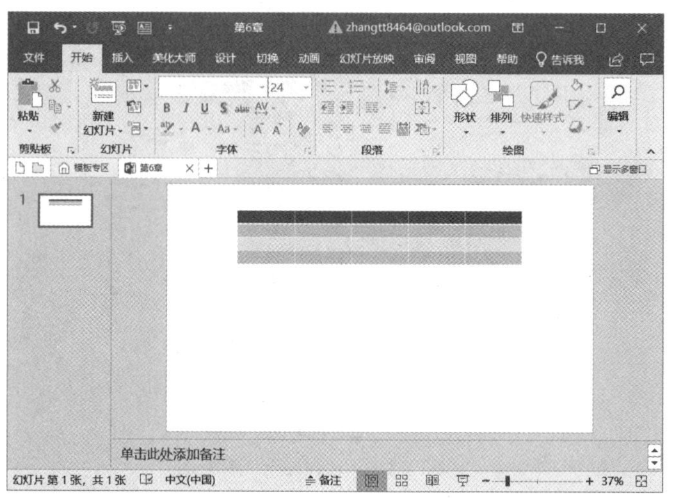

图 16-87

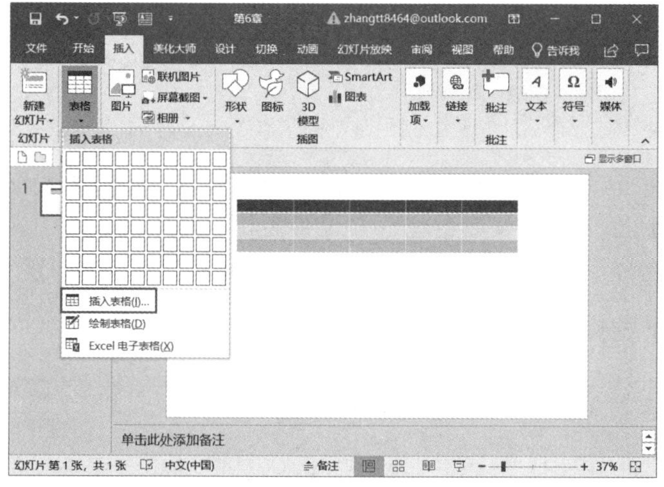

图 16-88

步骤 4：弹出“插入表格”对话框，在“列数”和“行数”文本框内输入数字，例如“5”和“4”，然后单击“确定”按钮，如图 16-89 所示，即可生成图 16-87 所示的表格。

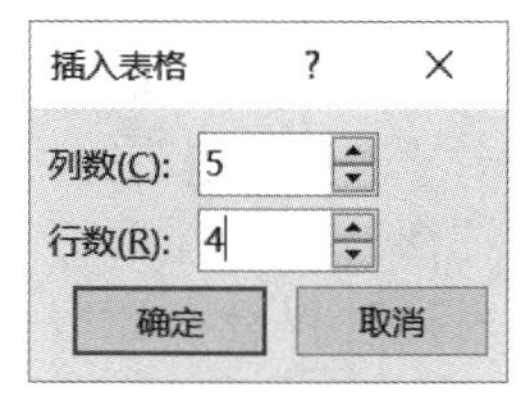

图 16-89

2. 绘制表格

通过“绘制表格”功能，可以绘制出多样的表格，也可以对现有表格进行修改。

步骤 1：打开 PowerPoint 文件，切换至“插入”选项卡，单击“表格”组内的“表格”下拉按钮，然后在打开的菜单列表内单击“绘制表格”按钮，如图 16-90 所示。

步骤 2：此时，幻灯片内的光标会变成铅笔状，如图 16-91 所示。

步骤 3：长按鼠标左键并拖动鼠标，即可绘制出一个表格。此时菜单栏内出现表格工具，切换至“设计”选项卡，然后单击“绘制边框”组内的“绘制表格”按钮，如

图 16-92 所示。

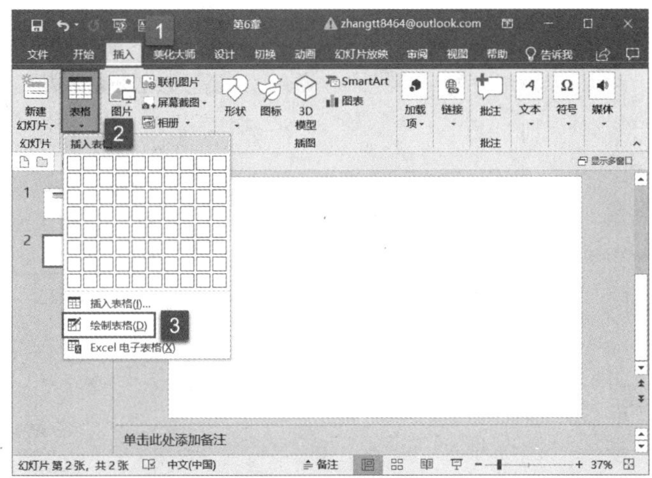

图 16-90

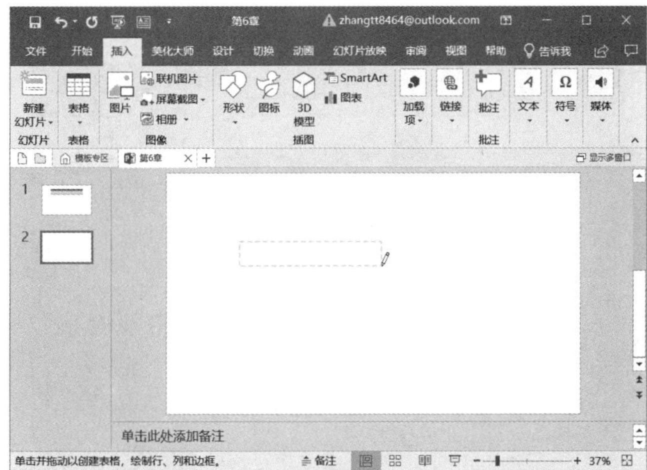

图 16-91

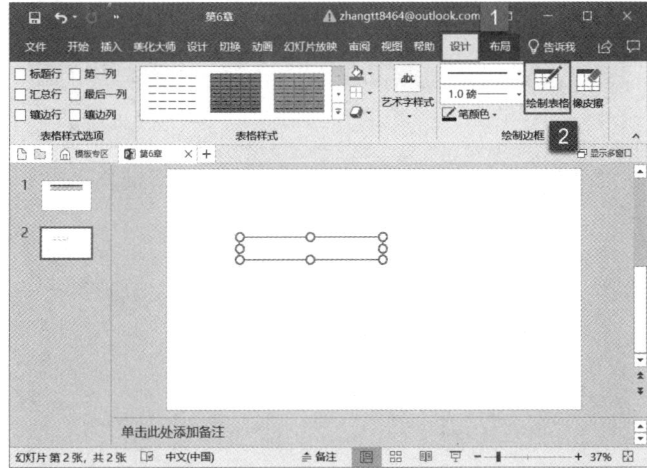

图 16-92

步骤 4：此时，幻灯片内光标会再次变成铅笔状，继续绘制表格直至绘制出所需表格，如图 16-93 所示。

步骤 5：“绘制表格”功能，不仅可以绘制单元格、行和列边框，还可以在单元格内绘制对角线及单元格。不过要注意的是，在绘制对角线时不要太靠近单元格边框，否则 PowerPoint 会认为是要插入新的表格，如图 16-94 所示。

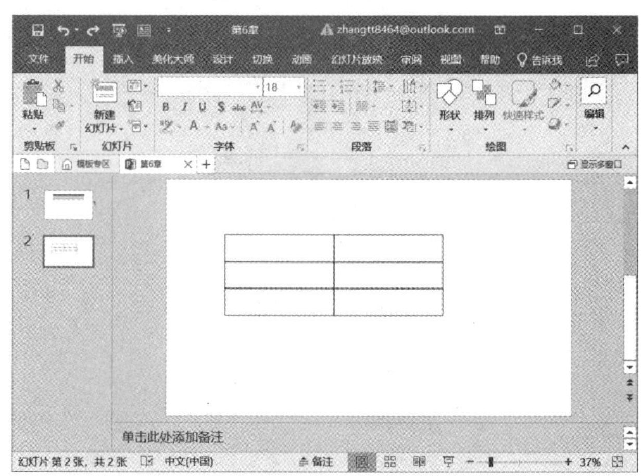

图 16-93

步骤 6：在绘制表格时，如果要删除错误的边框线，可以切换至表格工具的“设计”选项卡内，单击“绘制边框”组内的“橡皮擦”按钮，此时，幻灯片内光标会变成橡皮擦状，单击需要删除的边框线即可，如图 16-95 所示。

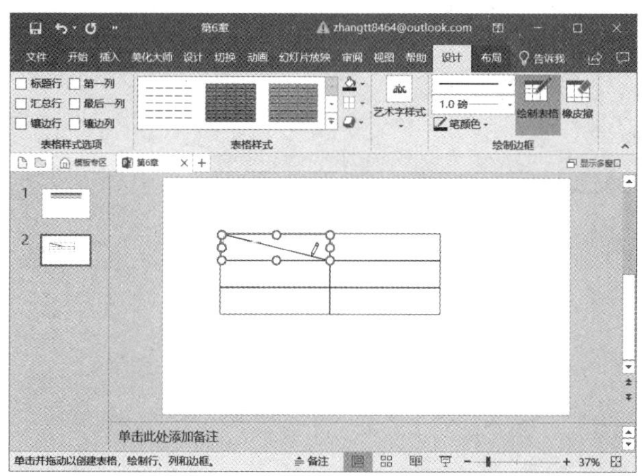

图 16-94

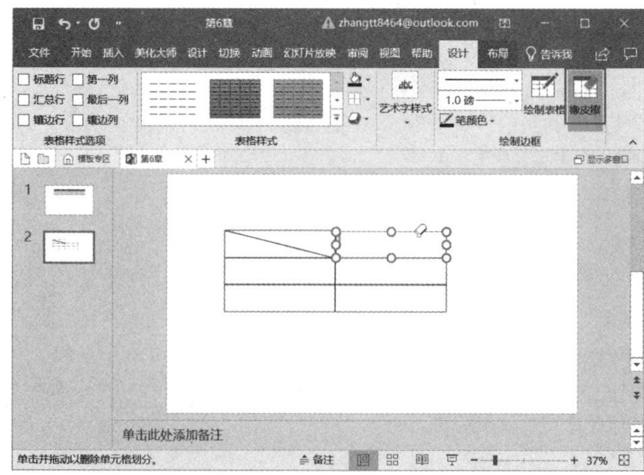

图 16-95

16.4.2 编辑表格行列

表格创建完成后，用户可以根据自身的排版和布局要求，对表格内的单元格进行设置。本章主要介绍表格行高与列宽的调整，单元格的合并与拆分，以及对相应单元格的删除等操作。

1. 调整表格的行高与列宽

表格创建完成后，可能会存在行、列之间距离不规整的问题，影响数据的显示。此时，则需要用户调整行高与列宽，具体的操作步骤如下：选中表格，切换至表格工具的“布局”选项卡，然后在“单元格大小”组内的“行高”“列宽”文本框内进行设置，如图 16-96 所示。

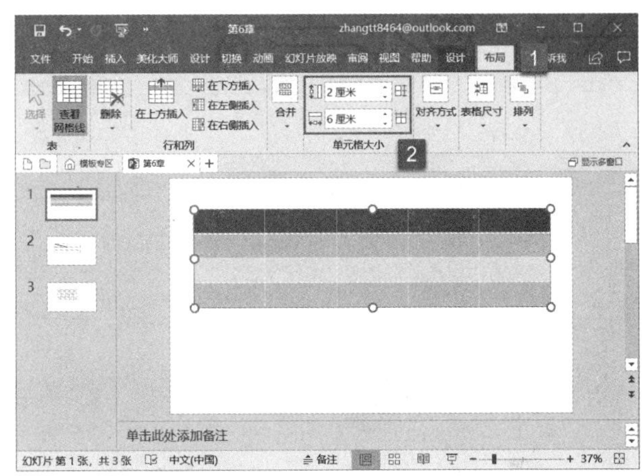

图 16-96

2. 合并与拆分单元格

合并单元格就是将多个单元格合并为一个单元格，此方法常用于表格中的标题栏。而拆分单元格就是将一个单元格拆分成多个单元格，以方便用户在指定的位置输入更多的内容。

合并单元格的具体操作步骤如下。

选中需要合并的单元格区域，切换至表格工具的“布局”选项卡，然后单击“合并”组内的“合并单元格”按钮，即可完成单元格的合并，如图 16-97 所示。或者选中需要合并的单元格区域后右键单击，然后在打开的菜单列表内单击“合并单元格”按钮，即可完成单元格的合并，如图 16-98 所示。

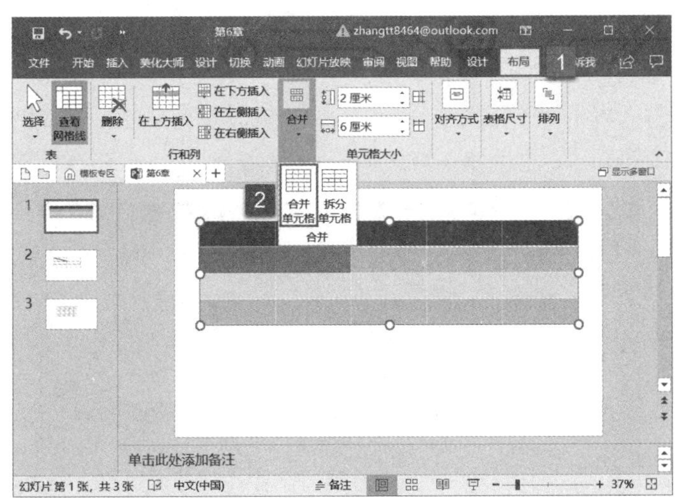

图 16-97

拆分单元格的具体操作步骤如下。

步骤 1：选中需要拆分的单元格，切换至表格工具的“布局”选项卡，然后单击“合并”组内的“拆分单元格”按钮，如图 16-99 所示。或者选中需要拆分的单元格区域后右键单击，然后在打开的菜单列表内单击“拆分单元格”按钮。

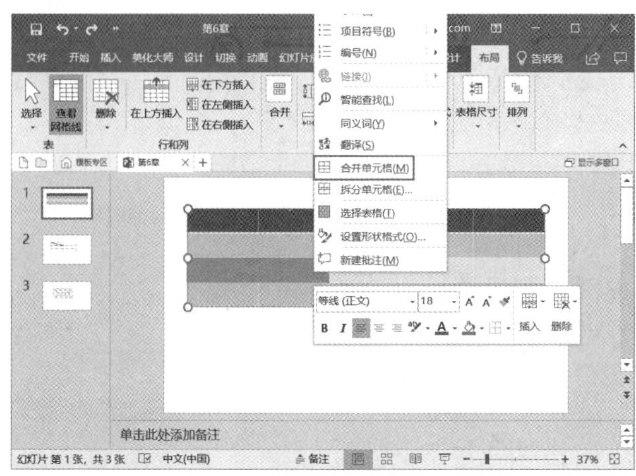

图　16-98

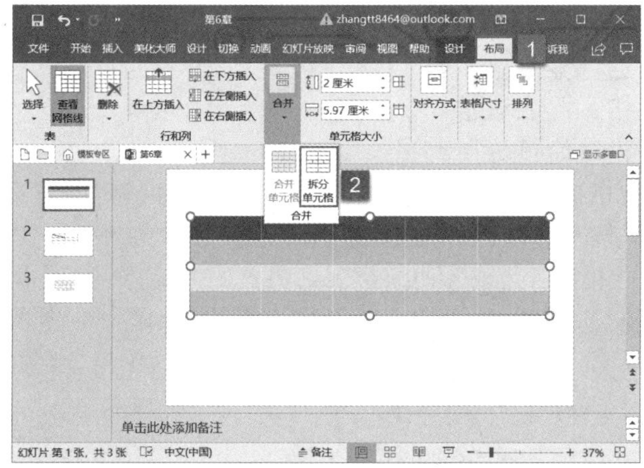

图　16-99

步骤 2：弹出“拆分单元格”对话框，在“列数”“行数”文本框内输入数字，然后单击“确定”按钮即可，如图 16-100 所示。

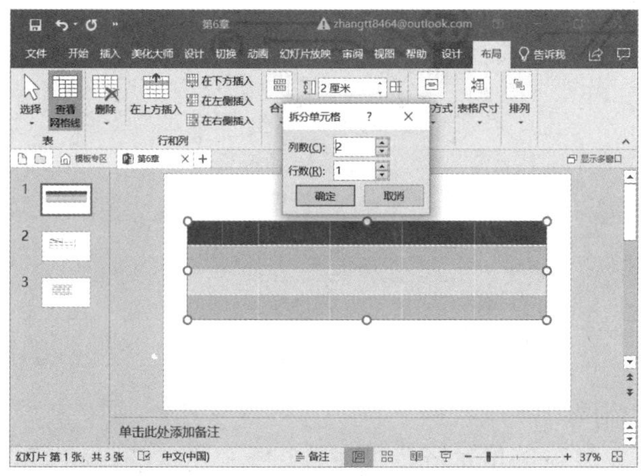

图　16-100

3. 添加与删除行或列

在表格数据的填写过程中，经常会遇到行列不够或者行列多余的问题，此时就需要用户进行删除。

添加表格的行或列，具体操作步骤如下：选中相应的单元格区域，切换至“布局”选项卡。单击“行和列”组的“在上方插入”或“在下方插入”按钮，即可在当前单元格的上方或下方插入空行；单击“在左侧插入”或“在右侧插入”按钮，即可在当前单元格的左侧或右侧添加空列，如图 16-101 所示。

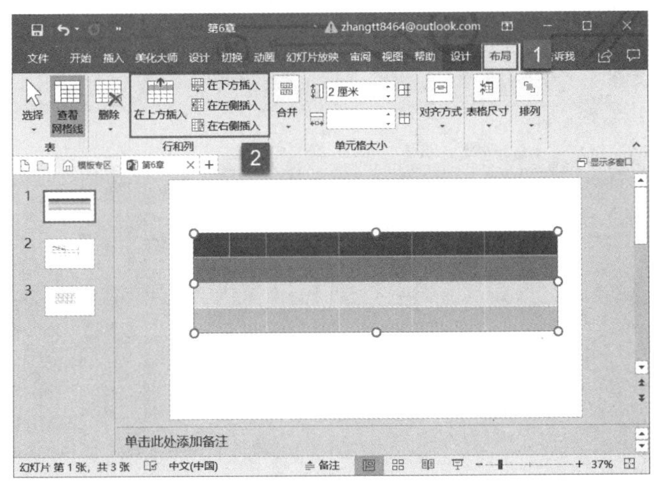

图 16-101

删除表格的行或列，具体操作步骤如下：选中要删除的行或列，切换至“布局”选项卡，然后单击“删除”组的“删除列”或“删除行”按钮即可，如图 16-102 所示。

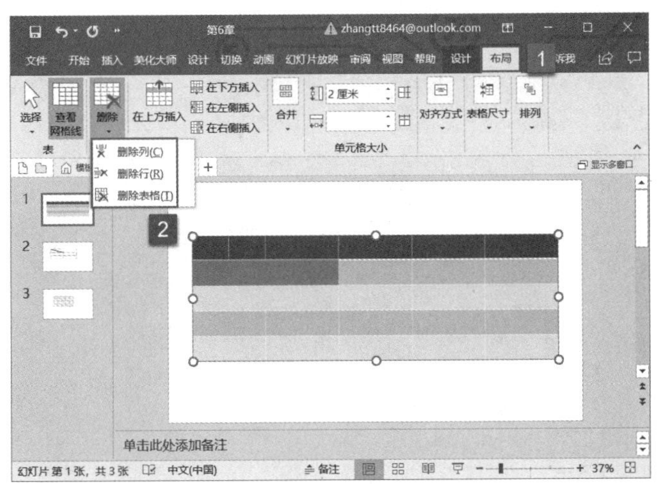

图 16-102

16.4.3 美化表格

表格不仅是统计数据的工具，更是用数据沟通的重要方式。数据的精准是表格质量的基石，而表格清晰易读则可以让数据更具说服力。要让表格易读美观，不得不提及表格美化这项工作。

表格创建完成后，用户可以在其基础上对表格内容和格式进行相应的设置，达到美化表格的效果。本节将初步介绍表格的文本内容、表格格式等相关设置操作。

1. 设置表格样式

PowerPoint 为用户内置了许多表格样式，通过选择可以轻松改变表格的外观样式，具体的操作步骤如下。

步骤 1： 选中幻灯片内表格，切换至“设计”选项卡，单击“表格样式”组内的表格样式其他按钮，然后在弹出的表格样式库内选择表格样式，例如：“中度样式 1- 强调 5”，如图 16-103 所示。

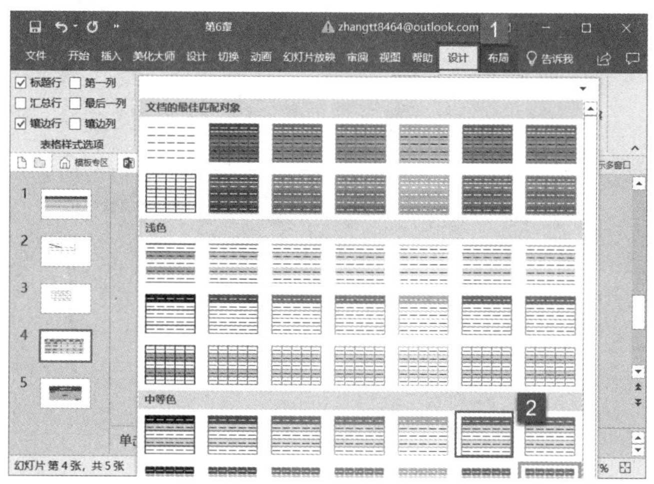

图 16-103

步骤 2： 返回幻灯片，即可看到表格样式已被修改，如图 16-104 所示。

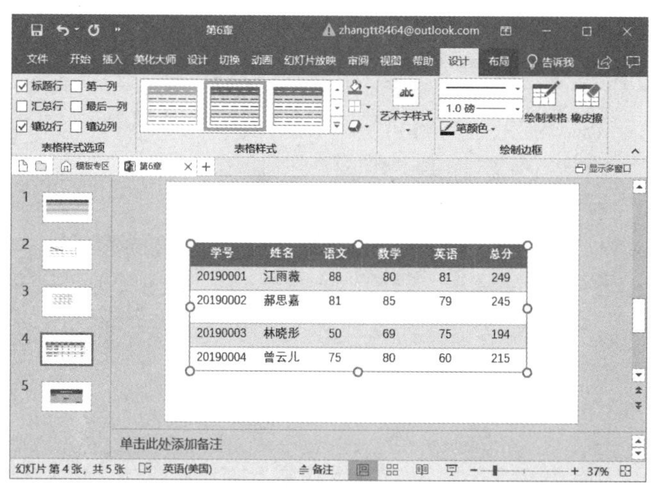

图 16-104

2. 设置表格底纹

如果用户对系统提供的默认表格样式不满意，可以自定义表格的底纹色彩、背景图片等，以达到美化表格的目的。

自定义表格底纹色彩的具体操作步骤如下。

步骤 1： 选中需要设置底纹的表格，切换至表格工具的“设计”选项，单击“表格样式”组内的“底纹”下拉按钮，然后在展开的菜单列表内选择“无填充”项覆盖之前设置的默认样式，如图 16-105 所示。

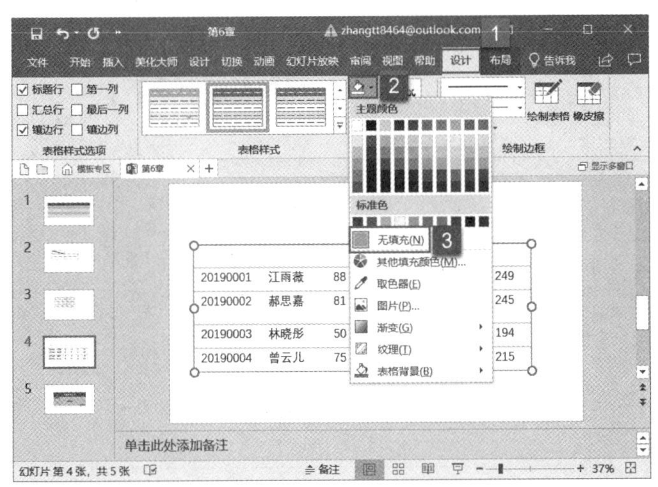

图 16-105

步骤 2：然后再次打开“底纹”的菜单列表，单击选择“浅绿”项即可将表格底纹设置为浅绿色，如图 16-106 所示。

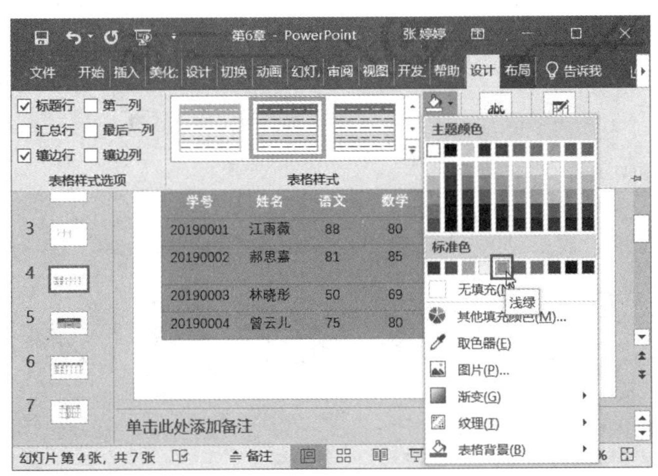

图 16-106

自定义表格背景图片的具体操作步骤如下。

步骤 1：选中需要设置背景的表格，切换至表格工具的“设计”选项，单击“表格样式”组内的“底纹”下拉按钮，然后在展开的菜单列表内选择“无填充”项覆盖之前设置的默认样式。

步骤 2：然后再次打开“底纹”的菜单列表，单击选择“图片”项，如图 16-107 所示。

步骤 3：弹出“插入图片”对话框，单击“来自文件”按钮，如图 16-108 所示。

步骤 4：弹出“插入图片”对话框，定位到背景图片所在文件夹，然后单击选中背景图片，单击“插入”按钮，如图 16-109 所示。

步骤 5：返回幻灯片，即可看到表格的背景图片已被修改，效果如图 16-110 所示。

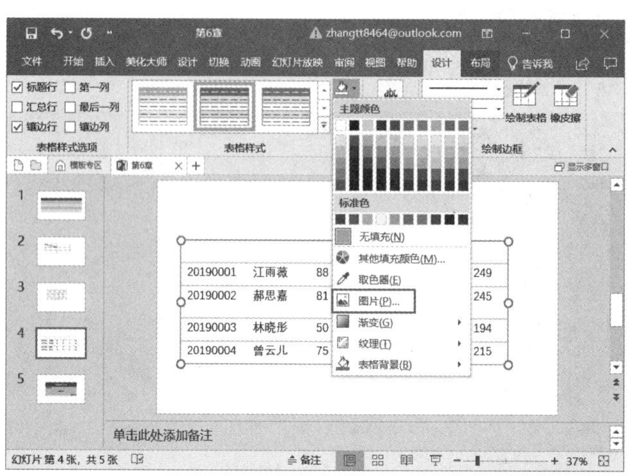

图 16-107

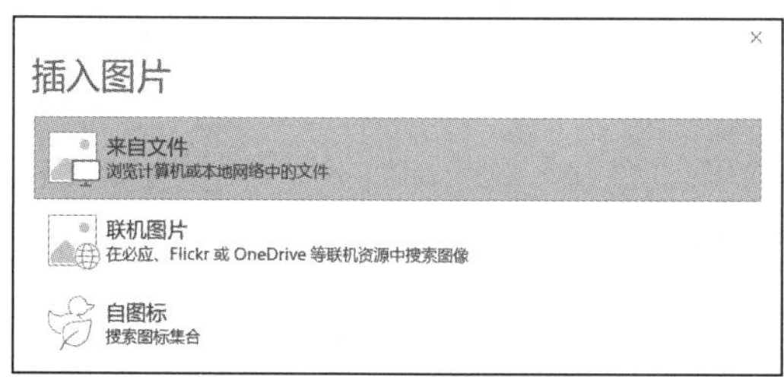

图 16-108

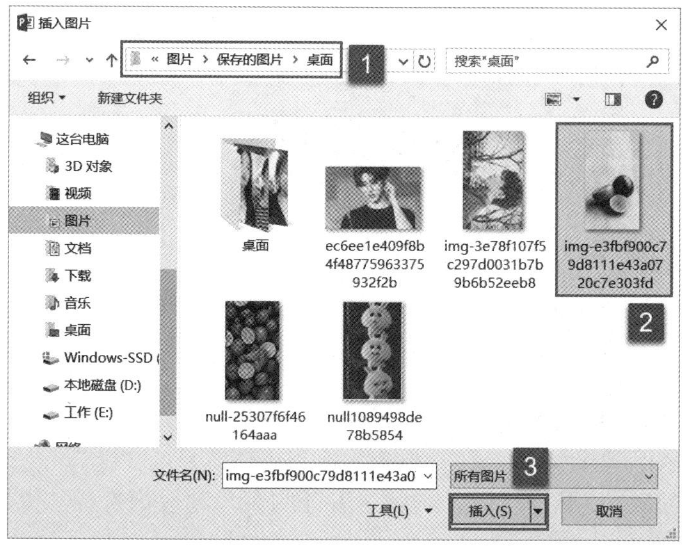

图 16-109

PowerPoint 还为用户提供了相应的网络搜索和图标插入功能，使用户可以获得更多的底纹及背景素材。

3. 设置表格效果

用户可以通过设置单元格的凹凸效果、表格的阴影和映像效果，来配合幻灯片的展示需求。

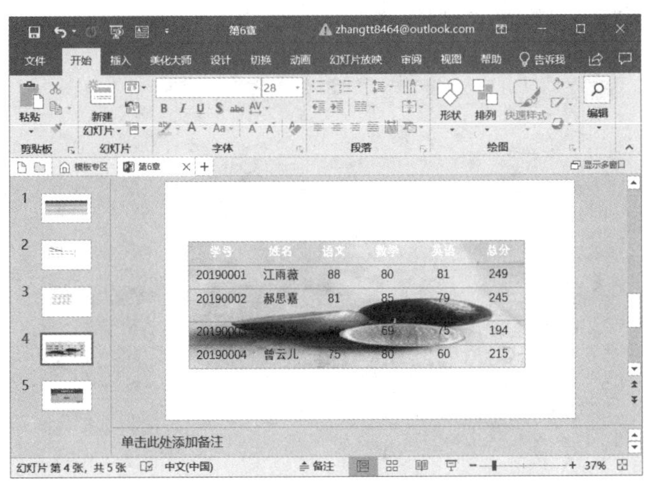

图 16-110

步骤 1：选中表格内标题行，切换至表格工具的“设计”选项卡，单击“表格样式”组内的“效果”下拉按钮，然后在展开的菜单列表内单击“单元格凹凸效果”按钮，再在展开的子菜单列表内单击“圆形”棱台按钮，如图 16-111 所示。

图 16-111

步骤 2：此时，幻灯片表格内选中的单元格即可显示圆形棱台的凹凸效果，如图 16-112 所示。

步骤 3：在“效果”下拉菜单列表内单击“阴影”按钮，然后在展开的在菜单列表内单击“内部：中”按钮，如图 16-113 所示。

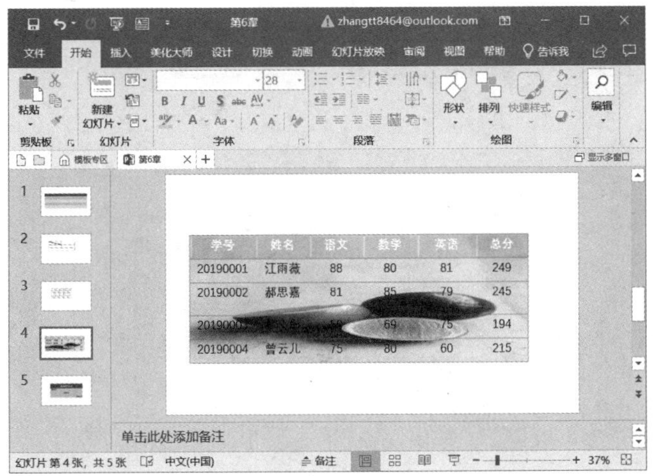

图 16-112

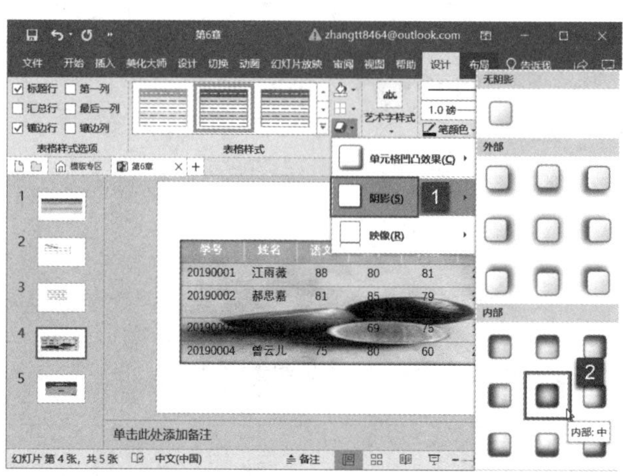

图 16-113

步骤 4：在“效果”下拉菜单列表内单击“映像”按钮，然后在展开的在菜单列表内单击“紧密映像：接触”按钮，如图 16-114 所示。

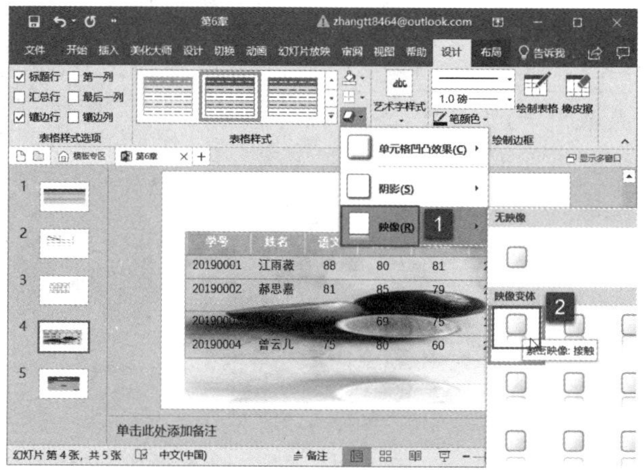

图 16-114

步骤 5：此时，幻灯片内的表格将更具立体感，效果如图 16-115 所示。

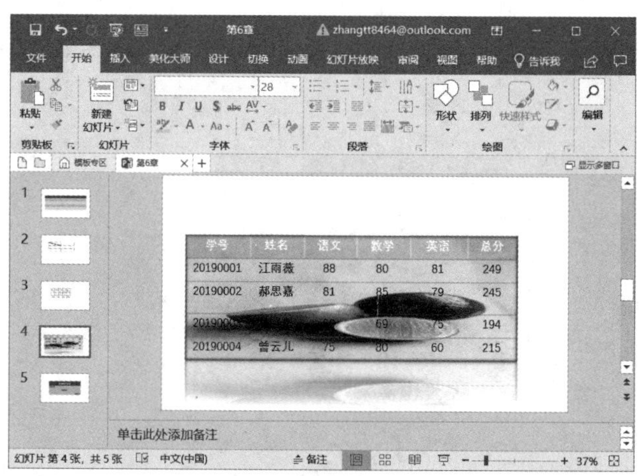

图 16-115

4. 添加表格边框

在打印表格时，有时会遇到单元格之间显示不清晰的情况，此时可以通过给表格添加边框来解决，具体的操作步骤如下。

步骤 1：选中需要添加边框的表格，切换至表格工具的“设计”选项卡，单击“表格样式”组内的“边框”下拉按钮，然后在展开的边框样式库内选中“所有框线”项，如图 16-116 所示。

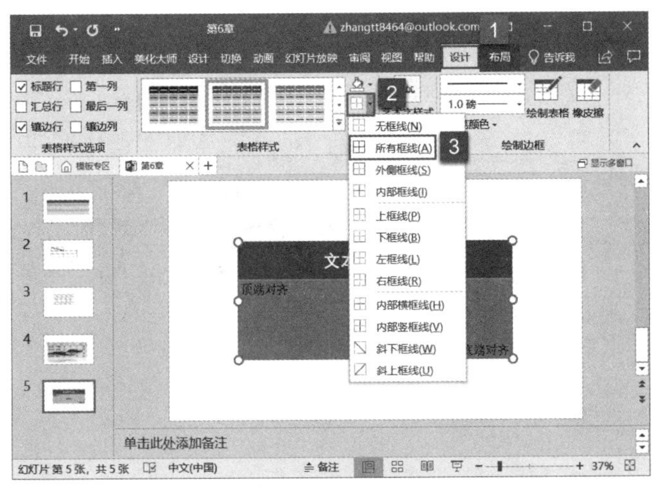

图 16-116

步骤 2：返回幻灯片，添加边框后的表格效果如图 16-117 所示。

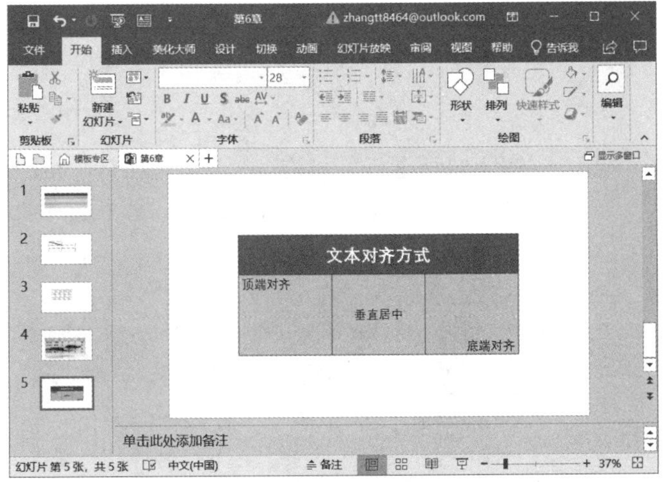

图 16-117

16.5 图表的编辑操作

图表设计通常被看作是帮助人们更好地理解特定文本内容的视觉元素，它可以揭示、解释并阐明那些隐含的、复杂的以及含糊的资讯。形象直观的图表比文字和表格更容易让人理解，也可以让幻灯片的显示效果更清晰。通过使用插入、编辑和美化图表的方法，就可以制作出专业水平的图表型幻灯片。

16.5.1 创建图表

本节介绍一下如何插入图表、如何用图表反映出数值的具体明细，以及如何将图表转化成可多次有效利用的模板。

1. 插入图表

图表有很多种类型，不同的类型所表达的内容不同，所以在编辑幻灯片时，用户要根据自身需要选择合适的图表类型。接下来介绍一下如何在幻灯片内插入图表。

步骤 1：打开 PowerPoint 文件，切换至“插入”选项卡，在“插图”组内单击“图表”按钮，如图 16-118 所示。

图 16-118

步骤 2：打开“插入图表”对话框，即可看到所有图表的分类及其样式。在左侧窗格内单击“柱形图”按钮，然后在右侧的样式列表内选择“簇状柱形图”，最后单击“确定”按钮，如图 16-119 所示。

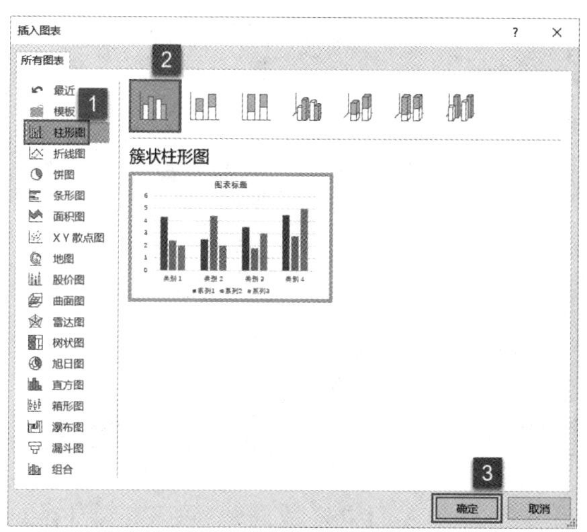

图 16-119

步骤 3：返回幻灯片，即可看到幻灯片内已经插入一个簇状柱形图，并且系统自动打开了一个 Excel 工作簿，如图 16-120 所示。

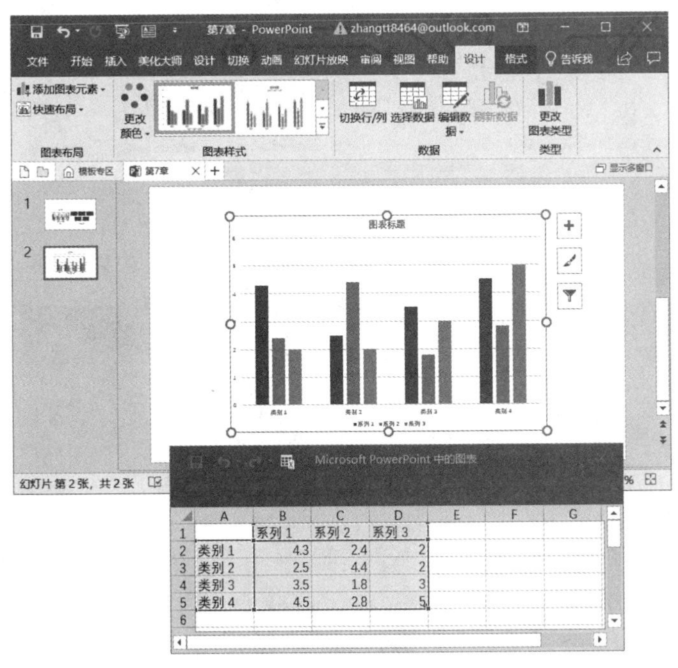

图　16-120

2. 编辑图表数据

在幻灯片内直接插入的图表都显示为默认状态，即包含默认的数据。用户可以根据自身需要对图表数据进行编辑。

步骤 1：打开 PowerPoint 文件，切换至图表工具的“设计”选项卡，在“数据”组内单击“编辑数据”按钮，如图 16-121 所示。

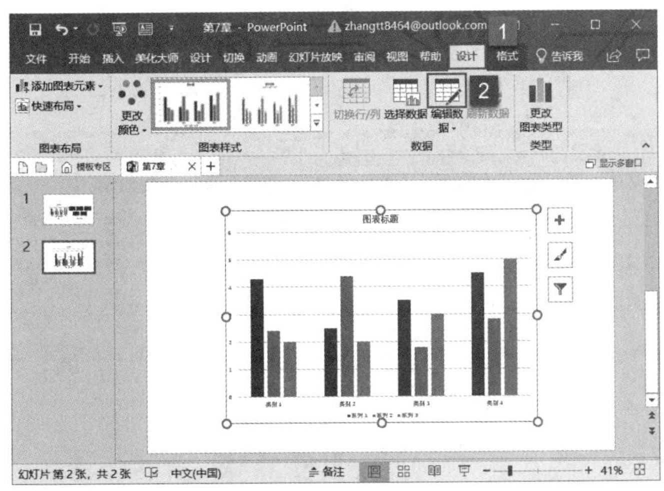

图　16-121

步骤 2：此时，系统会自动打开一个 Excel 工作簿，根据自身需要在数据区域输入相应的图表数据即可，如图 16-122 所示。数据区域会根据输入的数据自动调整其大小。

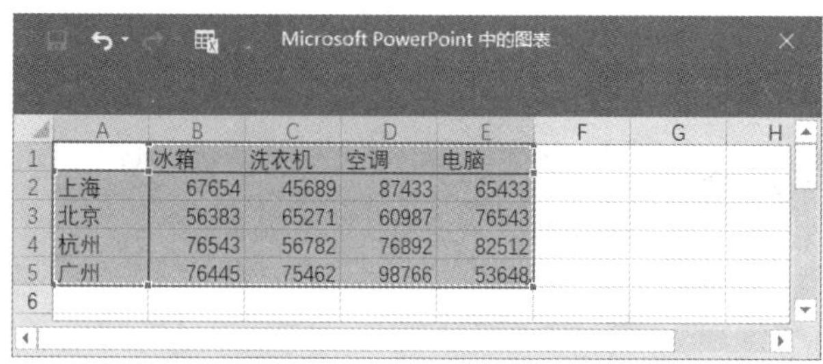

	冰箱	洗衣机	空调	电脑
上海	67654	45689	87433	65433
北京	56383	65271	60987	76543
杭州	76543	56782	76892	82512
广州	76445	75462	98766	53648

图　16-122

步骤 3：返回幻灯片，即可看到图表数据已被更新，如图 16-123 所示。

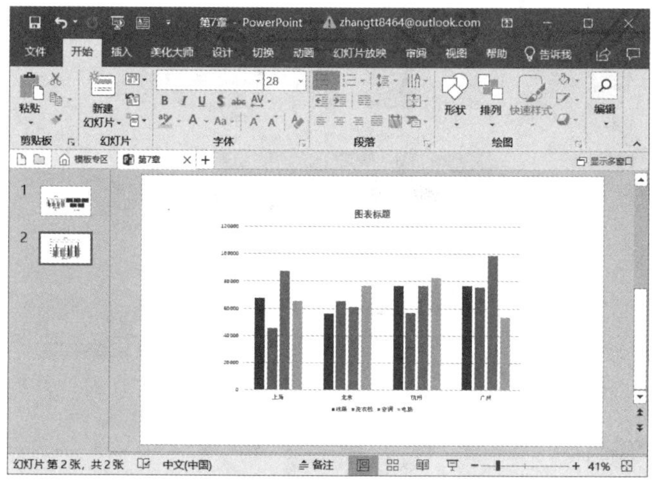

图　16-123

3. 保存图表为模板

在幻灯片内制作图表完成后，若用户还需要再次使用，可以将其保存为模板类型，具体的操作步骤如下。

步骤 1：打开 PowerPoint 文件，选中要保存为模板的图表，右键单击，然后在打开的隐藏菜单列表内单击“另存为模板”按钮，如图 16-124 所示。

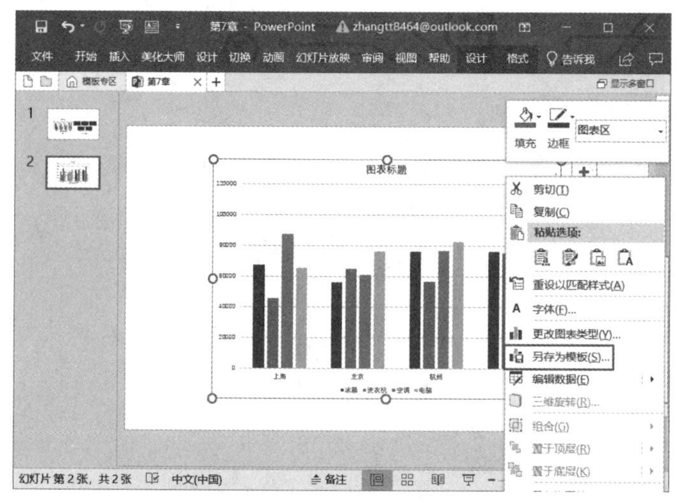

图　16-124

步骤 2：打开“保存图表模板”对话框，在“文件名”文本框内输入模板名称，单击“保存”按钮即可，如图 16-125 所示。

需要注意的是，文件要保存在默认的 Charts 文件夹中，否则 PowerPoint 无法识别。

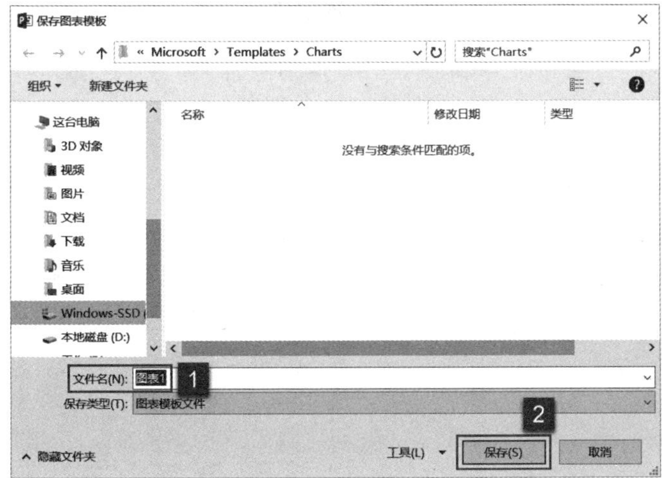

图 16-125

16.5.2 编辑图表

在幻灯片中插入图表后，如果用户对其效果不满意，可以根据自身需要进行编辑。本节重点介绍编辑图表的方法，主要包括设置图表标题、设置坐标轴标题、设置图表数据标签。

1. 设置图表标题

为清晰明了地表达数据内容，需要给图表添加一个标题，这样当读者观看幻灯片时，可以一目了然。具体的操作步骤如下。

步骤 1：打开 PowerPoint 文件，选中需要设置标题的图表，切换至图表工具的“设计”选项卡，然后单击“图表布局”组内的“添加图表元素”下拉按钮，在展开的菜单列表内单击“图表标题”项，再在子菜单列表内选择“图表上方”项，如图 16-126 所示。

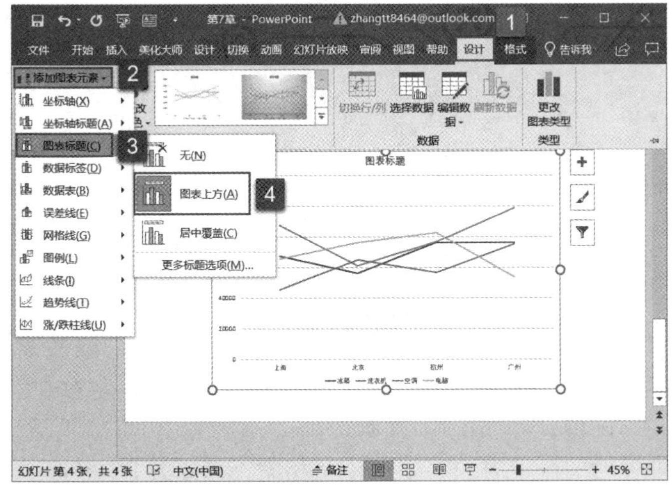

图 16-126

步骤 2：此时即可看到图表上方的标题文本框变成编辑状态，输入标题文本“电器销售情况分析”即可，如图 16-127 所示。

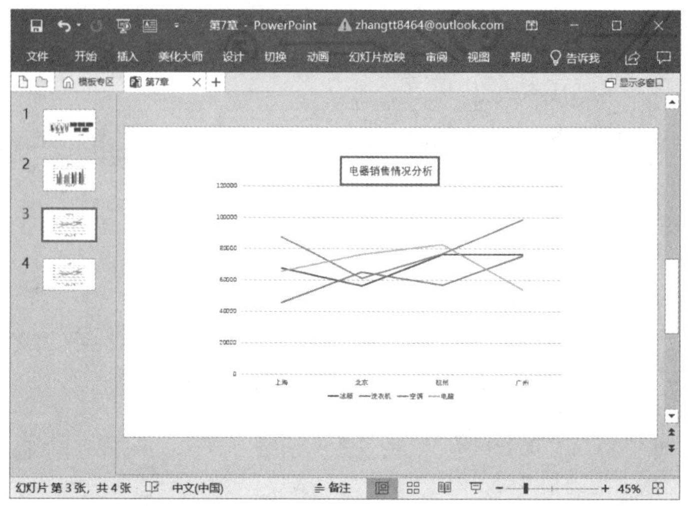

图 16-127

另外，用户通过设置图表标题功能，还可以取消图表标题或者使标题居中覆盖显示。

2. 设置坐标轴标题

用户不仅可以对图表的标题进行设置，还可以设置坐标轴的标题，接下来以“主要横坐标轴”为例介绍一下如何设置坐标轴标题。

步骤 1：打开 PowerPoint 文件，选中需要设置坐标轴标题的图表，展开“添加图表元素”下拉菜单列表，单击“坐标轴标题”项，然后在打开的菜单列表内选择“主要横坐标轴”项，如图 16-128 所示。

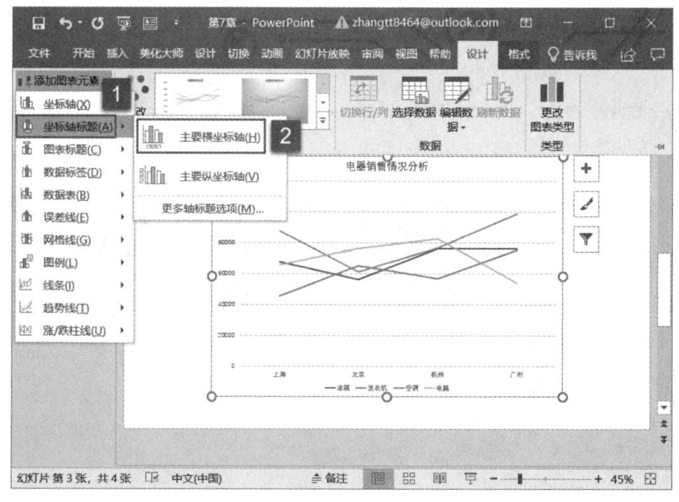

图 16-128

步骤 2：此时即可看到图表的横坐标轴处添加了一个标题文本框，输入坐标轴标题文本“城市分布图”即可，如图 16-129 所示。

主要纵坐标轴标题的设置方法与上述步骤相同，由于篇幅限制，此处不再赘述。

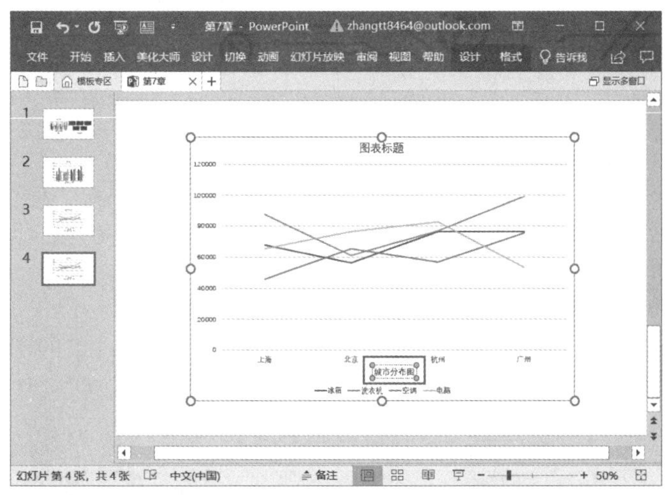

图 16-129

3. 设置图表数据标签

数据标签用于显示数据系列中数据点的值、系列或类别名称，这样用户在观看图表时，无须根据坐标轴进行比对，因此在没有坐标轴显示的图表中，设置数据标签尤为重要。

步骤 1：打开 PowerPoint 文件，选中需要设置坐标轴标题的图表，展开“添加图表元素”下拉菜单列表，单击“数据标签”项，然后在展开的菜单列表内选择“数据标注”项，如图 16-130 所示。

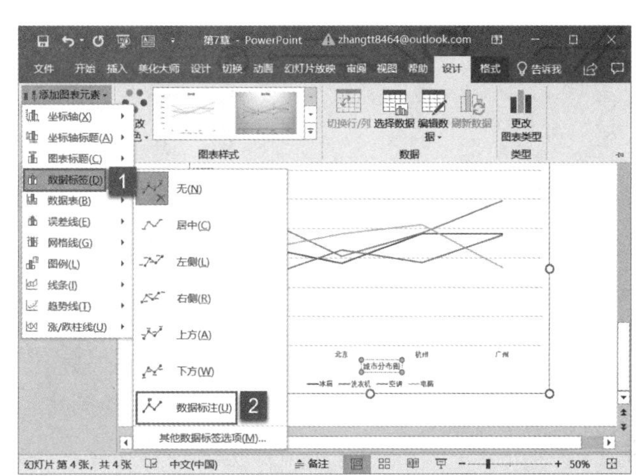

图 16-130

步骤 2：此时即可看到图表内已添加数据标注，效果如图 16-131 所示。

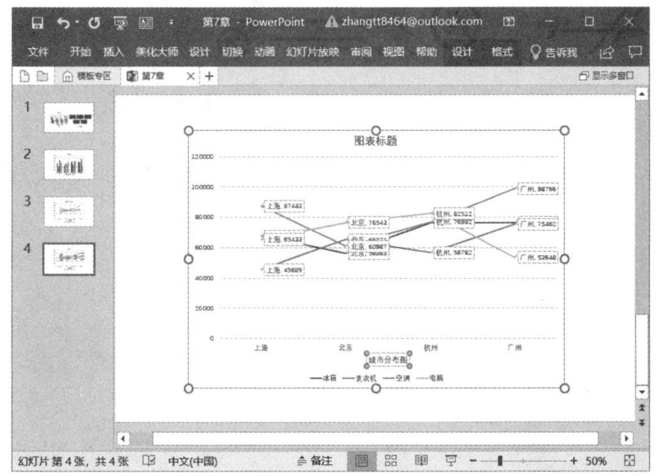

图 16-131

另外，用户通过数据标签功能，还可以设置数据标签的位置，使其居中显示或者在左侧、右侧、上方、下方显示。

16.5.3 美化图表

如果用户对图表的默认效果不满意，可以通过设置图表的外观效果、样式布局来美化图表。

1. 调整图表形状样式

用户可以根据自身喜好调整图表的形状样式。

步骤 1：打开 PowerPoint 文件，选中需要调整图表外观效果的图表，切换至图表工具的“格式”选项卡，单击“形状样式”组内的其他下拉按钮，然后在展开的主题样式库内选择“细微效果 – 金色，强调颜色 4”，如图 16-132 所示。

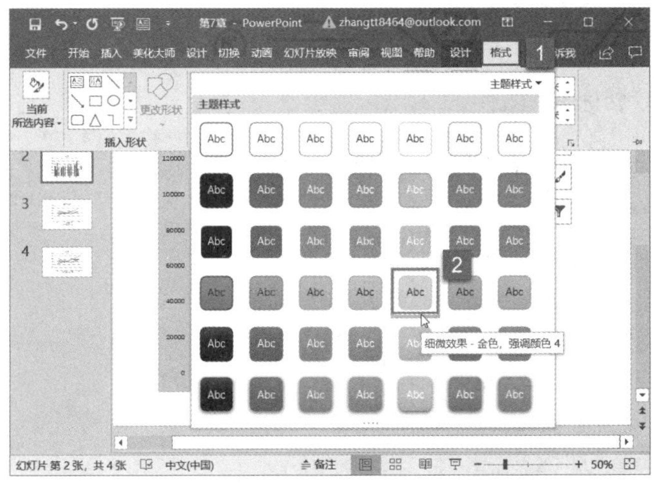

图 16-132

步骤 2：此时即可在幻灯片内看到设置的图表形状样式，如图 16-133 所示。

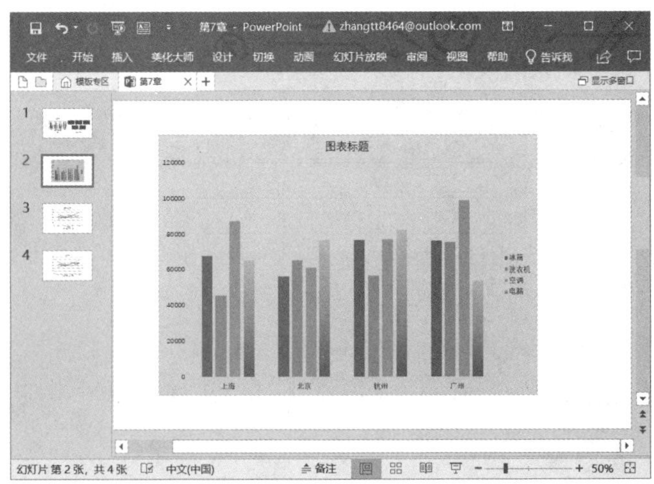

图 16-133

2. 设置图表样式

用户可以根据自身喜好调整图表样式。

步骤 1：打开 PowerPoint 文件，选中需要设置图表样式的图表，切换至图表工具的“设计”选项卡，单击“图表样式”组内的其他下拉按钮，然后在展开的样式库内选择“样式 8”，如图 16-134 所示。

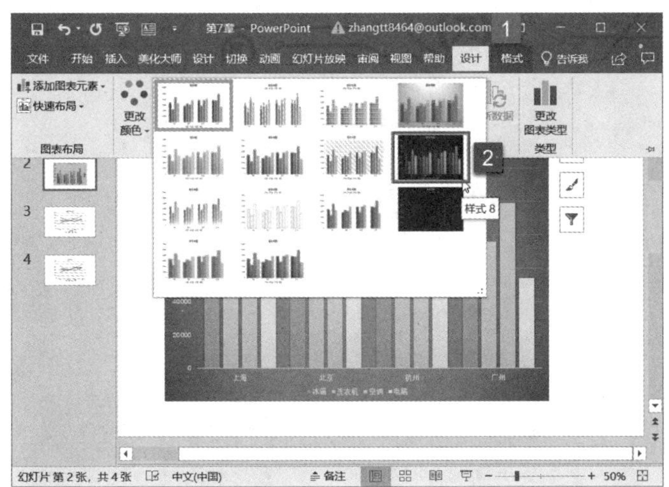

图 16-134

步骤 2：此时即可在幻灯片内看到设置的图表样式，如图 16-135 所示。

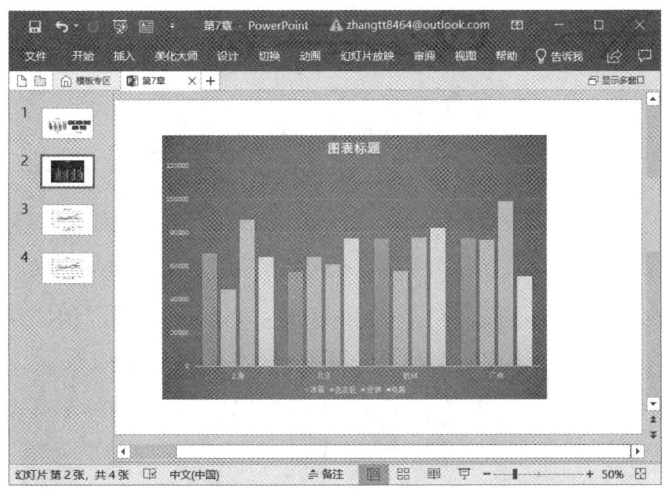

图 16-135

3. 调整图表布局

在制作幻灯片图表的过程中，学会合理布局也是至关重要的。

步骤 1：打开 PowerPoint 文件，选中需要调整图表布局的图表，切换至图表工具的“设计”选项卡，单击“图表布局”组内的“快速布局”下拉按钮，然后在展开的布局样式库内选择“布局 5”，如图 16-136 所示。

步骤 2：此时即可在幻灯片内看到设置的图表布局，如图 16-137 所示。

4. 在图表内填充图片

对于某些数据对象，可以通过形象的图片进行各种数据系列的数量展示，不必拘泥于各种填充形状的固定使用。

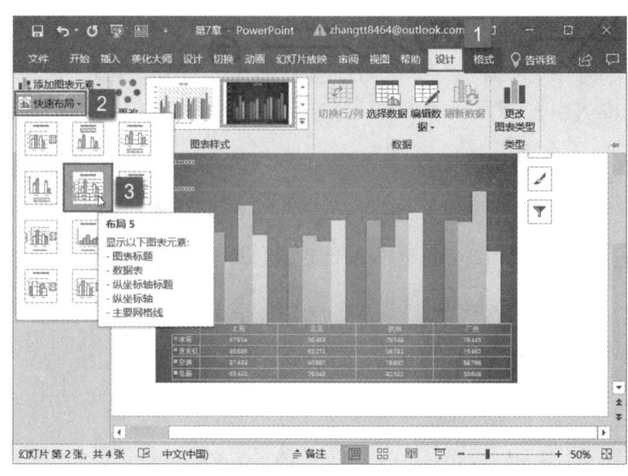

图 16-136

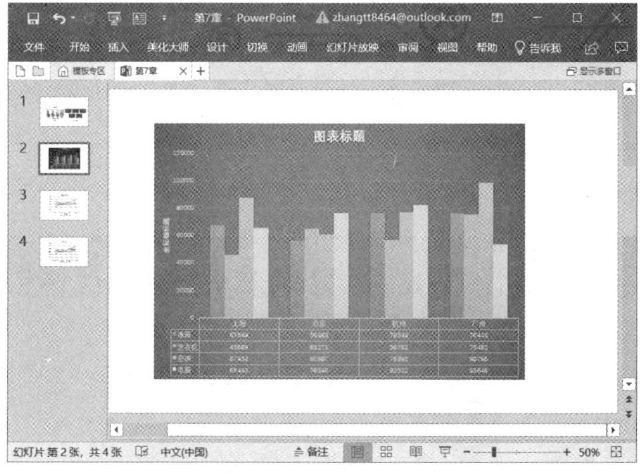

图 16-137

步骤 1：打开 PowerPoint 文件，选中需要填充图片的图表，切换至图表工具的“格式”选项卡，然后单击“当前多选内容”组内的“系列”下拉按钮，选择“系列‘电脑’”，然后单击“设置所选内容格式”按钮，如图 16-138 所示。

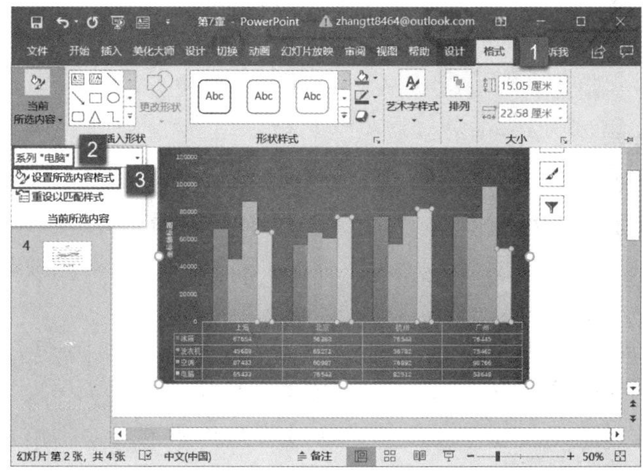

图 16-138

步骤 2：此时 PowerPoint 界面右侧会展开“设置数据系列格式”对话框，切换至“填充与线条”选项卡，在“填充”窗格内单击选中“图片或纹理填充”前的单选按钮，然后单击“文件”按钮，如图 16-139 所示。

图　16-139

步骤 3：打开“插入图片”对话框，定位至图片所在的位置，单击选中要插入的图片，然后单击“插入”按钮即可，如图 16-140 所示。

步骤 4：返回幻灯片，即可看到电脑系列的形状内已填充图片，如图 16-141 所示。

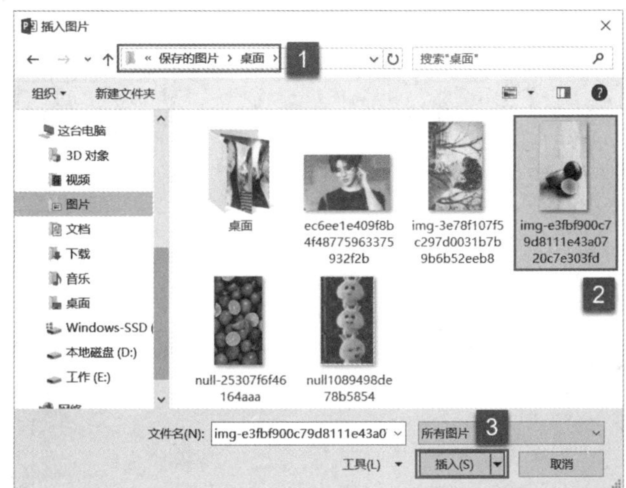

图　16-140

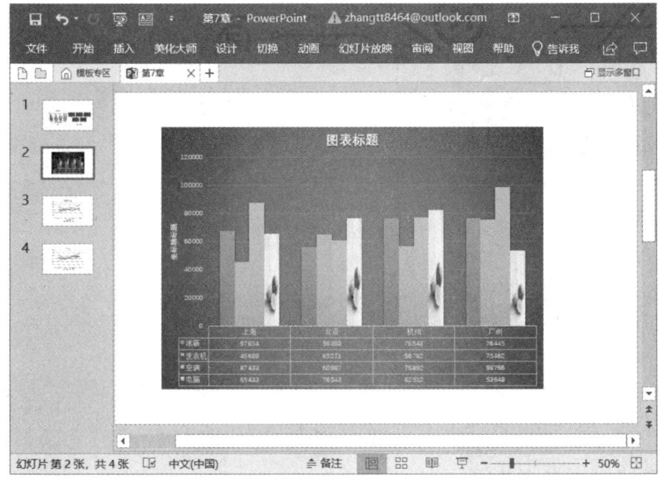

图　16-141

16.6 多媒体的编辑操作

PowerPoint 用于制作图文并茂的演示文稿，具有动态性、交互性和可视性。演示文稿中的每张幻灯片，均可利用 PowerPoint 提供的对象编辑功能，设置其多媒体效果。

16.6.1 音频素材的编辑

在制作演示文稿时，有时会需要一些音频素材点缀，恰到好处的音频处理可以使 PowerPoint 演示文稿更具表演力。

1. 音频的插入与调整

演示文稿支持在幻灯片放映时播放音频，通过插入音频对象，可以使演示文稿更具感染力。

音频的插入

步骤 1：打开 PowerPoint 文件，切换至“插入”选项卡，单击“媒体”组内的“音频”下拉按钮，然后在展开的菜单列表内选择“PC 上的音频”选项，如图 16-142 所示。

图 16-142

步骤 2：打开“插入音频”对话框，定位至音频的文件夹位置，单击选中要插入的音频，然后单击“插入”按钮，如图 16-143 所示。

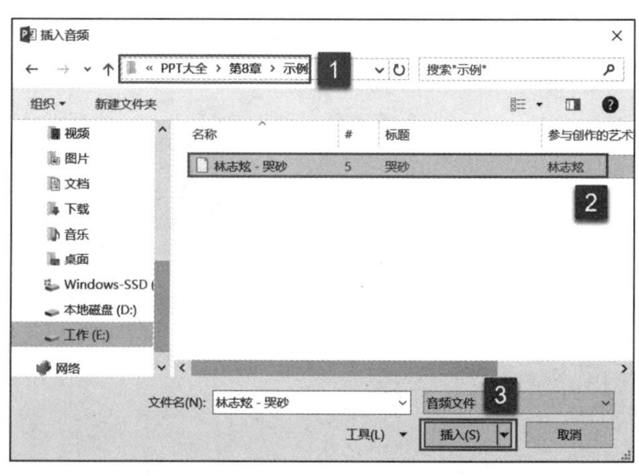

图 16-143

步骤 3：返回幻灯片，即可看到插入的音频对象，如图 16-144 所示。

音频的调整

在幻灯片内右键单击插入的音频对象图标，然后在弹出的菜单列表内单击“在后台播放”按钮，如图 16-145 所示。此时，在进行幻灯片放映时，喇叭图标不会显示，音频会在后台循环播放，而且还可以跨幻灯片播放。

图 16-144

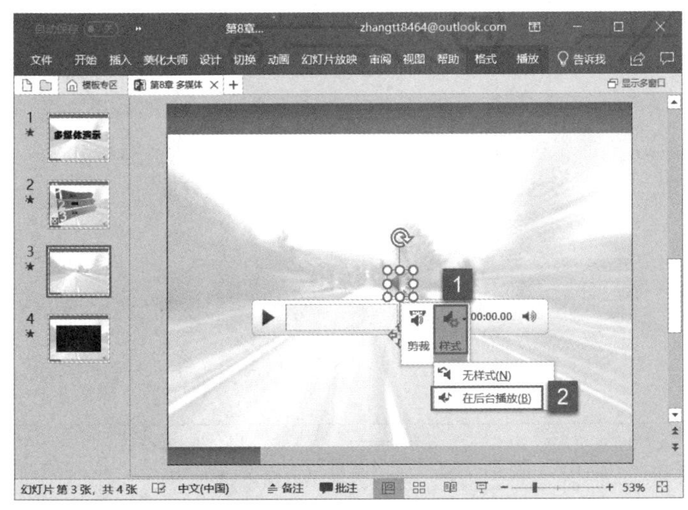

图 16-145

2. 插入音频对象

PowerPoint 可以通过插入对象的方式插入音频文件，具体的操作步骤如下。

步骤 1：打开 PowerPoint 文件，切换至“插入”选项卡，单击“文本”组内的“对象”按钮，如图 16-146 所示。

步骤 2：打开“插入对象”对话框，单击选中“由文件创建”前的单选按钮，然后单“浏览”按钮，如图 16-147 所示。

步骤 3：打开“浏览”对话框，定位至音频文件的文件夹位置，选中要插入的音频文件，单击“确定”按钮，如图 16-148 所示。返回“插入对象”对话框，单击“确定”按钮返回幻灯片，即可看到插入的音频文件图标，如图 16-149 所示。

图 16-146

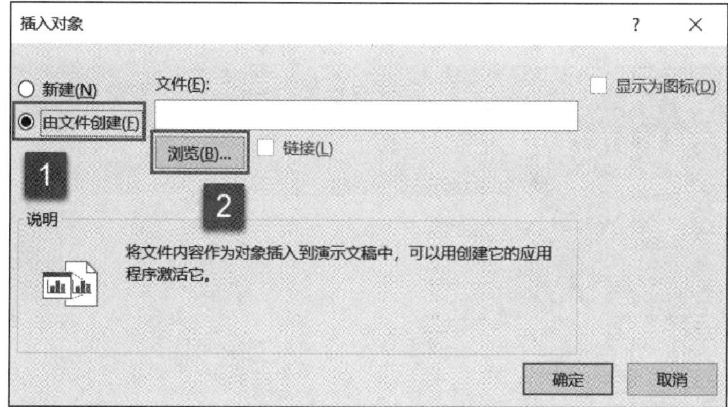

图 16-147

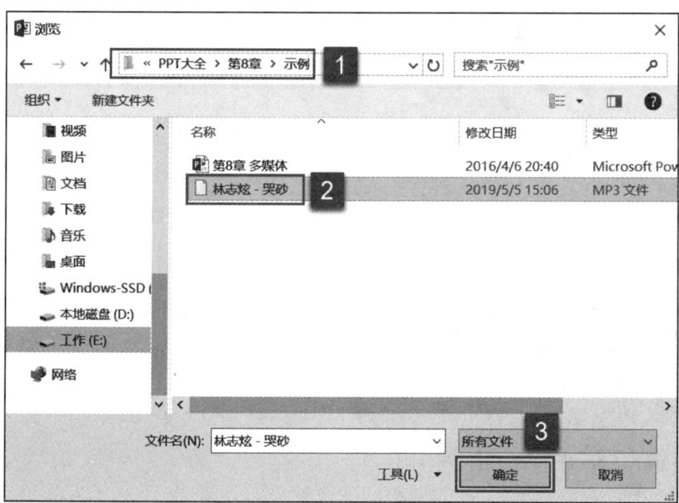

图 16-148

图 16-149

步骤 4：左键双击图标，弹出“打开软件包内容”对话框，单击“打开”按钮，如图 16-150 所示。

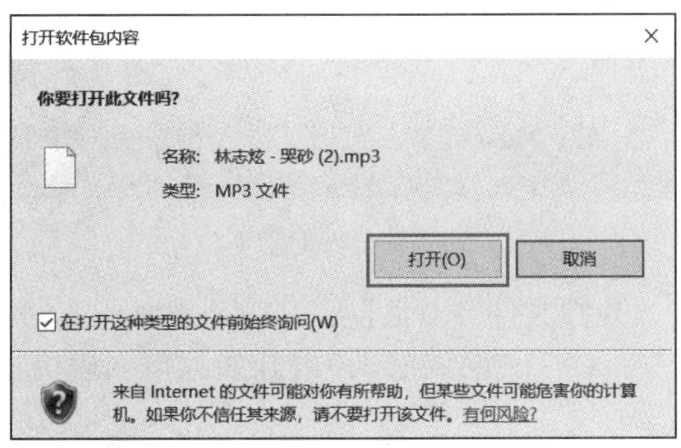

图 16-150

步骤 5：弹出“你要以何方式打开此 .mp3 文件”对话框，选择打开文件的软件程序，单击“确定”按钮，如图 16-151 所示。

步骤 6：此时，即可打开程序，并播放插入的音频文件，如图 16-152 所示。

图 16-151

图 16-152

16.6.2 视频素材的处理

制作演示文稿时，除了可以给幻灯片添加文字、图片、音频之外，还可以根据实际需要添加视频。注意幻灯片支持的视频格式有：asf、avi、mpg、mpeg、wmv 等。

如果用户想在 PowerPoint 中添加指向视频的链接，可以执行以下操作。

步骤 1：打开 PowerPoint 文件，切换至“插入”选项卡，单击“媒体”组内的“视频”下拉按钮，然后在打开的菜单列表内选择“PC 上的视频”选项，如图 16-153 所示。

图 16-153

步骤 2：打开“插入视频文件”对话框，定位至视频所在的文件夹位置，选中要插入的视频，然后单击“插入”下拉按钮，在展开的菜单列表内单击“链接到文件”按钮，如图 16-154 所示。

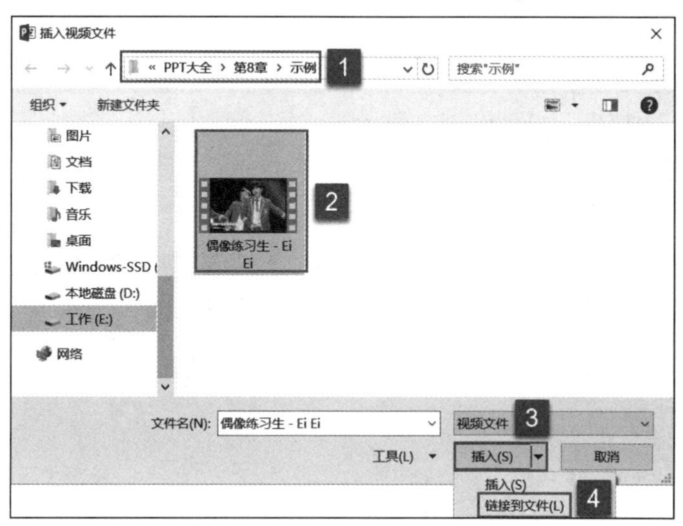

图 16-154

步骤 3：返回幻灯片，即可看到视频文件已插入，如图 16-155 所示。单击播放按钮即可播放视频。

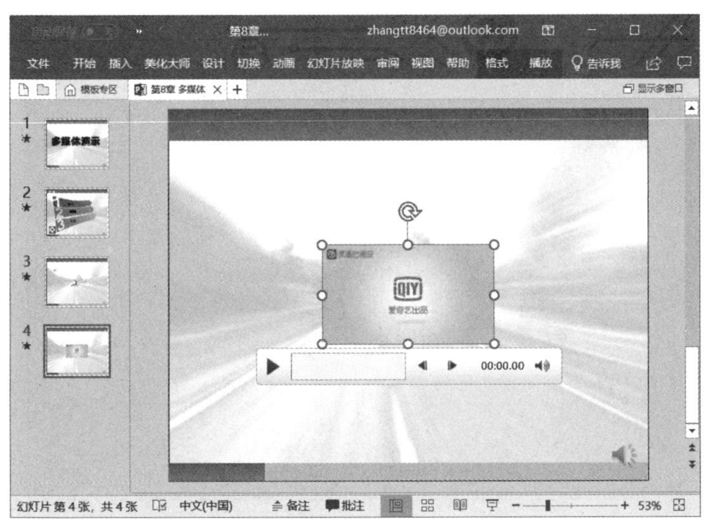

图 16-155

16.6.3 压缩媒体文件

PowerPoint 中的压缩媒体功能可以减少嵌入到演示文稿的音频和视频资源所占用的磁盘空间，具体操作步骤如下。

步骤 1：打开 PowerPoint 文件，切换至“文件”选项卡，然后在左侧窗格内选择“信息”项，在右侧窗格内单击“压缩媒体”按钮，即可展开压缩类型，用户可以根据实际需求制定媒体文件的质量，如图 16-156 所示。

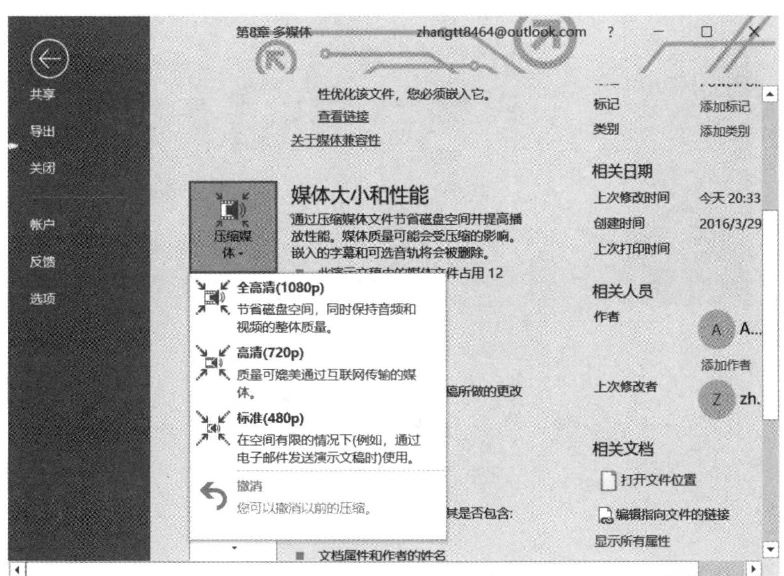

图 16-156

步骤 2：打开“压缩媒体”对话框，可以看到幻灯片内的所有媒体文件正在压缩，如图 16-157 所示。

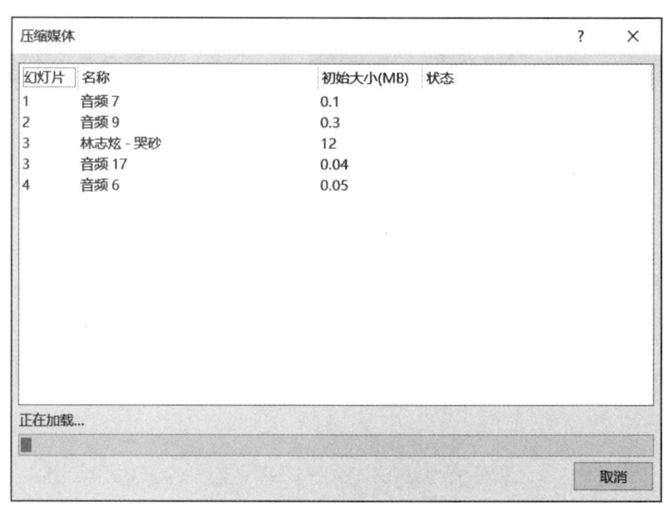

图 16-157

步骤 3：压缩完成后，单击关闭按钮，返回幻灯片，即可看到此时演示文稿中的媒体文件占用量有所降低，如图 16-158 所示。

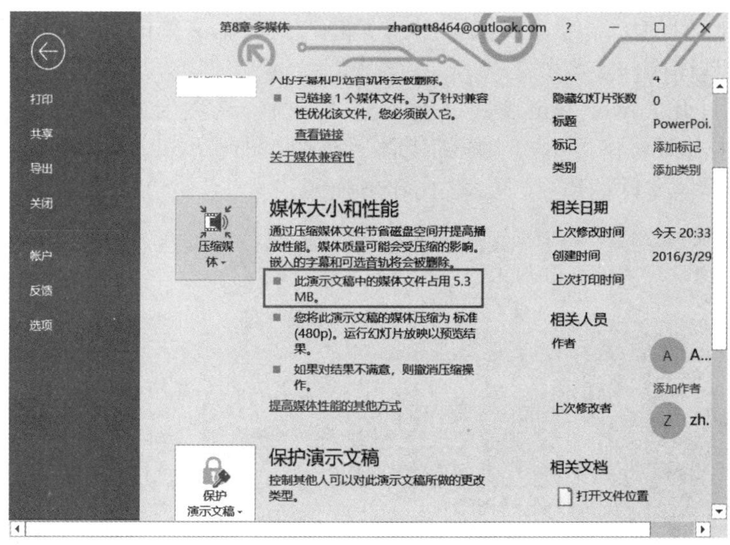

图 16-158

第17章 主题和母版的灵活运用

随着 PowerPoint 的不断改进，用户现在不仅用它来制作展示工作内容的文稿，而且更注重美观，一份美观而不失稳重的 PowerPoint 是每个用户的追求。为了让自己的 PowerPoint 演示文稿脱颖而出、传达出更多心意，灵活运用演示文稿的主题效果、背景以及版式布局等显得尤为重要。

- 设计演示文稿的主题风格
- 设置幻灯片背景
- 设置幻灯片母版

17.1 设计演示文稿的主题风格

通常，新建的演示文稿的主题风格是以空白开始的，这样制作出来的演示文稿会显得非常单调，对观众的吸引力也大大降低。可以为其套用主题样式或通过更改主题颜色、字体等样式来美化演示文稿。

17.1.1 新建主题

为了帮助用户快速美化演示文稿，PowerPoint 提供了许多主题样式，用户可以选择任意样式使用。

步骤 1：打开 PowerPoint 文件，切换至“设计”选项卡，单击“主题”组内的“其他”按钮，然后在展开的主题样式库内选择样式，例如“徽章”，如图 17-1 所示。

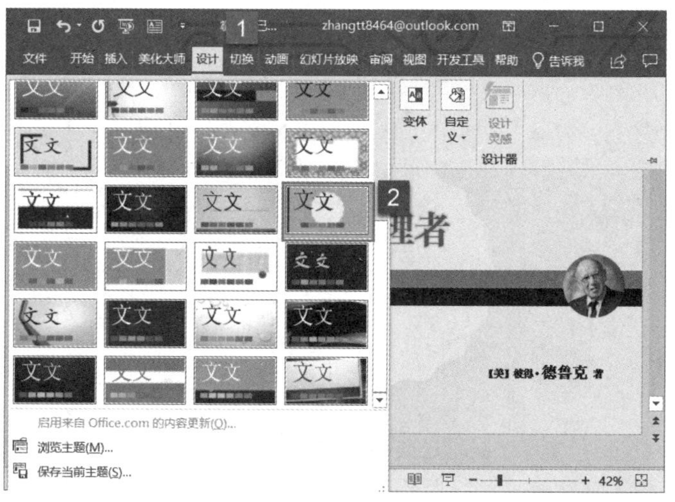

图 17-1

步骤 2：此时，演示文稿应用了徽章主题样式，效果如图 17-2 所示。

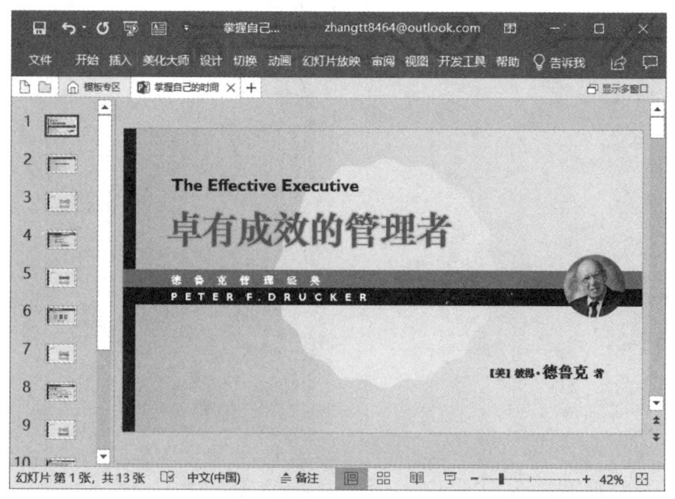

图 17-2

17.1.2 设置主题颜色

当用户对主题有其他要求时，可以在已有主题上稍作修改或者从头开始编辑主题。本小节将介绍如何修改主题的颜色。

步骤 1： 打开 PowerPoint 文件，切换至“设计”选项卡，单击“变体”组内的“其他”按钮，然后在展开的菜单列表中单击“颜色”按钮，再在展开的颜色样式库内选择“绿色”项，如图 17-3 所示。

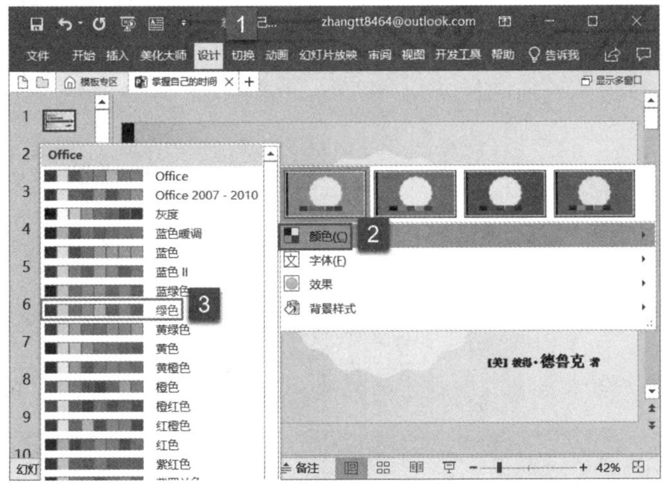

图 17-3

步骤 2： 此时，演示文稿的主题颜色修改为绿色，效果如图 17-4 所示。

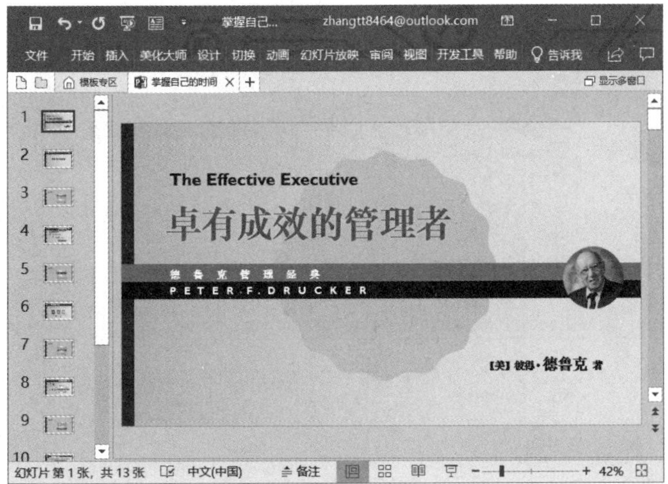

图 17-4

17.1.3 设置主题字体

仅仅修改主题的颜色并不能达到用户的要求，还可以进一步对系统已有的主题进行编辑，下面将详细介绍如何设置主题的字体。

步骤 1： 打开 PowerPoint 文件，切换至“设计”选项卡，单击“变体”组内的“其他”按钮，然后在展开的菜单列表中单击“字体”按钮，再在展开的颜色样式库内选择“方正舒体”项，如图 17-5 所示。

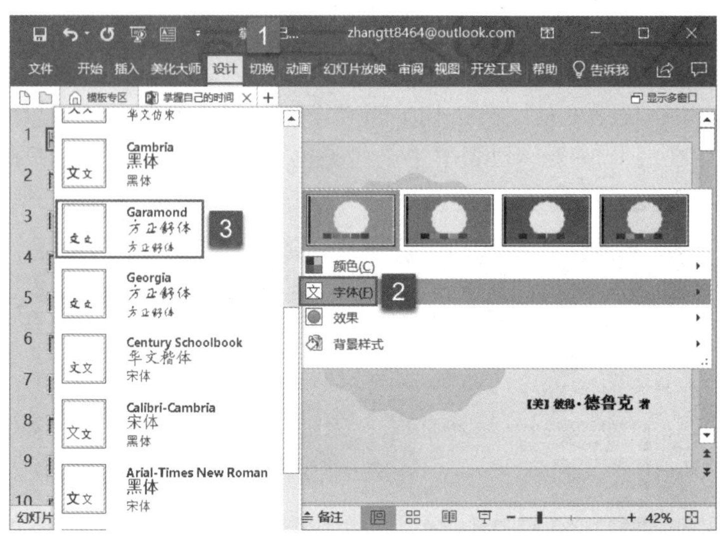

图　17-5

步骤 2：此时，演示文稿的主题字体修改为方正舒体，效果如图 17-6 所示。

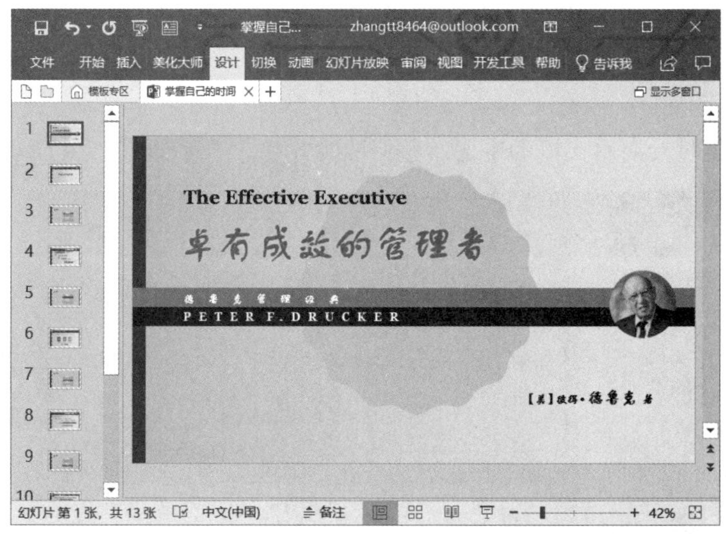

图　17-6

17.1.4　保存新建主题

当用户设置好主题的颜色、字体等内容后，如果还想再次使用此主题，可以将新建主题保存下来。下面介绍一下保存新建主题的具体操作步骤。

步骤 1：打开 PowerPoint 文件，切换至“设计”选项卡，单击“主题”组内的“其他”按钮，然后在展开的主题样式库内选择“此演示文稿”下新建的主题，单击“保存当前主题”按钮，如图 17-7 所示。

步骤 2：打开“保存当前主题”对话框，定位至主题需要保存的位置，输入文件名，选择保存类型，然后单击“保存”按钮即可，如图 17-8 所示。

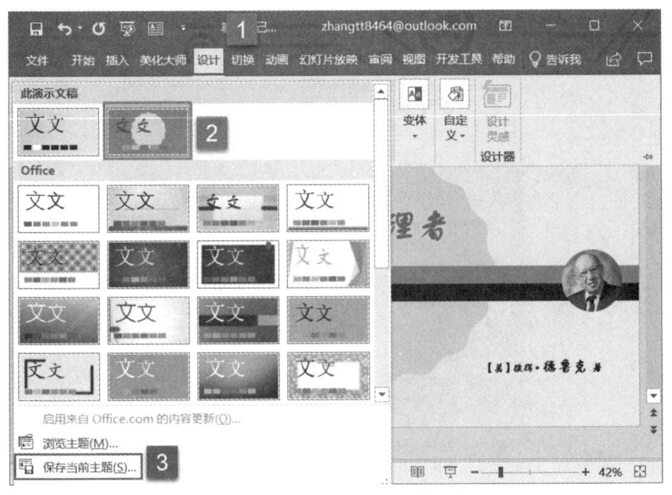

图 17-7

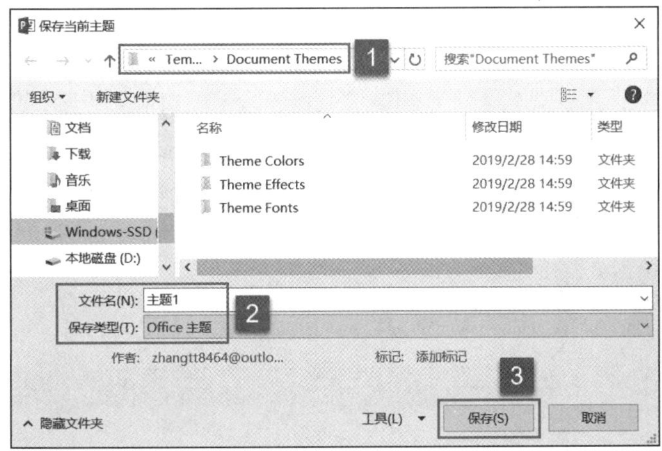

图 17-8

17.2 设置幻灯片背景

美化幻灯片的方式多种多样，除了更改主题的样式、颜色、字体以外，还可以对幻灯片的背景进行设置。

17.2.1 应用预设背景样式

PowerPoint 为用户提供的预设背景样式比较少，总共包括 4 种色调、12 种样式，每种背景样式的显示效果各不相同，能够在一定程度上满足用户的需求。

步骤 1：打开 PowerPoint 文件，切换至“设计”选项卡，单击“变体”组内的“其他”按钮，然后在展开的菜单列表中单击“背景样式”按钮，再在展开的背景样式库内选择“样式 9”项，如图 17-9 所示。

步骤 2：返回 PowerPoint 主界面，效果如图 17-10 所示。

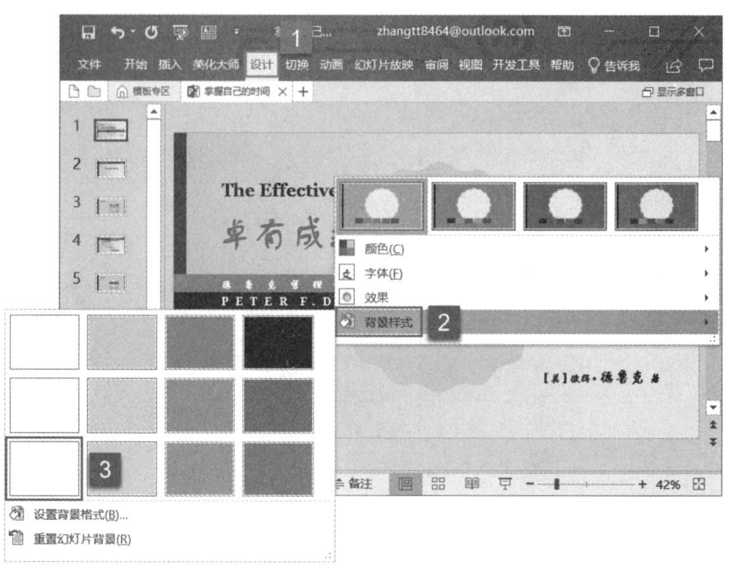

图 17-9

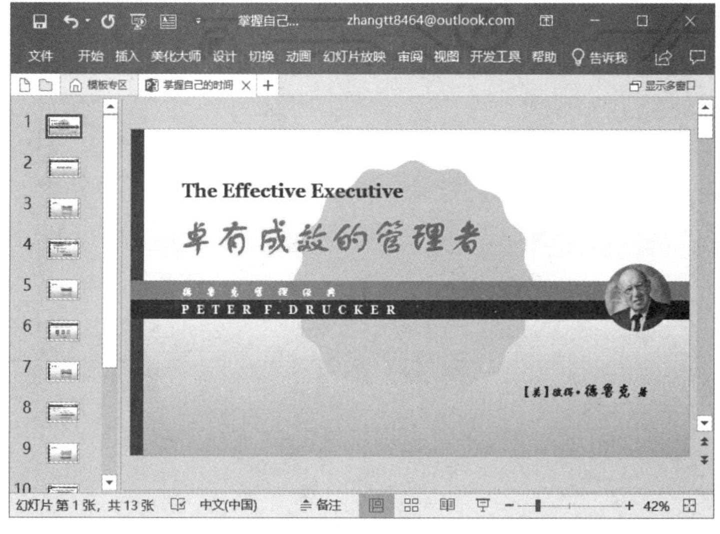

图 17-10

17.2.2 设置背景为纯色填充

如果内置的背景样式无法满足需求，用户可以自定义设置演示文稿的背景样式。本小节介绍将幻灯片背景设置为纯色填充的具体操作步骤。

步骤 1：打开 PowerPoint 文件，切换至“设计”选项卡，单击“自定义”组内的“设置背景格式”按钮，如图 17-11 所示。

步骤 2：此时，即可在 PowerPoint 界面右侧打开“设置背景格式”对话框，单击选中“纯色填充”单选按钮，然后单击“颜色”下拉按钮选择填充颜色，并调整其透明度，最后单击“应用到全部”按钮，如图 17-12 所示。

步骤 3：关闭“设置背景格式”对话框，幻灯片的背景格式如图 17-13 所示。

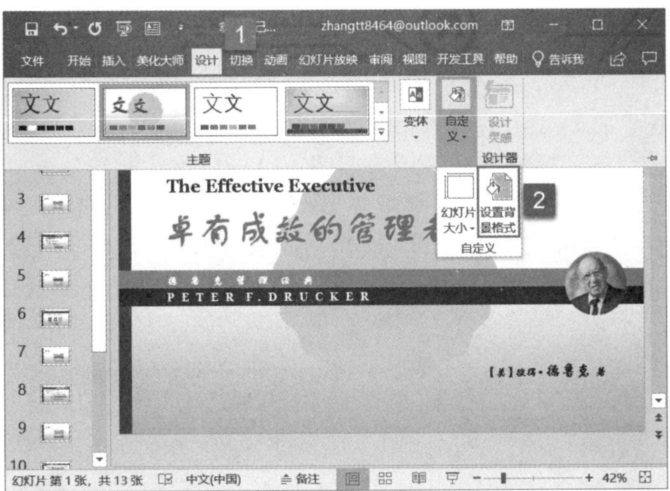

图 17-11

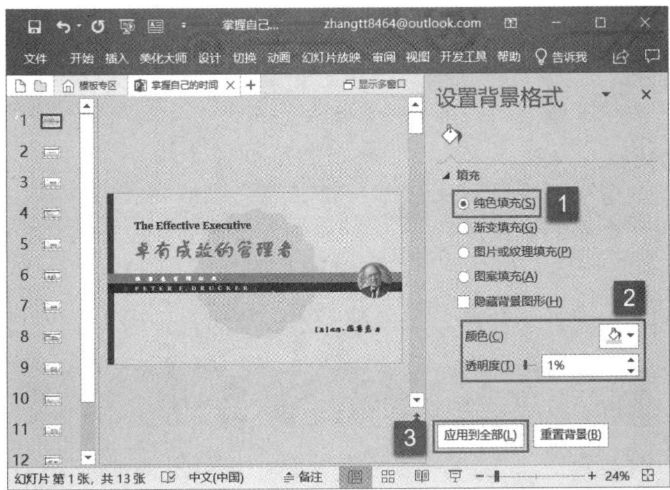

图 17-12

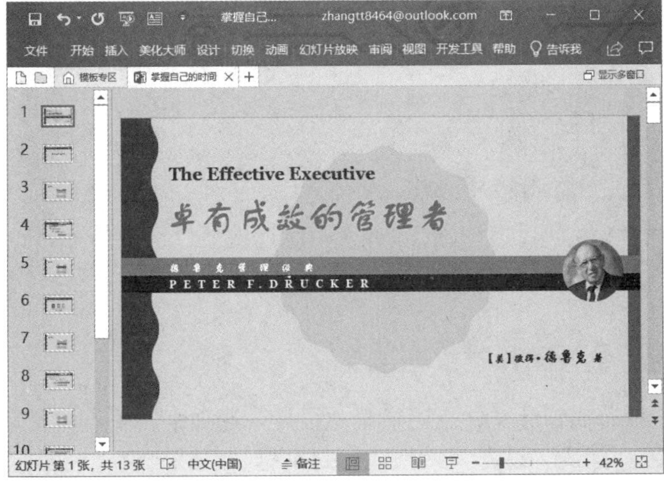

图 17-13

17.2.3 设置背景为渐变填充

步骤 1：打开 PowerPoint 文件，切换至“设计”选项卡，单击“自定义”组内的“设置背景格式”按钮，打开“设置背景格式”对话框。

步骤 2：单击选中“渐变填充”单选按钮，单击“预设渐变”下拉按钮选择渐变填充颜色，单击“类型”下拉按钮选择渐变类型（线性、射线、矩形、路径、标题的阴影），单击“方向”下拉按钮选择渐变方向，并在“角度”文本框内进行设置。用户还可以通过“渐变光圈”设置背景的渐变颜色。设置完成后，单击“应用到全部”按钮，如图 17-14 所示。

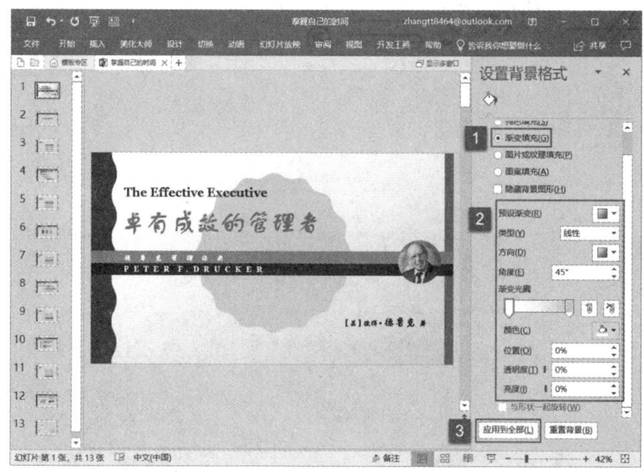

图 17-14

步骤 3：关闭“设置背景格式”对话框，幻灯片的背景格式如图 17-15 所示。

图 17-15

17.2.4 设置背景为图片或纹理填充

步骤 1：打开 PowerPoint 文件，切换至“设计”选项卡，单击“自定义”组内的“设置背景格式”按钮，打开“设置背景格式”对话框。

步骤 2：设置幻灯片背景为文件图片填充。单击选中“图片或纹理填充”单选按钮，然后单击“文件”按钮，如图 17-16 所示。

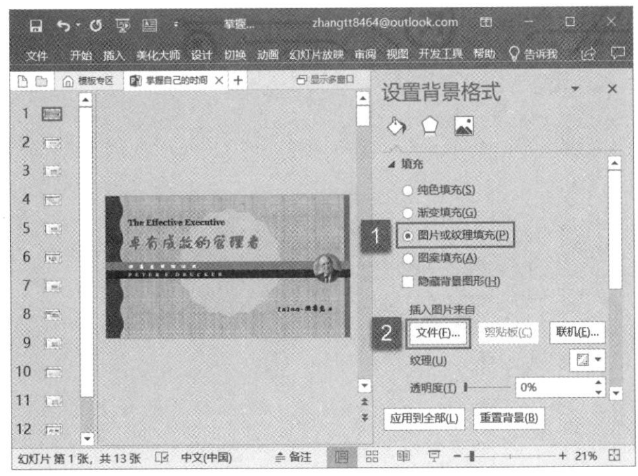

图 17-16

步骤 3：打开“插入图片”对话框，定位至图片文件所在的位置，然后单击选中要插入的图片，最后单击“插入”按钮即可，如图 17-17 所示。

图 17-17

步骤 4：关闭“设置背景格式”对话框，幻灯片的背景格式如图 17-18 所示。

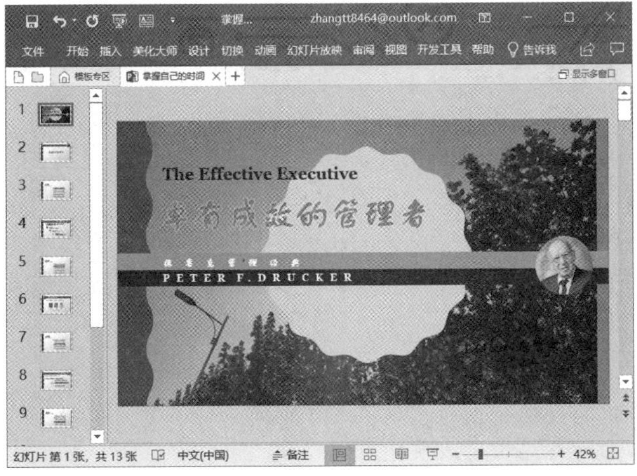

图 17-18

步骤 5：设置幻灯片背景为联机图片填充。单击“联机”按钮，如图 17-19 所示。

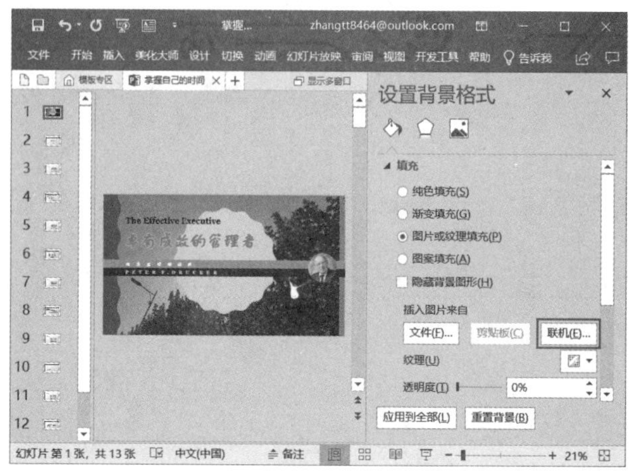

图　17-19

步骤 6：打开“在线图片”对话框，单击选中要插入的图片，然后单击“插入”按钮即可，如图 17-20 所示。

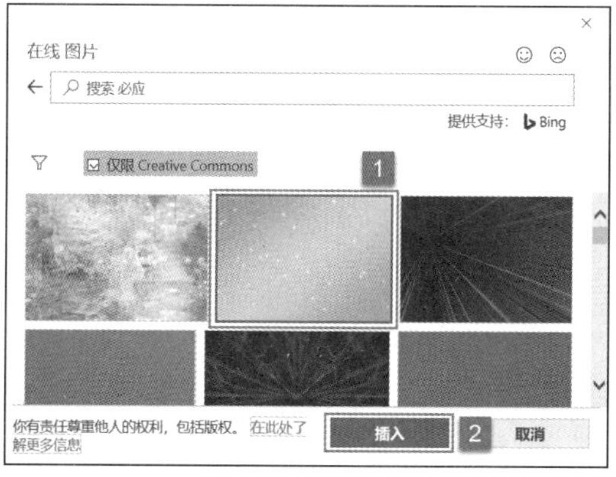

图　17-20

步骤 7：关闭“设置背景格式”对话框，幻灯片的背景格式如图 17-21 所示。

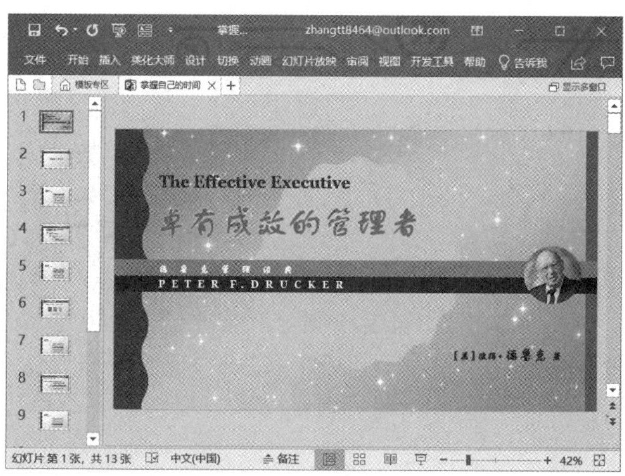

图　17-21

步骤 8：设置幻灯片背景为纹理填充。单击“纹理”下拉按钮，然后在展开的纹理样式库内选择“花束”项，如图 17-22 所示。

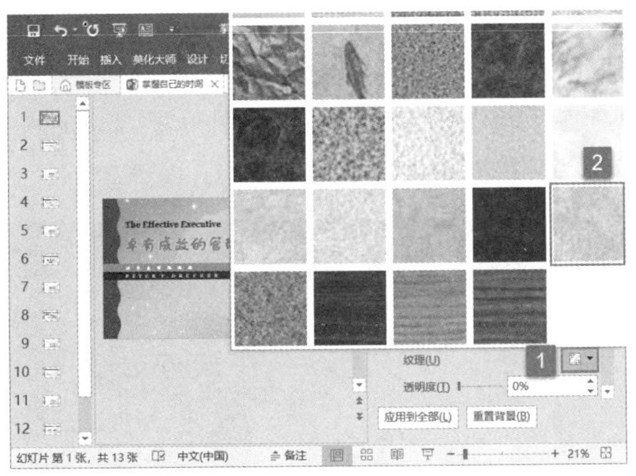

图 17-22

步骤 9：关闭“设置背景格式”对话框，幻灯片的背景格式如图 17-23 所示。

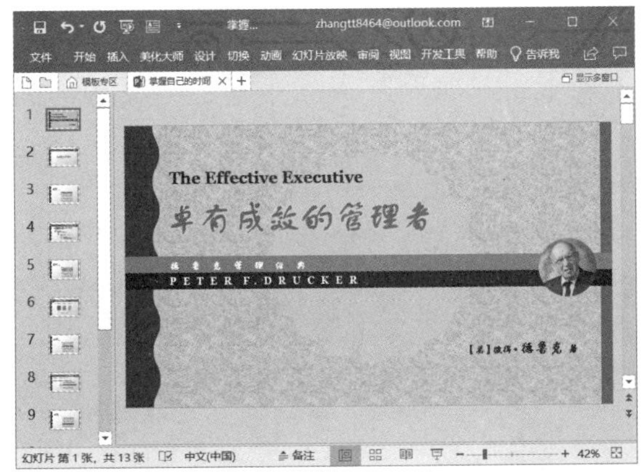

图 17-23

步骤 10：用户还可以对图片或纹理的透明度、偏移量、刻度、对齐方式、镜像类型等进行设置，最后单击“应用到全部”按钮，如图 17-24 所示。

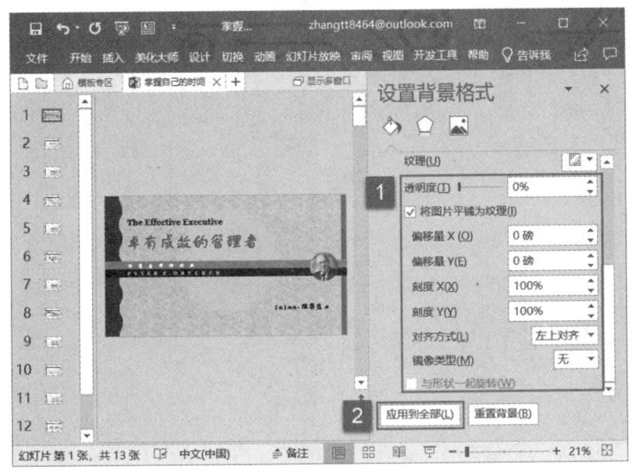

图 17-24

17.2.5 设置背景为图案填充

步骤 1：打开 PowerPoint 文件，切换至“设计”选项卡，单击“自定义”组内的“设置背景格式”按钮，打开“设置背景格式”对话框。

步骤 2：单击选中“图案填充”单选按钮，在展开的图案样式库内选择“大纸屑”项，然后可以单击“前景”和“背景”右侧的下拉按钮选择前景及背景颜色，设置完成后单击“应用到全部”按钮即可，如图 17-25 所示。

图 17-25

步骤 3：关闭“设置背景格式”对话框，幻灯片的背景格式如图 17-26 所示。

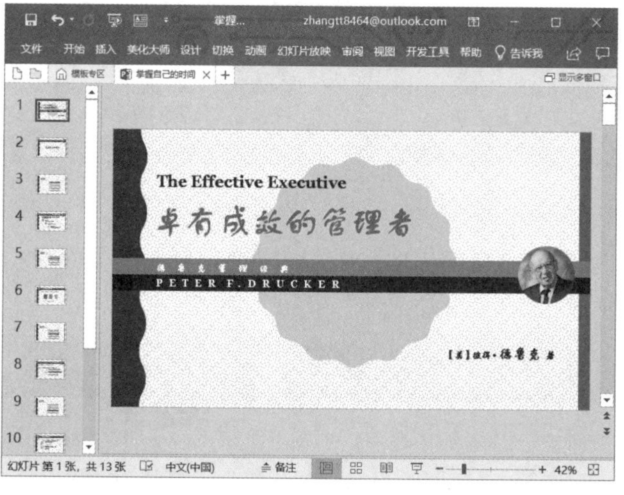

图 17-26

17.3 设置幻灯片母版

幻灯片母版是存储关于模板信息设计模板的一个元素，这些模板信息包括字形、占位符、大小和位置、背景设计和配色方案等。应用幻灯片母版能够大大减少用户的工作量，提高用户的工作效率。

17.3.1 添加新母版

默认情况下，一个演示文稿只包含一个幻灯片母版，如果用户想要保留原母版格式，又希望母版效果有一些改变，可以添加一个新的母版，这样两套母版效果能都保存下来。新建幻灯片时选择任意一套母版中的版式都非常方便。下面介绍添加新母版的步骤。

步骤 1：打开 PowerPoint 文件，切换至“视图”选项卡，然后单击“母版视图”组内“幻灯片母版”按钮，如图 17-27 所示。

图 17-27

步骤 2：此时系统会自动打开并切换至“幻灯片母版”选项卡，在“编辑母版”组内单击“插入幻灯片母版”按钮，如图 17-28 所示。

图 17-28

步骤 3：此时，PowerPoint 即可新增一个幻灯片母版，用户可以根据自身需要对其主题、颜色、字体、效果、背景样式等进行设置，所有的母版都设置完成后，单击“编辑母版”组内的“保留”按钮即可，如图 17-29 所示。

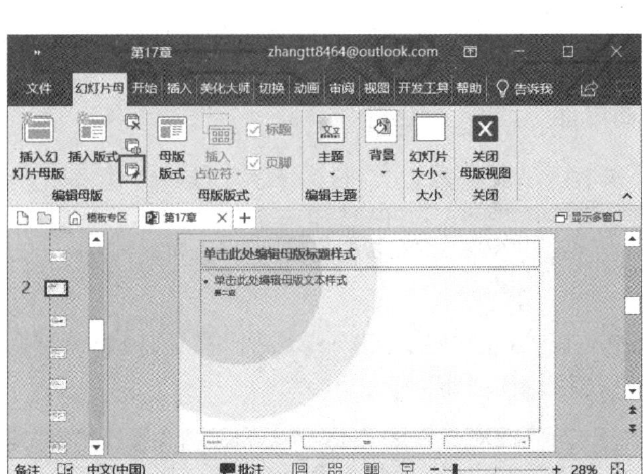

图 17-29

17.3.2 设计幻灯片母版

就目前来说，幻灯片母版的类型有三种，分别是幻灯片母版、讲义母版和备注母版。

1. 设计幻灯片母版

幻灯片母版包括幻灯片背景以及所有格式设置，即如果将此类母版应用到幻灯片中，不仅仅是幻灯片背景，幻灯片内所有的文字格式也会应用母版的设置。接下来介绍一下设计幻灯片母版的具体操作步骤。

步骤 1：打开 PowerPoint 文件，切换至“视图”选项卡，然后单击“母版视图”组内“幻灯片母版”按钮，如图 17-30 所示。

图 17-30

步骤 2：此时系统即可打开并切换至“幻灯片母版”选项卡，用户可以在浏览窗格看到当前母版的效果，还可以对幻灯片母版的主题、颜色、字体、效果、背景格式等进行设置，如图 17-31 所示。

步骤 3：用户可以通过在幻灯片母版中添加任意位置和类型的占位符，达到自定义幻灯片版式的目的。选中“标题幻灯片”，在“母版版式”组内单击“插入占位符”下拉按钮，然后在展开的菜单列表内单击“图片”选项，如图 17-32 所示。

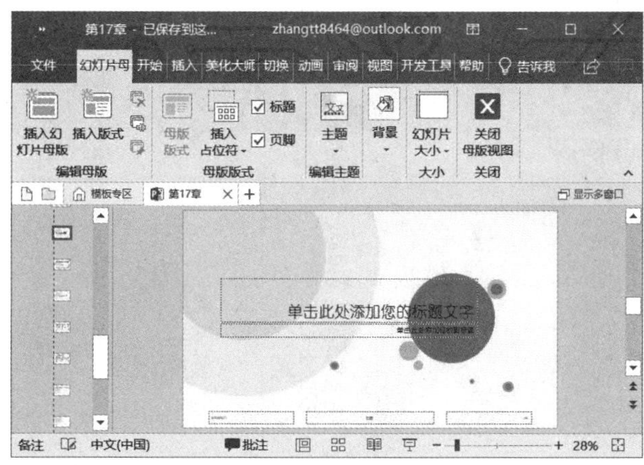

图 17-31

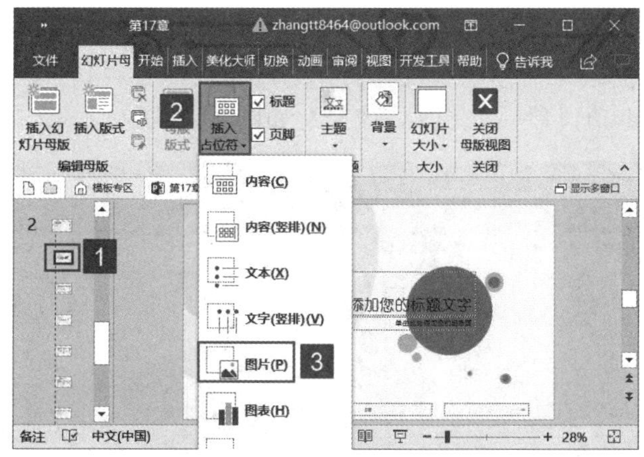

图 17-32

步骤 4：此时幻灯片内光标会变成十字形，在标题占位符的左上方按住鼠标左键不放拖动鼠标，释放鼠标即可添加一个图片占位符。设置完成后，切换至“幻灯片母版”选项卡，单击“关闭母版视图”按钮，如图 17-33 所示。

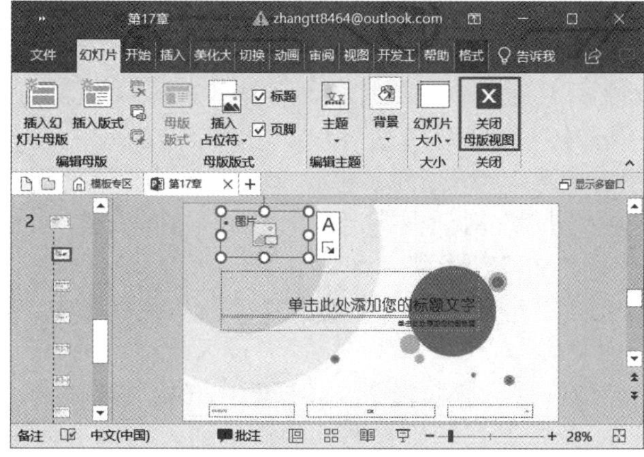

图 17-33

步骤 5：切换至“开始”选项卡，在“幻灯片”组内单击“新建幻灯片”下拉按钮，然后在展开的幻灯片样式库内选择“标题幻灯片”样式，如图 17-34 所示。

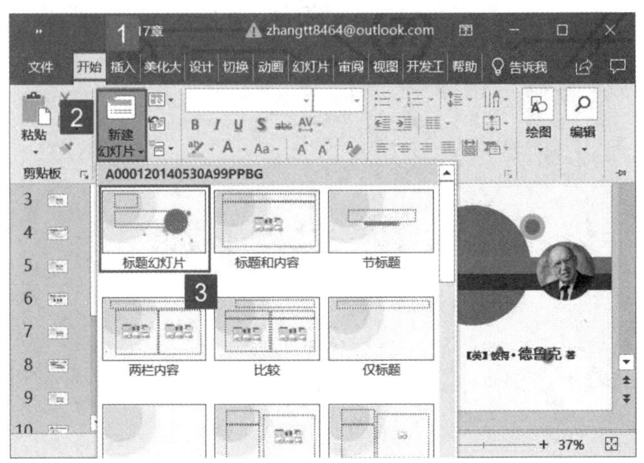

图 17-34

步骤 6：即可插入一个标题幻灯片，在幻灯片内即可看到自定义幻灯片版式的效果，在幻灯片的左上角包含一个图片占位符，如图 17-35 所示。

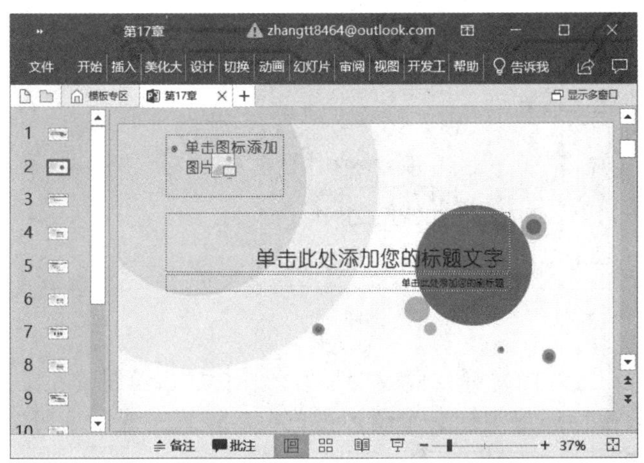

图 17-35

步骤 7：除此之外，用户还可以将某种对象添加到母版中，使其成为母版的固定信息，这样用户在新建幻灯片时，每张幻灯片都会显示有同样的信息。打开并切换至“幻灯片母版”选项卡，选中第一张母版幻灯片，切换至“插入”选项卡，在“图像”组内单击“图片”按钮，如图 17-36 所示。

步骤 8：弹出“插入图片”对话框，定位至图片所在的文件夹，选中要插入的图片，单击“插入”按钮，如图 17-37 所示。

步骤 9：返回幻灯片，即可看到选中的图片已插入到母版中，调整其大小和位置，如图 17-38 所示。

步骤 10：关闭“幻灯片母版”视图，切换至“开始”选项卡，在“幻灯片”组内单击“新建幻灯片”下拉按钮，然后在展开的菜单列表内单击任意幻灯片样式，例如“节标题”，如图 17-39 所示。

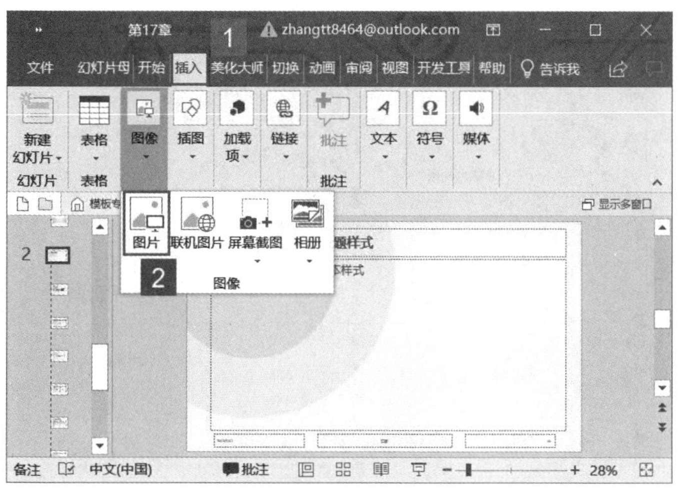

图 17-36

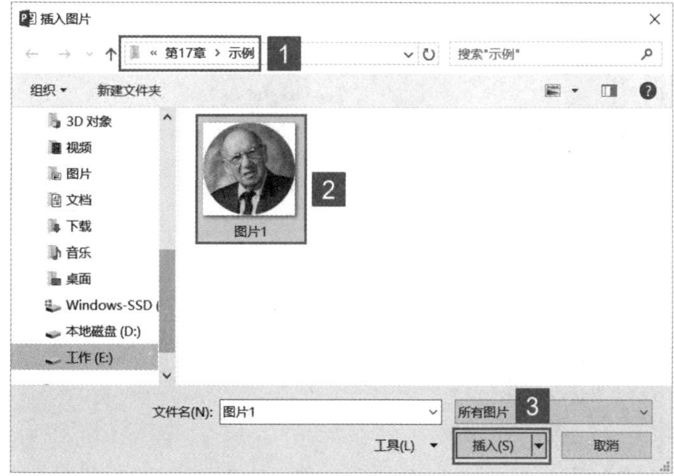

图 17-37

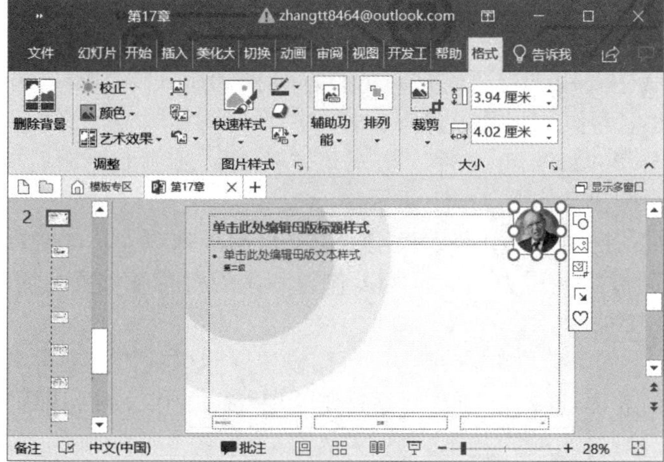

图 17-38

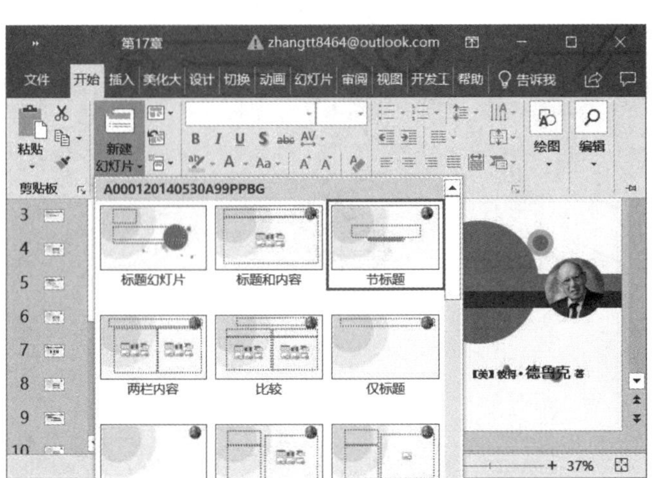

图 17-39

步骤 11：即可插入一个节标题幻灯片，在幻灯片内可以看到刚设置的图片，效果如图 17-40 所示。

图 17-40

2. 设计讲义母版

设计讲义母版主要用于更改幻灯片的打印设计和版式等方面，例如可以设置讲义方向、幻灯片大小、每页幻灯片数量等。

步骤 1：打开 PowerPoint 文件，切换至“视图”选项卡，然后单击“母版视图”组内“讲义母版”按钮，如图 17-41 所示。

步骤 2：此时系统即可打开并切换至“讲义母版”选项卡。此时用户可以看到，在默认情况下，讲义母版显示为纵向、每页包含 6 张幻灯片缩略图，并且显示了所有的占位符，如图 17-42 所示。

步骤 3：设计讲义母版方向。单击“页面设置”组内的“讲义方向”下拉按钮，然后在展开的方向列表内选择“横向”，此时浏览窗口内的讲义母版即可呈横向显示，如图 17-43 所示。

步骤 4：设计讲义母版的幻灯片大小。单击“页面设置”组内的“幻灯片大小”下拉按钮，然后在展开的菜单列表内选择“标准”，如图 17-44 所示。

图 17-41

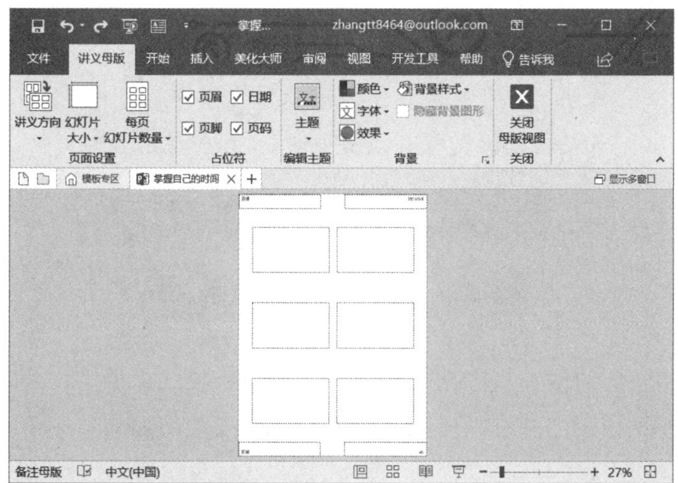

图 17-42

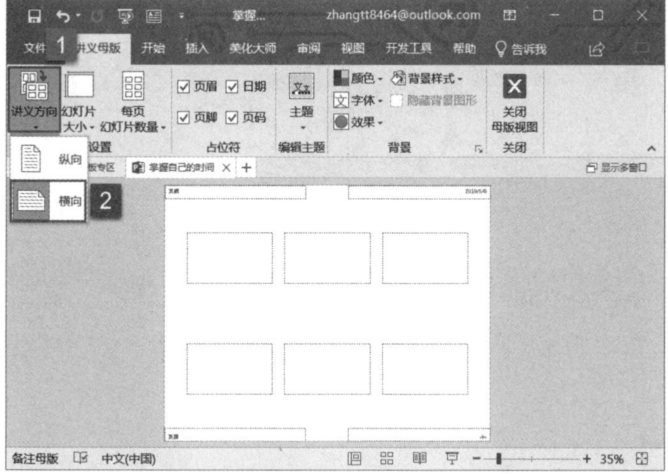

图 17-43

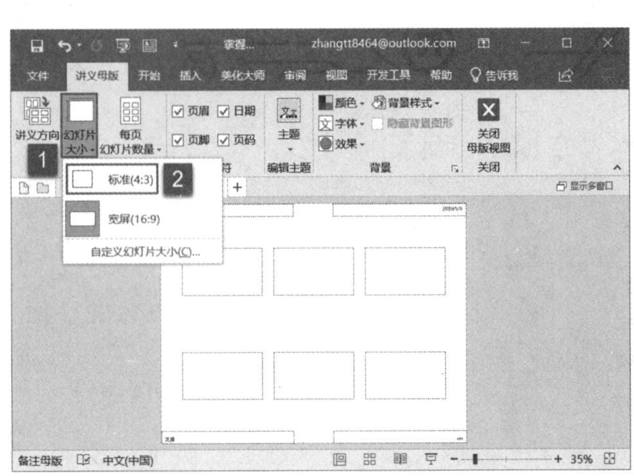

图 17-44

步骤 5：此时系统会弹出提示框“您正在缩放到新幻灯片大小，是要最大化内容大小还是按比例缩小以确保适应新幻灯片?”，用户可以根据自身需要进行设置，例如单击“确保适合”按钮，如图 17-45 所示。

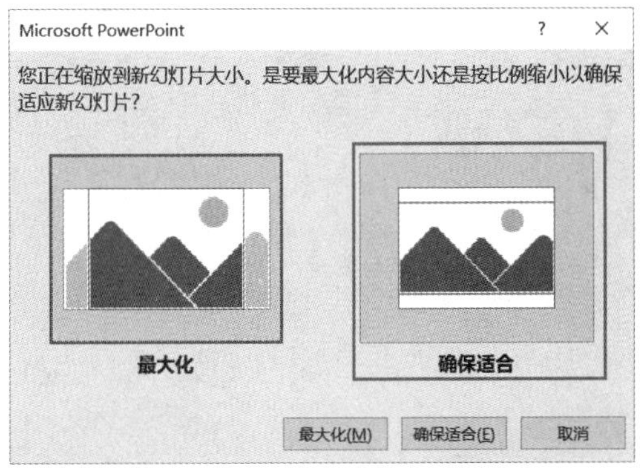

图 17-45

步骤 6：返回幻灯片，即可看到浏览窗口内讲义模板的幻灯片大小发生了变化，效果如图 17-46 所示。

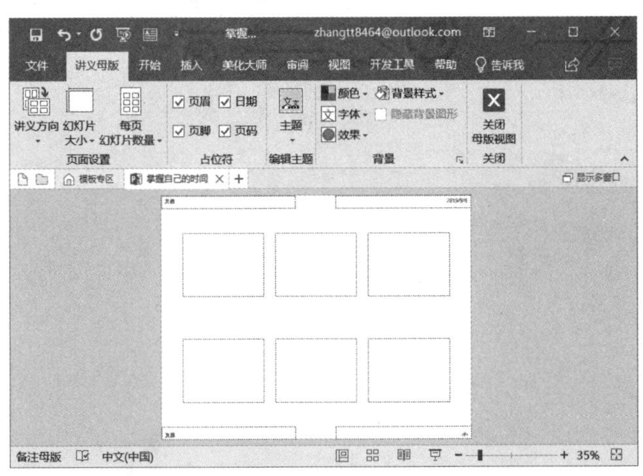

图 17-46

步骤 7：用户还可以自定义设计讲义母版的幻灯片大小。单击“页面设置”组内的“幻灯片大小”下拉按钮，然后在展开的菜单列表内选择“自定义幻灯片大小”，如图 17-47 所示。

图 17-47

步骤 8：打开“幻灯片大小”对话框，用户可以单击“幻灯片大小”下拉列表选择合适的幻灯片大小，可以在“宽度”“高度”文本框对幻灯片的宽度和高度进行设置，可以在“幻灯片编号起始值”文本框进行设置，还可以对幻灯片、备注、讲义和大纲的方向进行设置，设置完成后，单击“确定”按钮即可，如图 17-48 所示。

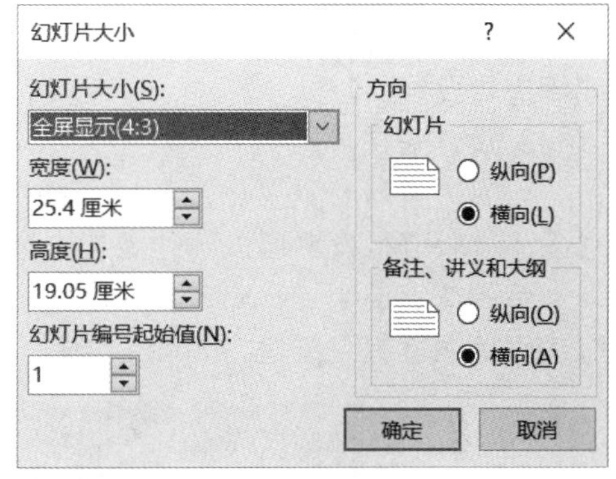

图 17-48

步骤 9：设计讲义母版每页可显示的幻灯片数量。单击“页面设置”组内的“每页幻灯片数量”下拉按钮，然后在展开的菜单列表内选择“4 张幻灯片”，此时即可在浏览窗口内看到每页只显示了 4 张幻灯片缩略图，如图 17-49 所示。

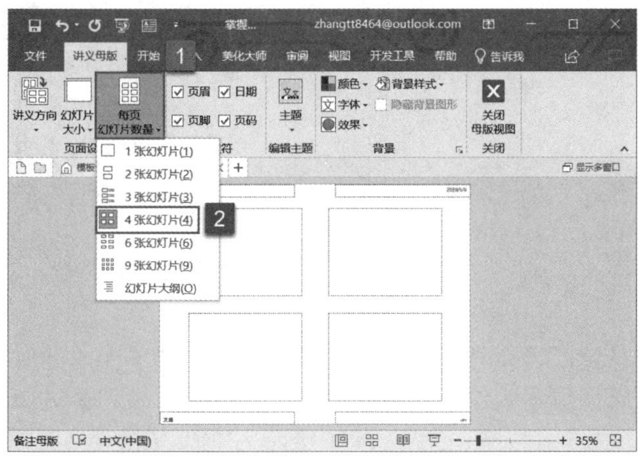

图 17-49

步骤 10：设计讲义母版占位符。单击勾选或取消勾选“占位符”组内“页眉”“页脚”“日期”“页码”前的复选框，此处取消勾选所有占位符前的复选框，效果如图 17-50 所示。

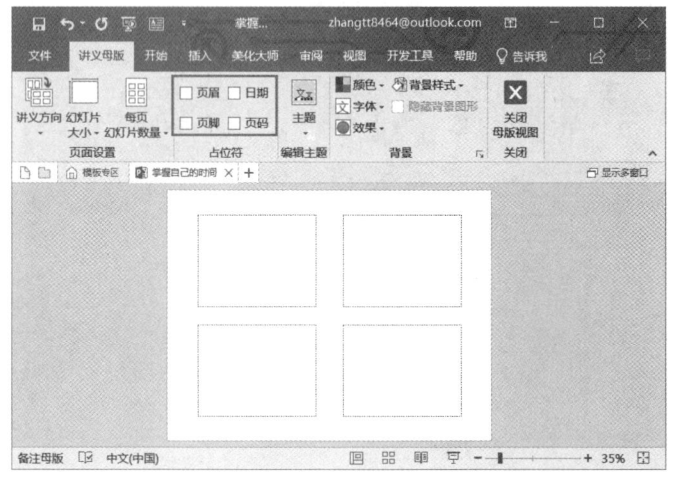

图　17-50

步骤 11：除此之外，用户还可以对讲义母版的主题、颜色、字体、效果、背景格式等进行设置。

3. 设计备注母版

当演讲者需要重要标注演示文稿中的内容时，可以在幻灯片的下方添加备注内容，对备注母版进行设置可以美化备注页和内容的打印外观。

步骤 1：打开 PowerPoint 文件，切换至“视图”选项卡，然后单击“母版视图”组内“备注母版”按钮，如图 17-51 所示。

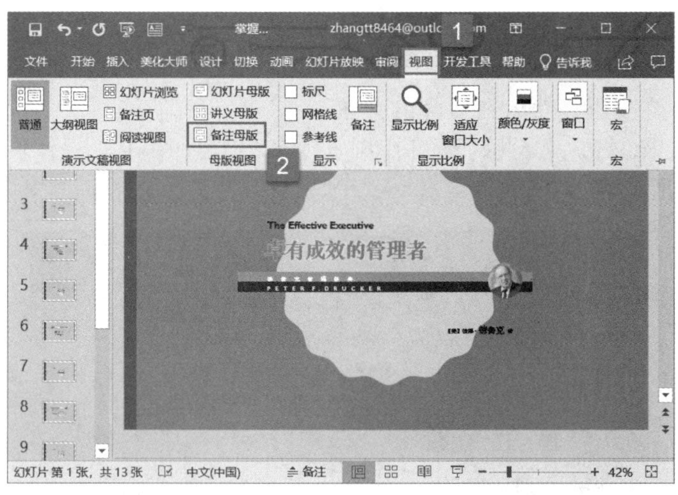

图　17-51

步骤 2：此时系统即可打开并切换至“备注母版”选项卡。此时用户可以看到，在默认情况下，讲义母版显示为纵向，并且显示了所有的占位符，如图 17-52 所示。

步骤 3：此时，用户可以选中浏览窗口内的备注框，切换至“开始”选项卡，然后在“字体”组内对备注文本的字体、字号、颜色等字体格式进行设置，如图 17-53 所示。

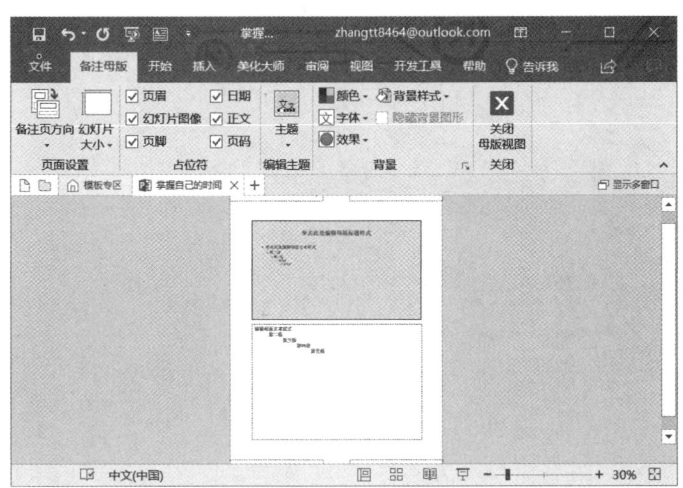

图 17-52

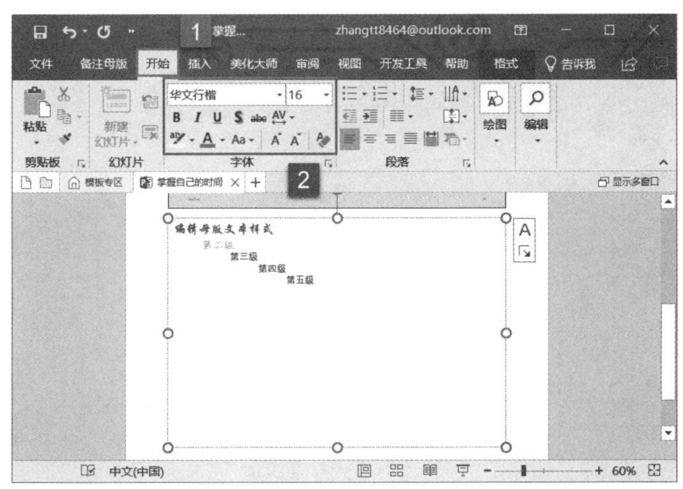

图 17-53

17.3.3 幻灯片母版的基本操作

用户可以根据自身需要对幻灯片母版进行操作，例如：版式的插入、删除、复制、移动以及重命名等。

1. 幻灯片版式的插入与删除

步骤 1：打开 PowerPoint 文件，切换至“视图”选项卡，然后单击“母版视图”组内“幻灯片母版”按钮，打开并切换至“幻灯片母版”选项卡。

步骤 2：选中第一张幻灯片母版，右键单击，然后在打开的菜单列表内选择“插入版式”项，如图 17-54 所示。

步骤 3：此时在第一张幻灯片母版下方插入了新的幻灯片版式，用户可以根据自身需要对其占位符、主题、颜色、字体、效果、背景样式等进行设置，如图 17-55 所示。

步骤 4：幻灯片母版设置完成后，选中多余的幻灯片母版，右键单击，然后在打开的菜单列表内选择“删除版式”项删除即可，如图 17-56 所示。

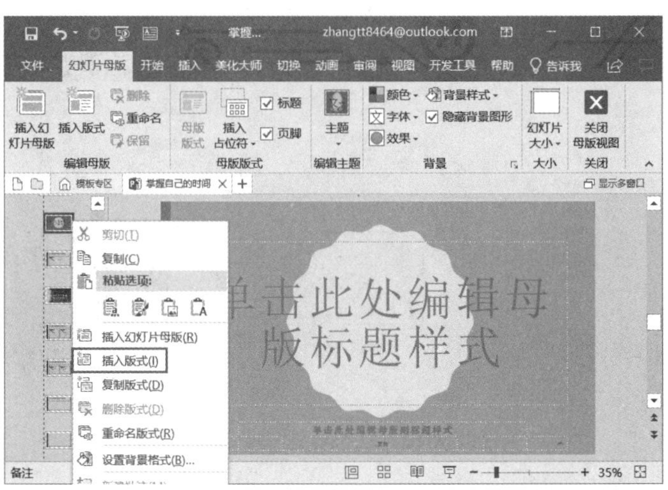

图 17-54

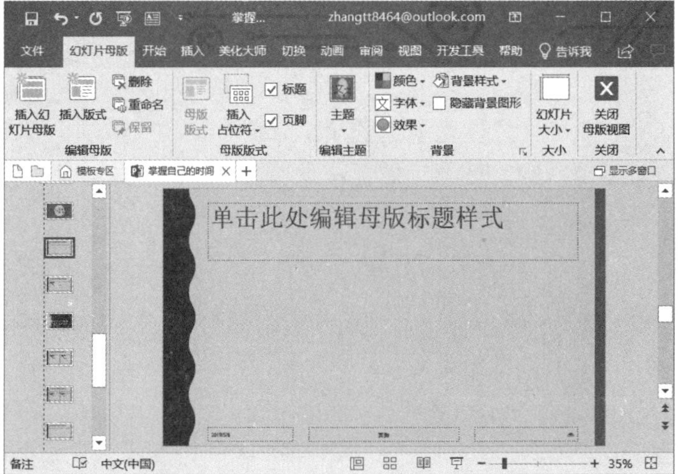

图 17-55

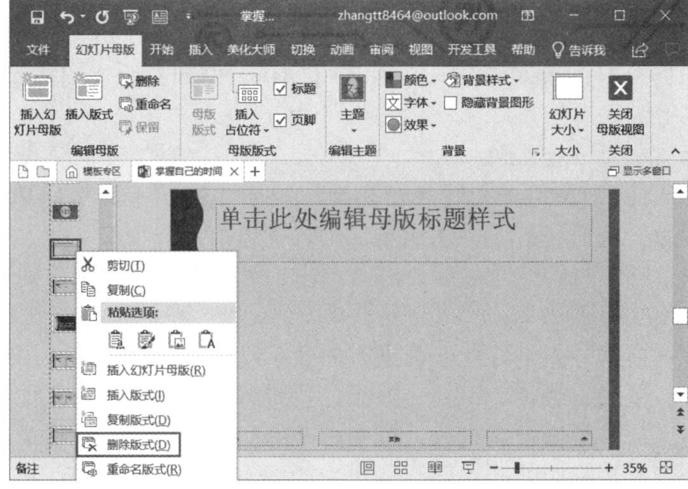

图 17-56

2. 幻灯片母版或版式的复制与移动

步骤 1：打开 PowerPoint 文件，切换至“视图”选项卡，然后单击“母版视图”组内“幻灯片母版”按钮，打开并切换至“幻灯片母版”选项卡。

步骤 2：选中需要复制的幻灯片母版，右键单击，然后在打开的菜单列表内选择“复制版式”项，如图 17-57 所示。

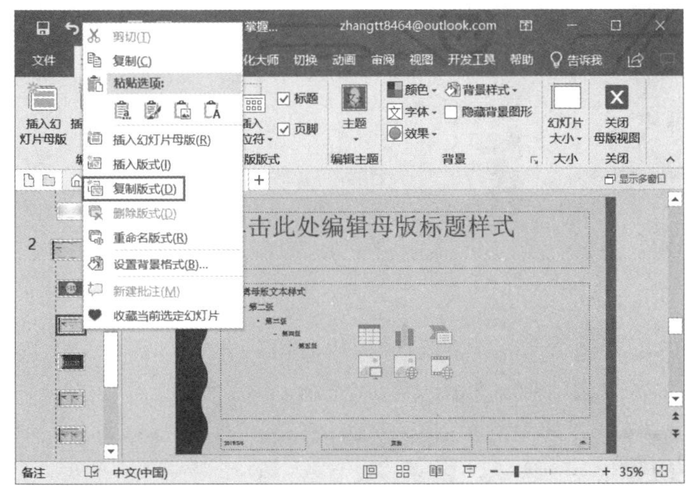

图 17-57

步骤 3：此时，系统会在该幻灯片母版的下方插入一张相同的幻灯片，效果如图 17-58 所示。

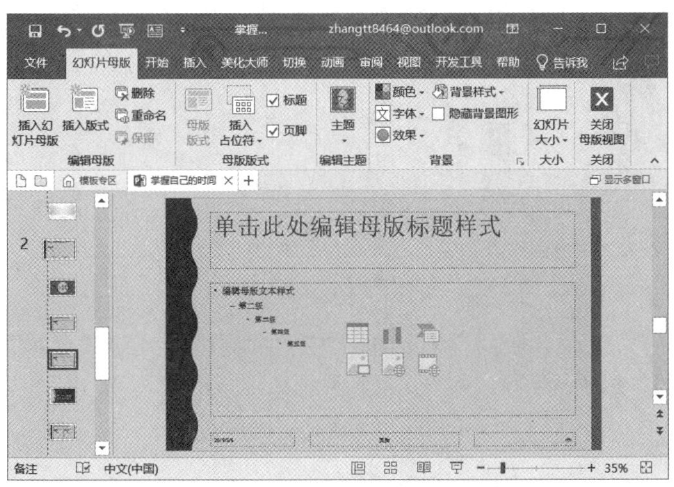

图 17-58

步骤 4：选中插入的幻灯片并长按鼠标左键，将其拖动至相应的位置即可，如图 17-59 所示。

3. 幻灯片母版或版式的重命名

步骤 1：打开 PowerPoint 文件，切换至“视图”选项卡，然后单击“母版视图”组内“幻灯片母版”按钮，打开并切换至“幻灯片母版”选项卡。

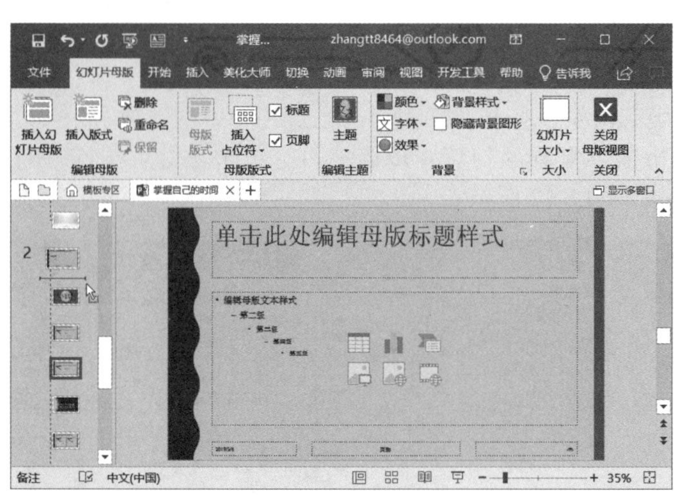

图 17-59

步骤 2：选中需要进行重命名的幻灯片母版第一张，右键单击，然后在打开的菜单列表内选择“重命名版式”项，如图 17-60 所示。

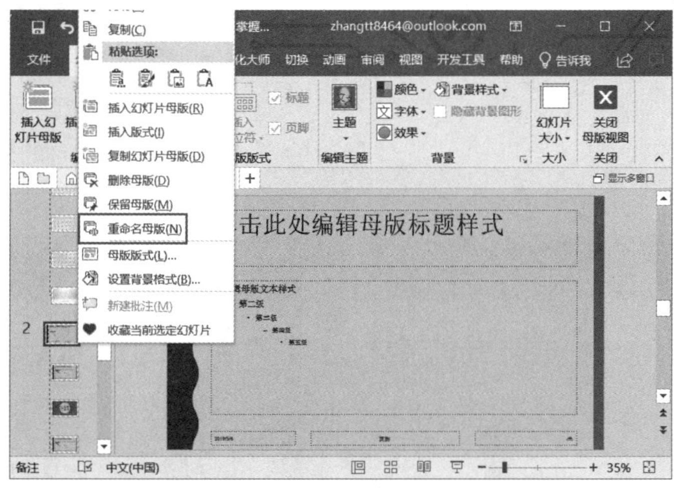

图 17-60

步骤 3：弹出“重命名版式”对话框，在文本框内输入版式名称，单击“重命名”按钮即可，如图 17-61 所示。

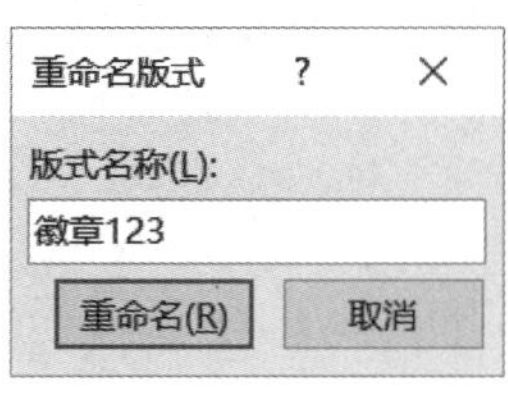

图 17-61

第18章 幻灯片的交互与动画

为了提高演示文稿的表现力、感染力以及观众的视觉体验，可以将幻灯片内的文本、图片、图形、表格等对象制作成动画，给其添加特殊的视觉或声音效果，赋予它们进入、退出、旋转、颜色变化甚至移动等视觉特效。当然，也可以给幻灯片添加切换效果，通过动画效果和声音效果的搭配，使演示文稿更生动形象。

用户可以根据内容需要选择合适的动画，实现静态内容无法实现的效果，例如物理教学课件中的实验过程可以制作成动画效果，使演示更加直观准确，这类应用是动画功能的独特优势，是其他表现形式很难替代的。

本章将重点介绍 PowerPoint 2019 中动画的制作与编辑以及幻灯片的切换设置。

- 设置幻灯片切换效果
- 向对象添加动画
- 动画设置技巧
- 为幻灯片对象添加交互式动作

18.1 设置幻灯片切换效果

所谓幻灯片切换效果，就是指从一张幻灯片切换到另一张幻灯片这个过程中的动态效果。用户不仅可以为幻灯片添加切换效果，还可以对切换效果的方向、切换时的声音、切换的速度等进行适当的设置，本节将重点介绍如何添加并设置幻灯片切换效果。

18.1.1 添加幻灯片切换效果

PowerPoint 2019 为用户提供了大量的切换效果，总共包括细微、华丽、动态内容三大类型，每个大类型下又分为十几种不同的效果供用户选择。

步骤 1： 打开 PowerPoint 文件，选中需要设置幻灯片切换效果的幻灯片，切换至“切换”选项卡，单击“切换到此幻灯片”组内的“切换效果”下拉按钮，然后在展开的切换效果样式库内选择“平滑”项，如图 18-1 所示。

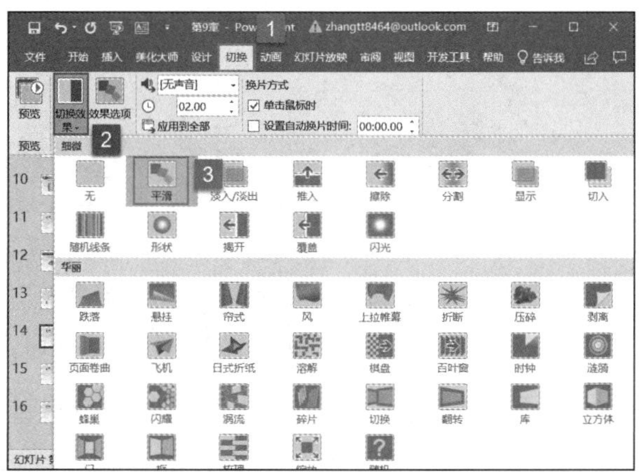

图 18-1

步骤 2： 设置完切换效果后，还可以对效果选项进行设置。单击“切换到此幻灯片”组内的“效果选项”下拉按钮，可以选择“对象”“文字”“字符”等选项，如图 18-2 所示。

图 18-2

步骤 3：设置完成后，单击“预览”组内的“预览”按钮即可预览幻灯片的效果，如图 18-3 所示。

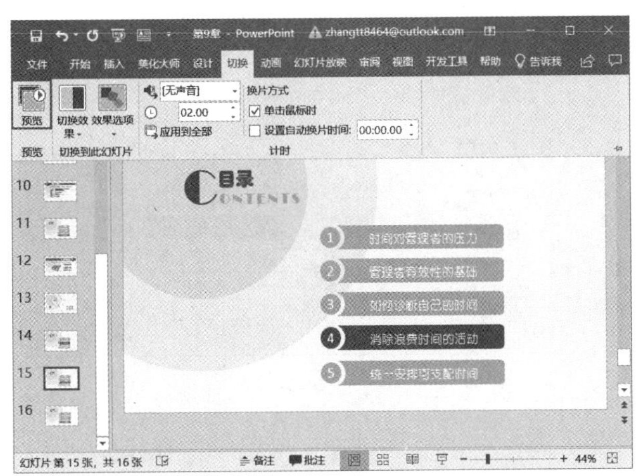

图 18-3

18.1.2 设置幻灯片切换效果的计时

步骤 1：打开 PowerPoint 文件，选中需要设置切换效果计时的幻灯片，切换至“切换”选项卡，在“计时”组内“持续时间”文本框内输入计时数值指定切换的长度，如图 18-4 所示。

步骤 2：设置完成后，单击“预览”组内的“预览”按钮即可预览幻灯片的效果。

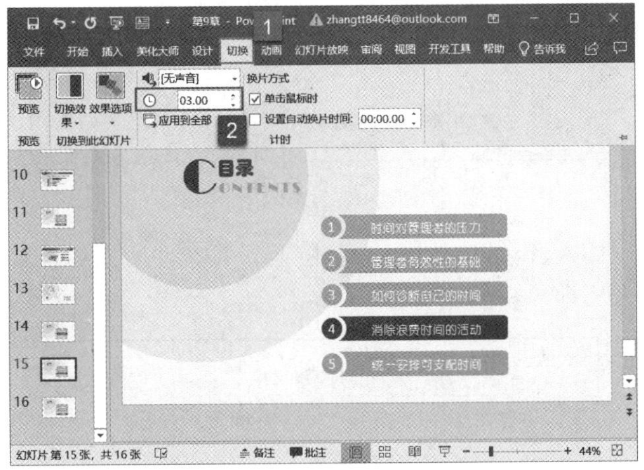

图 18-4

18.1.3 添加幻灯片切换效果的声音

在幻灯片切换过程中，用户可以为其添加效果声音，使其表达更加鲜活生动。例如在化学课件演示时，添加一些物品爆炸或者两物质反应的声音，可以让学生的理解更加形象深刻，便于记忆。

步骤 1：打开 PowerPoint 文件，选中需要设置切换效果声音的幻灯片，切换至“切换”选项卡，单击“计时”组内“声音”下拉按钮，然后在展开的声音样式库内选择合适的声音，如图 18-5 所示。

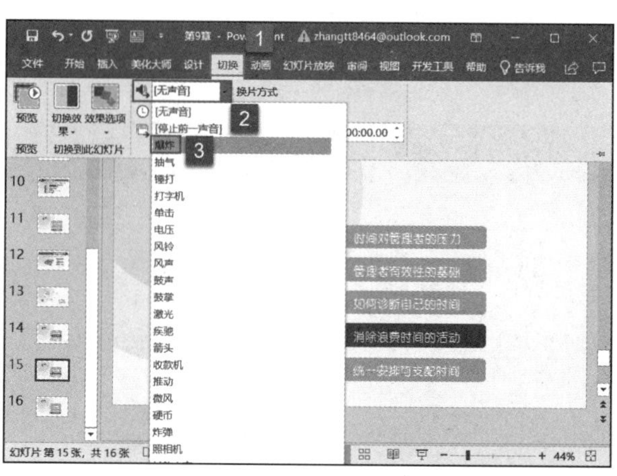

图 18-5

步骤 2：如果样式库内没有需要的声音，可以单击样式库列表内的“其他声音”按钮，如图 18-6 所示。

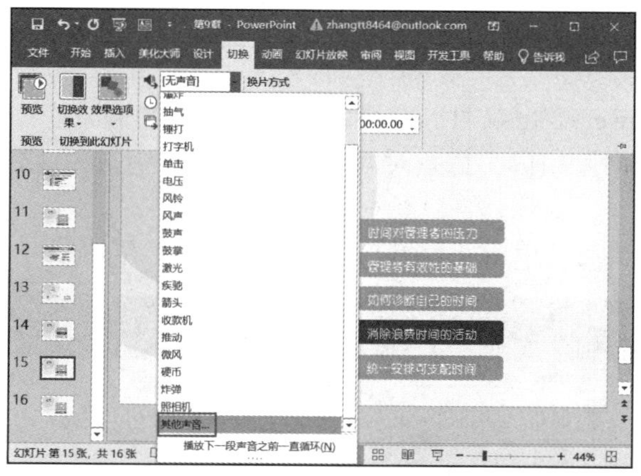

图 18-6

步骤 3：打开“插入音频”对话框，定位至音频文件所在的位置，单击要设置的音频，单击“确定”按钮即可，如图 18-7 所示。

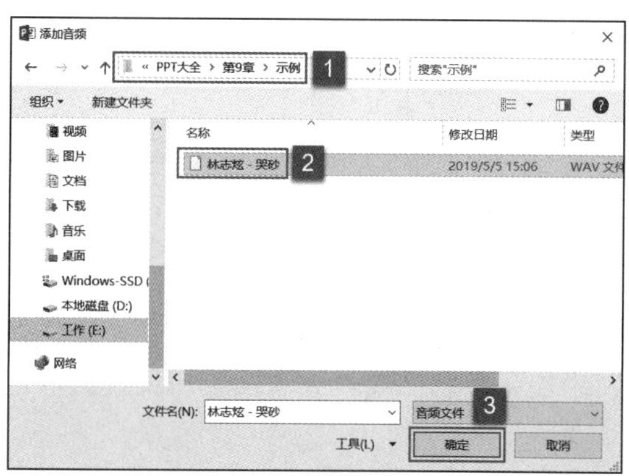

图 18-7

步骤 4：设置完成后，单击“预览”组内的“预览”按钮即可预览幻灯片的效果。

18.2 向对象添加动画

PowerPoint 2019 内的动画主要分为进入、强调、退出、动作路径四种。合理搭配动画效果不仅能够让内容展现得更加淋漓尽致，而且能够让幻灯片展示出更加迷人的风采。

18.2.1 添加动画效果

动画效果主要分为三类，一是对象出现时的进入动画，二是对象在展示过程中的强调动画，三是对象退出时的退出动画。在不同的时间和场合使用不同类型的动画效果，并对其合理安排，把握动画时间的差度，才能发挥出动画效果的最大魅力。

步骤 1：打开 PowerPoint 文件，选中需要添加动画效果的对象元素，切换至“动画”选项卡，单击“高级动画”组内“添加动画”下拉按钮，然后在展开的动画样式库内选择合适的进入动画，如图 18-8 所示。

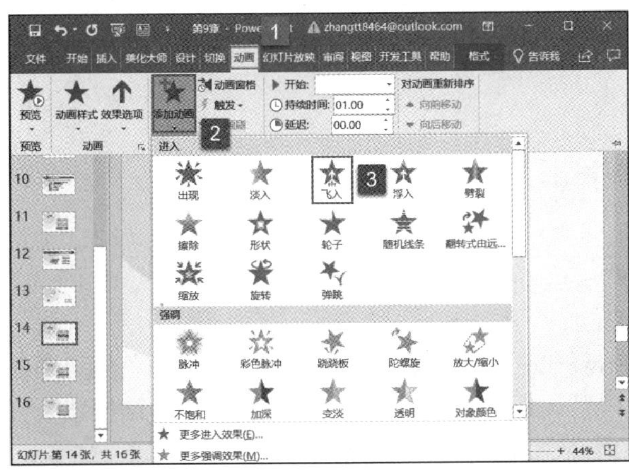

图 18-8

步骤 2：设置完成后，单击“预览”组内的“预览”按钮即可预览幻灯片的效果，如图 18-9 所示。

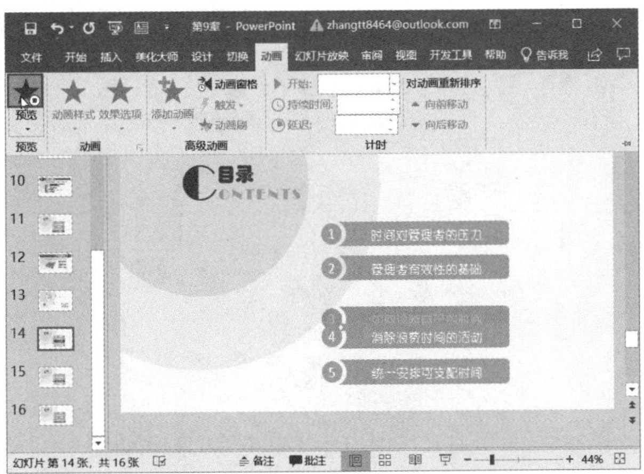

图 18-9

步骤 3：添加强调动画或者退出动画的操作步骤与上述操作步骤相同。

18.2.2 设置动画效果

不同的动画效果有不同的效果选项，设置动画的效果选项可以更改动画的效果方向、形状、序列等，总之不同的动画所包含的效果选项会根据动画本身的呈现效果存在一定的差异，至于同一动画效果到底使用哪种效果选项，则需要根据实际情况进行选择。

步骤 1：打开 PowerPoint 文件，选中需要设置动画效果的对象元素，切换至“动画”选项卡，单击“动画”组内“效果选项”下拉按钮，然后在展开的菜单列表内选择合适的效果方向、序列、形状即可，如图 18-10 所示。

步骤 2：设置完成后，单击“预览”组内的“预览”按钮即可预览幻灯片的效果。

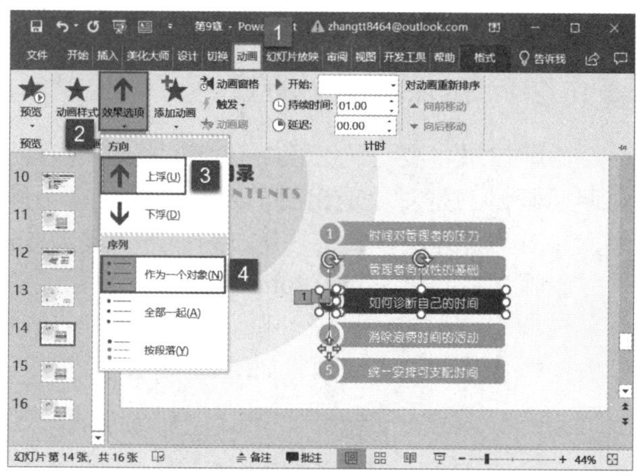

图 18-10

18.2.3 添加动作路径动画

如果需要使对象元素按照一定的路线运动，用户可以对其添加动作路径动画，使其在当前幻灯片内自由运动。该功能多用于教学课件中，通过实现不同的动画效果，学生可以更易于理解。

步骤 1：打开 PowerPoint 文件，选中需要添加动作路径动画的对象元素，切换至“动画”选项卡，单击“高级动画”组内“添加动画”下拉按钮，然后在展开的动画样式库内选择合适的动作路径动画，如图 18-11 所示。

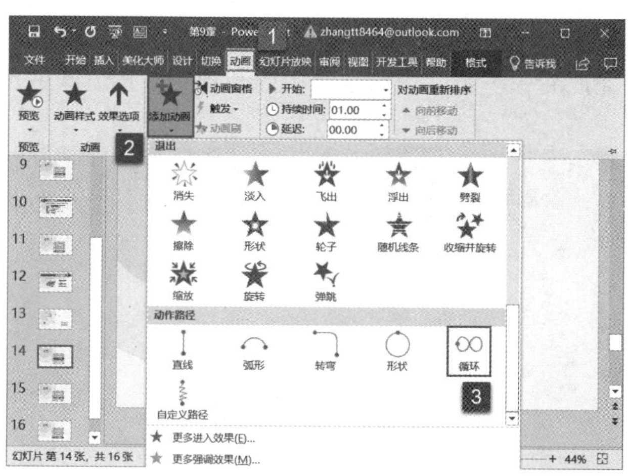

图 18-11

步骤 2：设置完成后，即可在幻灯片内看到对象的运动路径，如图 18-12 所示。单击“预览”组内的“预览”按钮即可预览幻灯片的效果。

图 18-12

步骤 3：如果用户对系统提供的动作路径不满意，可以单击“动作路径”组内的“自定义路径”按钮，如图 18-13 所示。

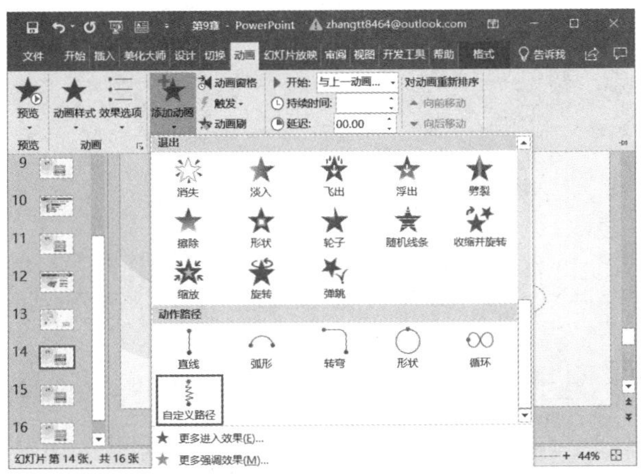

图 18-13

步骤 4：此时幻灯片内光标会变成十字形，根据自身需要绘制运动路径即可，如图 18-14 所示。

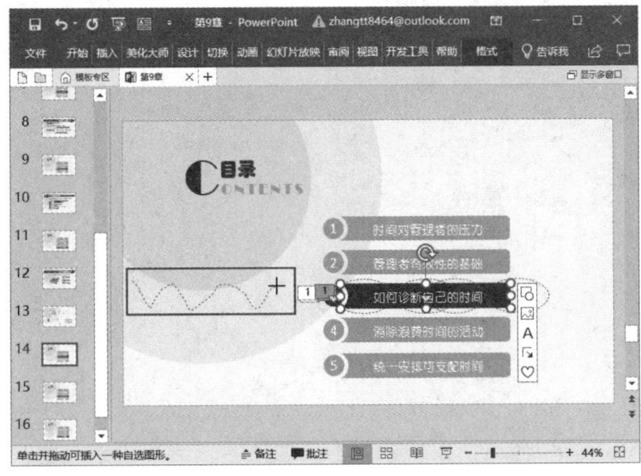

图 18-14

18.3 动画设置技巧

幻灯片的动画设置在实际应用中是复杂多变的，掌握一些基本的动画设置技巧可以提高工作效率，接下来将介绍一些独特的动画设置技巧。

18.3.1 设置动画窗格

使用动画窗格方便用户一边观察多个动画的运动状态一边控制动画的播放，在动画窗格内可以调整其播放顺序、控制其播放方式、播放时间等，使其看起来更加赏心悦目。

步骤 1：打开 PowerPoint 文件，选中需要设置动画窗格的幻灯片，切换至“动画”选项卡，单击“高级动画”组内“动画窗格”按钮，如图 18-15 所示。

图 18-15

步骤 2：此时，PowerPoint 界面的右侧窗格内即可显示该幻灯片中的所有动画列表。选中需要调整播放顺序的动画，然后单击窗格右上角的升降按钮即可调整其顺序，如图 18-16 所示。

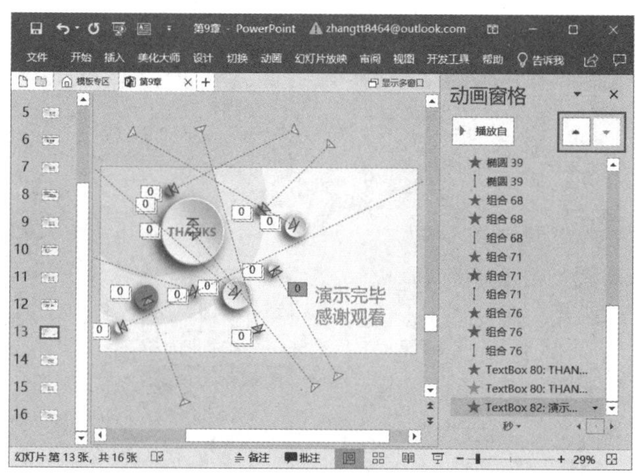

图 18-16

步骤 3：右键单击需要调整播放方式的动画，然后在展开的菜单列表内可以单击选择“单击开始”播放、“从上一项开始”播放或者“从上一项之后开始”播放，如图 18-17 所示。

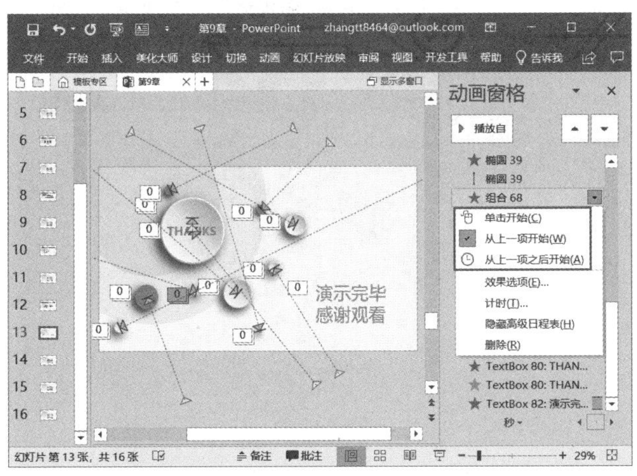

图 18-17

步骤 4：将鼠标光标定位至需要调整播放时间的动画播放时间条上，当光标变成伸缩按钮时，拖动时间条即可增加或缩减该动画的播放时间，如图 18-18 所示。

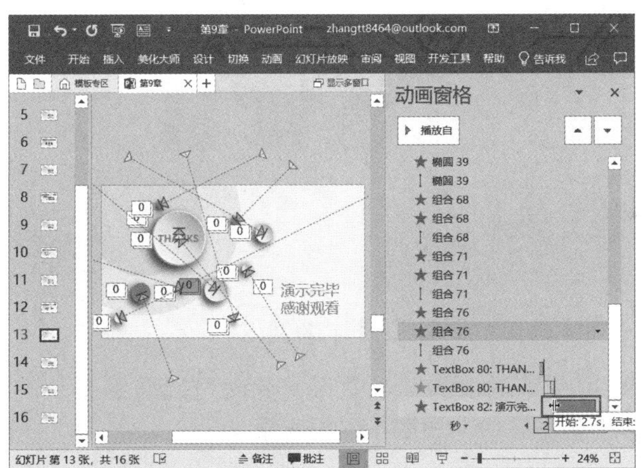

图 18-18

步骤 5：设置完成后，单击“预览”组内的“预览”按钮即可预览幻灯片的效果。

18.3.2 复制动画效果

在制作动画的过程时，重复地添加动画效果是一个相当麻烦的步骤，出于人性化考虑，微软公司在推出的 PowerPoint 2010 及其以上版本中都添加了“动画刷”的功能，大大简化了添加动画的烦琐性，当用户为一个对象设置好满意的动画效果后，如果要在其他对象上也设置同样的动画效果，使用动画刷将相当省事。

步骤 1：打开 PowerPoint 文件，选中需要复制的动画效果，切换至“动画”选项卡，单击“高级动画”组内“动画刷”按钮，如图 18-19 所示。

步骤 2：此时，幻灯片内的光标会变成刷子形，然后将光标定位在需要添加动画效果的对象元素，例如图中的第三张图片，此时可以看到该图片上没有动画效果，如图 18-20 所示。

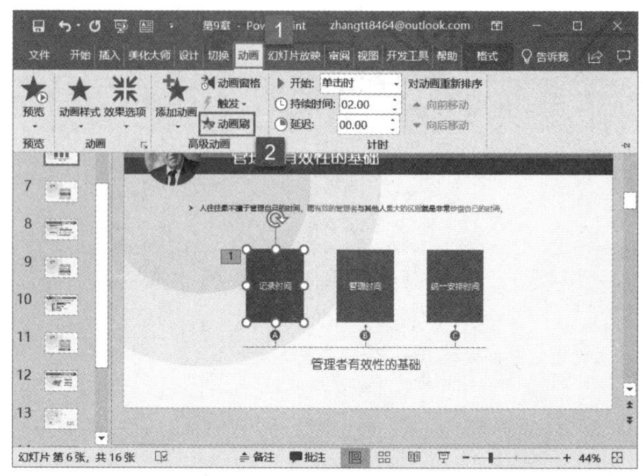

图 18-19

图 18-20

步骤 3：单击即可预览增加的动画效果，此时可以看到图片的左上角出现了编号“2”，表示动画效果已复制成功，如图 18-21 所示。

图 18-21

步骤 4：设置完成后，单击“预览”组内的“预览”按钮即可预览整张幻灯片的动画效果。

18.3.3 使用动画计时

动画效果添加完成后，对播放时间进行合理地安排也是非常关键的一步，它可以使整个演示文稿更加流畅舒适。用户可以根据实际情况适当调节每个动画的播放时间，达到“收放自如”的效果。

给对象元素设置动画计时与给幻灯片设置切换计时的操作步骤相似。选中需要设置动画计时的对象元素，切换至“动画”选项卡，然后在“计时”组内的“持续时间”文本框内输入计时数值，即可指定动画的长度，如图 18-22 所示。设置完成后，单击“预览”组内的“预览”按钮即可预览其效果。

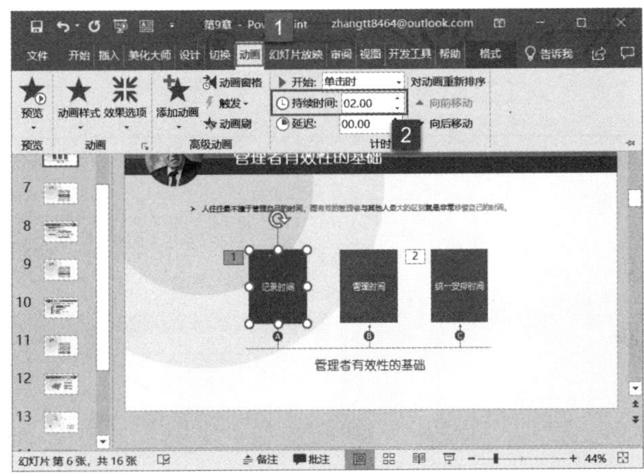

图 18-22

18.4 为幻灯片对象添加交互式动作

为幻灯片对象添加交互式动作，可以实现单击或指向一个对象即可切换至指定的对象的效果。要想实现这种效果，可以为对象插入超链接或添加动作，使演示文稿更简洁清晰，并且能够为用户节省许多不必要的查询时间。

18.4.1 插入超链接

步骤 1：打开 PowerPoint 文件，选中需要插入链接的对象元素，切换至“插入”选项卡，然后单击“链接”组内“链接”按钮，如图 18-23 所示。

步骤 2：打开“插入超链接”对话框，在“链接到”窗格内选择“本文档中的位置”项，然后在“请选择文档中的位置”文档列表框内选择幻灯片，例如“幻灯片 5”，单击“确定”按钮，如图 18-24 所示。

步骤 3：添加完成后，返回幻灯片，当光标定位到插入超链接的对象上时，会显示链接信息，如图 18-25 所示。按住“Ctrl”键并单击该对象即可切换至幻灯片 5。

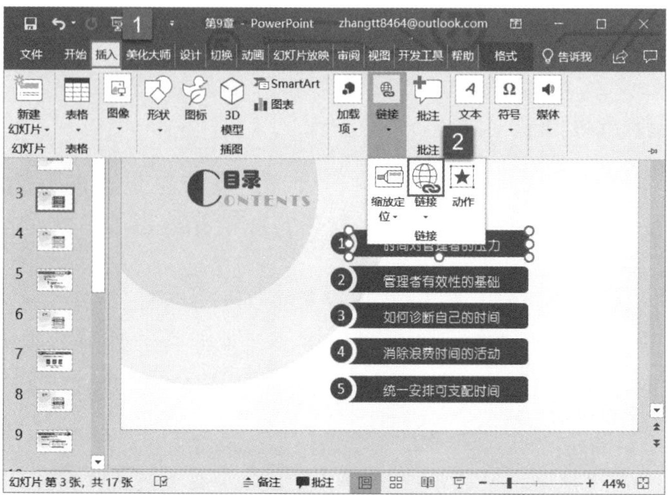

图 18-23

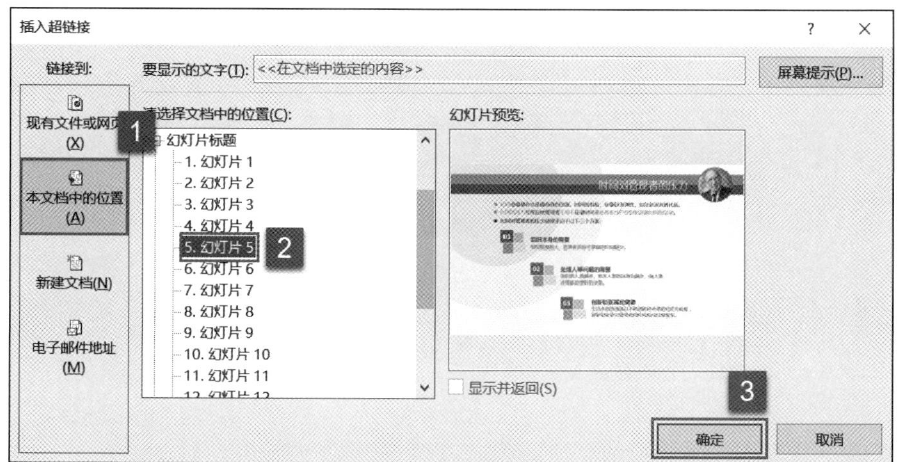

图 18-24

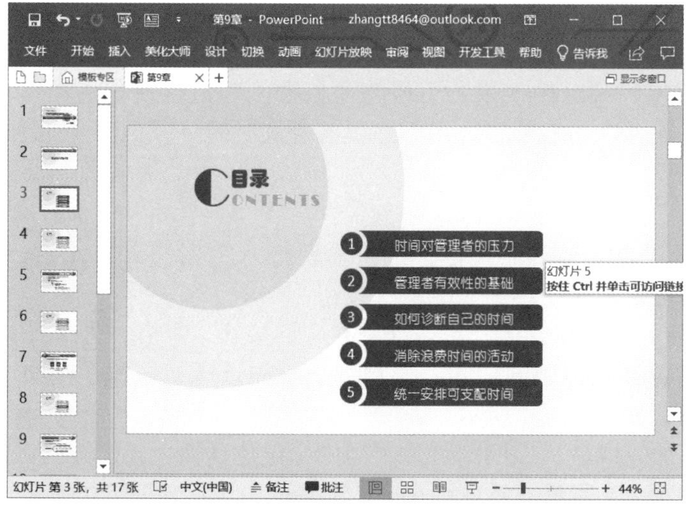

图 18-25

18.4.2 添加动作

步骤 1：打开 PowerPoint 文件，选中需要添加动作的对象元素，切换至“插入”选项卡，然后单击“链接”组内“动作”按钮，如图 18-26 所示。

步骤 2：打开“操作设置”对话框，单击选中“超链接到”前的单选按钮，然后单击下方的下拉列表，即可设置单击鼠标时链接到的幻灯片、结束放映、链接到 URL 等其他动作，如图 18-27 所示。

步骤 3：除此之外，用户可以给对象元素添加运行程序、运行宏、播放声音等动作，如图 18-28 所示。

图 18-26

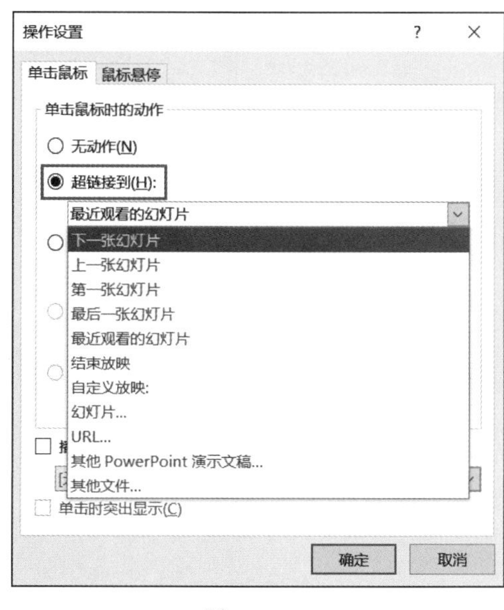

图 18-27

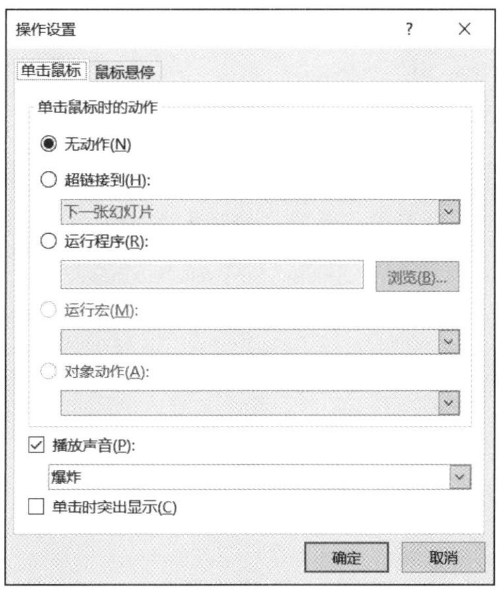

图 18-28

步骤 4：单击切换至“鼠标悬停”选项卡，可以给对象添加鼠标悬停时的动作，如图 18-29 所示。

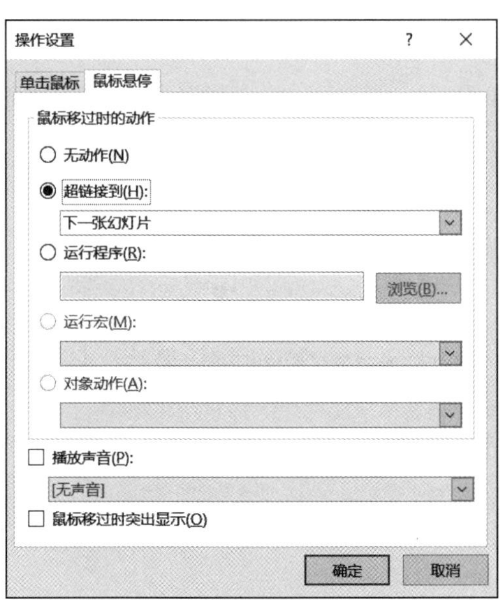

图 18-29

步骤 5：设置完成后，单击“确定”按钮，返回幻灯片。单击对象或者鼠标悬停在对象时，即可执行设置的动作。

第19章 幻灯片的放映与输出

幻灯片的制作目的就是向观众进行展示，所以控制好放映幻灯片的时间、范围等都非常重要。如果在放映过程中想要为用户展现出幻灯片的重要部分，还可以在放映过程中在幻灯片上勾画重点。另外，除了通过将演示内容在观众面前放映之外，还可以将幻灯片打印出来制作成投影片或讲义。本章将对演示文稿放映前的设置、放映中的操作技巧、成稿后的打印和输出的有关知识进行介绍。

- 演示文稿放映设置
- 演示文稿放映控制
- 打印演示文稿
- 导出演示文稿

19.1 演示文稿放映设置

放映幻灯片前，可以先对幻灯片的放映方式进行设置，包括设置幻灯片的放映时间、设置幻灯片的放映范围以及设置幻灯片的放映方式等。本节将对这三点的设置方法进行介绍。

19.1.1 设置演示文稿放映时间

为了更好地把握演示文稿的放映时间，用户可以对其进行排练计时，或者录制其演示时间。

1. 演示文稿排练计时

如果用户需要幻灯片自动放映，可以对演示文稿进行排练计时。在幻灯片放映状态下，将每张幻灯片放映所需要的时间记录并保留下来。当用户不再需要计时设置时，可以删除计时设置。

计时设置

演示文稿的计时功能能够让用户更好地展示自己的作品。

步骤 1：打开 PowerPoint 文件，切换至“幻灯片放映”对话框，然后单击“设置”组内“排练计时”按钮即可进入排练计时状态，如图 19-1 所示。

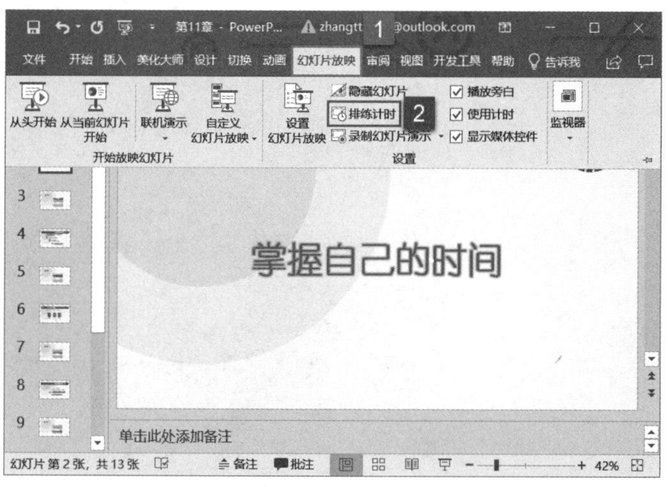

图 19-1

步骤 2：此时在屏幕左上角会显示“录制”工具栏，单击鼠标播放幻灯片即可对每页幻灯片进行录制，工具栏内会显示当前幻灯片的录制计时和演示文稿的录制计时，如图 19-2 所示。

步骤 3：录制完成后，系统会弹出提示框，提示用户幻灯片放映共需要的时间，是否保留新的幻灯片排练计时，单击“是”按钮即可，如图 19-3 所示。

图 19-2

图 19-3

清除计时设置

排练计时设置完成后，幻灯片即可根据已设置的时间自动放映。如果用户需要更改计时，可以清除设置的排练计时，重新设置。具体的操作步骤如下：

打开 PowerPoint 文件，切换至“幻灯片放映”对话框，然后单击“设置”组内“录制幻灯片演示”下拉按钮，在展开的菜单列表内单击“清除”按钮打开子菜单列表，最后单击“清除当前幻灯片中的计时”或“清除所有幻灯片中的计时”按钮即可，如图 19-4 所示。

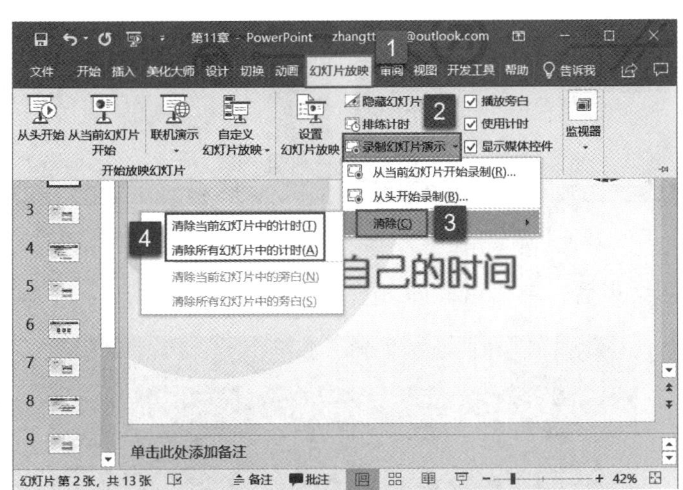

图 19-4

2. 录制幻灯片演示

录制幻灯片演示可以录制幻灯片、动画、旁白、备注的时间，而且在录制过程中用户还可以加入旁白声音文件和视频文件。具体的操作步骤如下。

步骤 1：打开 PowerPoint 文件，切换至“幻灯片放映”对话框，然后单击“设置”组内“录制幻灯片演示”下拉按钮，在展开的菜单列表内单击选择“从当前幻灯片开始录制”或“从头开始录制”按钮进入录制界面，如图 19-5 所示。

步骤 2：进入幻灯片录制状态，可以看到用户可以添加备注信息、旁白甚至视频等信息，单击窗口左上角的“录制”按钮即可，如图 19-6 所示。

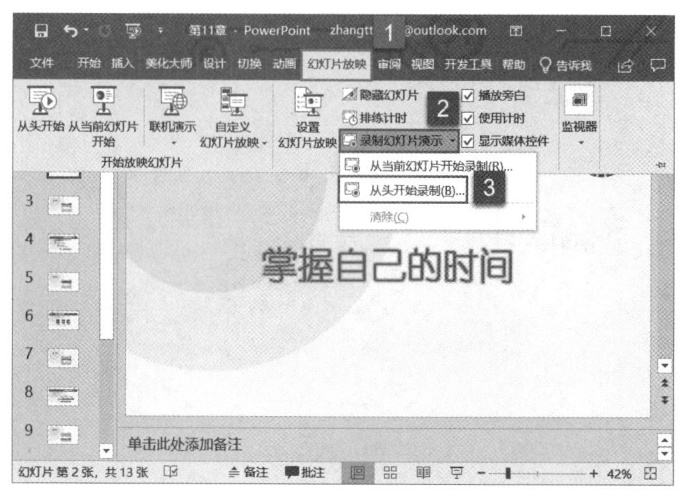

图 19-5

步骤 3：单击鼠标即可对当前幻灯片的动画播放、备注、旁白、视频进行录制，在窗口左下方的工具栏内会显示当前幻灯片的录制时间以及演示文稿的录制时间，如图 19-7 所示。

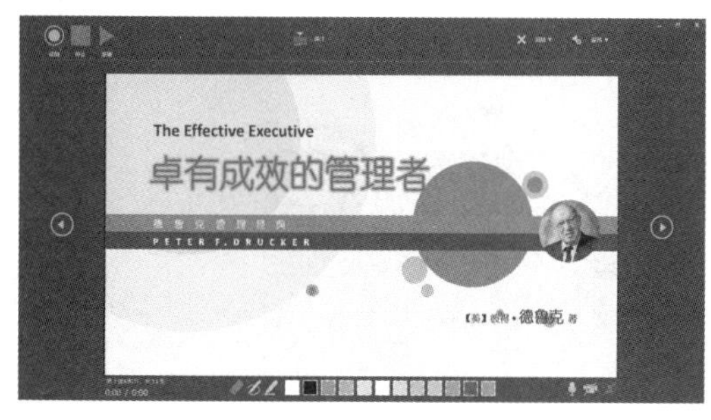

图 19-6

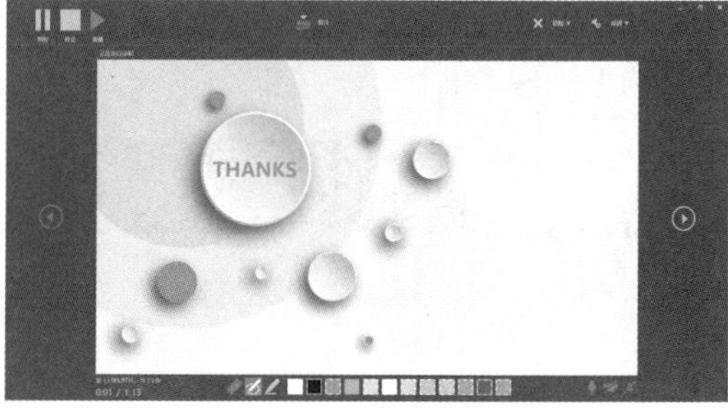

图 19-7

步骤 4：录制结束后，单击鼠标即可退出，如图 19-8 所示。

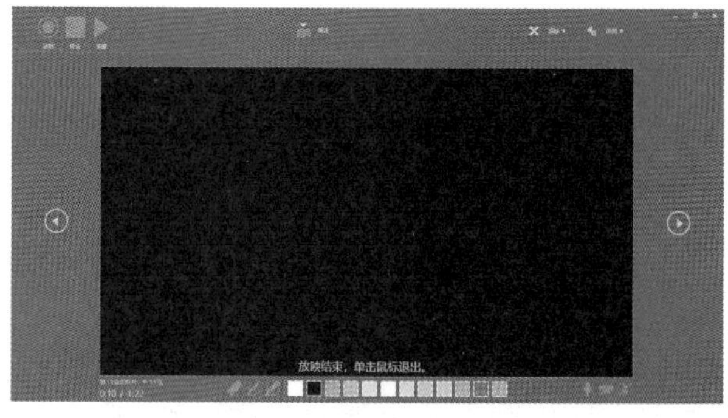

图 19-8

步骤 5：返回演示文稿的普通视图，即可看到每张幻灯片右下角又添加了一个小喇叭图标，如图 19-9 所示。

步骤 6：将鼠标光标停置在小喇叭图标上时，会显示其音频工具栏，用户可以单击“播放 / 暂停”按钮预览插入的旁白声音效果，如图 19-10 所示。

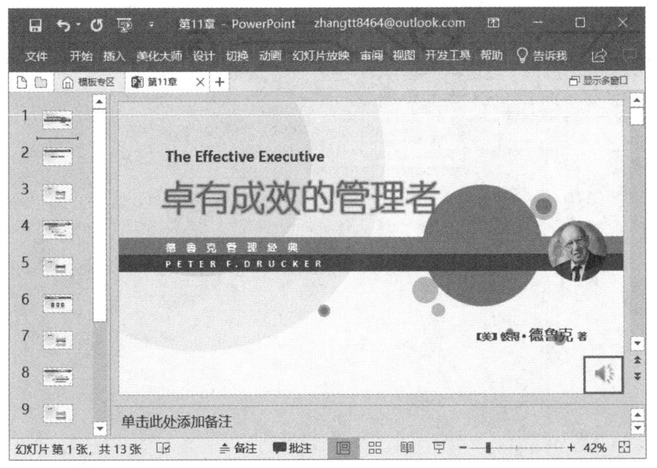

图 19-9

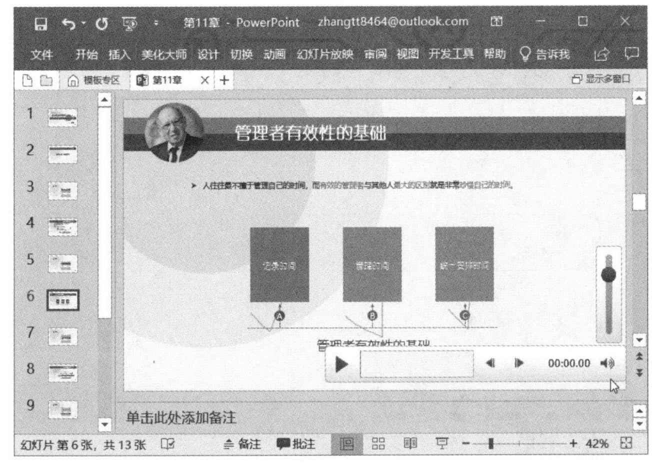

图 19-10

19.1.2 设置演示文稿放映范围

用户可以根据自身需要来设置需要放映的幻灯片和需要隐藏的幻灯片。对于需要放映的幻灯片，可以新建一个放映集合，将其放入其中。当用户进行幻灯片放映时，选择该放映集合的名称即可轻松得到自定义放映的目的。接下来介绍一下具体的操作步骤。

步骤 1：打开 PowerPoint 文件，切换至“幻灯片放映”选项卡，然后单击“开始放映幻灯片”组内的“自定义幻灯片放映”下拉按钮，在展开的下拉列表中选择“自定义放映”，如图 19-11 所示。

步骤 2：弹出“自定义放映”对话框，单击“新建”按钮开始创建，如图 19-12 所示。

步骤 3：弹出“定义自定义放映”对话框，在“幻灯片放映名称”文本框内输入名称“掌握自己的时间”，然后在“在演示文稿中的幻灯片”窗格内单击勾选幻灯片前的复选框，单击“添加”按钮，如图 19-13 所示。

步骤 4：此时即可看到“在自定义放映中的幻灯片”窗格内显示了所选幻灯片的列表，确认无误后，单击“确定”按钮，如图 19-14 所示。

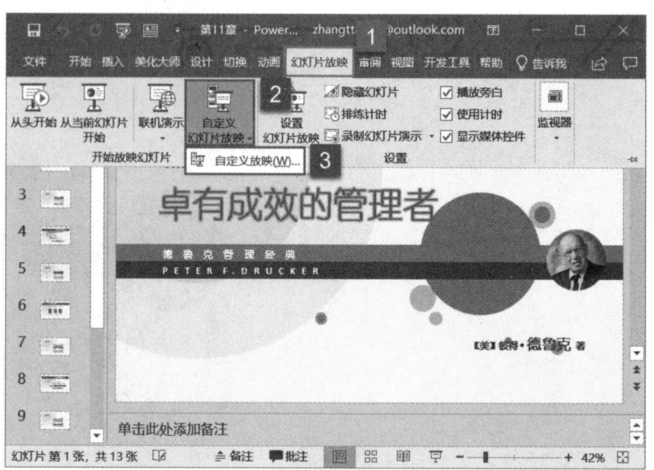

图 19-11

图 19-12

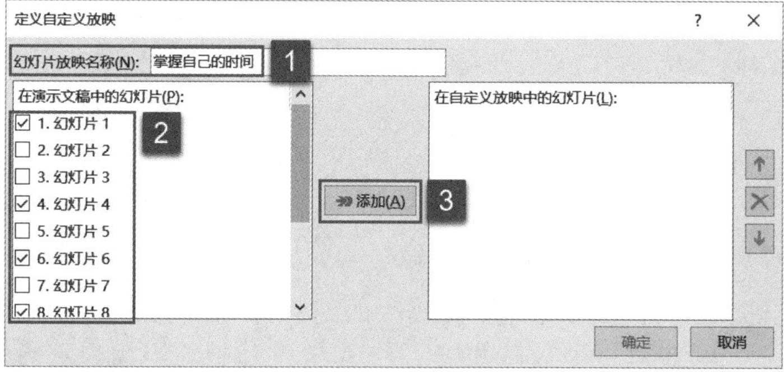

图 19-13

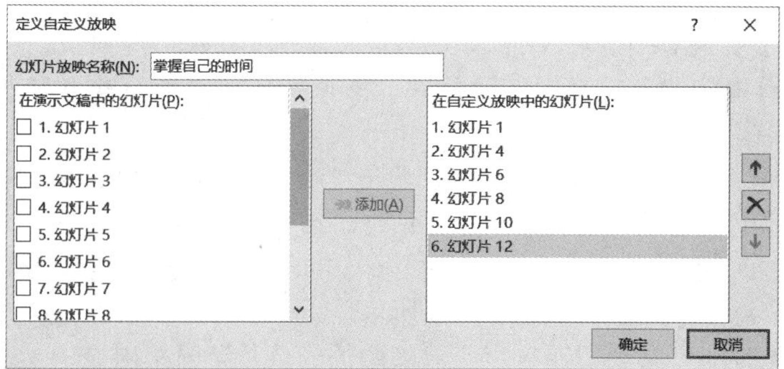

图 19-14

步骤 5：返回“自定义放映”对话框，即可在窗格列表内看到新建的放映集合，单击“放映”按钮关闭对话框即可，如图 19-15 所示。

图 19-15

步骤 6：返回演示文稿，再次单击打开“自定义幻灯片放映”下拉列表，即可看到新建的幻灯片放映，如图 19-16 所示。当用户放映幻灯片时，单击该放映名称即可进行放映。

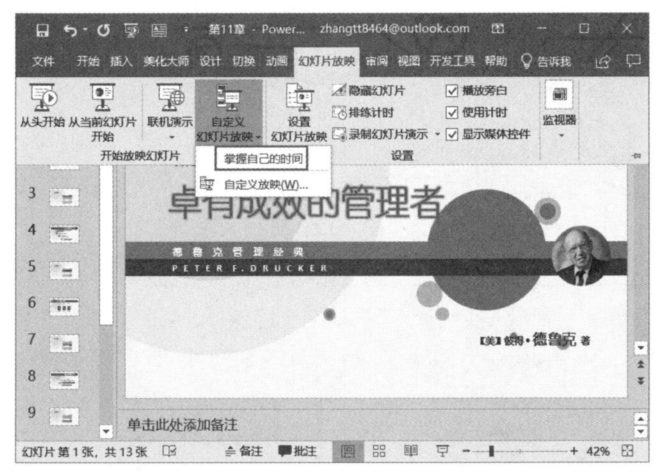

图 19-16

19.1.3 设置演示文稿放映方式

不同的演示场景需要使用不同的放映方式，这样才能使效果达到最佳。用户可以通过设置幻灯片的放映类型、放映选项、推进方式等设置演示文稿的放映方式。

1. 幻灯片放映类型设置

幻灯片的放映类型包括演讲者放映、观众自行浏览和在展台浏览三种。不同的放映类型具有不同的特点，所以用户应该根据实际情况进行选择，才能使幻灯片的放映达到最佳效果。具体的操作步骤如下。

步骤 1：打开 PowerPoint 文件，切换至“幻灯片放映”对话框，然后单击“设置”组内的“设置幻灯片放映”按钮，如图 19-17 所示。

步骤 2：弹出“设置放映方式”对话框，在“放映类型”窗格内单击选中“演讲者放映”按钮，如图 19-18 所示。

步骤 3：单击“确定”按钮关闭对话框。单击 PowerPoint 窗口右下方的“幻灯片放映”按钮进入演讲者放映状态，此时幻灯片显示为全屏幕，当光标移动至幻灯片左下角时，可以看到一排控制按钮，演讲者可以通过这些按钮控制幻灯片的放映过程，如图 19-19 所示。

步骤 4：打开“设置放映方式”对话框，在“放映类型”窗格内单击选中“观众自行浏览”按钮，如图 19-20 所示。

步骤 5：单击“确定”按钮关闭对话框。单击 PowerPoint 窗口右下方的“幻灯片放映”按钮进入观众自行浏览状态，此时幻灯片显示为窗口，用户可以根据窗口右下方的按钮进行浏览，如图 19-21 所示。

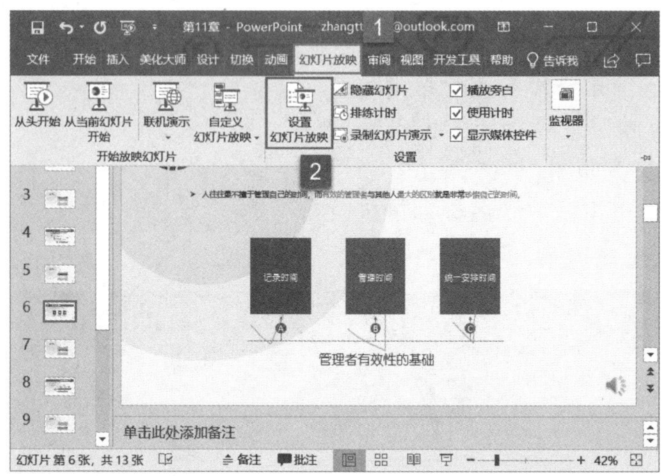

图 19-17

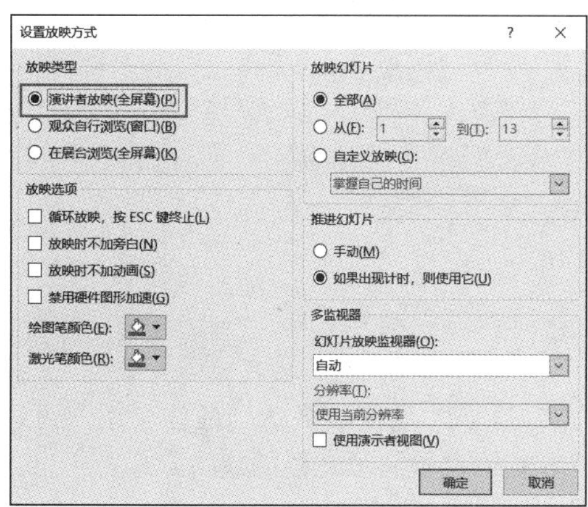

图 19-18

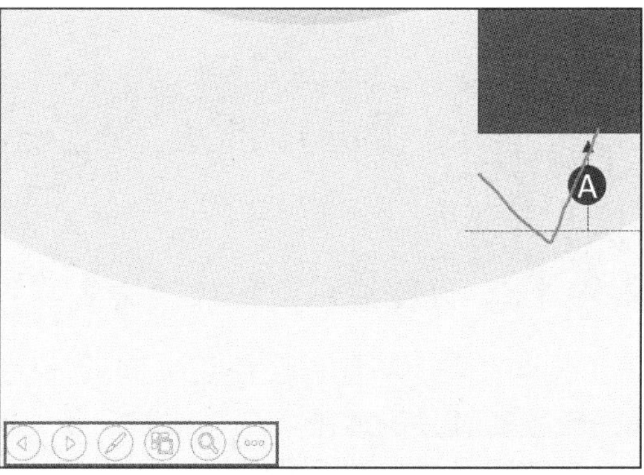

图 19-19

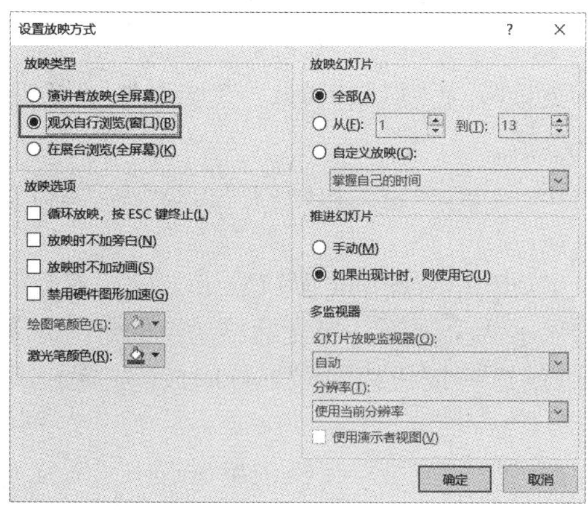

图 19-20

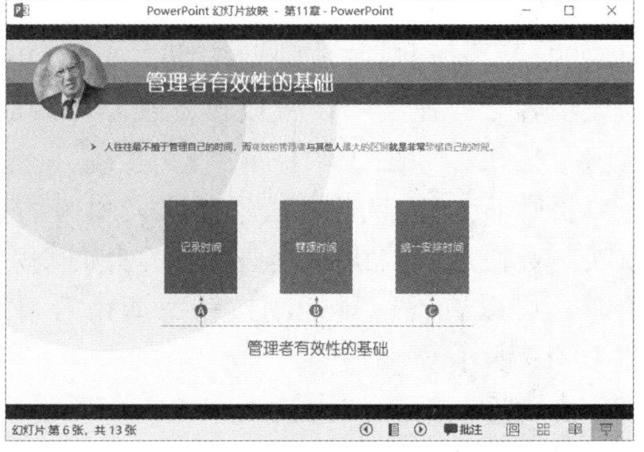

图 19-21

步骤 6：打开“设置放映方式”对话框，在“放映类型”窗格内单击选中“在展台浏览”按钮，如图 19-22 所示。

步骤 7：单击“确定”按钮关闭对话框。单击 PowerPoint 窗口右下方的“幻灯片放映”按钮进入在展台浏览状态，此时幻灯片显示为全屏幕，但是在此状态下用户无法控制幻灯片，如图 19-23 所示。

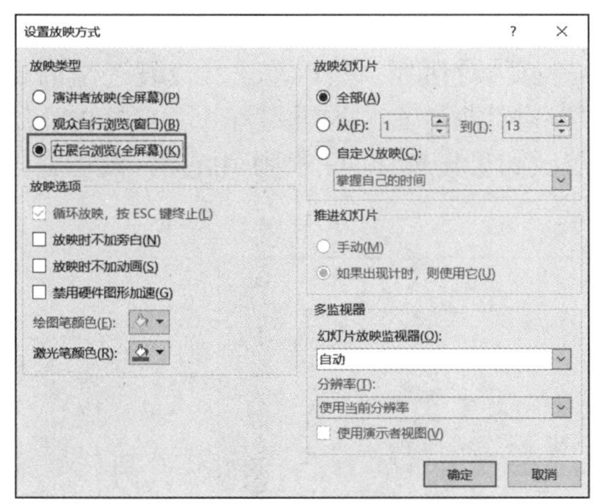

图 19-22

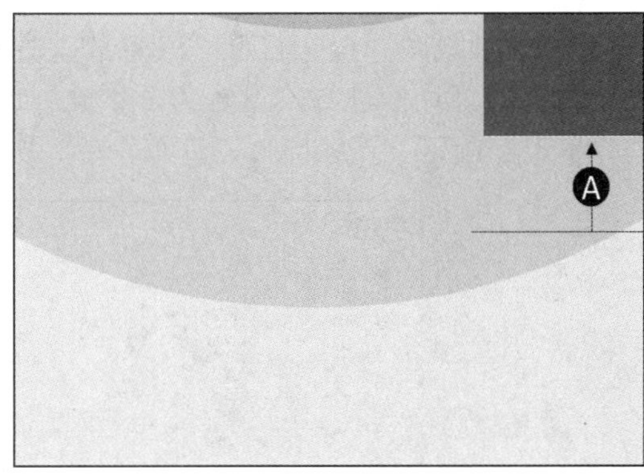

图 19-23

2. 幻灯片放映选项设置

如果用户需要控制放映的终止、旁白、动画以及绘图笔或激光笔的颜色，可以在放映选项窗格内进行设置。具体的操作步骤如下。

步骤 1：打开 PowerPoint 文件，切换至“幻灯片放映”对话框，然后单击“设置”组内的“设置幻灯片放映”按钮打开“设置放映方式”对话框。

步骤 2：在“放映选项”窗格内用户可以单击勾选或取消勾选循环放映、放映不加旁白、放映不加动画、禁用硬件图形加速等选项进行控制，还可以单击“绘图笔颜色”“激光笔颜色”右侧的下拉按钮选择颜色，设置完成后，单击“确定”按钮即可，如图 19-24 所示。

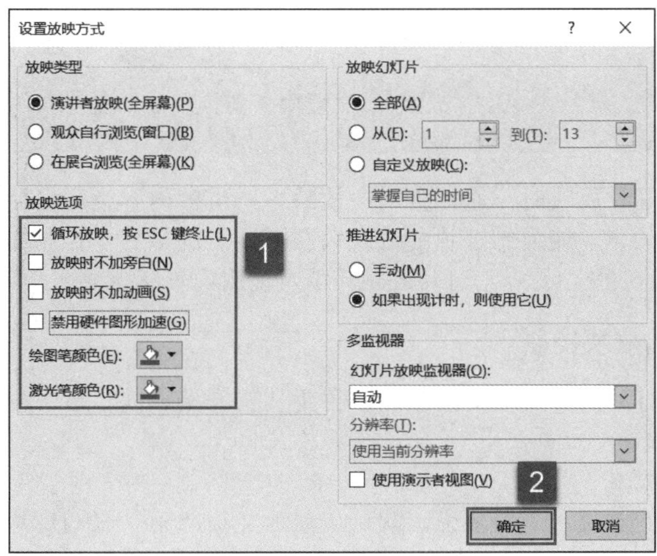

图 19-24

注意：当放映类型为“在展台浏览（全屏幕）”时，放映选项不可设置为“循环放映，按 ESC 键终止”。

3. 幻灯片推进方式设置

推进方式就是指不同幻灯片之间的切换方式，包括使用排练时间进行自动换片和演讲者手动换片这两种方式。

打开 PowerPoint 文件，切换至“幻灯片放映”对话框，然后单击“设置”组内的“设置幻灯片放映”按钮打开“设置放映方式”对话框。在“推进幻灯片”窗格内，用户可以将幻灯片推进方式设置为“手动”或者“如果出现计时，则使用它”，设置完成后，单击“确定”按钮即可，如图 19-25 所示。

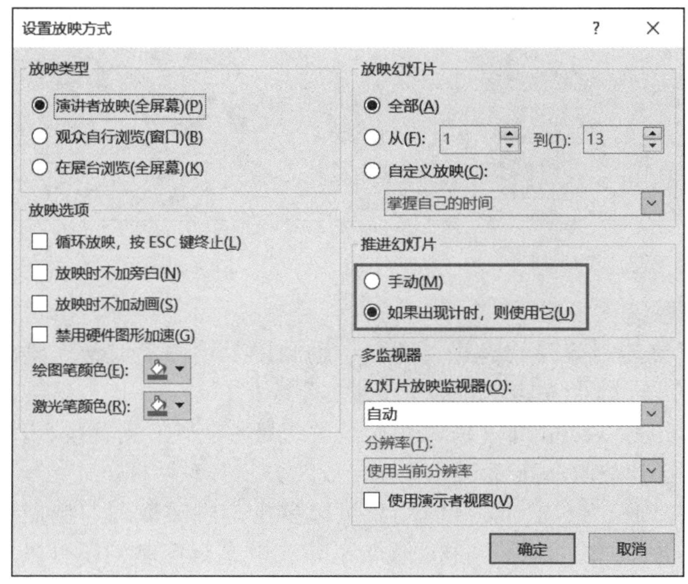

图 19-25

19.2 演示文稿放映控制

演讲者在幻灯片放映时，通常会一边放映一边讲解内容，所以能够控制幻灯片的放映是相当重要的，它能使幻灯片的放映紧跟演讲者的节奏。控制幻灯片的放映包括控制幻灯片的开始放映位置、幻灯片的跳转以及使用记号笔标记重点内容等。

19.2.1 开始放映控制

开始放映幻灯片的方式分为两种，一种是从头开始放映，另一种是从当前幻灯片开始放映。

1. 从头开始放映

设置从头开始放映，不用多说，就是从演示文稿的第一张幻灯片开始放映。具体的操作步骤如下：

打开 PowerPoint 文件，切换至“幻灯片放映”对话框，然后单击“开始放映幻灯片”组内的“从头开始”按钮即可进入放映状态，从演示文稿的第一张幻灯片开始，如图 19-26 所示。

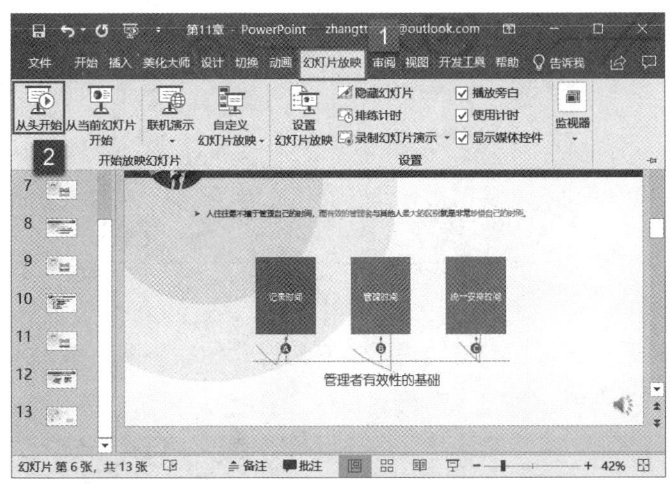

图 19-26

2. 从当前幻灯片开始放映

设置从当前幻灯片开始放映，就是从选中的幻灯片开始放映。具体的操作步骤如下：

打开 PowerPoint 文件，切换至“幻灯片放映”对话框，然后单击“开始放映幻灯片”组内的“从当前幻灯片开始”按钮即可进行放映状态，从当前幻灯片开始，如图 19-27 所示。

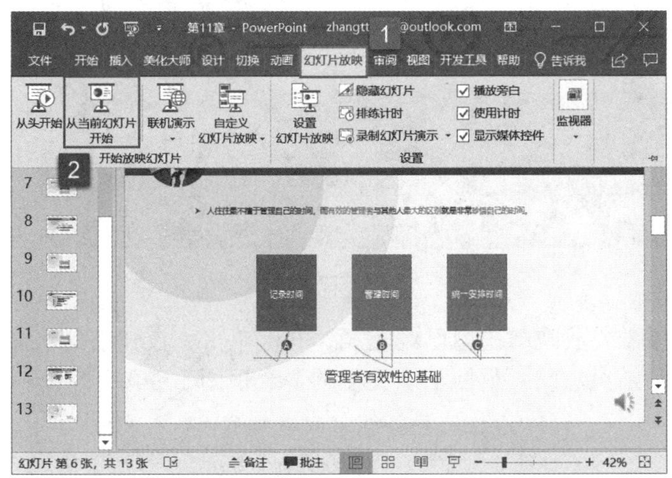

图 19-27

19.2.2 跳转放映控制

在幻灯片的放映过程中，用户可以根据实际需要控制幻灯片的跳转。详细的操作步骤如下。

步骤 1：打开 PowerPoint 文件，单击窗口右下方的“幻灯片放映”按钮进入放映状态。如果用户需要快速跳转至其他幻灯片，右键单击，然后在弹出的快捷菜单中单击“查看所有幻灯片”按钮，如图 19-28 所示。

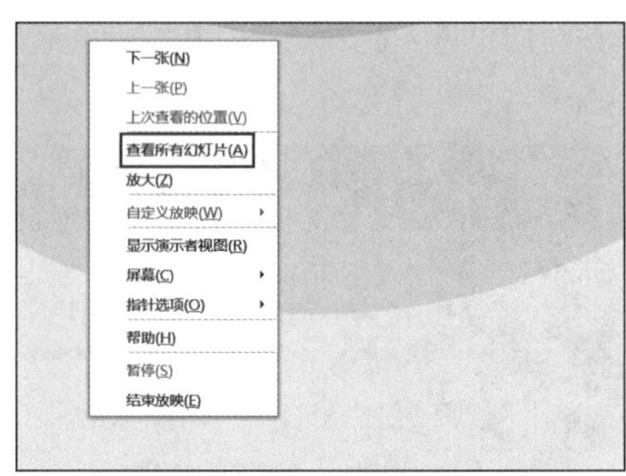

图 19-28

步骤 2：此时系统即可在屏幕内显示所有幻灯片的缩略图，单击需要跳转到的幻灯片即可，如图 19-29 所示。

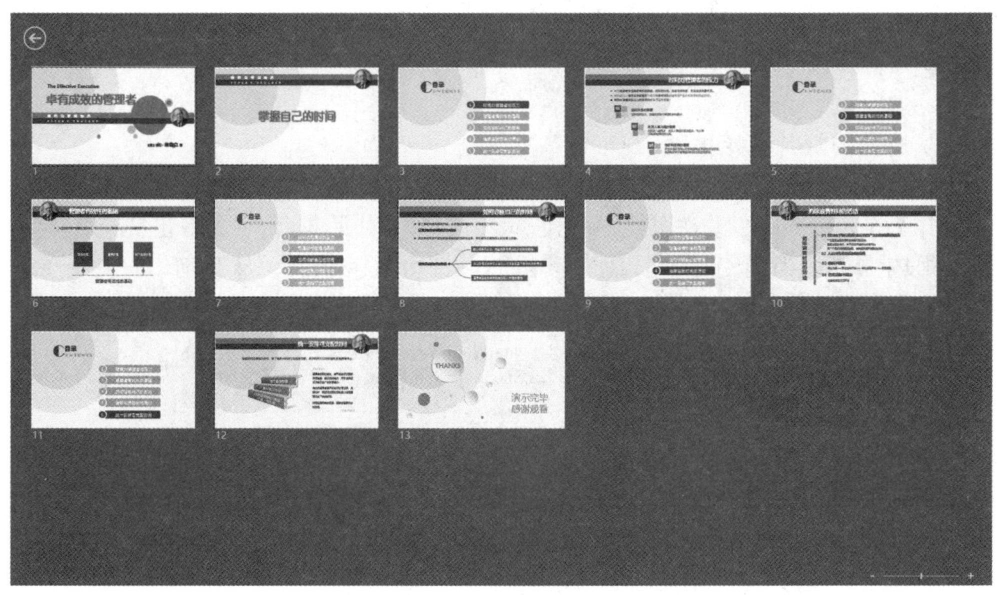

图 19-29

步骤 3：如果需要放映的内容已经完成，右键单击，在弹出的快捷菜单中单击“结束放映”按钮即可结束放映，返回演示文稿的普通视图，如图 19-30 所示。

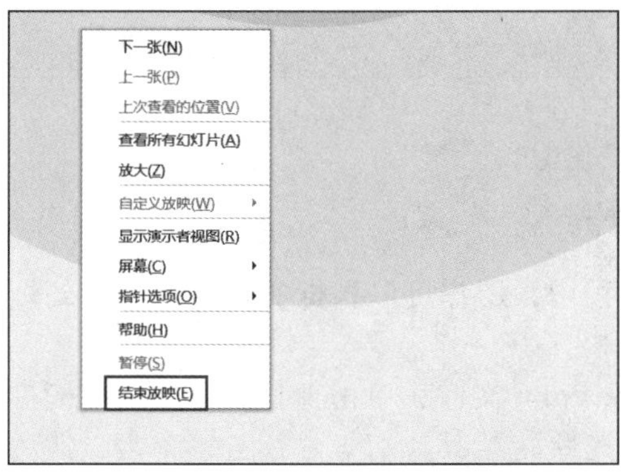

图 19-30

19.2.3 重点标记应用

在幻灯片的讲解过程中，如果需要对重点内容突出显示，可以试一试画笔的功能。具体的操作步骤如下。

步骤 1：打开 PowerPoint 文件，单击窗口右下方的“幻灯片放映”按钮进入放映状态。单击幻灯片左下角的“笔”控制按钮，然后在展开的菜单列表内选择标记颜色及画笔类型即可，如图 19-31 所示。

步骤 2：进行标记后，用户可以再次单击“笔”控制按钮，然后在展开的菜单列表内单击“橡皮擦”按钮删除部分标记，或者单击“擦除幻灯片上的所有墨迹”按钮删除幻灯片内的所有标记，如图 19-32 所示。

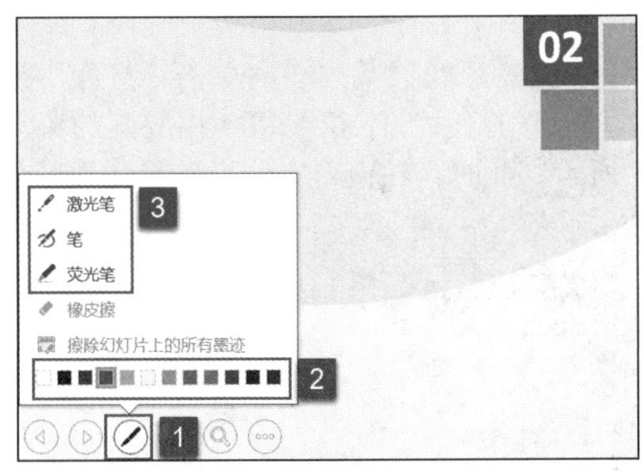

图 19-31

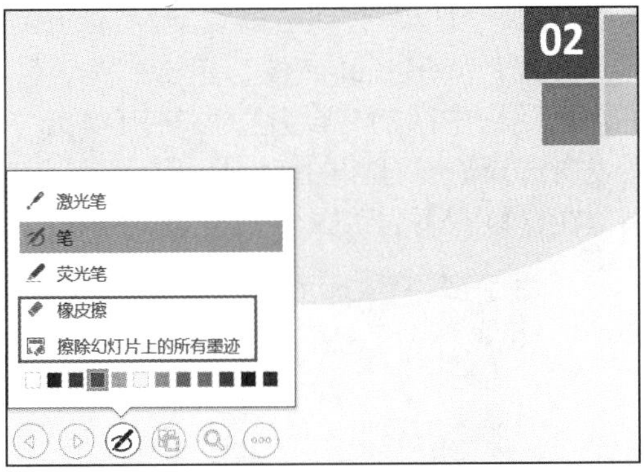

图 19-32

步骤 3：标记完成后，按“ESC”键退出放映状态，此时 PowerPoint 会弹出提示框，提示用户是否保留墨迹注释，需要保留则单击“保留”按钮，不需要保留则单击“放弃”按钮，如图 19-33 所示。

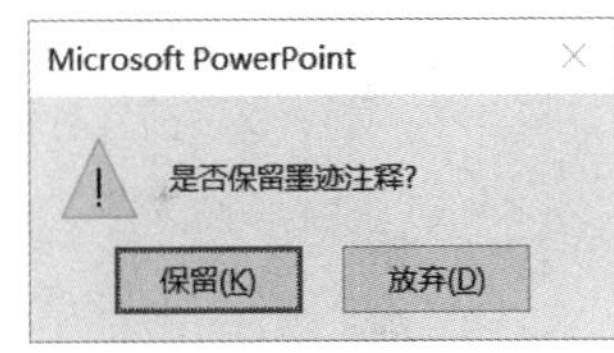

图 19-33

步骤 4：如果用户对墨迹注释进行了保留，返回幻灯片的普通视图，可以在幻灯片内看到注释效果，如图 19-34 所示。

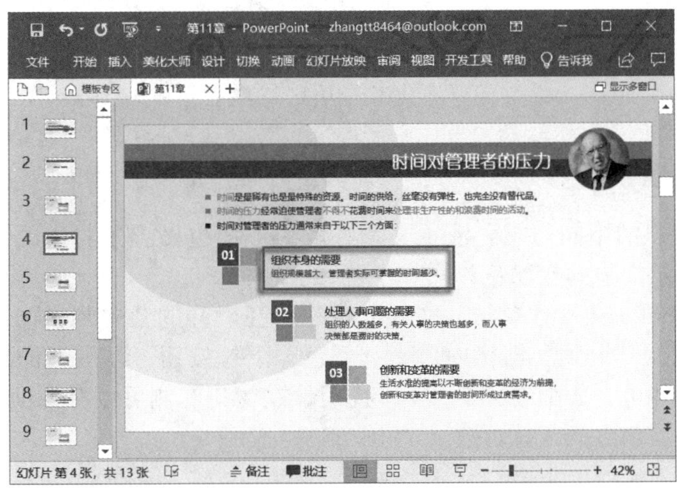

图 19-34

19.3 打印演示文稿

演示文稿除了可以在计算机上演示播放以外，还可以将它们打印出来直接印刷成教材或资料，也可以将演示文稿中的幻灯片打印在投影胶片上通过投影机放映。在打印演示文稿时，需要设置很多问题，本节将着重介绍如何打印出满意的演示文稿。

19.3.1 设置打印范围

用户在打印演示文稿时，未必需要打印演示文稿中的全部幻灯片，为了节约打印成本，用户可以在打印之前设置好打印的范围。

打开 PowerPoint 文件，单击“文件”按钮，在展开的菜单列表内单击“打印”按钮，然后在中间的“设置”窗格内单击“打印全部幻灯片”下拉按钮，在展开的菜单列表内选择需要打印的范围即可，如图 19-35 所示。此时，在窗口右侧可以看到预览效果，在窗口右下方可以看到当前页数和总页数。

图 19-35

19.3.2 设置打印色彩

为了适应用户的不同需求，演示文稿在颜色方面也做出了相应的调整，用户可以根据需要选择演示文稿的打印色彩样式。

打开 PowerPoint 文件，单击“文件”按钮，在展开的菜单列表内单击“打印”按钮，然后在中间的“设置”窗格内单击“颜色”下拉按钮，在展开的菜单列表内选择需要打印的颜色即可，如图 19-36 所示。此时，在窗口右侧可以看到预览效果，在窗口右下方可以看到当前页数和总页数。

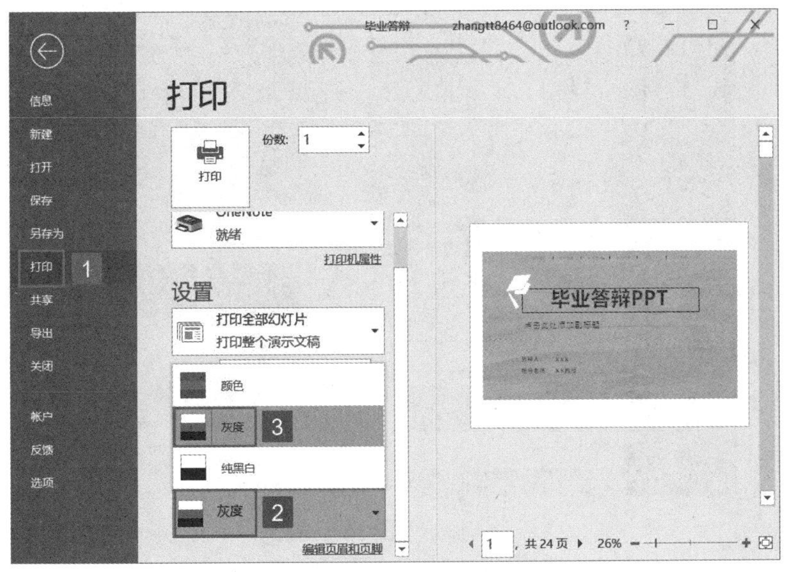

图 19-36

19.3.3 设置打印版式

除了打印范围、打印色彩之外，用户还可以定义打印版式以满足自己的需求。

打开 PowerPoint 文件，单击“文件”按钮，在展开的菜单列表内单击“打印”按钮，然后在中间的“设置”窗格内单击“打印版式”下拉按钮，在展开的菜单列表内选择需要打印的版式即可，例如此处选择“2 张幻灯片”，然后选中“幻灯片加框”“根据纸张调整大小”“高质量”等设置选项，如图 19-37 所示。此时，在窗口右侧可以看到每页内显示了 2 张幻灯片，在窗口右下方可以看到当前页数和总页数。

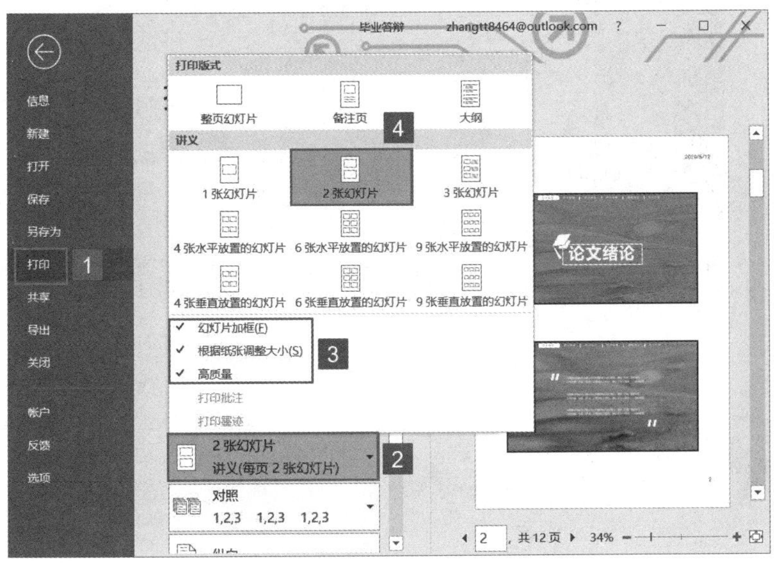

图 19-37

然后用户还可以对打印方向进行设置，单击“方向”下拉按钮，用户可以选择“横向”或“纵向”打印方式，右侧的窗格内会显示相应的预览效果，如图 19-38 所示。

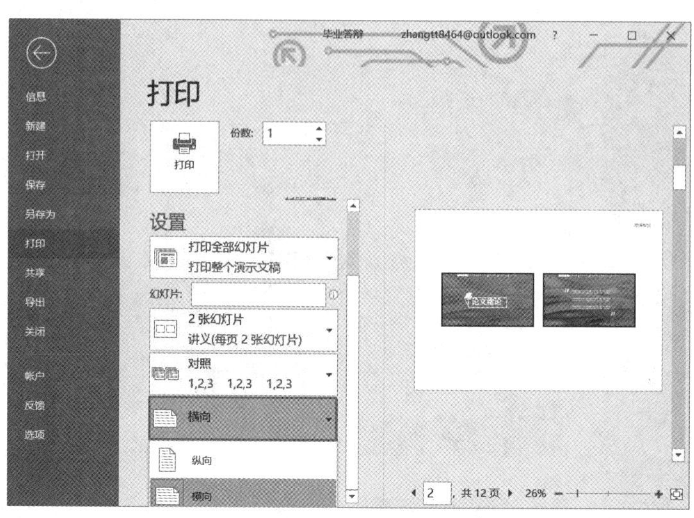

图 19-38

19.3.4 打印演示文稿

对演示文稿的打印选项设置完成后，即可进行打印。单击“打印机”下拉按钮，选择打印机，然后在“份数”数值框内设置打印份数，最后单击“打印”按钮即可打印，如图 19-39 所示。

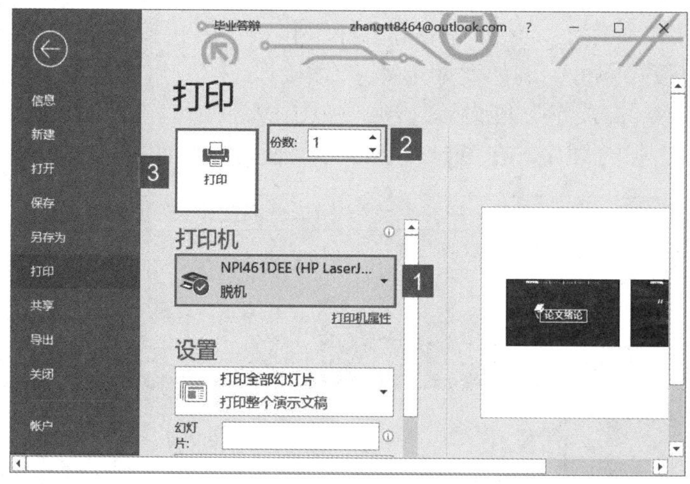

图 19-39

19.4 导出演示文稿

用户需要根据需要导出演示文稿，所谓的导出演示文稿不仅仅是单纯地保存为 PPT 格式。导出演示文稿，可以广义地理解为将演示文稿转换或保存为不同类型的文件，例如将演示文稿导出为普通文件包、转换为视频文件、转换为 PDF/XPS 文件、转换为 Word 讲义等。

19.4.1 打包演示文稿

用户在日常生活中使用演示文稿时，如果需要将自己编辑的演示文稿在其他的电脑上演示播放，经常会出现演示文稿里面的链接等信息失效的情况，遇到这种情况，其实只需要将自己编辑的演示文稿文件进行打包操作就能顺利实现在其他电脑上演示播放了，本节将详细介绍如何打包演示文稿。

将演示文稿打包成 CD，可以将演示文稿中的链接或嵌入项目，例如视频、声音和字体等都添加到包内。

步骤 1：打开 PowerPoint 文件，单击“文件”按钮，在展开的菜单列表内单击“导出”按钮，然后在右侧的“导出”窗格内选择“将演示文稿打包成 CD”选项，单击“打包成 CD”按钮，如图 19-40 所示。

步骤 2：弹出“打包成 CD”对话框，在“将 CD 命名为”右侧的文本框内输入名称，然后单击右侧的“添加”或“删除”按钮选择需要打包的演示文稿，然后单击“选项”按钮，如图 19-41 所示。

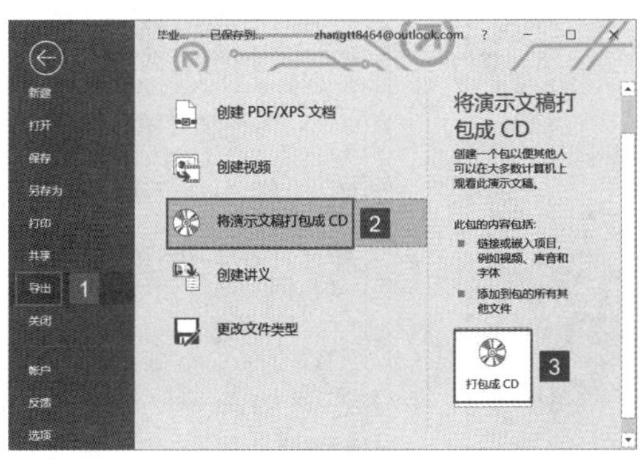

图 19-40

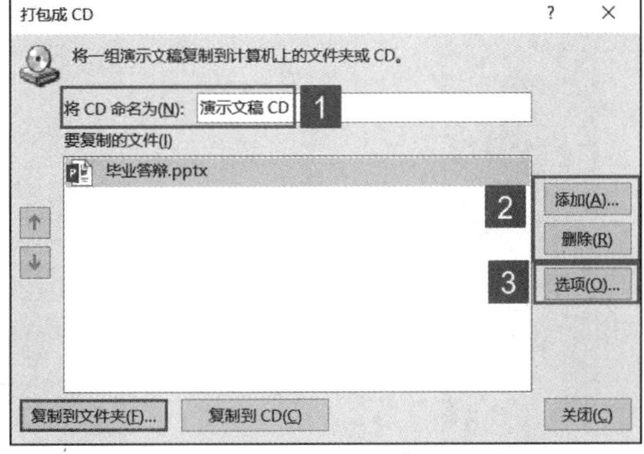

图 19-41

步骤 3：弹出“选项”对话框，在“包含这些文件”窗格内单击勾选或取消勾选“链接的文件”“嵌入的 TrueType 字体”前的复选框，还可以设置打开密码及修改密码来增强安全性和隐私保护，设置完成后，单击“确定”按钮，如图 19-42 所示。

步骤 4：返回“打包成 CD”对话框，单击“复制到文件夹”按钮。弹出“复制到文件夹”对话框，单击“浏览”按钮选择位置，然后单击“确定”按钮即可，如图 19-43 所示。

图 19-42

图 19-43

19.4.2 以讲义的方式将演示文稿插入 Word 文档中

根据用户的不同需要，Office 已经实现了将 PowerPoint、Excel 以及 Word 组件结合起来使用，利用它们各自的特点来帮助用户达到更佳的效果，本节将介绍将演示文稿插入 Word 文档中，实现 PowerPoint 和 Word 的结合。

在 Microsoft Word 中创建讲义，可以将幻灯片和备注都放在 Word 文档中，用户还可以根据自身需要在 Word 文档中编辑讲义的内容、设置内容格式等，而且当演示文稿发生更改时，Word 文档中的讲义也会自动更新。

步骤 1：打开 PowerPoint 文件，单击“文件”按钮，在展开的菜单列表内单击“导出”按钮，然后在右侧的“导出”窗格内选择“创建讲义”选项，单击“创建讲义”按钮，如图 19-44 所示。

步骤 2：弹出“发送到 Microsoft Word”对话框，单击选中“备注在幻灯片旁”前的单选按钮，单击“确定”按钮，如图 19-45 所示。

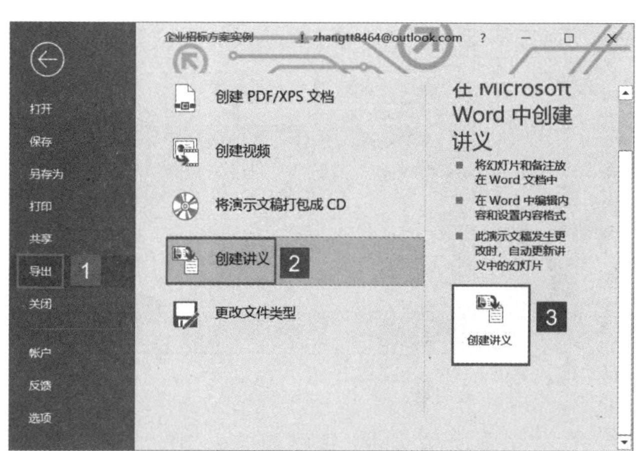

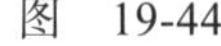
图 19-44

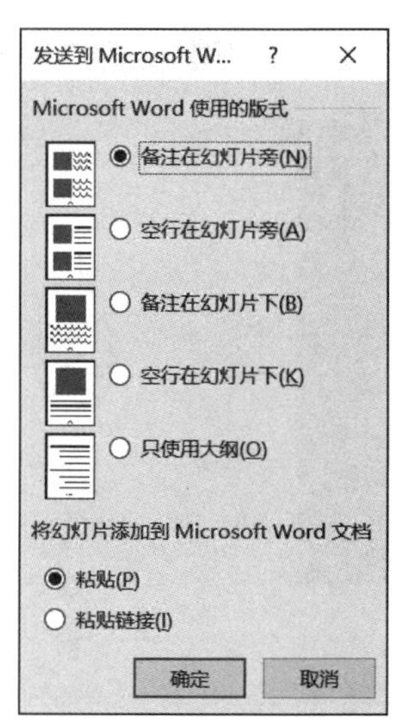

图 19-45

步骤 3：此时系统即可启动并打开 Word 文档，用户可以在文档内看到已经保存好的讲义，如图 19-46 所示。

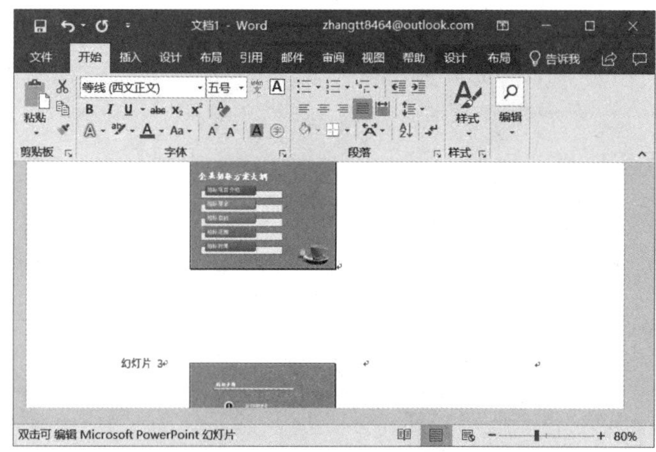

图 19-46

步骤 4：如果用户需要更改讲义的内容设置，可以左键双击 Word 中的幻灯片讲义，此时系统即可自动切换至演示文稿界面，然后根据自身需要对演示文稿进行修改，修改完毕后，单击左上角的"文件"按钮，在弹出的菜单列表内单击"保存"按钮即可，如图 19-47 所示。

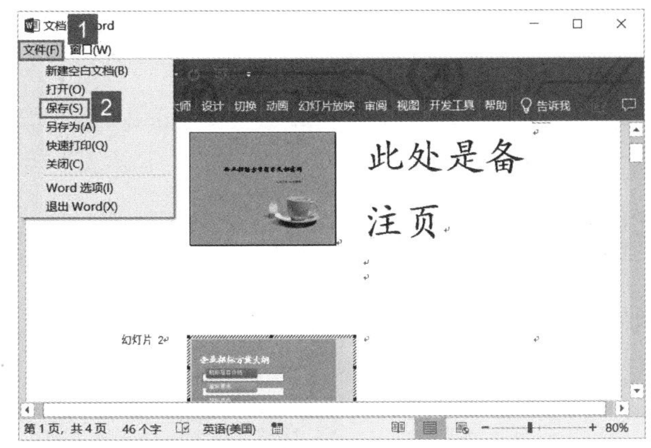

图 19-47

19.4.3 将演示文稿保存为 PDF 文件

为了防止 PPT 课件、工作报告等被更改或用作他用，可以将其保存成图片格式或 PDF 格式转发给他人，下面将介绍如何将演示文稿转换为 PDF 文件。

将演示文稿转换为 FDF/XPS 文档，可以保留演示文稿的布局、格式、字体和图像，保护内容不被轻易更改。

步骤 1：打开 PowerPoint 文件，单击"文件"按钮，在展开的菜单列表内单击"导出"按钮，然后在右侧的"导出"窗格内选择"创建 PDF/XPS 文档"选项，单击"创建 PDF/XPS 文档"按钮，如图 19-48 所示。

步骤 2：弹出"发布为 PDF 或 XPS"对话框，定位至演示文稿需要保存的位置，然后在"文件名"右侧的文本框内输入文件名称。如果需要转换后查看文件，单击勾选"发布后打开文件"前的复选框。用户还可以单击选中"标准"或"最小文件大小"前的单选按钮设置其优化程度。如果还需要更详细的选择，可以单击"选项"按钮，如图 19-49 所示。

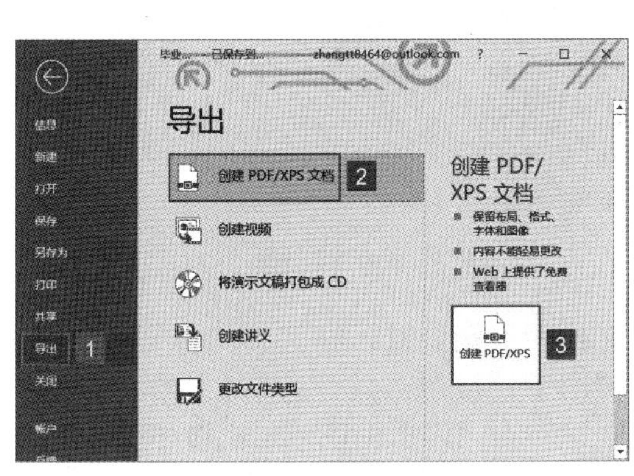

图 19-48

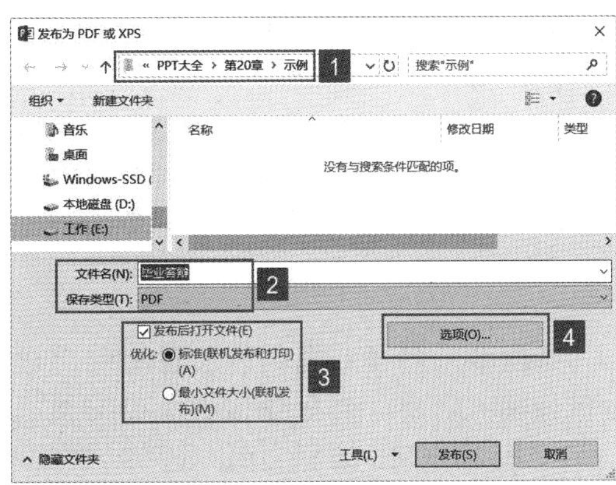

图 19-49

步骤 3：弹出“选项”对话框，用户可以进一步设置演示文稿的范围、发布内容、非打印信息等，设置完成后，单击“确定”按钮，如图 19-50 所示。

步骤 4：返回“发布为 PDF 或 XPS”对话框，单击“发布”按钮即可，如图 19-51 所示。

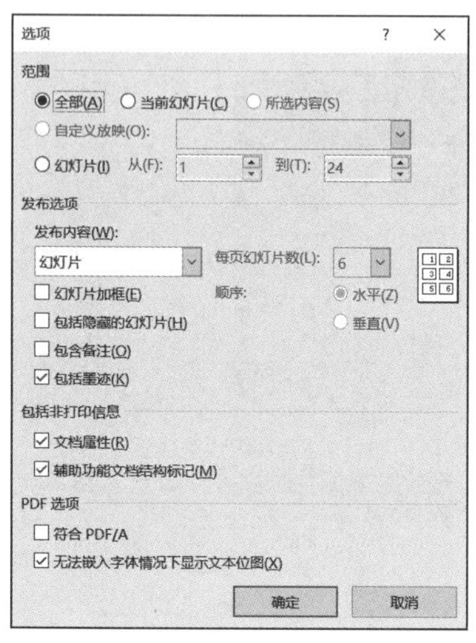

图 19-50

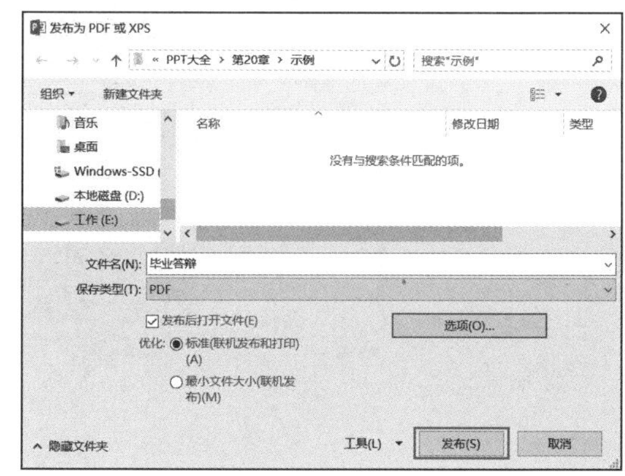

图 19-51

19.4.4 将演示文稿保存为 Web 格式

用户可以根据自身需要将演示文稿保存为不同的状态，本节将介绍如何将文稿保存为 Web 格式。

步骤 1：打开 PowerPoint 文件，单击“文件”按钮，在展开的菜单列表内单击“导出”按钮，在右侧的“导出”窗格内选择“更改文件类型”选项，然后在右侧的“演示文稿文件类型”列表框内选择合适的类型，如图 19-52 所示。

步骤 2：拖动窗口右侧的滑块，单击“另存为”按钮，如图 19-53 所示。

图 19-52

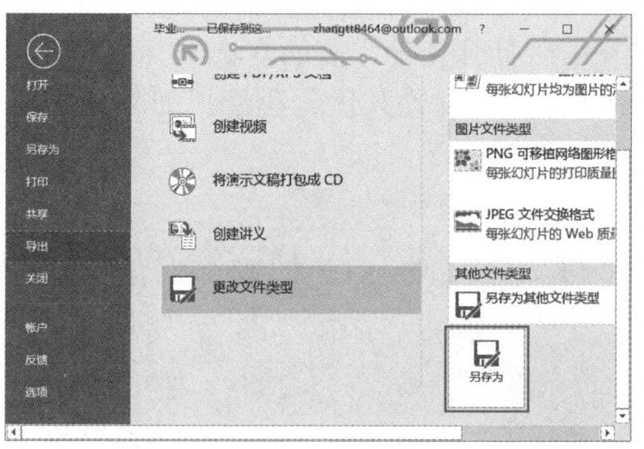

图 19-53

步骤 3：打开“另存为”对话框，选择文件的保存位置，在“文件名”右侧的文本框内输入名称，然后单击“保存类型”右侧的下拉按钮选择合适的文件类型，例如“PowerPoint XML 演示文稿”选项，最后单击“保存”按钮即可，如图 19-54 所示。

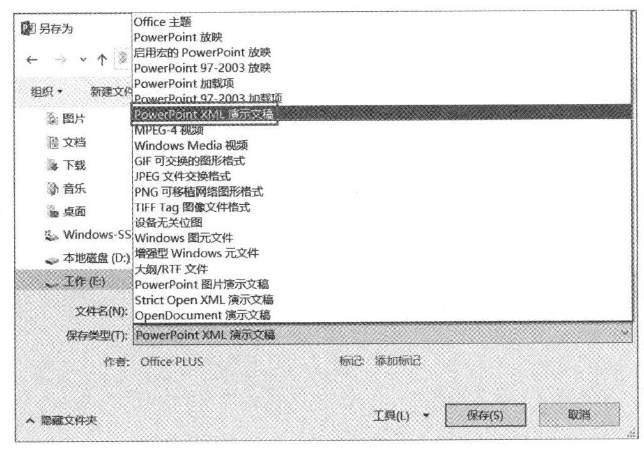

图 19-54

19.4.5 将演示文稿输出为自动放映文件

自动放映的演示文稿是一种扩展名为“.ppsx”的文件，双击该文件将自动进入幻灯片的放映状态，而无须启动 PowerPoint 工作界面。下面介绍将演示文稿保存为自动放映文件的方法。

步骤 1：打开演示文稿，单击“文件”按钮，在列表中选择“另存为”选项，单击“这台电脑”，如图 19-55 所示。

步骤 2：打开“另存为”对话框，定位至文件要保存的位置，在“文件名”文本框内输入名称，单击“保存类型”下拉列表选择“PowerPoint 放映”选项，然后单击“保存”按钮即可，如图 19-56 所示。

图 19-55

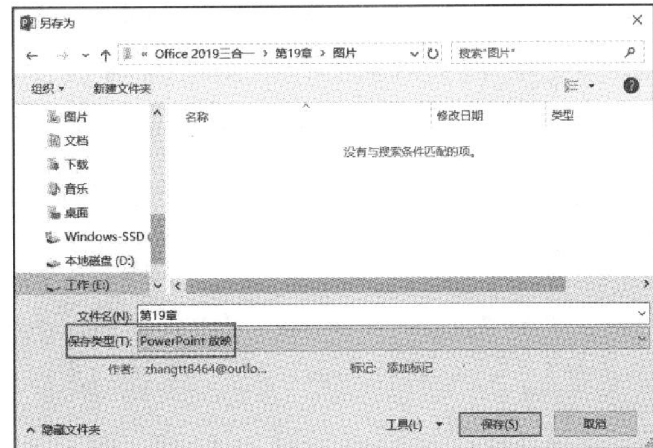

图 19-56

步骤 3：定位至文件的保存位置，即可看到保存的自动放映文件，左键双击该文件即可播放演示文稿，如图 19-57 所示。

技巧点拨：在将演示文稿复制到其他计算机上进行放映时，即使计算机上安装了 PowerPoint，也应该注意将与演示文稿链接在一起的文件（如声音文件和视频文件等）一起复制过去。同时要注意保持这些文件与演示文稿在一个文件夹下，否则这些链接内容可能无法正常显示。

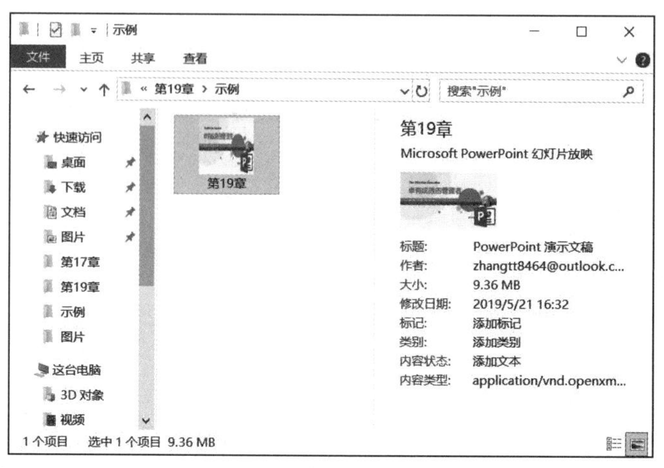

图 19-57

19.4.6 将演示文稿创建为视频格式

用户可以根据自身需要将演示文稿保存为不同的状态，本节将介绍如何将文稿保存为视频格式。

将演示文稿转换为视频格式，可以保留演示文稿所有录制的计时、旁白、墨迹笔画和激光笔势等。

步骤 1：打开 PowerPoint 文件，单击“文件”按钮，在展开的菜单列表内单击“导出”按钮，然后在中间的“导出”窗格内选择“创建视频”选项，再在右侧的“创建视频”窗格内选择视频的清晰效果以及是否保存录制的计时和旁白，设置完成后，单击“创建视频”按钮，如图 19-58 所示。

步骤 2：弹出“另存为”对话框，定位至演示文稿要保存的位置，在“文件名”右侧的文本框内输入名称，单击“保存类型”右侧的下拉按钮选择合适的类型，单击“保存”按钮即可，如图 19-59 所示。

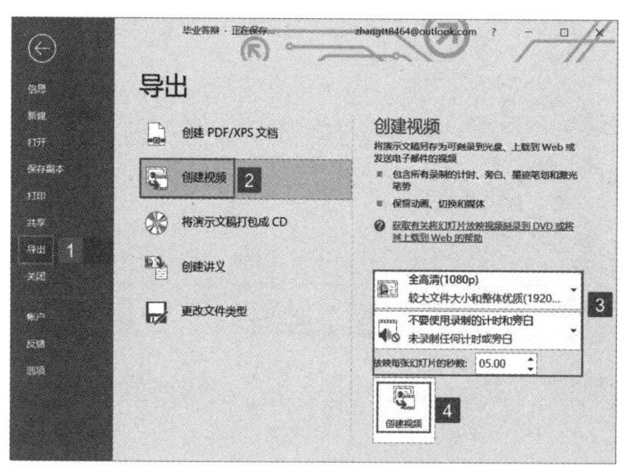

图 19-58

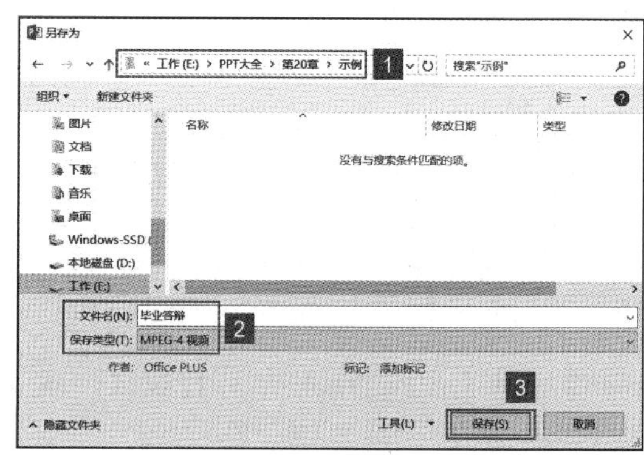

图 19-59

推荐阅读

玩转黑客，从黑客攻防从入门到精通系列开始！

本系列丛书已畅销20多万册！

黑客攻防从入门到精通（智能终端版）

作者：武新华 李书梅 编著 ISBN：978-7-111-51162-5 定价：49.00元

黑客攻防从入门到精通（攻防与脚本编程篇）

作者：天河文化 编著 ISBN：978-7-111-49193-4 定价：69.00元

黑客攻防从入门到精通（黑客与反黑工具篇）

作者：李书梅 等编著 ISBN：978-7-111-49738-7 定价：59.00元

黑客攻防大全

作者：王叶 编著 ISBN：978-7-111-51017-8 定价：79.00元